住房和城乡建设部“十四五”规划教材
高等学校土木工程学科专业指导委员会规划教材
（按高等学校土木工程本科指导性专业规范编写）

结构力学（第三版）

祁　皑　林　伟　主　编
郑玉芳　陈尚鸿　副主编
周克民　主　审

中国建筑工业出版社

图书在版编目（CIP）数据

结构力学/祁皑，林伟主编；郑玉芳，陈尚鸿副主编.—3版.—北京：中国建筑工业出版社，2022.12
住房和城乡建设部“十四五”规划教材 高等学校土木工程学科专业指导委员会规划教材（按高等学校土木工程本科指导性专业规范编写）
ISBN 978-7-112-27711-7

Ⅰ.①结… Ⅱ.①祁… ②林… ③郑… ④陈… Ⅲ.①结构力学-高等学校-教材 Ⅳ.①O342

中国版本图书馆CIP数据核字（2022）第141537号

本书根据《高等学校土木工程本科指导性专业规范》和教育部高等学校力学教学指导委员会基础课程教学指导分委员会最新制订的《结构力学课程教学基本要求》编写。在编写过程中严格遵循专业规范编制的基本原则，结合结构力学课程教学、课程建设和教学改革的实践及成果，强调了培养应用型人才、拓宽专业口径、推进创新教育的发展战略。本版在第二版基础之上进行了补充和完善，强化了知识逻辑的阐述，关注对工程教育教学理念的提炼，并补充了与知识点对应的例题。

全书共分为10章，包括：平面杆件体系的几何组成分析、静定结构受力分析、静定结构位移计算、力法、位移法、力矩分配法、矩阵位移法、结构的动力计算、影响线及其应用、结构稳定及极限荷载计算的基本知识，同时配有各章习题简明答案。

另外，本课程的慕课，已经在爱课程平台上发布。课程的视频与线下课程的讲课场景基本一致。读者可扫描下方二维码学习。

本书内容属于经典结构力学，可作为土木工程、水利水电工程等相关专业的教科书，也可供研究生入学考试参考。

为方便课程教学，本书配备教学课件。请选用此教材的教师通过以下方式索取课件：1. 邮箱：jckj@cabp.com.cn；2. 电话：（010）58337285；3. 建工书院：http://edu.cabplink.com。

教材慕课资源

责任编辑：赵　莉　吉万旺　王　跃
责任校对：张惠雯

住房和城乡建设部“十四五”规划教材
高等学校土木工程学科专业指导委员会规划教材
（按高等学校土木工程本科指导性专业规范编写）
结构力学（第三版）
祁　皑　林　伟　主　编
郑玉芳　陈尚鸿　副主编
周克民　主　审
*
中国建筑工业出版社出版、发行（北京海淀三里河路9号）
各地新华书店、建筑书店经销
霸州市顺浩图文科技发展有限公司制版
北京圣夫亚美印刷有限公司印刷
*
开本：787毫米×1092毫米　1/16　印张：30¼　字数：589千字
2023年2月第三版　2023年2月第一次印刷
定价：**68.00**元（赠教师课件）
ISBN 978-7-112-27711-7
（39895）

出 版 说 明

党和国家高度重视教材建设。2016年，中办国办印发了《关于加强和改进新形势下大中小学教材建设的意见》，提出要健全国家教材制度。2019年12月，教育部牵头制定了《普通高等学校教材管理办法》和《职业院校教材管理办法》，旨在全面加强党的领导，切实提高教材建设的科学化水平，打造精品教材。住房和城乡建设部历来重视土建类学科专业教材建设，从“九五”开始组织部级规划教材立项工作，经过近30年的不断建设，规划教材提升了住房和城乡建设行业教材质量和认可度，出版了一系列精品教材，有效促进了行业部门引导专业教育，推动了行业高质量发展。

为进一步加强高等教育、职业教育住房和城乡建设领域学科专业教材建设工作，提高住房和城乡建设行业人才培养质量，2020年12月，住房和城乡建设部办公厅印发《关于申报高等教育职业教育住房和城乡建设领域学科专业“十四五”规划教材的通知》（建办人函〔2020〕656号），开展了住房和城乡建设部“十四五”规划教材选题的申报工作。经过专家评审和部人事司审核，512项选题列入住房和城乡建设领域学科专业“十四五”规划教材（简称规划教材）。2021年9月，住房和城乡建设部印发了《高等教育职业教育住房和城乡建设领域学科专业“十四五”规划教材选题的通知》（建人函〔2021〕36号）。为做好“十四五”规划教材的编写、审核、出版等工作，《通知》要求：（1）规划教材的编著者应依据《住房和城乡建设领域学科专业“十四五”规划教材申请书》（简称《申请书》）中的立项目标、申报依据、工作安排及进度，按时编写出高质量的教材；（2）规划教材编著者所在单位应履行《申请书》中的学校保证计划实施的主要条件，支持编著者按计划完成书稿编写工作；（3）高等学校土建类专业课程教材与教学资源专家委员会、全国住房和城乡建设职业教育教学指导委员会、住房和城乡建设部中等职业教育专业指导委员会应做好规划教材的指导、协调和审稿等工作，保证编写质量；（4）规划教材出版单位应积极配合，做好编辑、出版、发行等工作；（5）规划教材封面和书脊应标注“住房和城乡建设部‘十四五’规划教材”字样和统一标识；（6）规划教材应在“十四五”期间完成出版，逾期不能完成的，不再作为《住房和城乡建设领域学科专业“十四五”规划教材》。

住房和城乡建设领域学科专业“十四五”规划教材的特点：一是重点以修订教育部、住房和城乡建设部“十二五”“十三五”规划教材为主；二是严格按照专业标准规范要求编写，体现新发展理念；三是系列教材具有明显特点，满足不同层次和类型的学校专业教学要求；四是配备了数字资源，适应现代化教学的要求。规划教材的出版凝聚了作者、主审及编辑的心血，得到了有关院校、出版单位的大力支持，教材建设管理过程有严格保障。希望广大院校及各专业师生在选用、使用过程中，对规划教材的编写、出版质量进行反馈，以促进规划教材建设质量不断提高。

住房和城乡建设部“十四五”规划教材办公室

2021年11月

序

近年来，我国高等学校土木工程专业教学模式不断创新，学生就业岗位发生明显变化，多样化人才需求愈加明显。为发挥高等学校土木工程学科专业指导委员会“研究、指导、咨询、服务”的作用，高等学校土木工程学科专业指导委员会制定并颁布了《高等学校土木工程本科指导性专业规范》（以下简称《专业规范》）。为更好地宣传贯彻《专业规范》精神，规范各学校土木工程专业办学条件，提高我国高校土木工程专业人才培养质量，高等学校土木工程学科专业指导委员会和中国建筑工业出版社组织参与《专业规范》研制的专家及相关教师编写了本系列教材。本系列教材均为专业基础课教材，共20本。此外，我们还依据《专业规范》策划出版了建筑工程、道路与桥梁工程、地下工程、铁道工程四个专业方向的专业课系列教材。

经过多年的教学实践，本系列教材获得了国内众多高校土木工程专业师生的肯定，同时也收到了不少好的意见和建议。2021年，本系列教材整体入选《住房和城乡建设部“十四五”规划教材》，为打造精品，也为了更好地与四个专业方向专业课教材衔接，使教材适应当前教育教学改革的需求，我们决定对本系列教材进行修订。本次修订，将继续坚持本系列规划教材的定位和编写原则，即：规划教材的内容满足建筑工程、道路与桥梁工程、地下工程和铁道工程四个主要方向的需要；满足应用型人才培养要求，注重工程背景和工程案例的引入；编写方式具有时代特征，以学生为主体，注意新时期大学生的思维习惯、学习方式和特点；注意系列教材之间尽量不出现不必要的重复；注重教学课件和数字资源与纸质教材的配套，满足学生不同学习习惯的需求等。为保证教材质量，系列教材编审委员会继续邀请本领域知名教授对每本教材进行审稿，对教材是否符合《专业规范》思想，定位是否准确，是否采用新规范、新技术、新材料，以及内容安排、文字叙述等是否合理进行全方位审读。

本系列规划教材是实施《专业规范》要求、推动教学内容和课程体系改革的最好实践，具有很好的社会效益和影响。在本系列规划教材的编写过程中得到了住房和城乡建设部人事司及主编所在学校和学院的大力支持，在此一并表示感谢。希望使用本系列规划教材的广大读者继续提出宝贵意见和建议，以便我们在本系列规划教材的修订和再版中得以改进和完善，不断提高教材质量。

高等学校土木工程学科专业指导委员会

中国建筑工业出版社

第三版前言

本书是在第二版的基础上进行了完善和补充。主要有以下几点：

1. 对全书的内容进行了统一梳理，强化了知识逻辑的阐述，使全书的连贯性和结构力学知识的整体性表达得到改进。例如：几何组成分析在静定结构计算中的体现，静定结构受力特点在力法解题中的作用，位移法、力矩分配法和矩阵位移法的本质与特点，静力计算和动力计算的关联等。

2. 近年来，工程教育教学理念越来越受到重视。根据近几年的课堂教学体会，对一些内容的阐述和例题后的总结进行了补充和修订。主要关注工程教育元素的提炼。例如：动力学中的阻尼、自振频率对动力反应的影响与结构的抗震、减震和隔震的关系，间接荷载影响线与桥梁结构体系的设计之间的关系等。

3. 补充了个别与知识点对应的例题。例如：力矩分配法中，补充了支座移动下的弯矩求解。

另外，本课程的慕课，已经在爱课程平台上发布。课程的视频与线下课程的讲课场景基本一致。读者可进入爱课程官网学习。

在本次修订中，还采纳了一些读者反馈的问题和建议，在此一并表示感谢。希望继续得到各位读者的关心和支持，恳请大家批评指正。欢迎各位读者与我们常联系（邮箱：qikai@fzu. edu. cn）。

祁皑

2022 年 5 月 28 日

第二版前言

本书是在第一版的基础上，按照教育部高等学校力学教学指导委员会力学基础课程教学指导分委员会最新制订的“结构力学课程教学基本要求”，结合结构力学课程教学、课程建设和教学改革的实践及成果修订而成的。

近年来，随着大型结构的不断建设，抗震问题越来越突出。因此，本次修订的内容有一些来源于作者近年来在抗震领域的教学和研究成果。

本次修订的主要内容包括以下几个部分：

1. 在位移法中，增加了剪力静定杆部分的内容。除传统的求解方法(将剪力静定杆的杆端看成平行链杆约束)外，还提供了另一个方法。新的求解方法从一个不同的角度利用了“剪力静定”的特征，为该类结构的求解提供了一个新的思路。

2. 在位移法中，将牵连位移的两种情况在一个小节中分别进行了详细的讲解。这类杆件刚度为无穷大的情况，在定性结构力学的分析中具有重要作用。

3. 结构力学的动力计算部分，主要的作用是为了后续专业课程中的抗震问题做准备。因此，本次修订中，补充了地面运动的动力方程的建立及求解。同时，讨论了地震作用下，瞬态振动在总反应中的贡献问题。

4. 在动力计算部分，补充了两个自由度体系自由振动位移求解的例题。补充了关于有阻尼体系受迫振动反应滞后问题的例题。在目前的大部分教材中，这些内容都没有对应的例题。

5. 针对动力计算内容的修订，对这一章的习题部分进行较大的修订，删除和补充了一定数量的习题。修订后的习题与教材的内容对应性更强，更有助于学生对基本概念的理解和习题求解能力的增强。

6. 为了方便学生完成习题，本次修订中，将各章的习题简明答案附在书后。

在本次修订中，还改正和采纳了一些读者反馈的问题和提出的建议。在此一并表示感谢。希望继续得到各位读者关心和支持，恳请大家批评指正。欢迎各位读者与我们常联系（邮箱：qikai@fzu. edu. cn)。

祁皑
2017 年 11 月 14 日

第一版前言

2011 年,《高等学校土木工程本科指导性专业规范》颁布了。专业规范中强调了培养应用型人才、拓宽专业口径、推进创新教育的发展战略。本教材就是在这个背景下策划的。教育部出台了卓越工程师培养计划，这与本教材的编写初衷不谋而合。

这本书的内容属于经典结构力学，是土木工程、水利水电工程等相关专业多学时的教科书。它包括了静定结构和超静定结构的受力分析和位移计算、移动荷载和动力荷载下的结构分析以及结构的稳定分析和极限荷载计算等内容。本书的内容足够详细，并通过承上启下的组织和表达，使之成为一个整体，从而使本书比较适合自学。此外，本书还努力考虑了工程实际应用，应该能增加学生和专业工程师们的兴趣。

由于许多学生和专业工程师都觉得这个科目难学，因此，本书把重点放在了使《结构力学》易于理解上。为了达到这个目的，书中的内容围绕几个特点进行组织：数学推导尽量简单；对分析方法进行归纳，提炼关键的分析步骤，方便读者按步骤解题；强调分析结果的物理解释，缩短理论与实践的距离。例如，回避了弹性杆件稳定微分方程的复杂推导，但引入了更实用的非线性稳定分析。在一些技术处理上注意适应学生的情况，如矩阵位移法采用了左手坐标系，与其他章弯矩的规定取得一致，便于学生掌握。

全书共分 10 章：杆件体系的几何组成分析、静定结构受力分析、静定结构位移计算、力法、位移法、弯矩分配法、矩阵位移法、结构动力计算、影响线及其应用、结构稳定及极限荷载计算的基本知识。为了学习的连贯性，本书将影响线及其应用一章放到了后面。

由于这是一本新书，因此，恳请读者将你们发现的问题、改进的建议及时反馈给我（qikai@fzu. edu. cn)。谢谢你们。

祁皑

2011 年 10 月

目　　录

第 1 章

平面杆件体系的几何组成分析

本章知识点

【知识点】 自由度、约束、瞬铰（无穷远瞬铰）、复铰、多余约束、刚片等概念，几何不变体系、几何可变体系、瞬变体系、常变体系，平面无多余约束几何不变体系的基本组成规则，平面杆系的计算自由度。

【重点】 应用基本组成规则分析平面杆件体系的几何组成。

【难点】 平面杆件体系的计算自由度的应用，无穷远瞬铰的应用，复杂平面杆系的几何组成分析。

用节点将杆件连接起来组成的体系称为杆件体系。如果体系的所有杆件、节点和外部作用均处在同一平面内，则称其为平面杆件体系。在不至于发生混淆的情况下，本书中将平面杆件体系简称为体系。对体系的运动趋势和几何稳定性进行分析，称为体系的几何组成分析。

几何组成分析的目的是确定体系是否可以作为实际的工程结构。一般来说，实际工程结构(包括基础)的几何形状应该是稳定的。

体系在外部荷载作用下，杆件会产生变形，但这种变形是比较微小的，一般不会影响体系的几何稳定性。因此，几何组成分析中不考虑这种变形，将体系中所有杆件视为刚体。

1.1 体系几何组成分析中的几个基本概念

1.1.1 几何不变体系、几何可变体系

1. 几何不变体系

如果不考虑材料的变形，在任意荷载作用下，一个体系内的各杆件之间不存在发生刚体位移的可能。那么，称这个体系为几何不变体系，如图 1-1 所示。常规的工程结构绝大部分都是几何不变体系。

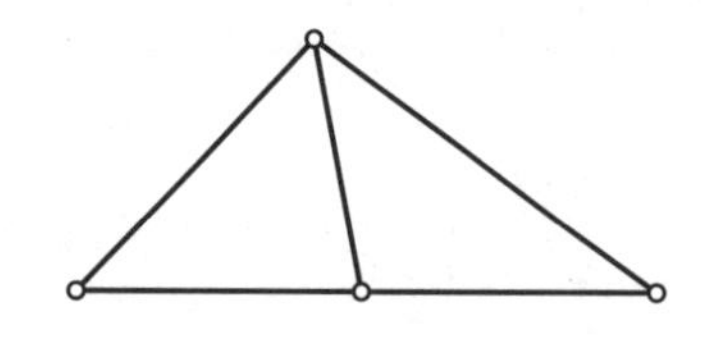
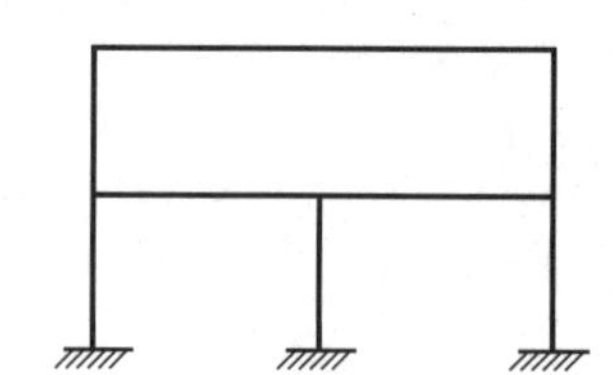
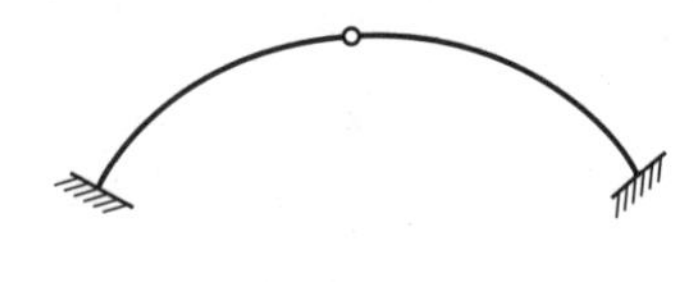

图 1-1 几何不变体系

2. 几何可变体系

如果不考虑材料的变形，尽管受到很小的作用力，一个体系内的各杆件之间也存在发生刚体位移的可能。那么，称这个体系为几何可变体系。几何可变体系又可以分为两种：一种是几何常变体系，另一种是几何瞬变体系。

(1) 几何常变体系

几何常变体系是指体系内部可以发生“有限量”的刚体位移。这里，“有限量”的含义是指体系的刚体位移与体系本身的几何尺寸在数学上属同一量级。在本书中，这个“有限量”提法是相对于瞬变体系中的“微小量”而言的。

图 1-2(a)所示体系，上部结构为铰接四边形，内部杆件之间存在发生“有限量”刚体位移的可能，是几何可变体系。

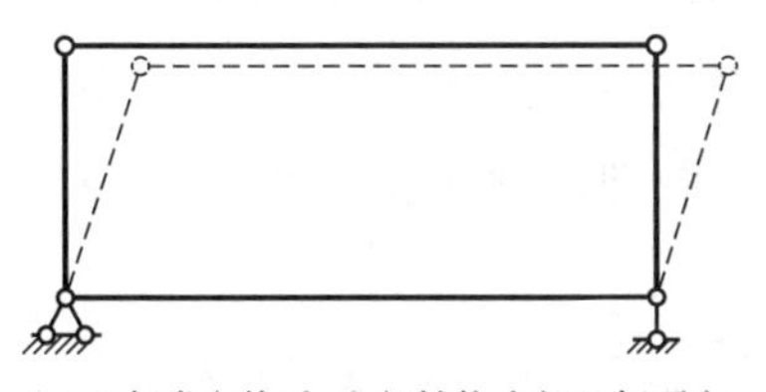

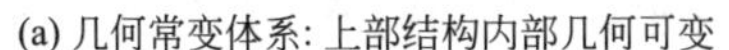

(a) 几何常变体系: 上部结构内部几何可变

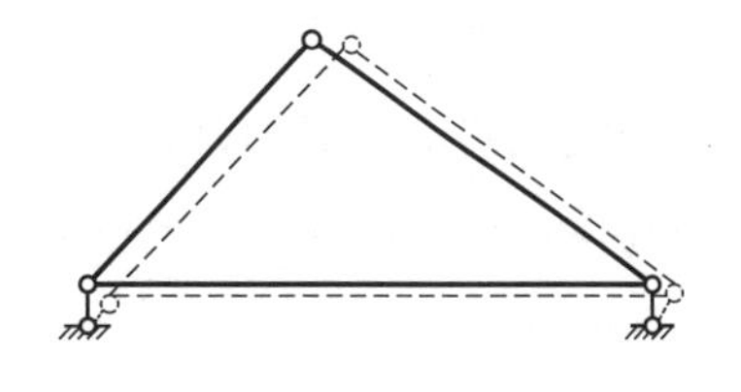

(b) 几何常变体系: 下部结构与基础之间几何可变

图 1-2　几何常变体系

图 1-2(b)所示体系，虽然上部结构为铰接三角形，内部杆件之间不存在发生刚体位移的可能，是几何不变体系。但是，如果把上部的三角形结构按照如图 1-2(b)所示方法建造在下面的基础上，则上部结构与基础之间就存在发生水平“有限量”刚体位移的可能。这时，由上部结构和基础组成的大体系就是几何常变体系。

几何常变体系只能在特定荷载下维持平衡，在一般荷载作用下均可能发生运动。因此，几何常变体系不能作为常规的工程结构。

（2）几何瞬变体系

这是一类比较特殊的体系，原本是一个几何可变体系，但经过“微小量”位移以后，就变成了几何不变体系。这类体系，被称为几何瞬变体系。图 1-3 所示体系为几何瞬变体系的一种形式。在后面的分析中可以看到，几何瞬变体系在常规荷载作用下，会产生很大的内力。因此，不能作为常规的工程结构。

图 1-3　几何瞬变体系

1.1.2　刚片、自由度和约束

1. 刚片

几何组成分析时，为了表述方便，常把几何不变体系称为刚片。因此，刚片可以是一根杆件，也可以是一个体系中部分杆件组成的小的几何不变体系。支撑上部结构的基础通常也视为一个刚片。如图 1-4(a)中阴影部分所示。

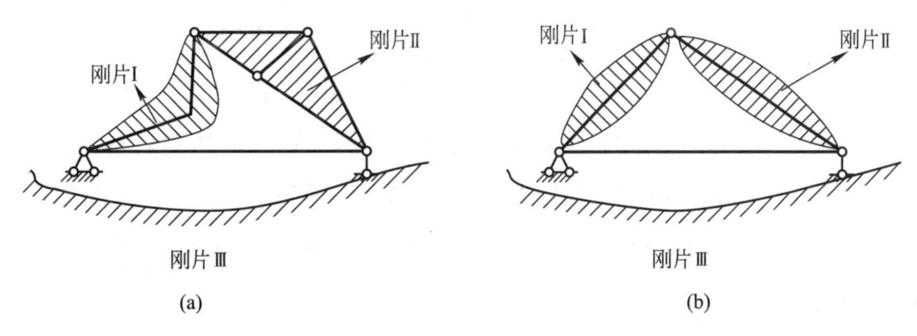

图 1-4　刚片

几何组成分析中，为了方便，在保证与体系其他部分连接形式不变的前提下，刚片是可以替换的。因为，这样的替换不改变体系的自由度和约束的情况。因此，体系的几何组成结论不变。例如，图 1-4(a)中的刚片Ⅰ是一根折杆，与体系的其他部分用铰连接，这时可以用最简单的直杆来替换。同理，刚片Ⅱ也可以用直杆替换，如图 1-4(b)所示。

在后面的例题中可以看到，这样的替换可以使体系的几何组成分析变得简单。

2. 自由度

所谓自由度是一个体系相对某个参照系的独立运动方式，自由度的数目在数值上等于确定体系在这个参照系中的位置需要的独立坐标数。

几何组成分析中，通常以要分析的体系中某个刚片为参照系。因此，本书中的自由度是指体系内部相对的独立运动方式，即体系的内部自由度。

例如，图 1-5(a)所示的两个刚片组成的体系，两个刚片之间可以发生相对水平运动、相对竖向运动和相对转动，因此，体系的内部自由度为 3。同理，在图 1-5(b)所示的点 A 和基础组成的体系中，点 A 和基础之间可以发生相对水平运动和相对竖向运动。因此，体系的内部自由度为 2；当然，在刚片和基础组成的体系中，其内部自由度为 3(图 1-5c)。

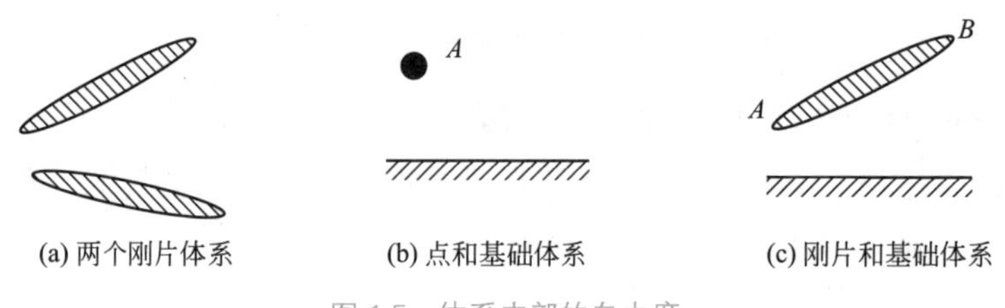

图 1-5　体系内部的自由度

3. 约束

能够限制运动的装置称为约束。体系的自由度数目可因加入约束而减少。能够减少几个自由度，就称为几个约束。常见的约束有如下几种：

(1) 链杆

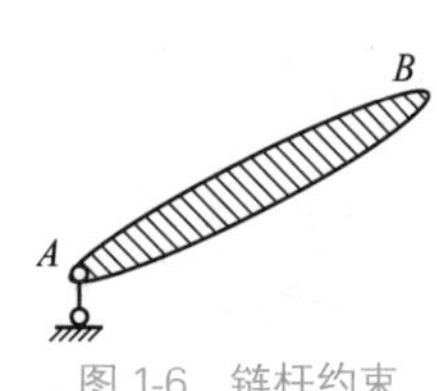

图 1-6　链杆约束

图 1-6 所示为刚片 AB 和基础组成的体系。没有链杆时，该体系内部有 3 个自由度。加上链杆后，A 点不能沿链杆方向运动，刚片 AB 和基础之间只有两个独立的相对运动方式，即水平方向的平动和刚片 AB 绕 A 点的转动。此时，体系内部的自由度数目已由 3 减少到 2。由此可见，一根链杆相当于 1 个约束，可减少 1 个自由度。

“链杆”的定义是广泛的。任何几何不变体系(刚片)，只要它与体系的其他部分仅以两个铰连接，都可视为沿两个铰连线方向的链杆。链杆的约束作用就是使它所联系的两点之间没有相对线位移。

(2) 铰节点

铰节点有两种，一种是单铰节点，另一种是复铰节点。

仅连接两个刚片的铰节点称为单铰节点，如图 1-7(a)所示。图中如果没有 B 铰，则两个刚片之间有 3 个自由度。用铰节点连接后，两个刚片之间只能发生相对转动，有 1 个自由度。因此，只需 1 个坐标(两个刚片之间的相对转角)就可以确定体系内部刚片之间的相对位置了。此时，体系的自由度数目由 3 减少到 1。由此可见，连接两个刚片的单铰节点相当于两个约束，可减少 2 个自由度。

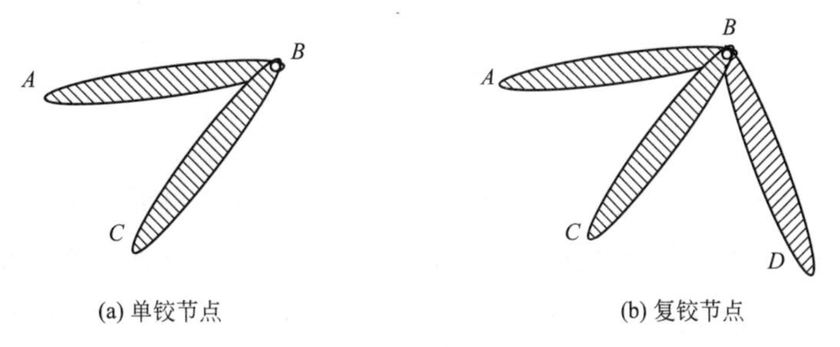

图 1-7　铰节点约束

连接 3 个或 3 个以上刚片的铰节点称为复铰节点，如图 1-7(b)所示。图中若没有 B 铰，则体系内部共有 6 个自由度。用 B 铰连接后，体系的自由度为 2(任意两个刚片相对于另一个刚片的转角)，减少的自由度数目为 4。若用 m 表示复铰节点连接的刚片数，用 n 表示复铰节点减少的自由度数目，则不难得出关系式：$n=2(m-1)$。因此，连接 m 个刚片的复铰节点相当于 $m-1$ 个单铰节点。

与"链杆"的定义相似，"铰"的定义也是广泛的。铰的约束作用是使它所联系的刚片只能绕其转动。因此，理论力学中的"瞬时转动中心"在广义上也是铰。因为是两个杆件延长线的交点，故称其为虚铰。

(3) 刚节点

与铰节点类似，刚节点也有单刚节点和复刚节点两种。

从图 1-8(a)中不难看出，连接两个刚片的单刚节点可以减少 3 个自由度。与复铰节点类似，复刚节点(图 1-8b)可减少的自由度数目为 $3(m-1)$，相当于 $m-1$ 个

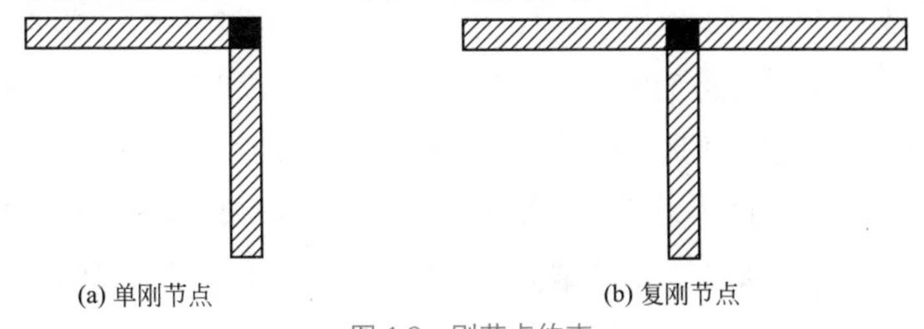

图 1-8　刚节点约束

单刚节点。其中，m 为连接的刚片数。

(4) 平行链杆

图 1-9 所示为刚片 AB 和基础组成的体系。没有平行链杆时，该体系内部有 3 个自由度。加上平行链杆后，A 点不能沿链杆方向运动，也不能绕 A 点转动，刚片 AB 和基础之间只有 1 个独立的相对运动方式，即竖直方向的平动。此时，体系内部的自由度数目已由 3 减少到 1。由此可见，平行链杆相当于 2 个约束，可减少 2 个自由度。

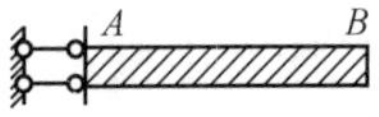

图 1-9　平行链杆约束

1.2　平面几何不变体系的组成规律

为了构造一个几何不变体系，需要研究组成几何不变体系的充分条件。这些充分条件称为几何不变体系的组成规律。本节讨论的是平面几何不变体系最基本的组成规律。为了使问题分析简单明确，本节中所指的刚片均为无多余约束的几何不变体系。

1.2.1　两个刚片用一个铰和一根链杆连接组成的体系

图 1-10 所示为两个刚片组成的体系。如果只用一个铰 A 连接两个刚片(图 1-10a)，很明显，这个体系内部有 1 个自由度(两刚片之间的相对转角)，是几何可变体系。如果在该体系上增加链杆 1(图 1-10b)，则体系就变成了几何不变体系。这种能够减少体系自由度的约束称为必要约束。

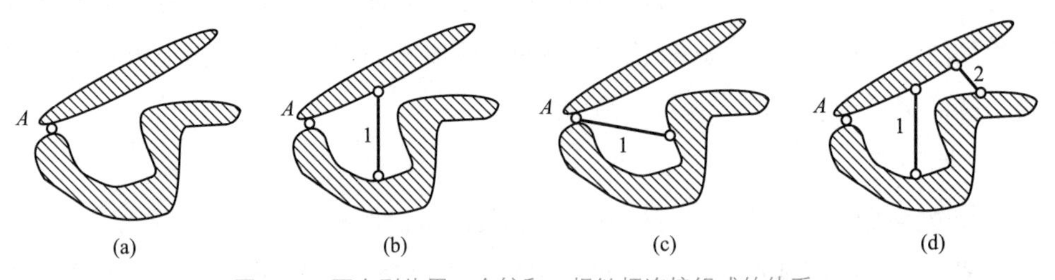

图 1-10　两个刚片用一个铰和一根链杆连接组成的体系

再考察另外两种情况。在图 1-10(c)中，若链杆 1 通过 A 铰，则起不到减少自由度的作用，体系仍为几何可变体系；在图 1-10(d)中，若再增加链杆 2，很明显，该链杆对体系的几何稳定性不起作用。这种不能减少体系自由度的约束称为多余约束。虽然，多余约束对于保持体系的几何稳定性来说是不必要的，但后面将会看到，多余约束对于改善结构的受力、增加结构的安全度等方面来说是需要的。

由上面的分析，可以得出以下几何不变体系的组成规律：

规律 1　两个本身无多余约束的刚片用一个单铰和一个不通过该铰的链杆相连，则组成的体系为几何不变体系，且无多余约束。

1.2.2　两个刚片用三根链杆连接组成的体系

在图 1-11(a)中，若两个刚片只用链杆 1 和链杆 2 连接，用 O_1 表示它们延长线的交点，显然两个刚片可以发生以 O_1 为瞬时转动中心(也称虚铰或瞬铰)的微小转动。这时，两刚片之间的瞬时相对运动情况与两刚片在 O_1 点用实铰连接时的运动情况完全相同。因此，对照规律 1，如果图中链杆 3 不通过 O_1 点，则该体系为几何不变体系。故可以这样描述该种体系的几何组成规律：

规律 2　两个本身无多余约束的刚片用三根既不相互平行，(延长线)又不相交于一点的链杆连接，则组成的体系为几何不变体系，且无多余约束。

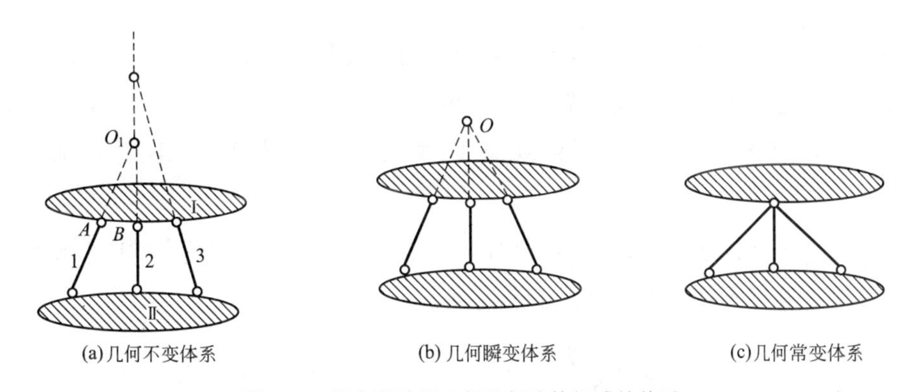

(a)几何不变体系　　(b)几何瞬变体系　　(c)几何常变体系

图 1-11　两个刚片用三根链杆连接组成的体系

在规律 2 中，将规律 1 中的“链杆不通过铰”的条件，换成了“链杆既不相互平行，(延长线)又不相交于一点”。因此，这两条规律在本质上是一样的。

若三根链杆的延长线交于一点(图 1-11b)，则两个刚片将以这个交点作为瞬时转动中心，发生微小的相对转动。转动后，三根链杆的延长线便不再交于一点。因此，该体系为几何瞬变体系。若三根链杆(图 1-11c)交于一点(实铰)，很明显，转动将继续下去，体系为几何常变体系。

下面讨论一下三根链杆相互平行的情况。

图 1-12(a)所示体系中，三根链杆平行且等长，而且从刚片的同一侧连出，很明显是几何常变体系。

图 1-12(b)所示体系中，三根链杆平行且不等长，两个刚片将发生微小相对水平位移，之后三根链杆便不再全平行，体系变成几何不变体系。因此，原体系为几何瞬变体系。

图 1-12(c)所示体系中，三根链杆平行且等长，但链杆从刚片的两侧连出，两个

刚片发生微小相对水平位移后，三根链杆将不再全平行，体系变成几何不变体系。因此，原体系也为几何瞬变体系。

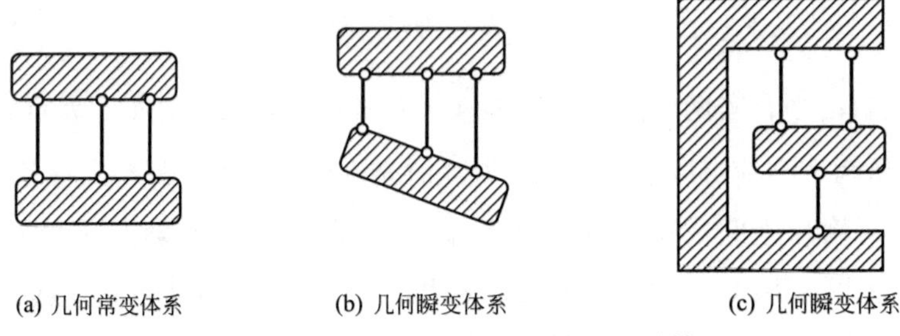

图 1-12　两个刚片用三根平行链杆相连的情况

1.2.3　三个刚片用三个铰连接组成的体系

由规律 1 可知，图 1-13(a)所示体系为几何不变体系，且没有多余约束。现在，将该体系中的链杆 BC 也看成一个刚片，如图 1-13(b)所示。那么，这个体系仍为几何不变体系，且无多余约束。对照规律 1，可以这样描述这个三刚片体系的组成规律：

规律 3　三个本身无多余约束的刚片，用不在一条直线上的三个铰两两相连，则组成的体系为几何不变体系，且无多余约束。

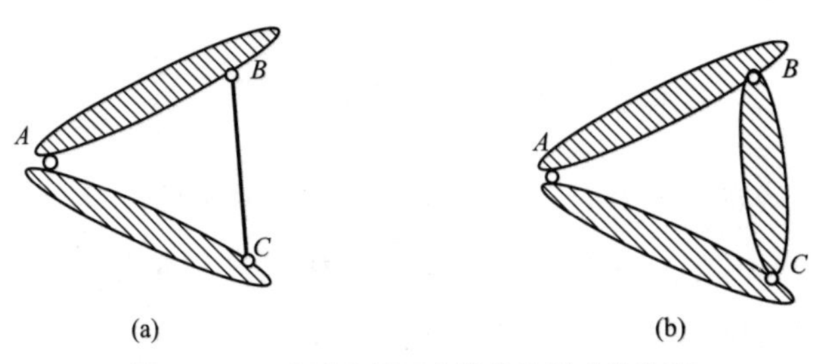

图 1-13　三个刚片用三个铰连接组成的体系

在规律 3 中，将规律 1 中的“链杆不通过铰”的条件，换成了“三铰不共线”。因此，两条规律在本质上也是一样的，只是描述的角度不同而已。在具体问题中，要注意灵活应用。

在实际分析中，常遇到三铰中存在虚铰在无穷远的情况。为此，可以应用下列射影几何中关于无穷远直线和无穷远点的结论：

(1) 一组平行直线相交于同一个无穷远点；

(2) 方向不同的平行直线相交于不同的无穷远点；

(3) 平面上无穷远点均在同一直线上，这条直线称为无穷远直线；

(4) 任何有限远点均不在这条直线上。

下面分几种情况进行说明。

1. 一个铰在无穷远的情况

图 1-14(a)中，虚铰 O(Ⅰ,Ⅱ)在无穷远处，另外两个铰的连线与无穷远方向不平行，所以体系为几何不变体系。若另外两个铰的连线与无穷远方向平行，则体系为几何瞬变体系(图 1-14b)。特殊地，若组成无穷远虚铰的两根链杆平行且等长，且长度等于另外两个铰之间的距离，则体系为几何常变体系(图 1-14c)。

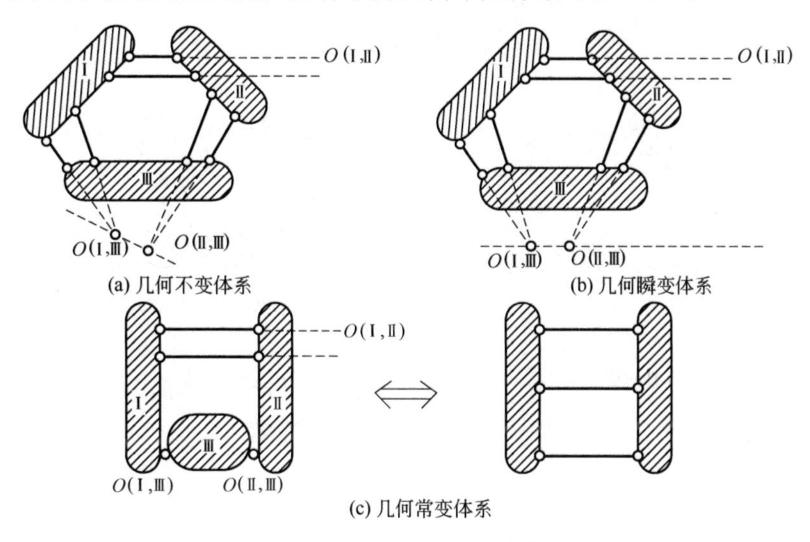

图 1-14　一个铰在无穷远的情况

2. 两个铰在无穷远的情况

图 1-15(a)所示体系，有两个无穷远虚铰和一个有限位置的虚铰，体系为几何不

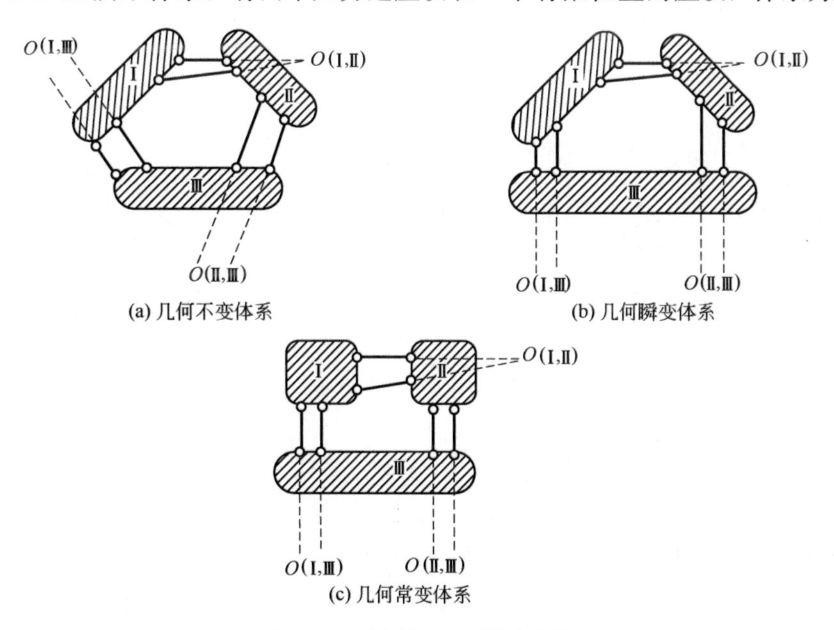

图 1-15　两个铰在无穷远的情况

变体系。若两个无穷远虚铰的四根链杆平行，则可认为在该方向上有一个无穷远虚铰，这个铰与有限位置的虚铰当然共线，因此，体系为几何瞬变体系(图 1-15b)。更进一步，若这四根链杆平行且等长，则体系为几何常变体系(图 1-15c)。

3. 三个铰在无穷远的情况

图 1-16(a)所示体系，三个无穷远铰在不同的方向上，均在无穷远直线上，体系为几何瞬变体系。图 1-16(b)所示体系，因为组成无穷远铰的三对链杆平行且等长，三铰一直为无穷远铰。因此，体系是几何常变体系。

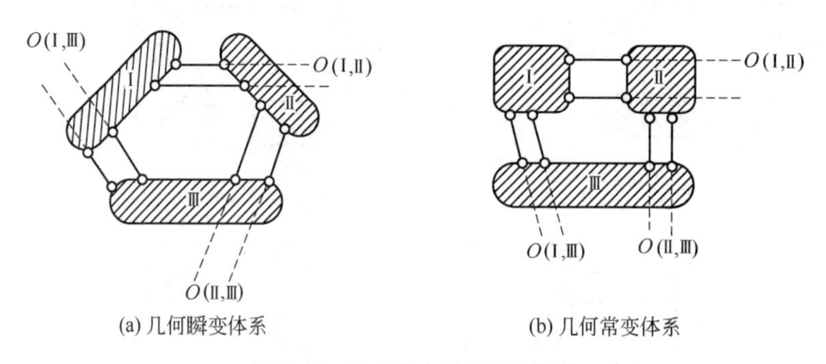

(a) 几何瞬变体系 (b) 几何常变体系

图 1-16 三个铰在无穷远的情况

1.2.4 二元体规律

二元体定义：用一个单铰连接的两个本身无多余约束的刚片，这两个刚片分别仅在其他一个位置用铰与其他体系连接，且这三个铰不共线。则称这两个刚片及连接两个刚片的单铰组成的体系为二元体。图 1-17(a)所示刚片Ⅰ、Ⅱ和单铰 A 就构成了一个二元体。

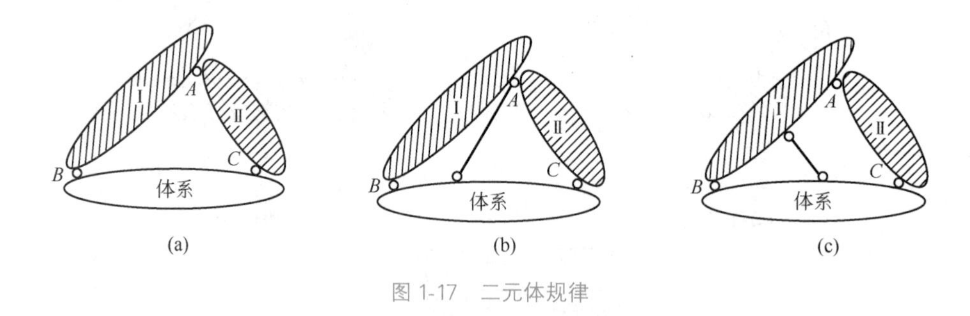

(a) (b) (c)

图 1-17 二元体规律

在进行体系的几何组成分析时，正确判断二元体是非常重要的。初学者在判断时比较容易出错。

例如：图 1-17(b)中，A 铰不是单铰，所以，刚片Ⅰ、刚片Ⅱ和 A 铰组成的体系就不是二元体。再观察图 1-17(c)，除在 A 点外，刚片Ⅰ在其他两个位置与其他体系连接。这时，刚片Ⅰ、刚片Ⅱ和铰 A 组成的体系也不是二元体。

基于二元体的定义，如果原体系是几何不变体系，在体系上增加二元体后，由三刚片规律(规律 3)可知，新体系一定是几何不变体系。

如果原体系是几何可变的，则由于二元体中的两个刚片只限制了单铰节点的自由度。因此，在这个体系上增加二元体不会减少体系的自由度。所以，增加二元体后的新体系仍然是几何可变的。

去掉二元体的情况与此类似。于是得出如下二元体规律：

规律 4 在一个体系上增加或去掉二元体不会改变体系的几何组成。

1.3 平面体系几何组成分析举例

【例题 1-1】 分析图 1-18(a)所示体系的几何组成。

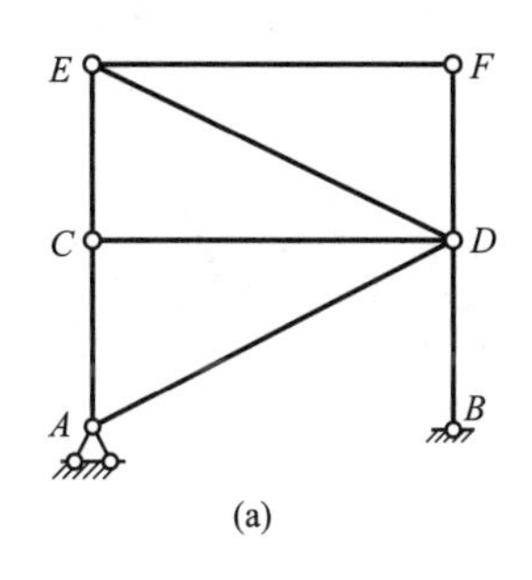

(a)

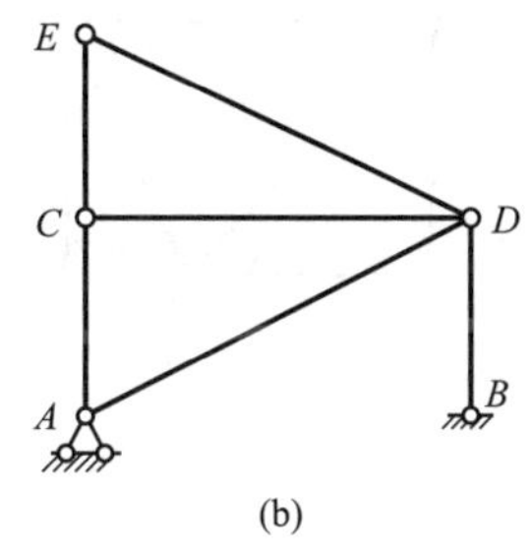

(b)

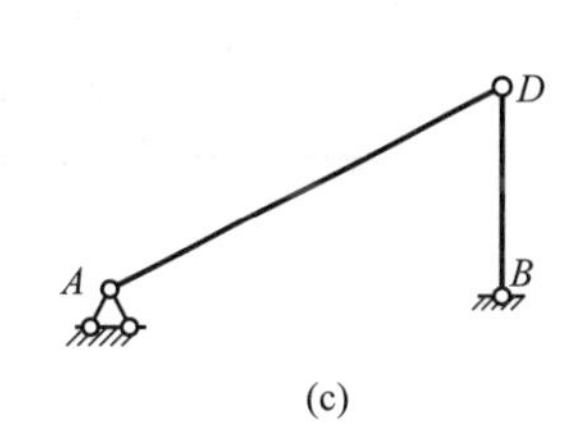

(c)

图 1-18 例题 1-1 图

【解】 在图 1-18(a)所示体系中，可以很容易判断出 *EFD* 组成的小体系是一个二元体，将其去掉得到图 1-18(b)所示体系。在新体系中，*CED* 也变成了一个二元体，也可以去掉。接下来，还可以去掉 *ACD* 组成的二元体。这样，就得到了图 1-18(c)所示的简化体系，该体系为几何不变体系，且没有多余约束。根据规律 4，原体系也是几何不变体系，且无多余约束。

总结：分析时若能找出二元体，应首先将其去掉，这样会减少杆件数量，便于分析。

注意：在去掉二元体 *EFD* 之前，*CED* 不是二元体，不能先去掉。因此，去掉二元体时，特别注意要“依次”去掉。

【例题 1-2】 分析图 1-19(a)所示体系的几何组成。

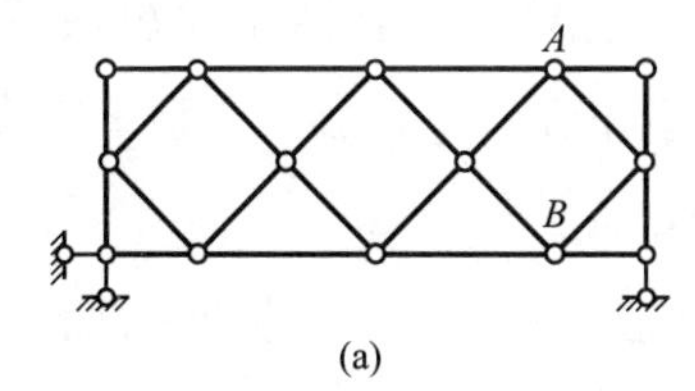

(a)

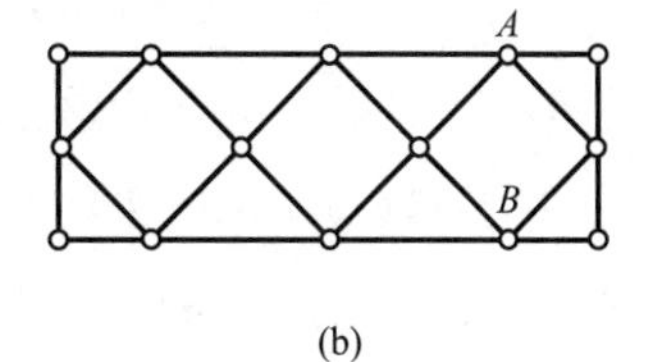

(b)

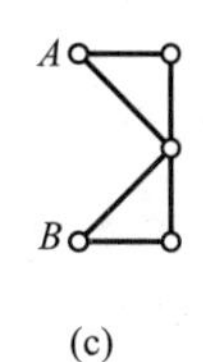

(c)

图 1-19 例题 1-2 图

【解】 该题中的上部体系与基础之间用一个铰和一个不通过铰的链杆连接，这是几何不变体系的连接形式。如果上部体系几何不变，原体系也几何不变；若上部结构几何可变，原体系也为几何可变。因此，可以将图 1-19(a)中的基础和相应的约束(铰和链杆)去掉，直接分析上部体系(图1-19b)。

图 1-19(b)所示体系，依次去掉二元体后，得到图 1-19(c)所示体系。很明显，该体系有一个自由度。所以原体系也是有一个自由度的几何常变体系。

总结： 当基础(刚片)与上部体系之间用几何不变体系的组成规律连接时，可以将基础(刚片)和相应的约束去掉，直接分析余下的体系。余下体系的分析结论就是原体系的结论。

【例题 1-3】 分析图 1-20（a）所示体系的几何组成。

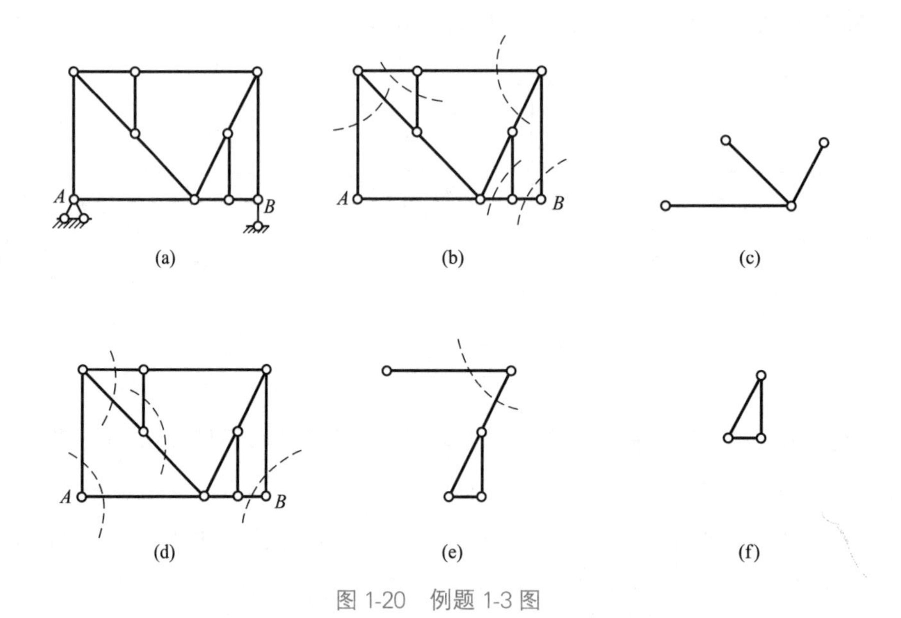

图 1-20 例题 1-3 图

【解】 如上一题所述，在图 1-20(a)所示体系中，可以去掉基础和相应的约束，只分析图 1-20(b)所示的上部结构。从单铰 B 点开始，依次去掉图 1-20(b)中虚线所示的二元体，得到图 1-20(c)所示体系。这个体系很容易判断，是几何可变体系，缺少两个约束。

思考： 如果分别从 A 点和 B 点，依次去掉图 1-20(d)中虚线所示的二元体，得到图 1-20(e)所示体系。再去掉图中虚线所示的二元体，得到图 1-20(f)所示体系。很明显，该体系是几何不变体系。请读者思考问题出在哪里？哪一个是正确解答？

【例题 1-4】 分析图 1-21(a)所示体系的几何组成。

【解法一】 在图 1-21(a)所示体系中，可以先从 A 点开始，依次增加三个二元体，和基础组成一个无多余约束的大刚片，如图 1-21(b)中左边阴影部分所示。然

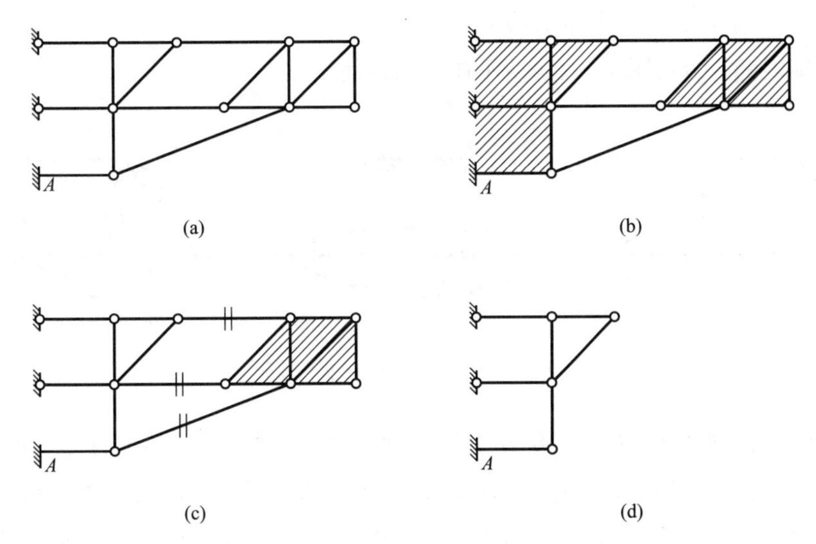

图 1-21　例题 1-4 图

后，再将右边的三个三角形组成一个无多余约束的大刚片，如图 1-21(b)右边的阴影部分所示。左右两边阴影部分由三根既不相互平行，延长线又不交于一点的链杆连接。则整个体系为几何不变体系，且无多余约束。

【解法二】 图 1-21(c)中阴影部分是无多余约束的大刚片，该刚片通过图示的三个既不相互平行，延长线也不交于一点的链杆与体系的其他部分相连。由例题 1-2 总结的思路，可以将该刚片和三根链杆一同去掉，只分析图 1-21(d)所示的余下部分。通过依次去掉二元体，很容易得到结论：该体系是几何不变体系，且无多余约束。

总结：

(1) 有时候，可以从基础开始，通过增加二元体，搭建体系。

(2) 如果一个刚片用几何不变体系的组成规律与体系的其他部分连接，可以将该刚片及约束一起去掉，只分析其余部分。

【例题 1-5】 分析图 1-22(a)所示体系的几何组成。

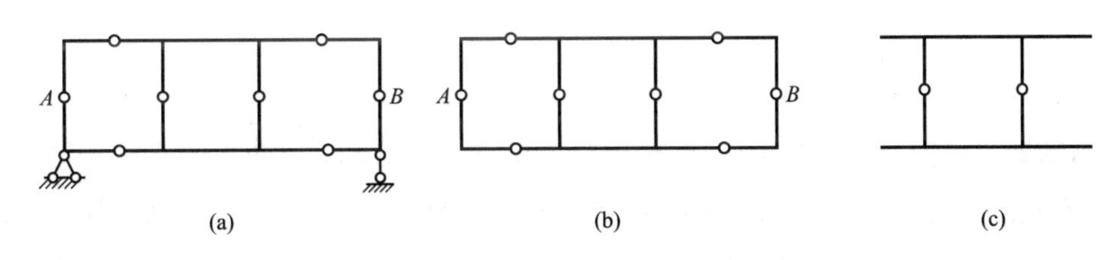

图 1-22　例题 1-5 图

【解】 利用例题 1-2 的结论，只分析图 1-22(b)所示的上部体系。在图 1-22(b)中，从 A 铰和 B 铰出发的两对折杆分别组成了两个二元体。去掉两个二元体后的体系，如图 1-22(c)所示。该体系是几何不变体系，且有一个多余约束。故整个体系也为几何不变体系，且有一个多余约束。

【例题 1-6】 分析图 1-23(a)所示体系的几何组成。

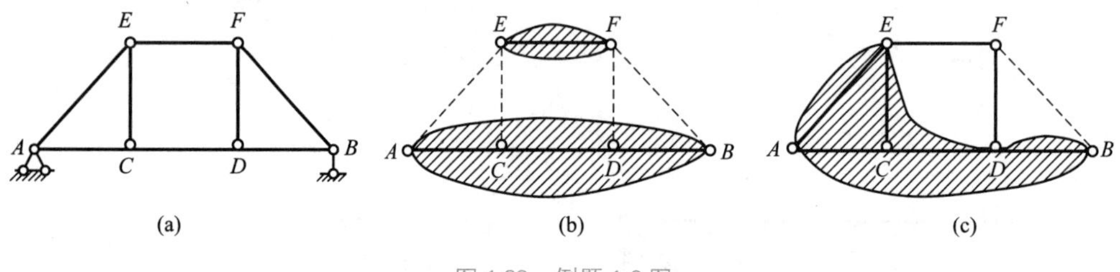

图 1-23 例题 1-6 图

【解法一】 本题可以只分析图 1-23(b)所示的上部体系。这一体系可视为刚片 AB 和刚片 EF 用四根链杆相连，由两刚片规律可知，多了一根链杆。因此，原体系为几何不变体系，且有一个多余约束。需要强调的是，在本题中，四根链杆中的任意一根都可作为多余约束。

【解法二】 将杆件 AE、EC 和 AB 先组成一个无多余约束的刚片(图 1-23c)，然后增加二元体 EFD。则 BF 杆是多余约束。同解法一，也可以增加二元体 BFD，将杆件 EF 看成是多余约束，结论不变。

总结： 在一个体系中，多余约束的个数是一定的。但是，哪个约束是多余的却不一定。

【例题 1-7】 分析图 1-24(a)所示体系的几何组成。

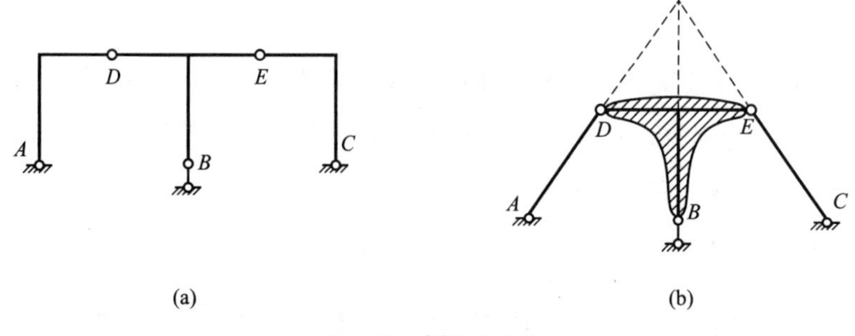

图 1-24 例题 1-7 图

【解】 折杆 AD 和 CE 的约束作用与连接 AD 两点和 CE 两点的直杆相同，因此，在几何组成分析时，可以将折杆 AD、CE 用图 1-24(b)所示直杆来替换。在图 1-24(b)中，将 T 形杆 DEB 看成刚片，该刚片与基础用 AD 杆、CE 杆、B 支杆相连，因三杆延长线交于一点，故体系为几何瞬变体系。

总结： 分析时，可以将折杆在保持与其他部分的连接形式不变的情况下用直杆代替。这样，可以使分析得到简化。

【例题 1-8】 分析图 1-25(a)所示体系的几何组成。

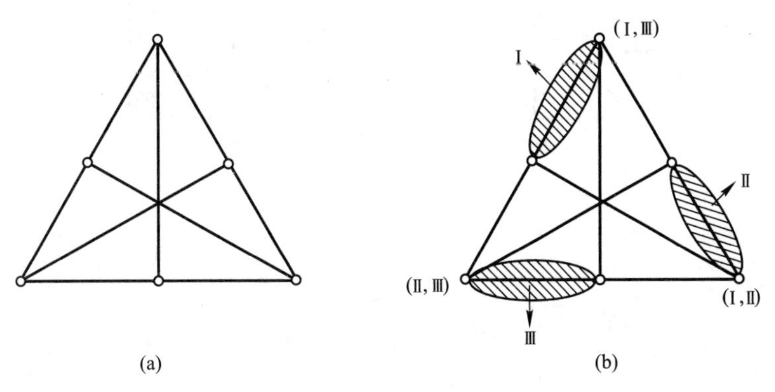

图 1-25 例题 1-8 图

【解】 这个体系共有九根杆件，又没有可以组成的三角形。因此，可以考虑将其中三根杆件看成刚片，其余六根杆件(相当于三个铰)看成是约束，用三刚片的组成规律来分析。首先，选出刚片Ⅰ，则与刚片Ⅰ连接的杆件就一定不是刚片，如图 1-25(b)所示。这样其他两个刚片就好找了。很明显，连接三个刚片的虚铰不在一条直线上。因此，体系为几何不变体系，且没有多余约束。

读者可以试着选择其他杆件作为刚片进行分析。

总结：对于应用三刚片规律分析的体系，选择刚片是一个难点。对于这道例题，可以先选定一个杆件作为刚片，则与其相连的杆件就一定是连接刚片的链杆。进一步，与这些链杆连接的其他杆件则是刚片。选择出两个刚片后，第三个刚片就好找了。

【例题 1-9】 分析图 1-26(a)所示体系的几何组成。

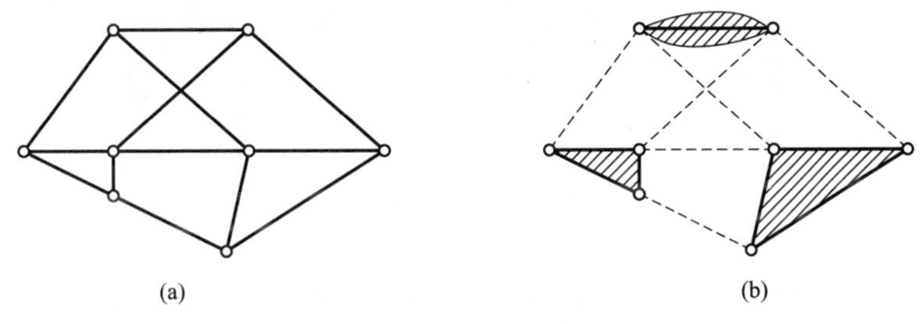

图 1-26 例题 1-9 图

【解】 这个体系有两个铰接三角形，可以先将它们看成刚片。再将与这两个刚片相连的杆件看成链杆，如图 1-26(b)中虚线所示。这样，第三个刚片就很容易找到了。按照三刚片的组成规律进行分析。很明显，体系为几何不变体系，且没有多余约束。

【例题 1-10】 分析图 1-27(a)所示体系的几何组成。

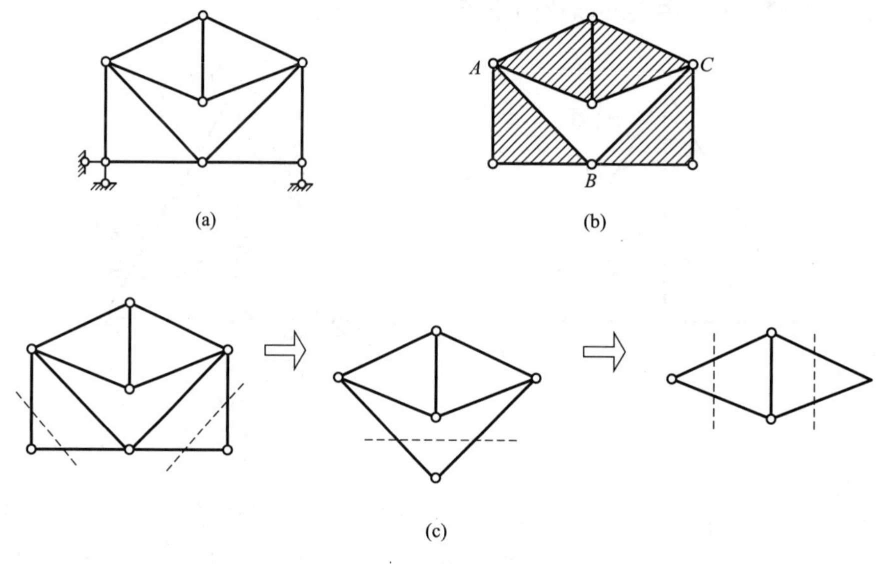

图 1-27　例题 1-10 图

【解法一】 本题可以只分析上部体系。题中三角形较多，可将三角形选作刚片，如图 1-27(b)所示。很明显，三个刚片用三个不在一条直线上的三个铰 A、B、C 相连。因此，原体系为几何不变体系，没有多余约束。

【解法二】 分析上部体系时，也可以采用依次去掉二元体的方法，最后只剩下一根杆件，如图 1-27(c)所示。这是一个本身无多余约束的刚片。结论同上。

【例题 1-11】 分析图 1-28(a)所示体系的几何组成。

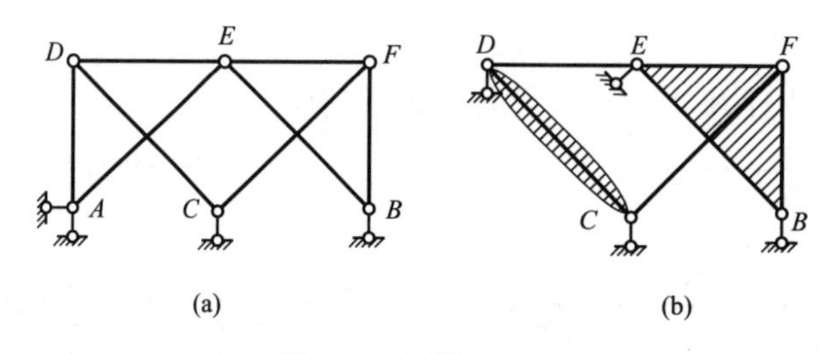

图 1-28　例题 1-11 图

【解】 这个体系的特点是上部结构与基础之间有 4 个约束。可以考虑将基础看成一个刚片，再在上部体系中找两个刚片，然后应用三刚片规则进行分析。

为了简化，首先将上部体系中与固定铰相连的杆件 AD、AE 看成与基础直接相连的链杆，如图 1-28(b)所示。然后，考虑如何将 D、E、C、B 四点的支链杆分成两组(形成两个铰)。首先将铰接三角形 EFB 选作刚片，这样与其相连的 DE、CF 就只是看作连接刚片的链杆了。这时，就很容易确定 DC 杆是另一个刚片了。这样，三个刚片都找到了。如图 1-28(b)所示。

确定了三个刚片和它们之间的相互约束后，很容易确定三个铰的位置：两个有限位置的虚铰和一个无穷远的虚铰，且两个有限位置的虚铰连线与无穷远铰方向相同，因此三虚铰共线，体系瞬变。

总结：应用三刚片规则时，重要的是首先确定一个刚片，然后将与该刚片连接的约束分组(采用尝试的方法)，再找到每组约束连接的刚片。

【例题 1-12】 试分析图 1-29(a)所示体系的几何组成。

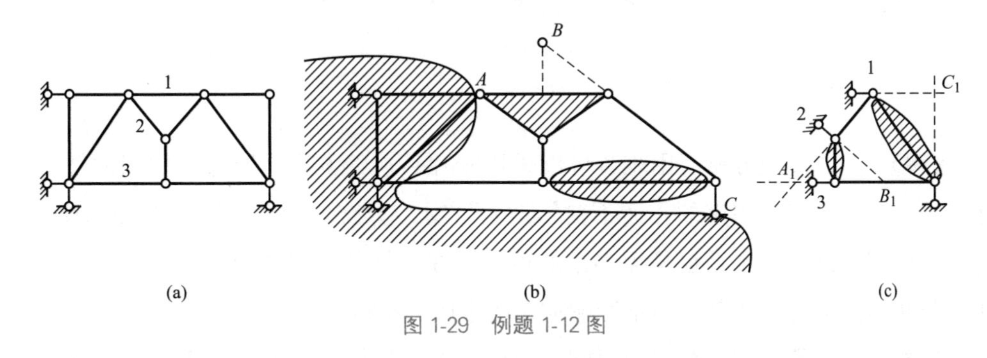

图 1-29 例题 1-12 图

【解法一】 首先，去掉右上角的二元体；因为上部体系与基础之间有 4 个约束，可仿照例题 1-11 的方法进行分析。原体系内部杆件较多，考虑先将左边的三角形和基础组成一个大刚片，再选图 1-29(b)所示的另外两个刚片。用三刚片规则分析(三个铰的位置为 A、B、C)，结论为无多余约束几何不变体系。

【解法二】 本题中因为左边的三角形与基础连成了大刚片，则原体系中，杆件 1、2、3 就可以等效成与基础相连的链杆，如图 1-29(c)所示。这时，再选择刚片就容易得多了。三铰的位置分别在 A_1、B_1、C_1 处。

【例题 1-13】 试分析图 1-30(a)所示体系的几何组成。

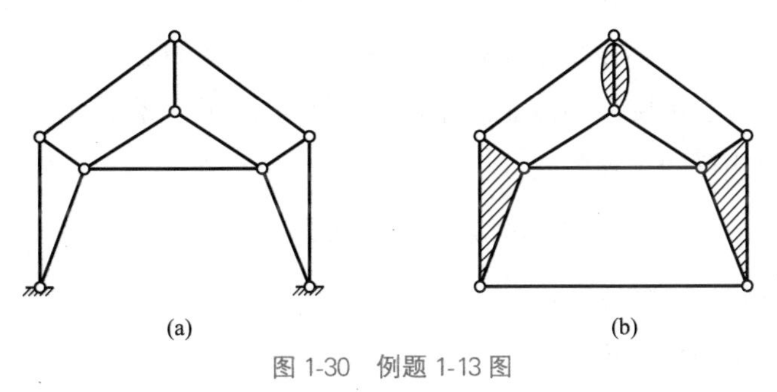

图 1-30 例题 1-13 图

【解】 本题的基础与上部体系之间用两个铰连接。根据链杆的广泛定义，基础可以用连接两个铰的直杆代替，如图 1-30(b)所示。不影响分析结论。

在图 1-30(b)所示体系中，选择两个三角形和一根竖杆作为刚片，连接三个刚片的虚铰均在无穷远处，体系为几何瞬变体系。

【例题 1-14】 试分析图 1-31(a)所示体系的几何组成。

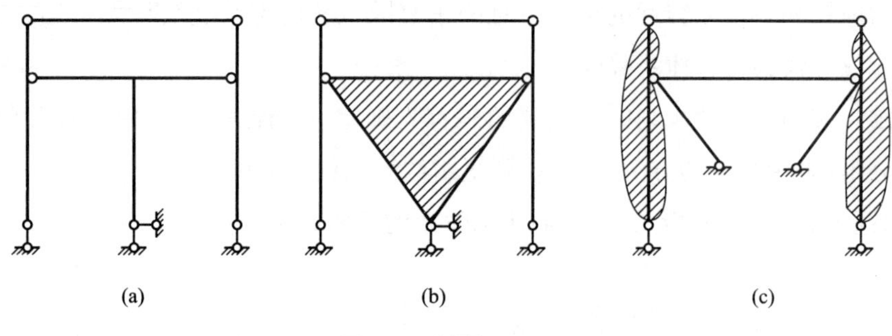

图 1-31 例题 1-14 图

【解】 该题直接分析有困难，可以采用刚片转换的方法。原体系中间的 T 形折杆本身是一个无多余约束的几何不变体系，且用三个铰与体系的其他部分相连。这时，可以用另外一个本身也是无多余约束，且在同样的位置以同样的约束形式与其他部分相连的刚片来代替，而不影响体系的组成分析结论。

选择一个最简单的铰接三角形刚片来代替 T 形折杆，如图 1-31(b)所示。与例题 1-11 和例题 1-12 相似，上部结构与基础之间有四根链杆相连。将两根斜杆看成是与基础相连的链杆。选择图 1-31(c)所示两根竖杆和基础作为刚片进行分析，结果为三铰共线(两个有限铰连线与无穷远铰的方向相同)，体系为几何瞬变体系。

1.4 体系的计算自由度

对于一些复杂体系，直接判断体系的自由度和约束情况比较困难。这里，引入计算自由度的概念，可以在一定程度上解决这个问题。

首先，假设约束都不存在，计算体系各刚片自由度的总和。然后，计算约束的个数。将自由刚片自由度总和减去约束的个数便得到了体系的计算自由度。据此可得到体系计算自由度的计算公式：

$$W=3m-(r_1+2r_2+3r_3)$$

式中 W——计算自由度数目；

m——自由刚片的数目；

r_1——链杆的数目；

r_2——单铰的数目；

r_3——单刚节点的数目。

下面通过几道例题说明公式的应用，并引出一些概念和结论。

【例题 1-15】 试求图 1-32 所示体系的计算自由度。

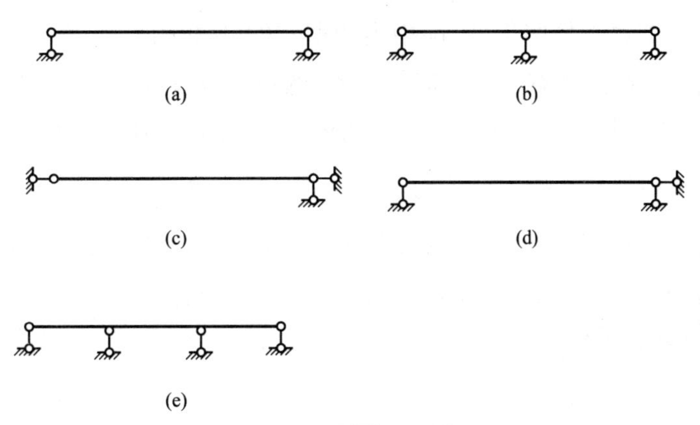

图 1-32　例题 1-15 图

【解】 这道题很简单，表 1-1 给出了计算结果。为了说明问题，表中还给出了体系的几何组成分析结论、约束情况和体系实际的自由度数目。

例题 1-15 计算结果　　表 1-1

体系	几何可变性	约束情况	实际自由度数	计算自由度数
图 1-32(a)	几何常变	少一个约束	1	1
图 1-32(b)	几何常变	少一个必要约束，多一个竖向约束	1	0
图 1-32(c)	几何瞬变	少一个必要约束，多一个水平约束	1	0
图 1-32(d)	几何不变	没有多余约束	0	0
图 1-32(e)	几何常变	少一个必要约束，多两个竖向约束	1	−1

从计算结果可以看出，体系的计算自由度结果只能正确计算约束的个数，不能区分必要约束和多余约束，即不能反映约束的位置。

因此，当体系没有多余约束时，计算自由度的结果可以直接用来判断体系几何组成。有多余约束时，则不能。

【例题 1-16】 试求图 1-33(a)所示结构的计算自由度。

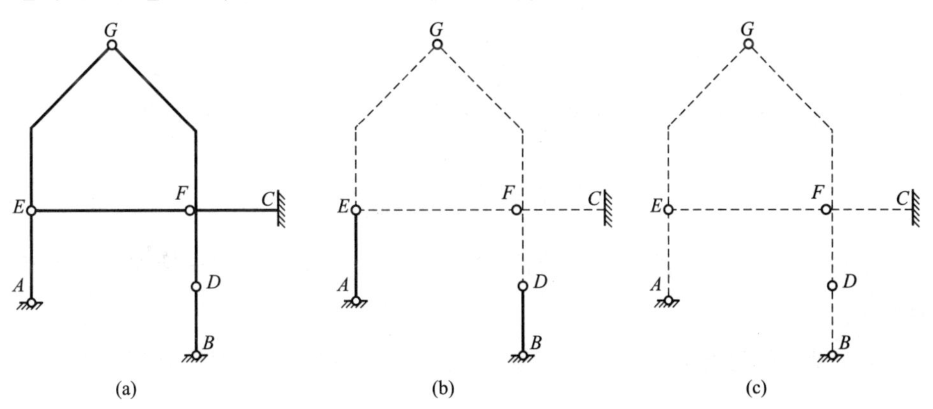

图 1-33　例题 1-16 图

【解法一】 首先选择图 1-33(b)中虚线所示的杆件为刚片(EG、$GFDC$、EF)，其余部分为约束。故刚片有 3 个，即 $m=3$；约束中有链杆 EA、DB，单铰 E、G、F，固定端 C。故 $r_1=2$、$r_2=3$、$r_3=1$。所以，体系的计算自由度为：

$$W=3m-(r_1+2r_2+3r_3)=3\times3-(1\times2+2\times3+3\times1)=-2$$

【解法二】 选择图 1-33(c)中虚线所示的杆件为刚片(EG、$GFDC$、EF、AE、DB)，其余部分为约束。故刚片有 5 个，即 $m=5$；约束中有单铰 G、F、A、D、B，复铰 E(相当于两个单铰)，固定端 C。故 $r_1=0$、$r_2=7$、$r_3=1$。所以，体系的计算自由度为：

$$W=3m-(r_1+2r_2+3r_3)=3\times5-(1\times0+2\times7+3\times1)=-2$$

讨论：

(1) 从自由度的计算结果只能判断出这个体系一定有多余约束，而且多余约束的个数大于或等于 2。

(2) 实际上，该体系是一个几何不变体系，有 2 个多余约束。

总结： 从本例题可以看到，计算自由度的关键是正确判断约束的种类和个数。

1.5 瞬变体系

本节要讨论的内容是几何瞬变体系的受力特征，说明为什么瞬变体系不能作为常规的工程结构。

图 1-34(a)所示体系为几何瞬变体系。

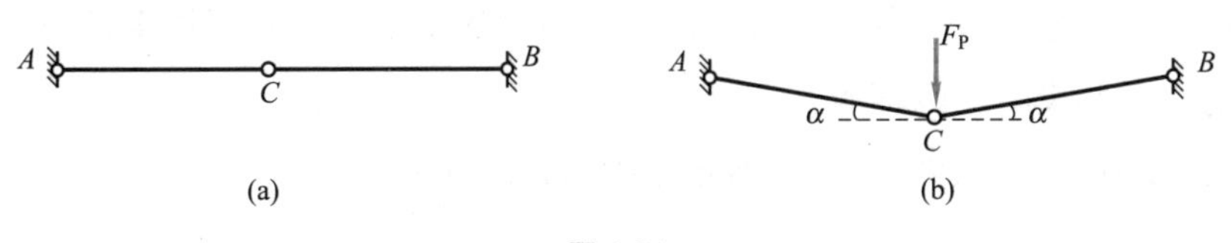

图 1-34

由图 1-34(b)中 C 点的平衡条件，很容易得到杆件 AC 和 BC 的轴力为：

$$F_{NAC}=F_{NBC}=\frac{F_P}{2\sin\alpha}$$

当 α 很小时，杆件 AC 和 BC 的轴力将非常大。因此，可以这样理解瞬变体系的受力特征：

(1) 在发生位移之前，因为平衡条件无法满足，体系不能承受荷载，所以发生位移。

(2) 发生微小位移之后，体系变成几何不变体系，可以承受荷载。

（3）因为位移是微小的，在正常荷载作用下，体系会产生很大的内力。

因此，瞬变体系产生瞬变的原因是约束的位置不合适；瞬变体系不能作为常规结构的原因是正常荷载作用下，会产生很大的内力。

再考查图 1-35(a)所示的几何瞬变体系。原体系的三根竖向链杆不能提供水平力，因此体系在水平荷载作用下，将沿水平方向发生微小位移。取图 1-35(b)所示的隔离体，考虑水平方向的平衡。三根链杆虽然可以提供水平分力，但因为倾斜的角度很小，要想使水平分力与水平荷载的水平相当，需要链杆的轴力非常大。因此，这个体系也不能作为常规结构。

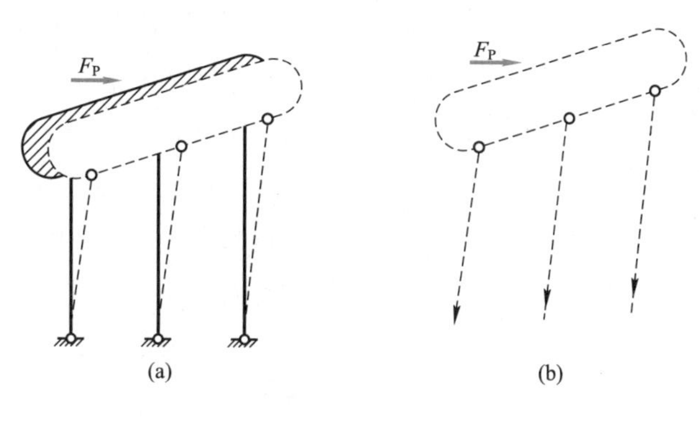

图 1-35

有兴趣的读者，可以针对几何瞬变体系的其他情况进行分析。

1.6 结论与讨论

1.6.1 结论

（1）没有多余约束的几何不变体系称为静定结构。灵活运用几何组成规律可构造各种静定结构。结构的组装顺序和受力分析次序密切相关。

（2）有多余约束的几何不变体系称为超静定结构。正确判定超静定结构中多余约束的个数和位置对以后的结构分析十分重要。

（3）应用几何组成规律分析一个体系几何组成时，应注意刚体形状可任意改换。**按照找大刚体(或刚片)、减二元体、去支座分析内部几何组成等方法，使体系得到最大限度简化后，再应用几何组成规律分析。**

（4）对于复杂体系，当用三角形规则难以分析时，可采用其他分析方法，请参阅其他书籍。

1.6.2 讨论

(1) 三刚片三铰体系中，有无穷远虚铰的情形，体系是否几何不变，应视不同情形区别对待。例如图 1-36(a)所示为有一个虚铰在无穷远处的体系，若将刚片Ⅰ用链杆 AB 代替，则得图 1-36(b)所示两刚片体系。在这个体系中，若三根链杆平行且等长则为常变体系；三根链杆平行但不等长则为瞬变体系；三根链杆不全平行且不交于一点则为不变体系。对于有两个或三个虚铰在无穷远处的情形，留给读者自行分析研究。

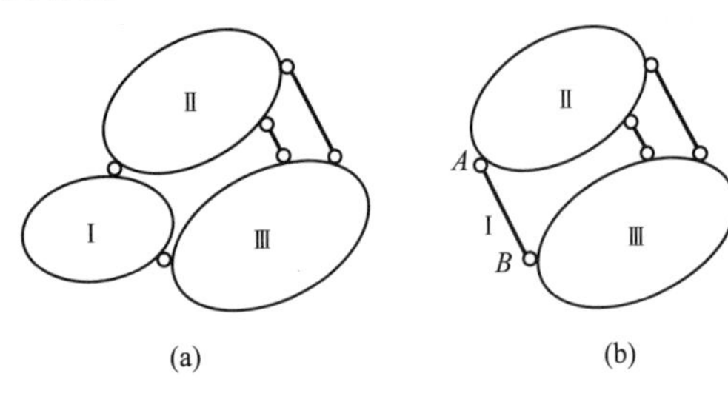

图 1-36 三刚片三铰体系中有无穷远虚铰的情形

(2) 杆件体系的几何组成分析，实质上是刚体体系运动的可能性分析问题。因此，可从任一不动点(内部几何组成分析时设某刚片不动)开始，根据连接情况和理论力学中运动学知识，逐杆分析，最终看能否产生运动。由此思路出发，曾经有人提出通过作速度图分析体系可变性，对此有兴趣的读者可参考相关资料。

(3) 随着计算机在结构力学应用中的发展，复杂杆件体系的可变性分析可用计算机来解决。有兴趣的读者可参考相关资料。

(4) 传统(常规)意义下的“结构”必须为几何不变的。但是实际生活中也有许多“可变结构”的例子，人造卫星的太阳能电池板，卫星发射时它是折叠的，进入轨道后，伸展成板状接收太阳能。又如一些单位的可折叠大门、商场和市政修理路灯的可升降平台、体育建筑的可开合结构等等，从几何组成分析角度，它们都是可变体系。可见，只要合理地设计和进行相应的控制，从更广泛的意义上说，可变体系也是可以作“结构”使用的。

思考题

1-1 无多余约束几何不变体系三个组成规则之间有何关系?

1-2 实铰与虚铰有何差别?

1-3 试举例说明瞬变体系不能作为结构的原因。接近瞬变的体系是否可作为结构?

1-4　体系的计算自由度有何作用?

1-5　做平面体系组成分析的基本思路、步骤如何?

1-6　连接 n 根杆的复铰节点相当于多少个单铰?

1-7　连接 n 根杆的复刚节点相当于多少个单刚节点?

1-8　瞬变体系产生瞬变是因为约束的数量不够吗?

1-9　若三刚片三铰体系中的三个虚铰均在无穷远处，体系一定是几何可变吗?

习题

1-1　分析图 1-37 所示体系的几何组成。

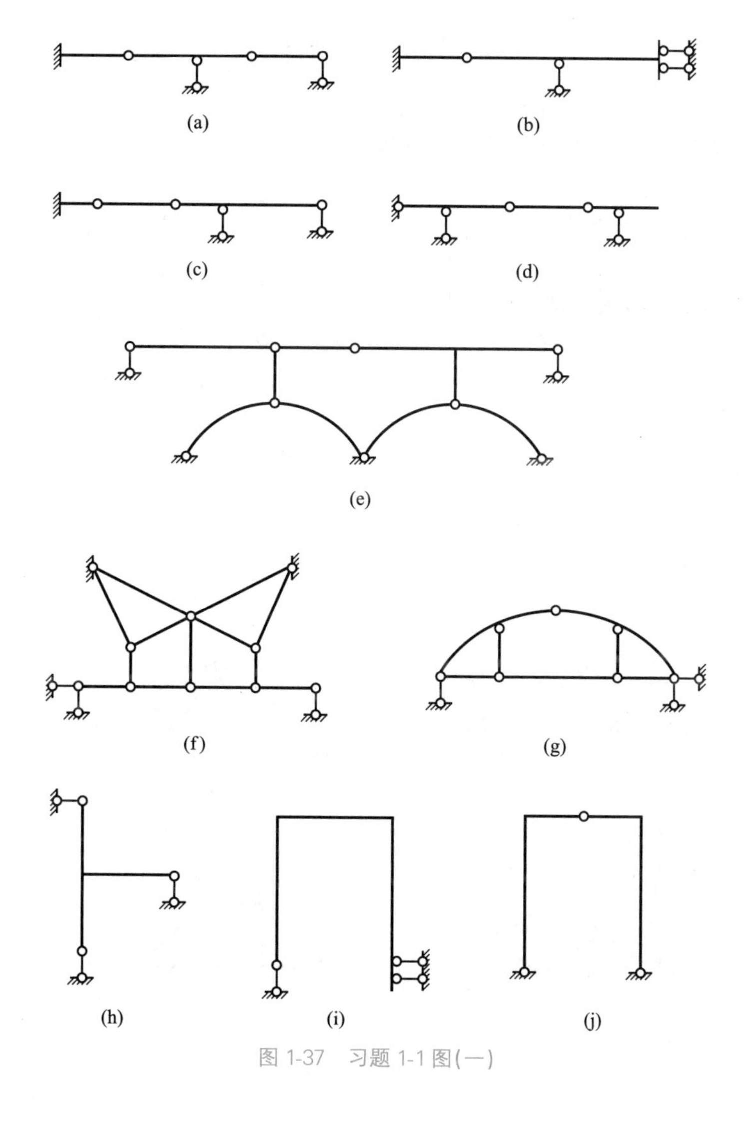

图 1-37　习题 1-1 图(一)

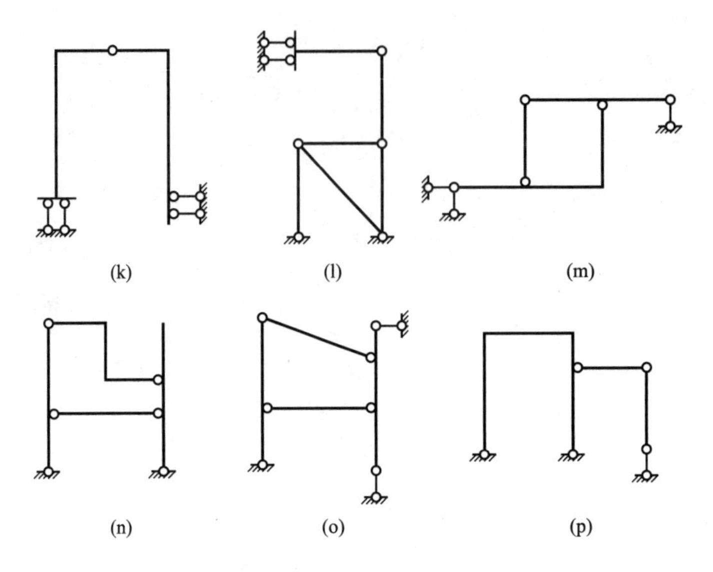

图 1-37　习题 1-1 图(二)

1-2　分析图 1-38 所示体系的几何组成。

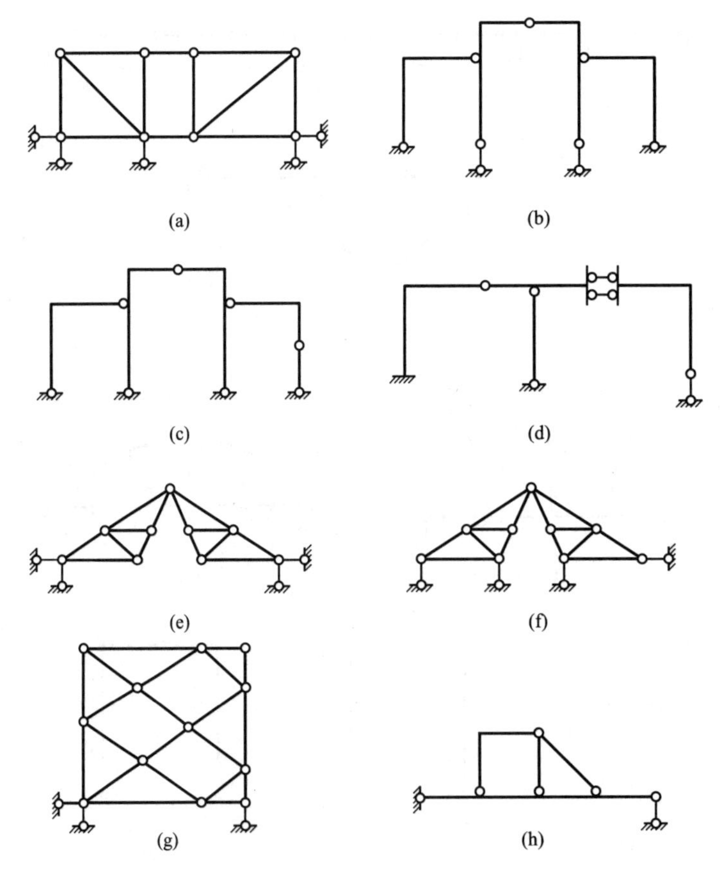

图 1-38　习题 1-2 图(一)

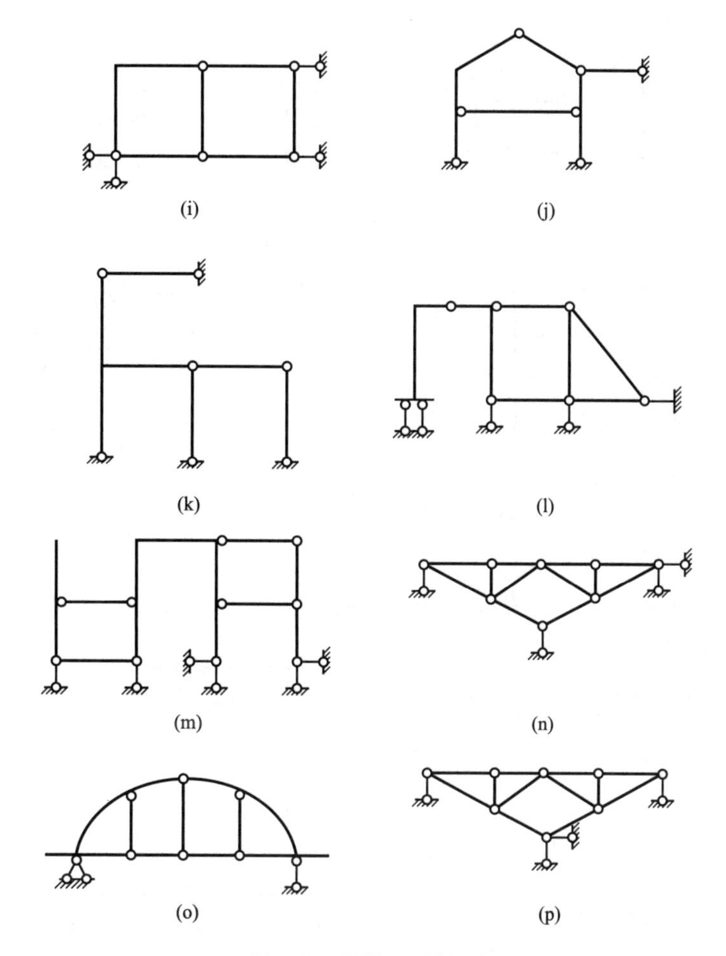

图 1-38　习题 1-2 图(二)

1-3　分析图 1-39 所示体系的几何组成。

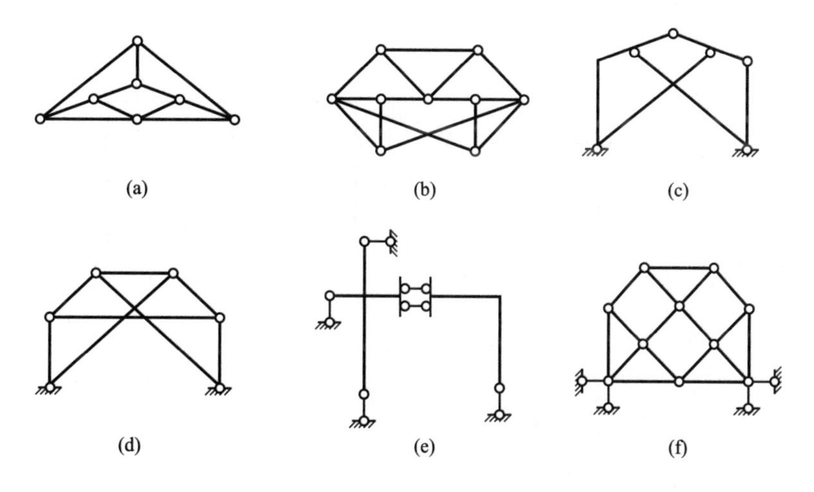

图 1-39　习题 1-3 图(一)

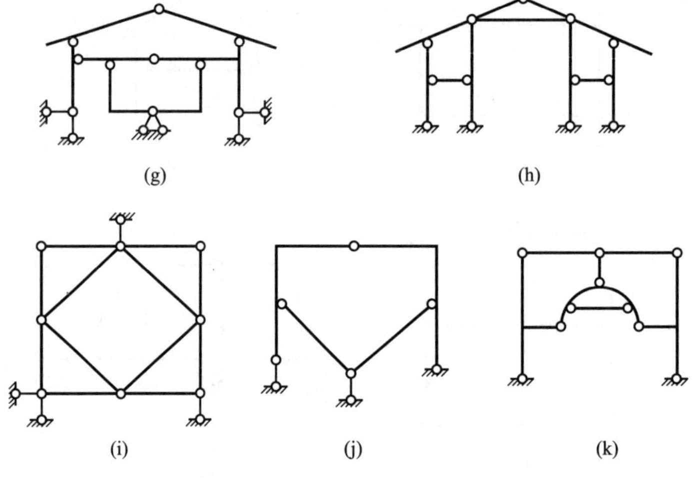

图 1-39　习题 1-3 图(二)

1-4　将图 1-40 所示体系中的多余约束去掉(不少于三种选择)。

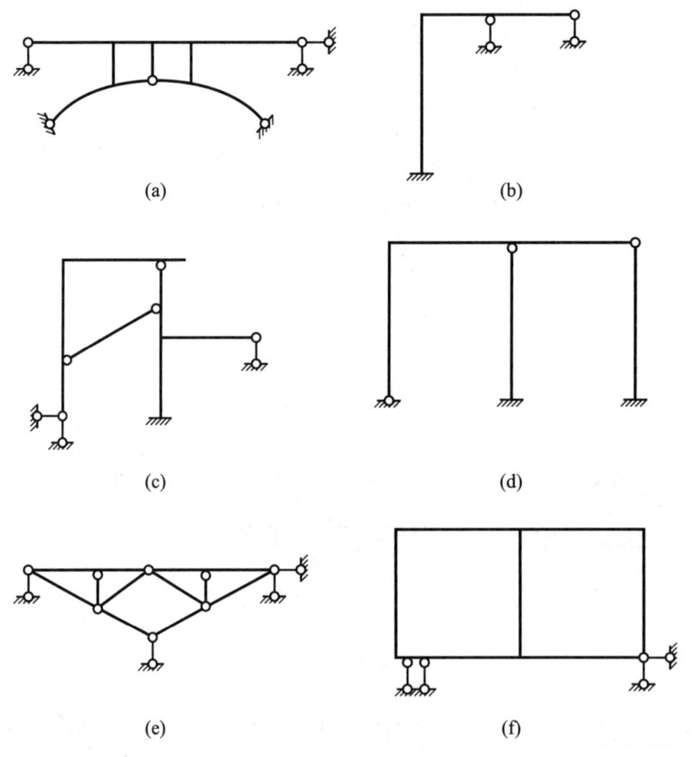

图 1-40　习题 1-4 图

第2章

静定结构受力分析

本章知识点

【知识点】 静定平面桁架的特点、组成与分类，节点法、截面法和联合法求静定平面桁架内力。区段叠加法画弯矩图，简支斜梁的计算，多跨静定梁的组成、特点及内力图。静定平面刚架的几何组成和特点，静定平面刚架的支座反力、杆端内力的计算，静定平面刚架内力图的绘制。三铰拱的受力特点，三铰拱合理拱轴线。组合结构的内力计算。

【重点】 桁架特殊杆内力判断，复杂桁架内力计算，区段叠加法画弯矩图，静定平面刚架内力图，三铰拱的反力和内力计算，组合结构的内力计算。

【难点】 桁架截面法截面的选择，复杂刚架的反力，已知弯矩图绘制剪力图、轴力图，三铰拱截面剪力和轴力的计算，组合结构中梁式杆的弯矩图。

从几何组成特征上讲，所谓静定结构就是无多余约束的几何不变体系。从静力特征上讲，静定结构只用静力平衡方程，就可以求出全部反力和内力，而且解答是唯一的。

静定结构的受力分析主要包括：支座反力和内力的计算、内力图的绘制以及受力性能的分析等。分析的过程一般为：

(1) 求支座反力。

(2) 求控制截面内力。首先，切开控制截面，取截面一侧的部分结构作为隔离体；然后，在隔离体上画出所有的作用力(包括：切开截面暴露出的截面内力和隔离体上作用的荷载)，已知的力按照实际方向画，未知的力按规定的正向画；最后，利用隔离体的平衡方程，求出控制截面的内力。

(3) 绘制内力图。根据内力图与荷载的微分关系及区段叠加法，绘制内力图。

(4) 内力图校核。内力图一般要进行校核，这不但是学习的良好习惯，也是解决问题能力的一种体现。

本章将结合几种典型的结构形式，讨论上述相关问题。涉及的结构形式有：桁架、梁和刚架、拱、组合结构等。

本章的讨论是在理论力学和材料力学的基础上进行的，但针对的结构形式及讨论问题的深度、广度都有所拓展，关注的角度也有所不同，一些相关的规定也略有不同。这一点会在本章的学习中逐步有所体会。这一章的内容对后面学习而言，既是基础也是工具。明确这一点，是非常重要的。

2.1 静定桁架受力分析

2.1.1 桁架结构概述

如图 2-1 所示，一些杆轴交于一点的工程结构经合理抽象简化后，其计算简图可简化成“只受节点荷载作用的直杆、铰接体系”，这样的体系称为桁架结构(Truss Structure)，其受力特性是杆件的内力只有轴力，没有弯矩和剪力。轴力以拉力为正、压力为负。

图 2-1 为工程中一些桁架结构的实例。

根据结构几何组成方式，静定桁架可以分成三类：

(1) 简单桁架：由基础或基本三角形，通过依次增加二元体所组成的桁架，如图 2-2(a)所示。

(2) 联合桁架：由简单桁架按几何不变体系的组成规律构造的桁架，如图 2-2

(a) 桁架结构门式起重机

(b) 屋面桁架结构

(c) 造型桁架结构

(d) 雨篷桁架结构

图 2-1　桁架结构实例

(b)所示。

(3) 复杂桁架：除(1)、(2)类以外的其他桁架，如图 2-2(c)所示。

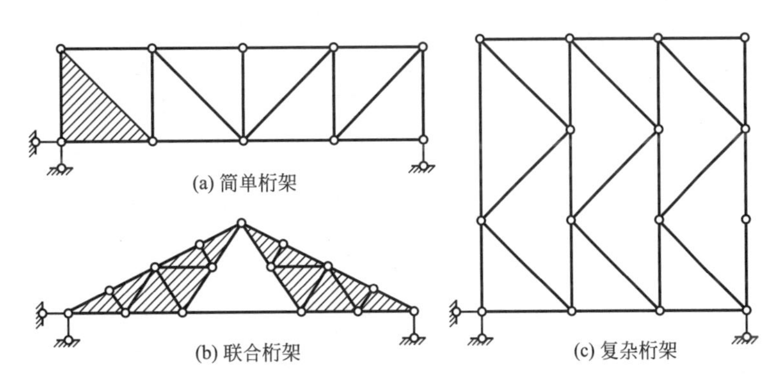
(a) 简单桁架　(b) 联合桁架　(c) 复杂桁架

图 2-2　桁架组成分类

桁架还可按外形特点进行分类，有平行弦、梯形、抛物线形、折线形桁架等，这里不再赘述。

2.1.2　节点法

所谓节点法，就是截取桁架的节点为隔离体，求解杆件轴力的方法。下面举例说明节点法的应用。

【例题 2-1】 试用节点法分析图 2-3(a)所示桁架各杆件的内力。

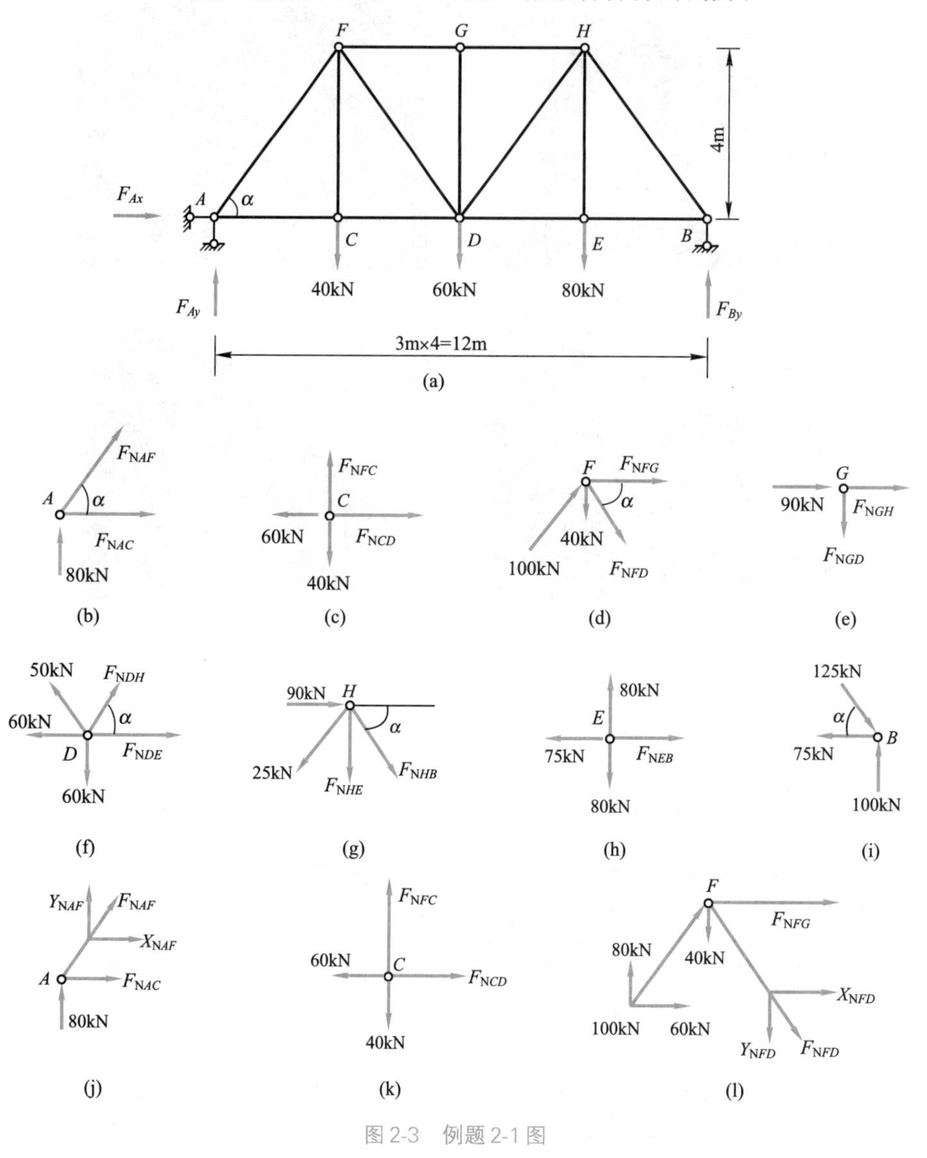

图 2-3　例题 2-1 图

【解法一】 (1) 求支座反力

支座反力的正向没有具体的规定，一般情况下，未知的竖向支座反力向上画，水平支座反力的方向可以任意画。如果求出的结果是正的，说明实际的反力方向与图中画的方向相同；否则，相反。

该桁架的支座反力可由桁架的整体平衡条件求得，具体过程为：

$$\sum F_x=0\text{：}F_{Ax}=0$$

$$\sum M_B=0\text{：}F_{Ay}\times12-80\times3-60\times6-40\times9=0$$

$$F_{Ay}=80\text{kN}(\uparrow)$$

$$\sum F_y=0:F_{By}=100\text{kN}$$

(2) 截取各节点求解杆件内力

对于桁架结构，因为每根杆上的轴力都是常数，所以，没有“控制截面”而言，可以任意切断。

由于取出的隔离体是桁架节点，节点的受力组成一个平面汇交力系，只有两个平衡方程可以利用，最多可以解出两个未知力。因此，最好选择只有两个未知杆件轴力的节点先进行计算，这样可以避免解联立方程。

为此，首先取 A 节点，然后，依次取 C、F、G、D、H、E 节点作为隔离体进行求解。为了后面求解方便，先计算出桁架四个斜杆倾角的正弦和余弦。由图 2-3(a)中尺寸可知，$\sin\alpha=4/5$，$\cos\alpha=3/5$。

节点 A：隔离体如图 2-3(b)所示，求 AF 杆和 AC 杆的轴力

$$\sum F_y=0:F_{NAF}\sin\alpha+80=0,\quad F_{NAF}=-100\text{kN}$$

$$\sum F_x=0:F_{NAF}\cos\alpha+F_{NAC}=0,\quad F_{NAC}=60\text{kN}$$

节点 C：隔离体如图 2-3(c)所示，求 CD 杆和 FC 杆的轴力

$$\sum F_x=0:F_{NCD}-60=0,\quad F_{NCD}=60\text{kN}$$

$$\sum F_y=0:F_{NFC}-40=0,\quad F_{NFC}=40\text{kN}$$

节点 F：隔离体如图 2-3(d)所示，求 FD 杆和 FG 杆的轴力

$$\sum F_y=0:F_{NFD}\sin\alpha+40-100\times\sin\alpha=0,\quad F_{NFD}=50\text{kN}$$

$$\sum F_x=0:F_{NFG}+F_{NFD}\cos\alpha+100\times\cos\alpha=0,\quad F_{NFG}=-90\text{kN}$$

节点 G：隔离体如图 2-3(e)所示，求 GD 杆和 GH 杆的轴力

$$\sum F_y=0:F_{NGD}=0$$

$$\sum F_x=0:F_{NGH}=-90\text{kN}$$

节点 D：隔离体如图 2-3(f)所示，求 DH 杆和 DE 杆的轴力

$$\sum F_y=0:F_{NDH}\sin\alpha+50\times\sin\alpha-60=0,\ F_{NDH}=25\text{kN}$$

$$\sum F_x=0:F_{NDE}+F_{NDH}\cos\alpha-50\cos\alpha-60=0,\quad F_{NDE}=75\text{kN}$$

节点 H：隔离体如图 2-3(g)所示，求 HB 杆和 HE 杆的轴力

$$\sum F_x=0:F_{NHB}\cos\alpha+90-25\times\cos\alpha=0,\quad F_{NHB}=-125\text{kN}$$

$$\sum F_y=0:F_{NHE}+25\times\sin\alpha+F_{NHB}\sin\alpha=0,\quad F_{NHE}=80\text{kN}$$

节点 E：隔离体如图 2-3(h)所示，求 EB 杆的轴力

$$\sum F_x=0:F_{NEB}-75=0,\quad F_{NEB}=75\text{kN}$$

(3) 校核

在图 2-3(h)隔离体上，竖直方向的两个力都已经在前面分别求出，这时可以利用这两个力是否满足平衡条件来校核前面的计算结果是否正确。很明显

$$\sum F_y = 80 - 80 = 0$$

平衡条件满足，计算正确。

因为 B 节点的力也都已求出，因此，还可以利用 B 节点的力是否满足平衡方程进一步来校核计算是否正确，如图 2-3(i)所示。很明显，各力满足平衡条件，表明计算结果正确。

【解法二】 (1) 求支座反力，同解法一。

(2) 截取各节点作为隔离体，求解杆件内力。与解法一不同的是利用平衡方程时，首先，求出某个未知力的分力(水平的或竖向的)；然后，根据比例关系求出另一个分力和合力。

节点 A：隔离体如图 2-3(j)所示，求 AF 杆的竖向分力

$$\sum F_y = 0:\ Y_{NAF} + 80 = 0,\quad Y_{NAF} = -80\text{kN}$$

然后，由比例关系求其水平分力和合力

$$\frac{X_{NAF}}{3} = \frac{Y_{NAF}}{4}:\ X_{NAF} = -\frac{3}{4} \times 80 = -60\text{kN}$$

$$\frac{F_{NAF}}{5} = \frac{Y_{NAF}}{4}:\ F_{NAF} = -\frac{5}{4} \times 80 = -100\text{kN}$$

求 AC 杆的轴力

$$\sum F_x = 0:\ F_{NAC} + X_{NAF} = 0,\quad F_{NAC} = 60\text{kN}$$

节点 C：隔离体如图 2-3(k)所示，求 CD 杆和 FC 杆的轴力

$$\sum F_x = 0:\ F_{NCD} = 60\text{kN}$$

$$\sum F_y = 0:\ F_{NFC} = 40\text{kN}$$

节点 F：隔离体如图 2-3(l)所示。求 FD 杆的竖向分力

$$\sum F_y = 0:\ Y_{NFD} + 40 - 80 = 0,\quad Y_{NFD} = 40\text{kN}$$

由比例关系，求 FD 杆的水平分力和合力

$$\frac{X_{NFD}}{3} = \frac{Y_{NFD}}{4}:\ X_{NFD} = \frac{3}{4} \times 40 = 30\text{kN}$$

$$\frac{F_{NFD}}{5}=\frac{Y_{NFD}}{4}：F_{NFD}=\frac{5}{4}\times 40=50\text{kN}$$

求 FC 杆的轴力

$$\sum F_x=0：F_{NFG}+X_{NFD}+60=0，\quad F_{NFG}=-90\text{kN}$$

此后，依次取节点 G、D、H、E 为隔离体，直到求出全部内力。

总结：从这道例题的求解过程可以看到，为了避免解联立方程，截取节点的顺序与几何组成分析中“去掉二元体”的顺序相同。

【例题 2-2】 试用节点法分析图 2-4(a)所示桁架各杆件的内力。

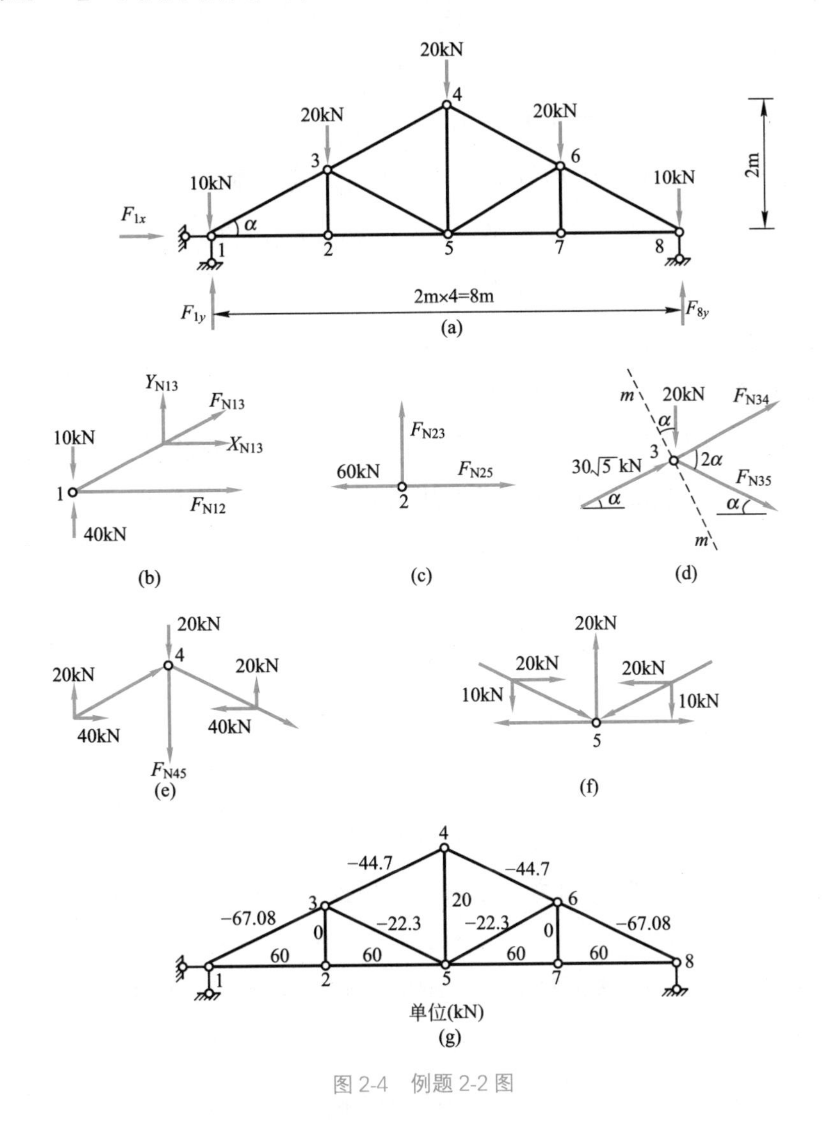

图 2-4　例题 2-2 图

【解】 (1) 由整体平衡条件求得支座反力：

$$F_{1x}=0，\quad F_{1y}=F_{8y}=40\text{kN}$$

（2）按照“去掉二元体的顺序”，从节点1开始依次求解杆件轴力。

节点1：隔离体如图2-4(b)所示，求13杆的竖向分力

$$\Sigma F_y=0:\ Y_{N13}+40-10=0,\quad Y_{N13}=-30\text{kN}$$

由比例关系求13杆的水平分力和合力

$$\frac{X_{N13}}{2}=\frac{Y_{N13}}{1}:\ X_{N13}=2Y_{N13}=-60\text{kN}$$

$$\frac{F_{N13}}{\sqrt{5}}=\frac{Y_{N13}}{1}:\ F_{N13}=\sqrt{5}Y_{N13}=-30\sqrt{5}=-67.08\text{kN}$$

求12杆的轴力

$$\Sigma F_x=0:\ F_{N12}+X_{N13}=0,\quad F_{N12}=60\text{kN}$$

节点2：隔离体如图2-4(c)所示，求25杆、23杆的轴力

$$\Sigma F_x=0:\ F_{N25}-60\text{kN}=0,\quad F_{N25}=60\text{kN}$$

$$\Sigma F_y=0:\ F_{N23}=0$$

节点3：隔离体如图2-4(d)所示。在这个节点上，两个未知内力F_{N35}和F_{N34}对水平轴都有倾角α。为了避免解联立方程，选取与其中一个未知轴力方向垂直的方向作为投影轴。节点上所有力向这个轴投影时，该未知内力的投影为零。如图2-4(d)所示，选与F_{N34}垂直方向(m-m线)作为投影轴，求35杆的轴力

$$\Sigma F_{mm}=0:\ F_{N35}\cdot\sin 2\alpha+20\cos\alpha=0$$

$$F_{N35}=-\frac{20\cos\alpha}{\sin 2\alpha}=-\frac{20}{2\sin\alpha}=-10\sqrt{5}=-22.36\text{kN}$$

求34杆的轴力

$$\Sigma F_x=0:\ F_{N34}\cos\alpha+30\sqrt{5}\cdot\cos\alpha+F_{N35}\cos\alpha=0$$

$$F_{N34}=-20\sqrt{5}=-44.72\text{kN}$$

至此，桁架左半边各杆轴力均已求出。根据对称性，可以确定右半边杆件的轴力。

继续取节点4，求杆45的轴力，隔离体如图2-4(e)所示。很明显

$$F_{N45}=20\text{kN}$$

最后，用节点5的平衡条件校核解答是否正确。

各杆轴力如图2-4(g)所示。

【例题2-3】 试判断图2-5(a)所示桁架中的零杆。

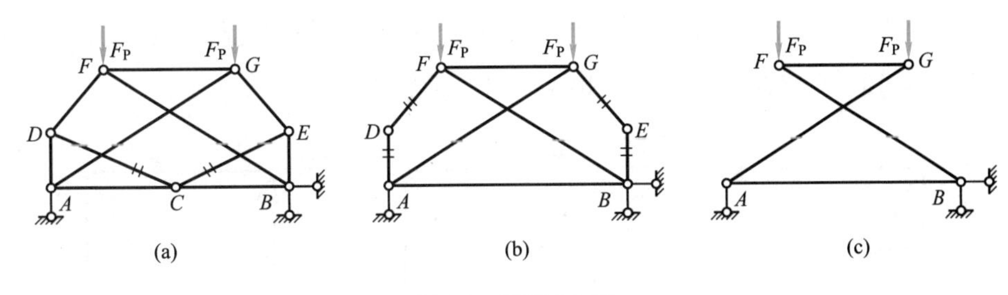

图 2-5 例题 2-3 图

【解】 取 C 节点为隔离体（C 节点的特点为节点由 4 根杆件构成，其中两根杆件共线，另外两根杆件分别在同侧与共线的两根杆件有相等的夹角），列 $\sum F_y=0$，得

$$F_{NDC}=-F_{NEC} \tag{a}$$

因为 C 节点的构造像英文字母 K，所以，也称具有这个性质的节点为"K"节点。

图 2-5(a)所示桁架的水平支座反力为零，是对称结构。根据对称结构内力的性质，得

$$F_{NDC}=F_{NEC} \tag{b}$$

由式(a)和式(b)得

$$F_{NDC}=F_{NEC}=0$$

将零件 DC 和 EC 去掉，得图 2-5(b)所示体系。利用节点 D 和节点 E 的平衡条件，可求得 DA、DF、EB、EG 的轴力也为零，继续去掉图示零杆得图 2-5(c)所示体系。由此，可以很方便地求出剩余杆件的轴力。

节点法总结：

(1) 尽量避免解联立方程。选取节点时，未知轴力的杆件尽量不要超过两个。对于简单桁架，选取节点的顺序与去掉二元体的顺序相同。

(2) 零杆：利用节点平衡方程，很容易判断图 2-6 所示几种节点上存在轴力为零

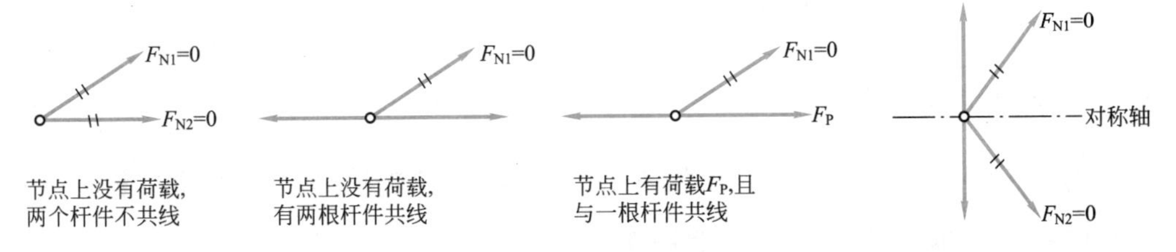

图 2-6 几种零杆情况

的杆件，简称零杆。解题时，有些零杆可以事先判断，使解题过程简化。

【例题 2-4】 试求图 2-7(a)所示桁架各杆件的轴力。

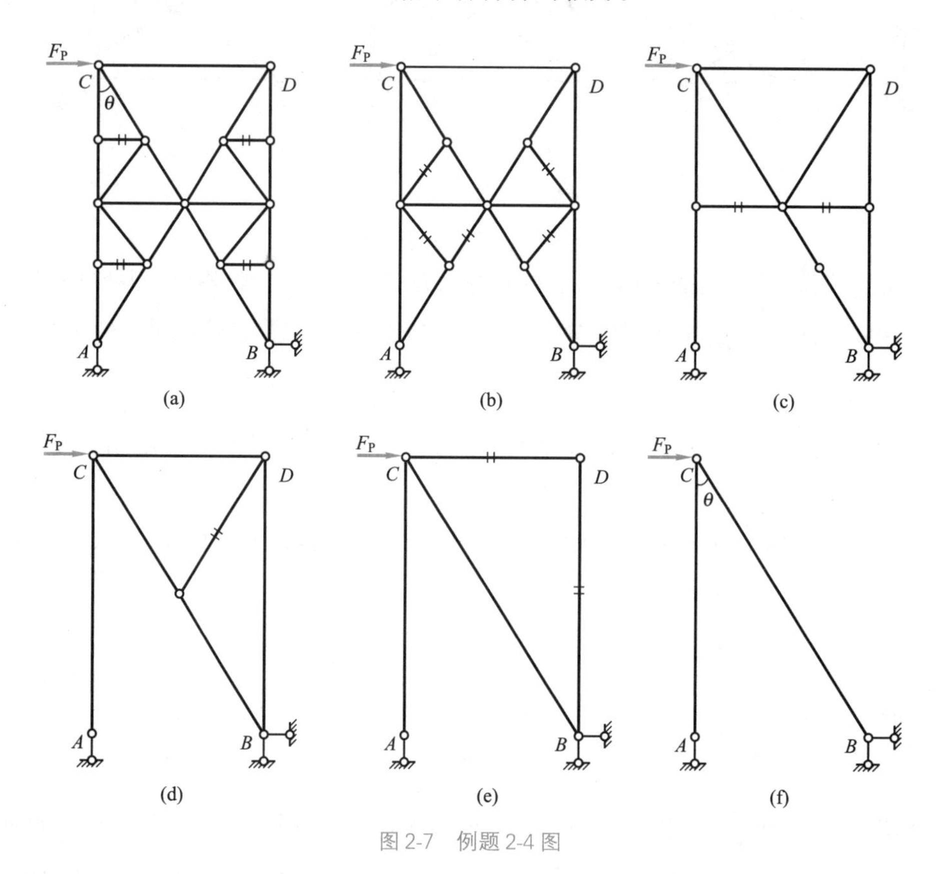

图 2-7　例题 2-4 图

【解】 应用上述有关零杆的判断结论，因节点上无荷载作用，则单杆为零杆，故图 2-7(a)中加上“‖”符号的杆件均为零杆。去掉零杆后，得图 2-7(b)所示体系。在该体系上可继续判断出图示零杆，依此类推(图 2-7c、d、e、f)得到图 2-7(f)所示体系。取 C 节点为隔离体，很容易求出 CB 杆和 CA 杆的轴力

$$F_{NCB}=\frac{-F_P}{\sin\theta},\quad F_{NCA}=\frac{F_P}{\tan\theta}$$

2.1.3 截面法

实际工程中，如果只需确定少数杆件的内力或用节点法必须求解联立方程时(如联合桁架)，一般不用节点法，而采用截面法。

所谓截面法，就是截取桁架的一部分为隔离体，求解杆件轴力的方法。

【例题 2-5】 试求图 2-8(a)所示折线形桁架指定杆 DF、CE、ED 和 EF 的轴力。

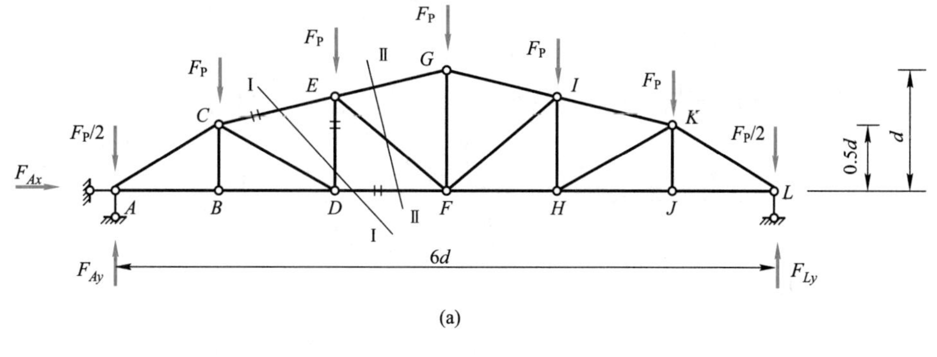

(a)

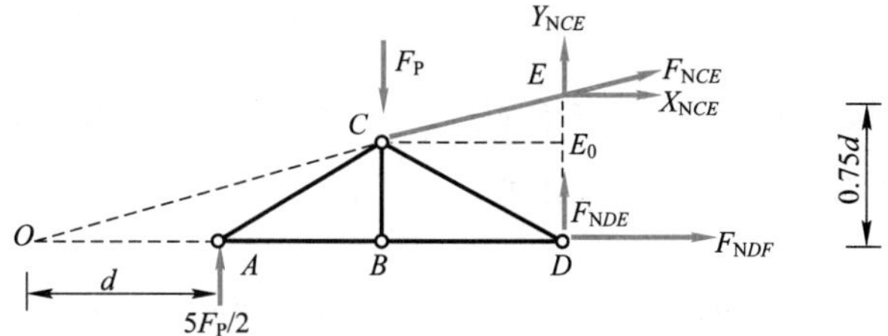

(b) Ⅰ-Ⅰ截面

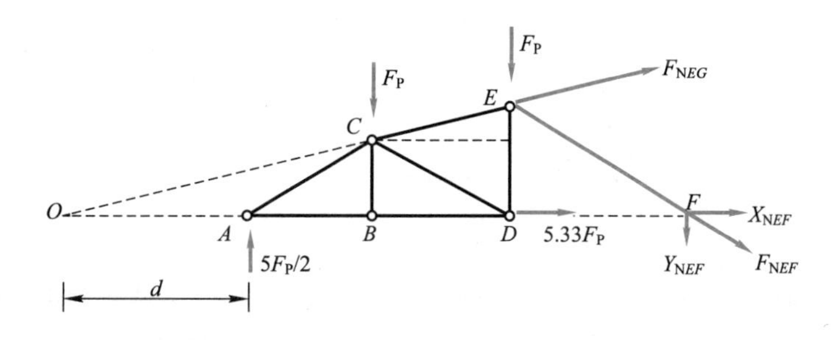

(c) Ⅱ-Ⅱ截面

图 2-8 例题 2-5 图

【解】 (1) 由整体平衡条件求支座反力

$$F_{Ay}=F_{Ly}=3F_P,\quad F_{Ax}=0$$

(2) 取隔离体求杆件截面内力

1) 用Ⅰ-Ⅰ截面将杆 CE、ED 和 DF 切断，取图 2-8(b)所示隔离体。求 DF 杆的轴力

$$\sum M_E=0:\ F_{NDF}\times 0.75d+F_P\times d-\frac{5}{2}F_P\times 2d=0$$

$$F_{NDF}=\frac{16F_P}{3}=5.33F_P$$

求 CE 杆的轴力

$$\sum F_x=0:\ X_{NCE}+F_{NDF}=0,\quad X_{NCE}=-\frac{16F_P}{3}=-5.33F_P$$

根据比例关系

$$\frac{Y_{NCE}}{0.25d}=\frac{X_{NCE}}{d}，\quad Y_{NCE}=-\frac{4}{3}F_P=-1.33F_P$$

$$\frac{F_{NCE}}{\sqrt{(0.25d)^2+d^2}}=\frac{X_{NCE}}{d}，\quad F_{NCE}=-\frac{4\sqrt{17}}{3}F_P$$

求 DE 杆的轴力

$$\sum F_y=0：F_{NDE}+Y_{NCE}+\frac{5}{2}F_P-F_P=0，F_{NDE}=-\frac{1}{6}F_P=-0.17F_P$$

2）用截面Ⅱ-Ⅱ将杆 EG、EF、DF 截开，取图 2-8(c)所示隔离体。求 EF 杆的轴力：取 EG 杆与 DF 杆的交点 O 为矩心，则 $OF=4d$。

$$\sum M_O=0：Y_{NEF}\times 4d+F_P\times 3d+F_P\times 2d-\frac{5}{2}F_P\times d=0$$

$$Y_{NEF}=-0.625F_P$$

根据比例关系

$$\frac{F_{NEF}}{\sqrt{(0.75d)^2+d^2}}=\frac{Y_{NEF}}{0.75d}，F_{NEF}=-1.04F_P$$

总结：

(1) 用截面法时，隔离体上的力为平面任意力系，有三个平衡方程可以利用，最多能求出三个杆件的轴力。

(2) 单杆。除所求杆外，其余各杆都平行时，用力投影方程可以直接求出该杆轴力；除所求杆外，其余各杆都交于一点时，用力矩平衡方程可以直接求出该杆轴力。

(3) 杆件轴力的滑移和分解。有些斜杆轴力的力臂不方便求，可以将轴力滑到某一特殊位置，使该力的一个分力力臂等于零，另一个分力的力臂也很容易确定。求一个分力后，按照比例关系，就可以求出该杆轴力了。

【例题 2-6】 试求图 2-9(a)所示桁架各杆轴力。

【解】 这是一个由三刚片规则组成的复杂桁架。水平支座链杆的存在，使结构成为非对称。为了利用对称性，先把水平支反力 F_{Ax}(很明显，$F_{Ax}=F_P$)连同外荷载 F_P 一起分解为对称与反对称的两组，再分别计算桁架在这两组荷载作用下的内力，最后将两组内力叠加即得桁架的最后内力。

(1) 对称荷载作用下各杆内力(图 2-9b)

结构在对称荷载作用下轴力是对称的，即对称轴两边对称位置上的杆轴力数值相等、符号相同。由整体平衡条件可求得 $F_{Ay}=F_{By}=0$。

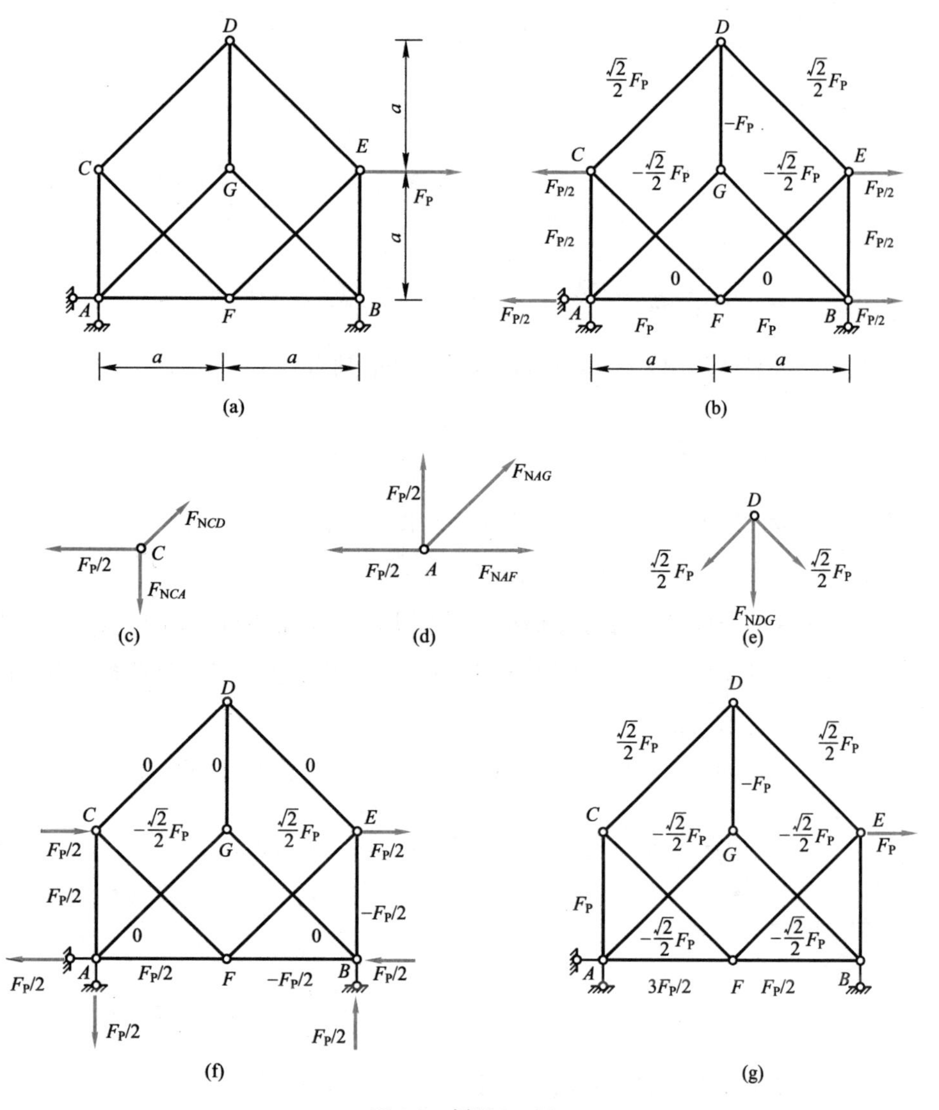

图 2-9 例题 2-6 图

节点 F：由对称条件和“K”节点的性质可知 $F_{NFC}=F_{NFE}=0$

节点 C：隔离体如图 2-9(c)所示，求 CD、CA 杆的轴力

$$\sum F_x=0:\ F_{NCD}\times\frac{\sqrt{2}}{2}-\frac{F_P}{2}=0,\quad F_{NCD}=\frac{\sqrt{2}}{2}F_P$$

$$\sum F_y=0:\ F_{NCA}-F_{NCD}\times\frac{\sqrt{2}}{2}=0,\quad F_{NCA}=\frac{F_P}{2}$$

节点 A：隔离体如图 2-9(d)所示，求 AG、AF 杆的轴力

$$\sum F_y=0:\ F_{NAG}\times\frac{\sqrt{2}}{2}+\frac{F_P}{2}=0,\quad F_{NAG}=-\frac{\sqrt{2}}{2}F_P$$

$$\sum F_x=0:\ F_{NAF}-\frac{F_P}{2}+F_{NAG}\times\frac{\sqrt{2}}{2}=0,\quad F_{NAF}=F_P$$

由对称性可知

$$F_{NDE}=F_{NDC}=\frac{\sqrt{2}}{2}F_P,\quad F_{NBG}=F_{NGA}=-\frac{\sqrt{2}}{2}F_P$$

$$F_{NEB}=F_{NCA}=\frac{F_P}{2},\quad F_{NBF}=F_{NAF}=F_P$$

节点 D：隔离体如图 2-9(e)所示，求 DG 杆的轴力

$$\sum F_y=0:\ F_{NDG}+2\times\frac{\sqrt{2}}{2}F_P\times\frac{\sqrt{2}}{2}=0,\quad F_{NDG}=-F_P$$

将对称荷载作用下桁架各杆的轴力标注在图 2-9(b)旁。

(2) 反对称荷载作用下各杆内力(图 2-9f)

由反对称性的条件可知与对称轴重合的杆 DG 一定是零杆，即 $F_{NDG}=0$。由于该杆内力为零，则节点 G 就成为不受荷载的二杆节点，且杆 GA 与杆 GB 不在同一直线上，故 $F_{NGA}=F_{NGB}=0$。同理 $F_{NDC}=F_{NDE}=0$。

由节点 A、C 的平衡条件可求得 AC、AF 和 CF 杆的轴力分别为

$$F_{NAC}=\frac{F_P}{2},\quad F_{NAF}=\frac{F_P}{2},\quad F_{NCF}=-\frac{\sqrt{2}}{2}F_P$$

由反对称性可知

$$F_{NBE}=-F_{NAC}=-\frac{F_P}{2},\quad F_{NBF}=-F_{NAF}=-\frac{F_P}{2},\quad F_{NFE}=-F_{NCF}=\frac{\sqrt{2}}{2}F_P$$

将反对称荷载作用下算出的各杆轴力标注在图 2-9(f)各杆旁。

结构各杆内力为上述两组轴力之和，如图 2-9(g)所示。

2.1.4 联合法

在有些情况下，同时应用节点法和截面法会使解题过程更加方便，该种方法称为联合法。

【例题 2-7】 试求图 2-10(a)所示 K 式桁架中 1、2、3、4、5 杆的轴力。

【解】 (1) 由整体平衡条件求支座反力

$$F_{Ay}=3F_P,\quad F_{Ax}=0,\quad F_{By}=3F_P$$

(2) 取隔离体，求杆件截面轴力

1) 用Ⅰ-Ⅰ截面从第二节间将桁架截开，取左边部分隔离体，如图 2-10(b)所示。

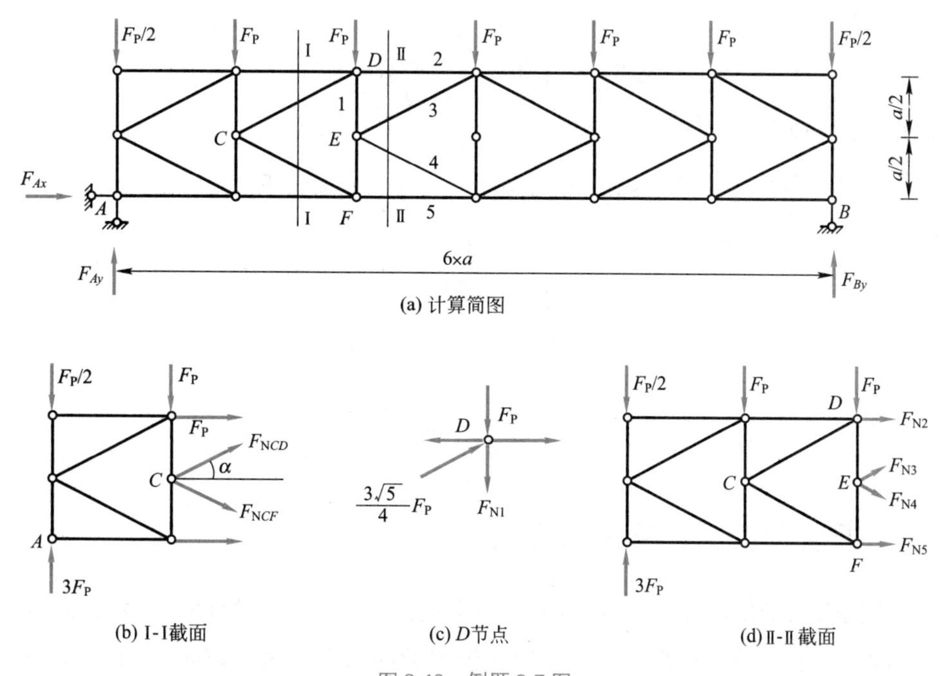

图 2-10　例题 2-7 图

节点 C 为“K”节点，由“K”节点的性质可知

$$F_{NCD}=-F_{NCF} \tag{a}$$

列节点 C 的竖向平衡方程

$$\sum F_y=0：F_{NCD}\sin\alpha-F_{NCF}\sin\alpha+3F_P-\frac{F_P}{2}-F_P=0$$

$$\frac{F_{NCD}-F_{NCF}}{\sqrt{5}}+\frac{3F_P}{2}=0 \tag{b}$$

联合求解式(a)和式(b)，得

$$F_{NCD}=-\frac{3\sqrt{5}F_P}{4}$$

取 D 点为隔离体，如图 2-10(c)所示。求 1 杆轴力

$$\sum F_y=0：F_{N1}-\frac{3\sqrt{5}}{4}F_P\times\sin\alpha+F_P=0，\quad F_{N1}=-\frac{F_P}{4}$$

2) 用Ⅱ-Ⅱ截面从第三节间将桁架截开，取左边部分隔离体如图 2-10(d)所示。注意，节点 E 同样为“K”节点，即 $F_{N3}=-F_{N4}$，二者对 F 点的力矩等值反向。求 2 杆轴力

$$\sum M_F=0：F_{N2}\times a-\frac{F_P}{2}\times 2a-F_P\times a+3F_P\times 2a=0，\quad F_{N2}=-4F_P$$

求 5 杆轴力

$$\sum F_x=0: F_{N5}=-F_{N2}=4F_P$$

求 3 杆和 4 杆轴力

$$\sum F_y=0: F_{N3}\sin\alpha-F_{N4}\sin\alpha+3F_P-F_P/2-F_P-F_P=0$$

考虑

$$F_{N3}=-F_{N4}$$

得

$$F_{N3}=-\frac{\sqrt{5}}{4}F_P, \quad F_{N4}=\frac{\sqrt{5}}{4}F_P$$

2.1.5 几类平面梁式桁架的比较

桁架内力的变化是有一定规律的。掌握这些规律，对于设计时为各种建筑物选择适当的桁架形式是很有意义的。通过对桁架的内力分析可知，弦杆的外形对桁架的内力分布影响很大。下面对常用的四种梁式桁架(平行弦桁架、三角形桁架、抛物线形桁架、折线形桁架)的内力分布情况加以说明。

对于其中弦杆的内力分布情况，可按其计算内力的公式

$$F_N=\pm\frac{M}{r}$$

加以理解。式中，M 是相应简支梁上对应点的弯矩；r 是内力 F_N 对矩心的力臂。

在图 2-11(a)所示荷载作用下，相应简支梁的弯矩是按抛物线规律变化的，两端小而中间大。故可由弯矩 M 和力臂 r 的变化情况来讨论弦杆内力大小的变化。

在平行弦桁架中(图 2-11b)，其弦杆的力臂是一常数，因此，弦杆的内力随弯矩而变化，即两端小而中间大。对于腹杆的内力，由投影法的计算可以看出，其竖杆的内力及斜杆的竖向分力各等于相应简支梁上所对应节间剪力，故它们分别向中间递减。

在三角形桁架中(图 2-11c)，其弦杆所对应的力臂是由两端向中间按直线变化递增。由于力臂的增加比弯矩的增加快，因而弦杆的内力是从两端向中间递减。至于其腹杆的内力，由节点法的计算可以看出，各竖杆及斜杆的内力都是分别由两端向中间增加的。

在抛物线形桁架中(图 2-11d)，其竖杆的长度像弯矩那样，都是按抛物线规律变化，二者的增减速度相同。由力矩法可知，下弦杆的内力和上弦杆的水平分力各等于其矩心处相应的弯矩除以该处的竖杆长度。因此，下弦杆的内力以及各上弦杆的

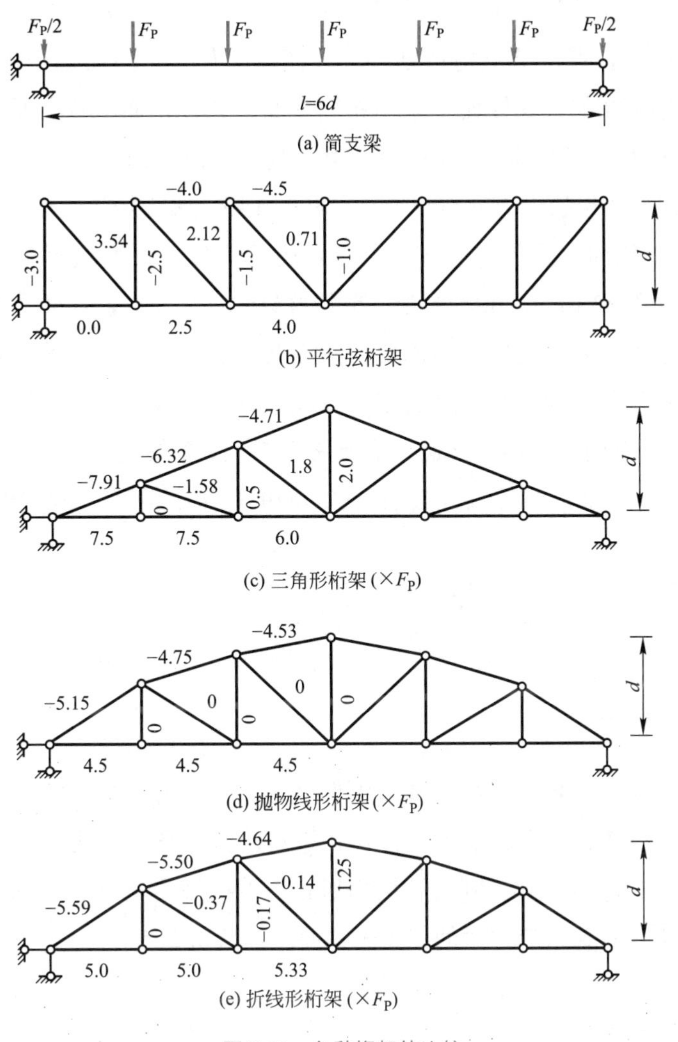

图 2-11　各种桁架的比较

水平分力大小都相等，从而上弦杆的内力也近乎相等，且斜杆的内力为零。这样，如果是下弦节点受荷，则各竖杆的内力都等于下弦节点上所作用的荷载；如果是上弦受荷，则竖杆为零杆。

从这三种桁架的内力分布情况，可以得出如下结论：

(1) 三角形桁架的内力分布不均匀，其弦杆的内力近支座处最大，这使得每一个节间的弦杆要改变截面，因而增加拼接的困难；如采用相同截面，则造成材料的浪费。此外，端节点构造复杂，制造困难，这是因为弦杆在端点处形成锐角，且其内力很大。但因其两面斜坡的外形符合普通黏土瓦屋面对坡度的要求，所以在跨度较小、坡度较大的屋盖结构中多采用三角形桁架。

(2) 平行弦桁架的内力分布也不均匀，弦杆内力向跨度中间增加，因而各节间弦杆截面不一，增加拼接的困难；如采用相同截面，则浪费材料。但由于它在构造上有许多优点，例如，可使节点构造划一、腹杆标准化等，因而仍得到广泛的应用。不过，多限于轻型桁架，这样便于采用相同截面的弦杆，而不致有很大的浪费。厂房中多用于12m以上的吊车梁，桥梁中多用于跨度50m以下。

(3) 抛物线形桁架的内力分布均匀，在材料使用上最为经济。但其上弦杆在每一节间的倾角都不相同，节点构造较为复杂，施工不便。在大跨度的结构中，例如100～150m的桥梁和18～30m的屋架，节约材料的意义较大，常被采用。

(4) 我国近年来常采用折线形桁架。其特点是端节间的上弦坡度较三角形桁架大，而在斜坡一侧的其他上弦杆则仍在一直线上且坡度较小。这种桁架的受力性能接近抛物线形桁架(图2-11e)，又避免了上弦杆转折太多的缺点，施工制造方便，又能满足使用要求。因此，在中等跨度(18～24m)的厂房中得到广泛使用。

2.2 静定梁受力分析

2.2.1 单跨静定梁

单跨静定梁是组成各种结构的基本构件之一，其受力分析是各种结构受力分析的基础。因此，尽管在材料力学中已经讨论过单跨静定梁的内力分析，但在结构力学课程里，还要讨论多跨梁、刚架等结构形式，一些规定也略有不同。为了方便后面的学习，这里先对单跨静定梁的相关内容加以归纳和提炼。

1. 支座反力

常见的单跨静定梁有简支梁、悬臂梁和伸臂梁三种(图2-12)。取整个梁为隔离体，由一般力系的三个平衡方程，可以很方便地求出支座反力。

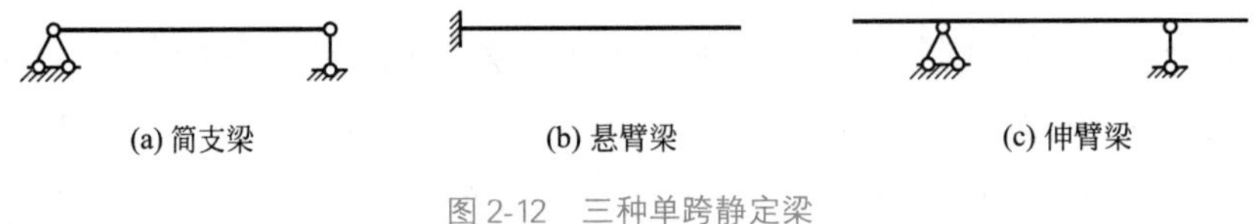

(a) 简支梁　　(b) 悬臂梁　　(c) 伸臂梁

图2-12　三种单跨静定梁

2. 内力

(1) 符号规定。梁的横截面上一般有三个内力分量：弯矩、剪力和轴力。在结构力学课程中，这三个内力的正负号规定如下：

弯矩：不规定正负号，弯矩图画在纤维受拉一侧。

剪力：绕隔离体顺时针转动为正、逆时针为负。剪力图上要标“+、−”号。

轴力：拉力为正、压力为负。轴力图上要标“+、−”号。

(2) 求截面内力。切开横截面，取截面一侧的结构作为隔离体，列平衡方程，求截面内力。

(3) 绘制内力图。在结构力学中，通常先求出指定截面的内力，然后，根据内力与荷载的微分关系及将要讲到的区段叠加法，画出内力图。表 2-1 给出了直梁内力图的形状特征。了解这些特征，一方面可以方便绘制内力图，另一方面也可以用来校核内力图。

直梁内力图的形状特征　　表 2-1

序号	荷载情况	剪力情况	弯矩情况
1	直杆段无横向外荷载作用	剪力等于常数	弯矩图为直线(剪力等于零时，弯矩为常数)
2	横向集中力作用点处	剪力产生突变	弯矩图斜率发生改变
3	集中力偶作用点处	剪力不变	弯矩图产生突变
4	铰节点附近(或自由端处)有外力偶作用	剪力不变	铰附近截面(或自由端处)弯矩等于力偶值
5	弯矩图与荷载方向关系		弯矩图凸向与荷载(集中力或均布荷载)方向一致

3. 弯矩的区段叠加法

结构力学是在小变形、弹性范围内研究问题，因此，叠加原理成立，即多种因素作用下引起的内力和位移可由各个单一因素引起的内力和位移叠加得到。应用比较多的是弯矩的区段叠加法。现说明如下。

图 2-13(a)所示简支梁上有两组荷载：跨中的集中力和梁端的集中力偶。集中力和集中力偶单独作用时，梁的弯矩图如图 2-13(b)、(c)所示。根据叠加原理，将两个弯矩图叠加，得到简支梁的最后弯矩图，如图 2-13(d)所示。

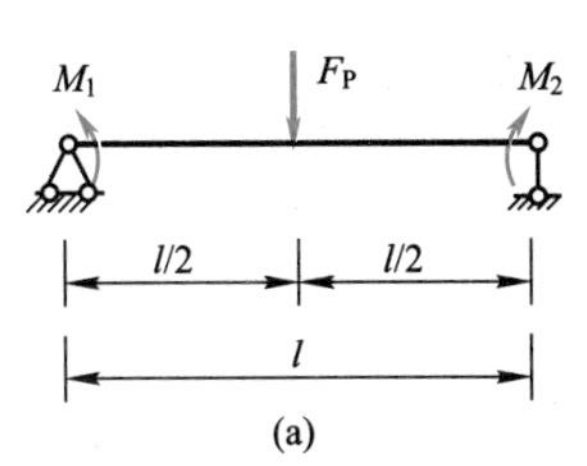

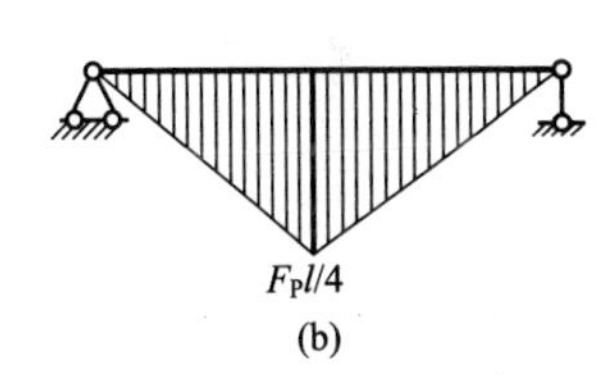

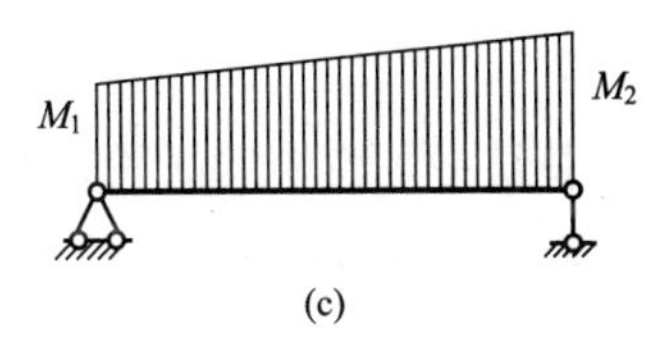

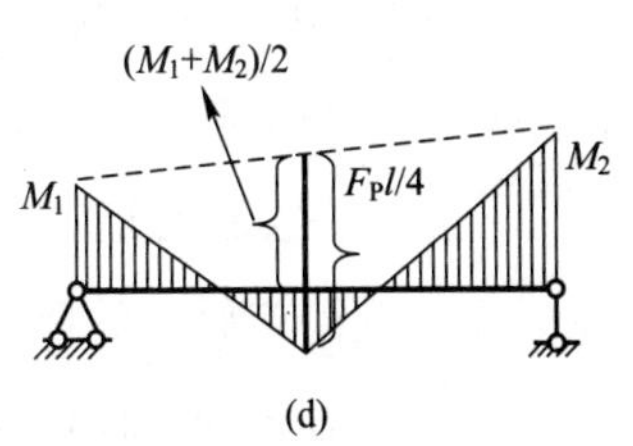

图 2-13　简支梁的弯矩叠加

要强调的是，所谓“叠加”是两个弯矩图上各截面对应的弯矩值的代数和。所以，简支梁跨中的实际弯矩为

$$\frac{(M_1+M_2)}{2}-\frac{F_Pl}{4}$$

再考察图 2-14(a)所示体系，假设 A、B 两个截面的弯矩值已经求出，分别用 M_{AB}、M_{BA} 表示。取 AB 区段梁为隔离体，除荷载 F_P 外，杆端还有弯矩 M_{AB}、M_{BA} 和剪力 F_{QAB}、F_{QBA} 作用，如图 2-14(b)所示。

如果把它与一个跨度相等、承受同样荷载 F_P 并在两端作用有力偶 M_{AB}、M_{BA}(图 2-14c)相比，可知 $F_{QAB}=F_{Ay}$，$F_{QBA}=-F_{By}$。由此可见，二者所受的外力完全相同，因此二者具有相同的内力图。于是，这段梁的弯矩图可以这样来绘制：先将区段两端截面的弯矩值 M_{AB}、M_{BA} 绘出并连成虚直线，然后在此虚线上叠加简支梁 F_P 作用时的弯矩图(图 2-14d)。

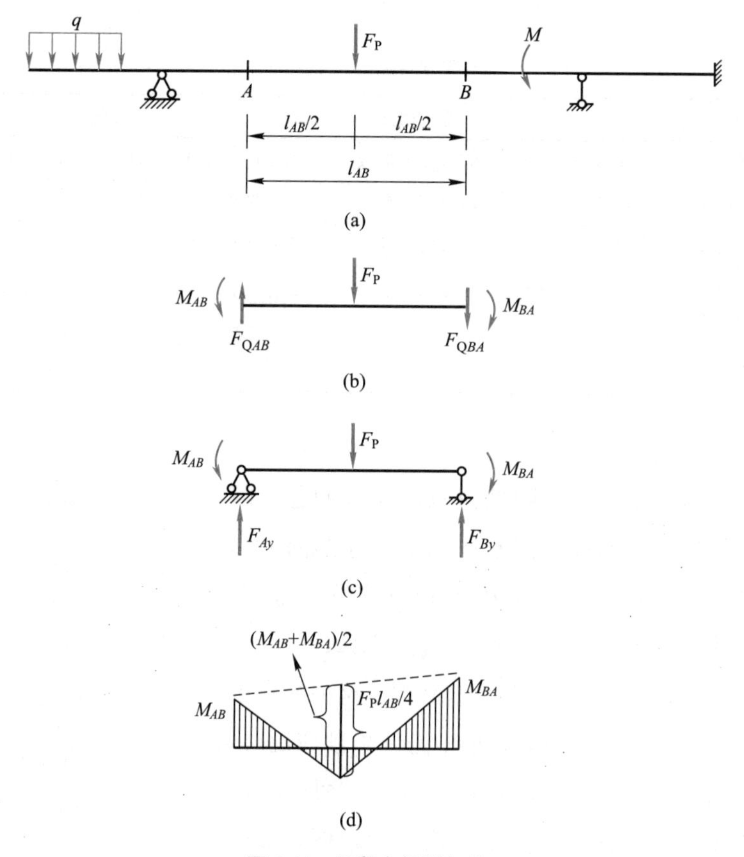

图 2-14　区段弯矩叠加法

总结一下弯矩的区段叠加法绘制内力图的一般步骤：

(1) 求支座反力。

(2) 将梁分段，求控制截面弯矩。分段的原则是“可以很方便地绘出梁段上的荷载作用在同等跨度简支梁上的弯矩图”。这样，才体现出叠加法绘制弯矩图的优势。

(3) 叠加法绘制弯矩图。将控制截面的弯矩纵坐标连成虚线，叠加上梁段荷载作用在同等跨度简支梁上的弯矩图。

从应用区段叠加法作弯矩图的过程可知，若要有效地应用该方法，需要熟练掌握常规荷载作用下简支梁的弯矩图(图 2-15)。此外，图 2-16 还给出了后面要经常用到、也须熟练掌握的悬臂梁的弯矩图和剪力图。

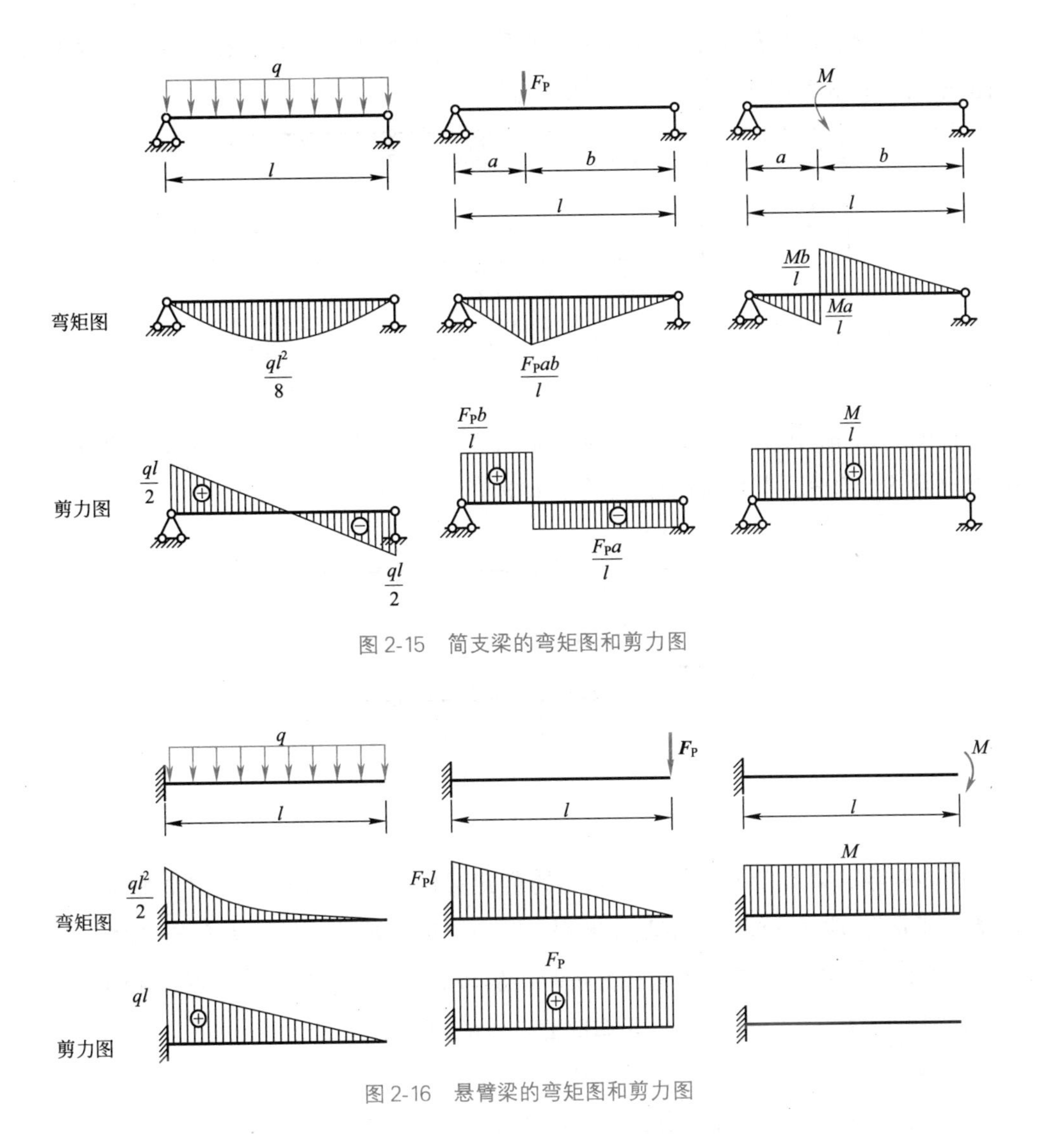

图 2-15　简支梁的弯矩图和剪力图

图 2-16　悬臂梁的弯矩图和剪力图

2.2.2　多跨静定梁

多跨静定梁是由若干根单跨梁用铰相连，并用若干支链杆与基础相连，组成的静定结构。一般情况下，梁以承受竖向荷载为主，因此，本节只讨论竖向荷载下，多跨静定梁的内力计算方法。

多跨静定梁的各部分可以分成基本部分和附属部分。其中，本身可以承受竖向荷载的梁段，称为基本部分。而必须依靠基本部分的支撑才能承受竖向荷载的梁段，称为附属部分。

对于图 2-17(a)所示梁，*BC* 段梁直接与基础组成几何不变体系，能独立承受荷载。*AB* 段梁和 *CD* 段梁都必须依靠于基本部分的连接，才能承受荷载，因此是附属部分。为了清晰表示各部分之间的支撑关系，可以把基本部分画在下面，附属部分画在上面，如图 2-17(b)所示，这个图称为层次图。

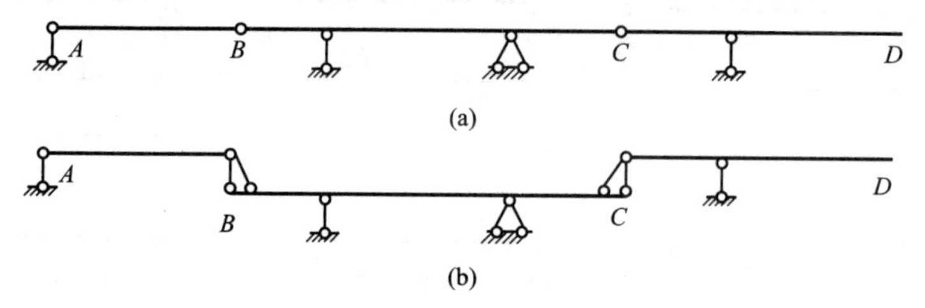

图 2-17　多跨静定梁

在图 2-18(a)中，虽然 BC 段梁是几何可变体系，但可以独立承受竖向荷载，因此，也是基本部分。其层次图如图 2-18(b)所示。

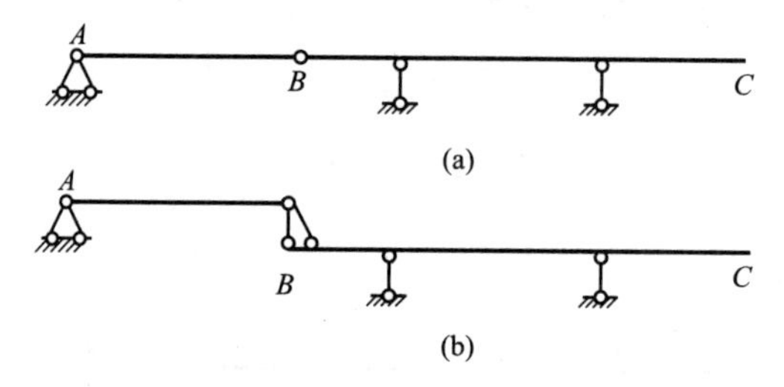

图 2-18　多跨静定梁

由多跨静定梁的传力途径可知，多跨静定梁的计算顺序应该为“先附属部分，后基本部分”。这样才能不用解联立方程，顺利求出各铰处的约束力和各梁段的支座反力。当取每一部分为隔离体进行分析时，都与单跨梁的情况相同，不存在困难。

【例题 2-8】 作图 2-19(a)所示多跨静定梁的内力图。

【解】 (1) 首先绘出层次图，如图 2-19(b)所示。

(2) 按照“先计算附属部分，后计算基本部分”的原则，进行计算。

首先，取 CD 段梁，求出铰 C 处的约束力

$$\sum M_F=0: F_{Cy}\times 2-10\times 2=0, \quad F_{Cy}=10\text{kN}$$

然后，取 BC 段梁为隔离体，将 C 铰的约束力 F_{Cy} 反向作用在 BC 梁端上，视为荷载，计算铰 B 处的约束力

$$\sum M_E=0: F_{By}\times 2-10\times 2-10\times 2\times 1=0$$

$$F_{By}=20\text{kN}$$

最后，取 AB 段梁为隔离体，将 B 铰的约束力 F_{By} 反向作用在 AB 梁端上，视为荷载，计算 A 端处的约束力

$$\sum M_A=0: M_A-20\times 2-10\times 2\times 1=0$$

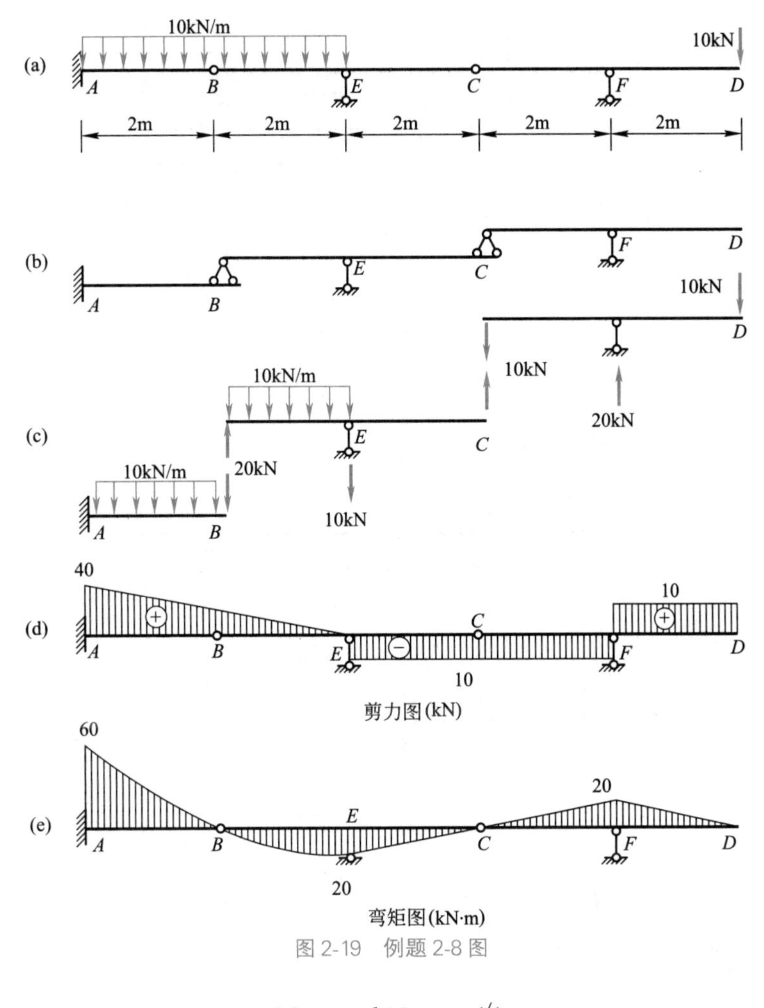

图 2-19　例题 2-8 图

$$M_A=60\text{kN}\cdot\text{m}\ (\circlearrowleft)$$

$$\sum F_y=0:\ F_{Ay}=10\times2+20=40\text{kN}$$

这样，AB、BC、CD 三段梁的弯矩和剪力的计算就变成了单跨梁的问题。

（3）由控制截面弯矩和微分关系以及区段叠加法作出各段的弯矩图。

总结：从解题过程可以看出，单跨静定梁的支座反力计算及剪力图和弯矩图的绘制、区段叠加法作弯矩图是必须练就的基本功。这一点，在后面的学习中体会更深。

【例题 2-9】 试求图 2-20(a)所示多跨静定梁的弯矩图和剪力图。

【解】

（1）绘出层次图，如图 2-20(b)所示。

（2）计算各部分之间的约束力。

首先，取 DF 段梁为隔离体，求出铰 D 处的约束力

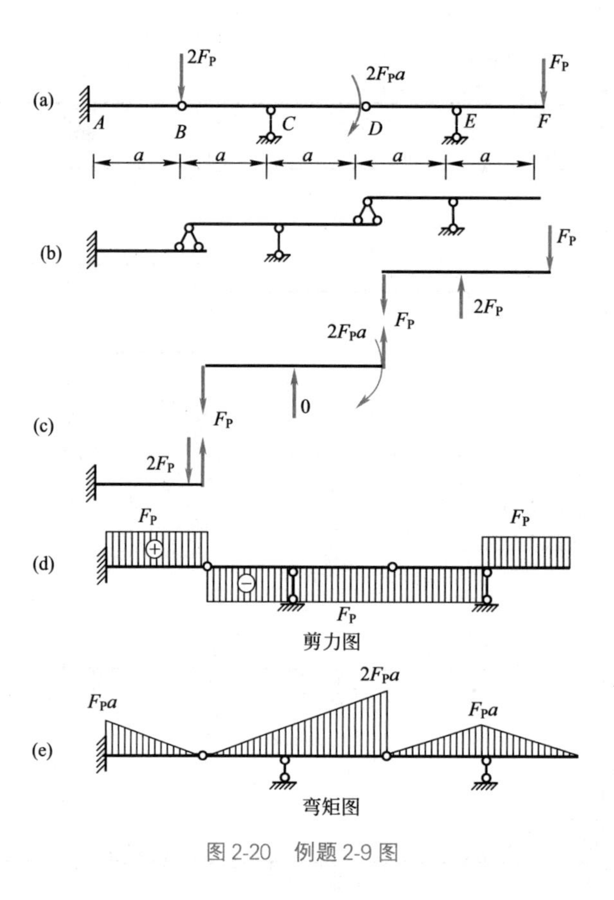

图 2-20　例题 2-9 图

$$\sum M_E=0：F_{Dy}\times a-F_P\times a=0，\quad F_{Dy}=F_P$$

然后，取 BD 段梁为隔离体，将 D 铰的约束力反向作用在 BD 梁端上，视为荷载，求 B 铰的约束力

$$\sum M_C=0：F_{By}\times a+F_P\times a-2F_Pa=0，\quad F_{By}=F_P$$

最后，取 AB 段梁为隔离体，将 B 铰处的约束力反向作用在 AB 段梁端上，计算 A 端的约束反力。很明显

$$F_{Ay}=F_P，M_A=F_Pa$$

(3) 绘制剪力图（图 2-20d）和弯矩图（图 2-20e）。根据每个部分梁段上的受力，可以很方便地绘制各部分的剪力图和弯矩图。

总结： 上述内力图是根据每个梁段分别画出的。可取其他形式的隔离体，利用平衡微分关系，校核内力图的正误。例如，取 BE 段为隔离体，隔离体上没有竖向荷载作用(C 支座的支反力为零)，所以剪力图为水平线。

【例题 2-10】 试确定图 2-21(a)所示多跨静定梁铰 B、E 的位置，使 AC、DF 跨的跨中弯矩与支座 C、D 截面处的弯矩绝对值相等。

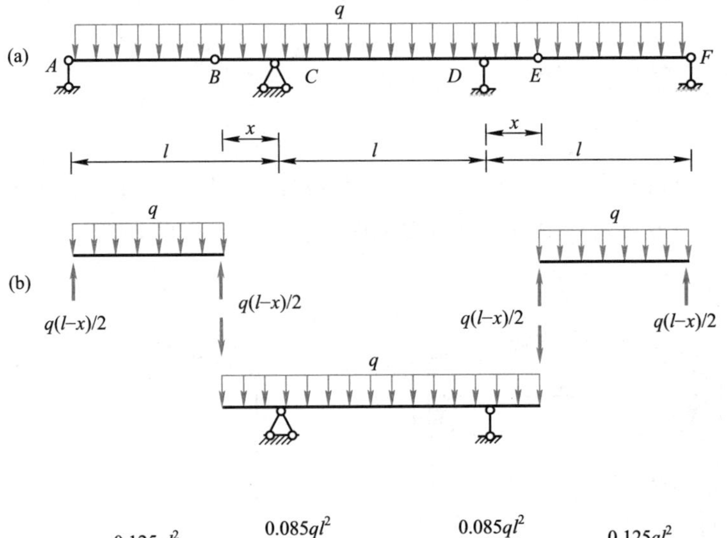

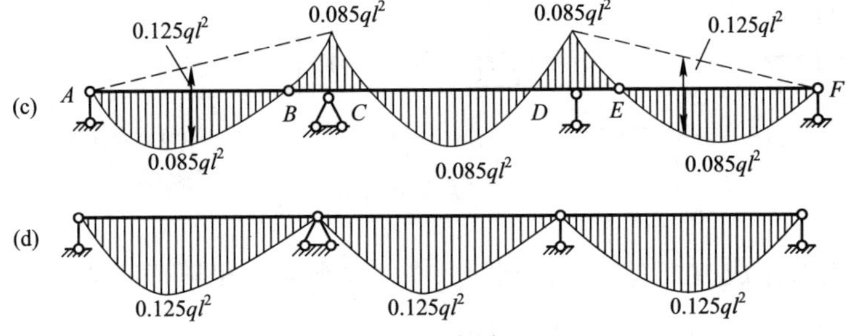

图 2-21　例题 2-10 图

【解】 令 B 铰距离 C 支座、E 铰距离 D 支座的距离均为 x，两个铰处的约束力如图 2-21(b)所示。因此，AC 跨、DF 跨的跨中弯矩为

$$M_1=\frac{1}{8}q(l-x)^2$$

支座 C、D 截面处的弯矩为

$$M_2=\frac{1}{2}q(l-x)x+\frac{1}{2}qx^2$$

若

$$M_1=M_2$$

则

$$\frac{1}{8}q(l-x)^2=\frac{1}{2}q(l-x)x+\frac{1}{2}qx^2$$

$$x=(3-2\sqrt{2})l=0.172l\quad\text{（另一个结果不符合题意，舍去）}$$

将多跨静定梁与简支梁的弯矩图对比可知，前者的弯矩最大值比后者小 31.3%。

因此，多跨静定梁的材料用量较省，但是，施工要复杂些。

2.3 静定刚架受力分析

静定刚架(Statically Determinate Frame)也称静定框架，是工程中最常见的结构形式之一，一般都是超静定的。但也有如图 2-22(a)所示的小型厂房框架是静定的，其计算简图如 2-22(b)所示。

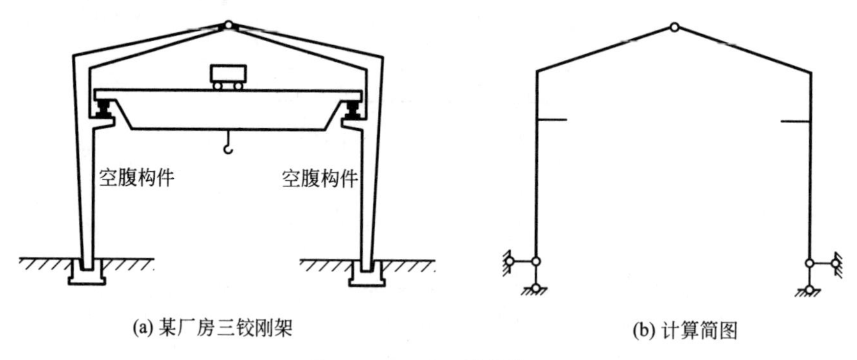

(a) 某厂房三铰刚架 (b) 计算简图

图 2-22 厂房及计算简图

静定刚架按组成方式有“单体刚架”“三铰刚架”和具有“基本-附属关系”的刚架，分别如图 2-23(a)、(b)、(c)所示。

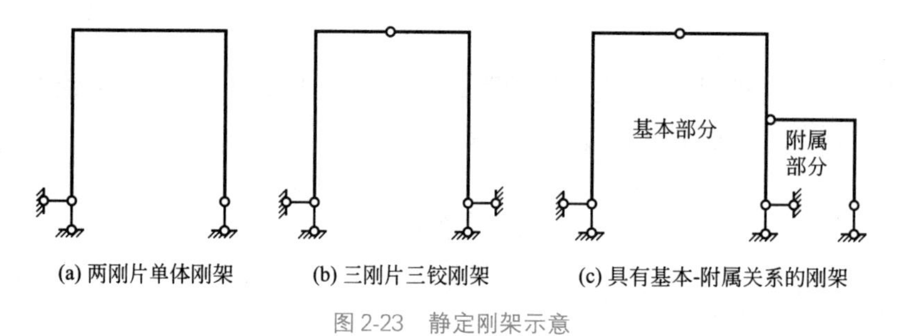

(a) 两刚片单体刚架 (b) 三刚片三铰刚架 (c) 具有基本-附属关系的刚架

图 2-23 静定刚架示意

2.3.1 单体刚架

所谓单体刚架，就是上部结构与基础之间按两刚片规则组成的几何不变体系。因此，这类刚架的支座反力可以用上部结构的三个整体平衡方程全部求出。

【例题 2-11】 作图 2-24(a)所示悬臂单体刚架的内力图。

【解法一】 一般方法

(1) 求支反力

这是悬臂式单体刚架。不需要求支反力，可以直接求控制截面内力。

(2) 求控制截面内力

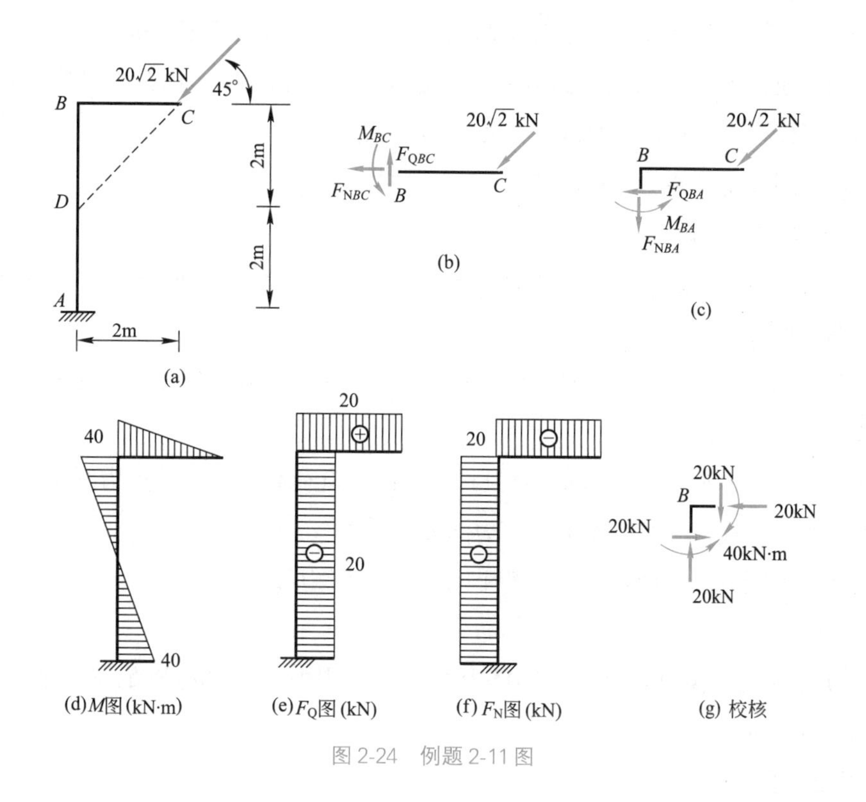

图 2-24　例题 2-11 图

BC 杆：切断 BC 杆 B 端截面，取 BC 杆为隔离体(图 2-24b)，求截面内力

$$\sum M_B=0:\ M_{BC}-20\sqrt{2}\times\sin45^\circ\times2=0$$

$$M_{BC}=40\text{kN}\cdot\text{m}\quad(\text{上侧受拉})$$

$$\sum F_y=0:\ F_{QBC}-20\sqrt{2}\times\sin45^\circ=0,\quad F_{QBC}=20\text{kN}$$

$$\sum F_x=0:\ F_{NBC}+20\sqrt{2}\times\sin45^\circ=0,\quad F_{QBC}=-20\text{kN}$$

AB 杆：切断 AB 杆 B 端截面，取悬臂部分为隔离体(图 2-24c)，求截面内力

$$\sum M_B=0:\ M_{BA}-20\sqrt{2}\times\sin45^\circ\times2=0$$

$$M_{BA}=40\text{kN}\cdot\text{m}\quad(\text{左侧受拉})$$

$$\sum F_y=0:\ F_{QBA}+20\sqrt{2}\times\cos45^\circ=0,\quad F_{QBA}=-20\text{kN}$$

$$\sum F_x=0:\ F_{NBA}+20\sqrt{2}\times\sin45^\circ=0,\quad F_{QBA}=-20\text{kN}$$

(3) 作内力图

1) 弯矩图的绘制

BC 杆：利用已知的杆端弯矩值 $M_{BC}=40\text{kN}\cdot\text{m}$(上侧受拉)和 $M_{CB}=0$，绘出弯矩图在 B 端和 C 端的纵坐标，因为杆件中间没有荷载作用，直接将纵坐标连成直线即可。

AB 杆：利用已知的杆端弯矩值 $M_{AB}=40\text{kN}\cdot\text{m}$(左侧受拉)和 $M_D=0$(因为外荷载作用线通过 *D* 点)，绘出弯矩图在 *B* 端和 *D* 端的纵坐标，因为杆件中间没有荷载作用，直接将纵坐标连成直线，并延长到 *A* 点即可。

由此得到整个刚架的弯矩图如图 2-24(d)所示。

2）剪力图的绘制

作剪力图时可以逐杆进行，根据已知的杆端剪力，将剪力图画在杆件的任意一侧，注明正负号。

BC 杆：已知 $F_{QBC}=20\text{kN}$，且杆件中间没有荷载作用，故剪力图为平行于杆轴的直线。

AB 杆：已知 $F_{QBA}=-20\text{kN}$，且杆件中间没有荷载作用，故剪力图也为平行于杆轴的直线。由此得到整个刚架的剪力图如图 2-24(e)所示。

与作剪力图方法类似，可绘出整个刚架的轴力图(图 2-24f)。

(4) 校核

取节点 *B* 为隔离体，画出隔离体上的全部作用力，这些力满足三个平衡方程，可验算计算过程是正确的。

【解法二】 快速作弯矩图

从悬臂端计算，很容易得到 *BC* 杆 *B* 端的弯矩为 40kN·m(上侧受拉)，因为 *BC* 杆中间没有荷载作用，弯矩图为一直线。因此，只要将 *B* 端弯矩值和 *C* 端的弯矩值(为零)连成直线即可。

AB 杆：从 *B* 节点的平衡条件可知，*AB* 杆 *B* 端的弯矩也为 40kN·m(左侧受拉)；因为外力的作用线通过 *D* 点，所以，*D* 点弯矩为零；因为 *AB* 杆上无荷载作用，弯矩图为直线。因此，将 *B* 端弯矩值和 *D* 点弯矩值(为零)连成直线，并延长至 *A* 点即可。

这个方法中的思路可明显加快做题速度，也可用于检查所画弯矩图的正确性。

【例题 2-12】 试作图 2-25(a)所示简支单体刚架的内力图。

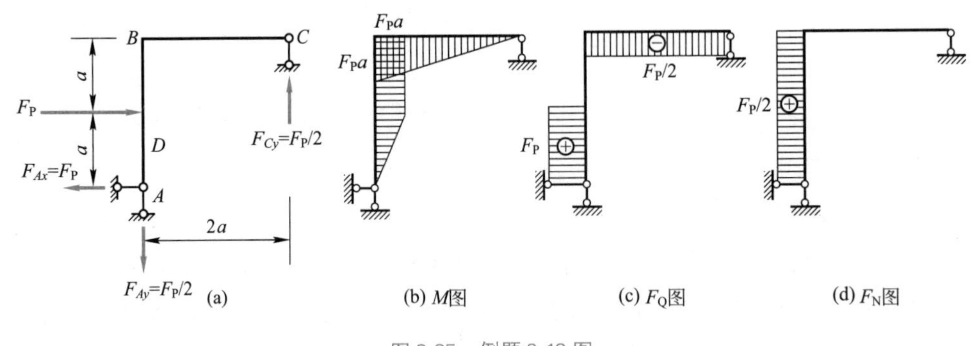

图 2-25 例题 2-12 图

【解】（1）求支反力

由整体平衡条件得

$$F_{Ax}=F_{\mathrm{P}}, \quad F_{Ay}=\frac{F_{\mathrm{P}}}{2}, \quad F_{Cy}=\frac{F_{\mathrm{P}}}{2}$$

（2）求控制截面内力

AB 杆：取 AB 杆为隔离体，求 AB 杆 B 截面的内力

$$\sum M_B=0: M_{BA}-F_{\mathrm{P}}2a+F_{\mathrm{P}}a=0 \quad M_{BA}=F_{\mathrm{P}}a$$

$$\sum F_x=0: F_{\mathrm{Q}BA}=0$$

$$\sum F_y=0: F_{\mathrm{N}BA}=\frac{F_{\mathrm{P}}}{2}$$

BC 杆：取 BC 杆为隔离体，求 BC 杆 B 截面的内力

$$\sum M_B=0: M_{BC}=F_{\mathrm{P}}a$$

$$\sum F_x=0: F_{\mathrm{N}BC}=0$$

$$\sum F_y=0: F_{\mathrm{Q}BC}=-F_{\mathrm{P}}/2$$

（3）作内力图

1）弯矩图的绘制

AB 杆：利用已知的杆端弯矩值 $M_{AB}=0$ 和 $M_D=F_{\mathrm{P}}l/2$(右侧受拉)，绘出弯矩图在 A 端和 B 端的纵坐标，将纵坐标连成虚线。再以此为基线将相应简支梁在跨中集中力作用下的弯矩图叠加上去。

BC 杆：利用已知的杆端弯矩值 $M_{BC}=F_{\mathrm{P}}l/2$(下侧受拉)和 $M_{CB}=0$，绘出弯矩图在 B 端和 C 端的纵坐标，因为杆件中间没有荷载作用，直接将纵坐标连成直线即可。

由此得到整个刚架的弯矩图如图 2-25(b)所示(建议读者采用例题 2-11 中的快速作弯矩图方法再练习一下)。

2）剪力图的绘制

根据已知的杆端剪力，将剪力图画在杆件的任意一侧，注明正负号。

AB 杆：已知 $F_{\mathrm{Q}BA}=0$，杆件 BD 段没有横向荷载作用，故剪力均为零。已知 $F_{\mathrm{Q}AB}=F_{\mathrm{P}}$，杆件 AD 段也没有横向荷载作用，故剪力图为平行于杆轴的直线。

BC 杆：已知 $F_{\mathrm{Q}BC}=-F_{\mathrm{P}}/2$，且杆件中间没有荷载作用，故剪力图为平行于杆轴的直线。

由此得到整个刚架的剪力图如图 2-25(c)所示。

与作剪力图方法类似，可绘出整个刚架的轴力图如图 2-25(d)所示。

（4）校核

取节点 B 为隔离体，可知隔离体上全部作用力满足三个平衡方程，因此，内力计算过程正确。

2.3.2 三铰刚架

所谓三铰刚架，就是上部结构的两个部分和基础按三刚片规则，用三个铰连接，组成的几何不变体系。

因为上部结构与基础用两个铰与基础连接，共有四个支座反力。因此，支座反力的求法与单体刚架有所不同。下面将通过例题进行讲解。

【例题 2-13】 试作图 2-26(a)所示三铰刚架的内力图。

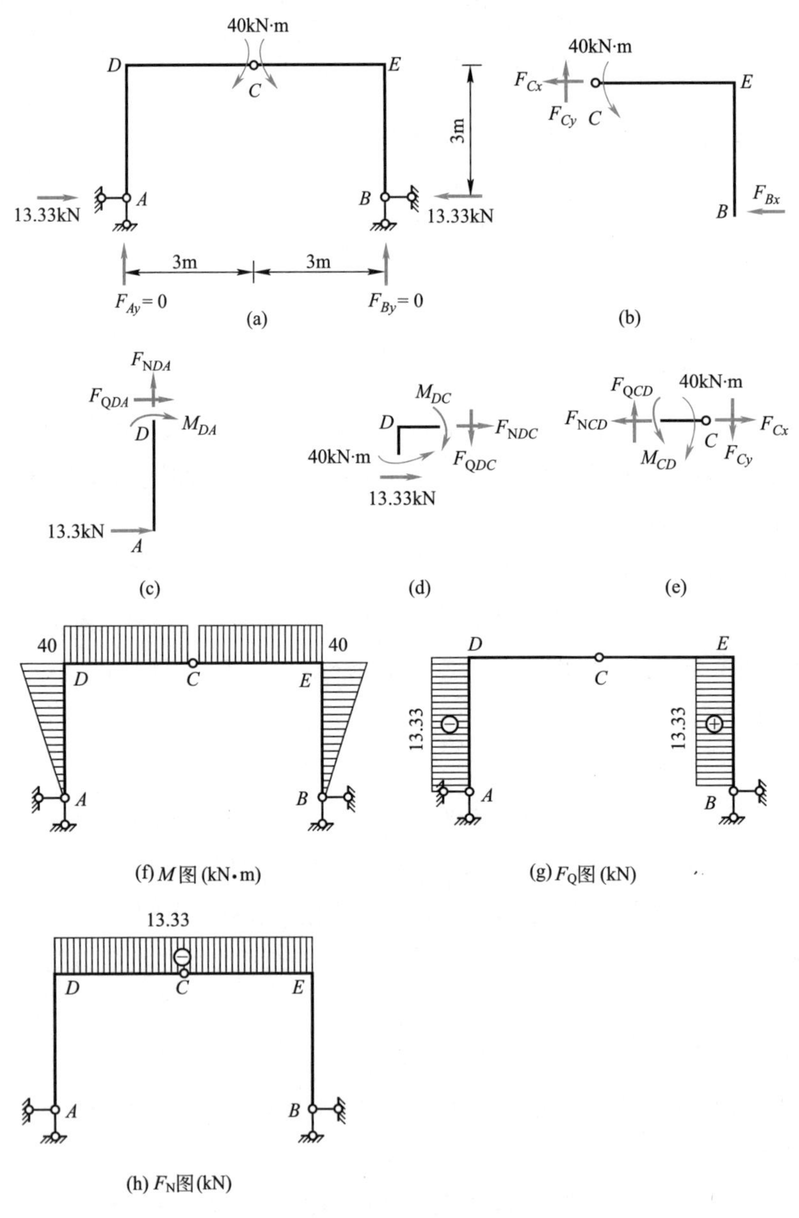

图 2-26　例题 2-13 图

【解】

(1) 求支反力

对于本题，支座反力可按如下顺序求解：

取整个刚架为隔离体(图 2-26a)，求两个底铰的竖向支反力

$$\sum M_A=0：F_{By}\times 6=0，\quad F_{By}=0$$

$$\sum F_y=0：F_{Ay}+F_{By}=0，\quad F_{Ay}=0$$

取 CB 部分为隔离体(图 2-26b)，求 B 铰的水平支反力

$$\sum M_C=0：F_{Bx}\times 3-40=0，\quad F_{Bx}=\frac{40}{3}\text{kN}=13.33\text{kN}$$

再取整个刚架为隔离体(图 2-26a)，求 A 铰的水平支反力

$$\sum F_x=0：F_{Ax}-\frac{40}{3}=0，\quad F_{Ax}=\frac{40}{3}\text{kN}=13.33\text{kN}$$

上述支座反力的求解过程，对于大部分三铰刚架都是适用的。

(2) 求控制截面的内力

这一步与单体刚架完全相同。

取 AD 杆件为隔离体(图 2-26c)，求 AD 杆 D 端的截面内力

$$\sum M_D=0：M_{DA}=40\text{kN}\cdot\text{m}\quad（左侧受拉）$$

$$\sum F_x=0：F_{QDA}=-13.33\text{kN}$$

$$\sum F_y=0：F_{NDA}=0$$

取节点 D 为隔离体(图 2-26d)，求 DC 杆 D 端截面的内力

$$\sum M_D=0：M_{DC}=40\text{kN}\cdot\text{m}\quad（上侧受拉）$$

$$\sum F_x=0：F_{NDC}=-13.33\text{kN}$$

$$\sum F_y=0：F_{QDA}=0$$

切断铰 C，取左侧包括集中力偶的微段为隔离体(图 2-26e)，求集中力偶作用点左侧截面的弯矩

$$\sum M_C=0：M_{CD}=40\text{kN}\cdot\text{m}\quad（上侧受拉）$$

(3) 绘制内力图

利用上面的控制截面内力和内力图与荷载的微分关系，可以很容易绘制出三铰刚架的内力图。首先，先绘制出左边的内力图，然后，利用对称性再画出另一半。其中，轴力图和弯矩图是正对称的，剪力图是反对称的。

总结：

(1) 仅连接两个杆端的刚节点上无外力偶时，两个杆端的弯矩一定等值反向，弯

矩图同侧受拉(这一结论对超静定结构也适用)。

(2) 铰附近截面作用外力偶时，铰附近截面弯矩等于外力偶(切开铰来判断受拉侧)。

【例题 2-14】 试求图 2-27(a)所示刚架的内力图。

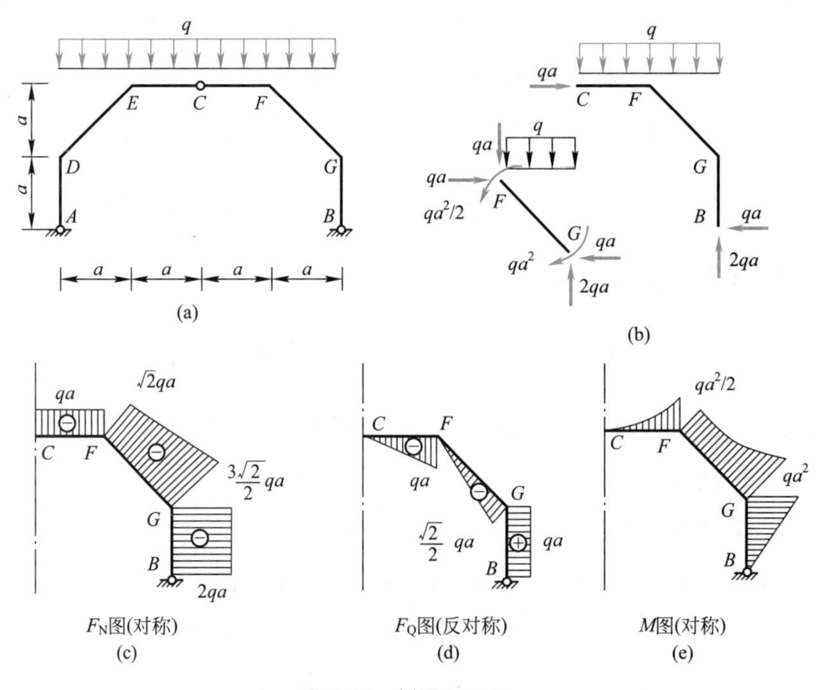

图 2-27 例题 2-14 图

【解】 (1) 求出支座反力

与例题 2-13 一样。

$$\sum M_A=0:\ F_{By}=2qa(\uparrow)$$

$$\sum F_y=0:\ F_{Ay}=2qa(\uparrow)$$

$$\sum M_C=0:\ F_{Bx}=qa(\leftarrow)$$

$$\sum F_x=0:\ F_{Ax}=qa(\rightarrow)$$

(2) 求控制截面内力

取 $CFGB$ 杆为隔离体(图 2-27b)，求 CF 杆 C 端截面内力。

$$\sum F_x=0:\ F_{NCF}=-qa$$

$$\sum F_y=0:\ F_{QCF}=0$$

取 CF 杆为隔离体，可以很方便地求出 F 截面的内力，即

$$M_{FC}=\frac{1}{2}qa^2\ \text{(上侧受拉)},\quad F_{NFC}=-qa,\quad F_{QFC}=-qa$$

同理，取 BG 杆为隔离体，则 G 截面的内力为

$$M_{GB}=qa^2 \quad (\text{右侧受拉}), \quad F_{QGB}=qa, \quad F_{NGB}=-2qa$$

由作用力与反作用力可得到 FG 杆的杆端内力，如图 2-27(b)所示。将两端的水平力和竖向力沿斜杆的杆轴方向和垂直于杆轴方向投影，得：

$$F_{NFG}=-\sqrt{2}qa, \quad F_{QFG}=0, \quad F_{NGF}=-\frac{3}{2}\sqrt{2}qa, \quad F_{QGF}=-\frac{\sqrt{2}}{2}qa$$

根据各段直杆的杆端内力值，并利用对称性，即可绘出刚架的内力图。

2.3.3 多层多跨刚架

这类刚架的分析过程与多跨静定梁一样，首先分清基本部分和附属部分，然后按先附属部分、后基本部分的顺序进行分析计算。此时应注意各部分之间的作用力-反作用力关系。

【例题 2-15】 试求图 2-28(a)所示刚架的弯矩图。

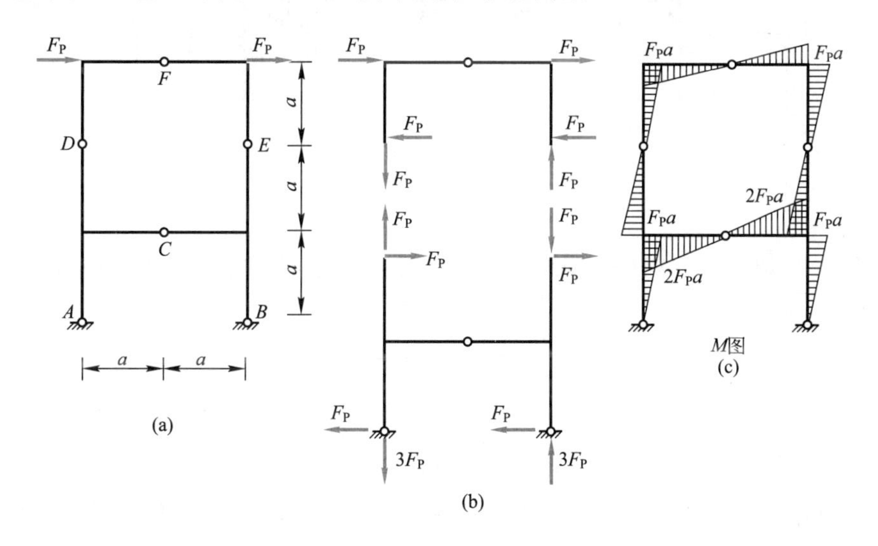

图 2-28　例题 2-15 图

【解】 (1) 确定基本部分和附属部分。很明显，该结构上部 DEF 部分为附属结构，下部 ABC 部分为基本结构。且两部分均为三铰刚架。

(2) 求各部分的支反力。首先，求上部结构的支座反力；然后，将其反向作用在下部结构上，视为荷载，进而求出下部结构的支座反力。结果如图 2-28(b)所示。

(3) 绘制内力图。先分别绘制出两个部分的弯矩图，合在一起就可以。绘制内力图与前述三铰刚架完全一样，此处省略过程，直接给出了弯矩图。

(4) 校核。注意：上层结构两根竖杆的弯矩图虽然是分开画的，但整个杆件上没

有荷载作用，两部分弯矩图合在一起应该是一条直线。这也可以用来校核两部分计算的正确性。

【例题 2-16】 试求图 2-29(a)所示刚架的弯矩图和剪力图。

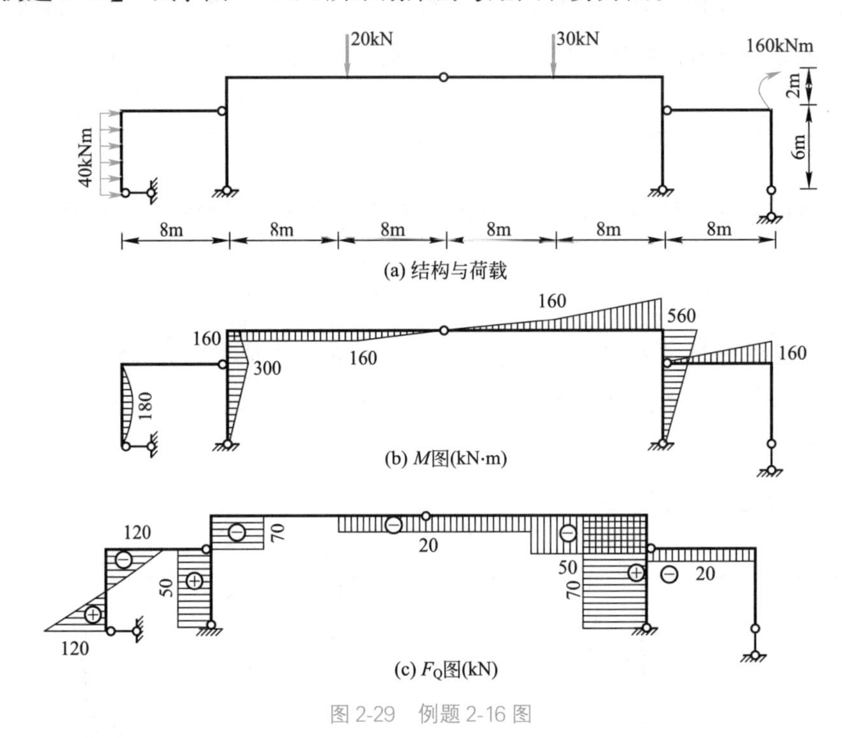

图 2-29　例题 2-16 图

【解】 (1) 确定基本部分和附属部分。很明显，该结构中间部分为基本部分，两侧部分为附属部分。

(2) 求各部分的支反力。首先求两侧附属部分的支座反力，然后，将其反向作用在中间的基本部分上，视为荷载，进而求出中间部分的支座反力。附属部分的几何组成相当于简支刚架，基本部分是三铰刚架。过程略。

(3) 绘制内力图。先分别绘制出两侧附属部分和中间基本部分的弯矩图，合在一起就可以。绘制内力图与前述三铰刚架完全一样，此处省略过程，直接给出了弯矩图(图 2-29b)和剪力图(图 2-29c)。

2.4　三铰拱受力分析

拱是轴线为曲线并在竖向荷载作用下能产生水平反力的结构，如图 2-30 所示。拱的常用形式有三铰拱、两铰拱和无铰拱等。其中三铰拱是静定的，后两种是超静定的。本节只讨论静定三铰拱。

拱与梁的区别不仅在于杆轴线的曲直，更重要的是拱在竖向荷载作用下会产生

图 2-30　石拱桥

水平反力。这种水平反力指向拱的里面，又称推力。由于推力的存在，拱的弯矩常比跨度、荷载相同的梁的弯矩小得多，并主要承受压力。这就使得拱截面上的应力分布比较均匀，因而更能发挥材料的性能，并可以利用抗拉性能较差而抗压能力较强的材料(如：砖、石、混凝土等)来建造，这是拱的优点。拱的主要缺点也在于推力的存在，由于要承受水平推力，因而要求比梁具有更坚固的地基或支撑结构(墙、柱、墩、台等)。可见，推力的存在与否是区别拱与梁的主要标志。凡在竖向荷载作用下会产生水平推力的结构都可称为拱式结构或推力结构。例如三铰刚架、拱式桁架等均属此类结构。

有时，在拱的两支座之间设置拉杆来代替支座承受水平推力，使其成为带拉杆的拱，如图 2-31(c)所示。这样，在竖向荷载作用下支座就只能产生竖向反力，从而消除了推力对支撑结构的影响。

拱的各部分名称如图 2-31 所示。拱身各截面形心连线称为拱轴线。构成拱的曲杆称为拱肋。拱的两个底铰称为拱趾。两拱趾间的水平距离称为拱的跨度。两拱趾的连线称为起拱线。拱轴上距离起拱线最远的一点称为拱顶，三铰拱通常在拱顶处设置铰。拱顶至起拱线之间的竖直距离称为拱高。拱高与跨度之比称为高跨比。两拱趾在同一水平线上的拱称为平拱，不在一条水平线上的称为斜拱。

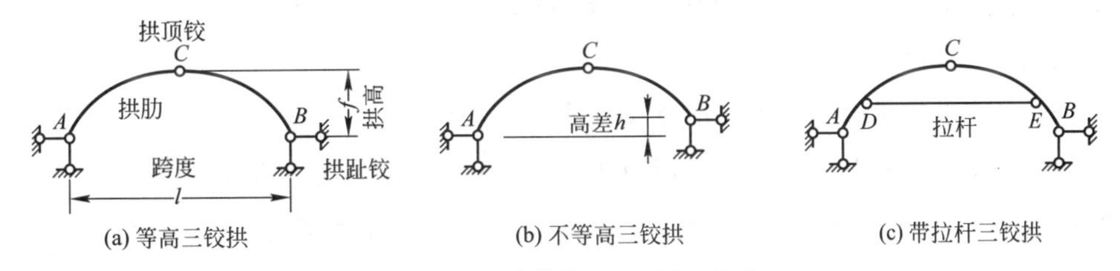

图 2-31　静定拱的不同形式及名称

2.4.1　支座反力和内力计算

现在以竖向荷载作用下的平拱为例，说明三铰拱的反力和内力的计算方法。为了说明三铰拱的受力特征，通常将其支座反力及内力与跨度相同、荷载相同的简支梁进行对比。三铰拱的几何组成与三铰刚架完全相同，因此，其支座反力和内力的计算方法也是一样的。

1. 支座反力

图 2-32(a)为一个竖向荷载作用下的平拱，图 2-32(b)为与之对比的简支梁。

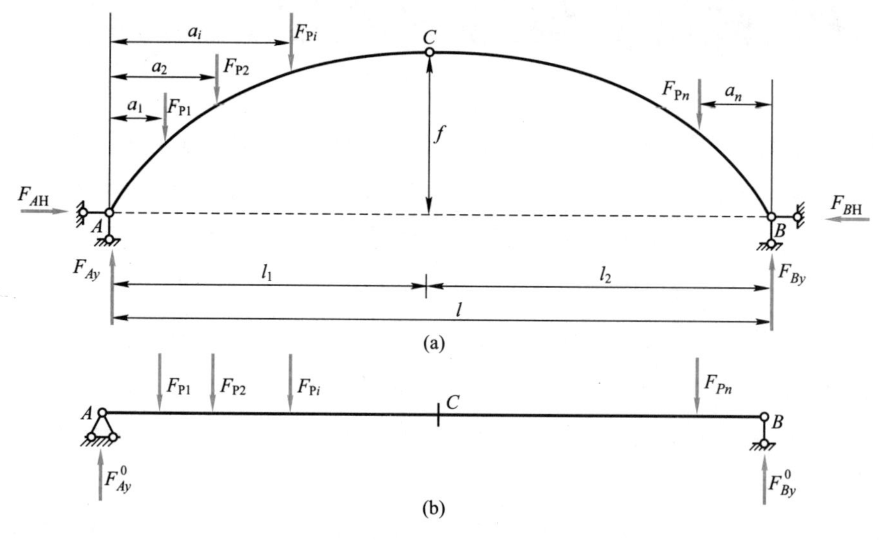

图 2-32　三铰拱与代梁

根据前面的知识，很容易得到下面的关系

$$
\begin{aligned}
&F_{Ay}=F_{Ay}^{0}\\
&F_{By}=F_{By}^{0}\\
&F_{\mathrm{H}}=F_{A\mathrm{H}}=F_{B\mathrm{H}}=\frac{M_C^0}{f}
\end{aligned}
\tag{2-1}
$$

式中，M_C^0 为拱铰 C 对应的简支梁 C 截面处的弯矩；f 为拱高。

从式(2-1)可以看出：

(1) 三铰拱的竖向支座力与简支梁支座反力相等；

(2) 三铰拱的推力等于简支梁跨中弯矩与拱高的比值。水平推力的大小只与三个铰的位置有关，与拱的曲线形状无关。拱越扁平，水平推力越大。

2. 内力

轴力：因为拱截面通常是受压的，因此，轴力以压力为正。

对于图 2-33(a)所示的三铰拱，取 2-33(b)为隔离体，求拱任意截面 K 的内力。

反力求出后，用截面法即可求出拱上任一截面的内力。任一截面 K 的位置可由其形心坐标 x_K、y_K 和该处拱轴切线的倾角 φ_K 确定。

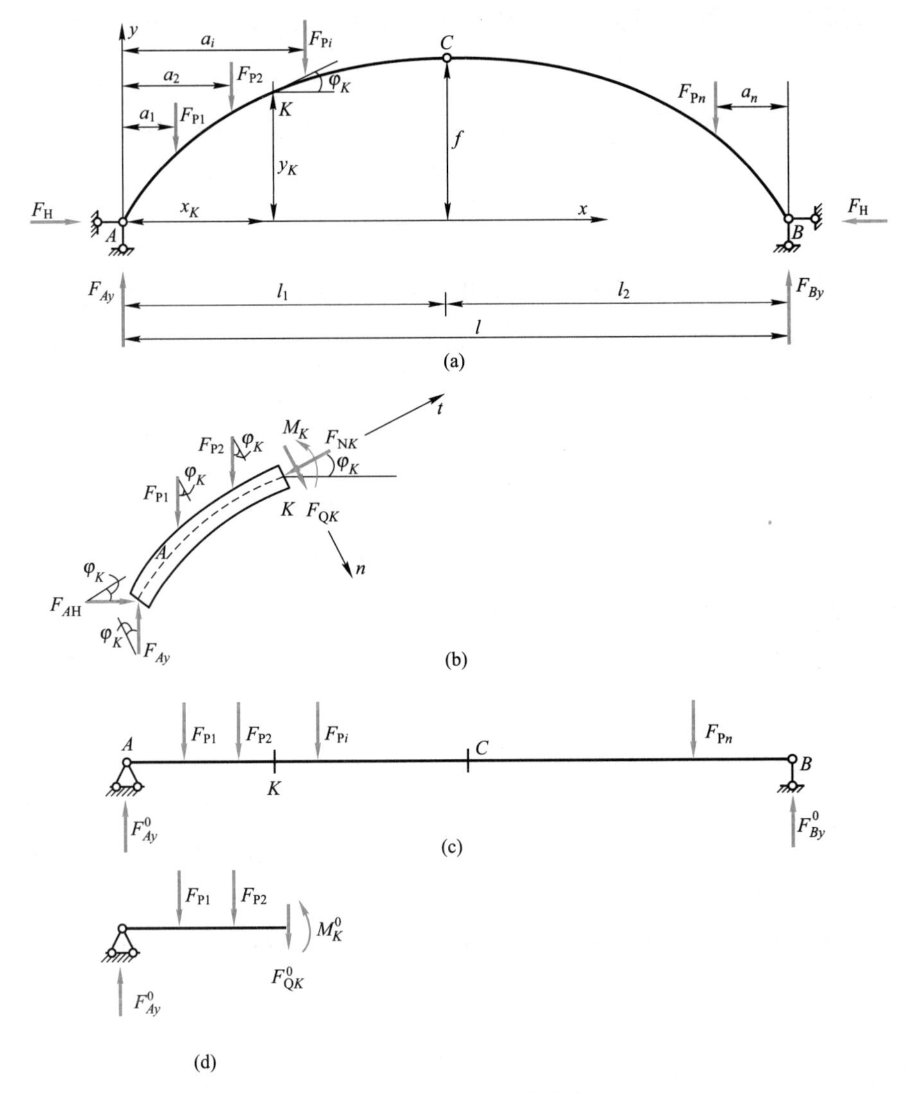

图 2-33　三铰拱内力计算

在拱结构中，通常规定弯矩以内侧受拉为正。取 AK 段为隔离体(图 2-33b)，将隔离体上所有的力对截面 K 的形心取矩，可求得截面 K 的弯矩

$$\sum M_K=0:\ M_K=[F_{Ay}x_K-\sum F_{Pi}(x_K-a_i)]-F_{H}y_K$$

由于 $F_{Ay}=F_{Ay}^0$，可见，式中方括号内的表达式即为相应简支梁(图 2-33c)截面 K 的弯矩 M_K^0(图 2-33d)，故上式可写为

$$M_K=M_K^0-F_{H}y_K$$

即拱内任一截面的弯矩等于相应简支梁对应截面的弯矩减去推力所引起的弯矩。可见，由于推力的存在，拱的弯矩比梁的要小。

在拱结构中，剪力的符号规定与刚架结构相同，仍以绕隔离体顺时针转动为正。

在 AK 段隔离体上(图 2-33b)，将所有的力沿截面 K 的法向投影，可求得截面 K 的剪力

$$
\begin{aligned}
\sum F_{\mathrm{n}}=0\text{：} F_{QK} &= F_{Ay}\cos\varphi_K-\sum F_{\mathrm{P}i}\cos\varphi_K-F_{\mathrm{H}}\sin\varphi_K \\
&=(F_{Ay}-\sum F_{\mathrm{P}i})\cos\varphi_K-F_{\mathrm{H}}\sin\varphi_K \\
&=F^0_{QK}\cos\varphi_K-F_{\mathrm{H}}\sin\varphi_K
\end{aligned}
$$

式中 $F^0_{QK}=F_{Ay}-\sum F_{\mathrm{P}i}$，为相应简支梁截面 K 的剪力，φ_K 的符号在图示坐标系中左半拱取正，右半拱取负。

在拱结构中，因拱截面常常受压，故规定轴力以压力为正。在 AK 段隔离体上(图 2-33b)，将所有的力沿截面 K 的切向投影，可求得截面 K 的轴力

$$
\begin{aligned}
\sum F_{\mathrm{t}}=0\text{：} F_{NK} &=(F_{Ay}-\sum F_{\mathrm{P}i})\sin\varphi_K+F_{\mathrm{H}}\cos\varphi_K \\
&=F^0_{QK}\sin\varphi_K+F_{\mathrm{H}}\cos\varphi_K
\end{aligned}
$$

综上可得，竖向荷载下拱 K 截面内力的计算公式为

$$
\left.
\begin{aligned}
M_K &=M^0_K-F_{\mathrm{H}}y_K \\
F_{NK} &=F^0_{QK}\cos\varphi_K-F_{\mathrm{H}}\sin\varphi_K \\
F_{NK} &=F^0_{QK}\sin\varphi_K+F_{\mathrm{H}}\cos\varphi_K
\end{aligned}
\right\} \tag{2-2}
$$

由式(2-2)可知，三铰拱的内力值不但与荷载及三铰位置有关，而且还与各铰间拱轴线的形状有关。

【例题 2-17】 试作图 2-34(a)所示三铰拱内力图。拱轴线为抛物线，其方程为 $y=\frac{4f}{l^2}x(l-x)$。

【解】 (1) 支座反力计算。由式(2-1)知

$$F_{Ay}=F^0_{Ay}=\frac{6+8\times3+1\times6\times3}{12}=4\text{kN}(\uparrow)$$

$$F_{By}=F^0_{By}=\frac{1\times6\times9+8\times9-6}{12}=10\text{kN}(\uparrow)$$

$$F_{\mathrm{H}}=\frac{M^0_C}{f}=\frac{4\times6-6}{4}=4.5\text{kN}$$

(2) 内力计算。沿 x 轴方向分拱跨为 12 等份，根据式(2-2)计算各截面的 M、F_Q、F_N 值。以 $x=3$m 的截面 3 为例，写出内力计算步骤。

首先，将 $l=12$m 及 $f=4$m 代入拱轴方程，得

$$y=\frac{4\times4}{12^2}x(12-x)=\frac{x}{9}(12-x)$$

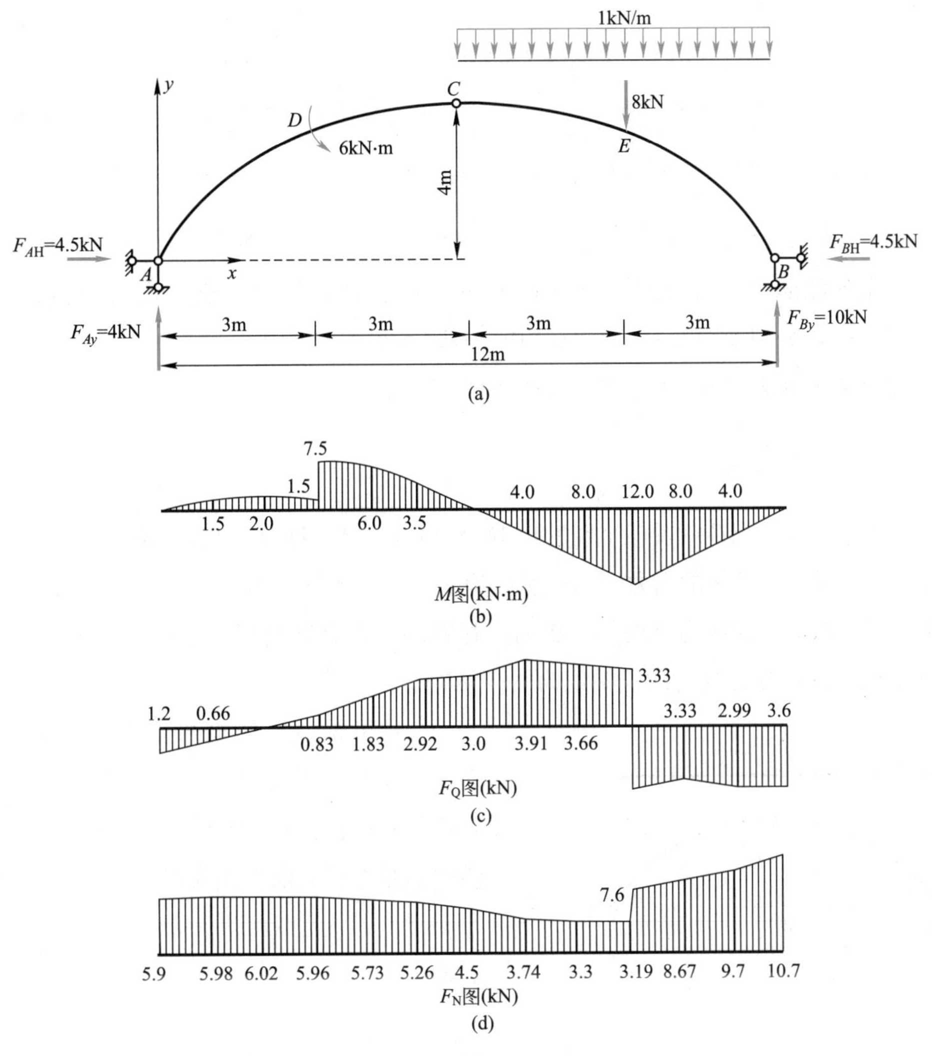

图 2-34　例题 2-17 图

由此可得

$$\tan\varphi=\frac{\mathrm{d}y}{\mathrm{d}x}=\frac{2}{9}(6-x)$$

截面 3 的横坐标 $x_3=3\mathrm{m}$，代入以上二式，可求得其纵坐标 y_3 及 $\tan\varphi_3$ 为

$$y_3=\frac{3}{9}(12-3)=3\mathrm{m}$$

$$\tan\varphi_3=\frac{2}{9}(6-3)=\frac{2}{3}=0.667$$

据此可得 $\varphi_3=33.7°$，并有

$$\sin\varphi=0.555,\quad \cos\varphi=0.832$$

于是，由式(2-2)可得

$$M_3^{\mathrm{L}}=M_3^{0\mathrm{L}}-F_{\mathrm{H}}y_3=4\times3-4.5\times3=-1.5\mathrm{kN}\cdot\mathrm{m}$$

$$M_3^{\mathrm{R}}=M_3^{0\mathrm{R}}-F_{\mathrm{H}}y_3=4\times3-6-4.5\times3=-7.5\mathrm{kN}\cdot\mathrm{m}$$

$$F_{\mathrm{Q3}}=F_{\mathrm{Q3}}^{0}\cos\varphi_3-F_{\mathrm{H}}\sin\varphi_3=4\times0.832-4.5\times0.555=0.83\mathrm{kN}$$

$$F_{\mathrm{N3}}=F_{\mathrm{Q3}}^{0}\sin\varphi_3+F_{\mathrm{H}}\cos\varphi_3=4\times0.555+4.5\times0.832=5.96\mathrm{kN}$$

其余各截面内力计算与上述步骤相同。根据计算结果，绘制出三铰拱的 M、F_{Q}、F_{N} 图，分别如图 2-34(b)、(c)和(d)所示。

建议读者列表完成其他控制截面的内力计算。

2.4.2 合理拱轴线

由上节已知，当荷载及三个铰的位置给定时，三铰拱的反力就可确定，与铰间拱轴线形状无关；三铰拱的内力则与拱轴线有关。当拱上所有截面只有轴力，没有弯矩和剪力时，截面上的应力是均匀分布的，材料能得以充分利用。单从力学观点上看，这是最经济的，故称这时的拱轴线为合理拱轴线。

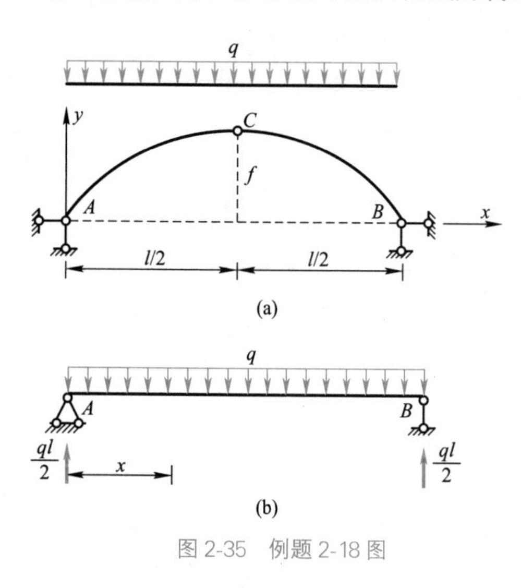

图 2-35　例题 2-18 图

合理拱轴线可根据弯矩为零的条件来确定。在竖向荷载作用下，三铰拱任一截面的弯矩可由式(2-2)的第一式计算，故合理拱轴线方程可由下式求得

$$M=M^0-F_{\mathrm{H}}y=0$$

由此得

$$y=M^0/F_{\mathrm{H}} \tag{2-3}$$

上式表明，在竖向荷载作用下，三铰拱合理拱轴线的纵坐标 y 与相应的简支梁弯矩图的纵坐标成正比。当荷载已知时，只需求出相应简支梁的弯矩方程，然后除以常数 F_{H}，便得到合理拱轴线方程。

【例题 2-18】 试求图 2-35(a)所示三铰拱在竖向均布荷载作用下的合理拱轴。

【解】 相应的简支梁方程为

$$M^0=\frac{qx}{2}(l-x)$$

三铰拱的水平推力为

$$F_H=\frac{M_C^0}{f}=\frac{ql^2}{8f}$$

由式(2-3)可知合理拱轴线为

$$y=\frac{M^0}{F_H}=\frac{4f}{l^2}x(l-x)$$

可见，在满跨竖向均布荷载作用下，三铰拱的合理拱轴线是抛物线。

在合理拱轴线方程中，拱高 f 没有确定，可见具有不同高跨比的一组抛物线，都是合理拱轴线。

【例题 2-19】 试在图 2-36(a)所示荷载下，确定矢高为 f、跨度为 l 的三铰拱的合理拱轴。

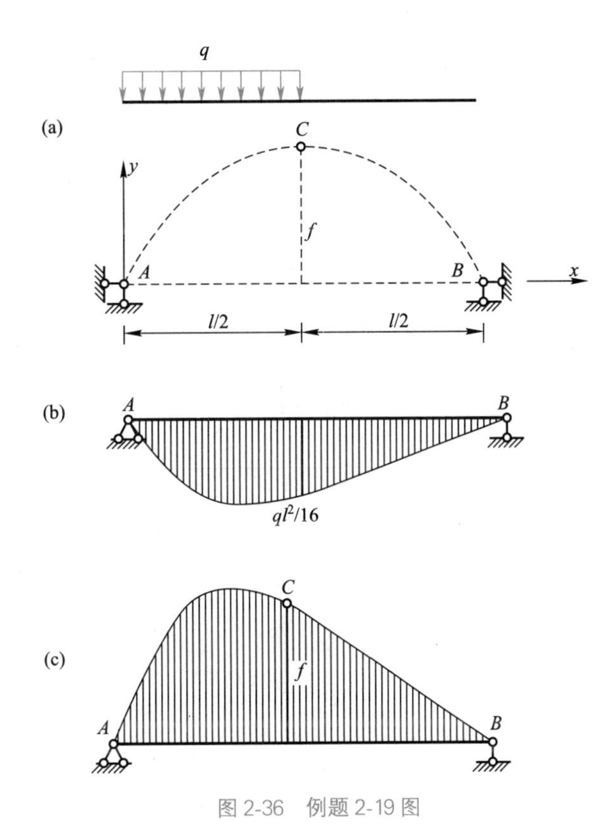

图 2-36　例题 2-19 图

【解】 相应简支梁的弯矩方程为

$$M^0(x)=\begin{cases}\dfrac{qx(3l-4x)}{8} & x\in[0,\ l/2]\\[2ex] \dfrac{ql(l-x)}{8} & x\in[l/2,\ l]\end{cases}$$

水平推力为

$$F_H=\frac{ql^2}{16f}$$

因此，三铰拱的合理拱轴线方程为

$$y=\frac{M^0(x)}{F_H}=\begin{cases}2xf\left(3-4\dfrac{x}{l}\right) & x\in[0,\ l/2]\\ 2f\left(1-\dfrac{x}{l}\right) & x\in[l/2,\ l]\end{cases}$$

由此可以看出，弯矩图(图 2-36b)的形状就是所示荷载的合理拱轴，如图 2-36(c)所示。

【例题 2-20】 图 2-37 所示三铰拱上面填土，填土后表面为一水平面，试求其在回填土重量作用下的合理拱轴。设回填土的重度为 γ，拱所受的竖向分布荷载为 $q(x)=q_C+\gamma y$。

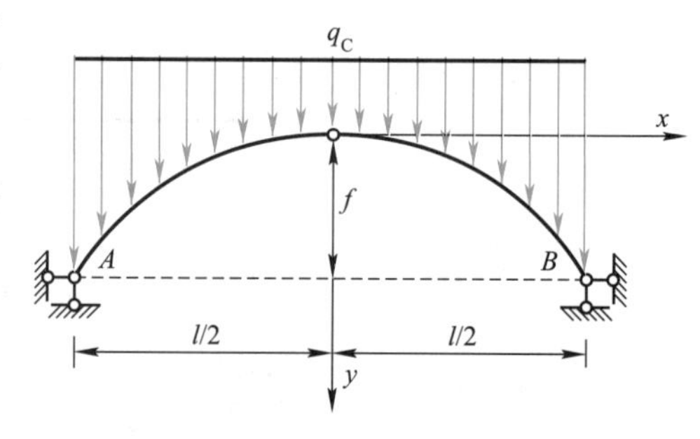

图 2-37 例题 2-20 图

【解】 根据本题坐标系，拱截面的弯矩方程为

$$M=M^0-F_H(f-y)$$

由 $M=0$ 得

$$f-y=\frac{M^0}{F_H}$$

由于本题荷载集度随拱轴纵坐标 y 的变化而变化，而 y 尚属未知，故相应的简支梁方程无法事先写出，因而不能由上式直接求出合理拱轴线方程。

由于 $q(x)$ 随拱轴坐标 y 而变化，而 y 未知。故不能按式(2-3)直接求出合理轴线方程。为此，将上式两边分别对 x 求导两次，得

$$-y''=\frac{1}{F_H}\frac{d^2M^0}{dx^2}$$

注意到 q 以向下为正时，有 $\frac{d^2M^0}{dx^2}=-q(x)$，故得

$$y''=\frac{q(x)}{F_H}$$

这就是竖向荷载作用下，合理拱轴线的微分方程。对于本例题，将 $q(x)=q_C+\gamma y$ 代入上式，得

$$y''-\frac{\gamma}{F_H}y=\frac{q_C}{F_H}$$

该微分方程的一般解可用双曲线函数表示

$$y=A\operatorname{ch}\sqrt{\frac{\gamma}{F_{H}}}x+B\operatorname{sh}\sqrt{\frac{\gamma}{F_{H}}}x-\frac{q_{C}}{\gamma}$$

由边界条件：

当 $x=0$，$y=0$ 时，得

$$A=\frac{q_{C}}{\gamma}$$

当 $x=0$，$y'=0$ 时，得

$$B=0$$

于是可得合理拱轴线方程为

$$y=\frac{q_{C}}{\gamma}\left[\operatorname{ch}\sqrt{\frac{\gamma}{F_{H}}}x-1\right]$$

即在填土重量作用下，三铰拱的合理拱轴线是一悬链线。

通过以上例题可见，拱在承受不同荷载时有不同的合理拱轴线。在实际工程中，结构活载是变化的，很难保证拱在某一种荷载情况下处于无弯矩的状态。设计中通常以主要的、经常出现的荷载情况下的合理拱轴线作为拱的轴线，尽可能使拱的弯矩减小。

有兴趣的读者，可试着推导三铰拱在均匀水压力作用下的合理拱轴线。

2.5 静定组合结构受力分析

组合结构是指由桁架杆件和梁式构件组成的结构，其中，桁架杆只承受轴力，梁式构件则一般要受到弯矩、剪力、轴力的共同作用。组合结构常用于屋架、吊车梁以及桥梁等承重结构。根据两类杆件的受力特点，工程上常采用不同的材料制作这两种杆件，以充分发挥材料的性能，达到经济的目的。

实际工程中，大部分组合结构都是超静定结构。本节选用比较简单的静定结构计算简图进行讨论，主要目的是说明组合结构的受力特征和计算时应注意的地方。一些结论可以延伸到超静定组合结构。

2.5.1 屋架组合结构

图 2-38 所示为一个简单的组合屋架。屋架的上弦部分是梁式杆件，一般设计成钢筋混凝土构件，以发挥其良好的抗弯能力；下弦部分是桁架拉杆，一般设计成型

钢构件，以发挥钢材良好的抗拉性能；竖向支撑部分是桁架压杆，一般设计成钢筋混凝土或型钢构件，以发挥这两种材料良好的抗压性能。

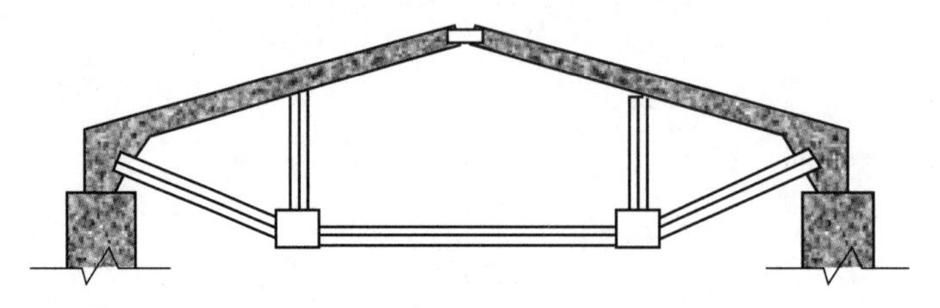

图 2-38　钢与混凝土组合屋架

【例题 2-21】 试计算图 2-39(a)所示钢与混凝土组合结构的内力。

【解】 这是图 2-38 所示组合结构的计算简图。

(1) 求支座反力

$$F_{Ax}=0,\quad F_{Ay}=F_{By}=80\text{kN}$$

(2) 计算杆件内力。图 2-39(a)中，AC、BC 杆件为梁式杆，其余杆件均为桁架杆。

首先计算桁架杆件的内力。切开铰 C 和杆件 FG，取左边部分为隔离体，求 FG 杆件的轴力，如图 2-39(b)所示。

$$\Sigma M_C=0\text{：}F_{\mathrm{N}FG}\times 3+\frac{1}{2}\times 10\times 8^2-80\times 8=0$$

$$F_{\mathrm{N}FG}=\frac{320}{3}=106.7\text{kN}$$

取 F 节点为隔离体，求 AF、DF 杆件的轴力(隔离体图略)

$$\Sigma F_x=0\text{：}F_{\mathrm{N}AF}=\frac{80\sqrt{17}}{3}=110.0\text{kN}$$

$$\Sigma F_y=0\text{：}F_{\mathrm{N}DF}=-\frac{80}{3}=-26.7\text{kN}$$

然后，分析梁式杆件的内力。分析时，取 AC 杆件为隔离体(隔离体图略)，求 A、D、C 截面的轴力、剪力和弯矩，具体结果如下：

$$F_{\mathrm{N}CD}=-\frac{1280}{3\sqrt{17}}=-103.5\text{kN},\ F_{\mathrm{N}DC}=-\frac{1400}{3\sqrt{17}}=-113.2\text{kN},\ M_A=0$$

$$F_{\mathrm{N}DA}=-\frac{1320}{3\sqrt{17}}=-106.7\text{kN},\ F_{\mathrm{N}AD}=-\frac{1400}{3\sqrt{17}}=-116.4\text{kN},\ M_D=26.7\text{kN}\cdot\text{m}$$

$$F_{\mathrm{Q}CD}=-\frac{320}{3\sqrt{17}}=-25.8\text{kN},\ F_{\mathrm{Q}DC}=\frac{160}{3\sqrt{17}}=12.9\text{kN},\ M_C=0$$

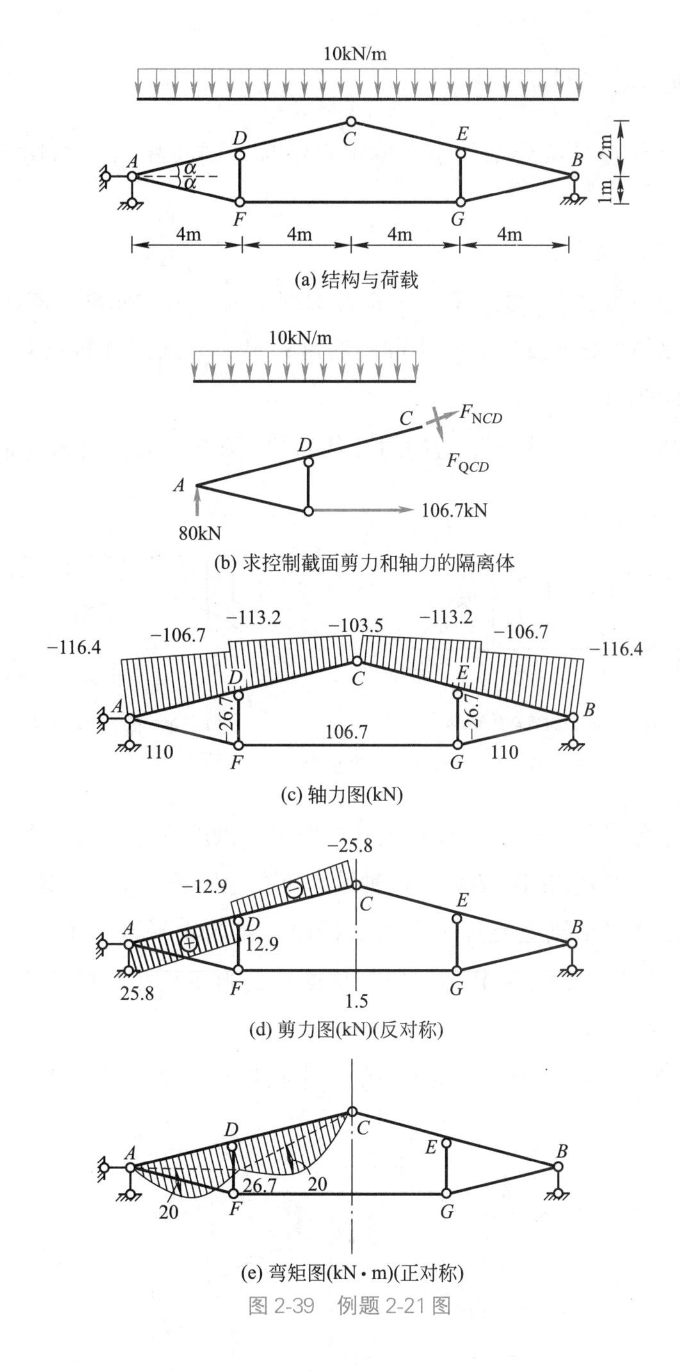

图 2-39 例题 2-21 图

$$F_{QDA}=\frac{-160}{3\sqrt{17}}=-12.9\text{kN}，F_{QAD}=\frac{320}{3\sqrt{17}}=25.8\text{kN}$$

由以上计算结果可以绘制出 F_N、F_Q、M 图，如图 2-39(c)、(d)、(e)所示。

若采用简支梁承受同样的荷载，则简支梁的跨中弯矩为 320kN · m，约是组合屋架上弦杆最大弯矩的 10 倍。可见，组合结构在内力重分配、充分发挥材料性能等方面具有明显的优势。

2.5.2 桥梁组合结构

本节介绍三种桥梁组合结构：拱桥组合结构、斜拉桥组合结构和悬索桥组合结构。

1. 拱桥组合结构

拱桥组合结构是由梁、主拱和吊杆构件共同组成的承重体系。该体系的特点是：一方面吊杆可以作为梁的支座，减小梁的跨度；另一方面吊杆将荷载传给拱，充分发挥了拱的抗压能力。

拱桥组合结构又可分为无推力的组合体系拱(图 2-40a)和有推力的组合体系拱(图 2-40b)。

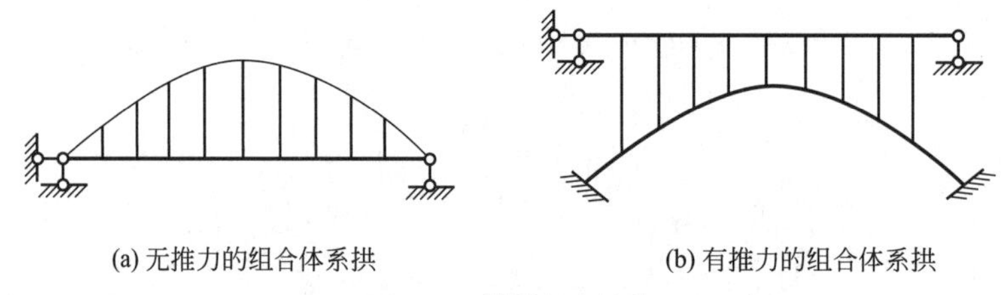

(a) 无推力的组合体系拱　　(b) 有推力的组合体系拱

图 2-40　拱桥组合结构

无推力的组合体系拱一般应用于下承式桥中，拱的水平推力由梁承担，其墩台和基础的受力与简支梁相同，因此，这种结构可在地质条件不好的地区采用。

有推力的组合体系拱主要用于上承式桥中，拱的水平推力由墩台承受，因此，墩台的构造与单纯的拱桥体系相似，但上部结构的自重比单纯的拱桥体系要轻，因此，其水平推力也会小些。

【例题 2-22】 图 2-41 为一个有推力的静定拱桥组合结构的计算简图。其中，拱

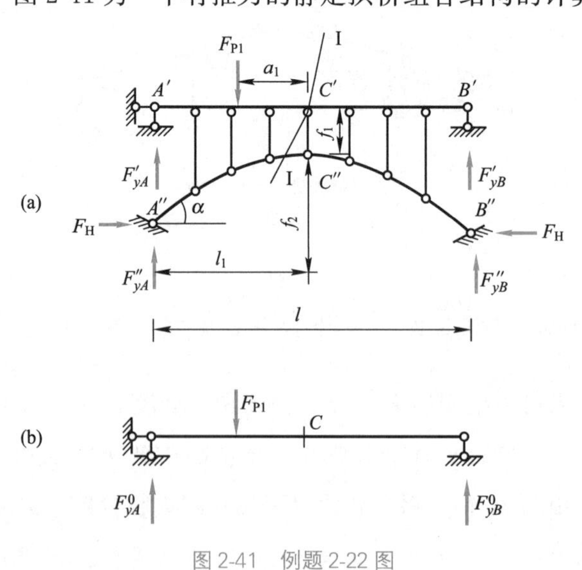

图 2-41　例题 2-22 图

是由若干根链杆组成的链杆拱与加劲梁用竖向链杆连接而成的几何不变体系。试分别计算梁和拱的支座反力。

【解】 计算这类结构的反力时，为了方便起见，可将拱两端的反力分解为水平分力和竖向分力。考虑结构的整体平衡，不难看出拱和梁两部分总的竖向反力就等于相应简支梁(图 2-41b)的竖向反力，即

$$F'_{yA}+F''_{yA}=F^0_{yA}$$

$$F'_{yB}+F''_{yB}=F^0_{yB}$$

若考虑链杆拱上每一个节点的平衡条件$\sum F_x=0$，则可知拱上每一根杆件的水平分力都相等，即等于拱的水平推力 F_H。

再作界面Ⅰ—Ⅰ并取左侧部分为隔离体，且将被截断拱杆的内力在C''点沿水平和竖向分解，则可求得拱的水平反力

$$F_H f_1-F_H(f_1+f_2)+(F'_{yA}+F''_{yA})l_1-F_{P1}a_1=0$$

式中，后两项之和即为相应简支梁界面 C 的弯矩M^0_C，故得

$$F_H=\frac{M^0_C}{f_1}$$

链杆拱及加劲梁的竖向反力分别为

$$F''_{yA}=F''_{yB}=F_H\tan\alpha$$

$$F'_{yA}=F^0_{yA}-F_H\tan\alpha$$

$$F'_{yB}=F^0_{yB}-F_H\tan\alpha$$

式中　α——两端拱杆的倾角。

反力确定后，便不难求出各链杆的轴力，然后即可求出加劲梁的内力。

2. 斜拉桥组合结构

斜拉桥是由主梁、索塔和拉索组成的承重体系。图 2-42 为一个双塔三跨斜拉桥的示意图。

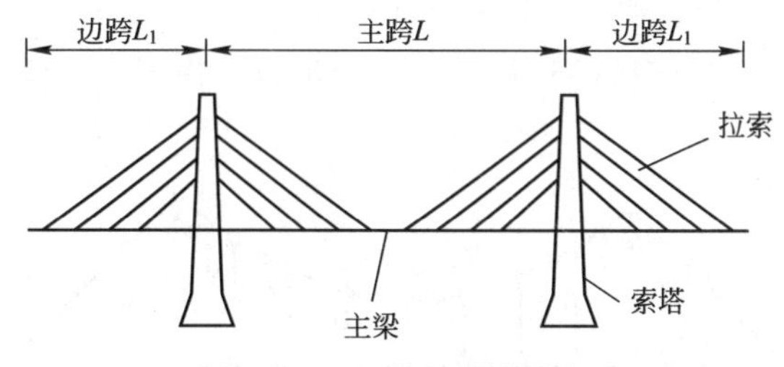

图 2-42　双塔三跨斜拉桥

与具有相同跨度的连续梁桥相比，由于斜拉索的作用，主梁的受力跨度明显减

小，斜拉桥的弯矩分布均匀且绝对值小。因此，斜拉桥比连续梁桥具有更大的跨越能力。

斜拉桥总体布置中，索塔高度是一个重要的技术经济指标。很明显，索塔越高，拉索与水平方向的倾角越大，对主梁的支撑效果越好。反之，索塔越低，要保证其对主梁的竖向支撑效果，索的拉力就要增加，水平分力也随之增加，这样会影响拉索的传力效果，并引起主梁的压力过大等问题。因此，双塔斜拉桥的塔高与主跨之比为 1/7～1/4。

目前认为斜拉桥的极限跨径可以达到 1500m。2008 年建成的江苏苏通长江大桥，主跨为 1088m。

3. 悬索桥组合结构

悬索桥是由主索、加劲梁、索塔、锚碇和吊杆组成，如图 2-43 所示。其中，主索由高强冷拔镀锌钢丝组成；加劲梁主要有钢桁架梁和扁平钢箱梁两种；索塔有钢塔和混凝土塔两种。

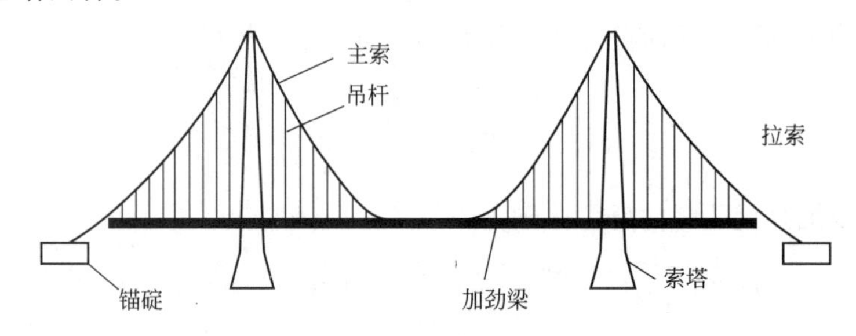

图 2-43　悬索桥

悬索桥跨度越大，优势越明显。主要有以下特点：

(1) 在悬索桥中，主索、索塔和锚碇都是承重构件，它们在扩充截面或提高承载力方面遇到的困难较小。因此，加劲梁的截面不需要随跨度的增大而增大。

(2) 作为主要承重构件的主索具有最合理的受力形式(只承受拉力)。

(3) 由于跨度大，相对来讲，悬索桥的构件就显得特别柔细，外形美观。因此，大跨度悬索桥的所在地几乎都成为重要的旅游景点。

图 2-44 所示为静定悬索桥的计算简图，它可以看作是一个倒置的拱式组合结构，因此计算方法也相同。

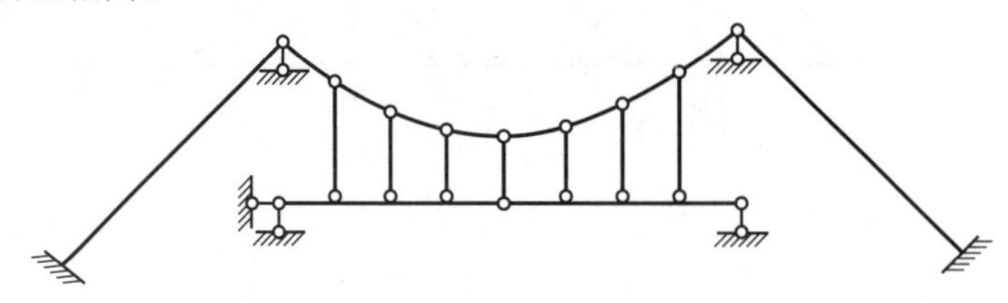

图 2-44　组合体系拱计算简图

2.5.3 组合结构分析举例

【例题 2-23】 作图 2-45(a)所示结构的内力图。

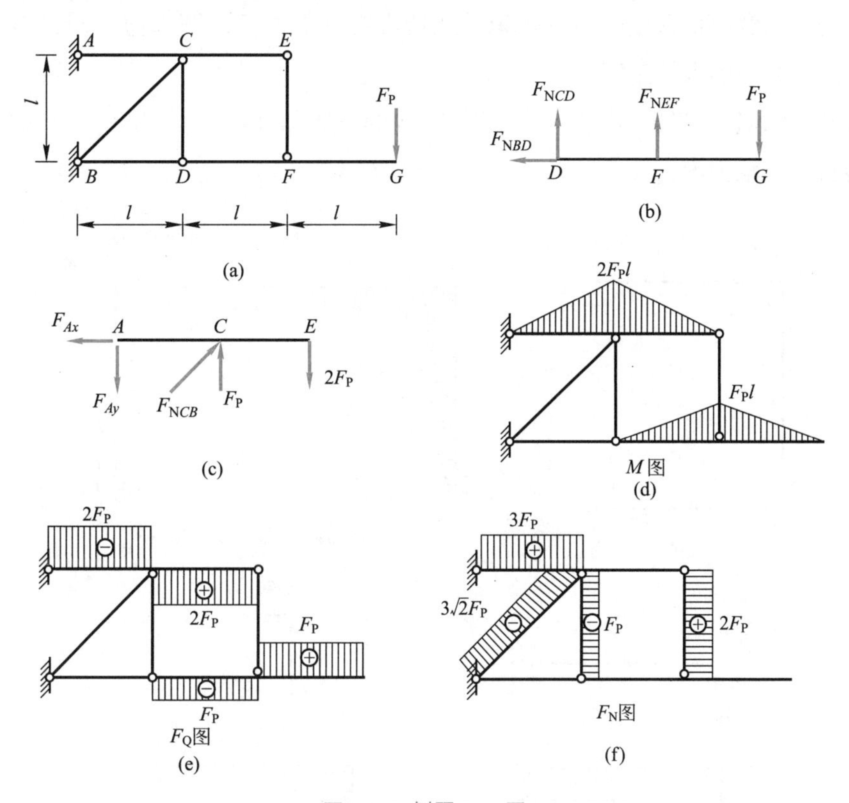

图 2-45 例题 2-23 图

【解】 本题中，杆 ACE 用铰 A 和链杆 BC 与基础相连，组成一个刚片；杆 DFG 又用链杆 BD、CD 和 EF 与该刚片连接。

(1) 按几何组成相反的顺序，首先取隔离体杆 DFG(图 2-45b)，求链杆 BD、CD 和 EF 的轴力。

$$\sum M_D=0\text{：}F_{NEF}=2F_P$$

$$\sum M_F=0\text{：}F_{NCD}=-F_P$$

$$\sum F_x=0\text{：}F_{NBD}=0$$

然后，取隔离体杆 ACE(图 2-45c)，求 A 支座反力和 CB 杆的轴力

$$\sum M_C=0\text{：}F_{Ay}=2F_P$$

$$\sum F_y=0\text{：}F_{NCB}=-3\sqrt{2}F_P$$

$$\sum F_x=0\text{：}F_{Ax}=0$$

(2) 作内力图。求出各链杆的轴力后，杆 ACE 和杆 DFG 就相当于作用有集中

力的简支梁。可以很方便地绘出它们的内力图，分别如图 2-45(d)、(e)、(f)所示。

2.5.4 由弯矩图求剪力图和轴力图

作为后面学习位移法的预备知识，此处讲解一下由弯矩图求剪力图，进一步由剪力图求轴力图的求解过程。

【例题 2-24】 已知：图 2-46(a)所示结构的弯矩图如图 2-46(b)所示。试求该结构的剪力图和轴力图。

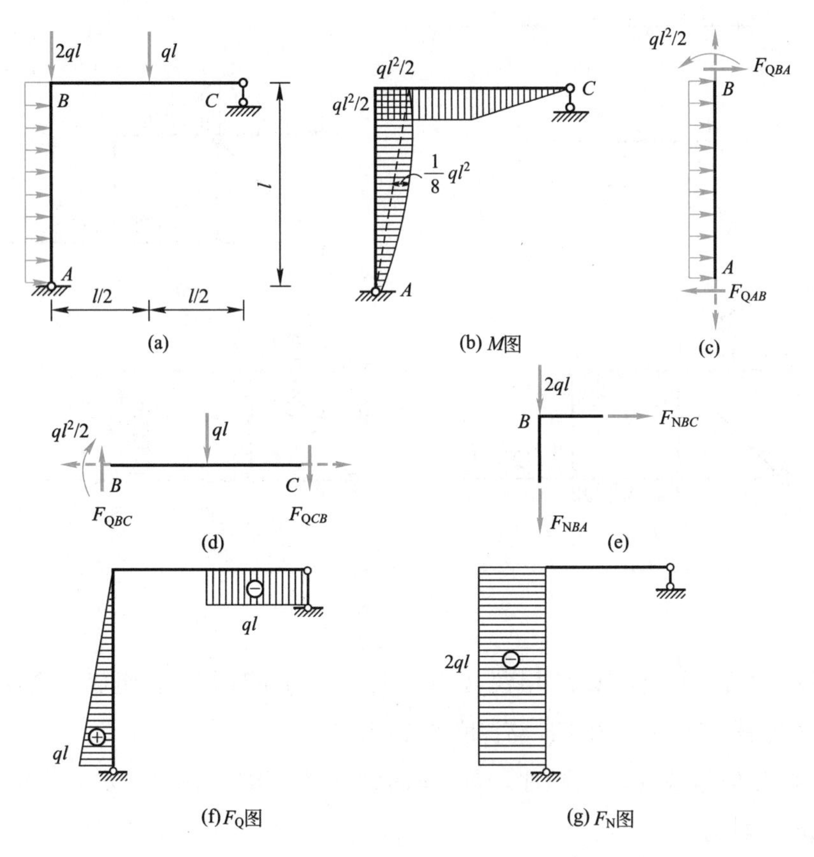

图 2-46 例题 2-24 图

【解】 (1) 由弯矩图求剪力图。取单个杆件为隔离体，利用平衡条件求杆端剪力。画断开截面内力时，已知的弯矩按实际方向画，未知的剪力按规定的正方向画。

AB 杆：切断 *AB* 杆两端，画出已知弯矩和未知剪力(因为轴力在求剪力时用不上，故画成虚线)，如图 2-46(c)所示。由平衡方程求未知剪力

$$\sum M_A=0\text{：}\frac{1}{2}ql^2-\frac{1}{2}ql^2+F_{QBA}\cdot l=0\text{，}\quad F_{QBA}=0$$

$$\sum M_B=0\text{：}\frac{1}{2}ql^2+\frac{1}{2}ql^2-F_{QAB}\cdot l=0\text{，}\quad F_{QAB}=ql$$

BC 杆：切断 BC 杆两端，画出已知弯矩和未知剪力，如图 2-46(d)所示；由平衡方程求未知剪力

$$\sum M_B = 0: F_{QCB} = -ql$$

$$\sum M_C = 0: F_{QBC} = 0$$

根据杆端剪力和杆件上的荷载可得到整个结构的剪力图如图 2-46(f)所示。

(2) 由剪力图求轴力图。取节点为隔离体，利用平衡条件求轴力。画断开截面内力时，已知的剪力按实际方向画，未知的轴力按正方向画。如图 2-46(e)所示。

B 节点：隔离体如图 2-46(e)所示。由节点的平衡条件求未知轴力

$$\sum F_x = 0: F_{NBC} = 0$$

$$\sum F_y = 0: F_{NBA} = -2ql$$

同理，根据杆端轴力和杆件上的荷载可得到整个结构的轴力图如图 2-46(g)所示。

思考题

2-1 如何利用几何组成分析结论计算支座(联系)反力?

2-2 桁架内力计算时为何先判断零杆和某些易求杆内力?

2-3 对以三刚片规则所组成的联合桁架应如何求解?

2-4 如何确定三铰拱的合理拱轴线?

2-5 三铰拱的合理拱轴线与哪些因素有关?

2-6 对于给定的荷载，合理拱轴线是唯一的吗?

2-7 带拉杆的三铰拱受力上有什么优点? 拉杆轴力如何确定?

2-8 均布荷载作用下受弯构件的弯矩一定是按曲线变化的吗? 没有荷载的区段，弯矩一定按直线变化吗?

2-9 何谓区段叠加法? 其作 M 图的步骤如何?

2-10 为什么直杆上任一区段的弯矩图可以用对应简支梁由叠加法来作?

2-11 如图 2-47 所示，为什么相同跨度、相同荷载作用的斜梁与水平梁的弯矩是一样的?

2-12 若基本部分与附属部分之间用铰连接，那么作用在该铰处的集中力由哪部分承担?

2-13 多跨静定的内力分布与简支梁相比有哪些优越性?

2-14 多跨静定梁分析的关键是什么?

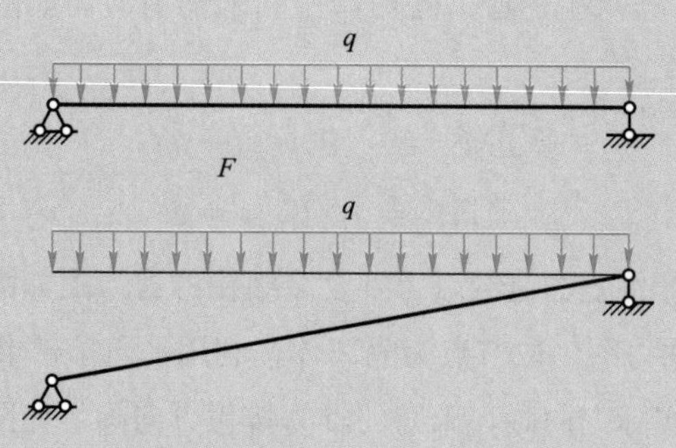

图 2-47　思考题 2-11 图

2-15　不等高三铰刚架的反力计算能否不解联立方程?

2-16　作平面刚架内力图的一般步骤如何?

2-17　静定组合结构分析时应注意什么?

2-18　由 M 图作出剪力图的条件是什么?

2-19　由剪力图作出轴力图的条件是什么?

2-20　静定结构内力分布情况与杆件截面的几何性质和材料物理性质是否有关?

2-21　如何证明静定结构的解答唯一性?

习题

2-1　试判断图 2-48 所示桁架中的零杆。

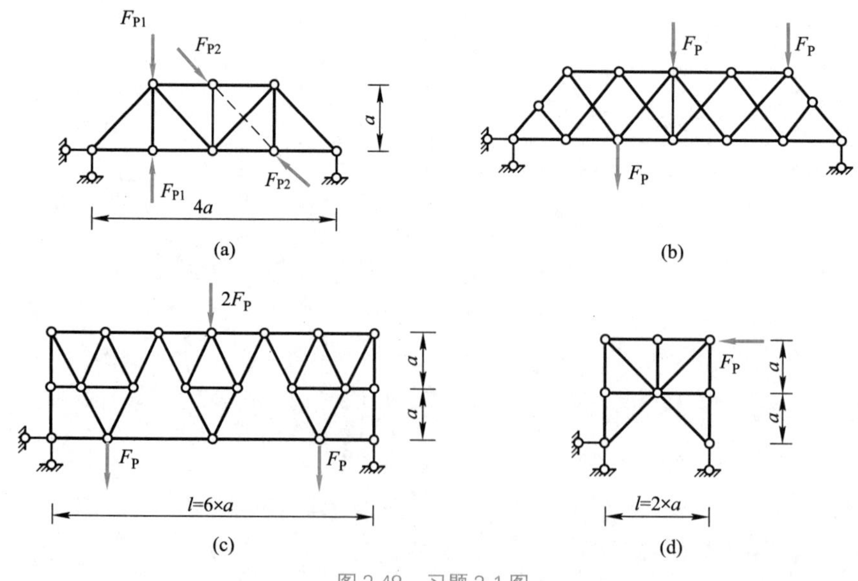

图 2-48　习题 2-1 图

2-2 试用节点法求图 2-49 所示桁架中的各杆轴力。

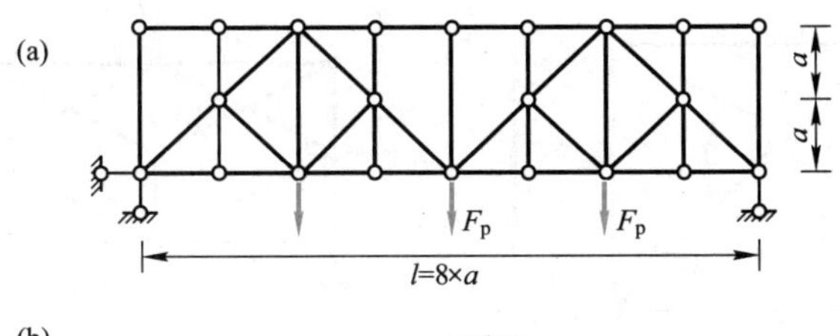

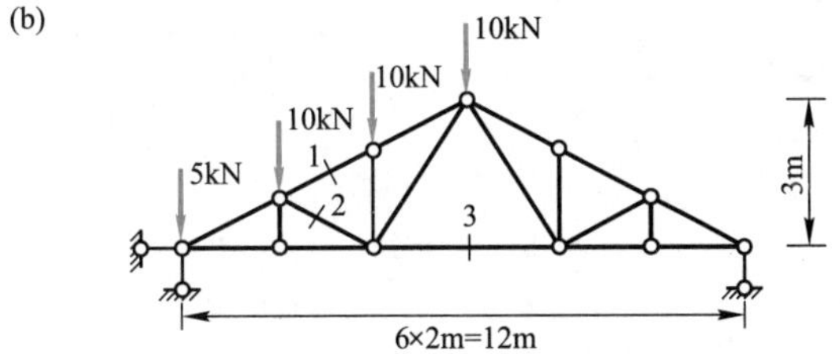

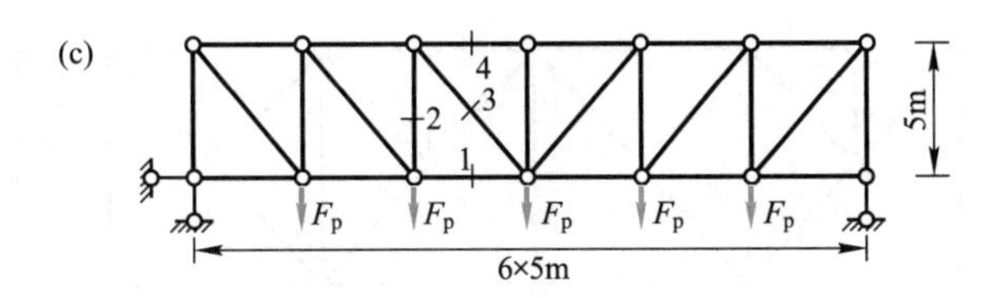

图 2-49 习题 2-2 图

2-3 用截面法求图 2-50 所示桁架中指定杆的轴力。

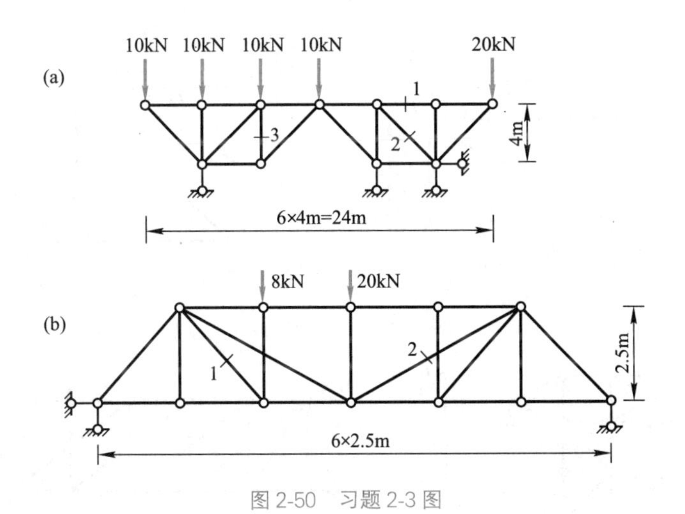

图 2-50 习题 2-3 图

2-4 试求图 2-51 所示桁架指定杆的轴力。

2-5 试用对称性求图 2-52 所示桁架各杆轴力。

2-6 试用较简单的方法求图 2-53 所示桁架指定杆件的轴力。

2-7 试作图 2-54 所示多跨静定梁的弯矩图和剪力图。

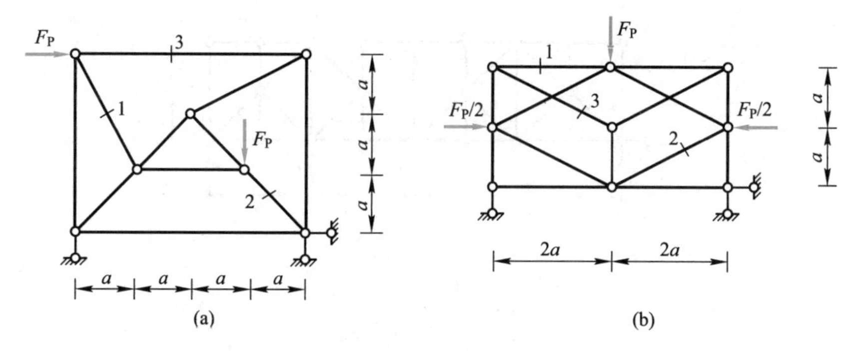

图 2-51　习题 2-4 图

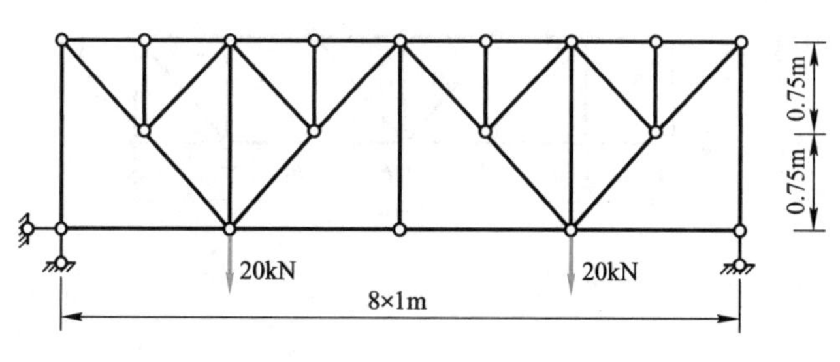

图 2-52　习题 2-5 图

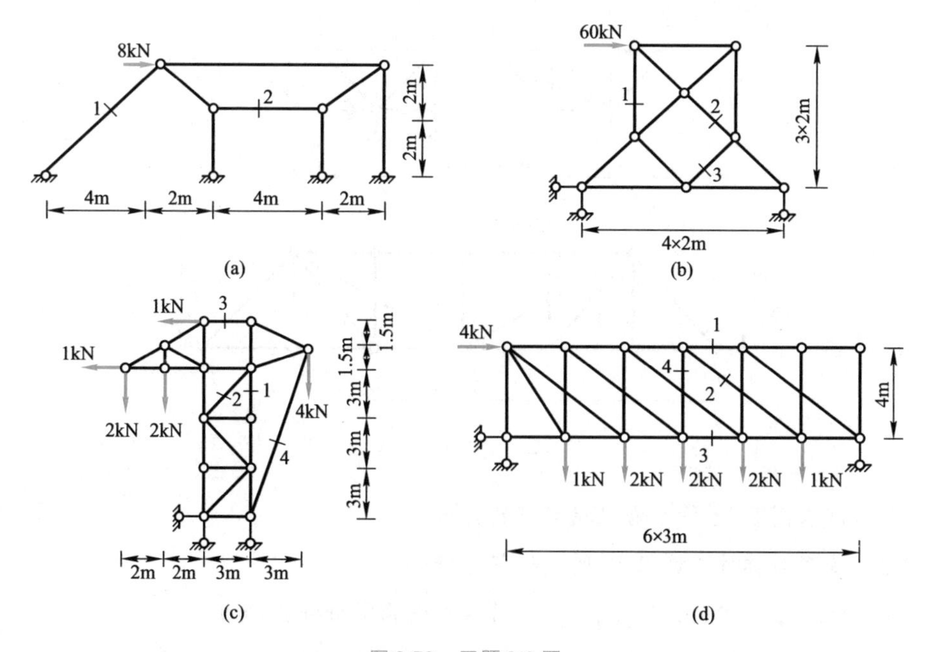

图 2-53　习题 2-6 图

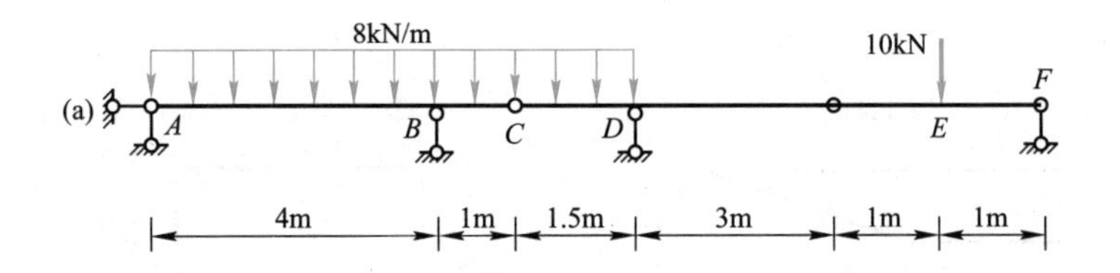

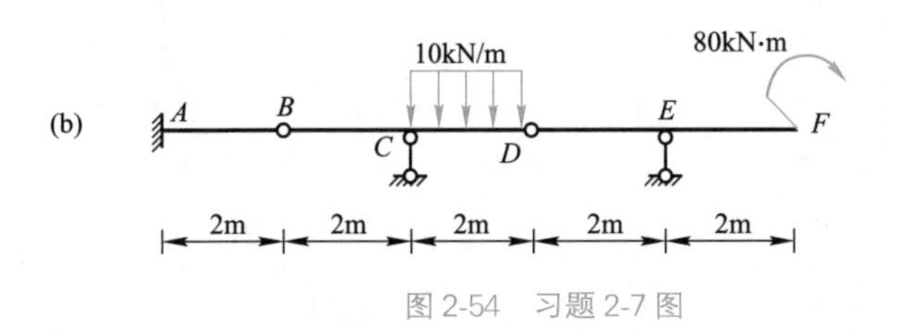

图 2-54　习题 2-7 图

2-8　如图 2-55 所示，试选择铰的位置，使中跨的跨中截面弯矩与支座弯矩相等。

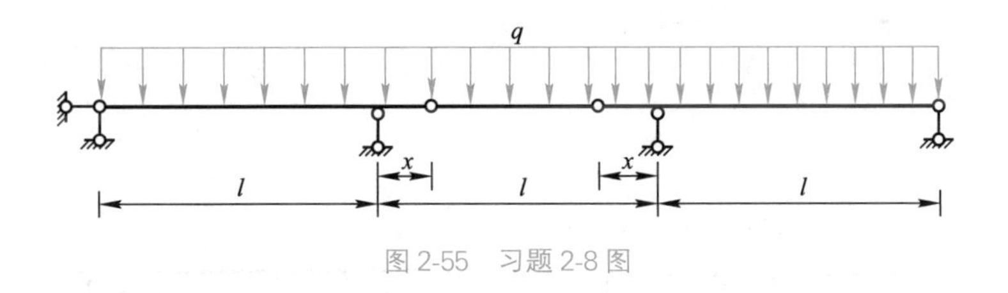

图 2-55　习题 2-8 图

2-9　试找出图 2-56 所示弯矩图中的错误。

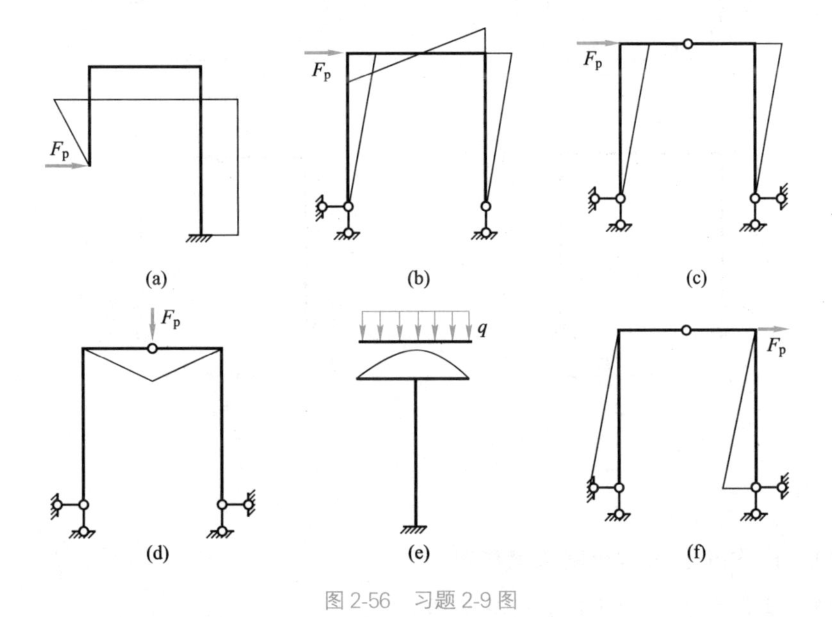

图 2-56　习题 2-9 图

2-10　试作图 2-57 所示刚架内力图。

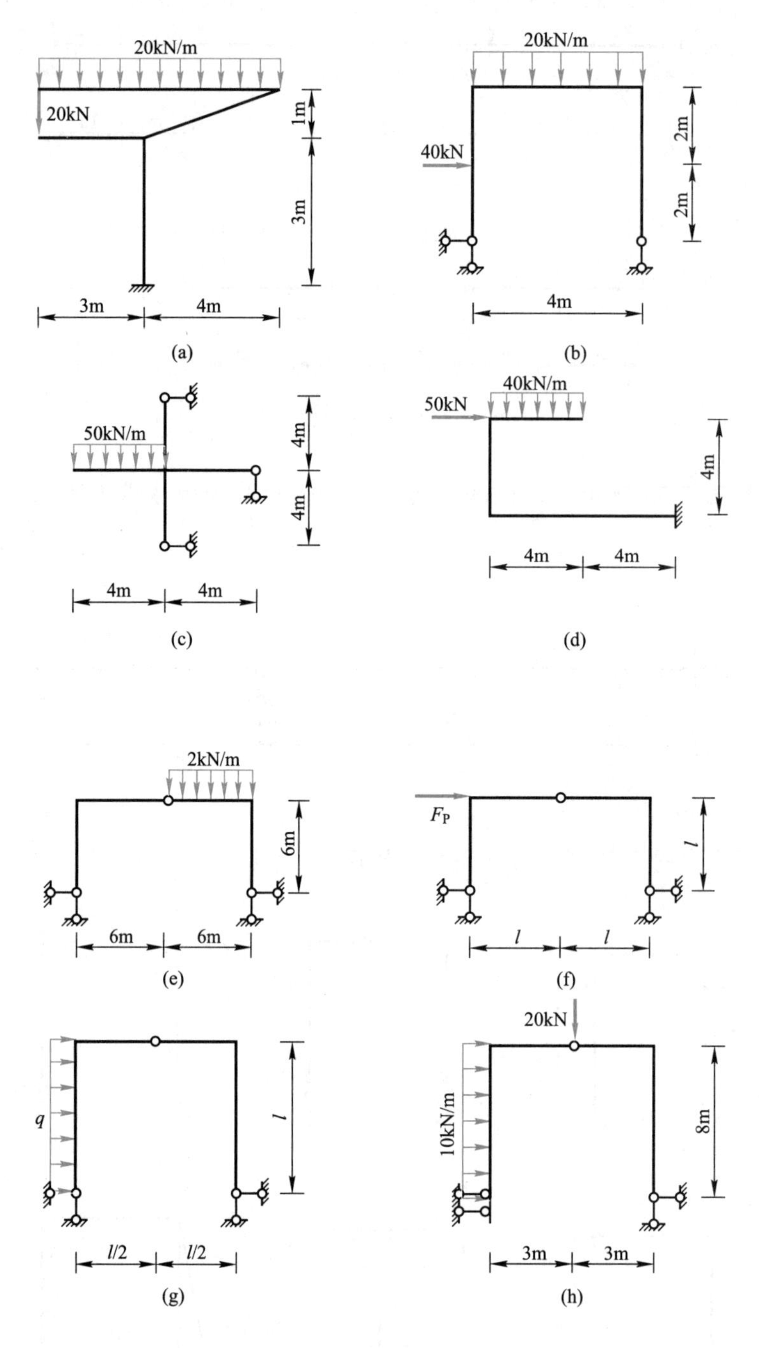

图 2-57　习题 2-10 图

2-11　试作图 2-58 所示刚架弯矩图。

2-12　试作图 2-59 所示结构的弯矩图。

2-13　试作图 2-60 所示结构的弯矩图。

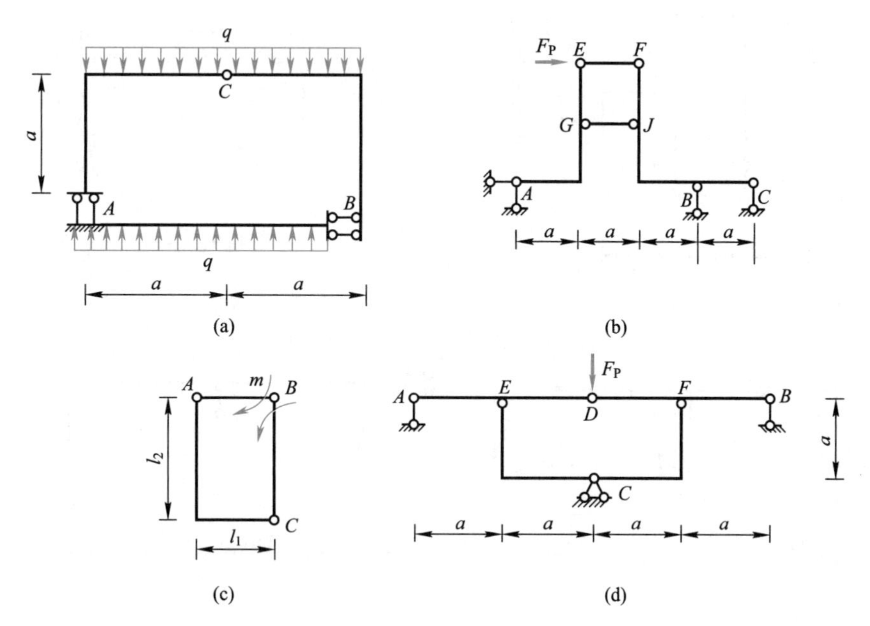

图 2-58　习题 2-11 图

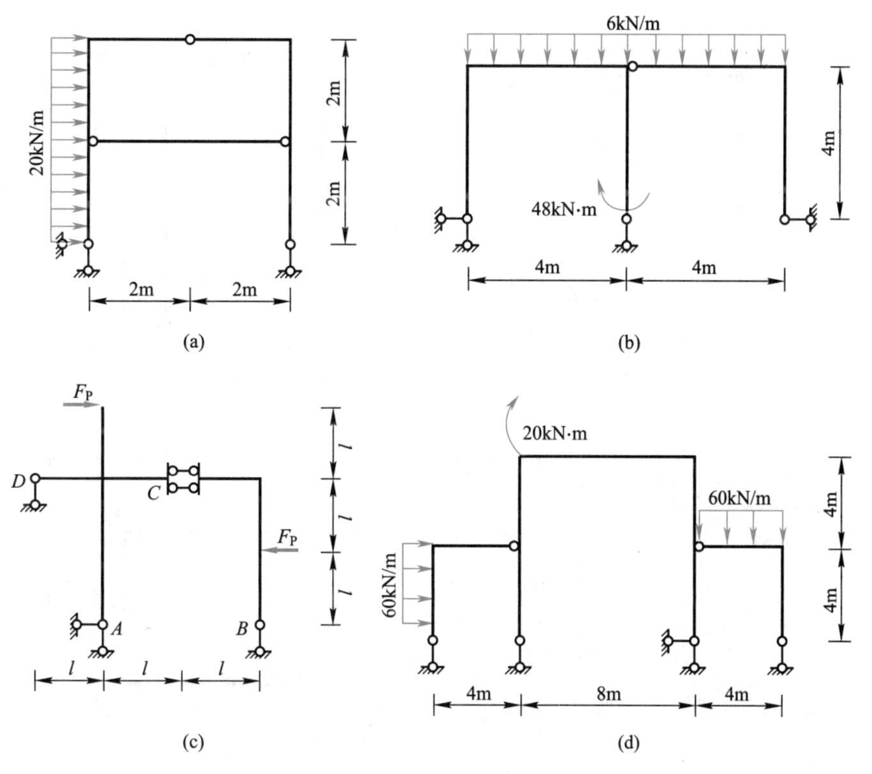

图 2-59　习题 2-12 图

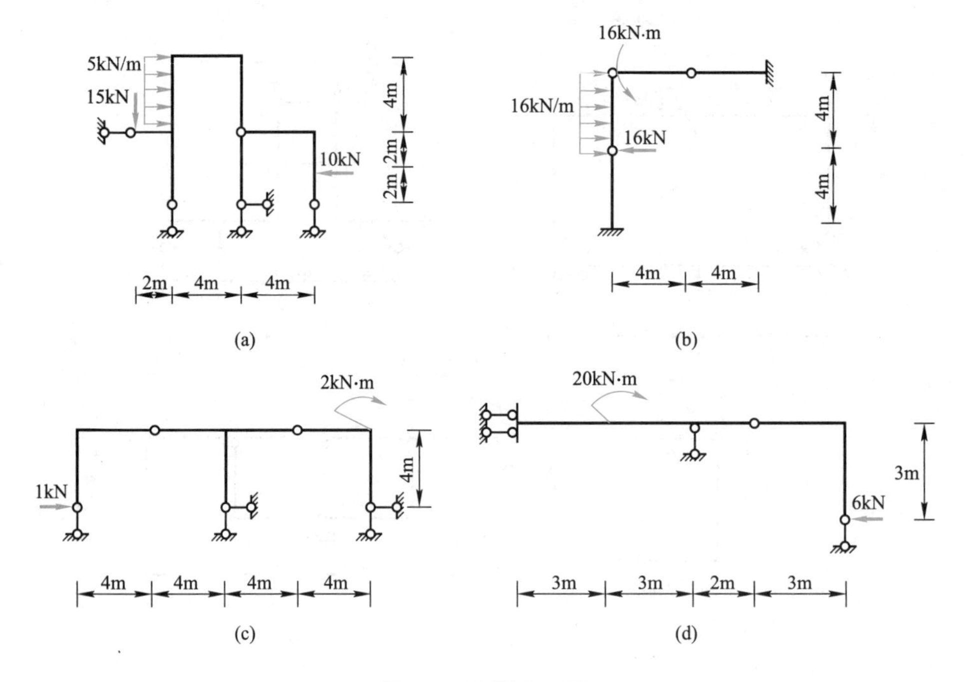

图 2-60　习题 2-13 图

2-14　试作图 2-61 所示结构的弯矩图。

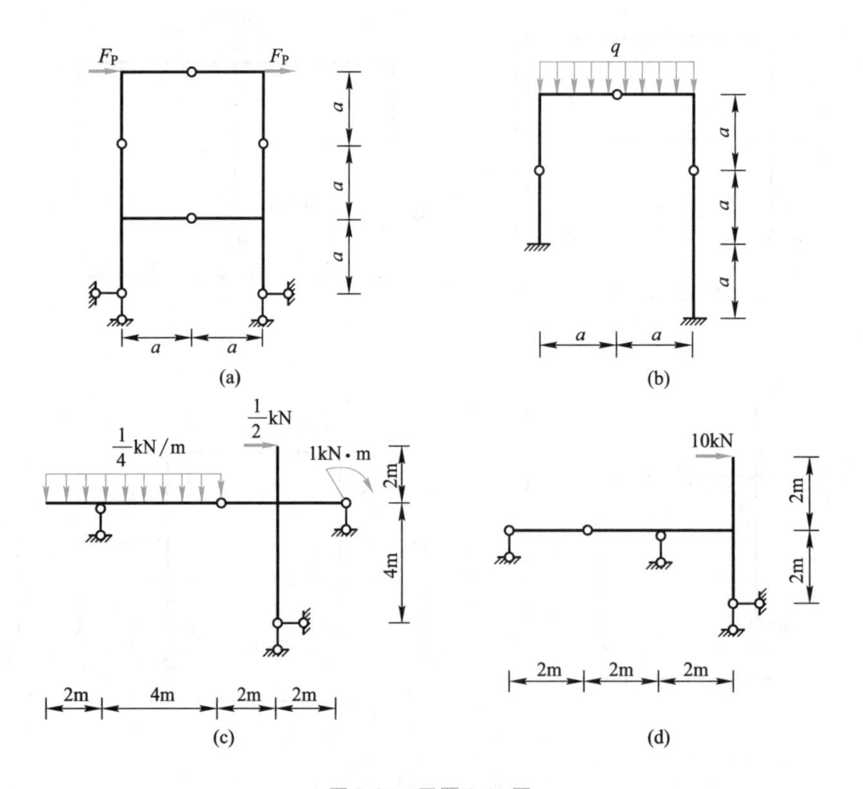

图 2-61　习题 2-14 图

2-15　试快速作图 2-62 所示刚架的弯矩图。

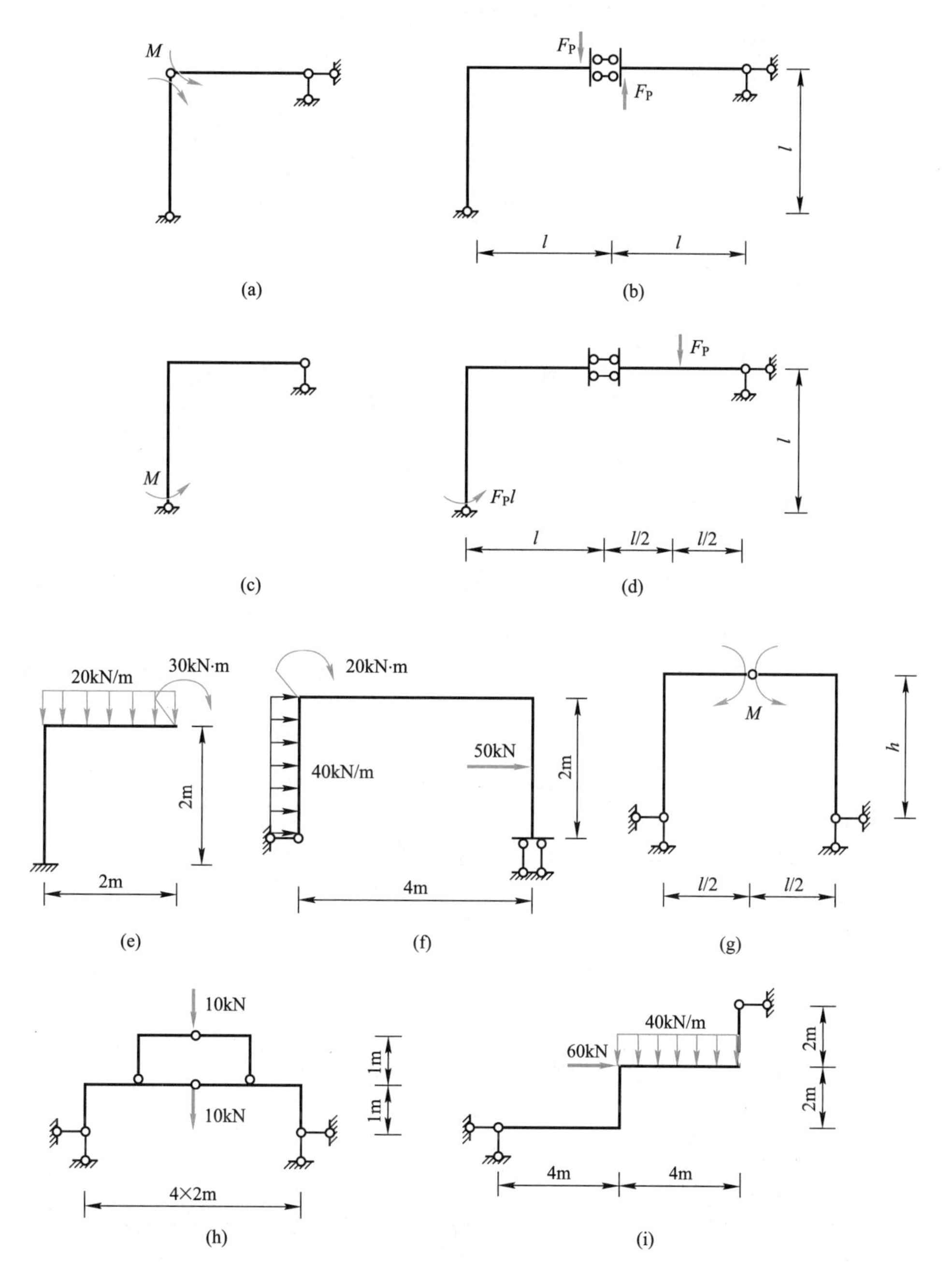

图 2-62　习题 2-15 图

2-16　求图 2-63 所示抛物线[$y=4fx(l-x)/l^2$]三铰拱距左支座 5m 的截面内力。

2-17　图 2-64 所示圆弧三铰拱，求支座反力及截面 D 的 M、F_Q、F_N 值。

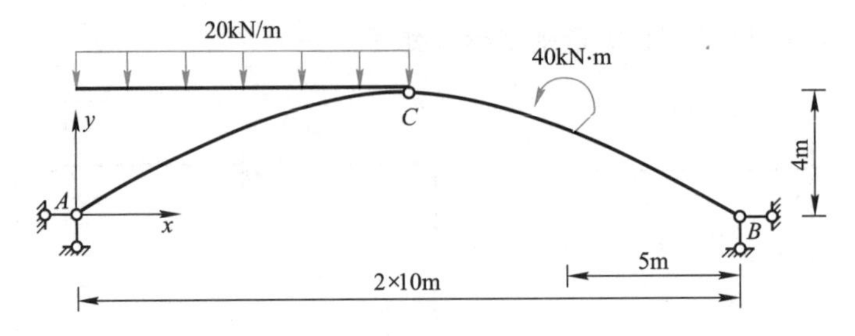

图 2-63　习题 2-16 图

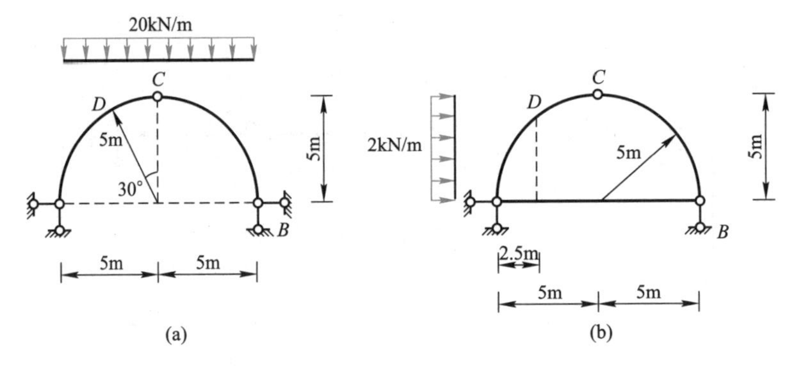

图 2-64　习题 2-17 图

2-18　求图 2-65 所示三铰拱结构的支座反力和链杆轴力，并求指定截面 K 的内力。

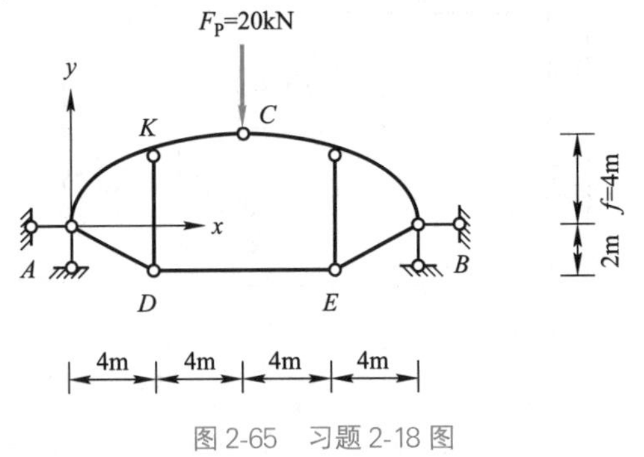

图 2-65　习题 2-18 图

2-19　试作图 2-66 所示组合结构的弯矩图，并求出桁架杆轴力。

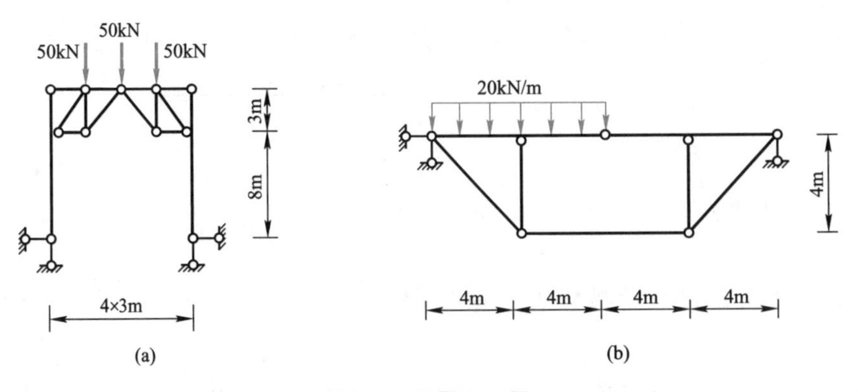

图 2-66　习题 2-19 图

第3章

静定结构位移计算

本章知识点

【知识点】 变形体的虚功原理，单位荷载法，广义力与广义位移，位移一般计算公式，荷载和其他因素作用时位移的计算公式，图乘法，线性弹性体系的三个互等定理。

【重点】 各类结构在各种外界因素作用时位移的计算，图乘法。

【难点】 变形体的虚功原理，线性弹性体系的三个互等定理，图乘法中图形的分段和分解。

3.1 概述

结构在自重及外界因素作用下，会产生变形和位移。如果位移过大，会影响结构的使用功能。例如：桥梁的挠度太大，线路不平顺，车辆行驶时会产生过大的冲击，影响桥梁和车辆的安全以及人的舒适度。因此，规范中规定了桥梁的最大挠度与跨度的比值不能超过的容许值。对于高层建筑，规范规定了层间位移角不能超过的容许值，这种规定保证了高层建筑居住的舒适感、门窗能正常开启、维护墙体和装饰不出现裂缝和破坏，以及电梯能正常运行等使用功能。

此外，在结构的动力计算、超静定结构计算等相关内容中都要用到静定结构的位移计算。所以，与静定结构内力计算一样，静定结构的位移计算也是学习本课程后续内容的重要基础。

本章首先介绍了若干相关的基本概念，然后在变形体虚功原理的基础上，推导用于位移计算的单位荷载法，建立杆系结构位移计算公式，举例说明各种外界因素引起的结构位移计算，最后推导线弹性结构的互等定理。

3.2 虚功原理

3.2.1 变形体的虚功原理

平衡的力状态 如图 3-1(a)所示结构，梁上的荷载及其引起的支座反力组成了一个平衡的力状态。

协调的位移状态 还是这个结构，出于某些其他原因，发生如图 3-1(b)所示的微小位移。这个位移状态的位移函数沿整个杆件是连续的，且在支座处满足位移边界条件。因此，称这个位移状态是协调的位移状态。

很明显，上述力和位移两种状态在物理上没有因果关系。因此，将力状态中的荷载及支座反力在位移状态的位移上所做的功称为**外力虚功**，记为 W_e。

在力状态中取出一个微段，两侧截面上的内力如图 3-1(c)所示；在位移状态中，取同样的微段，微段上的位移如图 3-1(d)所示，其中，实线表示微段的刚体位移，虚线表示变形位移。力状态中微段的截面内力在位移状态中微段的变形位移上所做的功称为微段的变形虚功，整个杆件的变形虚功为微段变形虚功的总和，称为结构的**变形虚功**，记为 W_i。

变形体虚功原理 一组平衡的外力在虚位移上所做的外力虚功等于外力产生的

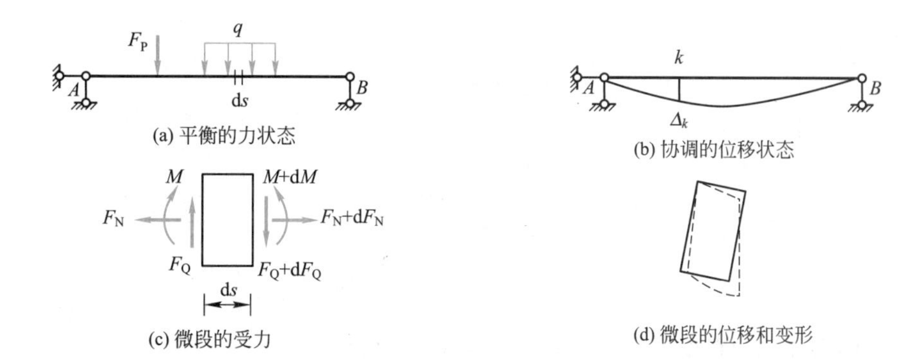

图 3-1　虚功原理中的力状态和位移状态

内力在微段变形上所做的虚功之和，即

$$W_e = W_i$$

在理解和应用变形体虚功原理时，应注意以下基本概念：

（1）虚功原理中的力状态必须是平衡的，即满足平衡方程；虚功原理中的位移状态必须是协调的，即位移函数在变形体内部是连续的，在边界上是满足位移边界条件的。此外，虚位移还必须是微小的。

（2）虚功原理中涉及的力状态与虚位移状态之间是相互独立的，不存在因果关系。即虚位移并非由原平衡状态的力引起的，而是由其他任意原因引起的可能位移，所以才将所做的功称为虚功。

（3）变形体虚功原理的表述中并未涉及变形体结构的类型、材料的性质，也没有提及结构从开始受荷至平衡状态的过程。这就意味着虚功原理可以适用于任何类型的结构和材料，也可以适用于材料非线性问题和几何非线性问题。

3.2.2　平面杆系结构的虚功原理

对于平面杆系结构，结构的变形虚功 W_i 可按下面的方法计算。

首先，在力状态中取出一个微段，其截面内力如图 3-2 所示。然后，在位移状态中取出同样的微段，其变形位移如图 3-3 所示。

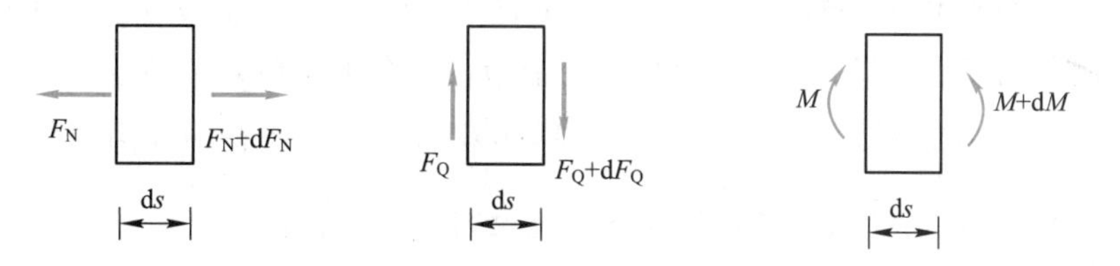

图 3-2　力状态中的微段及其内力

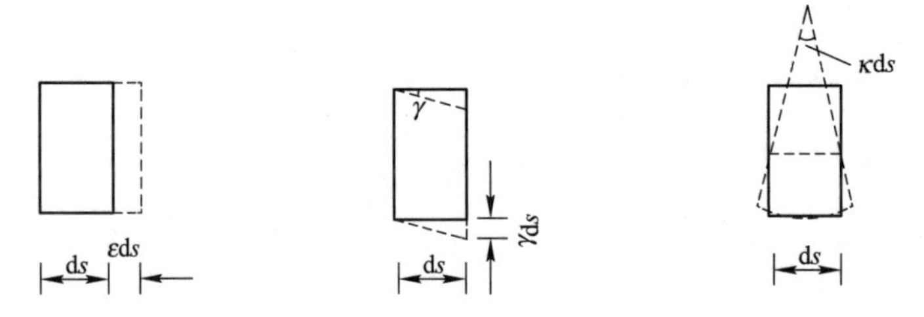

图 3-3 位移状态中的微段及其变形位移

微段的截面内力在微段变形位移上所做的虚功为

$$dW_i=(F_N+dF_N)\varepsilon ds+(F_Q+dF_Q)\gamma ds+(M+dM)\kappa ds$$

上式略去高阶微量后，得

$$dW_i=F_N\varepsilon ds+F_Q\gamma ds+M\kappa ds$$

式中，F_N、F_Q、M 分别为力状态中微段截面的轴力、剪力和弯矩；ε、γ、κ 分别为位移状态中微段的虚轴向应变、虚剪切角和虚曲率。

杆件的变形虚功可以通过沿杆长 l 的积分求得，整个结构的总变形虚功为各杆变形虚功之和，即有

$$W_i=\Sigma\int_l dW_i=\Sigma\int_l(F_N\varepsilon+F_Q\gamma+M\kappa)ds$$

由变形体虚功方程可得

$$W_e=\Sigma\int_l(F_N\varepsilon+F_Q\gamma+M\kappa)ds \tag{3-1}$$

这就是平面杆系结构的虚功方程。

3.3 单位荷载法

利用平面杆系结构的虚功方程，可以推导出结构位移计算的一般公式。

图 3-4(a)为一结构在荷载、支座位移、温度变化等因素作用下的实际位移状态。将这个真实的位移状态视为虚功方程中的位移状态。

若求这个位移状态中某一点 k 的沿图示方向（$k\rightarrow k'$）的位移 Δ_k，可以虚设图 3-4(b)所示的力状态，即在 k 点的 kk' 方向上施加一个单位荷载。将这个虚设的单位荷载及其引起的支座反力视为虚功方程中的力状态。这个状态中，由单位荷载引起的结构内力记为 $\overline{F}_N$、$\overline{F}_Q$、$\overline{M}$，相应的支座反力记为 $\overline{F}_{Ri}$。

这组虚设的平衡力系在实际位移上所做的虚功为

$$W_e=1\cdot\Delta_k+\overline{F}_{R1}\cdot c_1+\overline{F}_{R2}\cdot c_2+\overline{F}_{R3}\cdot c_3=1\cdot\Delta_k+\Sigma\overline{F}_{Ri}\cdot c_i$$

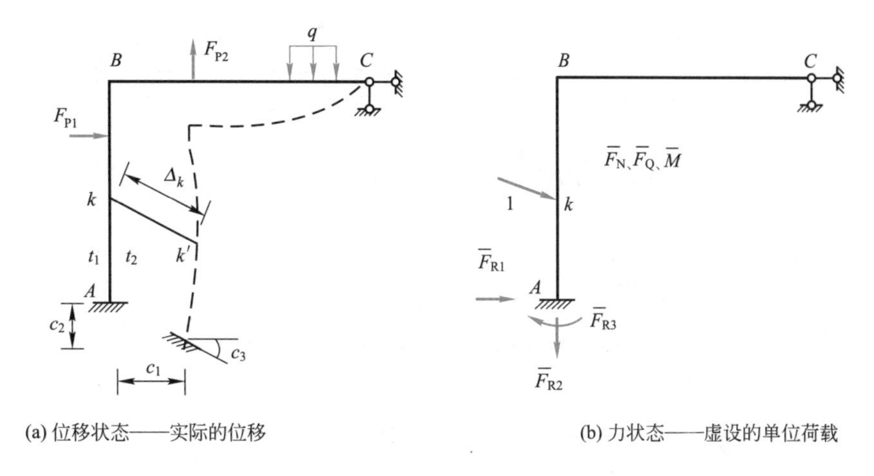

图 3-4　单位荷载法

上式右侧第一项是虚设的单位荷载在实际位移状态上所做的虚功，第二项是虚设单位荷载下支座反力在实际支座位移上所做的虚功。将上式代入式(3-1)中，得

$$\Delta_k = \sum \int_l (\overline{F}_N \varepsilon + \overline{F}_Q \gamma + \overline{M}\kappa)\, ds - \sum \overline{F}_{Ri} c_i \tag{3-2}$$

式(3-2)就是平面杆系结构位移计算的一般公式。这种通过虚设单位荷载下的平衡力系，求结构位移的方法称为单位荷载法。在这个公式中需要注意的有两点：

(1) 公式左侧 Δ_k 的物理意义是单位荷载在所求位移上所做的虚功，只是在数值上等于所求的位移。这也是虚设单位荷载的方便之处。

(2) 在实际问题中，需要计算的位移有线位移、转角位移以及两个截面的相对线位移和相对转角位移等。因此，需要注意虚设的单位荷载要与所求的位移对应。所谓“对应”有两个方面的含义：一个是指力和位移在做功的关系上对应，即与线位移对应的是集中力，与转角位移对应的是集中力偶；另一个含义是虚设的单位荷载在所求的位移上所做的功要在数值上等于所求位移。因此，在求相对位移时，虚设的荷载是一对等值反向的单位荷载。图 3-5 给出了所求位移和与其对应的虚设单位荷载。

求桁架节点的线位移时，同样是在节点求位移的方向上施加单位集中力，如图 3-6(a)、(b)所示。

在求桁架杆件的转角位移时，因为杆件只承受轴力，建立虚设力状态时应在杆件的两端施加一对垂直于杆件、大小为杆长倒数的等值反向的集中力。这样一对力形成了一个单位力偶，其在所求杆件转角位移上所做的虚功在数值上等于杆件的转角(图 3-6c)。同样的道理，若求 CD、DE 两个杆件的相对转角位移时，虚设的力状态如图 3-6(d)所示。

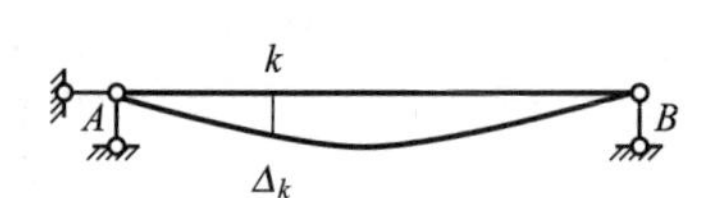

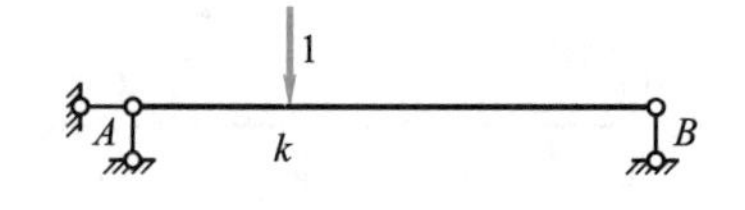

(a) 计算*k*截面的竖向位移时，虚设的单位竖向力

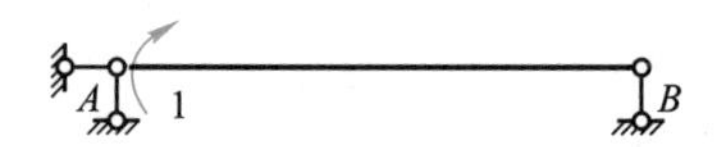

(b) 计算*A*截面的转角位移时，虚设的单位集中力偶

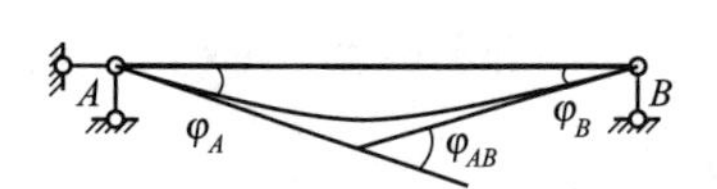

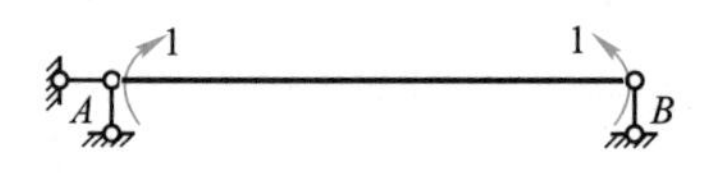

(c) 计算*A*、*B*两个截面的相对转角位移时，虚设的一对等值反向单位力偶

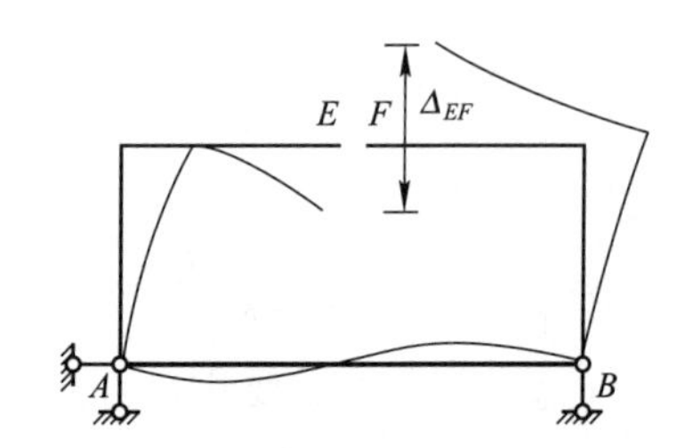

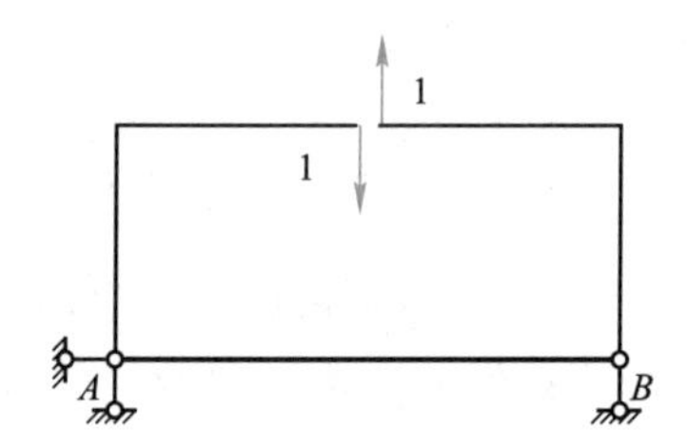

(d) 计算*EF*截面的相对竖向位移时，虚设的一对等值反向的单位集中力

图 3-5　计算的位移及其对应的虚设单位力

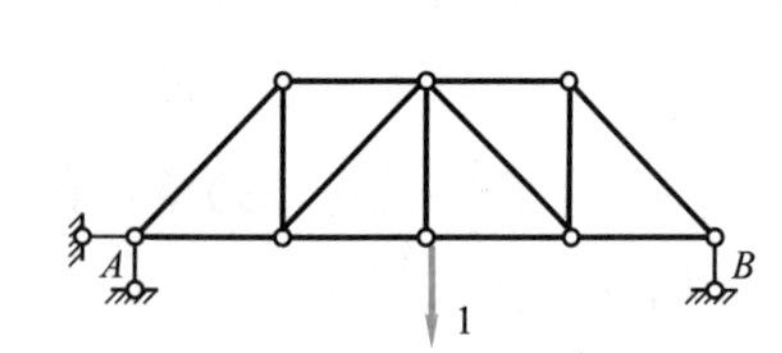

(a) 与计算竖向位移对应的虚设力状态

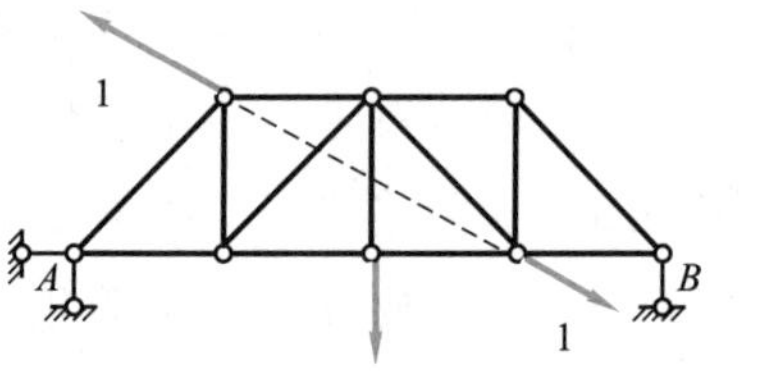

(b) 与计算两点的相对位移对应的虚设力状态

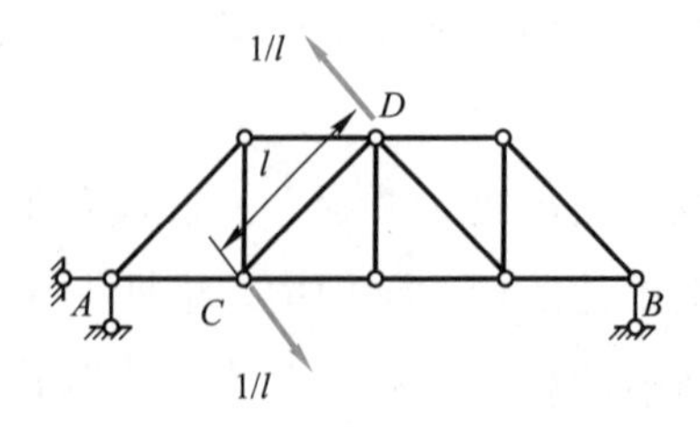

(c) 与计算*CD*杆的转角位移对应的虚设力状态

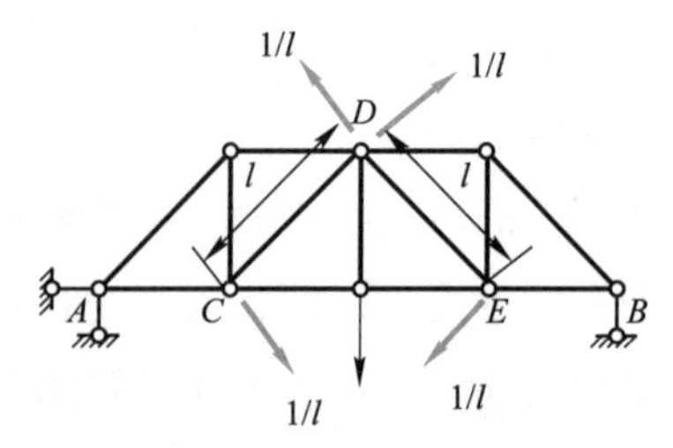

(d) 与计算*CD*、*DE*两个杆件的相对转角位移对应的虚设力状态

图 3-6　求桁架位移时虚设的力状态

3.4 荷载作用下结构的位移计算

对于荷载引起的位移计算问题，公式(3-2)可以进一步简化。考虑如下特点：

(1) 位移状态中，没有支座位移。故 $c_i=0$；

(2) 位移状态是由真实的荷载引起的，构件为直杆，材料在线弹性范围内，故

$$\varepsilon=\frac{F_{NP}}{EA}ds,\quad \gamma=\frac{kF_{QP}}{GA}ds,\quad \kappa=\frac{M_P}{EI}ds \tag{3-3}$$

式中，F_{NP}、F_{QP}、M_P 分别为位移状态中，荷载引起的轴力、剪力和弯矩；E、G 分别为材料的弹性模量和剪切模量；A、I 分别为杆件的横截面面积和截面惯性矩；k 为截面剪应力不均匀系数。与截面形状有关，对于矩形截面，$k=1.2$；圆形截面，$k=10/9$。

(3) 对于常见的曲杆结构，杆件一般都是小曲率的，可以忽略曲率对变形的影响，仍可以按直杆公式(3-3)计算应变。大量实际计算结果表明，当杆轴曲率半径大于截面高度 5 倍时，曲率对位移的影响只在 0.3%左右。

将式(3-3)代入式(3-2)，得

$$\Delta=\sum\int_l\left(\frac{\overline{F}_NF_{NP}}{EA}+\frac{\kappa\overline{F}_QF_{QP}}{GA}+\frac{\overline{M}M_P}{EI}\right)ds \tag{3-4}$$

这就是单位荷载法计算由荷载引起的结构位移计算公式。

实际应用时，对于不同的结构，式(3-4)还可以进一步简化。

(1) 桁架结构：因为杆件只有轴力，且轴力均为常数。式(3-4)简化为

$$\Delta=\sum\frac{\overline{F}_NF_{NP}l}{EA} \tag{3-5}$$

(2) 梁及刚架结构：与弯曲变形相比，剪切变形和轴向变形对位移的贡献很小，可以忽略不计，式(3-4)成为

$$\Delta=\sum\int_l\frac{\overline{M}M_P}{EI}ds \tag{3-6}$$

(3) 小曲率拱结构：与梁和刚架相比，拱结构的轴力要大很多，故一般需要同时考虑轴向变形和弯曲变形对位移的影响，式(3-4)成为

$$\Delta=\sum\int_l\left(\frac{\overline{M}M_P}{EI}+\frac{\overline{F}_NF_{NP}}{EA}\right)ds \tag{3-7}$$

(4) 组合结构：桁架杆只有轴向变形，对梁式杆只需考虑弯曲变形对位移的贡献，式(3-4)成为

$$\Delta=\sum\frac{\overline{F}_{\mathrm{N}}F_{\mathrm{NP}}l}{EA}+\sum\int_{l}\frac{\overline{M}M_{\mathrm{P}}}{EI}\mathrm{d}s \tag{3-8}$$

【例题 3-1】 图 3-7(a)所示桁架，各杆 EA 相等。求节点 C 的竖向位移及 AC 杆与 CB 杆的相对转角。

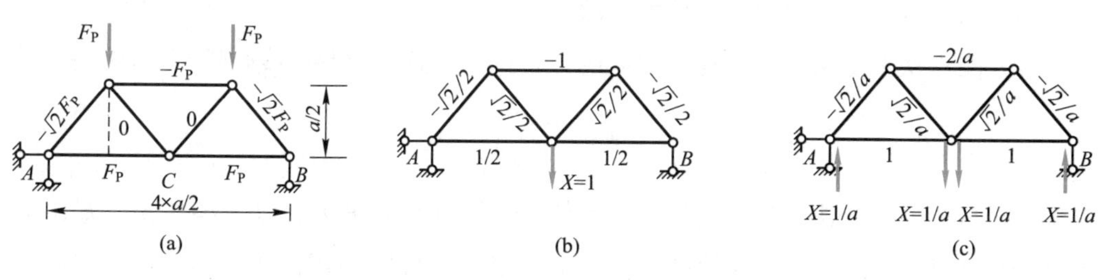

图 3-7　例题 3-1 图

【解】 (1) 求节点 C 的竖向位移

首先，用节点法或截面法解出荷载和单位荷载作用下的各杆轴力，并标注在图 3-7(a)、(b)杆边。将其代入式(3-5)中，得

$$\Delta_{Cy}=\sum\frac{\overline{F}_{\mathrm{N}}F_{\mathrm{NP}}l}{EA}$$

$$=\frac{1}{EA}\left[2\times\left(-\frac{\sqrt{2}}{2}\right)\times(-\sqrt{2}F_{\mathrm{P}})\times\frac{\sqrt{2}}{2}a+2\times\frac{1}{2}\times F_{\mathrm{P}}\times a+(-F_{\mathrm{P}})\times(-1)\times a\right.$$

$$=(2+\sqrt{2})\frac{F_{\mathrm{P}}a}{EA}(\downarrow)$$

(2) 求 AC 杆与 CB 杆的相对转角

两个杆件的相对转角，虚设的单位荷载如图 3-7(c)所示。单位荷载作用下的各杆轴力标注在图 3-7(c)杆边。将其代入式(3-5)中，得

$$\varphi_{AC\text{-}CB}=\sum\frac{\overline{F}_{\mathrm{N}}F_{\mathrm{NP}}l}{EA}$$

$$=\frac{1}{EA}\left[\left(-\frac{2}{a}\right)\times(-F_{\mathrm{P}})\times a+2\times\left(\frac{-\sqrt{2}}{a}\right)\times(-\sqrt{2}F_{\mathrm{P}})\times\frac{\sqrt{2}a}{2}+2\times\frac{1}{a}\times F_{\mathrm{P}}\times a\right.$$

$$=(4+2\sqrt{2})\frac{F_{\mathrm{P}}}{EA}\ (\curvearrowleft\curvearrowright)$$

【例题 3-2】 图 3-8(a)、(c)为一等截面悬臂曲梁，梁轴线为$\frac{1}{4}$圆弧。若弹性常数和截面性质 E、G、A、I 已知。试分别求集中力作用下自由端 A 的竖向位移 Δ_{Ay} 和均布水压作用下自由端 A 的水平位移 Δ_{Ax}。并比较轴向变形、剪切变形和弯矩变

形对位移的贡献。

【解】 (1) 求集中力作用下自由端 A 的竖向位移 Δ_{Ay}

为求图 3-8(a)中 A 点竖向位移，需在该点施加一个竖向单位力，如图 3-8(b)所示。单位力作用下利用图示隔离体平衡条件，可得内力方程为(轴力以拉力为正，剪力以绕隔离体顺时针转动为正，弯矩以内侧受拉为正)

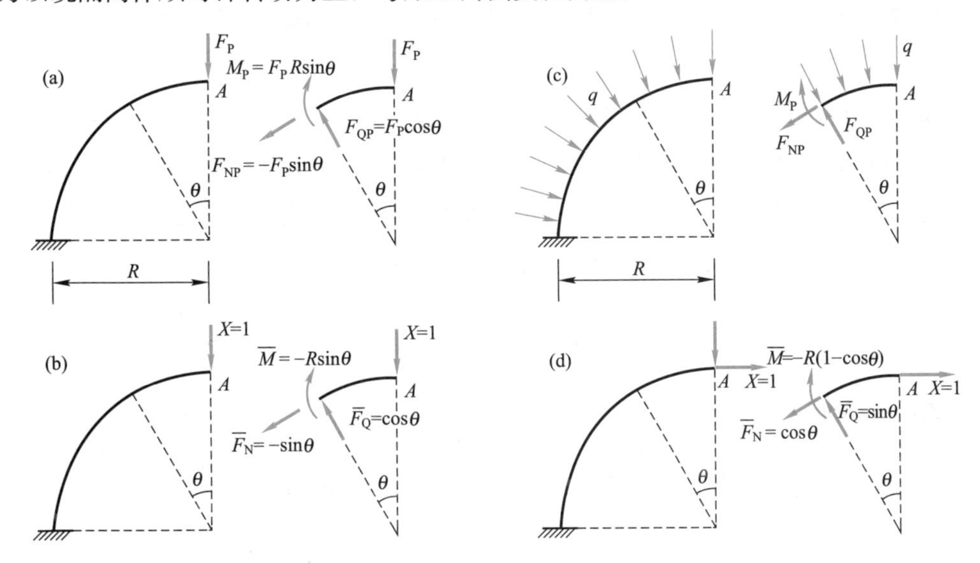

图 3-8 例题 3-2 图

$$\overline{F}_N=-\sin\theta,\quad \overline{F}_Q=\cos\theta,\quad \overline{M}(x)=-R\sin\theta$$

同理，荷载作用下的内力方程为

$$F_{NP}=-F_P\sin\theta,\quad F_{QP}=F_P\cos\theta,\quad M_P(x)=-F_PR\sin\theta$$

将这两组内力方程代入式(3-4)，得

$$\begin{aligned}\Delta_{Ay}&=\int_0^s\frac{F_{NP}\overline{F}_N}{EA}ds+\int_0^s\frac{kF_{QP}\overline{F}_Q}{GA}ds+\int_0^s\frac{M_P\overline{M}}{EI}ds\\&=\int_0^{\frac{\pi}{2}}(-\sin\theta)\frac{(-F_P\sin\theta)}{EA}Rd\theta+\int_0^{\frac{\pi}{2}}k(\cos\theta)\frac{(F_P\cos\theta)}{GA}Rd\theta\\&\quad+\int_0^{\frac{\pi}{2}}(-F_PR\sin\theta)\frac{(-R\sin\theta)}{EI}Rd\theta\\&=\Delta_{F_N}+\Delta_{F_Q}+\Delta_M\\&=\frac{\pi}{4}\frac{F_PR}{EA}+k\frac{\pi}{4}\frac{F_PR}{GA}+\frac{\pi}{4}\frac{F_PR^3}{EI}\ (\downarrow)\end{aligned}$$

式中，Δ_{F_N}、Δ_{F_Q}、Δ_M 分别表示轴向变形、剪切变形和弯曲变形引起的位移。计算结果为正，表示点 A 竖向位移的方向与所加单位力方向相同。反之，点 A 竖向位移的方向与所加单位力方向相反。

讨论：若该梁是高度为 h 的矩形截面钢筋混凝土梁，则 $G\approx 0.4E$、$\dfrac{I}{A}=\dfrac{h^2}{12}$。又设 $\dfrac{h}{R}=\dfrac{1}{10}$，则 $\dfrac{\Delta_{F_N}}{\Delta_M}=\dfrac{1}{1200}$，$\dfrac{\Delta_{F_Q}}{\Delta_M}\approx\dfrac{1}{400}$。由此可见，对于细长的受弯构件，剪切与轴向变形对位移的影响很小，可以略去不计。这就是式(3-6)中只有弯曲变形项的原因。

(2) 均布水压作用下自由端 A 的水平位移 Δ_{Ax}

由于可以忽略剪切与轴向变形对位移的影响，因此在求图 3-8(c)的水平位移时只需建立结构在单位力与荷载作用下的弯矩方程(以内侧受拉为正)

$$\overline{M}=-R(1-\cos\theta)$$

$$M_P=\int_0^\theta qR\,\mathrm{d}\alpha\cdot R\sin(\theta-\alpha)=qR^2(\cos\theta-1)$$

代入式(3-6)可得

$$\Delta_{Ax}=\frac{1}{EI}\int_0^{\frac{\pi}{2}}qR^2(\cos\theta-1)\cdot[-R(1-\cos\theta)]\cdot R\,\mathrm{d}\theta$$

$$=\frac{qR^4}{EI}\left(\frac{3}{4}\pi-2\right)$$

【例题 3-3】 试求图 3-9(a)所示结构 C、B 点的水平位移 Δ_{Cx} 和 Δ_{Bx}。

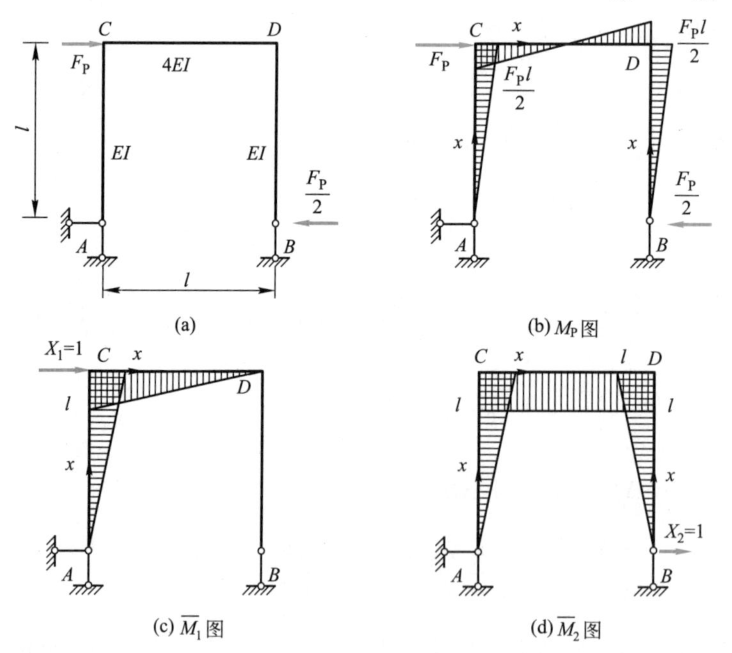

图 3-9　例题 3-3 图

【解】 根据需求的位移，建立图 3-9(c)、(d)所示的单位力状态，分别作出图 3-9(b)、(c)、(d)所示的荷载及单位力作用下的弯矩图。在图示的各杆坐标 x 下，各杆的弯矩方程分别为

AC 杆(以右侧受拉为正)：$M_P(x)=\dfrac{F_P}{2}x$，$\overline{M}_1(x)=x$，$\overline{M}_2(x)=x$

BD 杆(以右侧受拉为正)：$M_P(x)=\dfrac{F_P}{2}x$，$\overline{M}_1(x)=0$，$\overline{M}_2(x)=-x$

CD 杆（以下侧受拉为正）：$M_P(x)=\dfrac{F_P}{2}l-F_Px$，$\overline{M}_1(x)=l-x$，$\overline{M}_2(x)=l$

将弯矩方程代入式(3-6)，则

$$\begin{aligned}\Delta_{Cx}&=\frac{1}{EI}\int_{AC}M_P\overline{M}_1\mathrm{d}x+\frac{1}{EI}\int_{BD}M_P\overline{M}_1\mathrm{d}x+\frac{1}{4EI}\int_{CD}M_P\overline{M}_1\mathrm{d}x\\&=\frac{1}{EI}\int_0^l\frac{F_P}{2}x\cdot x\mathrm{d}x+\frac{1}{EI}\int_0^l\frac{F_P}{2}x\cdot 0\mathrm{d}x+\frac{1}{4EI}\int_0^l\left(\frac{F_P}{2}l-F_Px\right)\cdot(l-x)\mathrm{d}x\\&=\frac{3F_Pl^3}{16EI}(\rightarrow)\end{aligned}$$

$$\begin{aligned}\Delta_{Bx}&=\frac{1}{EI}\int_{AC}M_P\overline{M}_2\mathrm{d}x+\frac{1}{EI}\int_{BD}M_P\overline{M}_2\mathrm{d}x+\frac{1}{4EI}\int_{CD}M_P\overline{M}_2\mathrm{d}x\\&=\frac{1}{EI}\int_0^l\frac{F_P}{2}x\cdot x\mathrm{d}x+\frac{1}{EI}\int_0^l\frac{F_P}{2}x\cdot(-x)\mathrm{d}x+\frac{1}{4EI}\int_0^l\left(\frac{F_P}{2}l-F_Px\right)\cdot l\mathrm{d}x\\&=0\end{aligned}$$

注意： Δ_{Bx} 也可由 M_P 图反对称、$\overline{M}$ 图对称得到一定为零的结论。

3.5 图乘法

在计算梁和刚架在荷载作用下的位移时，常需要计算如下的积分

$$\int\frac{\overline{M}M_P}{EI}\mathrm{d}s$$

当结构杆件数量较多、荷载又复杂时，积分公式中的弯矩表达式和积分过程比较麻烦。当结构的各杆段符合下面三个条件时：

(1) 杆轴为直线；

(2) EI＝常数；

(3) $\overline{M}$、M_P 两个弯矩图中至少有一个为直线图形。

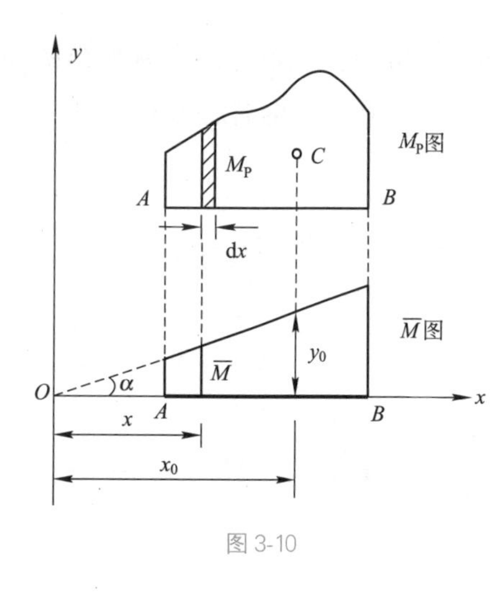

图 3-10

则可用以下图乘法来代替积分运算，使解题过程得到简化。

如图 3-10 所示，设等截面直杆 AB 段上的两个弯矩图中，$\overline{M}$ 图为一段直线，M_{P} 图为任意形状。以杆轴为 x 轴，以 $\overline{M}$ 图的延长线与 x 轴的交点 O 为坐标原点并设置 y 轴。

根据图乘法的适用条件：因为杆轴为直线，所以位移积分公式中的 $\mathrm{d}s=\mathrm{d}x$；因为 EI＝常数，所以，EI 可以提到积分号外面；因为 $\overline{M}$ 图为直线变化，所以 $\overline{M}=x\tan\alpha$。故上面的积分公式成为

$$\int\frac{\overline{M}M_{\mathrm{P}}}{EI}\mathrm{d}s=\frac{1}{EI}\tan\alpha\int xM_{\mathrm{P}}\mathrm{d}x=\frac{1}{EI}\tan\alpha\int x\,\mathrm{d}A \tag{a}$$

式中，$\mathrm{d}A=M_{\mathrm{P}}\mathrm{d}x$ 为 M_{P} 图中的微分面积，故积分 $\int x\,\mathrm{d}A$ 就是 M_{P} 图的面积对于 y 轴的静矩。用 x_0 表示 M_{P} 图的形心 C 至 y 轴的距离，则有

$$\int x\,\mathrm{d}A=Ax_0 \tag{b}$$

将式(b)代入式(a)，并考虑到 $x_0\tan\alpha=y_0$，有

$$\int\frac{\overline{M}M_{\mathrm{P}}}{EI}\mathrm{d}s=\frac{1}{EI}Ay_0$$

式中 y_0 为 M_{P} 图的形心位置 C 所对应的 $\overline{M}$ 图中的纵坐标。

这种用图形计算代替积分运算的位移计算方法称为图乘法。

应用图乘法时，需要注意下面几点：

(1) 必须符合图乘法的前提条件；

(2) y_0 必须取自直线图形；

(3) 当面积 A 与纵坐标 y_0 在基线的同侧时，图乘结果取“正”号，在异侧时取“负”号。

图 3-11 给出了几种需要记住并熟练掌握的图形面积计算公式及形心位置。图中所谓顶点，是指图形该点的切线与“基线”平行或重合的点。

当图形的面积或形心位置不方便确定时，可以将其分解成几个简单的图形，再进行图乘。

例如图 3-12(a)所示的两个梯形相乘时，可以将它分解成两个三角形(也可以分

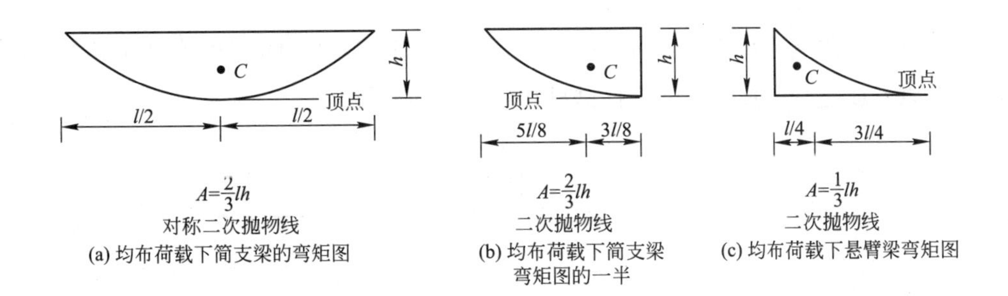

图 3-11　标准图形的面积公式和形心位置

解成一个矩形和一个三角形）。此时，$M_P = M_{P1} + M_{P2}$，故有

$$\int \frac{\overline{M}M_P}{EI}ds = \frac{1}{EI}\int \overline{M}(M_{P1}+M_{P2})dx = \frac{1}{EI}\int \overline{M}M_{P1}dx + \frac{1}{EI}\int \overline{M}M_{P2}dx$$

$$= \frac{1}{EI}A_1 y_{01} + \frac{1}{EI}A_2 y_{02} = \frac{1}{EI}\left[\frac{al}{2}\cdot\left(\frac{2}{3}c+\frac{1}{3}d\right)+\frac{bl}{2}\cdot\left(\frac{1}{3}c+\frac{2}{3}d\right)\right]$$

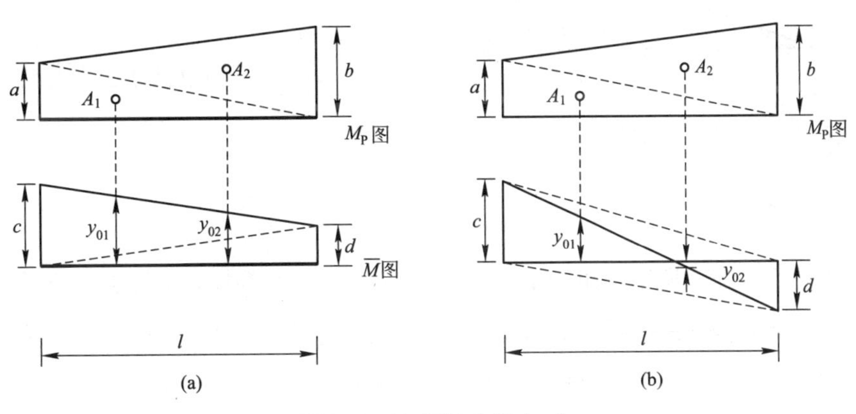

图 3-12　M_P 图的分解（一）

当取纵坐标的图形不在基线的同侧时，也可将其分解进行计算，如图 3-12(b)所示，此时图乘过程为

$$\int \frac{\overline{M}M_P}{EI}ds = \frac{1}{EI}\int \overline{M}(M_{P1}+M_{P2})dx = \frac{1}{EI}\int \overline{M}M_{P1}dx + \frac{1}{EI}\int \overline{M}M_{P2}dx$$

$$= \frac{1}{EI}A_1 y_{01} + \frac{1}{EI}A_2 y_{02} = \frac{1}{EI}\left[\frac{al}{2}\cdot\left(\frac{2}{3}c-\frac{1}{3}d\right)+\frac{bl}{2}\cdot\left(\frac{1}{3}c-\frac{2}{3}d\right)\right]$$

需要注意的是 d 的前面是“－”号，因为它与面积在基线的不同侧。

同样，当计算面积的图形不在基线的同侧时，可以将图形分解成位于基线两侧的两个三角形(图 3-13)，分别进行图乘，然后取计算结果的代数和。同样也要注意图乘时的正负号。

对于均布荷载作用下的任何一段直杆(图 3-14a)，因为其弯矩图与图 3-14(b)所示的简支梁在两端弯矩 M_A、M_B 和均布荷载 q 共同作用下的弯矩图是相同的。因此，可以看成是一个梯形与一个标准抛物线图形的叠加。

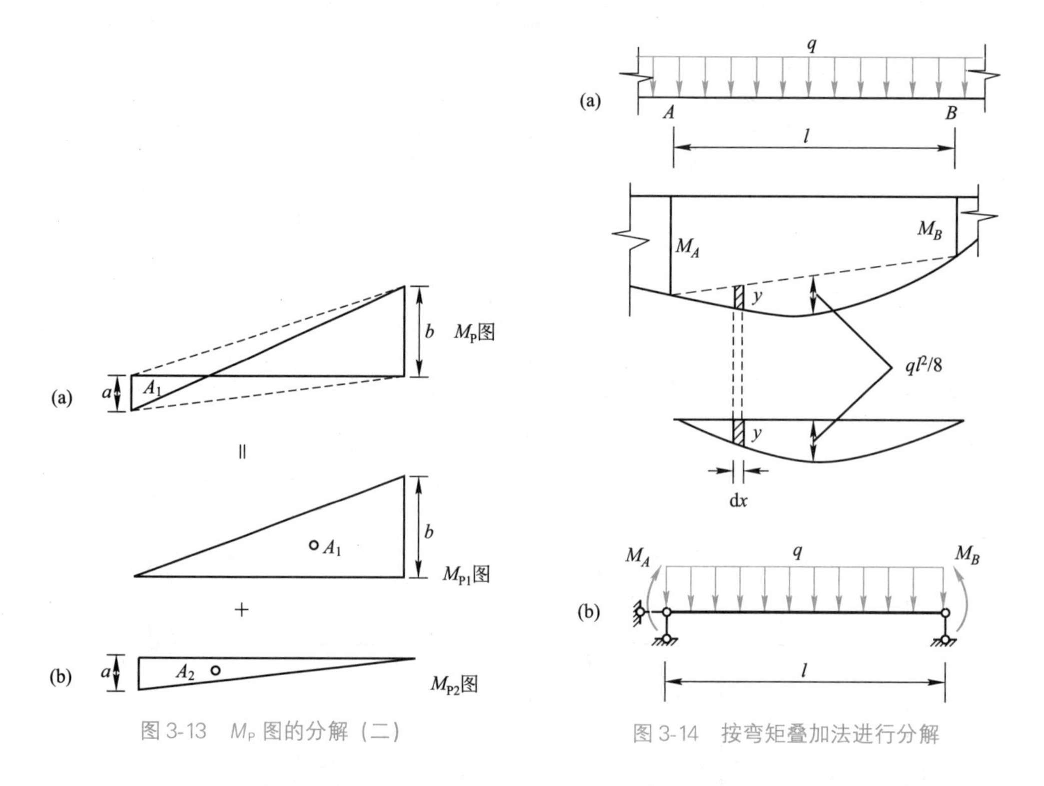

图 3-13　M_P 图的分解（二）　　图 3-14　按弯矩叠加法进行分解

这里还需注意，所谓弯矩图的叠加是指其纵坐标的叠加，而不是原图形状的剪贴拼合。因此，叠加后的抛物线图形的所有纵坐标仍是竖向，而不是垂直于 M_A、M_B 连线。这样，叠加后的抛物线图形与原标准抛物线在形状上并不完全相同，但二者任一处对应的纵坐标 y 和微段长度 dx 仍相等。因此，两个图形总的面积和形心位置仍然是相同的。理解了这个道理，对于分解复杂图形是有利的。

此外，在应用图乘法中，当取纵坐标的图形为分段直线或者杆件的截面不相等时，图乘法要分段进行，然后取计算结果的代数和。例如图 3-15 的计算结果为

$$\Delta=\frac{1}{EI}(A_1y_{01}+A_2y_{02}+A_3y_{03})$$

对于图 3-16，计算结果为

$$\Delta=\frac{A_1y_{01}}{EI_1}+\frac{A_2y_{02}}{EI_2}+\frac{A_3y_{03}}{EI_3}$$

【例题 3-4】 试求图 3-17(a)所示等截面多跨静定梁 E 点的竖向位移和 C 点左右截面的相对转角。EI 为常数。

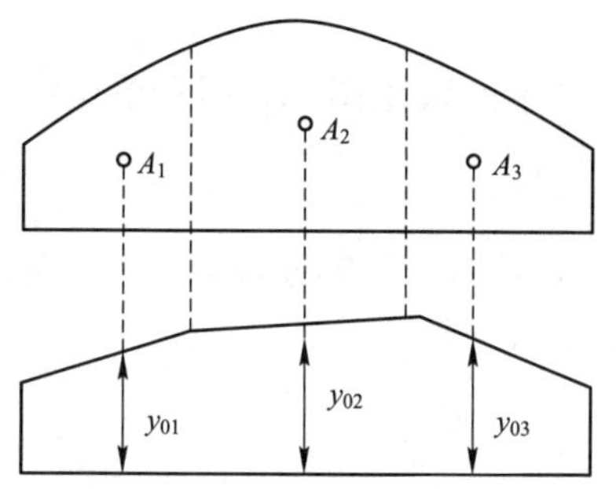

图 3-15　折线图形分段图乘

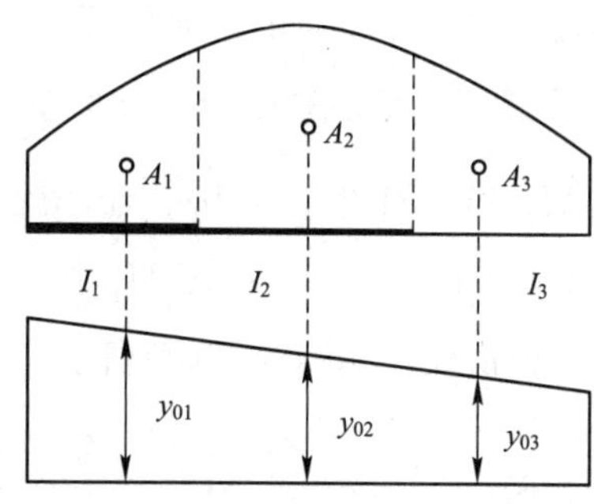

图 3-16　杆件截面不同也要分段图乘

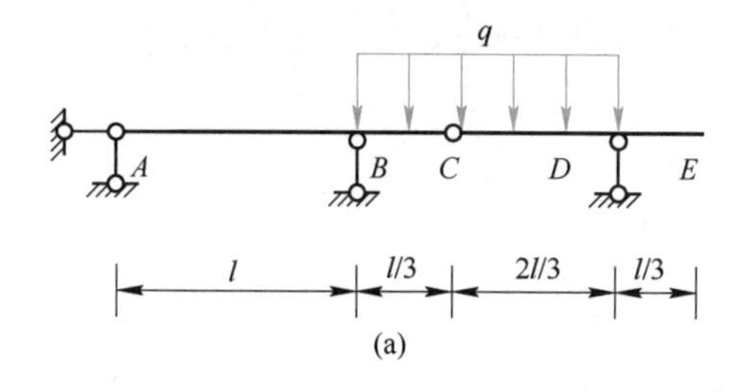

(a)

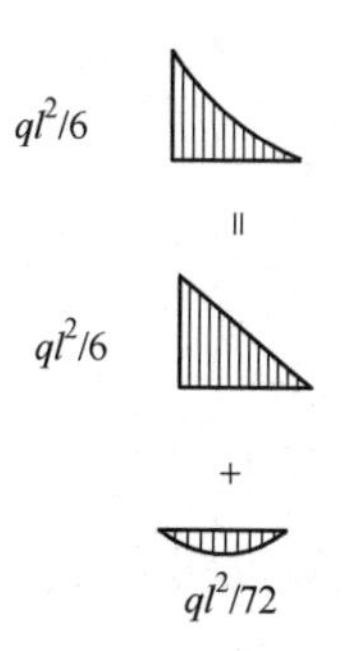

M_P图中BC段弯矩图的分解

(d)

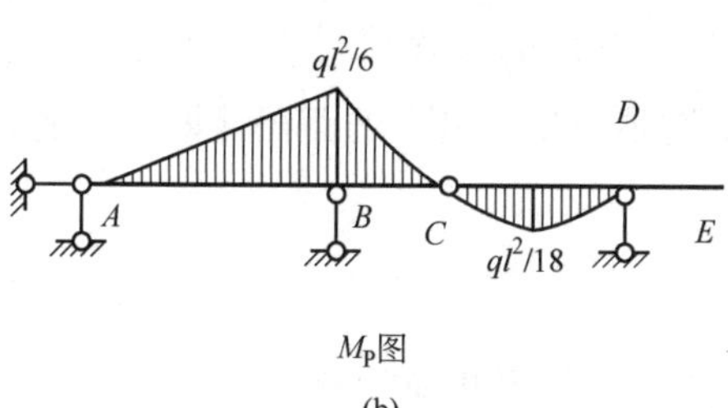

M_P图

(b)

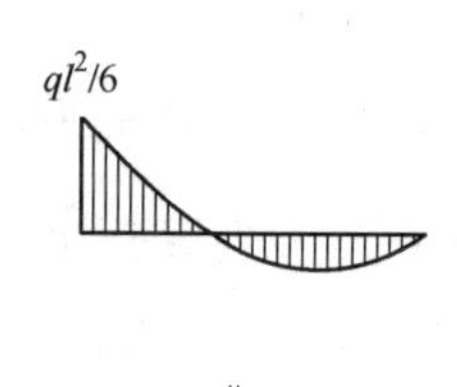

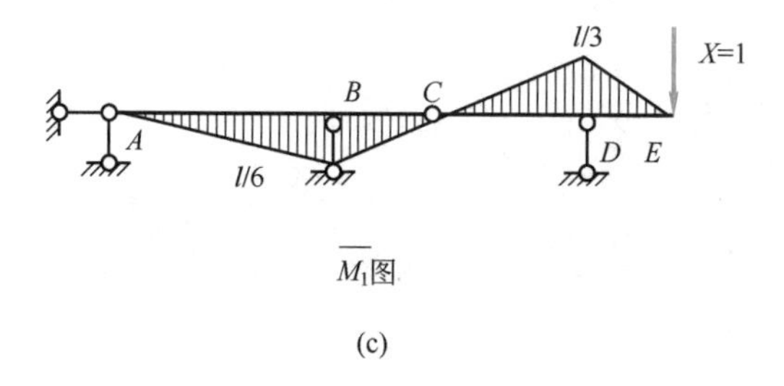

$\overline{M_1}$图

(c)

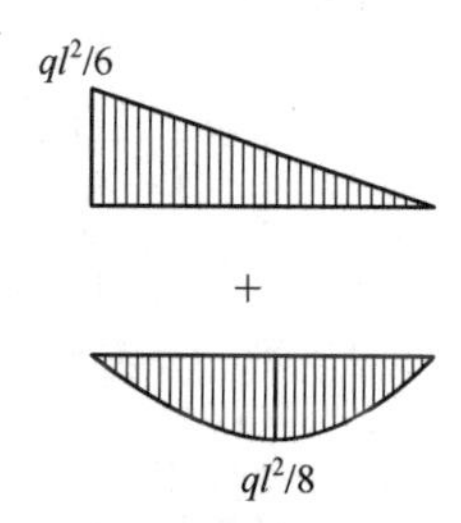

M_P图中BD段弯矩图的分解

(f)

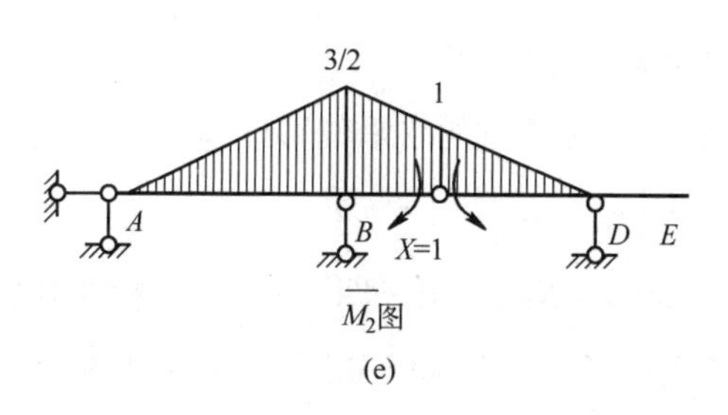

$\overline{M_2}$图

(e)

图 3-17　例题 3-4 图

【解】(1) 求 E 点的竖向位移

在 E 点加一单位集中力。分别作出结构在荷载下的弯矩图 M_P 图和单位力下的弯矩图 $\overline{M}_1$ 图，如图 3-17(b)、(c)所示。

图乘运算时，由于 BC 段 M_P 图不是标准图形，这时可将其分解为一个三角形和一个标准抛物线，如图 3-17(d)所示。由图乘法可得

$$\Delta_{Ey}=\frac{1}{EI}\left[-\left(\frac{1}{2}\times\frac{ql^2}{6}\times l\right)\times\left(\frac{2}{3}\times\frac{l}{6}\right)\right]$$

$$+\frac{1}{EI}\left[-\left(\frac{1}{2}\times\frac{ql^2}{6}\times\frac{l}{3}\right)\times\left(\frac{2}{3}\times\frac{l}{6}\right)+\left(\frac{2}{3}\times\frac{ql^2}{72}\times\frac{l}{3}\right)\times\left(\frac{1}{2}\times\frac{l}{6}\right)\right]$$

$$+\frac{1}{EI}\left[-\left(\frac{2}{3}\times\frac{ql^2}{18}\times\frac{2l}{3}\right)\times\left(\frac{1}{2}\times\frac{l}{3}\right)\right]$$

$$=-\frac{7ql^4}{432EI}(\uparrow)$$

结果为负数说明 E 点的竖向位移与所设的单位力方向相反。

为了清楚起见，本题将图乘过程按照弯矩图形的分段情况，分项写出。上式中第 1～3 项分别是 AB、BC 和 CD 杆部分的图乘结果。其中的面积计算和纵坐标的计算分别写在小括号内。

(2) 求 C 点左右截面的相对转角

在 C 点左右截面加一对反向的单位力偶，并作出相应的单位弯矩图 $\overline{M}_2$ 图，如图 3-17(e)所示。同理，BD 段 M_P 图也不是标准图形，需将其分解为一个三角形和一个对称抛物线，如图 3-17(f)所示。由图乘法可得

$$\varphi_{C\text{-}C}=\frac{1}{EI}\left[\left(\frac{1}{2}\times\frac{ql^2}{6}\times l\right)\times\left(\frac{2}{3}\times\frac{3}{2}\right)\right]$$

$$+\frac{1}{EI}\left[\left(\frac{1}{2}\times\frac{ql^2}{6}\times l\right)\times\left(\frac{2}{3}\times\frac{3}{2}\right)-\left(\frac{2}{3}\times\frac{ql^2}{8}\times l\right)\times\left(\frac{1}{2}\times\frac{3}{2}\right)\right]$$

$$=\frac{5ql^3}{48EI}\ (\curvearrowright\curvearrowleft)$$

结果为正数说明实际位移与所设的单位力偶方向相同。

【例题 3-5】试求图 3-18(a)所示刚架 C 点及 B 点的水平位移。

【解】(1) 求 C 点的水平位移

首先作出 M_P 和 $\overline{M}_1$ 图，如图 3-18(b)和(c)所示。由于图 3-18(b)中横梁弯矩图面积及形心位置均难以确定，可将其分解成矩形和三角形，如图 3-18(d)所示。于是由图乘法可得

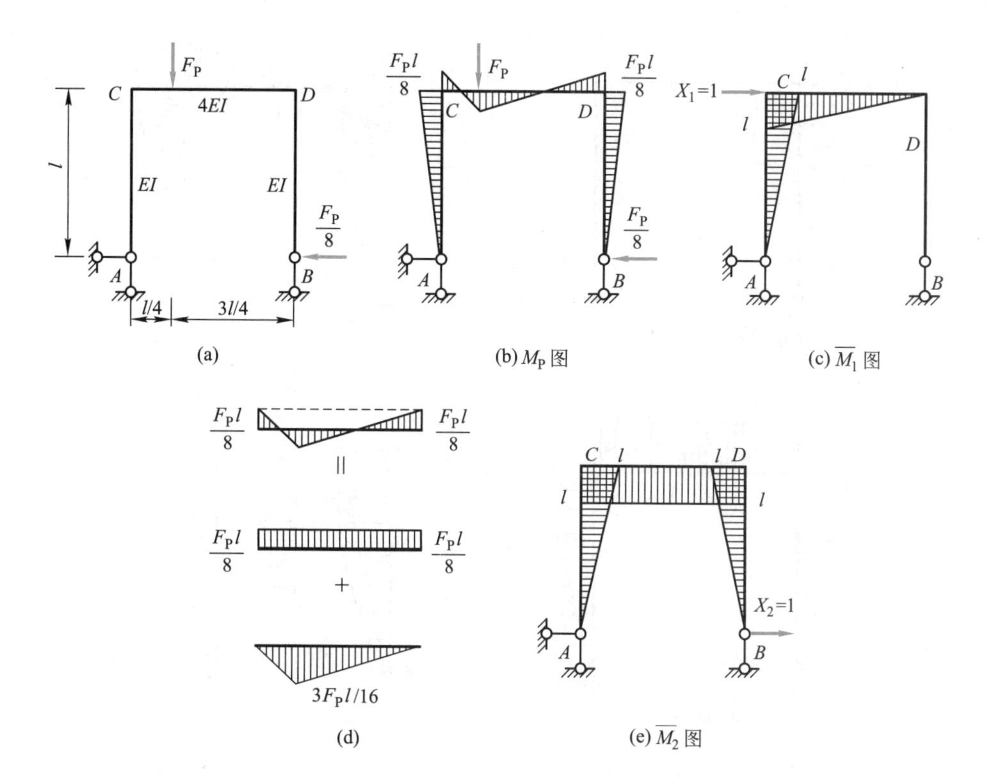

图 3-18　例题 3-5 图

$$\begin{aligned}\Delta_{Cx}=&-\frac{1}{EI}\left[\left(\frac{1}{2}\times\frac{F_Pl}{8}\times l\right)\times\frac{2}{3}l\right]\\&+\frac{1}{4EI}\left[-\left(\frac{F_Pl}{8}\times l\right)\times\frac{l}{2}+\left(\frac{1}{2}\times\frac{3F_Pl}{16}\times l\right)\times\frac{7l}{12}\right]\\=&-\frac{67}{1536}\frac{F_Pl^3}{EI}(\leftarrow)\end{aligned}$$

(2) 求 B 点的水平位移

作出单位弯矩图，如图 3-18(e)所示。由此可得

$$\begin{aligned}\Delta_{Bx}=&-\frac{2}{EI}\left[\left(\frac{1}{2}\times\frac{F_Pl}{8}\times l\right)\times\frac{2}{3}l\right]+\frac{1}{4EI}\left[\left(-\frac{F_Pl}{8}\times l+\frac{1}{2}\times\frac{3F_Pl}{16}\times l\right)\times l\right]\\=&-\frac{35F_Pl^3}{384EI}(\leftarrow)\end{aligned}$$

【例题 3-6】 试求图 3-19(a)所示三铰刚架铰 E 两侧截面的相对转角和 E 点的竖向位移。

【解】 (1) 求铰 E 两侧截面的相对转角

首先作出荷载作用下的 M_P 图，如图 3-19(b)所示。然后在铰 E 两侧施加一对方

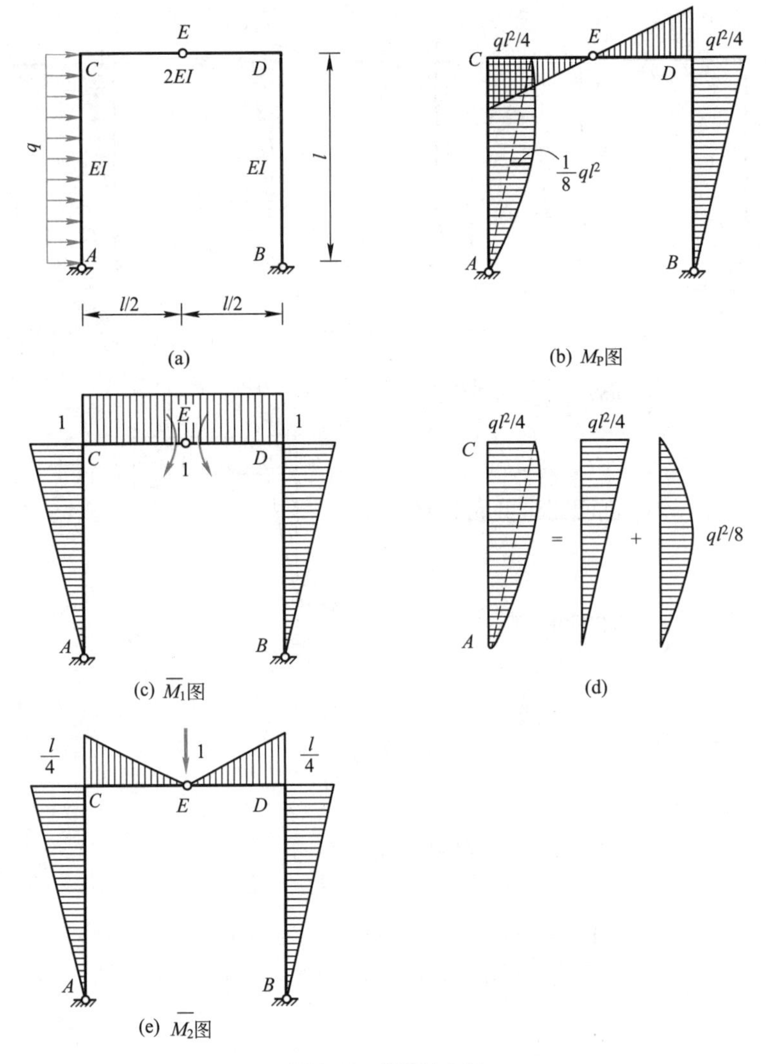

图 3-19　例题 3-6 图

向相反的单位集中力偶，并作出单位 $\overline{M}_1$ 图，如图 3-19(c)所示。

由于 AC 杆的 M_P 图不是标准图形，将其分解为一个三角形和一个对称抛物线，如图 3-19(d)所示。由图乘法即可求得

$$\begin{aligned}\varphi_{E\text{-}E} &= \frac{1}{EI}\left[-\left(\frac{1}{2}\times l\times\frac{ql^2}{4}\right)\times\left(\frac{2}{3}\times 1\right)-\left(\frac{2}{3}\times l\times\frac{ql^2}{8}\right)\times\left(\frac{1}{2}\times 1\right)\right]\\ &\quad+\frac{1}{2EI}\left[(l\times 1)\times 0\right]+\frac{1}{EI}\left[\left(\frac{1}{2}\times l\times\frac{ql^2}{4}\right)\times\left(\frac{2}{3}\times 1\right)\right]\\ &=-\frac{ql^3}{24EI}\text{（位移与所设单位力反向）}(\circlearrowright\circlearrowleft)\end{aligned}$$

(2) 求 E 点竖向位移

在 E 点施加一个竖向单位力，并作出单位弯矩图 $\overline{M}_2$，如图 3-19(e)所示。由图乘法可得

$$\Delta_{Ey}=\frac{1}{EI}\left[-\left(\frac{1}{2}\times\frac{ql^2}{4}\times l\right)\times\left(\frac{2}{3}\times\frac{l}{4}\right)-\left(\frac{2}{3}\times\frac{ql^2}{8}\times l\right)\times\left(\frac{1}{2}\times\frac{l}{4}\right)\right]$$

$$+\frac{1}{2EI}\left[\left(\frac{1}{2}\times\frac{ql^2}{4}\cdot\frac{l}{2}\right)\times\left(\frac{2}{3}\times\frac{l}{4}\right)-\left(\frac{1}{2}\times\frac{ql^2}{4}\times\frac{l}{2}\right)\times\left(\frac{2}{3}\times\frac{l}{4}\right)\right]$$

$$+\frac{1}{EI}\left[\left(\frac{1}{2}\times\frac{ql^2}{4}\times l\right)\times\left(\frac{2}{3}\times\frac{l}{4}\right)\right]$$

$$=-\frac{ql^4}{96EI}(\uparrow)$$

注：此题中，M_P 图去掉 AC 杆上的均布荷载作用在简支梁上的弯矩后，余下的图形是反对称的，而$\overline{M}_1$、$\overline{M}_2$ 图都是正对称的。利用这一点，可以使图乘过程大大简化。

【例题 3-7】 试求图 3-20(a)所示组合结构 E 点的竖向位移和 AC 杆与 CE 杆 C 端截面的相对转角。已知：$E=2.1\times10^4\text{kN/cm}^2$，$I=3200\text{cm}^4$，$A=16\text{cm}^2$。

【解】 这是一个组合结构，AD 杆为桁架杆，AB 杆和 CE 杆为梁式杆。

(1) 求 E 点的竖向位移

首先，作出荷载作用下的 M_P 图并求出 AD 的轴力，如图 3-20(b)所示。然后，在 E 点施加单位集中力，作出 $\overline{M}_1$ 图并求出 AD 的轴力，如图 3-20(c)所示。图乘计算时，CD 段的 M_P 图可分解成一个三角形和一个对称抛物线，DE 段的 M_P 图为标准图形，具体计算过程如下

$$\Delta_{Ey}=\frac{1}{EI}\left[\left(\frac{1}{2}\times20\times4\right)\times\left(\frac{2}{3}\times2\right)-\left(\frac{2}{3}\times20\times4\right)\right.$$

$$\left.\times\left(\frac{1}{2}\times2\right)+\left(\frac{1}{3}\times20\times2\right)\times\left(\frac{3}{4}\times2\right)\right]+\frac{2}{4EI}\left[\left(\frac{1}{2}\times90\times3\right)\times\left(\frac{2}{3}\times3\right)\right]+$$

$$\frac{1}{EA}\left[\left(75\times\frac{5}{2}\right)\times5\right]$$

$$=\frac{155}{EI}\text{kN}\cdot\text{m}^3+\frac{1}{EA}\times937.5\text{kN}\cdot\text{m}=0.0259\text{m}$$

(2) 求 C 点两个杆端的相对角位移

在 C 点两个杆端加一对反向的单位力偶，作出 $\overline{M}_2$ 图并求出 AD 杆轴力，如图 3-20(d)所示。计算过程如下

$$\varphi_{CA\text{-}CD}=\frac{1}{EI}\left[-\left(\frac{1}{2}\times20\times4\right)\times\left(\frac{1}{3}\times1\right)+\left(\frac{2}{3}\times20\times4\right)\times\left(\frac{1}{2}\times1\right)\right]$$

$$+\frac{1}{4EI}\left[\left(\frac{1}{2}\times90\times3\right)\times\left(\frac{2}{3}\times1\right)\right]+\frac{1}{EA}\left[\left(75\times\frac{5}{12}\right)\times5\right]$$

$$=\frac{1}{EI}\times35.83\text{kN}\cdot\text{m}^2+\frac{1}{EA}\times156.25\text{kN}=0.0058\text{rad}$$

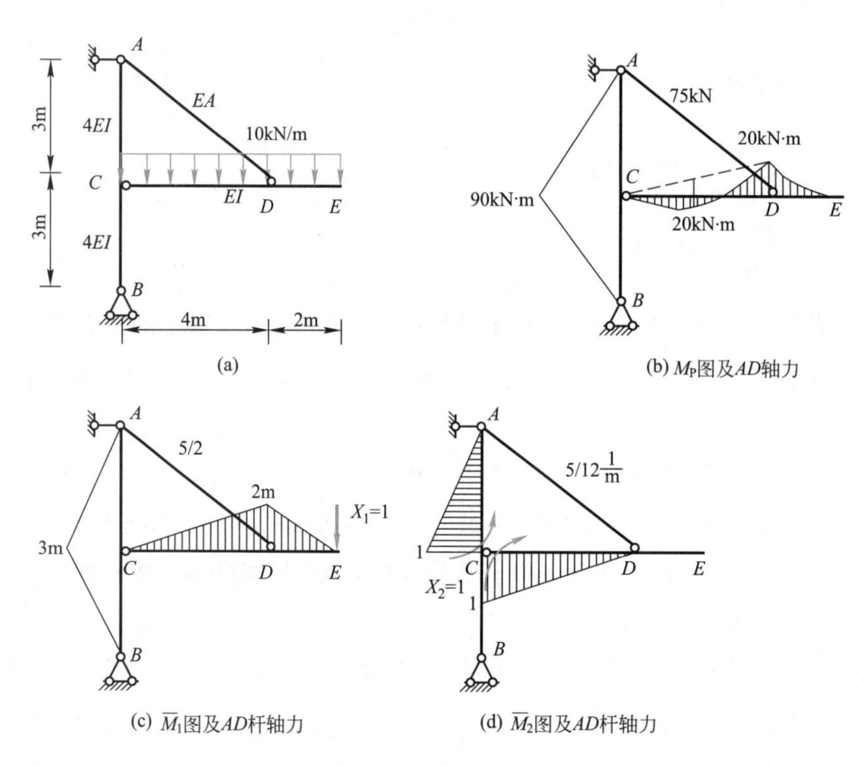

图 3-20 例题 3-7 图

3.6 支座移动引起的静定结构位移计算

前面推导了平面杆系结构位移状态的一般公式

$$\Delta_k=\sum\int_l(\overline{F}_N\varepsilon+\overline{F}_Q\gamma+\overline{M}\kappa)\,ds-\sum\overline{F}_{Ri}c_i$$

由于支座位移不引起静定结构内力，杆件没有变形，结构只有刚体位移，即

$$\varepsilon=\gamma=\kappa=0$$

此时，上述位移计算公式简化为

$$\Delta_k=-\sum\overline{F}_{Ri}c_i \tag{3-9}$$

这就是静定结构在支座移动时的位移计算公式。

式中，$\overline{F}_{Ri}$ 为虚设单位力下的支座反力；$\sum\overline{F}_{Ri}c_i$ 为反力虚功，当 $\overline{F}_{Ri}$ 与实际支座

位移 c_i 方向一致时其乘积取正号，相反时取负号。

此外，式(3-9)右边还有一个负号，系外力虚功移项所得，不可漏掉。

【例题 3-8】 图 3-21(a)所示为两跨简支梁，在图示支座移动状态下，求铰 B 两侧截面的相对转角。

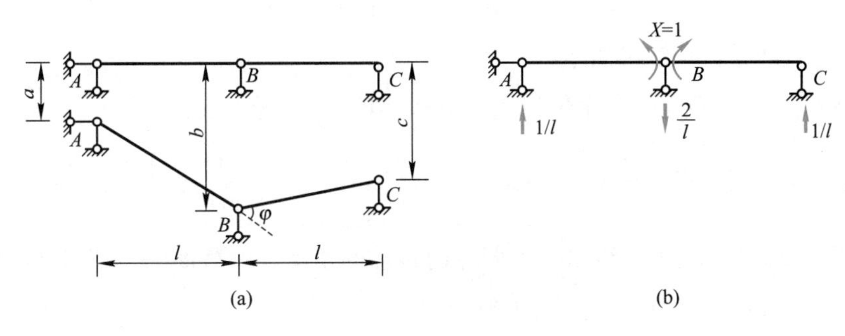

图 3-21 例题 3-8 图

【解】 在 B 点两侧截面施加等值反向的单位力偶，并求出有支座位移的支座反力，如图 3-21(b)所示。将支座反力和相应的支座位移代入位移计算公式，得

$$\varphi=-\sum\overline{F}_{\mathrm{R}i}c_i=-\left[-\left(\frac{1}{l}a\right)+\left(\frac{2}{l}\cdot b\right)-\left(\frac{1}{l}\cdot c\right)\right]=\frac{a+c-2b}{l}$$

【例题 3-9】 试求图 3-22(a)所示刚架在图示支座移动情况下，铰 D 上面杆截面与地面的相对夹角。

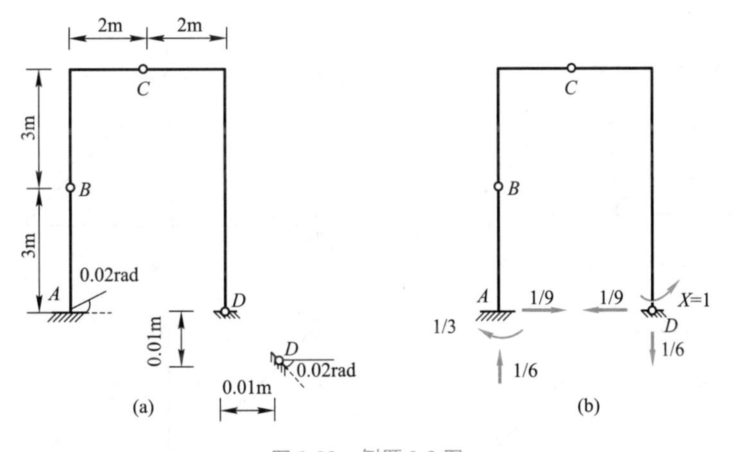

图 3-22 例题 3-9 图

【解】 在 D 节点上面截面加一个单位力偶，并求出有支座位移的支座反力。这个结构求支反力略显复杂，故说明一下求支座反力的步骤。

首先，取 CD 和 BCD 部分为隔离体，求 D 点的水平和竖向支座反力

$$\left.\begin{array}{l}\sum M_C=0:2F_{Dy}+6F_{Dx}-1=0\\ \sum M_B=0:4F_{Dy}+3F_{Dx}-1=0\end{array}\right\}\quad F_{Dy}=\frac{1}{6},\quad F_{Dx}=\frac{1}{9}$$

然后，列整个结构的平衡方程，求 A 点的三个支座反力

$$\sum F_y = 0:\ F_{Ay} = 1/6$$

$$\sum F_x = 0:\ F_{Ax} = 1/9$$

$$\sum M_A = 0:\ M_A = 1/3$$

支座反力如图 3-22(b)所示。

将支座反力和相应的支座位移代入位移计算公式，得

$$\varphi_{D1} = -\sum \overline{F}_{\mathrm{R}i} c_i = -\left[-\frac{1}{3}\times 0.02 + \frac{1}{6}\times 0.01 - \frac{1}{9}\times 0.01\right] = 0.0061\mathrm{rad}$$

这里的 φ_{D1} 是截面 D 沿单位力偶方向转动的角度，而截面 D 原来就与地面有夹角 0.02rad，此时，截面 D 与地面的夹角为

$$\varphi_D = \varphi_{D1} + 0.02\mathrm{rad} = 0.0261\mathrm{rad}$$

3.7 制造误差引起的静定结构位移计算

以图 3-23 所示桁架结构为例，说明有制造误差的静定结构位移计算方法。假定 AC 杆做短了，误差为 Δl_{AC}。

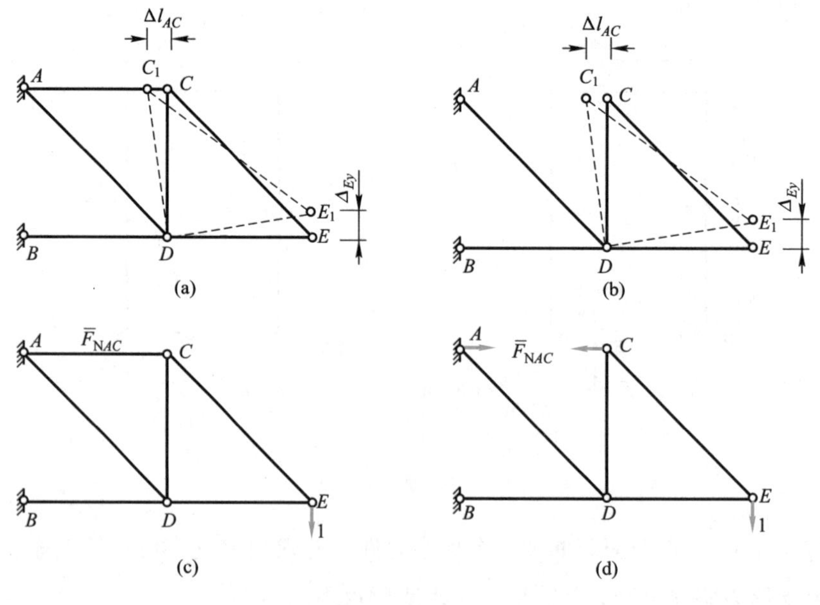

图 3-23

在虚功原理中有两种状态：一种是平衡的力状态；另一种是协调的位移状态。

位移状态　结构在 AC 杆制造误差下，节点 A、B、D 不动，C、E 两个节点分

别移动到C_1、E_1，如图 3-23(a)中虚线所示。将有制造误差的杆件去掉，以剩下杆件的位移作为虚功原理中的位移状态，如图 3-23(b)中虚线所示。与支座位移类似，发生位移后，杆件的内力和变形都等于零，结构只有刚体位移。

力状态　在原结构需要求位移的E节点上加上一个单位力，在这个单位力作用下，结构各杆将产生轴力，如图 3-23(c)所示。将原结构中有制造误差的杆件移开，用相应的轴力$\overline{F}_{NAC}$代替，这时，$\overline{F}_{NAC}$就变成了作用在节点A和C处的外力了。很明显，$\overline{F}_{NAC}$和施加在E点的单位力及支座反力组成一个平衡力系，如图 3-23(d)所示。以这个平衡力系作为与图 3-23(b)位移状态对应的虚力状态。

对两种状态应用虚功原理，得总外力虚功为

$$W_e = 1 \cdot \Delta_{Ey} + \overline{F}_{NAC} \cdot \Delta l_{AC}$$

总变形虚功为

$$W_i = \sum_e \int_0^l (\overline{F}_N \varepsilon + \overline{F}_Q \gamma + \overline{M} \kappa) ds = 0$$

将外力虚功和变形虚功代入虚功方程，得

$$1 \cdot \Delta_{Ey} + \overline{F}_{NAC} \cdot \Delta l_{AC} = 0$$

故位移计算公式为

$$\Delta_{Ey} = -\overline{F}_{NAC} \cdot \Delta l_{AC}$$

对于多个杆件有制造误差的情况，上式变成

$$\Delta_y = -\sum_i \overline{F}_{Ni} \cdot \Delta l_i \tag{3-10}$$

对于上式做下面几点说明：

(1) 位移计算公式的右侧是与有误差杆件对应的总虚功移项得到的，因此，与支座位移情况相同，求和号前有“—”号。

(2) 求和号下每一项都是单位广义力引起的有制造误差杆件的轴力$\overline{F}_{Ni}$在制造误差Δl_i上做的功，因此，二者方向一致时做正功，也即乘积为正，反之做负功，积为负。具体地说，当$\overline{F}_{Ni}$为拉力、Δl_i为做短的误差时(或$\overline{F}_{Ni}$为压力、Δl_i为做长的误差时)，二者乘积为正。这一点请读者一定注意。

(3) 计算单位力引起的杆件轴力时，只需求有制造误差杆件的轴力，因为单位力引起的轴力在没有制造误差的杆件上做功为零。

【例题 3-10】 已知图 3-24(a)所示桁架的下弦杆均做短了 0.6cm。试求节点A的竖向位移。

【解】 在A点施加竖向单位集中力，并求出有制造误差杆件的轴力，如图 3-24

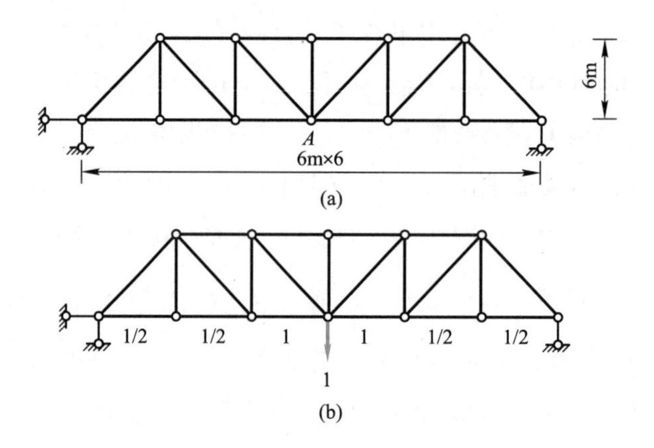

图 3-24　例题 3-10 图

(b)所示。

将制造误差和相应的杆件轴力代入计算公式，得

$$\Delta_{Ay}=-\sum_{i}\overline{F}_{Ni}\cdot\Delta l_{i}=-\left(4\times\frac{1}{2}\times0.6+2\times1\times0.6\right)=-2.4\text{cm}(\uparrow)$$

因为，单位力产生的轴力均为拉力，而各杆的制造误差均为做短了，故括号内各项功都是正的。

3.8　温度改变引起的静定结构位移计算

温度改变不会引起静定结构内力，但会产生下列变形：

（1）截面形心处温度的升高或降低，会使杆件伸长或缩短。

（2）截面上下温度变化不一致，会使截面产生转动，杆件产生弯曲变形。

（3）温度变化不能使截面产生错动，因此不会引起杆件的剪切变形。

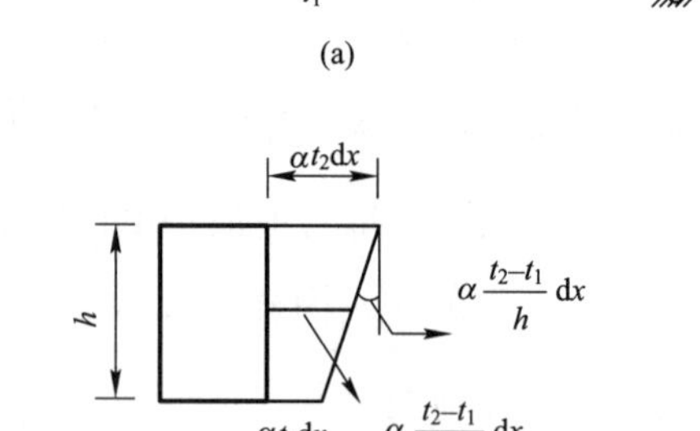

图 3-25

假设一个静定结构，如图 3-25（a）所示。材料线膨胀系数为 α，温度沿截面高度线性变化，截面为对称截面，高度为 h。

取出任意微段，温度变化时，其变形如图 3-25(b)所示。从图中可以明显看出轴向应变、弯曲应变分别为

$$\varepsilon=\frac{\alpha t_2\mathrm{d}x+\alpha t_1\mathrm{d}x}{2\mathrm{d}x}=\alpha\frac{(t_2+t_1)}{2}=\alpha t_0\quad\left(t_0=\frac{t_1+t_2}{2}\right)$$

$$\kappa=\frac{\alpha t_2 \mathrm{d}x-\alpha t_1 \mathrm{d}x}{h}\frac{1}{\mathrm{d}x}=\frac{\alpha(t_2-t_1)}{h}=\frac{\alpha\Delta t}{h}\quad(\Delta t=t_2-t_1)$$

将上述实际结构由温度所引起的变形代入虚功方程中，得

$$\Delta=\sum\int_0^l(\overline{F}_{\mathrm{N}}\alpha t_0+\overline{M}\frac{\alpha\Delta t}{h})\mathrm{d}s$$

如果材料、温度变化沿杆长不变，而且均为等截面杆件，上式可简化为

$$\Delta=\sum\left(\alpha t_0 A_{\overline{F}_{\mathrm{N}}}+\alpha\frac{\Delta t}{h}A_{\overline{M}}\right)\tag{3-11}$$

式中 $A_{\overline{F}_{\mathrm{N}}}$、$A_{\overline{M}}$ 分别为单位广义力引起的杆件轴力图面积和弯矩图面积。

在应用式（3-11）的时候，需要明确的是：求和号下每一项都是单位力引起轴力和弯矩在温度产生的相应变形上所做的虚功，因此，二者方向一致时做正功，反之做负功。

具体地讲，各项的正负号由对比温度改变引起的变形与单位力引起的变形方向确定，当二者一致（弯曲变形凹向相同，拉压变形同为伸长或同为缩短）时取正号，反之取负号。计算时，t_0、Δt、$A_{\overline{F}_{\mathrm{N}}}$ 和 $A_{\overline{M}}$ 均用绝对值代入。

【例题 3-11】 图 3-26(a)所示刚架，外侧温度不变，内侧温度上升 20℃。已知：$l=4\mathrm{m}$，线膨胀系数 $\alpha=10^{-5}℃^{-1}$，各杆均为高度 $h=0.4\mathrm{m}$ 的矩形截面。求 A 点竖向和水平位移。

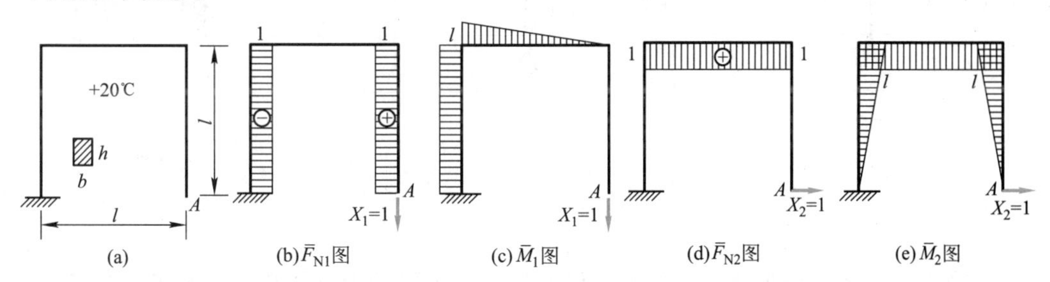

图 3-26　例题 3-11 图

【解】 （1）求 A 点竖向位移

在 A 点施加竖向单位力，作出相应的单位轴力图和单位弯矩图，如图 3-26(b)、(c)所示。求出各杆轴线处温度改变量 t_0 和杆横截面两侧温差 Δt 的绝对值为

$$|t_0|=\left|\frac{0+20}{2}\right|=10℃\quad|\Delta t|=|20-0|=20℃$$

代入温度改变引起的位移计算公式

$$\Delta_{Ay}=\sum\left(\alpha t_0 A_{\overline{F}_N}+\alpha\frac{\Delta t}{h}A_{\overline{M}}\right)$$

$$=\alpha\times10\times(1\times l)-\alpha\times10\times(1\times l)-\alpha\times\frac{20}{h}\left(\frac{1}{2}\times l\times l+l\times l\right)$$

$$=-1.2\times10^{-2}\text{m}(\uparrow)$$

(2) 求 A 点水平位移

在 A 点施加水平单位力，作出相应的单位轴力图和单位弯矩图，如图 3-26(d)、(e)所示。代入公式得

$$\Delta_{Ax}=\sum\left(\alpha t_0 A_{\overline{F}_N}+\alpha\frac{\Delta t}{h}A_{\overline{M}}\right)$$

$$=\alpha\times10\times l+\alpha\times\frac{20}{h}\times\left(2\times\frac{1}{2}\times l\times l+l\times l\right)$$

$$=1.64\times10^{-2}\text{m}(\rightarrow)$$

【例题 3-12】 已知图 3-27(a)所示刚架外部温度降低 20℃，左边刚架内部温度升高 20℃，右侧刚架内部温度升高 10℃。材料的线膨胀系数为 α。试求 F 点水平位移。

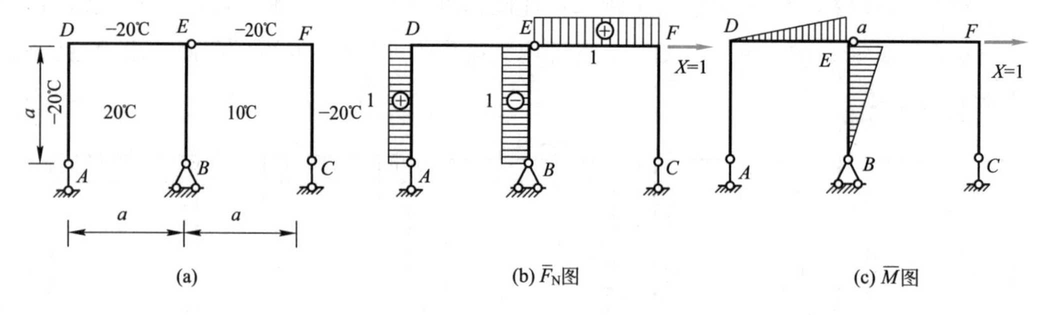

图 3-27 例题 3-12 图

【解】 在 F 点施加水平单位力，作出相应的单位轴力图和单位弯矩图，如图 3-27(b)、(c)所示。求出各杆轴线处温度改变量 t_0 和杆两侧温差 Δt 为

AD 杆： $|t_0|=\left|\frac{-20+20}{2}\right|=0℃$ $|\Delta t|=|-20-20|=40℃$

EB 杆： $|t_0|=\left|\frac{20+10}{2}\right|=15℃$ $|\Delta t|=|20-10|=10℃$

DE 杆： $|t_0|=\left|\frac{-20+20}{2}\right|=0℃$ $|\Delta t|=|-20-20|=40℃$

EF 杆： $|t_0|=\left|\frac{-20+10}{2}\right|=5℃$ $|\Delta t|=|-20-10|=30℃$

位移计算过程如下

$$\Delta_{Fx}=\sum\left(\alpha t_0 A_{\overline{F}_N}+\alpha\frac{\Delta t}{h}A_{\overline{M}}\right)$$

$$=-(\alpha\times15\times1\times a)-(\alpha\times5\times1\times a)-\left(\alpha\times\frac{10}{h}\times\frac{1}{2}a^2\right)-\left(\alpha\times\frac{40}{h}\times\frac{1}{2}a^2\right)$$

$$=-\left(20a+\frac{25a^2}{h}\right)\alpha(\leftarrow)$$

【例题 3-13】 求图 3-28(a)所示具有弹性支座梁，AB 跨跨中截面处的竖向位移。梁的抗弯刚度为 EI，弹性支座的弹簧刚度系数 $k=EI/l^3$。

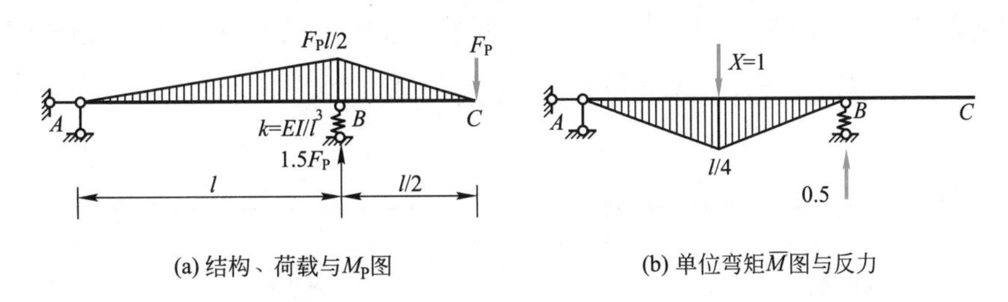

图 3-28 例题 3-13 图

【解】 这是一道综合题，所以放到最后。

方法一：将弹簧看成结构中的一个桁架杆，二者的等效关系为$\frac{EA}{l}=k$。这样就可以按照组合结构计算位移的方法进行计算了。在 AB 跨跨中施加单位集中力，作出梁的弯矩图，并求出弹性支座的支反力(相当于桁架杆的轴力)。则位移计算公式如下

$$\Delta=\int\frac{\overline{M}_1 M_P}{EI}dx+\frac{\overline{F}_{N1}F_{NP}}{EA}l$$

$$=-\frac{1}{EI}\left[\left(\frac{1}{2}\times\frac{l}{4}\times l\right)\times\frac{F_P l}{4}\right]+\frac{1.5F_P\times0.5}{k}=\frac{-F_P l^3}{32EI}+\frac{0.75F_P l^3}{EI}$$

$$=\frac{23F_P l^3}{32EI}(\downarrow)$$

方法二：将荷载作用下弹性支座的变形视为主体结构的支座位移，很明显弹性支座的位移为$\frac{1.5F_P}{k}$。这样就可以按照荷载和支座位移共同作用的情形进行计算了。具体过程如下

$$\Delta=\int\frac{\overline{M}_1 M_P}{EI}dx-\overline{F}_R c$$

$$=-\frac{1}{EI}\left(\frac{1}{2}\times\frac{l}{4}\times l\right)\times\frac{F_Pl}{4}-\left(-0.5\times\frac{1.5F_P}{k}\right)$$

$$=\frac{-F_Pl^3}{32EI}+\frac{0.75F_Pl^3}{EI}=\frac{23F_Pl^3}{32EI}(\downarrow)$$

3.9 互等定理

3.9.1 功的互等定理

研究图 3-29 所示结构的两种状态，分别将其称为 1、2 状态，由荷载作用所产生的内力分别记作 F_{N1}、F_{Q1}、M_1 和 F_{N2}、F_{Q2}、M_2。

图 3-29　结构两种受力状态

首先，令状态 1 为平衡的力状态，状态 2 所产生的位移作为协调的虚位移状态。则状态 1 下的外力在状态 2 下位移上所做的虚功为

$$W_{12}=\sum\int\left(F_{N1}\cdot\frac{F_{N2}}{EA}\mathrm{d}s+F_{Q1}\cdot\frac{kF_{Q2}}{GA}\mathrm{d}s+M_1\cdot\frac{M_2}{EI}\mathrm{d}s\right)$$

$$=\sum\int\left(\frac{F_{N1}F_{N2}}{EA}+\frac{kF_{Q1}F_{Q2}}{GA}+\frac{M_1M_2}{EI}\right)\mathrm{d}s \tag{a}$$

相反，若将状态 2 视为平衡的力状态，状态 1 所产生的位移视为协调的位移状态。则状态 2 下的外力在状态 1 下位移上所做的虚功为

$$W_{21}=\sum\int\left(F_{N2}\cdot\frac{F_{N1}}{EA}\mathrm{d}s+F_{Q2}\cdot\frac{kF_{Q1}}{GA}\mathrm{d}s+M_2\cdot\frac{M_1}{EI}\mathrm{d}s\right)$$

$$=\sum\int\left(\frac{F_{N2}F_{N1}}{EA}+\frac{kF_{Q2}F_{Q1}}{GA}+\frac{M_2M_1}{EI}\right)\mathrm{d}s \tag{b}$$

对比式(a)和式(b)，立即可得

$$W_{12}\equiv W_{21} \tag{3-12}$$

用文字来叙述式(3-12)，得

功的互等定理　处于平衡的 1、2 两状态，状态 1 外力在状态 2 外力所产生的位移上所做的虚功，等于状态 2 外力在状态 1 外力所产生的位移上所做的虚功。

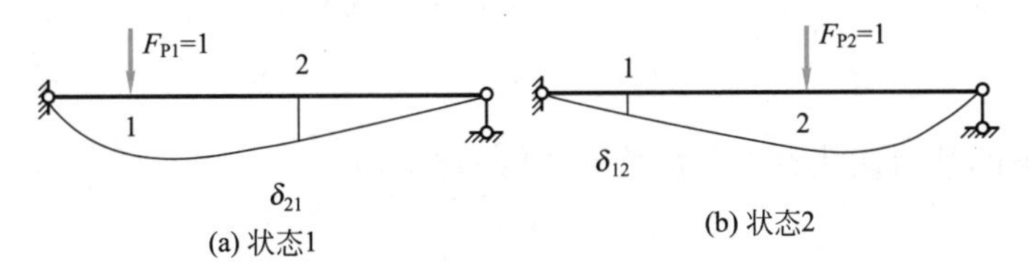

图 3-30　位移互等定理

它是线弹性体系普遍定理，是最基本的。

3.9.2　位移互等定理

考察图 3-30 所示的两种状态，状态 1 中，在 1 位置上作用一个单位力，其在 2 位置引起的位移为 δ_{21}；状态 2 中，在 2 位置上作用一个单位力，其在 1 位置上引起的位移为 δ_{12}。

很明显，状态 1 下的外力在状态 2 下位移上所做的虚功为

$$W_{12}=1\cdot\delta_{12} \tag{a}$$

状态 2 下的外力在状态 1 下位移上所做的虚功为

$$W_{21}=1\cdot\delta_{21} \tag{b}$$

由功的互等定理，得

$$\delta_{12}=\delta_{21} \tag{3-13}$$

用文字来叙述式(3-13)，得

位移互等定理　1 位置上的单位力在 2 位置上引起的位移等于 2 位置上的单位力在 1 位置上引起的位移。

3.9.3　反力互等定理

考察图 3-31 所示的两种状态，状态 1 中，支座 1 发生单位转角位移，其引起的支座 2 的竖向反力为 $\overline{F}_{R21}$；状态 2 中，支座 2 发生竖向单位位移，其引起的支座 1 的弯矩反力为 $\overline{F}_{R12}$。

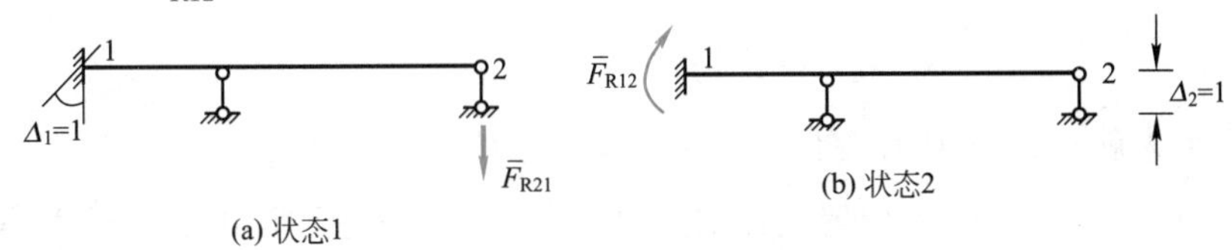

图 3-31　反力互等定理

很明显，状态 1 下的外力在状态 2 下位移上所做的虚功为

$$W_{12}=\overline{F}_{R21}\cdot 1 \tag{a}$$

状态 2 下的外力在状态 1 下位移上所做的虚功为

$$W_{21}=\overline{F}_{R12}\cdot 1 \tag{b}$$

由功的互等定理，得

$$\overline{F}_{R21}=\overline{F}_{R12} \tag{3-14}$$

用文字来叙述式(3-14)，得

反力互等定理 支座 1 的单位位移在支座 2 上引起的支座反力等于支座 2 的单位位移在支座 1 上引起的支座反力。

3.9.4 反力位移互等定理

考察图 3-32 所示的两种状态，状态 1 中，1 位置上作用有竖向单位集中力，其引起的支座 2 的竖向反力为 $\overline{F}_{R21}$；状态 2 中，支座 2 发生竖向单位位移，其引起的 1 位置上的位移为 δ_{12}。

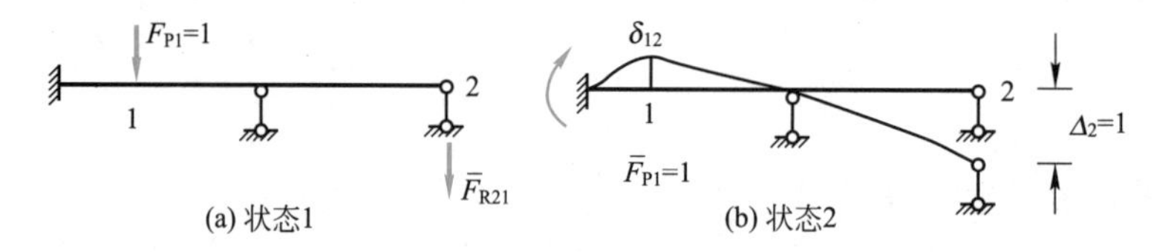

图 3-32 反力位移互等定理

很明显，状态 1 下的外力在状态 2 下位移上所做的虚功为

$$W_{12}=1\cdot\delta_{12}+\overline{F}_{R21}\cdot 1 \tag{a}$$

状态 2 下的外力在状态 1 下位移上所做的虚功为

$$W_{21}=0 \tag{b}$$

由功的互等定理，得

$$W_{12}=0$$

即

$$\overline{F}_{R21}=-\delta_{12} \tag{3-15}$$

用文字来叙述式(3-15)，得

反力位移互等定理 1 位置上作用的单位力在支座 2 上引起的支座反力等于支座 2 上的单位支座位移引起的 1 位置上的位移，但符号相反。

思考题

3-1　为什么要计算结构的位移?

3-2　产生静定结构位移的因素有哪些?

3-3　虚功原理中对力状态和位移状态有什么要求，为什么?

3-4　变形体虚功原理与刚体虚功原理有何区别和联系?

3-5　单位荷载法是否适用于超静定结构位移的计算?

3-6　单位广义力状态中的“单位广义力”的量纲是什么?

3-7　试说明如下位移计算公式的适用条件、各项的物理意义。

$$\Delta=\sum\int(\overline{M}\kappa+\overline{F}_{\mathrm{N}}\varepsilon+\overline{F}_{\mathrm{Q}}\gamma)\mathrm{d}s-\sum\overline{F}_{\mathrm{R}i}c_i$$

3-8　试说明荷载下位移计算公式的适用条件及各项的物理意义。

3-9　图乘法的适用条件是什么? 对连续变截面梁或拱能否用图乘法?

3-10　图乘法公式中正负号如何确定?

3-11　对矩形截面细长杆($h/l=1/18\sim1/8$，h 为矩形截面高度，l 为杆长)位移计算忽略轴向变形和剪切变形会有多大的误差?

3-12　图 3-33 中图乘结果是否正确? 为什么?

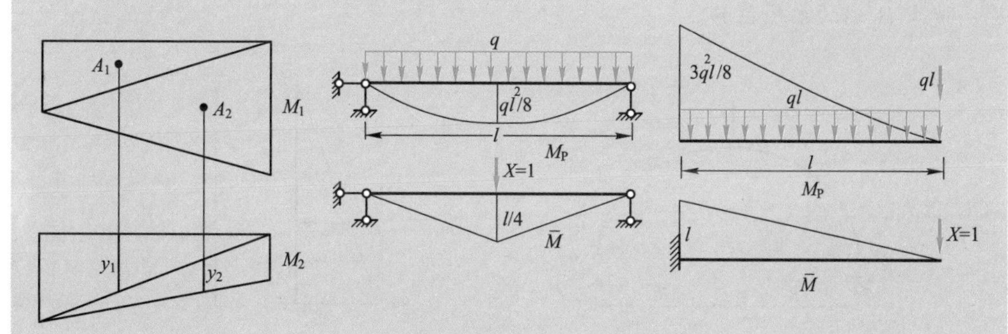

$\int M_i M_k \mathrm{d}x=A_1y_1+A_2y_2$　　$\int M_{\mathrm{P}}\overline{M}\mathrm{d}x=\frac{2}{3}\times\frac{ql^2}{8}\times l\times\frac{l}{4}$　　$\int M_{\mathrm{P}}\overline{M}\mathrm{d}x=\frac{1}{3}\times\frac{3ql^2}{2}\times l\times\frac{3l}{4}$

(a)　　(b)　　(c)

图 3-33　思考题 3-12 图

3-13　荷载和单位弯矩图如图 3-34 所示，如何用图乘法计算位移?

3-14　图乘法求位移时应注意避免哪些易犯的错误?

3-15　为什么在计算支座位移引起的位移计算公式中，求和符号前总是有一负号?

3-16　如果杆件截面对中性轴不对称，则对温度改变引起的位移有何影响?

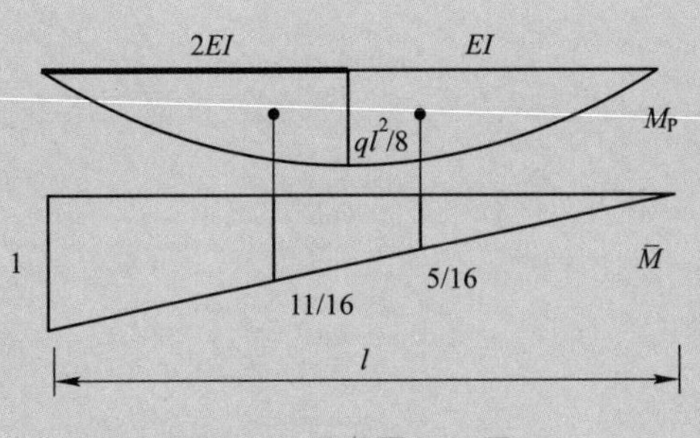

图 3-34　思考题 3-13 图

3-17　增加各杆刚度是否一定能减少荷载作用引起的结构位移?

3-18　试说明 δ_{12} 和 δ_{21} 的量纲并用文字阐述位移互等定理。

3-19　反力互等定理是否适用于静定结构? 这时会得到什么结果? 反力互等定理如何阐述?

习题

3-1　试用直杆公式求图 3-35 所示圆弧形曲梁上 B 点的水平位移。EI 为常数。

3-2　图 3-36 所示柱的 A 端抗弯刚度为 EI，B 端为 $EI/2$，沿柱长刚度线性变化。试求 B 端的水平位移。

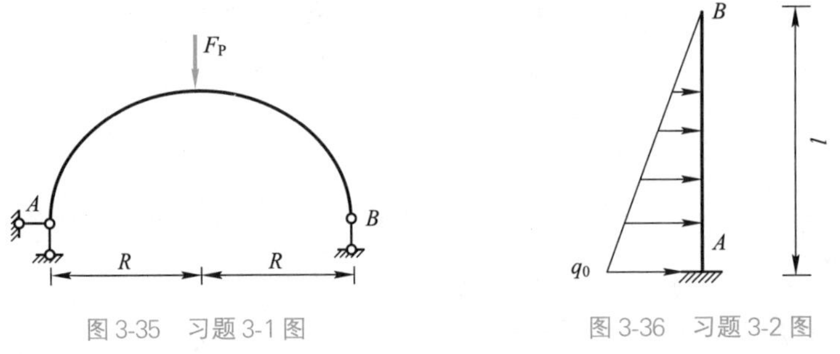

图 3-35　习题 3-1 图　　　　图 3-36　习题 3-2 图

3-3　试求图 3-37 所示结构考虑弯曲变形和剪切变形的挠度曲线方程。截面为矩形，$k=1.2$。

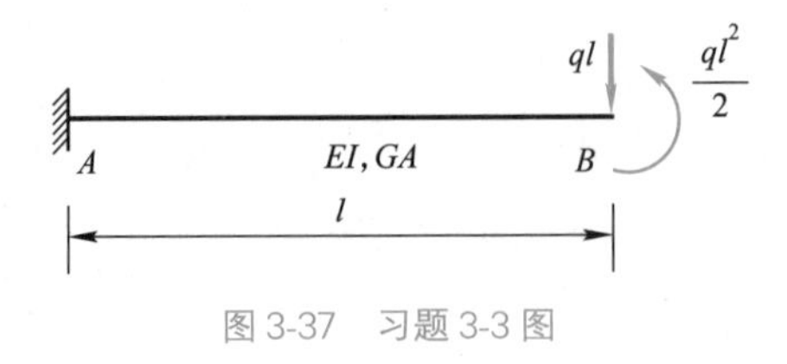

图 3-37　习题 3-3 图

3-4　试求图 3-38 所示桁架 C 点竖向位移和 CD 杆与 CE 杆的夹角的改变量。已知各杆截面相同，$A=1.5\times10^{-2}\mathrm{m}^2$，$E=210\mathrm{GPa}$。

3-5 图 3-39 所示桁架 AB 杆的 $\sigma=E\sqrt{\varepsilon}$，其他杆的 $\sigma=E\varepsilon$。试求 B 点水平位移。

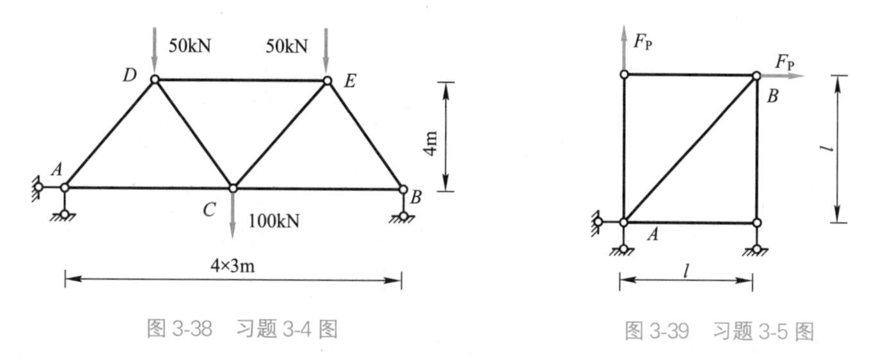

图 3-38 习题 3-4 图　　图 3-39 习题 3-5 图

3-6 试用图乘法求图 3-40 所示各结构的指定位移。除图 3-40(e)、(h)标明杆件刚度外，其他各小题所示结构各杆 EI 均为常数。

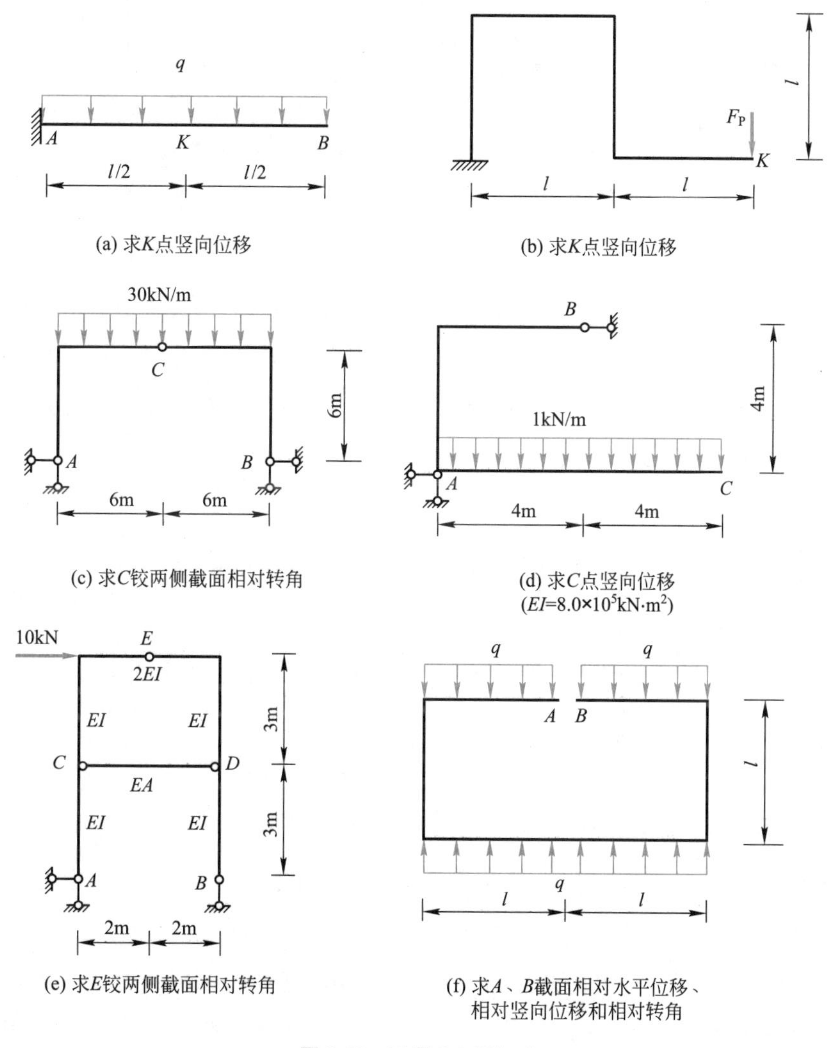

(a) 求K点竖向位移

(b) 求K点竖向位移

(c) 求C铰两侧截面相对转角

(d) 求C点竖向位移 ($EI=8.0\times10^5\text{kN}\cdot\text{m}^2$)

(e) 求E铰两侧截面相对转角

(f) 求A、B截面相对水平位移、相对竖向位移和相对转角

图 3-40 习题 3-6 图(一)

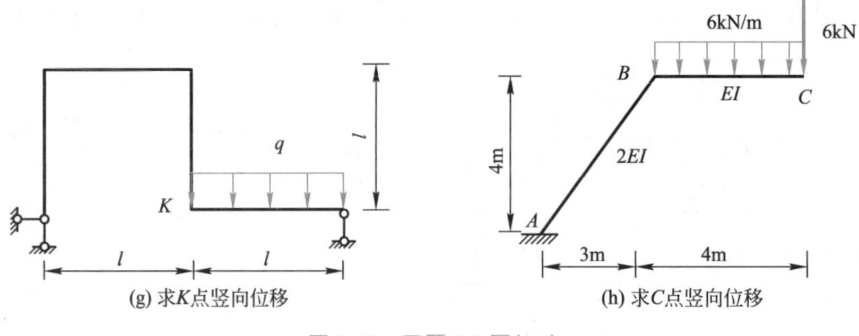

图 3-40　习题 3-6 图(二)

3-7　试求图 3-41 所示结构在支座位移下的指定位移。

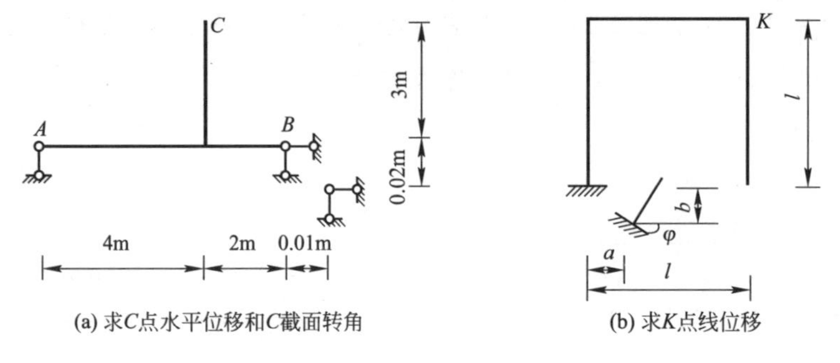

图 3-41　习题 3-7 图

3-8　图 3-42 所示结构各杆件均为截面高度相同的矩形截面，内侧温度上升 t，外侧温度不变。线膨胀系数为 α。试求 C 点的竖向位移。

3-9　试求图 3-43 所示刚架在图示温度变化下，D 点水平位移。梁为高度 $h=0.8\text{m}$ 的矩形截面梁，线膨胀系数为 $\alpha=10^{-5}℃^{-1}$。

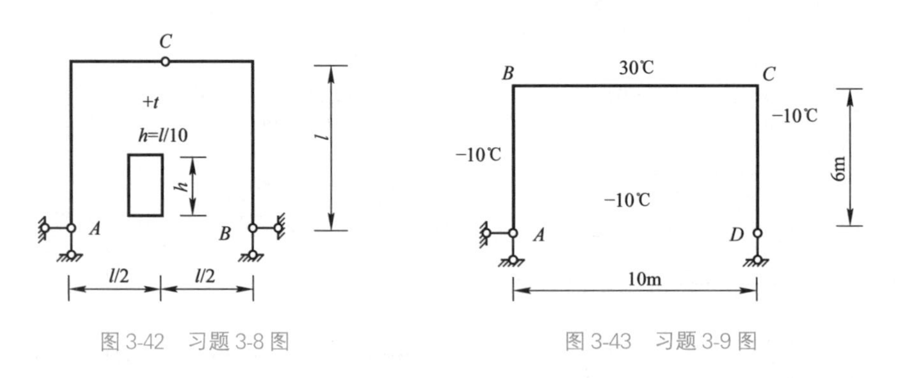

图 3-42　习题 3-8 图　　图 3-43　习题 3-9 图

3-10　图 3-44 所示桁架各杆温度上升 t，线膨胀系数为 α。试求由此引起的 K 点竖向位移。

3-11　图 3-45 所示梁截面尺寸为 $b\times h=0.2\text{m}\times0.6\text{m}$，$EI$ 为常数，线膨胀系数为 α，弹簧刚度系数 $k=48EI/l^3$，$l=2\text{m}$。梁上侧温度上升 10℃，下侧上升 30℃，并有图示支座移动和荷载作用。试求 C 点的竖向位移。

3-12 欲使图 3-46 所示简支梁中点的挠度为 0，试问施加多大杆端弯矩 M_0？已知线膨胀系数 α，梁截面为矩形，截面高度为 h。

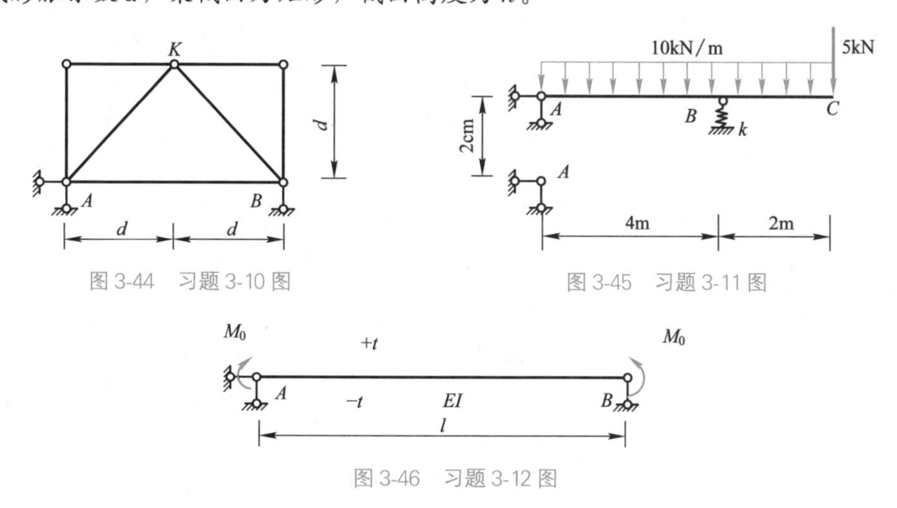

图 3-44　习题 3-10 图

图 3-45　习题 3-11 图

图 3-46　习题 3-12 图

3-13 已知在图 3-47(a)荷载的作用下，$\theta_A=\dfrac{1}{3EI}\left(M_1-\dfrac{M_2}{2}\right)$。试求图 3-47(b)梁 A 端转角。

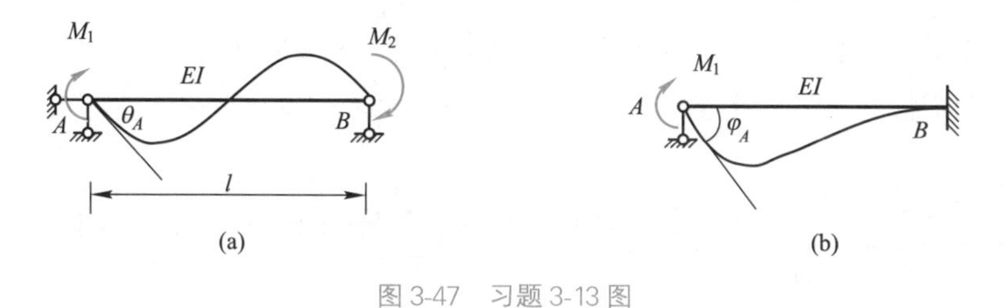

图 3-47　习题 3-13 图

3-14 已测得图 3-48 中 A 截面逆时针转了 0.001rad。试求 C 铰两侧截面的相对转角。EI＝常数。

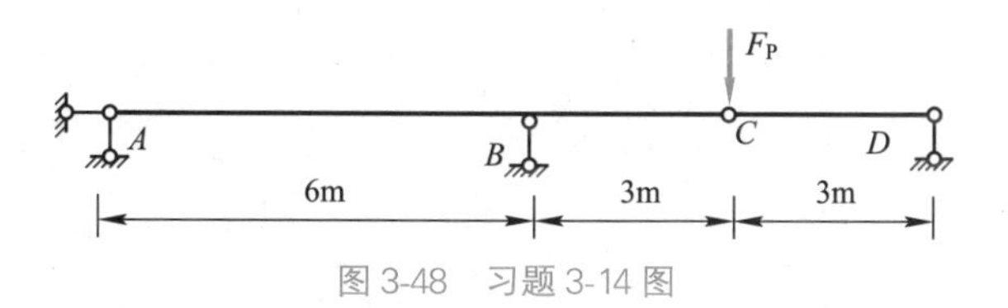

图 3-48　习题 3-14 图

3-15 已测得在图 3-49 所示荷载作用下各点竖向位移为 H 点 1.2cm，G、I 点 0.1cm，F、C、J 点 0.06cm，D、B 点 0.05cm。试求当 10kN 竖向力平均分布作用于 15 个节点上时，H 点的竖向位移。

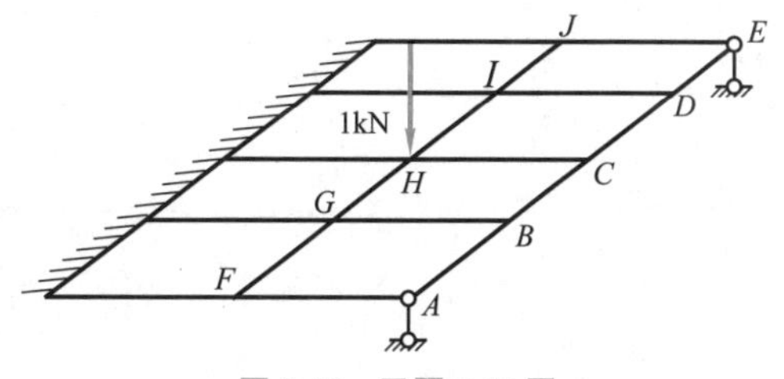

图 3-49　习题 3-15 图

第4章

力法

本章知识点

【知识点】 力法的基本未知量、基本结构、基本体系、力法方程，对称性利用，超静定结构位移的计算，力法解两铰拱和对称无铰拱。

【重点】 力法计算各类结构在各种外界因素作用时的内力、位移，“半结构”的确定。

【难点】 支座移动和温度变化时的力法计算，计算超静定结构位移时基本体系的选择。

在前面几章中，已经详细地讨论了静定结构的受力分析和位移计算问题。但在实际工程中，应用更为广泛的是超静定结构。力法就是解超静定结构的一种基本方法。力法以静定结构为基础，将多余约束力作为基本未知量，根据变形协调条件建立力法方程并求解。本章首先讲解力法的基本概念和力法方程，然后讲解力法在各种结构形式、各种外界因素作用下的应用。

4.1 力法基本概念和力法方程

4.1.1 力法基本概念

先以一个简单的超静定梁为例，说明力法的基本概念和基本思路。

图 4-1(a)所示的梁是一次超静定结构。如果把支座 B 作为多余约束去掉，则得到图 4-1(b)所示的静定结构，这个去掉多余约束后的静定结构称为力法的基本结构。将去掉的多余约束用相应的多余约束力 X_1 代替，则基本结构在多余约束力和荷载共同作用下的受力体系称为力法的基本体系，如图 4-1(c)所示。显然，只要能求出多余约束力 X_1，其余的一切计算就和静定结构完全相同了。

如果 X_1 就是 B 支座的反力，则基本体系在受力和变形上就都与原结构一致。在多余约束力 X_1 和荷载 F_P 共同作用下，基本体系上 B 点的竖向位移(即沿多余约束力 X_1 方向上的位移)Δ_1 也就应该等于零(因为原结构在 B 点没有竖向位移)，即

$$\Delta_1=0 \tag{a}$$

这就是用来确定 X_1 的变形协调条件。

用 Δ_{11} 和 Δ_{1P} 分别表示多余约束力 X_1 和荷载 F_P 单独作用在基本结构上时，B 点沿 X_1 方向上的位移(图 4-1d、e)，其正负号都以沿假定的 X_1 方向为正，两个下标的含义是：第一个下标表示产生这个位移的位置和方向，第二个下标表示产生这个位移的原因。根据叠加原理，式(a)可写成

$$\Delta_{11}+\Delta_{1P}=0 \tag{b}$$

若以 δ_{11} 表示 $X_1=1$ 时 B 点沿 X_1 方向上的位移，则有 $\Delta_{11}=\delta_{11}X_1$，于是上式变成

$$\delta_{11}X_1+\Delta_{1P}=0 \tag{4-1}$$

这个式子即为此题的力法方程。

由于 δ_{11} 和 Δ_{1P} 都是静定结构在已知力作用下的位移，完全可用第 3 章所述方法求得，之后就可以由式(4-1)解出多余约束力 X_1 了。

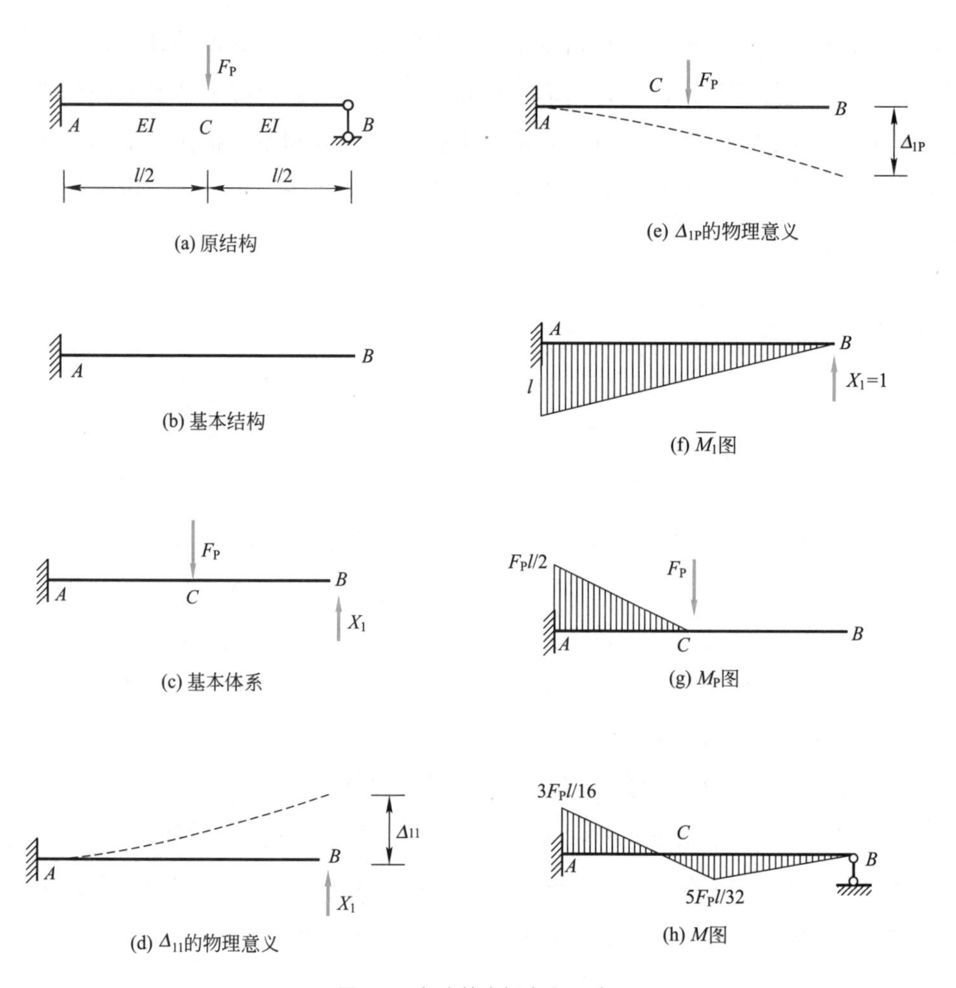

图 4-1 力法基本概念和思路

为了计算 δ_{11} 和 Δ_{1P}，可分别绘出基本结构在 $X_1=1$ 和 F_P 作用下的弯矩图 $\overline{M}_1$ 图和 M_P 图(图 4-1f、g)，然后用图乘法计算这些位移。求 δ_{11} 时应为 $\overline{M}_1$ 图乘 $\overline{M}_1$ 图，称为 $\overline{M}_1$ 图“自乘”，即

$$\delta_{11}=\frac{1}{EI}\left(\frac{1}{2}\times l\times l\right)\times\frac{2}{3}l=\frac{l^3}{3EI}$$

求 Δ_{1P} 时应为 $\overline{M}_1$ 图乘 M_P 图，称为 $\overline{M}_1$ 图和 M_P 图“互乘”，即

$$\Delta_{1P}=-\frac{1}{EI}\left(\frac{1}{2}\times\frac{F_Pl}{2}\times\frac{l}{2}\right)\times\frac{5}{6}l=-\frac{5F_Pl^3}{48EI}$$

将 δ_{11} 和 Δ_{1P} 代入式(4-1)，可求得

$$X_1=-\frac{\Delta_{1P}}{\delta_{11}}=-\left(-\frac{5F_Pl^3}{48EI}\right)\Big/\left(\frac{l^3}{3EI}\right)=\frac{5F_P}{16}(\uparrow)$$

正号表明 X_1 的实际方向与假定方向相同，即向上。

多余约束力求出后，其余所有的反力、内力的计算都是静定问题，不再赘述。在绘制最后弯矩图时，可以利用已经绘出的$\overline{M}_1$ 图和 M_P 图按叠加法绘制，即

$$M=\overline{M}_1X_1+M_P$$

也就是将 $\overline{M}_1$ 图的纵坐标乘以 X_1，再与图 M_P 的对应纵坐标相加。例如，截面 A 的弯矩为

$$M_A=-l\times\frac{5F_P}{16}+\frac{1}{2}F_Pl=\frac{3}{16}F_Pl\text{（上侧受拉）}$$

于是，可绘出 M 图，如图 4-1(h)所示。此弯矩图既是基本体系的弯矩图，同时也是原结构的弯矩图。因为此时，基本体系与原结构的受力、变形和位移情况已完全相同，二者是等效的。

力法是分析超静定结构的基本方法，应用十分广泛，可以分析任何类型的超静定结构。

4.1.2 力法的典型方程

上节我们用一个一次超静定结构的计算说明了力法的基本概念和思路。从中可以看出，用力法计算超静定结构的关键在于：根据位移条件建立变形协调方程，求解多余约束力。对于多次超静定结构，其计算原理也完全相同。下面以一个二次超静定结构为例，说明如何根据位移条件建立求解多余约束力的方程。

图 4-2(a)是一个二次超静定结构。用力法分析时，需去掉两个多余约束，现去掉 B 支座，得到图 4-2(b)所示的基本结构。原结构在支座 B 处没有水平位移和竖向位移。因此，基本结构在多余约束力和荷载的共同作用下，B 点沿 X_1 方向和 X_2 方向上的相应位移都应该为零，即变形协调条件为

$$\left.\begin{aligned}\Delta_1=0\\\Delta_2=0\end{aligned}\right\}$$

设多余约束力 $X_1=1$、$X_2=1$ 和荷载 F_P 分别作用在基本结构上时，A 点沿 X_1 方向的位移分别为 δ_{11}、δ_{12} 和 Δ_{1P}，沿 X_2 方向的位移分别为 δ_{21}、δ_{22} 和 Δ_{2P}。根据叠加原理，上述变形协调条件可写成

$$\left.\begin{aligned}\delta_{11}X_1+\delta_{12}X_2+\Delta_{1P}=0\\\delta_{21}X_1+\delta_{22}X_2+\Delta_{2P}=0\end{aligned}\right\}\tag{4-2}$$

求解这组方程，便可求得多余约束力 X_1 和 X_2。

这组方程称为**力法方程**，其物理意义是：**基本结构在全部多余约束力和荷载共**

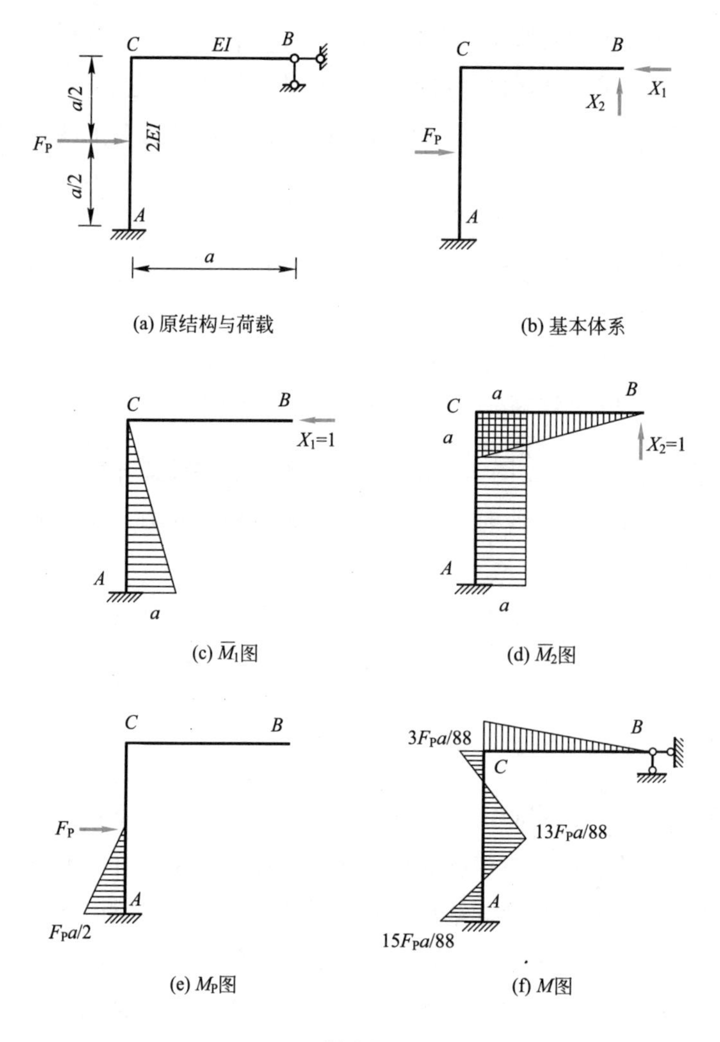

图 4-2

同作用下，在去掉约束处的位移等于原结构的实际位移。

力法方程中：

(1) δ_{ii} 称为主系数，它是单位多余约束力在自身方向上引起的位移，其值恒为正。

(2) δ_{ij} ($i \neq j$)称为副系数，它是单位约束力在其他多余约束方向上引起的位移，其值可能为正、负或零。根据位移互等定理可知 $\delta_{ij}=\delta_{ji}$。

(3) Δ_{iP} 称为自由项，它是荷载在各多余约束方向上引起的位移，其值可能为正、负或零。

现在，继续求解这道题。

首先，分别绘制 $\overline{M}_1$ 图、$\overline{M}_2$ 图和 M_P 图(图 4-2c、d 和 e)。然后，利用图乘法，求方程中的系数和自由项。具体计算如下：

$$\delta_{11}=\sum\int\frac{\overline{M}_1\overline{M}_1}{EI}\mathrm{d}s=\frac{1}{2EI}\times\frac{a^2}{2}\times\frac{2a}{3}=\frac{a^3}{6EI}$$

$$\delta_{22}=\sum\int\frac{\overline{M}_2\overline{M}_2}{EI}\mathrm{d}s=\frac{1}{2EI}\times a^2\times a+\frac{1}{EI}\times\frac{a^2}{2}\times\frac{2a}{3}=\frac{5a^3}{6EI}$$

$$\delta_{12}=\delta_{21}=\sum\int\frac{\overline{M}_1\overline{M}_2}{EI}\mathrm{d}s=\frac{1}{2EI}\times\frac{a^2}{2}\times a=\frac{a^3}{4EI}$$

$$\Delta_{1P}=\sum\int\frac{\overline{M}_1M_P}{EI}\mathrm{d}s=-\frac{1}{2EI}\left(\frac{1}{2}\times\frac{F_Pa}{2}\times\frac{a}{2}\right)\times\frac{5a}{6}=-\frac{5F_Pa^3}{96EI}$$

$$\Delta_{2P}=\sum\int\frac{\overline{M}_2M_P}{EI}\mathrm{d}s=-\frac{1}{2EI}\left(\frac{1}{2}\times\frac{F_Pa}{2}\times\frac{a}{2}\right)\times a=-\frac{F_Pa^3}{16EI}$$

将以上各系数和自由项代入力法方程式(4-2)中，解联立方程组，得

$$X_1=\frac{4}{11}F_P,\quad X_2=-\frac{3}{88}F_P$$

由以上计算可以看出，由于典型方程中每个系数和自由项均含有 EI，因而可以消去。由此可知，在荷载作用下，超静定结构的内力只与各杆刚度的相对值有关，与绝对值无关。对于同一材料组成的结构，内力也与材料弹性模量 E 无关。

多余约束力求得后，便可按叠加法，由下式绘制弯矩图

$$M=\overline{M}_1X_1+\overline{M}_2X_2+M_P$$

例如，AC 杆 A 端的弯矩为

$$M_{AC}=a\times\frac{4}{11}F_P+a\times\left(-\frac{3}{88}F_P\right)-\frac{1}{2}F_Pa=-\frac{15}{88}F_Pa\text{（外侧受拉）}$$

最后弯矩图如图 4-2(f)所示。

值得指出，对于同一超静定结构，由于去掉多余约束的方式不唯一，因此，基本体系也不唯一。对于不同的基本体系，力法方程中各项代表的具体含义也是不同的。

例如，对于图 4-2(a)所示的超静定刚架，还可以取如图 4-3 所示的基本体系。其力法方程组中的第一个方程右侧代表的是原结构中截面 A 的转角为零(因为原结构中支座 A 为固定端)，第二个方程的右侧代表的是原结构 C 节点两侧截面的相对转角为零(因为原结构 C 节点为刚节点)。另外，还可以取如图 4-4 所示的基本体系，请读者自行考虑其方程中各项代表的具体含义。

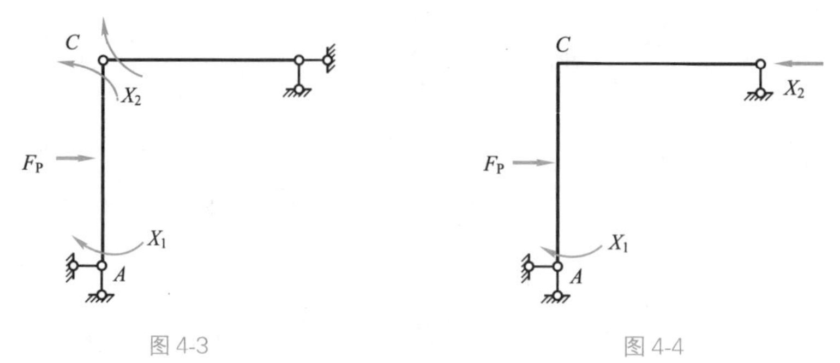

图 4-3　　　　图 4-4

通过以上算例，可将力法的计算步骤归纳如下：

(1) 选择基本体系：去掉原结构的多余约束，得到一个静定结构。将多余约束力和荷载作用在基本结构上，得到基本体系；

(2) 建立力法方程：根据基本结构在多余约束力和荷载共同作用下，在去掉约束处的位移与原结构相等的条件，建立变形协调方程；

(3) 求系数和自由项，解方程；

(4) 叠加法求原结构内力。

4.2　力法解荷载作用下的超静定结构

4.2.1　超静定梁和刚架

【例题 4-1】 试作图 4-5(a)所示单跨梁的弯矩图。

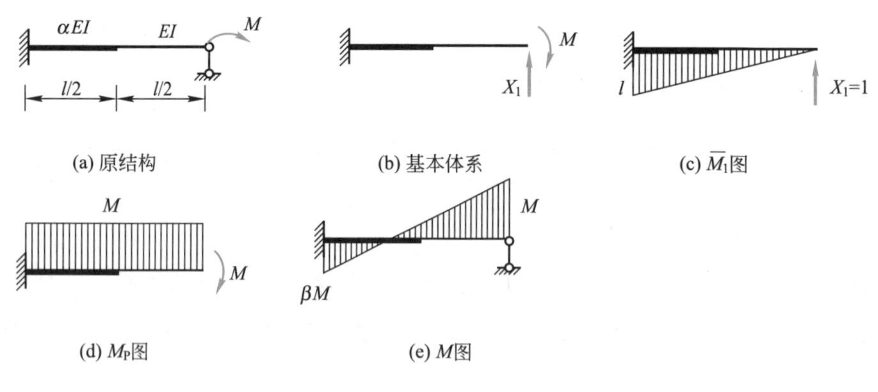

图 4-5　例题 4-1 解法一图

【解法一】 (1) 选择基本体系。此梁是 1 次超静定结构，取图 4-5(b)所示的基本体系。

(2) 建立力法方程。力法方程的物理意义是在多余约束力 X_1 和荷载 M 的共同作用下，沿 X_1 方向的位移等于零，即

$$\delta_{11}X_1+\Delta_{1P}=0$$

(3) 求系数和自由项，解方程。首先作基本结构在 $X_1=1$ 作用下的弯矩图——$\overline{M}_1$ 图(图 4-5c)，作荷载作用下的弯矩图——M_P 图(图 4-5d)。由 $\overline{M}_1$ 图自乘得

$$\delta_{11}=\frac{(0.5l)^3}{3EI}+\frac{1}{\alpha EI}\left(\frac{1}{2}\times l\times\frac{l}{2}\times\frac{5l}{6}+\frac{1}{2}\times\frac{l}{2}\times\frac{l}{2}\times\frac{2l}{3}\right)$$
$$=\frac{l^3}{24EI}\left(1+\frac{7}{\alpha}\right)$$

由 $\overline{M}_1$ 图和 M_P 图互乘得

$$\Delta_{1P}=-\frac{\frac{1}{2}\times\frac{l}{2}\times\frac{l}{2}\times M}{EI}-\frac{\frac{3l}{4}\times\frac{l}{2}\times M}{\alpha EI}=-\frac{Ml^2}{8EI}\left(1+\frac{3}{\alpha}\right)$$

将系数和自由项代入力法方程中，解得

$$X_1=\frac{3(\alpha+3)}{\alpha+7}\cdot\frac{M}{l}=\beta\cdot\frac{M}{l}$$

当 $\alpha=1$ 时

$$X_1=\frac{3M}{2l}$$

(4) 由 $M=\overline{M}_1X_1+M_P$ 叠加可得如图 4-5(e)所示弯矩图。

【解法二】 (1) 取图 4-6(b)所示的基本体系。

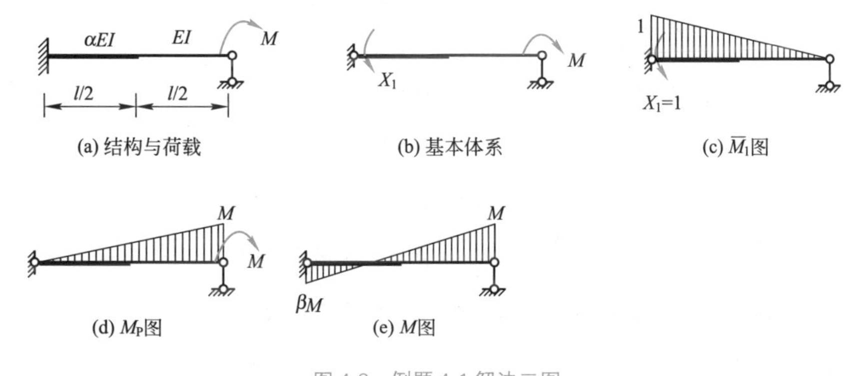

图 4-6　例题 4-1 解法二图

(2) 建立力法方程。此时方程右侧的 0 指的是原结构固定端的转角为零。

$$\delta_{11}X_1+\Delta_{1P}=0$$

(3) 求系数和自由项。作单位弯矩图——$\overline{M}_1$ 图(图 4-6c)，作荷载弯矩图——M_P 图(图 4-6d)。由 $\overline{M}_1$ 图自乘得

$$\delta_{11}=\frac{1}{EI}\left[\left(\frac{1}{2}\times\frac{l}{2}\times\frac{1}{2}\right)\times\left(\frac{2}{3}\times\frac{1}{2}\right)\right]+\frac{1}{\alpha EI}\left[\left(\frac{1}{2}\times\frac{l}{2}\times\frac{1}{2}\right)\times\left(\frac{5}{6}\times 1\right)+\left(\frac{1}{2}\times\frac{l}{2}\right)\times\frac{3}{4}\right]$$

$$=\frac{l}{24EI}\left(\frac{7}{\alpha}+1\right)$$

由 $\overline{M}_1$ 图和 M_P 图互乘得

$$\Delta_{1\text{P}}=\frac{1}{\alpha EI}\left[\left(\frac{1}{2}\times\frac{l}{2}\times\frac{M}{2}\right)\times\left(\frac{2}{3}\times 1\right)\right]+\frac{1}{EI}\left[\left(\frac{1}{2}\times\frac{l}{2}\times\frac{1}{2}\right)\times\left(\frac{2}{3}\times M\right)\right]=\frac{Ml}{12EI}\left(\frac{1}{\alpha}+1\right)$$

将系数和自由项代入力法方程，解得

$$X_1=-2\frac{(1+\alpha)}{(7+\alpha)}M$$

令 $\beta=\dfrac{2(1+\alpha)}{7+\alpha}$

$$X_1=-\beta M$$

当 $\alpha=1$ 时

$$X_1=-\frac{M}{2}$$

(4) 由 $\overline{M}_1X_1+M_\text{P}=M$ 叠加可得图 4-6(e)所示单跨梁的弯矩图。

可见两种解法最终结果完全一样。

【例题 4-2】 试作图 4-7(a)所示单跨梁的弯矩图。

【解法一】 (1) 选择基本体系。此梁为 3 次超静定结构，将梁跨中截面切开，取如图 4-7(b)所示的基本体系。

(2) 建立力法方程。因原结构切口两侧截面无相对位移，故力法方程为

$$\delta_{11}X_1+\delta_{12}X_2+\delta_{13}X_3+\Delta_{1\text{P}}=0$$

$$\delta_{21}X_1+\delta_{22}X_2+\delta_{23}X_3+\Delta_{2\text{P}}=0$$

$$\delta_{31}X_1+\delta_{32}X_2+\delta_{33}X_3+\Delta_{3\text{P}}=0$$

(3) 求系数和自由项，解方程。单位内力图如图 4-7(c)、(d)、(e)所示，荷载内力图如图 4-7(f)所示。

由单位内力图自乘和互乘得如下系数

自乘求主系数：$\delta_{11}=l/EA$，$\delta_{22}=l^3/12EI$，$\delta_{33}=l/EI$；

因为 $\overline{M}_1=0$、$\overline{F}_{\text{N}2}=\overline{F}_{\text{N}3}=0$，所以

$$\delta_{12}=\delta_{21}=0;\quad \delta_{13}=\delta_{31}=0$$

因为 $\overline{M}_3$ 对称、$\overline{M}_2$ 反对称，所以

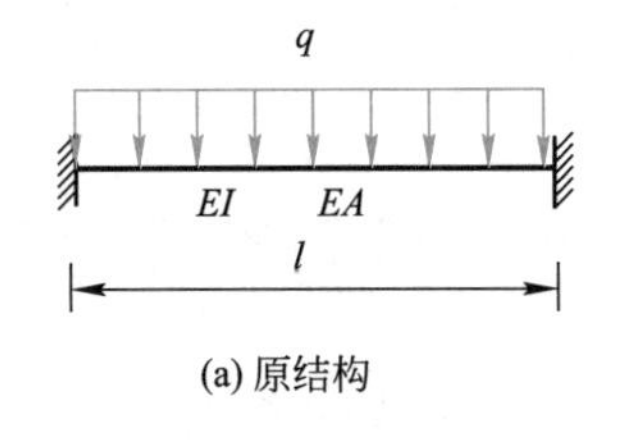

(a) 原结构

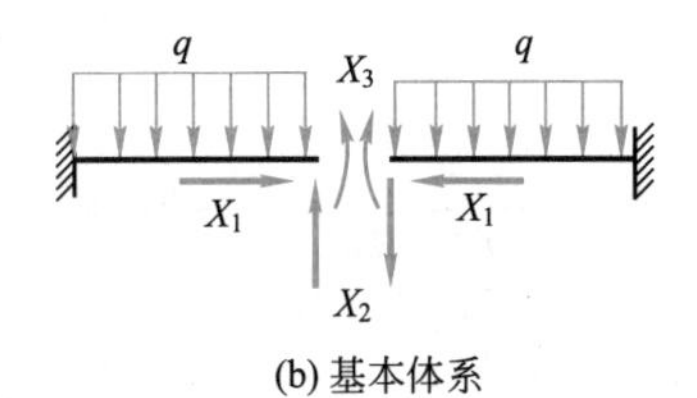

(b) 基本体系

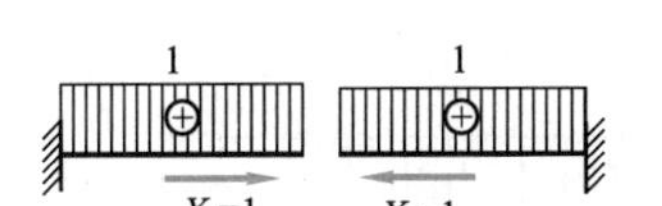

(c) $\overline{F}_{N1}$图，无弯矩

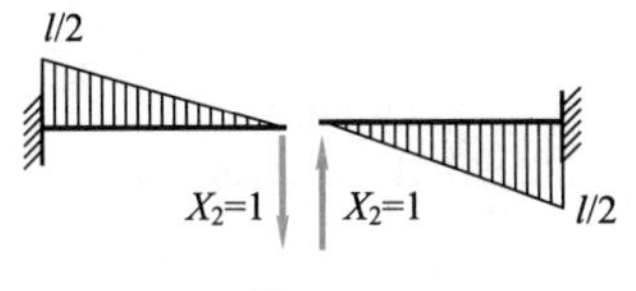

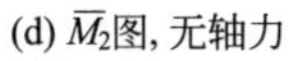

(d) $\overline{M}_2$图，无轴力

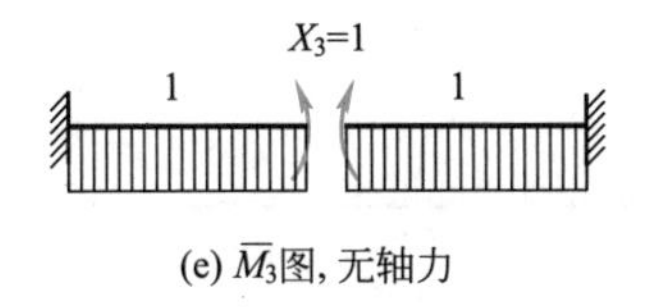

(e) $\overline{M}_3$图，无轴力

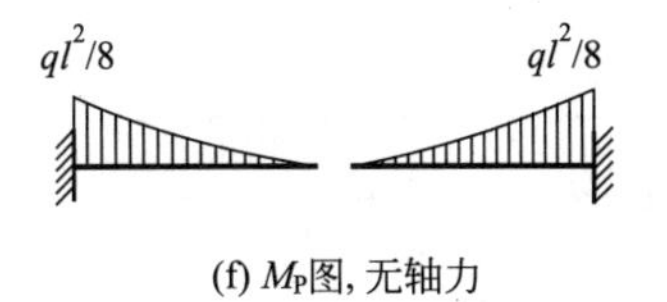

(f) M_P图，无轴力

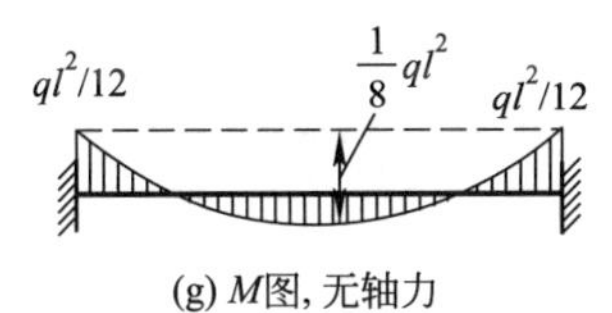

(g) M图，无轴力

图 4-7 例题 4-2 解法一图

$$\delta_{23}=\delta_{32}=0$$

由 M_P 图和 $\overline{M}_i$($i=1$，2，3)图互乘可得

$$\Delta_{1P}=\Delta_{2P}=0,\quad \Delta_{3P}=-\frac{ql^3}{24EI}$$

将系数和自由项代入力法方程，得

$$X_1=X_2=0,\quad X_3=\frac{ql^2}{24EI}$$

(4) 由 $M=\overline{M}_3X_3+M_P$，可得如图 4-7(g)所示的弯矩图。

【解法二】 (1) 取图 4-8(b)为基本体系。

(2) 建立力法方程。因原结构去掉多余约束处无位移，故力法方程为

$$\delta_{11}X_1+\delta_{12}X_2+\delta_{13}X_3+\Delta_{1P}=0$$

$$\delta_{21}X_1+\delta_{22}X_2+\delta_{23}X_3+\Delta_{2P}=0$$

$$\delta_{31}X_1+\delta_{32}X_2+\delta_{33}X_3+\Delta_{3P}=0$$

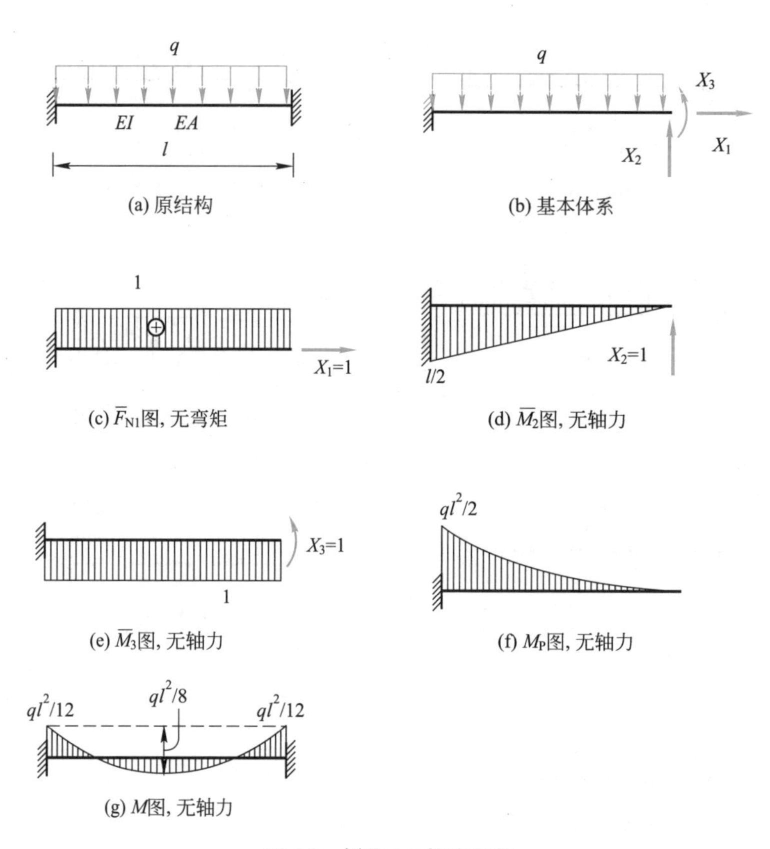

图 4-8 例题 4-2 解法二图

(3) 求系数和自由项。单位内力图如图 4-8(c)、(d)、(e)所示，荷载内力图如图 4-8(f)所示。由单位内力图的自乘和互乘可得系数：

$$\delta_{11}=l/EA;\quad \delta_{22}=l^3/3EI;\quad \delta_{33}=l/EI;\quad \delta_{23}=\delta_{32}=l^2/2EI$$

由单位内力图和荷载弯矩图互乘可得自由项

$$\Delta_{2P}=-ql^4/8EI;\quad \Delta_{3P}=-ql^3/6EI$$

因为 $\overline{M}_1=0$，$\overline{F}_{N2}=\overline{F}_{N3}=F_{NP}=0$，所以

$$\delta_{12}=\delta_{21}=\delta_{13}=\delta_{31}=\Delta_{1P}=0$$

将求得的系数和自由项代入方程解得

$$X_1=0,\quad X_2=ql/2,\quad X_3=-ql^2/12$$

(4) 由 $M=\overline{M}_2X_2+\overline{M}_3X_3+M_P$，可得如图 4-8(g)所示的弯矩图。

很明显，解法一中由于存在对称性，多个系数等于零，使解题变得简单。

【例题 4-3】 试作图 4-9(a)所示刚架的弯矩图。

【解法一】 (1) 选择基本体系。此刚架是 2 次超静定结构，取图 4-9(b)为基本

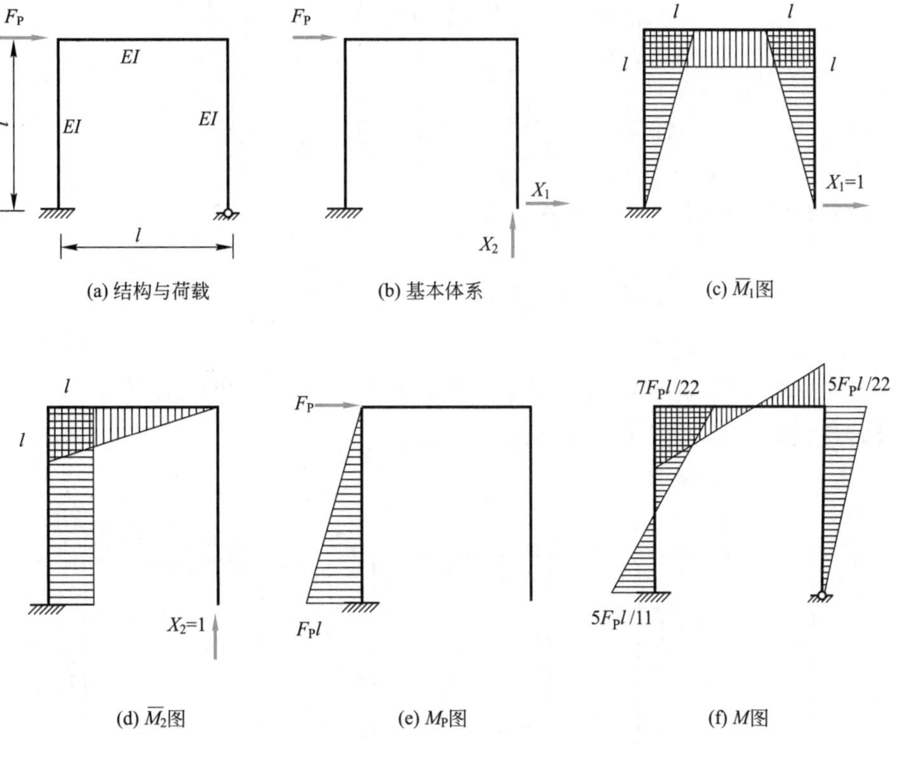

图 4-9 例题 4-3 解法一图

体系。

(2) 建立力法方程。此时力法方程右侧的物理意义是原结构在去掉约束处的水平位移和竖向位移等于零。

$$\delta_{11}X_1+\delta_{12}X_2+\Delta_{1P}=0$$

$$\delta_{21}X_1+\delta_{22}X_2+\Delta_{2P}=0$$

(3) 求系数和自由项，解方程。作单位约束力作用下的弯矩图(图 4-9c、d)和荷载弯矩图(图 4-9e)。

由单位弯矩图的自乘和互乘可得系数

$$\delta_{11}=\frac{1}{EI}\left[2\times\left(\frac{1}{2}\times l\times l\right)\times\frac{2}{3}l+(l\times l)\times l\right]=\frac{5l^3}{3EI}$$

$$\delta_{22}=\frac{1}{EI}\left[\left(\frac{1}{2}\times l\times l\right)\times\frac{2}{3}l+(l\times l)\times l\right]=\frac{4l^3}{3EI}$$

$$\delta_{12}=\frac{1}{EI}\left[2\times\left(\frac{1}{2}\times l\times l\right)\times l\right]=\frac{l^3}{EI}=\delta_{21}$$

由单位弯矩图和荷载弯矩图互乘，可得自由项

$$\Delta_{1P}=-\frac{1}{EI}\left[\left(\frac{1}{2}\times F_Pl\times l\right)\times\frac{1}{3}l\right]=-\frac{F_Pl^3}{6EI}$$

$$\Delta_{2P}=-\frac{1}{EI}\left[\left(\frac{1}{2}\times F_Pl\times l\right)\times l\right]=-\frac{F_Pl^3}{2EI}$$

将系数和自由项代入力法方程，得

$$X_1=-\frac{5}{22}F_P，X_2=\frac{12}{22}F_P=\frac{6}{11}F_P$$

（4）由 $M=\overline{M}_1X_1+\overline{M}_2X_2+M_P$，可得如图 4-9(f)所示的弯矩图。

【解法二】（1）取图 4-10(b)为基本体系。

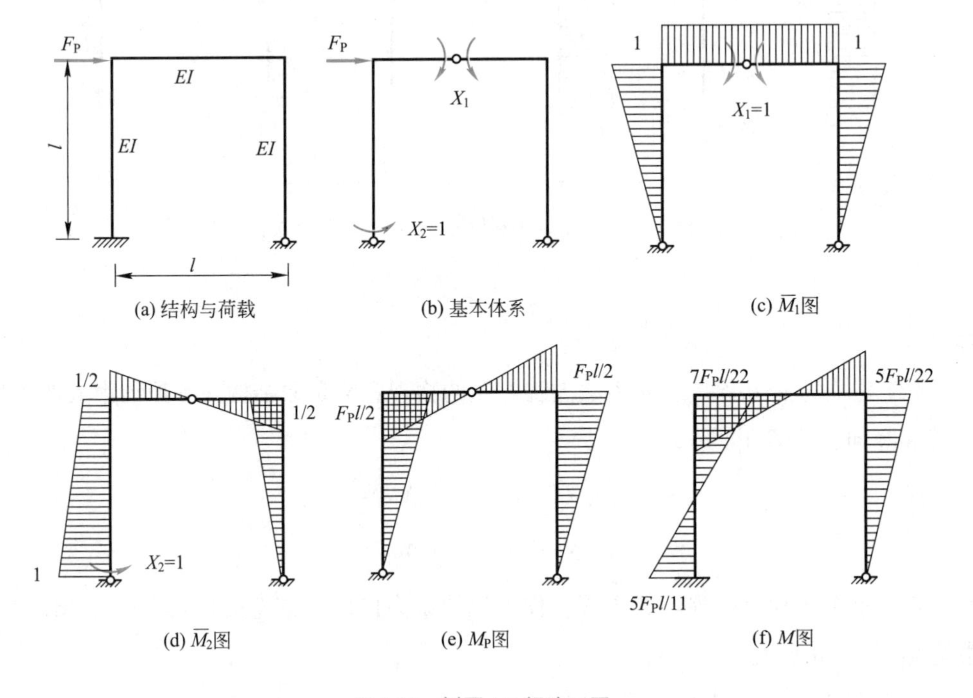

图 4-10　例题 4-3 解法二图

（2）建立力法方程。

$$\delta_{11}X_1+\delta_{12}X_2+\Delta_{1P}=0$$

$$\delta_{21}X_1+\delta_{22}X_2+\Delta_{2P}=0$$

（3）求系数和自由项，解方程。单位弯矩图如图 4-10(c)、(d)所示，荷载弯矩图如图 4-10(e)所示。由单位弯矩图的自乘和互乘，可得系数

$$\delta_{11}=\frac{1}{EI}\left[2\times\left(\frac{1}{2}\times1\times l\right)\times\left(\frac{2}{3}\times1\right)+(1\times l)\times1\right]=\frac{5l}{3EI}$$

$$\delta_{21}=\delta_{12}=\frac{1}{EI}\left[\left(\frac{1}{2}\times1\times l\right)\times\left(\frac{2}{3}\times\frac{1}{2}+\frac{1}{3}\times1-\frac{2}{3}\times\frac{1}{2}\right)\right]=\frac{l}{6EI}$$

$$\delta_{22}=\frac{1}{EI}\left[\left(\frac{1}{2}\times\frac{1}{2}\times l\right)\times\left(\frac{2}{3}\times\frac{1}{2}+\frac{1}{2}\right)+\left(\frac{1}{2}\times l\right)\times\left(\frac{1}{2}\times\frac{1}{2}+\frac{1}{2}\right)+2\times\left(\frac{1}{2}\times\frac{1}{2}\times\frac{l}{2}\right)\times\left(\frac{2}{3}\times\frac{1}{2}\right)+\left(\frac{1}{2}\times\frac{1}{2}\times l\right)\times\left(\frac{2}{3}\times\frac{1}{2}\right)\right]=\frac{3l}{4EI}$$

由单位弯矩图和荷载弯矩图互乘，可得自由项

$$\Delta_{1P}=0$$

$$\Delta_{2P}=-\frac{1}{EI}\left[\left(\frac{1}{2}\times\frac{F_Pl}{2}\times l\right)\times\left(2\times\frac{2}{3}\times\frac{1}{2}+\frac{1}{3}\right)+2\times\left(\frac{1}{2}\times\frac{F_Pl}{2}\times\frac{l}{2}\right)\times\left(\frac{2}{3}\times\frac{1}{2}\right)\right]=-\frac{F_Pl^2}{3EI}$$

将系数和自由项代入方程，得

$$X_1=-\frac{1}{22}F_Pl,\quad X_2=\frac{5}{11}F_Pl$$

(4) 由 $M=\overline{M}_1X_1+\overline{M}_2X_2+M_P$，可得如图 4-10(f)所示的弯矩图。

【例题 4-4】 分析图示 4-11(a)所示结构的弯矩图。

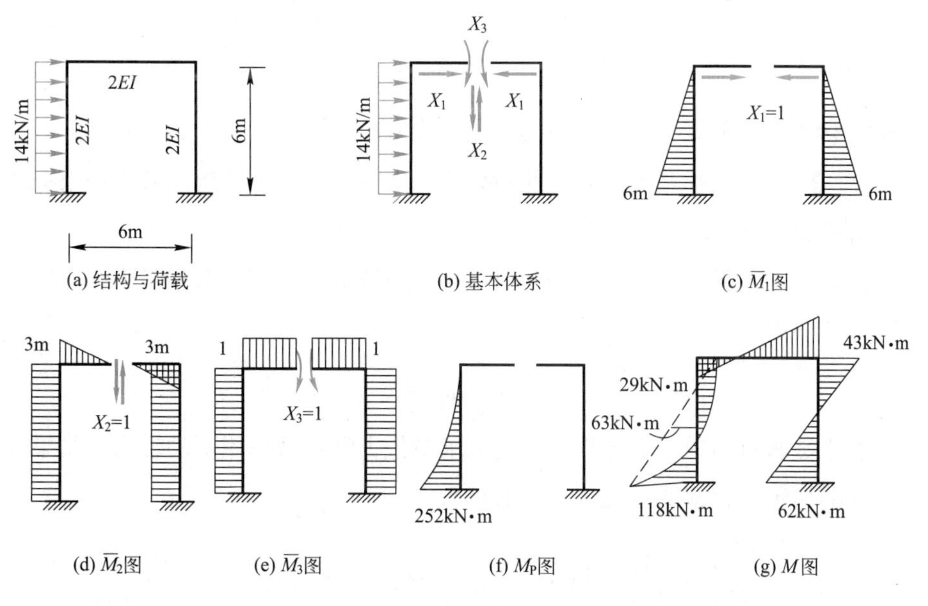

图 4-11 例题 4-4 图

【解】（1）取图4-11(b)为基本体系。

（2）列力法方程。

$$\delta_{11}X_1+\delta_{12}X_2+\delta_{13}X_3+\Delta_{1P}=0$$

$$\delta_{21}X_1+\delta_{22}X_2+\delta_{23}X_3+\Delta_{2P}=0$$

$$\delta_{31}X_1+\delta_{32}X_2+\delta_{33}X_3+\Delta_{3P}=0$$

（3）求系数和自由项，解方程。单位弯矩图如图4-11(c)、(d)、(e)所示。荷载弯矩图如图4-11(f)所示。由单位弯矩图的自乘和互乘，可得如下系数。

根据对称性：$\delta_{12}=\delta_{21}=0$，$\delta_{32}=\delta_{23}=0$

$$\delta_{11}=\frac{72}{EI}\mathrm{m}^3,\quad \delta_{22}=\frac{63}{EI}\mathrm{m}^3,\quad \delta_{33}=\frac{9}{EI}\mathrm{m},\quad \delta_{13}=\delta_{31}=\frac{18}{EI}\mathrm{m}^2$$

由单位弯矩图和荷载弯矩图互乘，可得自由项

$$\Delta_{1P}=\frac{1134}{EI}\mathrm{m}^3,\quad \Delta_{2P}=\frac{756}{EI}\mathrm{m}^3,\quad \Delta_{3P}=\frac{252}{EI}\mathrm{m}^2$$

（4）将系数和自由项代入方程，解得

$$X_1=-17.5\mathrm{kN},\quad X_2=-12\mathrm{kN},\quad X_3=7\mathrm{kN\cdot m}$$

（5）由$M=\overline{M}_1X_1+\overline{M}_2X_2+\overline{M}_3X_3+M_P$，可得图4-11(g)所示的弯矩图。

4.2.2 超静定桁架

【例题4-5】 试求图4-12(a)所示超静定桁架的各杆内力。EA为常数。

【解法一】（1）选择基本体系。此桁架为1次超静定结构。解除其中一根杆的轴向约束，基本体系如图4-12(b)所示。

（2）建立力法方程。因为切开的截面原来是连续的，两侧没有相对位移，所以力法方程右侧等于零。

$$\delta_{11}X_1+\Delta_{1P}=0$$

（3）求系数和自由项，解方程。首先，求单位力和荷载作用下的轴力，结果如图4-12(c)、(d)所示。根据图4-12(c)、(d)可求得

$$\delta_{11}=\sum\frac{\overline{F}_{N1}^2 l}{EA}=\frac{1}{EA}\times\left[4\times1^2\times a+2\times(-\sqrt{2})^2\times\sqrt{2}a\right]=\frac{4(1+\sqrt{2})a}{EA}$$

注意：δ_{11}计算中，包括被切开的杆件BD。

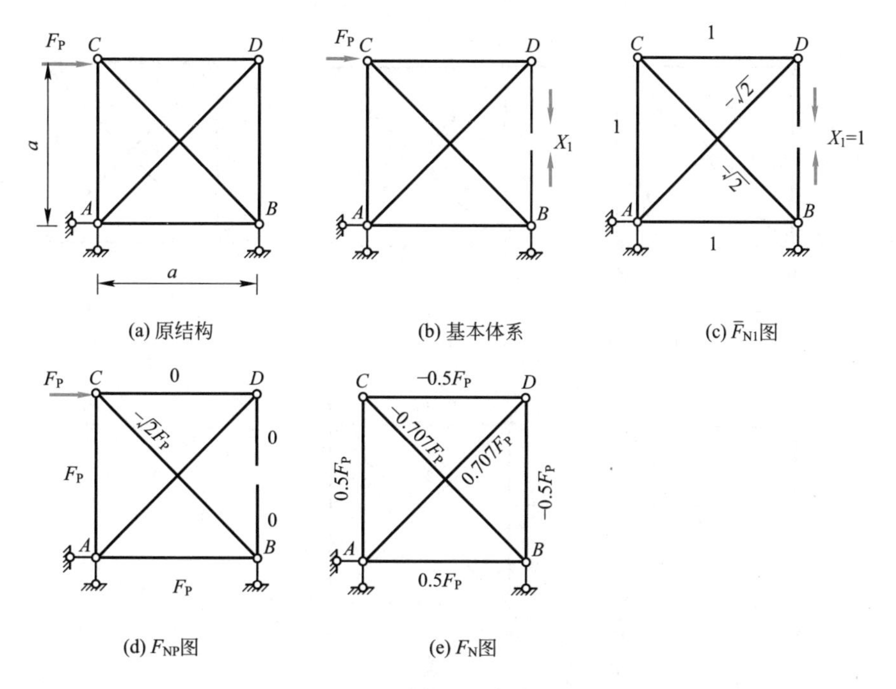

图 4-12　例题 4-5 解法一图

$$\Delta_{1P}=\sum\frac{\overline{F}_{N1}F_{NP}l}{EA}$$

$$=\frac{1}{EA}\times\left[2\times1\times F_P\times a+(-\sqrt{2})\times(-\sqrt{2}F_P)\times\sqrt{2}a\right]$$

$$=\frac{2(1+\sqrt{2})}{EA}F_Pa$$

将系数和自由项代入力法方程解得

$$X_1=-0.5F_P$$

(4) 由 $F_N=\overline{F}_{N1}X_1+F_{NP}$ 对每一对应杆进行叠加，即可获得图 4-12(e)所示桁架各杆的内力。

【解法二】 (1) 选择基本体系。拆除一根桁架杆，基本体系如图 4-13(b)所示。

(2) 建立力法方程。本题中力法方程的物理意义是在多余约束力 X_1 和荷载 F_P 的共同作用下，B、D 两点的相对位移等于拆除杆件的变形，即

$$\delta_{11}X_1+\Delta_{1P}=-\frac{a}{EA}X_1$$

方程的左边是指基本体系上 B、D 两点的相对位移，由基本体系中 X_1 的方向可知，B、D 两点的相对位移以两点靠近为正。

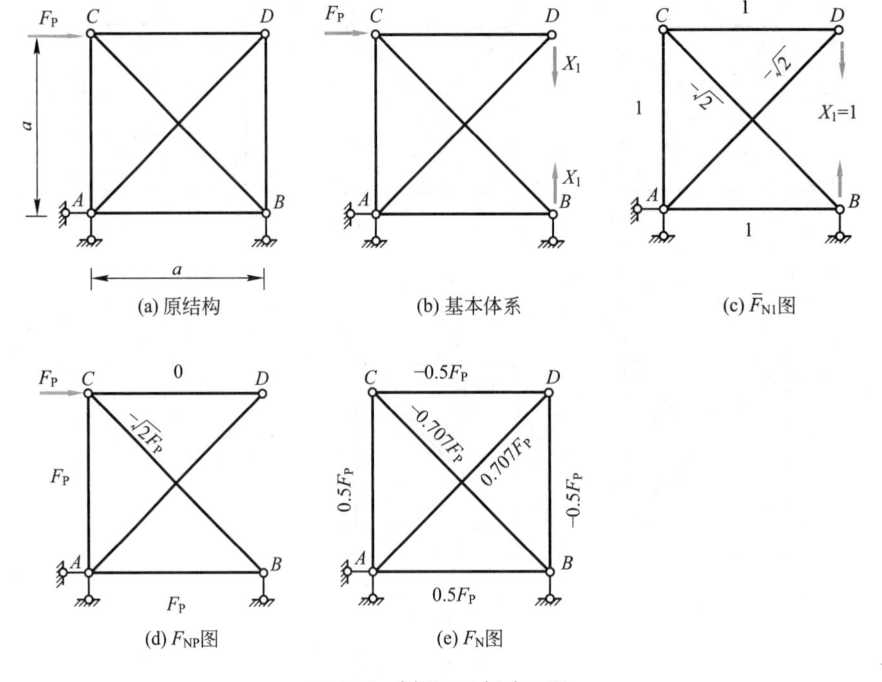

图 4-13　例题 4-5 解法二图

方程的右侧是指实际结构中 B、D 两点的相对位移，同样由 X_1 的方向可知，此时杆件的变形是伸长，即 B、D 两点的实际相对位移是相互离开的，所以应该有“−”号。

若将基本体系中 X_1 的方向改变，则 B、D 两点的相对位移以两点离开为正，而此时，实际结构中 B、D 杆件的变形是压缩，B、D 两点的实际相对位移是相互靠近的，因此也是“−”号。

所以，若取将多余约束的杆件拆除后的结构作为基本结构，力法方程右侧的“−”号始终是存在的。

(3) 求系数和自由项，解方程。单位力与荷载作用下的各杆轴力如图 4-13(c)、(d)所示。故

$$\delta_{11}=\frac{(3+4\sqrt{2})a}{EA},\quad \Delta_{1P}=\frac{2(1+\sqrt{2})}{EA}F_{P}a$$

将力法方程的右侧移项到左边，并将系数和自由项代入力法方程，得

$$(\delta_{11}+\frac{a}{EA})X_1+\Delta_{1P}=0$$

$$\frac{(4+4\sqrt{2})a}{EA}X_1+\frac{2(1+\sqrt{2})}{EA}F_{P}=0$$

从上式可以看出，移项后的力法方程与第一种解法是一样的。解方程得

$$X_1=-0.5F_P$$

后面的步骤与第一种解法一样。

【例题 4-6】 求图 4-14(a)所示超静定桁架的轴力。各杆材料相同，截面面积在表 4-1 中给出。

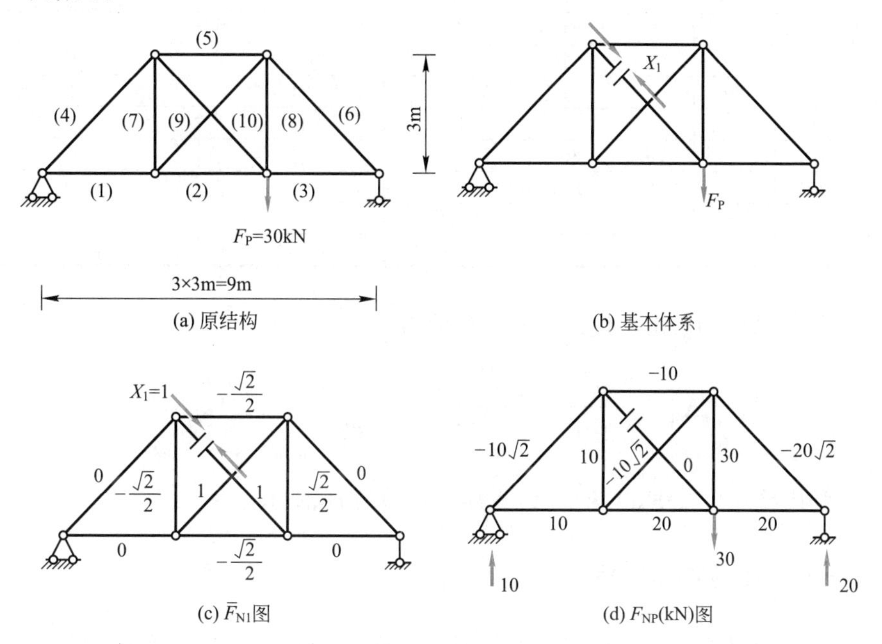

图 4-14　例题 4-6 图

【解】 (1) 此桁架的超静定次数为 1，切断编号为 10 的杆件，取图 4-14(b)为基本体系。

(2) 列力法方程。根据杆(10)变形连续，即切口处相对轴向位移为零的条件，列出力法方程为

$$\delta_{11}X_1+\Delta_{1P}=0$$

(3) 计算系数和自由项，解方程。单位轴力图和荷载轴力图如图 4-14(c)和(d)所示。系数和自由项可根据位移公式

$$\delta_{11}=\sum\frac{\overline{F}_{N1}^2 l}{EA},\quad \Delta_{1P}=\sum\frac{\overline{F}_{N1}F_{NP}l}{EA}$$

计算，计算过程和结果列于表 4-1，即

$$\delta_{11}=\frac{(33.5+40\sqrt{2})\ \text{cm}^{-1}}{E},\quad \Delta_{1P}=\frac{-(490\sqrt{2}+400)}{E}\text{kN}\cdot\text{cm}^{-1}$$

δ_{11}、Δ_{1P} 和 F_N 的计算 表 4-1

杆件	l(cm)	A(cm^2)	$\overline{F}_{N1}$	F_{NP}(kN)	$\frac{\overline{F}_{N1}^2 l}{A}$ (cm^{-1})	$\frac{\overline{F}_{N1}F_{NP}l}{A}$ (kN·cm^{-1})	$F_N=\overline{F}_{N1}X_1+F_{NP}$ (kN)
(1)	300	15	0	10	0	0	10.0
(2)	300	20	$-\sqrt{2}/2$	20	7.5	$-150\sqrt{2}$	11.5
(3)	300	15	0	20	0	0	-20.0
(4)	$300\sqrt{2}$	20	0	-14	0	0	-14.0
(5)	300	25	$-\sqrt{2}/2$	-10	6	$60\sqrt{2}$	-18.5
(6)	$300\sqrt{2}$	20	0	$-20\sqrt{2}$	0	0	-28.0
(7)	300	15	$-\sqrt{2}/2$	10	10	$-100\sqrt{2}$	1.5
(8)	300	15	$-\sqrt{2}/2$	30	10	$-300\sqrt{2}$	21.5
(9)	$300\sqrt{2}$	15	1	$-10\sqrt{2}$	$20\sqrt{2}$	-400	-1.9
(10)	$300\sqrt{2}$	15	1	0	$20\sqrt{2}$	0	12.1
Σ					$33.5+40\sqrt{2}$	$-(490\sqrt{2}+400)$	

将求得的系数和自由项代入力法方程解得

$$X_1=-\frac{\Delta_{1P}}{\delta_{11}}=-\frac{-(490\sqrt{2}+400)}{33.5+40\sqrt{2}}=12.1\text{kN}$$

(4) 利用叠加公式 $F_N=\overline{F}_{N1}X_1+F_{NP}$ 计算各杆轴力。

4.2.3 超静定组合结构

与静定组合结构一样，超静定结构求解的关键是区分梁式杆和桁架杆。对于梁式杆只考虑弯曲变形对位移的影响。

【例题 4-7】 试求图 4-15(a)所示超静定组合结构各桁架杆的内力。各桁架杆 E_1A 相等。

【解】 (1) 选择基本体系。此组合结构为 1 次超静定结构，取图 4-15(b)为基本体系。

(2) 建立力法方程。

$$\delta_{11}X_1+\Delta_{1P}=0$$

(3) 求系数和自由项，解方程。基本结构分别在单位力、荷载作用下的弯矩图和轴力图，如图 4-15(c)、(d)所示。

由单位力作用下的内力可求得

$$\delta_{11}=\frac{2\times(-1)^2\times a+1^2\times 2a+2\times(\sqrt{2})^2\times\sqrt{2}a}{E_1A}+\frac{2\times\left(\frac{1}{2}\times a\times a\right)\times\frac{2}{3}a+(a\times 2a)\times a}{EI}$$

$$=\frac{4(1+\sqrt{2})a}{E_1A}+\frac{8a^3}{3EI}$$

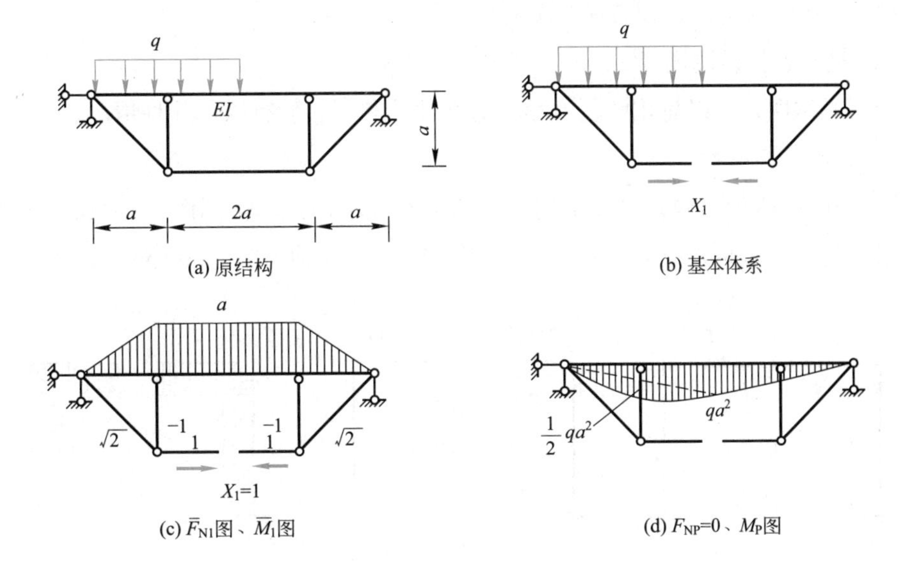

图 4-15　例题 4-7 结构及求解

由单位弯矩图和荷载弯矩图图乘，可得

$$\Delta_{1P}=-\frac{1}{EI}\left\{\left[\left(\frac{1}{2}\times qa^2\times a\right)\times\left(\frac{2}{3}\times a\right)+\left(\frac{2}{3}\times\frac{qa^2}{8}\times a\right)\times\frac{a}{2}\right]+\left[(qa^2\times a)\right.\right.$$

$$\left.\left.+\left(\frac{2}{3}\times\frac{qa^2}{8}\times a\right)+\frac{1}{2}\left(qa^2+\frac{qa^2}{2}\right)\times a\right]\times a+\left[\left(\frac{1}{2}\times\frac{qa^2}{2}\times a\right)\times\frac{2a}{3}\right]\right\}$$

$$=-\frac{57qa^4}{24EI}$$

将系数和自由项代入力法典型方程，解得

$$X_1=-\frac{\Delta_{1P}}{\delta_{11}}=\frac{57qa}{64}\times\frac{1}{1+\dfrac{3(1+\sqrt{2})EI}{2E_1Aa^2}}=\frac{57qa}{64}\times\frac{1}{1+K}$$

其中

$$K=3(1+\sqrt{2})EI/2E_1Aa^2$$

（4）由 $F_N=\overline{F}_NX_1$ 和 $M=\overline{M}_1X_1+M_P$ 即可获得桁架杆的轴力和梁式杆的弯矩图。

说明： 由参数 K 的分析可知，当桁架杆非常刚硬、梁式杆比较柔软时，$K\rightarrow0$，梁的弯矩接近于三跨连续梁情况。反之，当桁架杆拉压刚度较小、梁式杆非常刚硬时，K 很大，$X_1\rightarrow0$，梁的弯矩接近于简支梁情况。

4.2.4　对称性利用

在超静定结构中，对称结构的含义包括：

(1) 结构的几何形状和支撑情况对称；

(2) 结构各杆的刚度(EI、EA、GA 等)对称。

利用对称性，可以简化解题过程。对称性的利用一般有以下几种情况。

1. 取对称的基本结构

图 4-16(a)所示结构为对称结构。将其沿对称轴切开，得到图 4-16(b)所示的基本体系。此时，多余未知力包括：一对弯矩 X_1、一对轴力 X_2 和一对剪力 X_3。

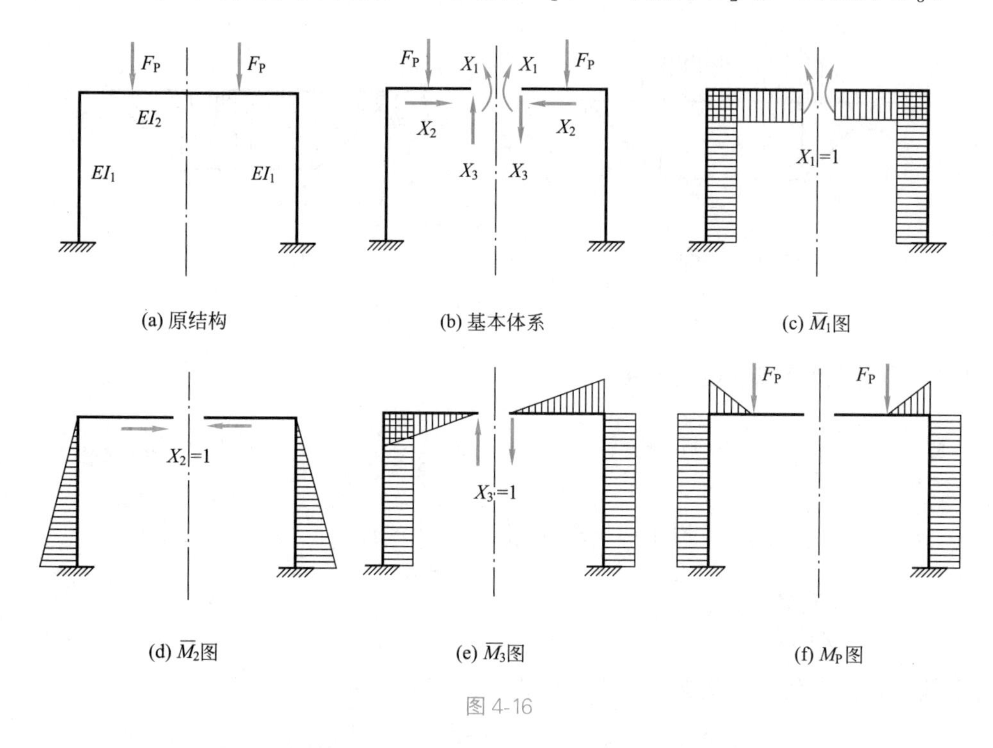

图 4-16

如果对称轴两侧的力大小相等，沿对称轴对折后，作用点和作用线均重合，且指向相同，则称为正对称的力。若对称轴两侧的力大小相等，沿对称轴对折后，作用点和作用线均重合，但指向相反，则称为反对称的力。

因此，三对多余约束力中，弯矩 X_1 和轴力 X_2 是正对称的力，剪力 X_3 是反对称的。

绘出基本结构的各单位弯矩图(图 4-16c、d、e)，可以看出，$\overline{M}_1$ 图和 $\overline{M}_2$ 图是正对称的，$\overline{M}_3$ 图是反对称的。由于正、反对称的两图相乘时，结果为零。因而副系数

$$\delta_{13}=\delta_{31}=0,\quad \delta_{23}=\delta_{32}=0$$

于是，力法方程简化为

$$\delta_{11}X_1+\delta_{12}X_2+\Delta_{1P}=0$$

$$\delta_{21}X_1+\delta_{22}X_2+\Delta_{2P}=0$$

$$\delta_{33}X_3+\Delta_{3P}=0$$

可见，力法方程已分成两组，一组只包含正对称的多余未知力，另一组只包含反对称的多余未知力。显然，这比一般情形计算简单得多。

若荷载也是正对称的，则 M_P 图是正对称的，于是 $\Delta_{3P}=0$，由力法方程中的第三式可知反对称的多余约束力 $X_3=0$。因此，只有正对称的多余未知力 X_1 和 X_2。最后的弯矩图为 $M=\overline{M}_1X_1+\overline{M}_2X_2+M_P$，这个图也是正对称的。由此可以推断，结构的所有反力、内力和位移都将是正对称的。但是，剪力图是反对称的，这是由于剪力的正负号规定所致，而剪力的实际方向则是正对称的。

同理，如果作用在结构上的荷载是反对称的，则 $X_1=X_2=0$，只有反对称的多余未知力 X_3。最后的弯矩图为 $M=\overline{M}_3X_3+M_P$，这个图也是反对称的。且结构的所有反力、内力和位移都将是反对称的。当然，剪力图是正对称的，剪力的实际方向是反对称的。

2. 取半结构计算

当对称结构承受正对称或反对称荷载时，也可以取一半结构进行计算。下面分别就奇数跨和偶数跨的情况加以说明。

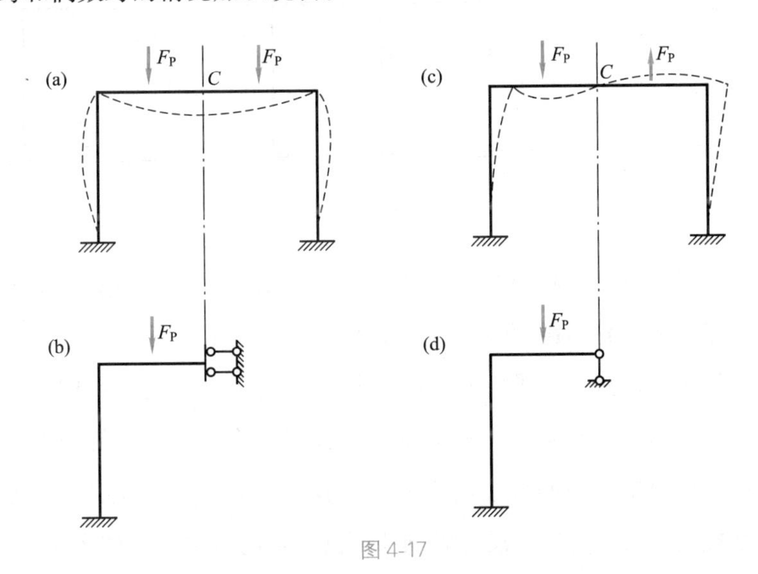

图 4-17

(1) 奇数跨结构。图 4-17(a)所示刚架在对称荷载作用下，由于只产生正对称的内力和位移，故可知在对称轴的截面 C 处不可能发生转角和水平线位移，但可发生竖向线位移。同时，该截面上将有弯矩和轴力，没有剪力。因此，取一半结构时，在截面 C 处应该用一个滑动支座来代替原有的约束，得到图 4-17(b)所示的半边结构计算简图。因为滑动支座只允许发生竖向位移，且能提供弯矩和水平约束反力。也就是说，这时的滑动支座约束情况与原结构 C 截面的变形和受力是等效的。

在反对称荷载作用下(图 4-17c)，由于只产生反对称的内力和位移，因此，在对称轴上的截面 C 处不可能发生竖向线位移，但可能有水平线位移和转角位移。同时，该截面上的弯矩和轴力均为零，只有剪力。因此，取一半结构时，在截面 C 处应该用一个竖向链杆支座来代替原有约束，得到图 4-17(d)所示的半边结构计算简图。

(2) 偶数跨结构。图 4-18(a)所示刚架在对称荷载作用下，若忽略杆件的轴向变形，则在对称轴上的刚节点 C 处不可能发生任何位移。同时，该处的横梁杆端有弯矩、轴力和剪力存在。因此，取一半结构时，该处用固定支座来代替原有约束，得到图 4-18(b)所示的半边结构计算简图。

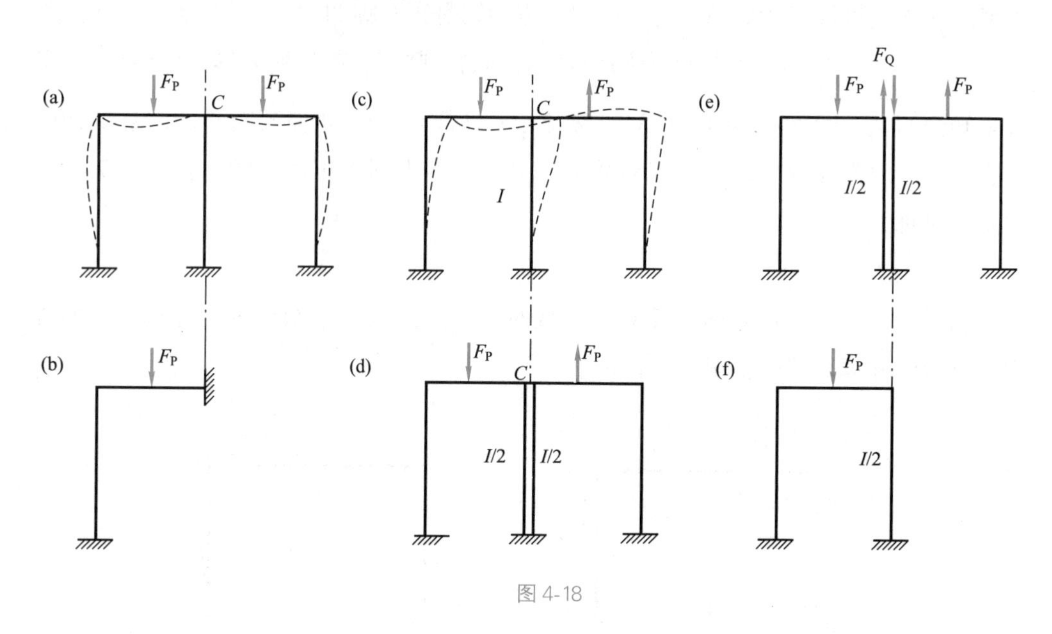

图 4-18

在反对称荷载作用下(图 4-18c)，可将其中间柱设想为由两根刚度各为 $I/2$，且相距很近的柱子组成，它们在顶端分别与横梁刚接(图 4-18d)，显然这与原结构是等效的。然后，设想将这两个柱子中间的横梁切开，由于荷载是反对称的，故切口上只有剪力 F_Q(图 4-18e)。这对剪力只对这两个柱子产生等值反号的轴力，不使其他杆件产生内力。而原结构中间柱的内力应该是这两个柱子的内力之和，故剪力 F_Q 实际上对原结构的内力和变形都没有影响。因此，可将其去掉，取图 4-18(f)所示半边结构进行计算。

3. 将多余约束力分组

图 4-19(a)所示为一个对称结构，取图 4-19(b)所示的基本结构。虽然，基本结构是正对称的，两个多余未知力也在对称的位置上，但是，两个力的大小却不具备对称性。对于这种情况，为了使副系数等于零，可以采用多余未知力分组的方法(图

4-20)。即，将 X_1 和 X_2 分成两组：一组为两个正对称 Y_1，另一组为反对称的 Y_2。新的多余约束力与原有的多余未知力之间的关系为：

$$Y_1=\frac{X_1+X_2}{2},\quad Y_2=\frac{X_1-X_2}{2}$$

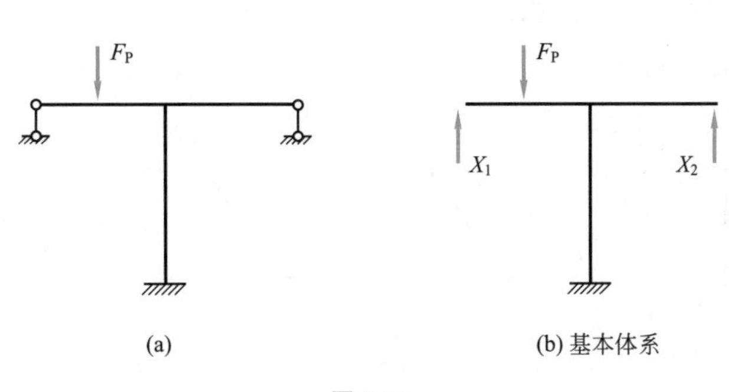

(a) (b) 基本体系

图 4-19

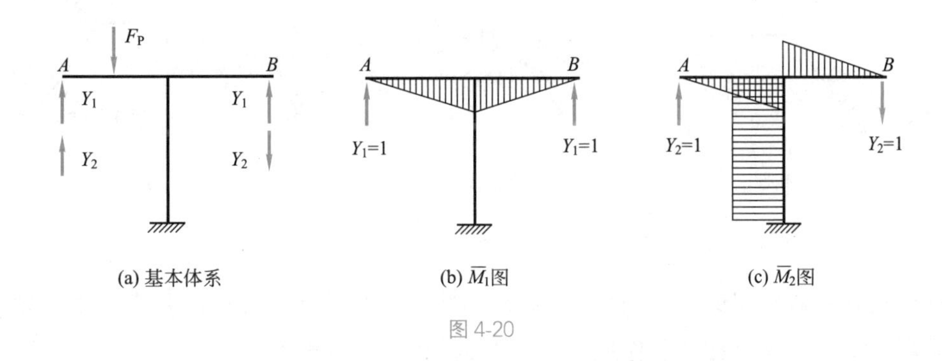

(a) 基本体系 (b) $\overline{M}_1$图 (c) $\overline{M}_2$图

图 4-20

新多余未知力下的单位弯矩图 $\overline{M}_1$ 图和 $\overline{M}_2$ 图分别如图 4-20(b)、(c)所示，显然具有对称性。这时，力法方程变成

$$\delta_{11}Y_1+\delta_{12}Y_2+\Delta_{1P}=0$$

$$\delta_{21}Y_1+\delta_{22}Y_2+\Delta_{2P}=0$$

这组力法方程第一式的物理意义是在多余未知力和荷载的共同作用下，A、B 两点向上的竖向位移之和为零。第二式则是 A、B 两点的竖向相对位移为零。因为原结构这两点都没有位移，所以这两个方程表示的位移条件是真实的。

因为 $\overline{M}_1$ 图是正对称的、$\overline{M}_2$ 图是反对称的，所以，上述力法方程中的副系数等于零，即

$$\delta_{12}=\delta_{21}=0$$

【例题 4-8】 试作图 4-21(a)所示结构的弯矩图。杆架杆 $E_1A_1\rightarrow\infty$，其余各杆 EI=常数。

【解】 (1) 荷载分组，取半结构。图 4-21(a)所示结构对称，荷载不对称，可

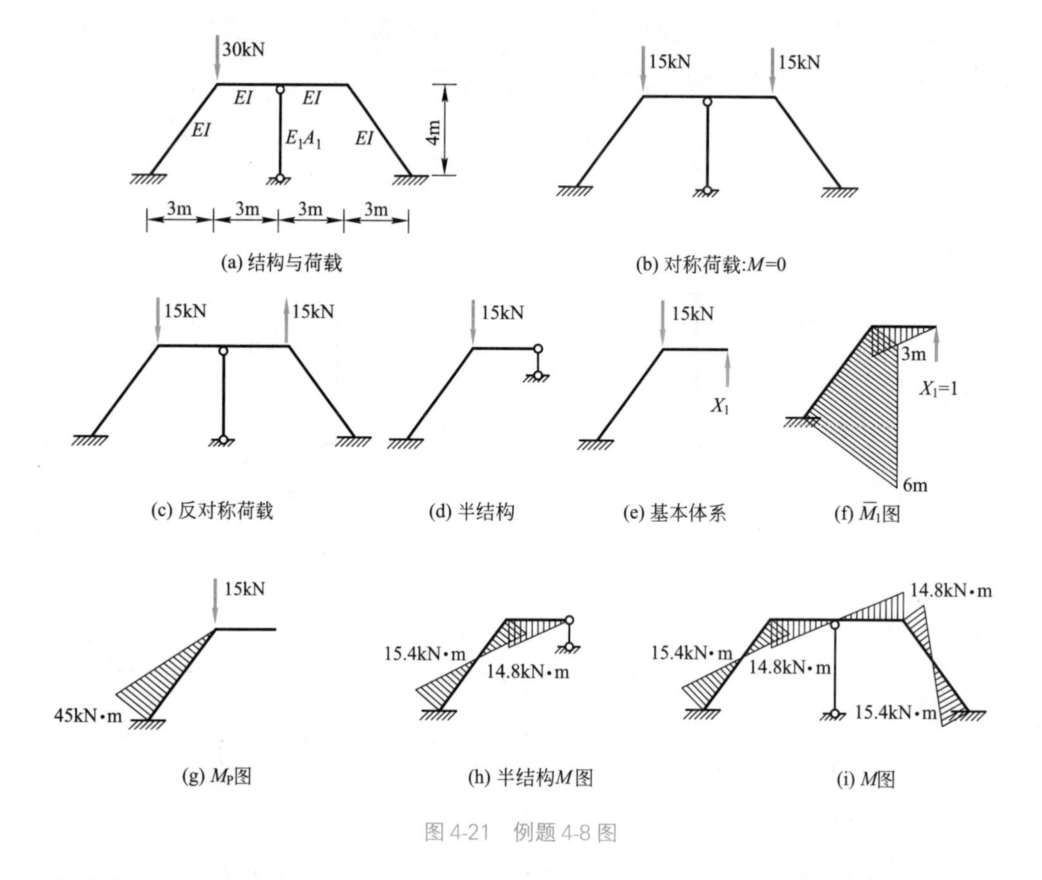

图 4-21　例题 4-8 图

以将荷载分成对称和反对称两组(图 4-21b 和 c)。很明显，对称荷载作用下，结构为无弯矩状态。反对称荷载作用下的半结构如图 4-21(d)所示。

(2) 解半结构。图 4-21(d)所示的半结构是一次超静定结构。取图 4-21(e)所示的基本体系，并建立力法方程

$$\delta_{11}X_1+\Delta_{1P}=0$$

作出相应的 $\overline{M}_1$ 图和 M_P 图(图 4-21f、g)，由图乘法求得系数和自由项后，解方程得

$$\delta_{11}=\frac{114}{EI}\mathrm{m}^3,\quad \Delta_{1P}=-\frac{1125}{2EI}\mathrm{kN\cdot m}^3,\quad X_1=\frac{375}{76}\mathrm{kN}$$

由叠加公式 $M=\overline{M}_1X_1+M_P$，得半结构的弯矩图(图 4-20h)。按弯矩图反对称的性质得到最终弯矩图(图 4-21i)。

【例题 4-9】 试作图 4-22(a)所示结构的弯矩图。图中各杆 EI 为常数。

【解】 (1) 取 1/4 结构。图 4-22(a)所示结构对称，荷载对称，且有两个对称轴。为此，取图 4-22(b)所示的 1/4 结构进行分析。虽然，该 1/4 结构仍具有对称性，但再取半边结构不能带来明显的简化作用，故不再将结构继续分解。

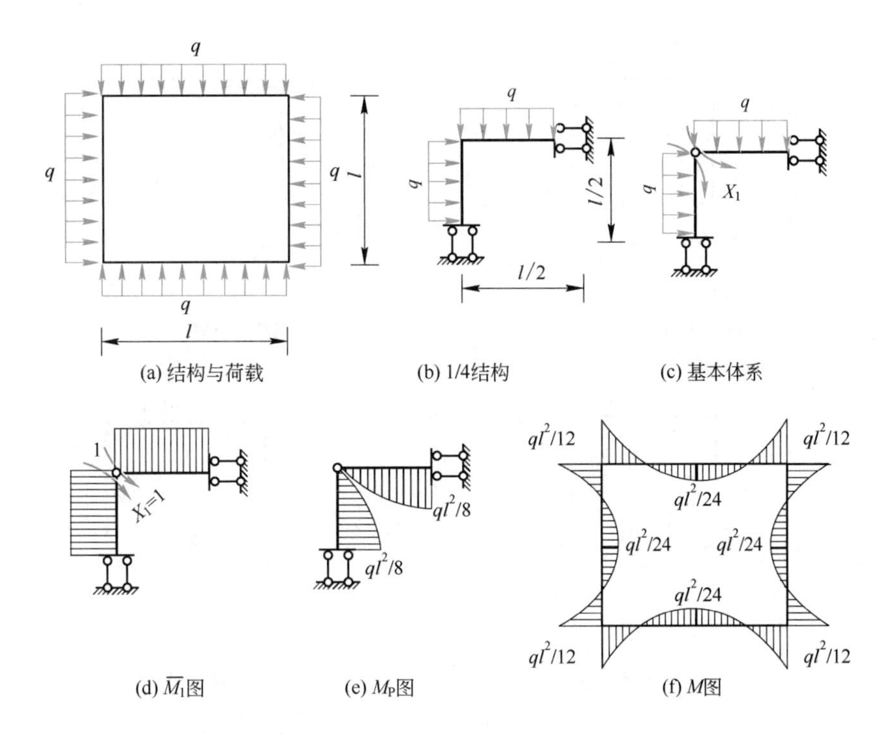

图 4-22　例题 4-9 图

（2）解 1/4 结构。图 4-22(b)所示结构具有一个多余约束。取图 4-22(c)所示的基本体系，并建立力法方程

$$\delta_{11}X_1+\Delta_{1P}=0$$

作出相应的 $\overline{M}_1$ 图和 M_P 图(图 4-22d、e)，由图乘法求系数和自由项，解方程得

$$\delta_{11}=\frac{l}{EI},\quad \Delta_{1P}=-\frac{ql^3}{12EI},\quad X_1=\frac{ql^2}{12}$$

由叠加公式 $M=\overline{M}_1X_1+M_P$ 得最终弯矩图，如图 4-22(f)所示。

由此例子可见，熟练掌握对称性的利用，可在很大程度上简化计算过程。

4.3　力法解支座移动下的超静定结构

如图 4-23(a)所示静定刚架，支座 A 发生移动时，整个结构的位移不会受到任何阻碍。因此，对于静定结构，支座移动只能使结构产生刚体位移，不能产生内力。

但是，如果在 B 点加上固定端支座(图 4-23b)，支座 A 的移动就要受到支座 B 的牵制，产生相应的支座反力，同时结构将产生相应的内力和变形。

用力法求解图 4-23(b)所示超静定刚架时，可取不同的基本体系，下面就两种情况分别讨论。

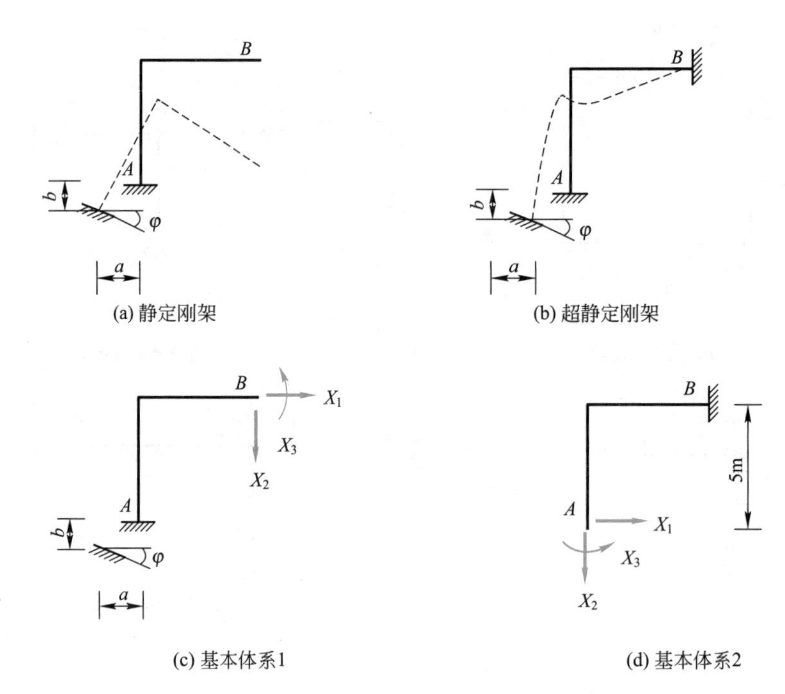

(a) 静定刚架　(b) 超静定刚架　(c) 基本体系1　(d) 基本体系2

图 4-23

(1) 取图 4-23(c)所示基本体系。此时，基本体系上有多余未知力和支座位移，原结构在去掉约束处的位移都等于零。因此，力法方程的物理意义是基本结构在多余未知力和支座位移作用下，去掉约束处的位移等于 0，即

$$\delta_{11}X_1+\delta_{12}X_2+\delta_{13}X_3+\Delta_{1c}=0$$
$$\delta_{21}X_1+\delta_{22}X_2+\delta_{23}X_3+\Delta_{2c}=0$$
$$\delta_{31}X_1+\delta_{32}X_2+\delta_{33}X_3+\Delta_{3c}=0$$

其中，系数的求法同前，自由项 Δ_{1c}、Δ_{2c}、Δ_{3c} 分别代表静定的基本结构由于支座位移引起的沿 X_1、X_2、X_3 方向的位移，可由第 3 章的相应公式计算。

由于支座位移下静定结构不产生内力，因此，最后的弯矩图只是由多余未知力产生的，故

$$M=\overline{M}_1X_1+\overline{M}_2X_2+\overline{M}_3X_3$$

(2) 取图 4-23(d)所示的基本体系。此时，基本体系上只有多余未知力，原结构在去掉约束处沿 X_1、X_2、X_3 方向的位移分别为 $-a$、b 和 $-\varphi$。因此，力法方程的物理意义是基本结构在多余未知力作用下，去掉约束处的位移等于原结构的实际位移，即

$$\delta_{11}X_1+\delta_{12}X_2+\delta_{13}X_3=-a$$
$$\delta_{21}X_1+\delta_{22}X_2+\delta_{23}X_3=b$$
$$\delta_{31}X_1+\delta_{32}X_2+\delta_{33}X_3=-\varphi$$

同理，最后的弯矩图只是由多余未知力产生的，故

$$M=\overline{M}_1X_1+\overline{M}_2X_2+\overline{M}_3X_3$$

很显然，取第二种基本体系避开了自由项的计算。因此，取基本体系时，应尽量去掉有支座位移的多余约束。

【例题 4-10】 试作图 4-24(a)所示两端固定单跨梁，由左支座转角 θ 引起的弯矩图。

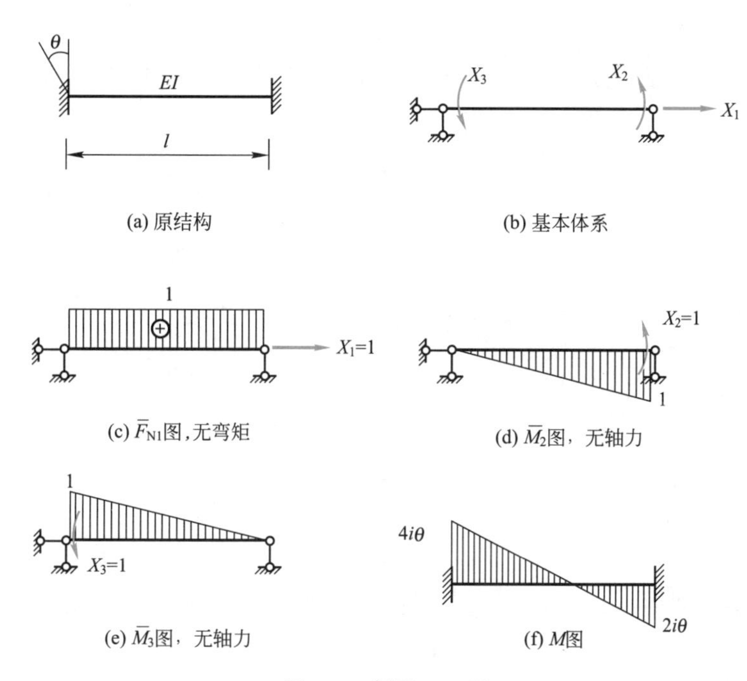

图 4-24　例题 4-10 图

【解】 (1) 选择基本体系。此梁是 3 次超静定结构，取图 4-24(b)所示的基本体系。

(2) 建立力法方程。由基本体系可以看出，原结构在去掉约束处沿 X_1、X_2 和 X_3 方向的位移分别是 0、0、θ，因此，力法方程为

$$\delta_{11}X_1+\delta_{12}X_2+\delta_{13}X_3=0$$

$$\delta_{21}X_1+\delta_{22}X_2+\delta_{23}X_3=0$$

$$\delta_{31}X_1+\delta_{32}X_2+\delta_{33}X_3=\theta$$

由于基本体系上没有支座位移，所以没有自由项。

(3) 求系数，解方程。单位内力图如图 4-24(c)、(d)和 (e) 所示。由单位内力图可求得系数分别为

$$\delta_{11}=\frac{l}{EA};\quad \delta_{22}=\delta_{33}=\frac{l}{3EI};\ \delta_{23}=\delta_{32}=-\frac{l}{6EI}$$

$$\delta_{12}=\delta_{21}=\delta_{13}=\delta_{31}=0$$

将求得的系数代入方程，解得

$$X_1=0;\quad X_2=\frac{2EI}{l}\theta;\quad X_3=\frac{4EI}{l}\theta$$

(4) 结构弯矩图。因为支座位移在静定结构中不引起内力，故结构弯矩图为$M=\overline{M}_2X_2+\overline{M}_3X_3$，如图 4-24(f)所示。

从计算结果可以看出，支座位移作用下，结构的内力与刚度的绝对值成正比。

【例题 4-11】 试求图 4-25(a)所示结构在支座移动下的弯矩图。各杆 EI＝常数。

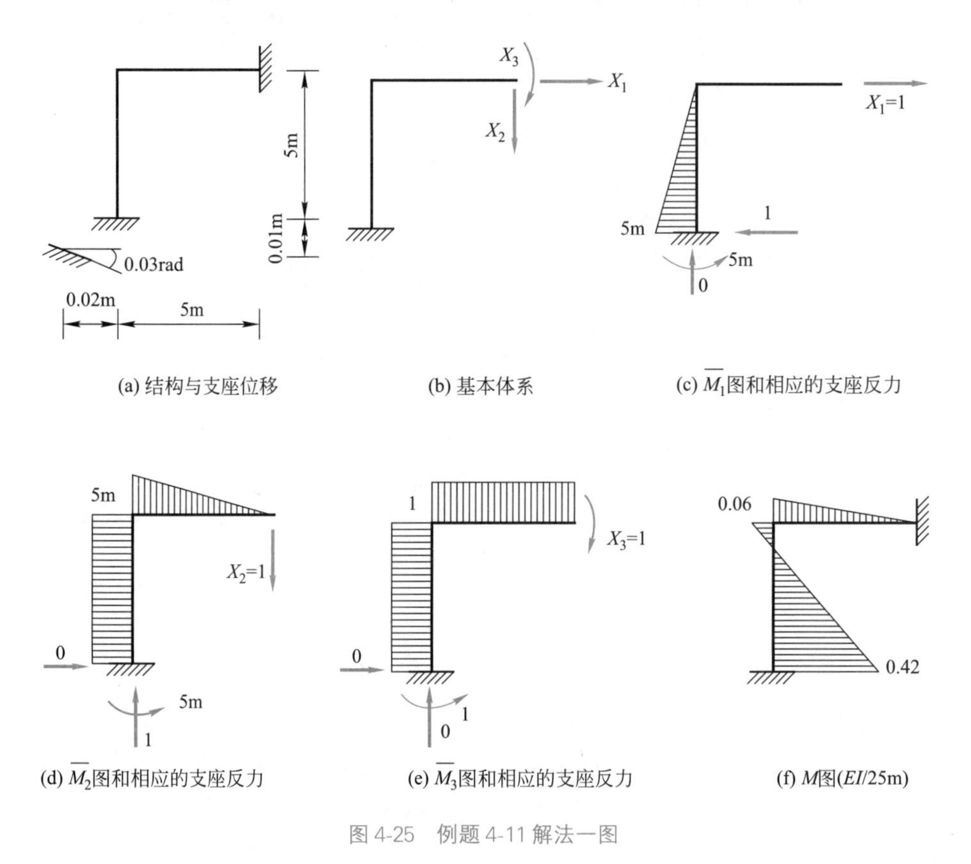

(a) 结构与支座位移　(b) 基本体系　(c) $\overline{M}_1$图和相应的支座反力

(d) $\overline{M}_2$图和相应的支座反力　(e) $\overline{M}_3$图和相应的支座反力　(f) M图(EI/25m)

图 4-25　例题 4-11 解法一图

【解法一】 (1) 选择基本结构和基本体系。这个刚架是 3 次超静定结构，取图 4-25(b)所示的基本体系。

(2) 列力法方程。在图 4-25(b)所示的基本体系上，力法方程的物理意义为在多余约束力和支座位移的共同作用下，去掉约束处的位移等于零。故力法方程为

$$\delta_{11}X_1+\delta_{12}X_2+\delta_{13}X_3+\Delta_{1c}=0$$

$$\delta_{21}X_1+\delta_{22}X_2+\delta_{23}X_3+\Delta_{2c}=0$$

$$\delta_{31}X_1+\delta_{32}X_2+\delta_{33}X_3+\Delta_{3c}=0$$

（3）求系数和自由项，解方程。利用单位弯矩图图乘求系数，利用相应的支反力求方程中的自由项。

$$\delta_{11}=\frac{125}{3EI}\mathrm{m}^3,\quad \delta_{22}=\frac{500}{3EI}\mathrm{m}^3,\quad \delta_{33}=\frac{10}{EI}\mathrm{m},\quad \delta_{12}=\delta_{21}=\frac{125}{2EI}\mathrm{m}^3,$$

$$\delta_{13}=\delta_{31}=\frac{25}{2EI}\mathrm{m}^2\quad \delta_{32}=\delta_{23}=\frac{75}{2EI}\mathrm{m}^2$$

$$\Delta_{1c}=-\sum\overline{R}_{1i}c_i=-(1\times0.02-5\times0.03)=0.13\mathrm{m}$$

$$\Delta_{2c}=-\sum\overline{R}_{2i}c_i=-(-1\times0.01-5\times0.03)=0.16\mathrm{m}$$

$$\Delta_{3c}=-\sum\overline{R}_{3i}c_i=-(-1\times0.03)=0.03\mathrm{rad}$$

将求得的系数和自由项代入方程，解得

$$X_1=-\frac{0.48EI}{125}\mathrm{m}^{-2},\quad X_2=\frac{0.06EI}{125}\mathrm{m}^{-2},\quad X_3=0$$

（4）结构弯矩图。因为支座位移在静定结构中不引起内力，故结构弯矩为 $M=\overline{M}_1X_1+\overline{M}_2X_2+\overline{M}_3X_3$，如图 4-25(f)所示。

【解法二】 （1）与解法一不同，将与支座位移对应的多余约束去掉，取图 4-26(a)所示的基本体系。

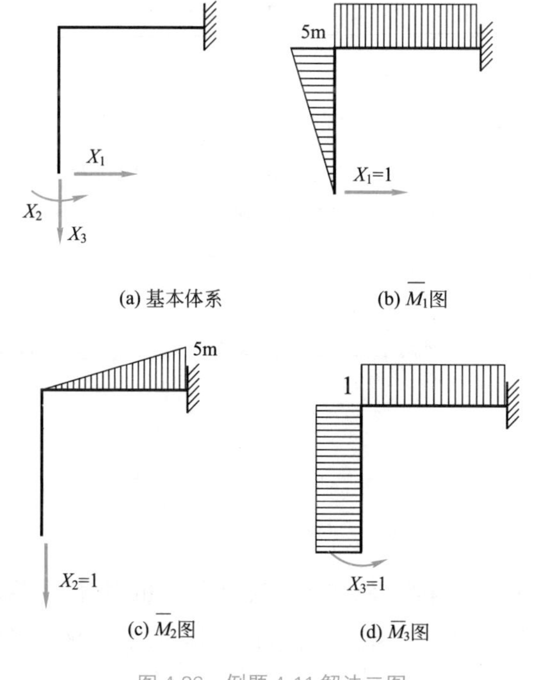

图 4-26　例题 4-11 解法二图

(2) 列力法方程。在图 4-26(a)所示的基本体系上，力法方程的物理意义为在多余约束力的作用下，去掉约束处的位移等于支座位移。故力法方程为

$$\delta_{11}X_1+\delta_{12}X_2+\delta_{13}X_3=-0.02$$

$$\delta_{21}X_1+\delta_{22}X_2+\delta_{23}X_3=0.01$$

$$\delta_{31}X_1+\delta_{32}X_2+\delta_{33}X_3=-0.03$$

由于基本体系上的支座没有位移，所以没有自由项。

(3) 求系数，解方程。利用单位弯矩图图乘求系数，并将求得的系数代入方程求解，得

$$\delta_{11}=\frac{500}{3EI}\text{m}^3,\quad \delta_{22}=\frac{125}{3EI}\text{m}^3,\quad \delta_{33}=\frac{10}{EI}\text{m},\quad \delta_{12}=\delta_{21}=\frac{125}{2EI}\text{m}^3$$

$$\delta_{23}=\delta_{32}=\frac{25}{2EI}\text{m}^2\quad \delta_{13}=\delta_{31}=\frac{75}{2EI}\text{m}^2$$

$$X_1=\frac{0.48EI}{125}\text{m}^{-2},\quad X_2=-\frac{0.06EI}{125}\text{m}^{-2},\quad X_3=-\frac{2.1EI}{125}\text{m}^{-1}$$

(4) 由叠加公式 $M=\overline{M}_1X_1+\overline{M}_2X_2+\overline{M}_3X_3$ 得到最后弯矩图，如图 4-25(f)所示。

很显然，解法二会简单些。

4.4 力法解温度变化下的超静定结构

图 4-27(a)所示静定刚架，当温度发生变化时，杆件的变形不会受到任何阻碍。因此，对于静定结构，温度变化只能使结构产生变形和位移，不能产生内力。但是，如果在 B 点加上铰支座，杆件的变形就要受到支座 B 的牵制，产生相应的支座反力(图 4-27b)，同时结构将产生相应的内力和变形。

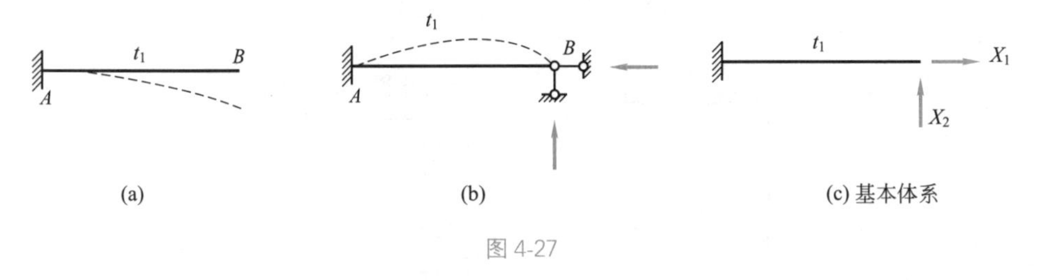

图 4-27

对于图 4-27(b)所示结构，取图 4-27(c)所示的基本体系求解。此时，基本体系上有多余未知力和温度变化，原结构去掉约束处的位移都等于零。因此，力法方程的物理意义是基本结构在多余未知力和温度变化作用下，去掉约束处

的位移等于 0，即

$$\delta_{11}X_1+\delta_{12}X_2+\Delta_{1t}=0$$

$$\delta_{21}X_1+\delta_{22}X_2+\Delta_{2t}=0$$

其中，系数的求法同前。自由项 Δ_{1t}、Δ_{2t} 分别代表静定的基本结构由于温度变化引起的沿 X_1、X_2 方向的位移，可由第 3 章的相应公式计算。

由于温度变化下静定结构不产生内力，最后的弯矩图只是由多余未知力产生的，故

$$M=\overline{M}_1X_1+\overline{M}_2X_2$$

【例题 4-12】 试作图 4-28(a)所示单跨梁由图示温度变化引起的弯矩图。材料线胀系数为 α，杆件 EI=常数。

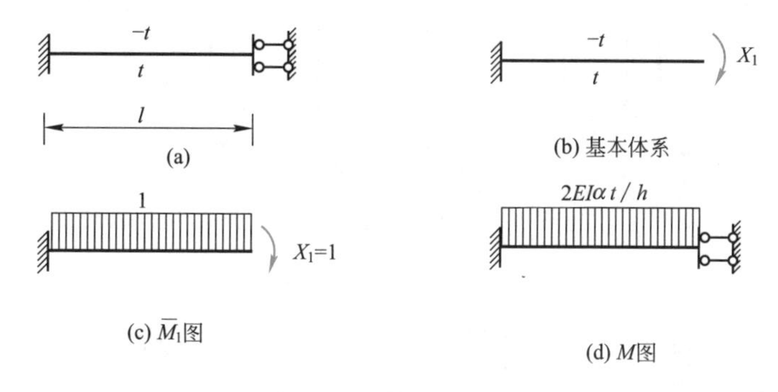

图 4-28　例题 4-12 图

【解】 (1) 选择基本体系。由于已知的轴线温度 $t_0=\dfrac{t+(-t)}{2}=0$，不产生轴向变形，可证明轴向力为零。在不计轴向未知力时，此梁是 1 次超静定结构，取图 4-28(b)为基本体系。

(2) 建立力法方程。

$$\delta_{11}X_1+\Delta_{1t}=0$$

(3) 求系数和自由项。单位弯矩图如图 4-28(c)所示。由 $\overline{M}_1$ 图自乘可得

$$\delta_{11}=\frac{l}{EI}$$

从图可见 $t_0=0$，$\Delta t=2t$，由温度引起的位移计算，可得自由项

$$\Delta_{1t}=\sum\frac{\alpha\Delta t}{h}A_{\overline{M}}=-\left[\alpha\cdot\frac{\Delta t}{h}\cdot 1\times l\right]=-\frac{2\alpha tl}{h}$$

将系数和自由项代入力法方程，解得

$$X_1=\frac{2EI\alpha t}{h}$$

(4) 求结构弯矩图。因为温度变化在静定结构中不引起内力，所以，结构弯矩图为 $M=\overline{M}_1X_1$，如图 4-28(d)所示。

从计算结果中可以看出，温度改变将引起超静定结构内力，由于 δ_{ij} 与各杆绝对刚度有关，而 Δ_{it} 与杆件刚度无关，因此其内力将和杆件的绝对刚度成正比。

【例题 4-13】 图 4-29(a)所示刚架，温度升高 t℃，线膨胀系数为 α，各杆 $EI=$常数，试求结构的弯矩图。

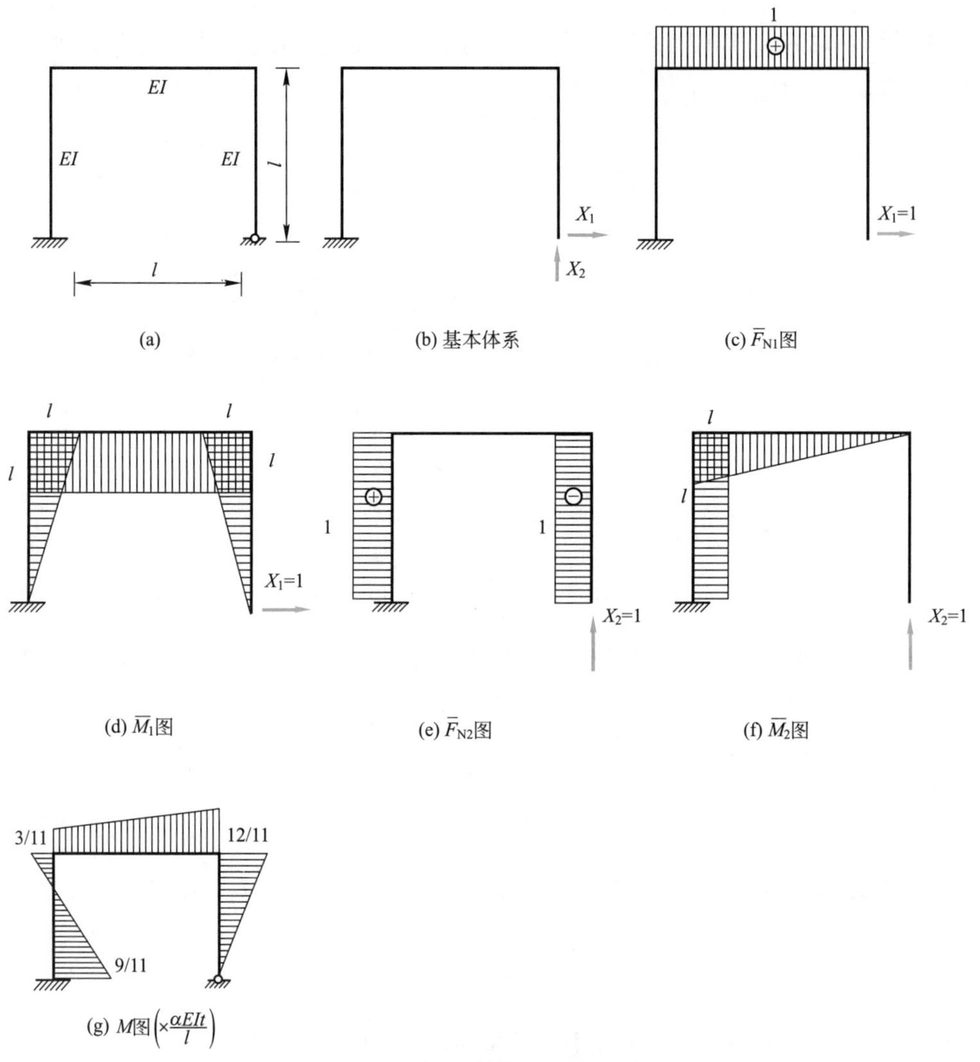

图 4-29　例题 4-13 图

【解】 (1) 选择基本体系。本例题为 2 次超静定结构，取图 4-29(b)为基本体系。

（2）建立力法方程。

$$\delta_{11}X_1+\delta_{12}X_2+\Delta_{1t}=0$$

$$\delta_{21}X_1+\delta_{22}X_2+\Delta_{2t}=0$$

（3）求系数和自由项。单位轴力图和弯矩图如图 4-29(c)、(d)、(e)、(f)所示。

由于力法方程中的各系数是单位力作用下静定刚架的位移，所以，只需考虑弯曲变形的影响。故由单位弯矩图的自乘和互乘可得如下系数：

$$\delta_{11}=\frac{5l^3}{3EI},\quad \delta_{22}=\frac{4l^3}{3EI},\quad \delta_{12}=\delta_{21}=\frac{l^3}{EI}$$

由于自由项是温度变化引起的静定刚架位移，所以，需要同时考虑轴向变形和弯曲变形的影响。但本题中各杆 $\Delta t=0$，故只有轴向变形的影响。所以由 $\overline{F}_{N1}$ 图和 $\overline{F}_{N2}$ 图，用温度位移计算公式可得

$$\Delta_{1t}=\sum\alpha t_0 A_{\overline{F}_N}=\alpha lt,\ \Delta_{2t}=0$$

将系数和自由项代入力法方程，解得

$$X_1=\frac{-12\alpha EIt}{11l^2},\quad X_2=\frac{9\alpha EIt}{11l^2}$$

（4）由 $M=\overline{M}_1X_1+\overline{M}_2X_2$ 可得图 4-29(g)所示的弯矩图。

4.5 超静定结构的位移计算和计算结果的校核

4.5.1 超静定结构的位移计算

第 3 章中所述的位移计算原理和公式，对超静定结构也是适用的。图 4-30(a)所示结构在均布荷载作用下的弯矩图如图 4-30(b)所示。若求该结构的跨中竖向位移 Δ_{Cy}，可在原结构的中点施加竖向单位集中力，得到图 4-30(c)所示的弯矩图。这个弯矩图与原结构荷载下的弯矩图图乘，即可得到 Δ_{Cy}。具体的图乘过程如下。

$$\begin{aligned}\Delta_{Cy}=&\frac{1}{EI}\left[\left(\frac{1}{2}\times\frac{ql^2}{8}\times\frac{l}{2}\right)\times\left(\frac{2}{3}\times\frac{3l}{16}-\frac{1}{3}\times\frac{5l}{32}\right)\right]\\&+\frac{1}{EI}\left[\left(\frac{1}{2}\times\frac{ql^2}{16}\times\frac{l}{2}\right)\times\left(-\frac{1}{3}\times\frac{3l}{16}+\frac{2}{3}\times\frac{5l}{32}\right)\right]\\&+\frac{1}{EI}\left[\left(\frac{2}{3}\times\frac{ql^2}{32}\times\frac{l}{2}\right)\times\left(-\frac{1}{2}\times\frac{3l}{16}+\frac{1}{2}\times\frac{5l}{32}\right)\right]\end{aligned}$$

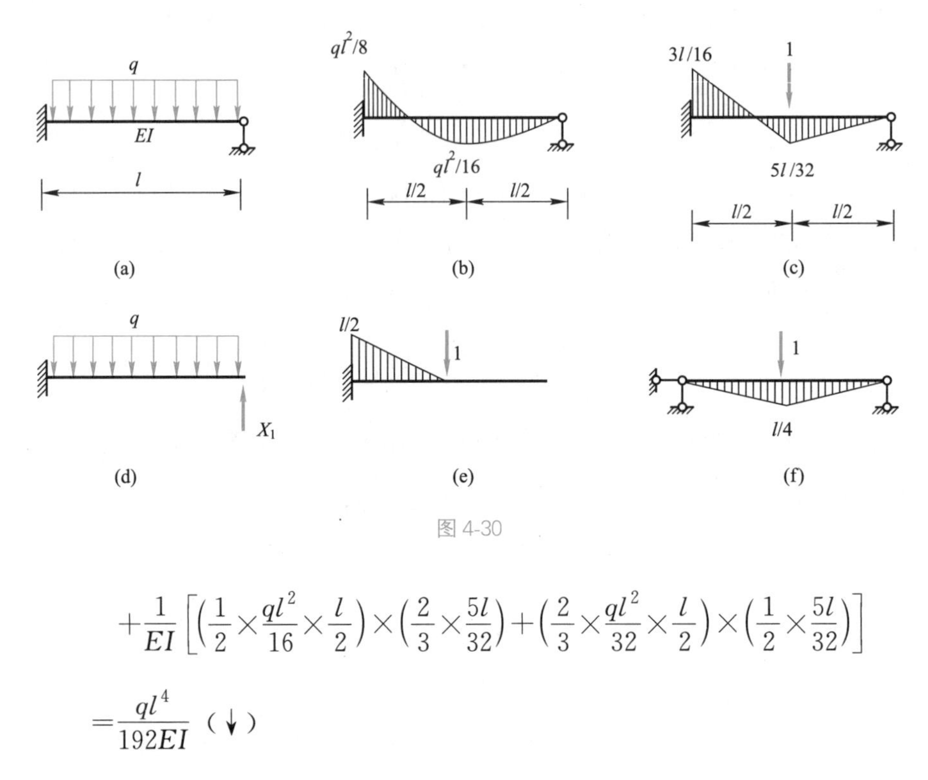

图 4-30

$$+\frac{1}{EI}\left[\left(\frac{1}{2}\times\frac{ql^2}{16}\times\frac{l}{2}\right)\times\left(\frac{2}{3}\times\frac{5l}{32}\right)+\left(\frac{2}{3}\times\frac{ql^2}{32}\times\frac{l}{2}\right)\times\left(\frac{1}{2}\times\frac{5l}{32}\right)\right]$$

$$=\frac{ql^4}{192EI}\ (\downarrow)$$

这里，作出图 4-30(c)所示的单位弯矩图，需要求解超静定结构，这是比较麻烦的。

由力法计算超静定结构的过程可知，基本体系的位移(基本结构在荷载和多余约束力作用下的位移)和原结构是完全相同的。所以，求超静定结构位移，可以用求基本体系的位移来代替。因此，单位力可以加在基本结构上，而基本结构是静定的，作弯矩图比较容易。取图 4-30(d)所示的基本体系，并作出其基本结构单位弯矩图(图 4-30e)。图乘过程如下：

$$\Delta_{Cy}=\frac{1}{EI}\left[\left(\frac{1}{2}\times\frac{ql^2}{8}\times\frac{l}{2}\right)\times\left(\frac{2}{3}\times\frac{l}{2}\right)+\left(\frac{1}{2}\times\frac{ql^2}{16}\times\frac{l}{2}\right)\times\left(-\frac{1}{3}\times\frac{l}{2}\right)\right]$$

$$+\frac{1}{EI}\left[\left(\frac{2}{3}\times\frac{ql^2}{32}\times\frac{l}{2}\right)\times\left(-\frac{1}{2}\times\frac{l}{2}\right)\right]$$

$$=\frac{ql^4}{192EI}\ (\downarrow)$$

基本结构不是唯一的，例如，还可以取 4-30(f)所示的基本结构，并作出单位弯矩图。图乘过程如下：

$$\Delta_{Cy}=\frac{1}{EI}\left[-\left(\frac{1}{2}\times\frac{l}{4}\times l\right)\times\left(\frac{1}{2}\times\frac{ql^2}{8}\right)+2\times\left(\frac{2}{3}\times\frac{ql^2}{8}\times\frac{l}{2}\right)\times\left(\frac{5}{8}\times\frac{l}{4}\right)\right]$$

$$=\frac{ql^4}{192EI}\ (\downarrow)$$

读者可以自行比较一下，看看取哪一种基本结构，会使计算简单些。

【例题 4-14】 试求图 4-31(a)所示结构中 AB 两点的相对位移 $\Delta_{A\text{-}B}$。已知 $EI=2l^2EA$。弯矩图和轴力图如图 4-31（b）所示。

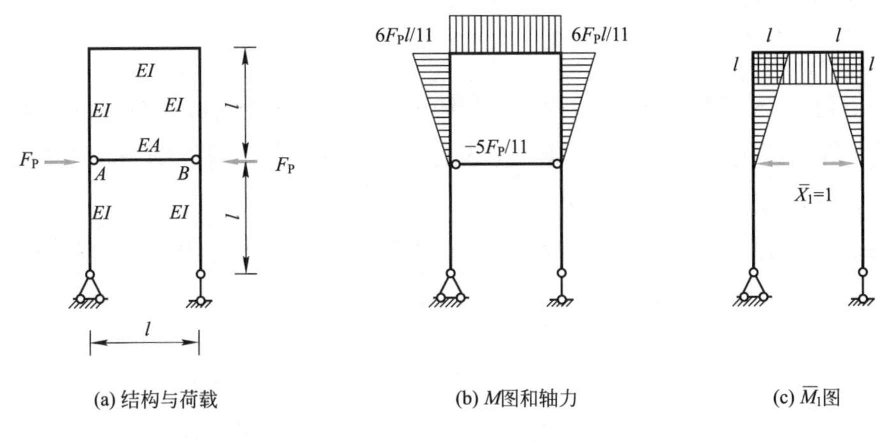

(a) 结构与荷载　　(b) M图和轴力　　(c) $\overline{M}_1$图

图 4-31　例题 4-14 图

【解】 取图 4-31(c)所示的基本结构和单位弯矩图，将图 4-31(b)与图 4-31(c)互乘得

$$\Delta_{A\text{-}B}=-\frac{1}{EI}\left(2\times\frac{1}{2}\times\frac{6F_Pl}{11}\times l\times\frac{2}{3}\times l+\frac{6F_Pl}{11}\times l\times l\right)=-\frac{10F_Pl^3}{11EI}\ (\rightarrow\leftarrow)$$

实际上，注意到 AB 两点的相对位移就是桁架杆的压缩变形，因此，可直接用材料力学公式，得

$$\Delta_{A\text{-}B}=\frac{5F_Pl}{11EA}=\frac{10F_Pl^3}{11EI}\ (\rightarrow\leftarrow)$$

4.5.2　力法计算结果的校核

对计算结果进行校核，在结构计算和设计中是非常重要的。校核并不是简单的重新做一遍，一般要用与原来计算过程不一样的方法进行校核。在力法的最后内力图校核中，主要有两个步骤：一个是力的平衡条件校核，另一个是位移的协调条件校核。

1. 力的平衡条件校核

从结构中任意取一个隔离体，都应该满足平衡条件，如不满足则计算结果有误。

对于刚架的弯矩图，通常检查刚节点所受弯矩是否满足 $\sum M=0$ 的平衡条件。对于剪力图和轴力图，通常取结构的一部分作为隔离体，检查是否满足$\sum F_x=0$和$\sum F_y=0$的平衡条件，这里不再详述。

但是，仅满足了平衡条件，还不能说明最后内力图就是正确的。这是因为最后内力图是在求出多余约束力后，按平衡条件或叠加法作出的。而多余约束力是否正确，应用平衡条件是检查不出来的。还要看位移条件是否满足。因此在力法校核中，位移条件的校核更为重要。

2. 位移的协调条件校核

位移协调条件的校核就是检查各多余约束处的位移是否与已知的实际位移相同。即计算基本体系上某一个多余约束处的位移，并检查其是否与原结构在多余约束处的实际位移相等。

【例题 4-15】 已知刚架在荷载作用下的弯矩图如图 4-32(b)所示，试校核弯矩图的正确性，并求 A 截面的转角。

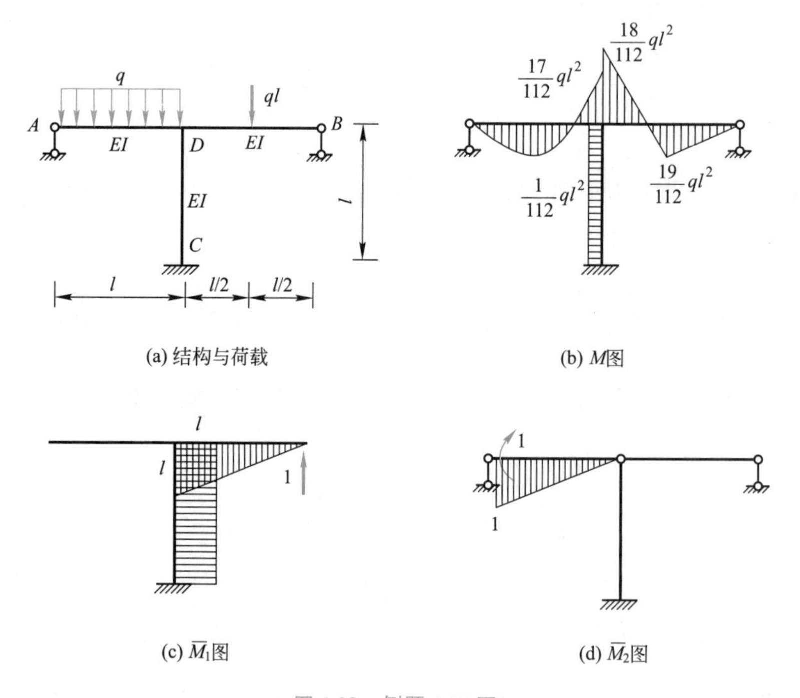

图 4-32　例题 4-15 图

【解】 (1) 弯矩图校核。取图 4-32(c)所示的基本结构，并作出单位弯矩图。将图 4-32(b)和图 4-32(c)图乘，得

$$\Delta_{By}=\frac{1}{EI}\left[-\left(\frac{1}{2}\times\frac{18ql^2}{112}\times l\right)\times\left(\frac{2}{3}\times l\right)+\left(\frac{1}{2}\times\frac{ql^2}{4}\times l\right)\times\left(\frac{1}{2}\times l\right)-\left(\frac{ql^2}{112}\times l\right)\times l\right]$$

$$=0$$

因为原结构在 B 点有竖向链杆支撑，竖向位移等于零。由此可以证明原结构的弯矩图是正确的。

(2) 求位移。因为求 A 点的转角时，需要在 A 点加一个单位力偶，选择图 4-32(d)所示的基本结构，加在 A 点的单位力偶就不会在 DB 和 DC 杆上引起弯矩，这样图乘就简单了。将图 4-32(b)的弯矩图和图 4-32(d)的弯矩图互乘，得

$$\varphi_A=\frac{1}{EI}\left[-\left(\frac{1}{2}\times\frac{17ql^2}{112}\times l\right)\times\left(\frac{1}{3}\times 1\right)+\left(\frac{2}{3}\times\frac{ql^2}{8}\times l\right)\times\left(\frac{1}{2}\times 1\right)\right]=\frac{11ql^3}{672EI}$$

【例题 4-16】 已知图 4-33(b)为结构在支座移动下的弯矩图。试校核弯矩图的正误，并求 C 点的竖向位移。$i=EI/l$。

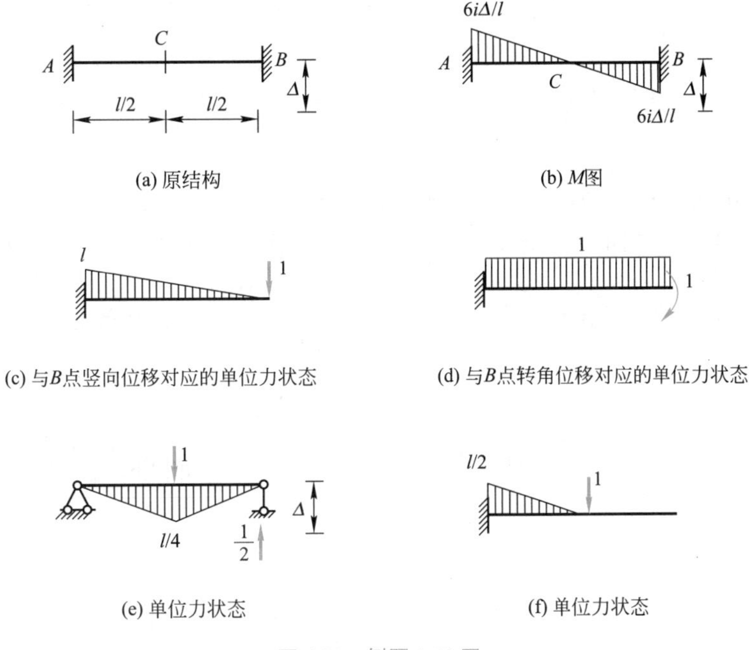

图 4-33 例题 4-16 图

【解】 (1) 弯矩图校核。

首先用 B 支座处的竖向位移进行校核。取图 4-33(c)所示的单位力状态。图 4-33(b)与图 4-33(c)图乘得

$$\Delta_{By}=\frac{1}{EI}\left[\left(\frac{1}{2}\times l^2\right)\times\left(\frac{1}{3}\times\frac{6i\Delta}{l}\right)\right]=\Delta(\downarrow)$$

与原结构中 B 支座处有竖向支座位移 Δ 的事实一致。

也可以用 B 点的转角位移进行校核。取图 4-33(d)所示的单位力状态。因图 4-33(b)为反对称图形，图 4-33(d)为正对称图形，因此二者图乘结果为

$$\varphi_B=0$$

与原结构中 B 支座没有转角位移的事实相符。可以断定原结构的弯矩图正确。

(2) 求 C 点的竖向位移。

取图 4-33(e)所示的基本结构，与之对应的基本体系上除了有荷载和多余约束力外，还有 B 支座的竖向支座位移 Δ。因此，这个基本体系上 C 点的位移由两部分组成：一部分是荷载和多余约束力引起的位移，用图乘法求得；另一部分是由支座位移引起的，用相应的公式计算。故

$$\Delta_{Cy}=\int_0^l \frac{\overline{M}_1 M}{EI}\mathrm{d}x-\sum \overline{F}_{\mathrm{R}_i}c_i=0-\left(-\frac{1}{2}\times\Delta\right)=\frac{\Delta}{2}(\downarrow)$$

再取图 4-33(f)所示的基本结构，与之对应的基本体系上只有荷载和多余约束力，直接用图乘法就可求得

$$\Delta_{Cy}=\int_0^l \frac{\overline{M}_1 M}{EI}\mathrm{d}x=\frac{1}{EI}\left[\left(\frac{1}{2}\times\frac{6i\Delta}{l}\times\frac{l}{2}\right)\times\left(\frac{2}{3}\times\frac{l}{2}\right)\right]=\frac{\Delta}{2}(\downarrow)$$

可见，取两种基本结构的计算结果完全一致。

【例题 4-17】 已知图 4-34(b)为结构温度改变作用下的弯矩图。试校核弯矩图的正误，并求 A 点的转角位移。其中 $X_1=\dfrac{3\alpha(t_2-t_1)EI}{2hl}$，$\alpha$ 为线膨胀系数。

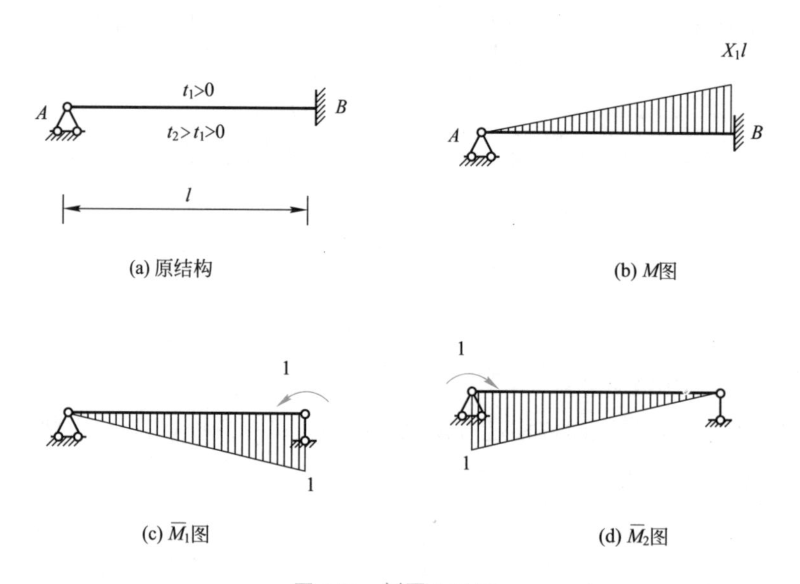

图 4-34 例题 4-17 图

【解】 (1) 弯矩图的校核。利用 B 点的转角位移等于零，校核弯矩图。取图 4-34(c)所示的基本结构。与之对应的基本体系上，除了多余约束力外，还有温度变化，因此，计算位移时要考虑两种因素，故

$$\varphi_B=\int_0^l \frac{\overline{M}_1 M}{EI}\mathrm{d}x+\alpha\frac{\Delta t}{h}A_{\overline{\mathrm{M}}}$$

$$=-\frac{1}{EI}\left[\left(\frac{1}{2}\times X_1 l\times l\right)\times\left(\frac{2}{3}\times 1\right)\right]+\alpha\cdot\frac{t_2-t_1}{h}\times\left(\frac{1}{2}\times l\times 1\right)$$

$$=0$$

由此可以断定原结构的弯矩图正确。

(2) 计算 A 点的转角。取图 4-34(d)所示的单位力状态。在计算位移时要考虑原有结构的弯矩图和温度变化的作用。故

$$\varphi_A=\int_0^l \frac{\overline{M}_2 M}{EI}\mathrm{d}x+\alpha\frac{\Delta t}{h}A_{\overline{\mathrm{M}}}$$

$$=-\frac{1}{EI}\left[\left(\frac{1}{2}\times X_1 l\times l\right)\times\left(\frac{1}{3}\times 1\right)\right]+\alpha\times\frac{t_2-t_1}{h}\times\left(\frac{1}{2}\times l\times 1\right)$$

$$=\frac{\alpha(t_2-t_1)}{4h}l\ (\curvearrowright)$$

4.6 力法解超静定拱

4.6.1 两铰拱

1. 两铰落地拱

两铰拱的竖向反力是静定的，因此，当两铰拱的支座发生竖向位移时，不会引起结构内力，故在地基可能发生较大的不均匀沉陷时易于采用。两铰拱的弯矩在两端拱趾处为零，然后向拱顶逐渐增大，所以其截面设计一般亦相应设计为由拱趾向拱顶逐渐增大的形式。在跨度不大的时候，也常采用等截面设计。

下面以图 4-35(a)所示两铰拱为例，说明力法计算两铰拱的过程。

计算两铰拱时，通常将其中一个水平推力 X_1 视为多余未知力(图 4-35b)，因此，基本结构是一个曲梁。力法方程为

$$\delta_{11}X_1+\Delta_{1\mathrm{P}}=0$$

由于拱是曲杆，求位移 δ_{11} 和 $\Delta_{1\mathrm{P}}$ 时不能用图乘法，因而计算要烦琐一些。

系数 δ_{11} 是基本结构在单位水平推力作用下，在去掉约束处的位移。由于拱结构一般都比较扁平，与竖向力相比，水平力引起的轴力以及轴向变形对所求位移的贡献会更大些。因此，计算 δ_{11} 时，一般$\left(f<\frac{l}{5}\right)$要同时考虑弯曲变形和轴向变形的

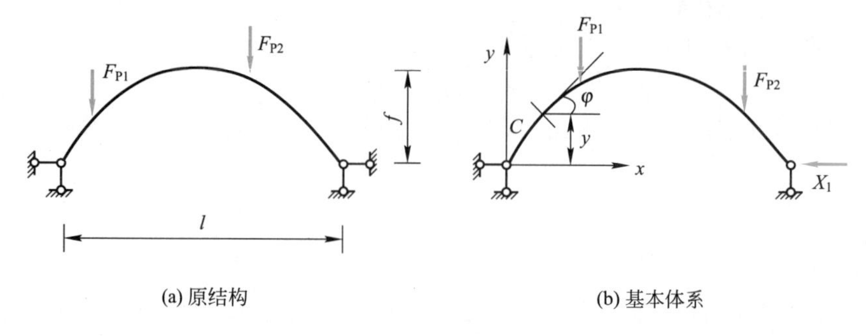

(a) 原结构　　(b) 基本体系

图 4-35　两铰落地拱的计算

影响。

自由项 Δ_{1P} 是在荷载作用下，在去掉约束处的位移。由于荷载一般都是竖向荷载，与水平推力相比，引起的轴向变形会小些。因此，计算时 Δ_{1P} 可只考虑弯曲变形的影响，即

$$\left.\begin{aligned}\delta_{11}&=\int\frac{\overline{M}_1^2}{EI}\mathrm{d}s+\int\frac{\overline{F}_{N1}^2}{EA}\mathrm{d}s\\ \Delta_{1P}&=\int\frac{\overline{M}_1M_P}{EI}\mathrm{d}s\end{aligned}\right\}\tag{a}$$

从图 4-35(b)可知

$$\left.\begin{aligned}\overline{M}_1&=-y\\ \overline{F}_{N1}&=-\cos\varphi\end{aligned}\right\}\tag{b}$$

这里，y 表示任意截面的纵坐标，向上为正；φ 表示截面 C 处，拱轴切线与轴所成的锐角，左半拱的为正，右半拱的为负；弯矩以使拱的内缘受拉为正；轴力以压力为正。

如果两铰拱只承受竖向荷载，则基本结构(简支曲梁)任意截面的弯矩 M_P 与同等跨度的简支梁相应截面的弯矩 M^0 相等，即

$$M_P=M^0\tag{c}$$

将式(b)和式(c)代入式(a)，得

$$\left.\begin{aligned}\delta_{11}&=\int\frac{y^2}{EI}\mathrm{d}s+\int\frac{\cos^2\varphi}{EA}\mathrm{d}s\\ \Delta_{1P}&=-\int\frac{M^0y}{EI}\mathrm{d}s\end{aligned}\right\}$$

将系数和自由项的表达式代入力法方程，得

$$X_1=F_H=-\frac{\Delta_{1P}}{\delta_{11}}=\frac{\int\frac{M^0y}{EI}ds}{\int\frac{y^2}{EI}ds+\int\frac{\cos^2\varphi}{EA}ds}$$

求出水平推力 F_H 后，内力的计算方法和计算公式与三铰拱完全相同，在竖向荷载下两铰拱的截面内力计算公式为

$$\left.\begin{aligned}M&=M^0-Hy\\F_Q&=F_Q^0\cos\varphi-F_H\sin\varphi\\F_N&=-F_Q^0\sin\varphi+F_H\cos\varphi\end{aligned}\right\}$$

式中，M^0、F_Q^0 分别为简支代梁对应截面的弯矩和剪力。

从以上所述中可以看出以下两点：

(1) 从计算方法上，两铰拱的系数和自由项需要用公式计算，不能用图乘法；

(2) 从受力特征上，两铰拱与三铰拱基本相同，截面内力计算公式在形式上完全相同。只是水平推力的计算有所不同：两铰拱的水平推力是用位移条件得到的，而三铰拱的水平推力是用静力平衡方程得到的。

2. 系杆拱

在屋盖结构中采用的两铰拱，通常带拉杆(图 4-36a)，称为系杆拱。设置拉杆的好处是水平系杆承担了本该由墙或柱承担的水平推力。这样，墙或柱中就不会产生弯矩，受力更为有利。但水平推力对拱肋的作用并没有改变，通过水平系杆，水平推力还照样作用在拱肋上，依然起到了减小截面弯矩的作用。

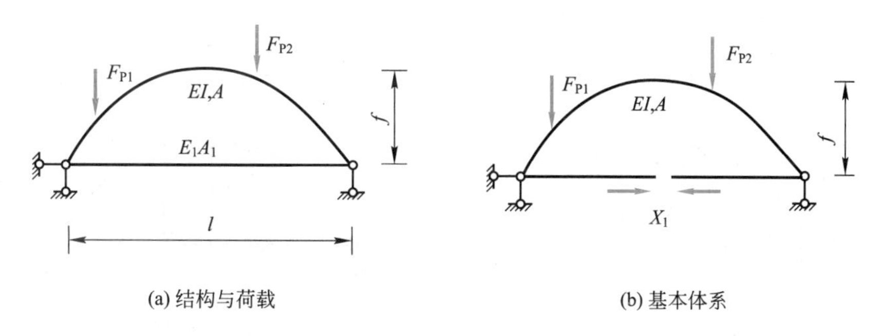

图 4-36　系杆拱的计算

计算系杆拱时，可将系杆切断，基本体系如图 4-36(b)所示。基本未知力是系杆的拉力，也就是拱肋承受的水平推力。力法方程为

$$\delta_{11}X_1+\Delta_{1P}=0$$

其中 δ_{11} 的计算要考虑拉杆的变形，即

$$\delta_{11}=\int\frac{\overline{M}_1^2}{EI}\mathrm{d}s+\int\frac{\overline{F}_{\mathrm{N1}}^2}{EA}\mathrm{d}s+\frac{l}{E_1A_1}$$

$$\Delta_{1\mathrm{P}}=\int\frac{\overline{M}_1M_{\mathrm{P}}}{EI}\mathrm{d}s$$

$$X_1=F_{\mathrm{H}}=-\frac{\int\frac{\overline{M}_1M_{\mathrm{P}}}{EI}\mathrm{d}s}{\int\frac{\overline{M}_1^2}{EI}\mathrm{d}s+\int\frac{\overline{F}_{\mathrm{N1}}^2}{EA}\mathrm{d}s+\frac{l}{E_1A_1}}$$

其余的解法与前面一样，不再重复。

从水平推力的计算公式看，与落地两铰拱相比，系杆拱的水平推力要小些。因为公式的分母中增加了一项系杆的变形。特别地，当 $E_1A_1\to\infty$时，落地两铰拱和系杆拱的拱肋受力完全相同；当 $E_1A_1\to0$，系杆拱退化为曲梁，拱肋的受力状态是不利的。因此，设计系杆时应适当加大其抗拉刚度。

根据拱肋与系杆抗弯刚度的相对大小，可以选取不同的计算简图。假设拱圈与系杆的材料相同，拱圈的截面惯性矩为 I_{a}，系杆的截面惯性矩为 I_{b}，则有下面三种不同的情况。

（1）$\frac{I_{\mathrm{a}}}{I_{\mathrm{b}}}=80\sim100$。这时系杆相对较柔，可简化为轴力杆。其计算简图如图 4-37(a)所示，为一带拉杆的两铰拱，是一次超静定结构。

（2）$\frac{I_{\mathrm{a}}}{I_{\mathrm{b}}}=\frac{1}{100}\sim\frac{1}{80}$。这时系杆相对较刚，可简化为梁式杆；而拱较柔，可简化为轴力杆。其计算简图如图 4-37(b)所示，为一带链杆拱的加劲梁，也是一次超静定结构。

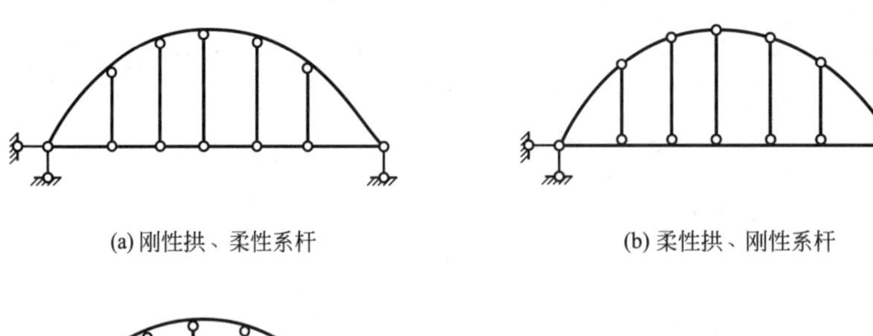

(a) 刚性拱、柔性系杆

(b) 柔性拱、刚性系杆

(c) 刚性拱、刚性杆

图 4-37　系杆拱的计算简图

（3）当二者抗弯刚度相差不大时，都能承受弯矩和剪力。其计算简图如图 4-37(c)所示。超静定次数明显增加。

4.6.2　无铰拱

一般来说，无铰拱弯矩分布比较均匀，且构造简单，工程应用较多。例如拱桥、隧道的拱圈及门窗拱圈等。

对称无铰拱的计算简图如图 4-38(a)所示，取图 4-38(b)所示的基本体系。由对称性可知力法方程中的副系数为

$$\delta_{13}=\delta_{31}=0,\quad \delta_{23}=\delta_{32}=0$$

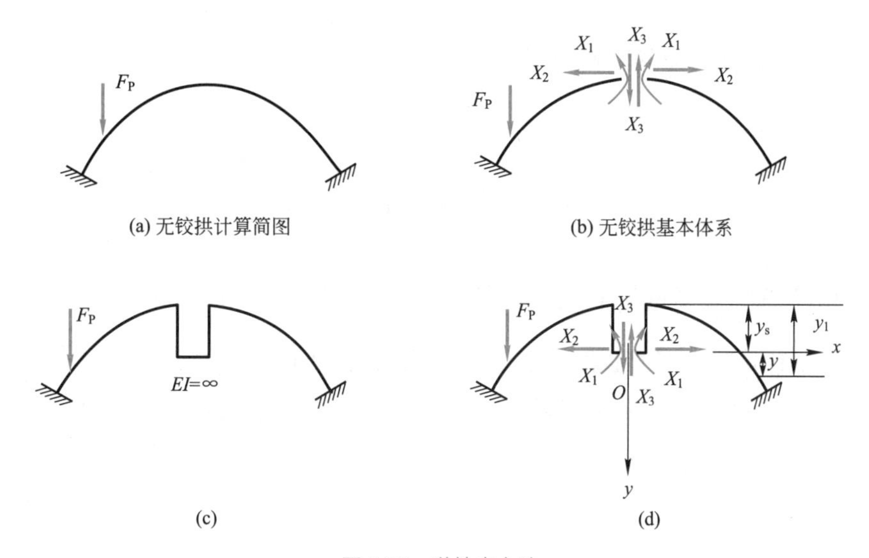

图 4-38　弹性中心法

如果能设法使 $\delta_{12}=\delta_{21}$ 等于零，则典型方程中的全部副系数都为零，计算就更加简化。

为此，将图 4-38(a)所示的对称无铰拱沿拱顶截面切开后，在切口两边沿对称轴方向引出两个刚度为无穷大的伸臂——刚臂，然后在两刚臂下端将其刚接，这就得到如图 4-38(c)所示的结构。由于刚臂本身是不变形的，因而切口两边的截面也就没有任何相对位移，这就保证了此结构与原无铰拱的变形情况完全一致，所以在计算中可以用它来代替原无铰拱。将此结构从刚臂下端的刚接处切开，并代以多余未知力 X_1、X_2 和 X_3，便得到基本体系如图 4-38(d)所示，它是两个刚臂的悬臂曲梁。利用对称性，并适当选择刚臂长度，便可以使力法方程中 $\delta_{12}=\delta_{21}$ 等于零。

现以刚臂端点 O 为坐标原点，并规定 x 轴向右为正，y 轴向下为正，弯矩以使拱内侧受拉为正，剪力以绕隔离体顺时针方向为正，轴力以压力为正。则当 $X_1=1$、

$X_2=1$、$X_3=1$ 分别作用时，基本结构的内力为

$$\overline{M}_1=1,\quad \overline{F}_{Q1}=0,\quad \overline{F}_{N1}=0$$

$$\overline{M}_2=y,\quad \overline{F}_{Q2}=\sin\varphi,\quad \overline{F}_{N2}=\cos\varphi \tag{a}$$

$$\overline{M}_3=x,\quad \overline{F}_{Q3}=\cos\varphi,\quad \overline{F}_{N3}=-\sin\varphi$$

式中，φ 为拱轴各点切线的倾角，在右半拱取正，左半拱取负。

$$\delta_{12}=\delta_{21}=\int\frac{\overline{M}_1\overline{M}_2}{EI}\mathrm{d}s=\int\frac{y}{EI}\mathrm{d}s$$

$$=\int\frac{(y_1-y_s)}{EI}\mathrm{d}s=\int\frac{y_1}{EI}\mathrm{d}s-\int\frac{y_s}{EI}\mathrm{d}s$$

令 $\delta_{12}=\delta_{21}=0$，便可得到刚臂长度 y_s 为

$$y_s=\frac{\displaystyle\int\frac{y_1}{EI}\mathrm{d}s}{\displaystyle\int\frac{1}{EI}\mathrm{d}s} \tag{b}$$

我们设想沿拱轴线作宽度等于$\frac{1}{EI}$的图形(图 4-38)，则$\frac{1}{EI}\mathrm{d}s$ 就代表此图中的微面积，而式(b)就是计算这个图形面积的形心坐标公式。由于此图形的面积与结构的弹性性质 EI 有关，故称它的形心为弹性中心。这一方法就称为弹性中心法。此时典型方程将简化为三个独立方程式

$$\delta_{11}X_1+\Delta_{1P}=0$$

$$\delta_{22}X_2+\Delta_{2P}=0$$

$$\delta_{33}X_3+\Delta_{3P}=0$$

于是，多余未知力可按下式求得

$$X_1=-\frac{\Delta_{1P}}{\delta_{11}},\quad X_2=-\frac{\Delta_{2P}}{\delta_{22}},\quad X_3=-\frac{\Delta_{3P}}{\delta_{33}}$$

系数和自由项分别为

$$\delta_{ii}=\int\frac{\overline{M}_i^2}{EI}\mathrm{d}s+\int\frac{\overline{F}_{Ni}^2}{EA}\mathrm{d}s+\int\frac{k\overline{F}_{Qi}^2}{GA}\mathrm{d}s$$

$$\Delta_{iP}=\int\frac{\overline{M}_iM_P}{EI}\mathrm{d}s+\int\frac{\overline{F}_{Ni}F_{NP}}{EA}\mathrm{d}s+\int\frac{k\overline{F}_{Qi}F_{QP}}{GA}\mathrm{d}s$$

其任意截面的内力可按叠加法求得

$$M=X_1+X_2y+X_3x+M_P$$

$$F_Q = X_2 \sin\varphi + X_3 \cos\varphi + F_{QP}$$

$$F_N = X_2 \cos\varphi - X_3 \sin\varphi + F_{NP}$$

4.7 超静定结构的特性

与静定结构相比，超静定结构具有以下一些特点：

(1) 对于静定结构，除荷载外，其他任何因素如温度变化、支座移动等均不引起内力。但对于超静定结构，由于存在着多余联系，当结构受到温度变化或支座移动等因素影响而发生位移时，一般将要受到多余联系的约束，相应地也要产生内力。

超静定结构的这一特性，在一定条件下会带来不利影响。例如连续梁可能由于地基不均匀沉陷而产生过大的附加内力。由于剪力墙的约束，混凝土屋面会因为温度降低产生裂缝。但是，在另外的情况下又可能成为有利的方面，例如同样对于连续梁，可以通过改变支座的高度来调整梁的内力，以得到更合理的内力分布。

(2) 静定结构的内力只按平衡条件即可确定，其值与结构的材料性质和截面尺寸无关。但超静定结构的内力单由平衡条件无法全部确定，还必须考虑变形条件才能确定，因此其内力数值与材料性质和截面尺寸有关。

由于这一特性，在计算超静定结构前，必须事先确定各杆截面大小或其相对值。但是，由于内力尚未算出，故通常只能根据经验拟定或用较简单的方法近似估算各杆截面尺寸，以此为基础进行计算。然后，按算出的内力再选择所需的截面，这与事先拟定的截面当然不一定相符，这就需要重新调整截面再进行计算。如此反复进行，直至得出满意的结果为止。因此，设计超静定结构的过程比设计静定结构复杂。但是，同样也可以利用这一特性，通过改变各杆的刚度大小来调整超静定结构的内力分布，以达到预期的目的。

(3) 超静定结构在多余联系被破坏后，仍能维持几何不变；而静定结构在任何一个联系被破坏后，便立即成为几何可变体系而丧失承载能力。因此，从安全储备方面来看，超静定结构具有较强的防御能力。

(4) 超静定结构由于具有多余联系，一般地说，要比相应的静定结构刚度大些，内力分布也均匀些。在荷载、跨度及截面相同的情况下，三跨连续梁的最大挠度及最大弯矩都较三跨简支梁小，显然连续梁具有较平滑的变形曲线，这对于桥梁可以减小行车时的冲击作用。

4.8 结论与讨论

4.8.1 结论

1. 力法是超静定结构的基本解法，超静定次数比较少的结构适合采用此法求解。同时力法求解的单跨超静定梁的结果还是位移法解题的基础。

2. 力法的基本思想是把不会求解的超静定问题，化成会求解的静定问题(内力、变形)，然后通过消除基本结构和原结构的差别，建立力法方程，使问题获得解决。只要这一思路确实掌握了，那么不管什么结构、什么外因就都不会有困难。

3. 一个结构的力法基本结构有无限多种，正确的计算最终结果是唯一的。不同基本结构，计算的工作量可能不同。合理选取基本结构就能既快又准地获得解答。

4. 对力法来说，除每一步应认真细致检查外，最后的总体检查也是必要的。总体检查主要是检查变形协调条件是否满足，这实际上是位移计算问题。超静定结构的位移计算可以看成基本结构的位移计算，当外因是支座移动或温度改变等时，千万别忘了基本结构上有这些外因作用，位移计算必须(对支座移动情况，要看基本结构是否存在已知支座位移)用多因素位移公式。

4.8.2 讨论

1. 力法解超静定结构时，一般取对应的静定结构作基本结构，但从力法基本思想“化未知问题为已知问题”来解决的考虑出发，基本结构不一定是静定的，也可以采用超静定次数较低的结构作为基本结构。关键在于能够很方便地求出基本结构在基本未知力和荷载作用下的内力和位移。

2. 高层结构为了减小侧移一般都设置有剪力墙，其简化计算方案之一是将剪力墙也当作杆件处理，整个结构变成框架。但是，代表剪力墙的杆件必须考虑剪切变形的影响。为建立此类杆件的形、载常数，用力法求解单跨梁时，位移系数的计算既要考虑弯曲变形，也要考虑剪切变形。也即：

$$\delta_{ij}=\int_0^l\left(\frac{\overline{M}_i\overline{M}_j}{EI}+\frac{k\overline{F}_{\mathrm{Q}i}\overline{F}_{\mathrm{Q}j}}{GA}\right)\mathrm{d}x, \quad \Delta_{i\mathrm{P}}=\int_0^l\left(\frac{\overline{M}_iM_{\mathrm{P}}}{EI}+\frac{k\overline{F}_{\mathrm{Q}i}F_{\mathrm{QP}}}{GA}\right)\mathrm{d}x$$

建议读者按此思路建立考虑剪切变形影响的两端固定梁的形、载常数。

3. 单层工业厂房的计算简图为排架，由于有吊车，一般厂房柱子是阶状变截面的，上柱惯性矩小、下柱惯性矩大。为对等高厂房用剪力分配法求解，请读者考虑并导出阶状变截面柱的侧移刚度公式。

思考题

4-1 何谓力法基本结构和基本体系?

4-2 力法方程的物理意义是什么?

4-3 在超静定桁架计算中，以切断多余轴向联系和拆除对应杆件构成基本结构，力法方程是否相同? 为什么?

4-4 什么情况下刚架可能是无弯矩的?

4-5 没有荷载作用，结构就没有内力。这一结论正确吗? 为什么?

4-6 为什么超静定结构各杆刚度改变时，内力状态将发生改变，而静定结构却不因此而改变? 为什么荷载作用下的超静定结构内力只与各杆的相对刚度(刚度比值)有关，而与绝对刚度无关?

4-7 为什么有温度变化和支座移动时，超静定结构的内力与各杆的绝对刚度有关?

4-8 力法计算结果校核应注意什么?

4-9 为什么超静定结构位移计算时可取任一静定基本结构建立单位力状态?

4-10 力法中，是否可以取超静定结构作为基本结构?

4-11 计算由支座移动引起的超静定结构的位移时，单位力状态如何选取会使计算得到简化?

4-12 能利用半结构的轴力求得原结构的轴力吗?

4-13 为什么校核计算结果时不用平衡条件，而用变形协调条件?

4-14 力法的基本未知量一定是多余约束力吗?

习题

4-1 试确定图 4-39 所示结构的超静定次数。

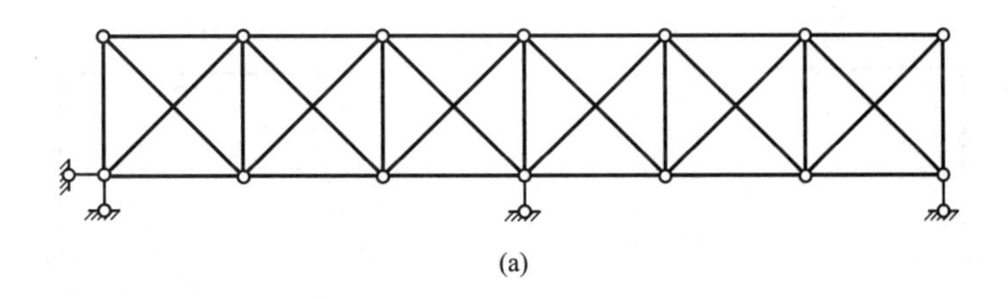

(a)

图 4-39 习题 4-1 图（一）

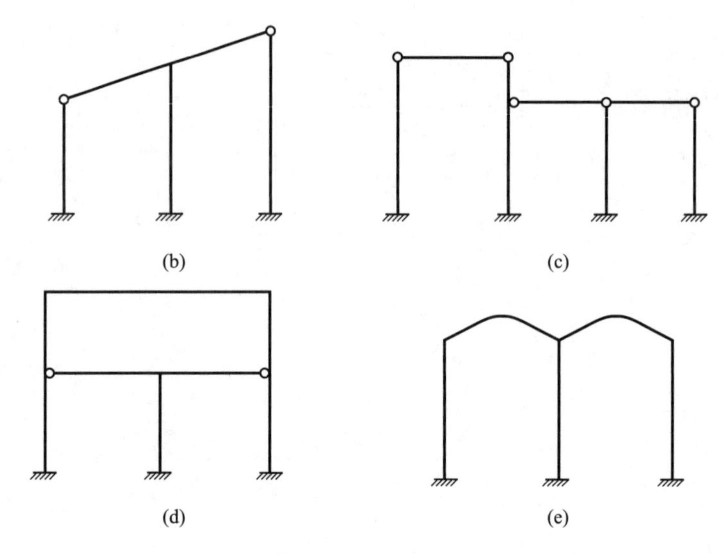

图 4-39 习题 4-1 图（二）

4-2 试用力法作图 4-40 所示结构的弯矩图。EI=常数。

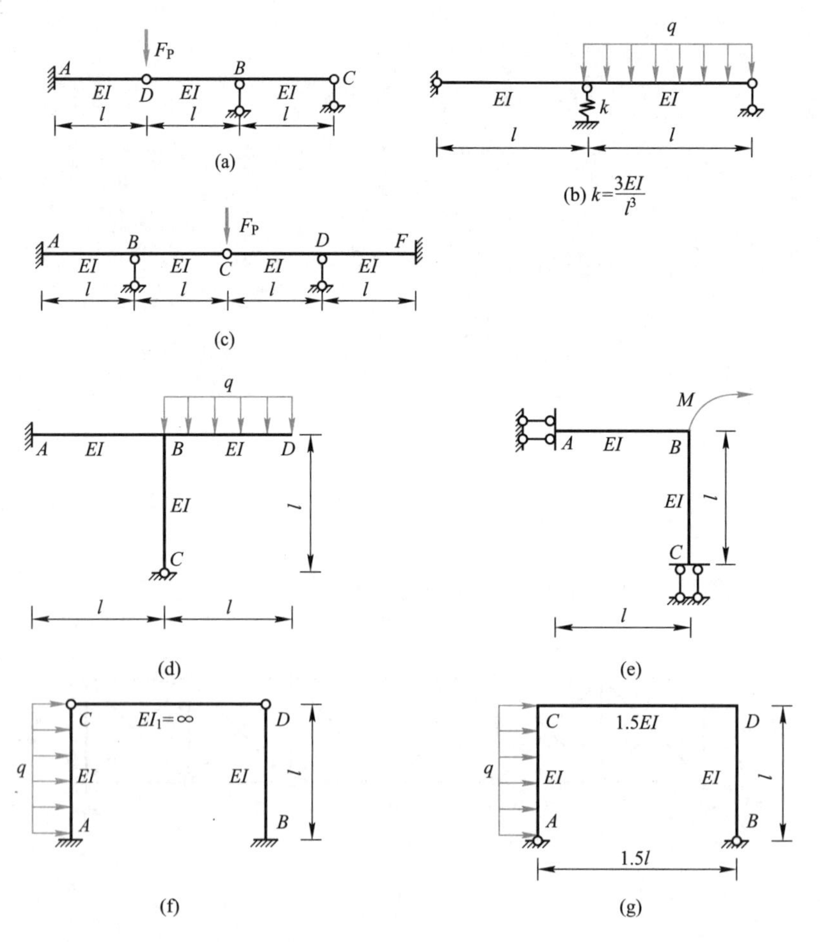

图 4-40 习题 4-2 图(一)

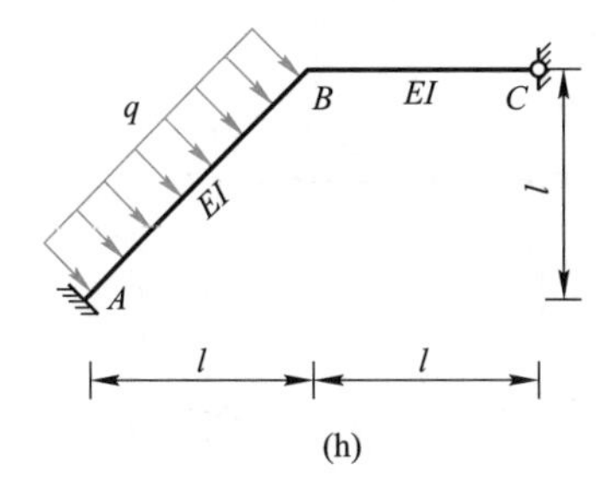

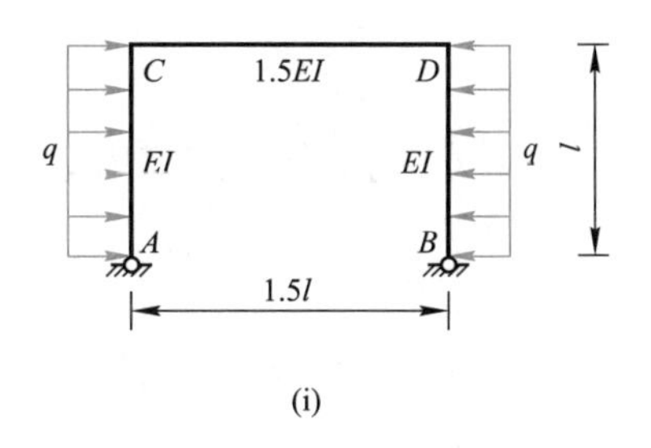

图 4-40　习题 4-2 图(二)

4-3　试用力法作图 4-41 所示结构的弯矩图。EI＝常数。

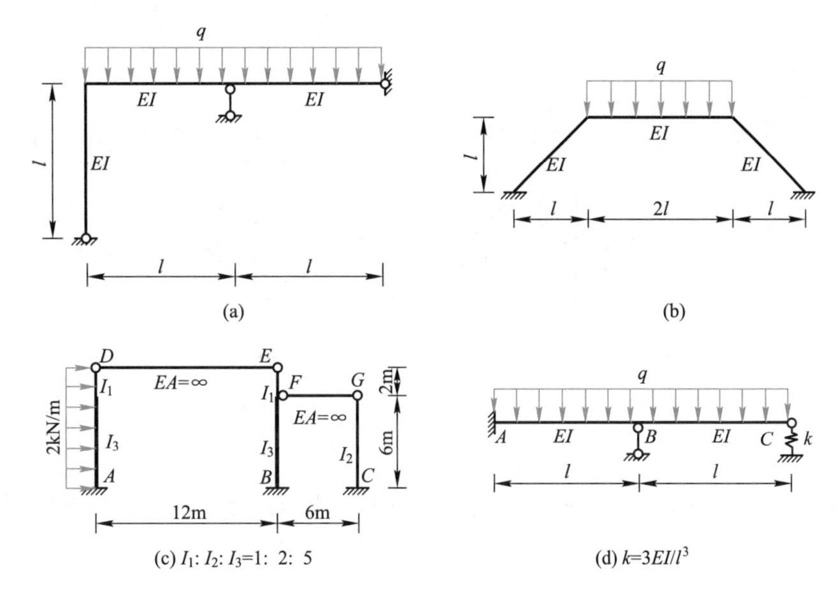

图 4-41　习题 4-3 图

4-4　试用力法求解图 4-42 所示桁架各杆的轴力。图中各杆 EA＝常数。

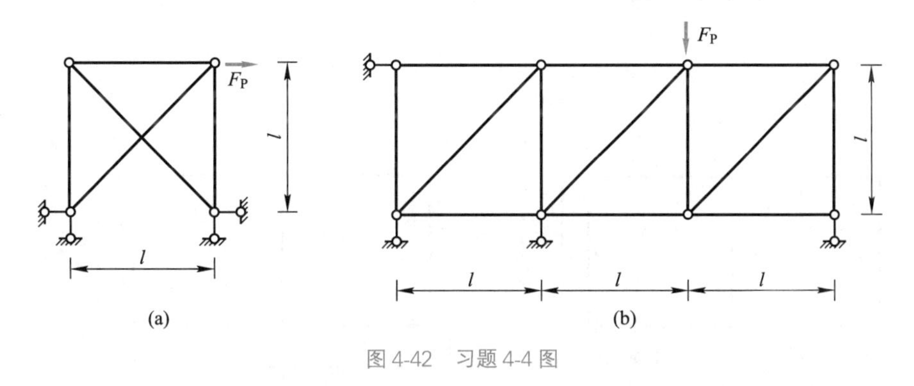

图 4-42　习题 4-4 图

4-5　试用力法求解图 4-43 所示组合结构中桁架杆的轴力。梁式杆的抗弯刚度和桁架杆的抗拉刚度之间的关系为 $EA=EI/(4l^2)$。

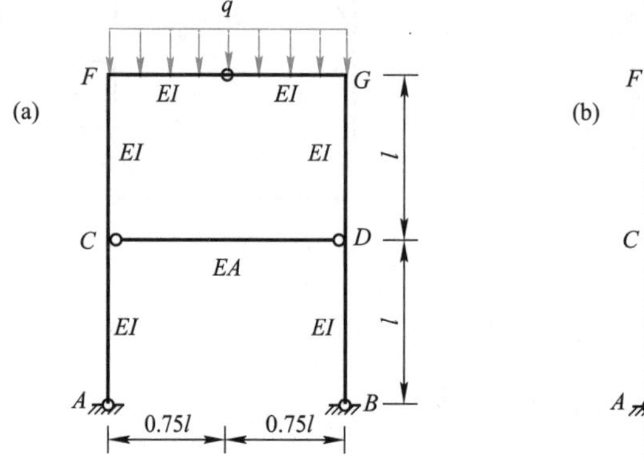

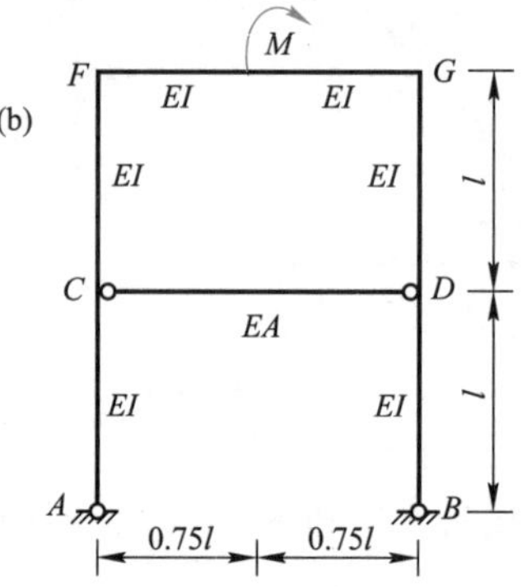

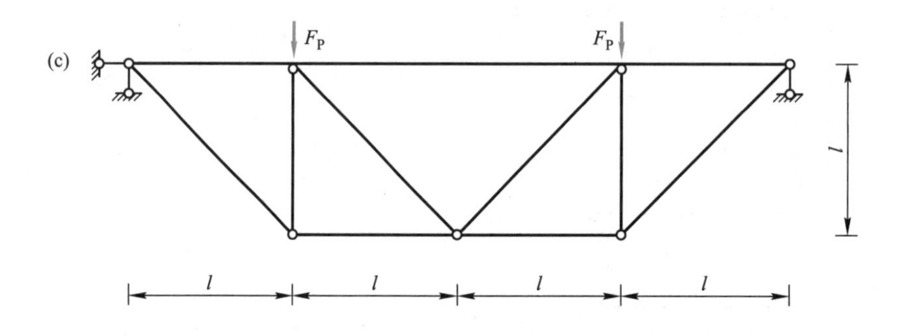

图 4-43　习题 4-5 图

4-6　试用力法作图 4-44 所示结构的弯矩图。除标注外，图中各杆 EI＝常数。

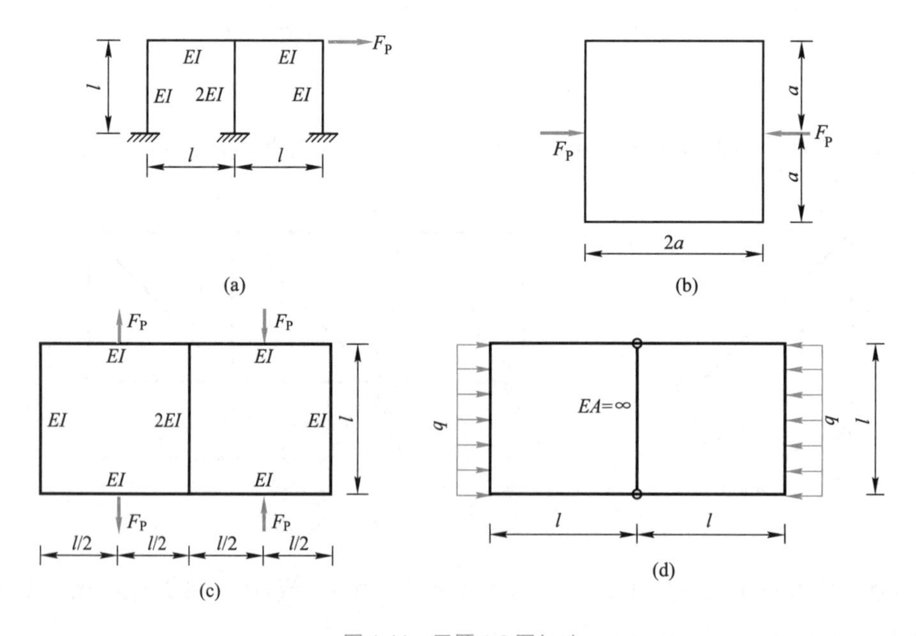

图 4-44　习题 4-6 图(一)

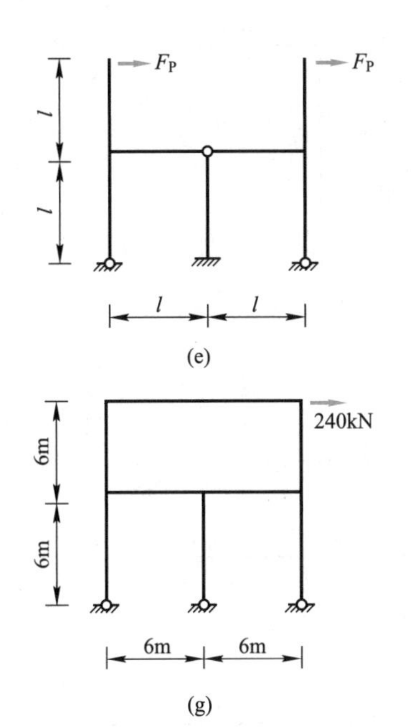

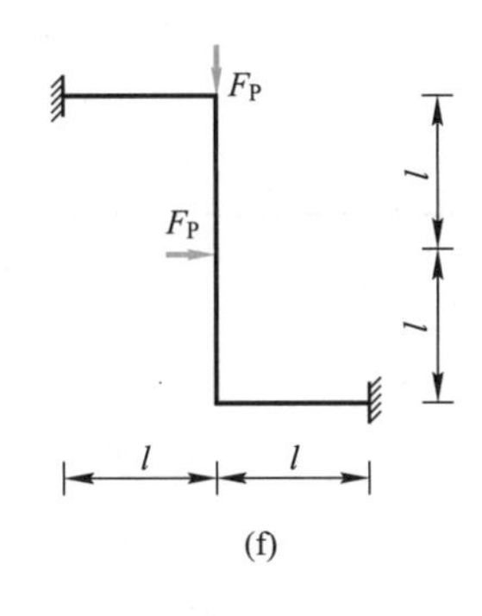

图 4-44　习题 4-6 图(二)

4-7　用力法计算并作图 4-45 所示结构由支座移动引起的弯矩图。图中各杆 EI＝常数。

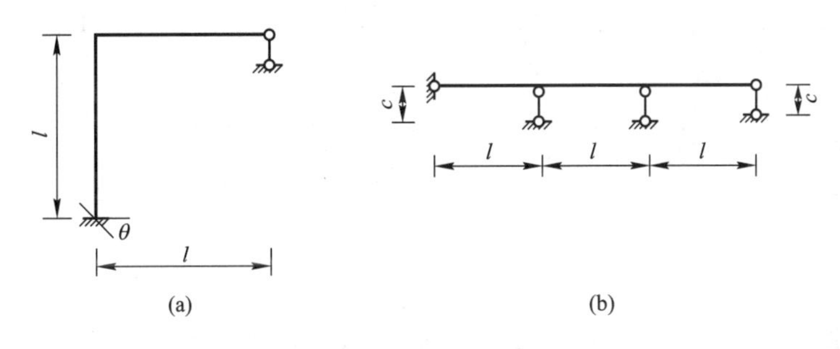

图 4-45　习题 4-7 图

4-8　用力法计算图 4-46 所示结构由于温度改变引起的弯矩图。杆件截面为矩形，截面高度为 h，材料的线膨胀系数为 α。

4-9　用力法计算并作图 4-47 所示结构的弯矩图，已知：$\alpha=0.00001$，各杆矩形截面高 $h=0.3\text{m}$，$EI=2\times10^5\text{kN}\cdot\text{m}^2$。

4-10　计算图 4-48 所示连续梁，作出弯矩图，并计算 K 点的竖向位移 Δ_{Ky} 和截面 C 的转角 φ_C。E＝常数。

4-11　求图 4-49 所示单跨梁截面 C 的竖向位移 Δ_{Cy}。

4-12　图 4-50 所示结构支座 B 发生水平位移 $a=20\text{mm}$，竖向位移 $b=20\text{mm}$，转角 0.01rad，已经各杆 $I=6400\text{cm}^4$，$E=210\text{GPa}$。试作 M 图，并求 D 点竖向位移 Δ_{Dy} 以及 F 点水平位移 Δ_{Fx}。

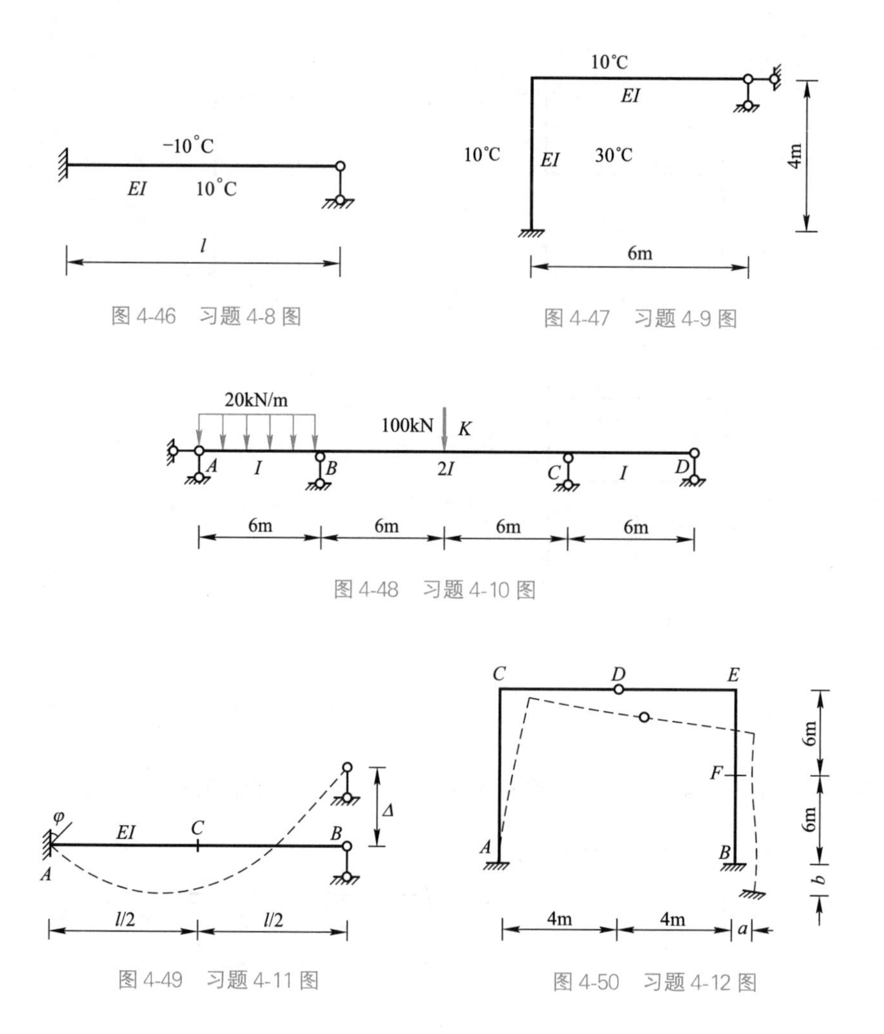

图 4-46　习题 4-8 图

图 4-47　习题 4-9 图

图 4-48　习题 4-10 图

图 4-49　习题 4-11 图

图 4-50　习题 4-12 图

4-13　图 4-51 所示等截面梁 AB，支座 A 顺时针转动 φ_A。求梁跨中截面的竖向位移 Δ_{Cy} 和 B 截面的转角 φ_B。

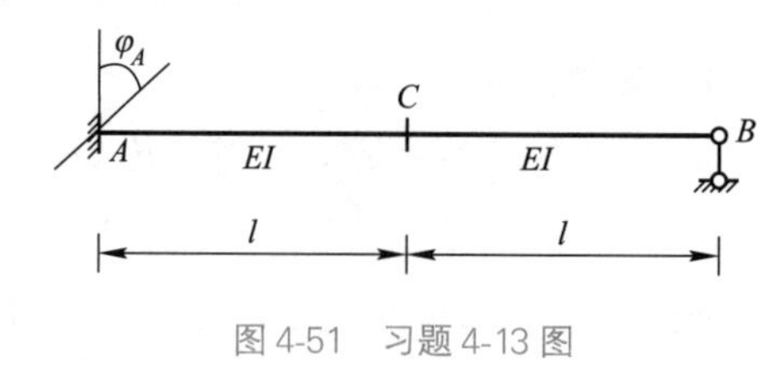

图 4-51　习题 4-13 图

第5章

位移法

本章知识点

【知识点】 等截面直杆的形常数和载常数，等截面直杆刚度方程与杆端弯矩表达式，利用静力平衡条件直接建立位移法方程。位移法的基本未知量、基本结构、基本体系、基本方程（典型方程）。

【重点】 位移法解连续梁和超静定刚架。

【难点】 复杂刚架线位移未知量的选择。

位移法是将节点位移作为基本未知量，根据平衡条件建立位移法方程并求解超静定结构的一种方法。本章首先讲解位移法的基本概念和位移法方程，然后讲解位移法在各种结构形式、各种外界因素作用下的应用。

5.1 形常数和载常数

在位移法中，要用到图 5-1 所示的三种单跨等截面超静定梁在荷载、支座位移和温度变化作用下的杆端弯矩和杆端剪力。

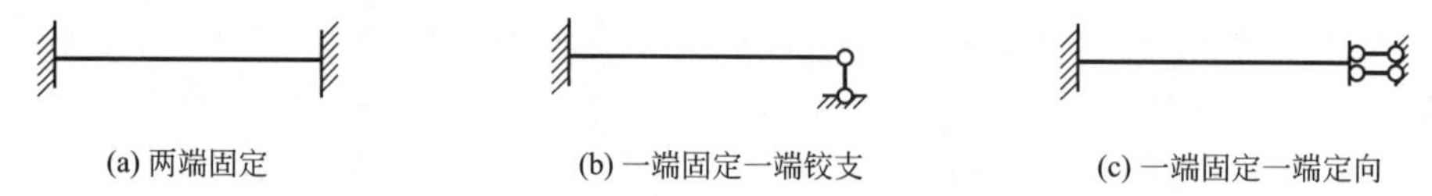
(a) 两端固定　(b) 一端固定一端铰支　(c) 一端固定一端定向

图 5-1　三种等截面超静定单跨梁示意图

其中，由支座位移引起的杆端弯矩和杆端剪力称为形常数。由荷载和温度变化引起的杆端弯矩和杆端剪力称为载常数。

在这一章中，杆端弯矩有了正负号的规定。杆端弯矩以绕杆端顺时针为正、逆时针为负，绕节点逆时针为正、顺时针为负，如图 5-2(a)所示。

杆端剪力的正负号规定与前面相同，以绕隔离体顺时针转动为正、逆时针转动为负，如图 5-2(b)所示。

(a) 杆端弯矩的正负号规定　(b) 杆端剪力的正负号规定

图 5-2　杆端弯矩和杆端剪力的正负号规定

表 5-1 给出了三种单跨梁常用的形常数和载常数，其中 $i=EI/l$ 为梁单位长度的抗弯刚度，称为线刚度。

单跨等截面梁的形常数和载常数　**表 5-1**

序号	单跨梁	弯矩图	杆端弯矩		杆端剪力	
			M_{AB}	M_{BA}	F_{QAB}	F_{QBA}
1	A, B, 1, l	$\frac{6i}{l}$, A, B, $\frac{6i}{l}$	$-\frac{6i}{l}$	$-\frac{6i}{l}$	$\frac{12i}{l^2}$	$\frac{12i}{l^2}$
2	1, A, B, l	$2i$, A, B, $4i$	$4i$	$2i$	$-\frac{6i}{l}$	$-\frac{6i}{l}$

续表

序号	单跨梁	弯矩图	杆端弯矩		杆端剪力	
			M_{AB}	M_{BA}	F_{QAB}	F_{QBA}
3	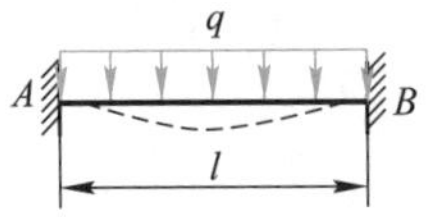 q A B l	 $ql^2/12$ $ql^2/12$ A B	$-\dfrac{ql^2}{12}$	$\dfrac{ql^2}{12}$	$\dfrac{ql}{2}$	$-\dfrac{ql}{2}$
4	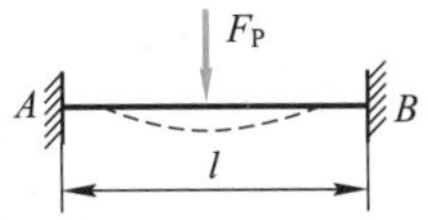 F_P A B l	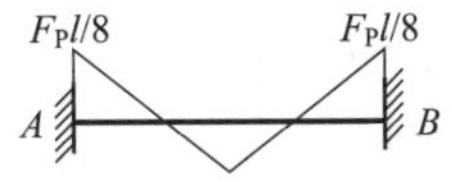 $F_Pl/8$ $F_Pl/8$ A B	$-\dfrac{F_Pl}{8}$	$\dfrac{F_Pl}{8}$	$\dfrac{F_P}{2}$	$-\dfrac{F_P}{2}$
5	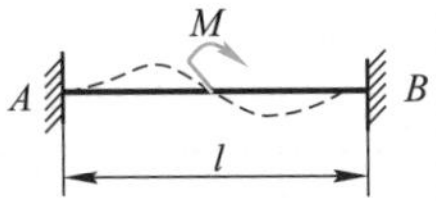 M A B l	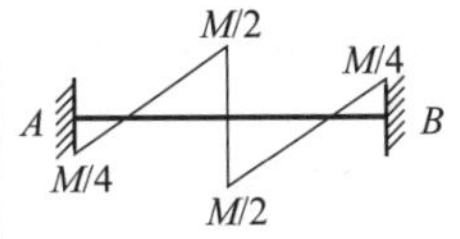 $M/2$ $M/4$ A B $M/4$ $M/2$	$\dfrac{M}{4}$	$\dfrac{M}{4}$	$-\dfrac{3M}{2l}$	$-\dfrac{3M}{2l}$
6	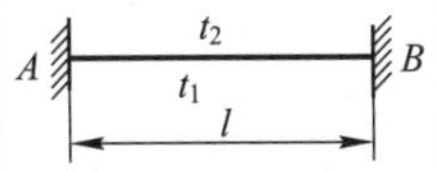 A B t_2 t_1 l	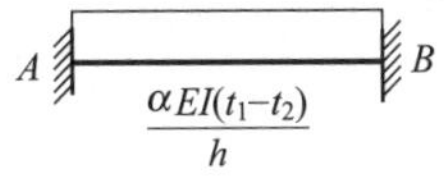 A B $\dfrac{\alpha EI(t_1-t_2)}{h}$	$-\dfrac{\alpha EI(t_1-t_2)}{h}$	$\dfrac{\alpha EI(t_1-t_2)}{h}$	0	0
7	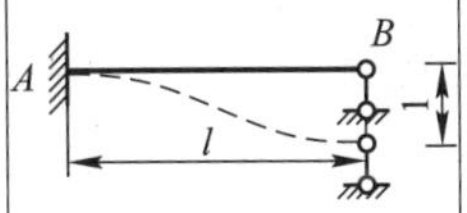 A B l 1	 $3i/l$ A B	$-\dfrac{3i}{l}$	0	$\dfrac{3i}{l^2}$	$\dfrac{3i}{l^2}$
8	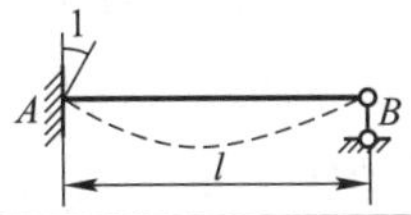 1 A B l	 A B $3i$	$3i$	0	$-\dfrac{3i}{l}$	$-\dfrac{3i}{l}$
9	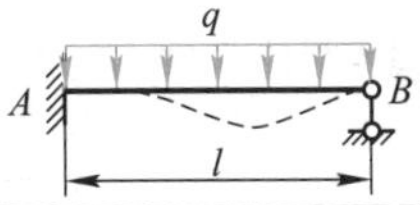 q A B l	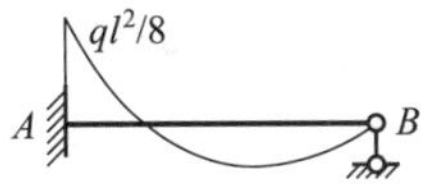 $ql^2/8$ A B	$-\dfrac{ql^2}{8}$	0	$\dfrac{5ql}{8}$	$-\dfrac{3ql}{8}$
10	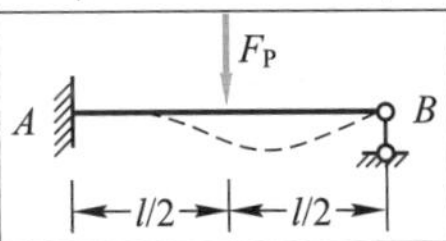 F_P A B $l/2$ $l/2$	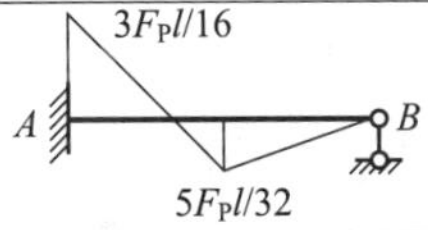 $3F_Pl/16$ A B $5F_Pl/32$	$-\dfrac{3F_Pl}{16}$	0	$\dfrac{11F_P}{16}$	$-\dfrac{5F_P}{16}$
11	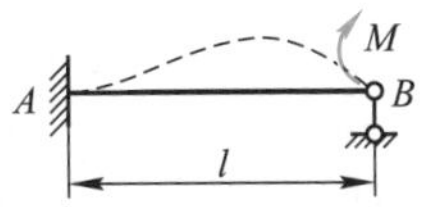 A M B l	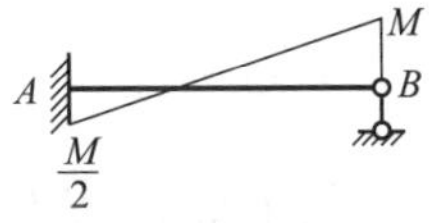 M A B $\dfrac{M}{2}$	$\dfrac{M}{2}$	M	$-\dfrac{3M}{2l}$	$-\dfrac{3M}{2l}$
12	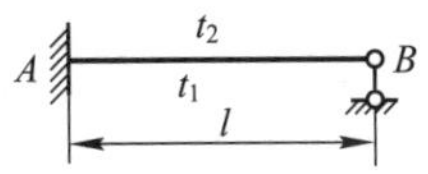 A B t_2 t_1 l	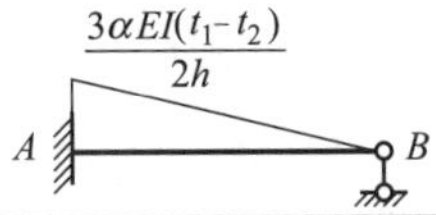 $\dfrac{3\alpha EI(t_1-t_2)}{2h}$ A B	$-\dfrac{3\alpha EI(t_1-t_2)}{2h}$	0	$\dfrac{3\alpha EI(t_1-t_2)}{2hl}$	$\dfrac{3\alpha EI(t_1-t_2)}{2hl}$
13	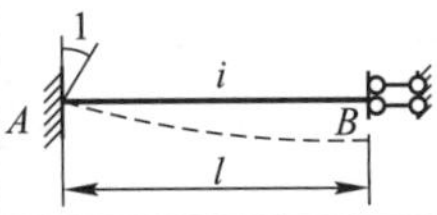 1 i A B l	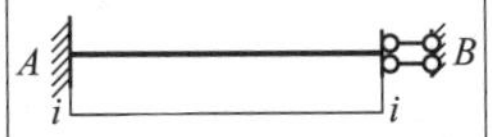 A B i i	i	$-i$	0	0
14	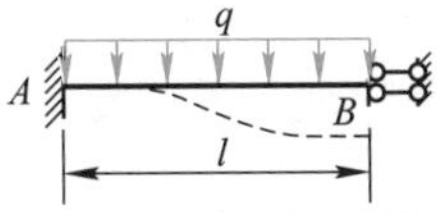 q A B l	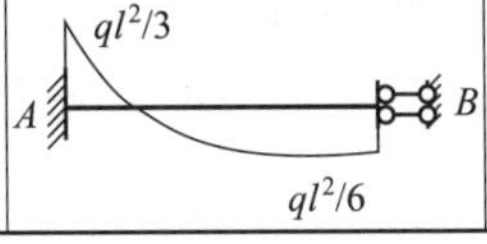 $ql^2/3$ A B $ql^2/6$	$-\dfrac{ql^2}{3}$	$-\dfrac{ql^2}{6}$	ql	0

续表

序号	单跨梁	弯矩图	杆端弯矩		杆端剪力	
			M_{AB}	M_{BA}	F_{QAB}	F_{QBA}
15	F_P A B $l/2$ $l/2$	$\frac{3}{8}F_Pl$ A B $\frac{1}{8}F_Pl$	$-\frac{3}{8}F_Pl$	$-\frac{1}{8}F_Pl$	F_P	0
16	F_P A B l	$F_Pl/2$ A B $F_Pl/2$	$-\frac{F_Pl}{2}$	$-\frac{F_Pl}{2}$	F_P	0
17	$-t$ A B t l	$2EI\alpha t/h$ A B	$-\frac{2\alpha EIt}{h}$	$\frac{2\alpha EIt}{h}$	0	0

实际应用时，建议读者只记住形常数和载常数的数值，正负号可以根据支座位移、荷载和温度变化的具体情况进行判断。

5.2 平衡方程法

图 5-3(a)所示结构，若不考虑杆件的轴向变形，B 节点只有转角位移。对于 AB 杆和 BC 杆，如果 B 节点的转角位移知道了，就可以由表 5-1 提供的形常数和载常数直接得到杆件的杆端弯矩和剪力。其中 AB 杆的杆端力可由两端固定梁在 B 端转角位移 Δ 作用下获得，BC 杆的杆端力可由一端固定一端铰支梁在跨中荷载 F_P 及 B 端转角位移 Δ 共同作用下获得，如图 5-3(b)所示。

两个杆件杆端弯矩具体的表达式为

$$M_{AB}=2i\Delta,\quad M_{BA}=4i\Delta$$

$$M_{BC}=3i\Delta-\frac{3F_Pl}{16},\quad M_{CB}=0$$

从上述表达式中可以看出，关键的问题是如何求得 B 节点的转角位移 Δ。为此，取出图 5-3(c)所示的隔离体，由隔离体的力矩平衡方程可得

$$M_{BA}+M_{BC}=0$$

即

$$4i\Delta+3i\Delta-\frac{3F_Pl}{16}=0$$

由此可解得

$$\Delta=\frac{3F_Pl}{112i}$$

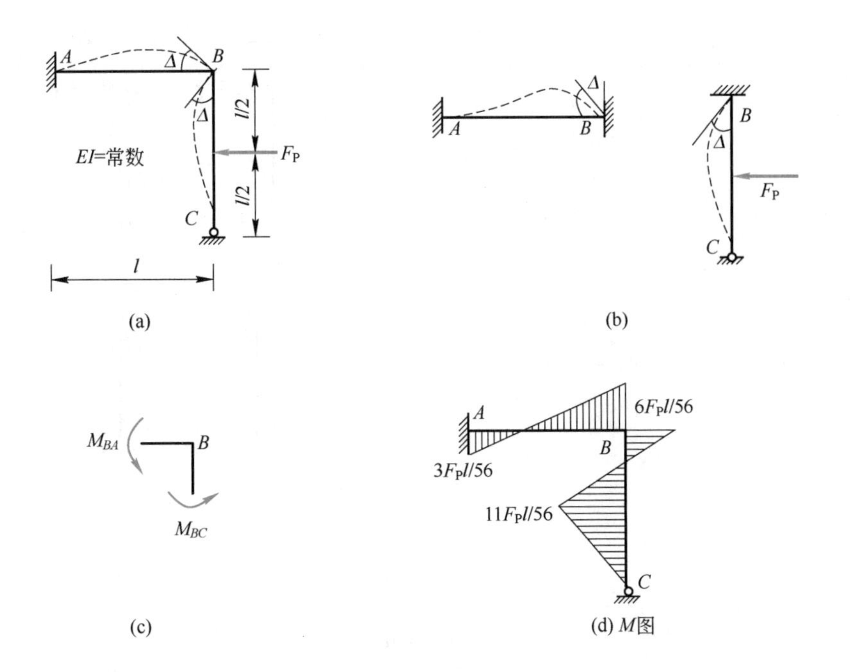

图 5-3

将 Δ 代回杆端弯矩表达式，得

$$M_{AB}=\frac{3F_{\mathrm{P}}l}{56},\quad M_{BA}=\frac{6F_{\mathrm{P}}l}{56},\quad M_{BC}=-\frac{6F_{\mathrm{P}}l}{56},\quad M_{CB}=0$$

再利用弯矩的区段叠加法，即可得到原结构的弯矩图（图 5-3d）。

再看图 5-4(a)所示结构，若不考虑竖向杆件的轴向变形，C、D 两点只有水平位移，又由于 CD 杆抗拉刚度为无穷大，C、D 两点的水平位移相等。因此，若 C、D 点水平位移 Δ 已知，就可以由表 5-1 提供的形常数和载常数，直接得到两个竖杆的杆端弯矩和剪力。其中 AC 杆的杆端力可由一端固定、一端铰支的梁受均布荷载 q 和水平位移 Δ 共同作用下获得，BD 杆的杆端力可由一端固定、一端铰支的梁在水平位移 Δ 作用下获得，如图 5-4(b)所示。

两个杆件杆端弯矩和杆端剪力具体的表达式为

$$M_{AC}=-\frac{3i\Delta}{l}-\frac{ql^2}{8},\quad F_{QCA}=\frac{3i\Delta}{l^2}-\frac{3ql}{8},\quad M_{BD}=-\frac{3i\Delta}{l},\quad F_{QDB}=\frac{3i\Delta}{l^2}$$

为求水平位移 Δ，取出图 5-4(c)所示的隔离体，列水平方向力的平衡方程，得

$$F_{QCA}+F_{QDB}=0$$

即

$$\frac{3i\Delta}{l^2}-\frac{3ql}{8}+\frac{3i\Delta}{l^2}=0$$

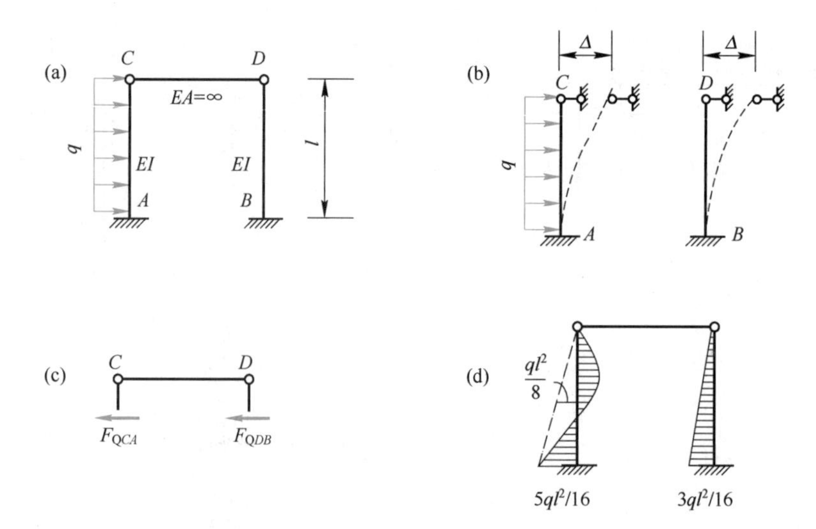

图 5-4

由此解得

$$\Delta=\frac{ql^3}{16i}$$

将 Δ 代回杆端弯矩表达式，得

$$M_{AC}=-\frac{5ql^2}{16},\quad M_{BD}=-\frac{3ql^2}{16}$$

再利用弯矩的区段叠加法，即可得到原结构的弯矩图（图 5-4d）。

从上述两个例子可以看出，平衡方程法的基本思路是：

(1) 确定结构独立的节点位移；

(2) 写出各杆件的杆端弯矩和杆端剪力（需要时）表达式；

(3) 利用隔离体的平衡条件，求出节点位移；

(4) 将节点位移代回到杆端弯矩表达式中，得到各杆的杆端弯矩；

(5) 利用弯矩的区段叠加法，得到结构的弯矩图。

5.3 典型方程法

下面以图 5-5(a)所示结构为例，说明典型方程法的解题思路。

(1) 选择基本结构和基本体系。

在已知表 5-1 形常数和载常数的前提下，若不考虑杆件轴向变形，结构只需求出两个独立的节点位移：一个是 C 点的转角位移，用 Δ_1 表示；另一个是 C、D 点相同的水平位移，用 Δ_2 表示。

在需要求转角位移的地方加上附加刚臂约束，它可以通过施加约束力偶，控制节点的转角位移。在需要求水平位移的地方加上附加链杆约束，它可以通过施加沿位移方向的约束力，控制节点的线位移。加上附加约束的结构称为位移法的**基本结构**，如图 5-5(b)所示。在基本结构上施加荷载，得到的受力变形体系称为位移法的**基本体系**，如图 5-5(c)所示。

(2) 建立位移法方程。

如果基本体系发生与原结构相同的节点位移，则基本体系的内力和变形与原结构完全相同。这时，附加约束的约束力 F_{R1} 和 F_{R2} 应该都等于零。因为实际结构中没有附加约束，当然也就没有附加约束力。

现在，将节点位移和荷载分开考虑。

① 在附加刚臂上施加外力偶 k_{11}，在附加链杆上施加水平集中力 k_{21}，使基本结构只在 C 点发生单位转角位移。这时，基本结构各杆件的弯矩图（$\overline{M}_1$ 图）可由表 5-1 的形常数得到，如图 5-5(d)所示。根据图 5-5(d)所示隔离体的平衡条件，可求出附加约束上需要施加的外力 k_{11} 和 k_{21}。很明显，$k_{11}=7i$、$k_{21}=-6i/l$。

② 在附加刚臂上施加外力偶 k_{12}，在附加链杆上施加水平集中力 k_{22}，使基本结构只在 C、D 两点发生共同的单位水平位移。这时，基本结构各杆件的弯矩图（$\overline{M}_2$ 图）也同样可由表 5-1 的形常数得到，如图 5-5(e)所示。根据图 5-5(e)所示隔离体的平衡条件，可求出附加约束上需要施加的外力 k_{12} 和 k_{22}。很明显，$k_{12}=-6i/l$、$k_{22}=15i/l^2$。

③ 在附加刚臂上施加外力偶 F_{1P}，在附加链杆上施加水平集中力 F_{2P}，使基本结构在荷载作用下，C 点的转角位移 Δ_1 和 C、D 两点的水平位移 Δ_2 都等于零。这时，基本结构各杆件的弯矩图（M_P 图）可由表 5-1 的载常数得到，如图 5-5(f)所示。根据图 5-5(f)所示隔离体的平衡条件，可求出附加约束上需要施加的外力 F_{1P} 和 F_{2P}。很明显，$F_{1P}=ql^2/12$、$F_{2P}=-\dfrac{ql}{2}$。

将上面三种情况叠加，即基本体系在 C 点发生转角位移 Δ_1，在 C、D 两点发生水平位移 Δ_2，同时作用有荷载。这时，附加约束上的约束力应该是上面三种情况的叠加，即

$$F_{R1}=k_{11}\Delta_1+k_{12}\Delta_2+F_{1P}$$

$$F_{R2}=k_{21}\Delta_1+k_{22}\Delta_2+F_{2P}$$

此时的基本体系与原结构是完全等效的，故 $F_{R1}=0$、$F_{R2}=0$。由此得

$$k_{11}\Delta_1+k_{12}\Delta_2+F_{1P}=0$$

$$k_{21}\Delta_1+k_{22}\Delta_2+F_{2P}=0$$

这就是位移法典型方程。式中，k_{11}、k_{12}、k_{21} 和 k_{22} 称为刚度系数；F_{1P} 和

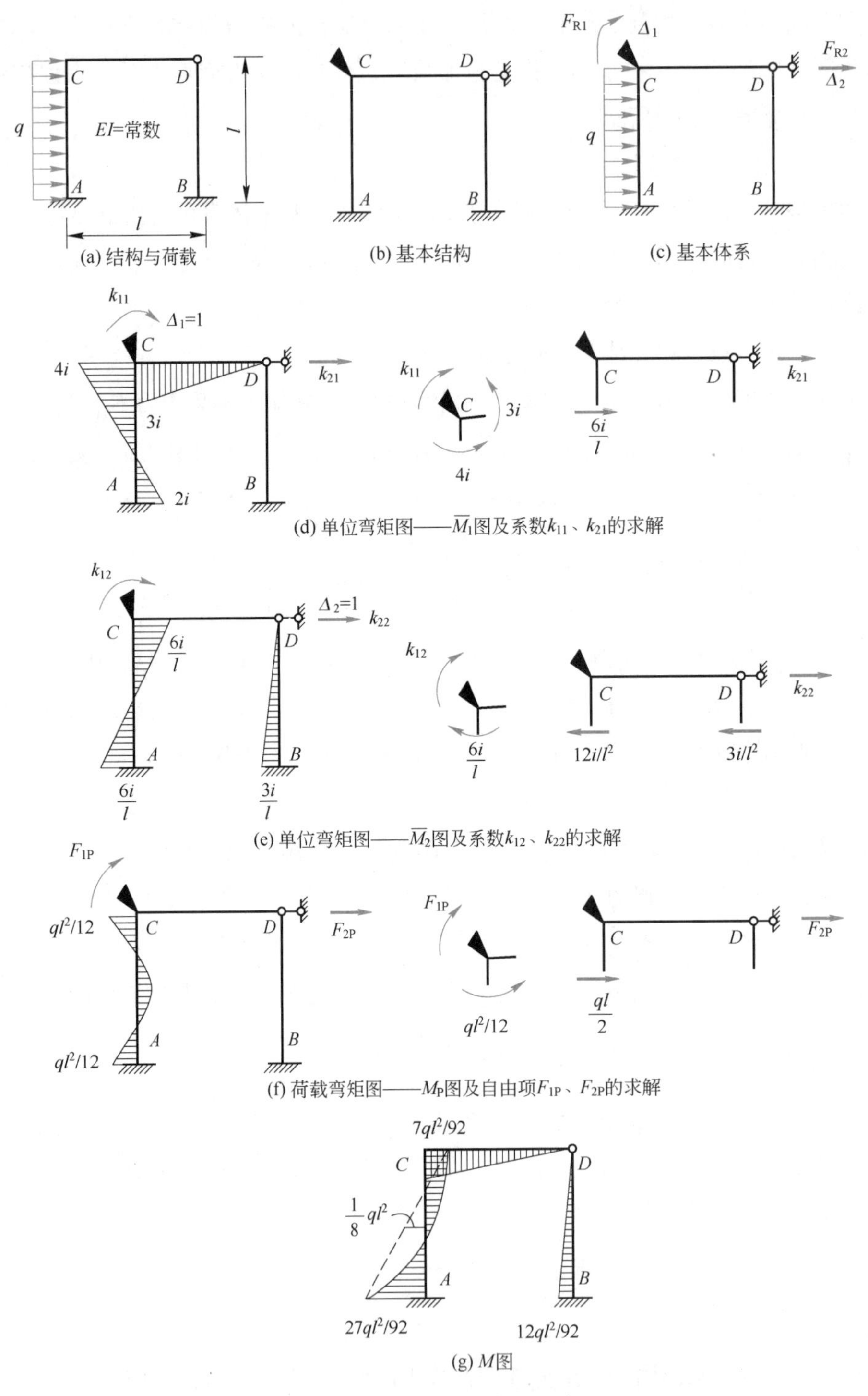

图 5-5 典型方程法解题思路

F_{2P} 称为自由项。

(3) 将系数和自由项代入方程，得

$$\begin{cases}7i\Delta_1-\dfrac{6i}{l}\Delta_2+\dfrac{ql^2}{12}=0\\ \dfrac{-6i}{l}\Delta_1+\dfrac{15i}{l^2}\Delta_2-\dfrac{ql}{2}=0\end{cases}$$

解得

$$\Delta_1=\frac{7ql^2}{276i}\quad \Delta_2=\frac{ql^3}{23i}$$

（4）作弯矩图。利用叠加法作最后的弯矩图，如图 5-5(g)所示。

$$M=\overline{M}_1\Delta_1+\overline{M}_2\Delta_2+M_P$$

5.3.1 无侧移结构

【例题 5-1】 试求图 5-6(a)所示无侧移刚架的弯矩图。

【解】 （1）确定基本结构和基本体系。该结构只有一个独立的转角位移 Δ_1，因此，基本结构如图 5-6(b)所示，基本体系如图 5-6(c)所示，设 $i=\dfrac{EI}{l}$。

（2）建立位移法方程。方程的物理意义是在转角位移 Δ_1 和均布荷载作用下，B 节点附加约束刚臂上的总约束力偶等于零，即

$$k_{11}\Delta_1+F_{1P}=0$$

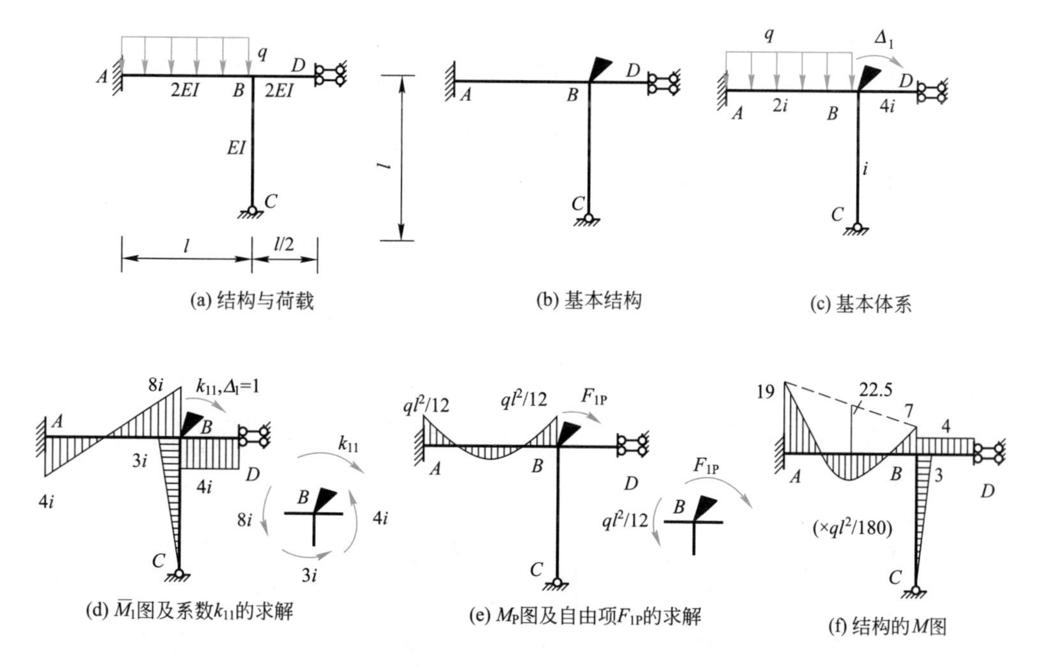

图 5-6 例题 5-1 图

(3) 求系数和自由项，解方程。

作基本结构只发生转角位移 $\Delta_1=1$ 时的单位弯矩图——$\overline{M}_1$ 图，如图 5-6(d)所示。取图中所示隔离体，列力矩平衡方程，求得系数 k_{11} 为

$$k_{11}=8i+3i+4i=15i$$

作基本结构只受荷载作用的弯矩图——M_P 图，如图 5-6(e)所示。取图中所示隔离体，列力矩平衡方程，求得自由项 F_{1P} 为

$$F_{1P}=ql^2/12$$

将求得的系数和自由项代入方程中，解得

$$\Delta_1=-ql^2/180i$$

(4) 由叠加公式 $M=\overline{M}_1\Delta_1+M_P$ 和弯矩的区段叠加法可作出结构的弯矩图，如图 5-6(f)所示。

校核：取刚节点 B，显然满足 $\sum M=0$，也即满足平衡条件，说明结果是正确的。

【例题 5-2】 试用位移法求图 5-7(a)所示结构的弯矩图。

【解】 (1) 确定基本未知量及基本结构。该结构只有一个独立的转角位移，即 B 点的转角位移，基本结构如图 5-7(b)所示，基本体系如图 5-7(c)所示，设 $i=\dfrac{EI}{l}$。

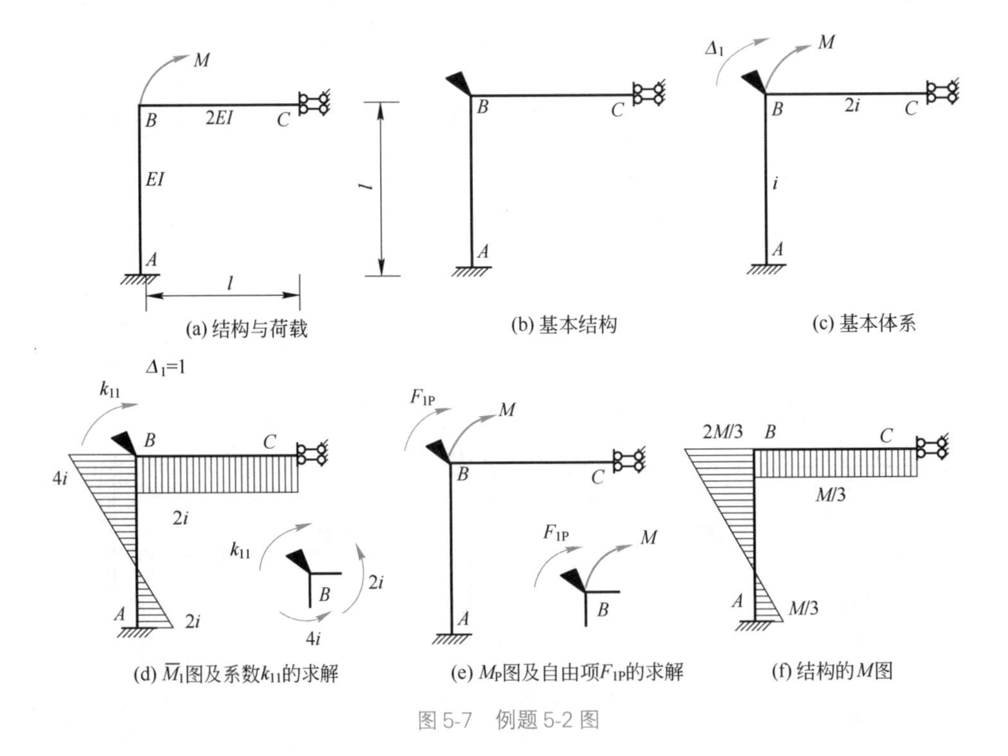

图 5-7 例题 5-2 图

(2) 建立位移法典型方程。本例题位移法方程的物理意义是在转角位移和荷载的共同作用下，B节点附加约束上的总反力偶等于零。即

$$k_{11}\Delta_1+F_{1P}-0$$

(3) 求系数和自由项，解方程。

作单位弯矩图——$\overline{M}_1$ 图，如图 5-7(d)所示。取图中所示隔离体，列力矩平衡方程，求得系数

$$k_{11}=4i+2i=6i$$

作荷载弯矩图——M_P 图，如图 5-7(e)所示。取图中所示隔离体，列力矩平衡方程，得

$$F_{1P}=-M$$

将求得的系数和自由项代入方程中，解得

$$\Delta_1=\frac{M}{6i}$$

(4) 由 $M=\overline{M}_1\Delta_1+M_P$ 叠加，可得图 5-7(f)所示弯矩图。

说明：本题中集中力偶正好作用在需求转角位移的节点上，由 M_P 图可知该集中力偶对 M_P 图没有影响，但对附加刚臂的约束力偶有影响。

【例题 5-3】 试求图 5-8(a)所示结构的弯矩图。

【解】 (1) 确定基本未知量及基本结构。基本结构如图 5-8(b)所示，基本体系如图 5-8(c)所示，设 $i=\frac{EI}{l}$。

(2) 写出位移法方程。

$$k_{11}\Delta_1+k_{12}\Delta_2+F_{1P}=0$$

$$k_{21}\Delta_1+k_{22}\Delta_2+F_{2P}=0$$

(3) 求方程中的系数和自由项，解方程。

作基本结构只发生 $\Delta_1=1$ 的单位弯矩图——$\overline{M}_1$ 图，如图 5-8(d)所示。取图中所示隔离体，列力矩平衡方程，求得系数

$$k_{11}=4i+8i=12i,\quad k_{21}=4i$$

作基本结构只发生 $\Delta_2=1$ 时的单位弯矩图——$\overline{M}_2$ 图，如图 5-8(e)所示。取图中所示隔离体，列力矩平衡方程，求得系数

$$k_{12}=4i,\quad k_{22}=18i$$

作基本结构荷载弯矩图——M_P 图，如图 5-8(f)所示。取图中所示隔离体，列力

矩平衡方程可得

$$F_{1P}=-\frac{110}{3}\text{kN}\cdot\text{m},\quad F_{2P}=-\frac{10}{3}\text{kN}\cdot\text{m}$$

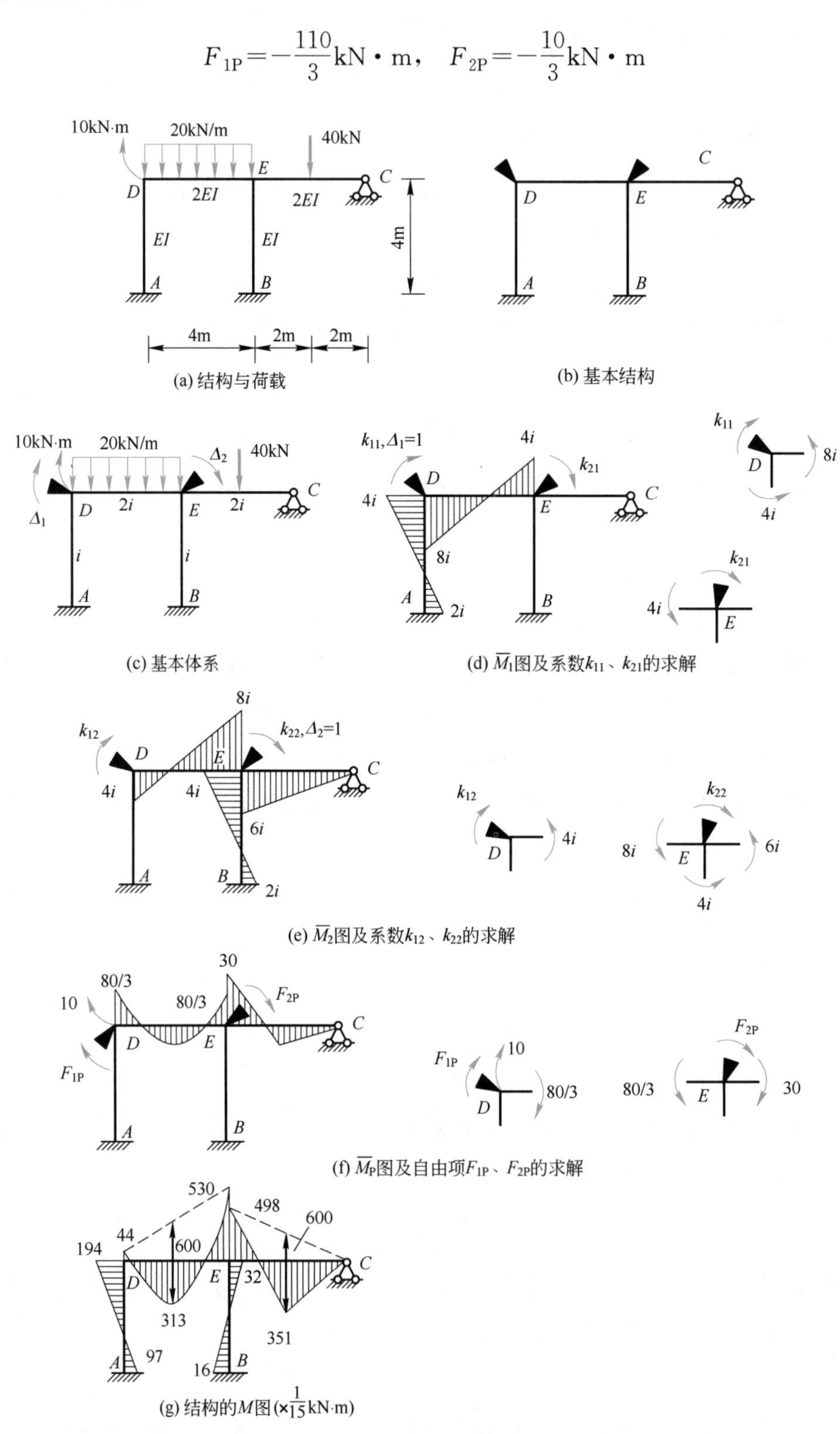

图 5-8　例题 5-3 图

将求得的系数和自由项代入方程中，解得

$$\Delta_1=\frac{97}{30i}\text{kN}\cdot\text{m},\quad \Delta_2=\frac{-16}{30i}\text{kN}\cdot\text{m}$$

(4) 由 $M=\overline{M}_1\Delta_1+\overline{M}_2\Delta_2+M_P$ 叠加，并利用弯矩叠加法，可得如图 5-8(g)所示弯矩图。

总结：对于附加刚臂的约束力偶，只需将节点取出作为隔离体，利用力矩平衡进行求解。

5.3.2 有侧移结构

【例题 5-4】 试作图 5-9(a)所示梁的弯矩图，并求弹簧的支反力。已知梁的 EI 为常数，k 为弹性支座刚度系数，且 $k=3EI/l^3$。

【解】 (1) 确定基本未知量及基本结构。本题有一个刚节点，跨中是弹性支座。可得图 5-9(b)所示基本结构和图 5-9(c)所示基本体系。

(2) 建立位移法方程。

$$k_{11}\Delta_1+k_{12}\Delta_2+F_{1P}=0$$

$$k_{21}\Delta_1+k_{22}\Delta_2+F_{2P}=0$$

(3) 求系数和自由项，解方程。得出基本结构后，其余的工作完全和前面的例题相仿，由形常数作单位弯矩图，如图 5-9(d)、(e)所示。取图中所示隔离体，可求得刚度系数分别为

$$k_{11}=7i,\quad k_{12}=k_{21}=3i/l,\quad k_{22}=15i/l^2+k$$

由载常数作荷载弯矩图，如图 5-9(f)所示。取图中所示隔离体，可求得自由项分别为

$$F_{1P}=-ql^2/24,\quad F_{2P}=9ql/8$$

将求得的系数和自由项代入方程，解得

$$\Delta_1=\frac{11ql^2}{312i},\quad \Delta_2=\frac{-8ql^3}{117i}$$

(4) 由 $M=\overline{M}_1\Delta_1+\overline{M}_2\Delta_2+M_P$ 叠加可得图 5-9(g)所示的弯矩图。

(5) 由 B 点的竖向位移 Δ_2 可得弹簧的支反力为

$$F_{By}=k\Delta_2=-\frac{8}{39}ql\ (\downarrow)$$

注：对附加链杆的约束力，最常用的方法是沿链杆方向，将链杆两侧的杆件切断，取出隔离体，利用力的平衡进行求解。

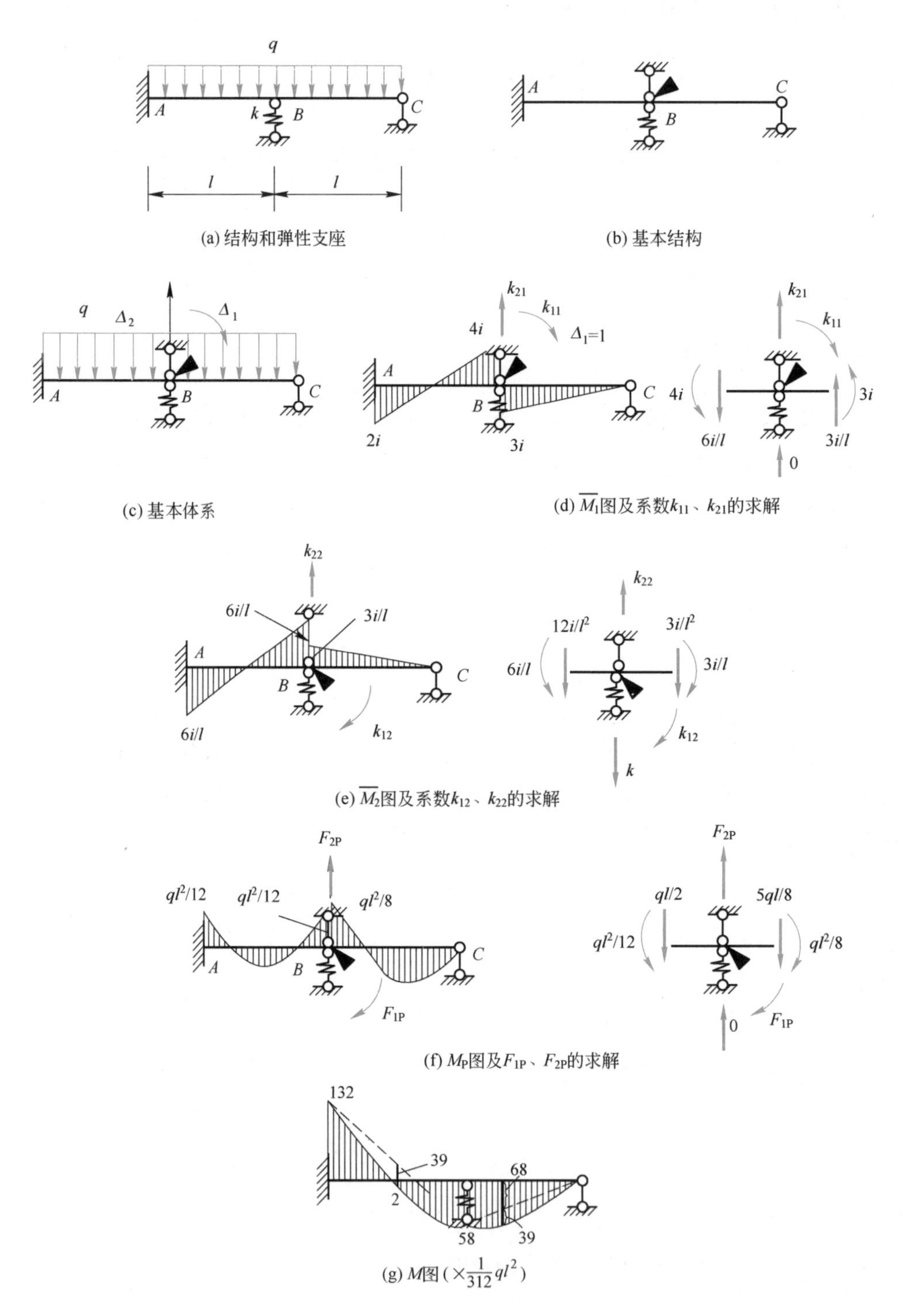

图 5-9　例题 5-4 图——用位移法计算有弹性支座的结构

【例题 5-5】 试作图 5-10(a)所示有侧移刚架的弯矩图，$i=EI/l$。

【解】 (1) 确定基本未知量及基本结构。EC 是静定部分，不加约束。C 点有一个转角位移，C、D 两点有共同的水平位移。基本结构和基本体系如图 5-10(b)、(c)所示。此体系中 AC 为两端固定单元，BD、CD 均为一端固定一端铰接的单元。

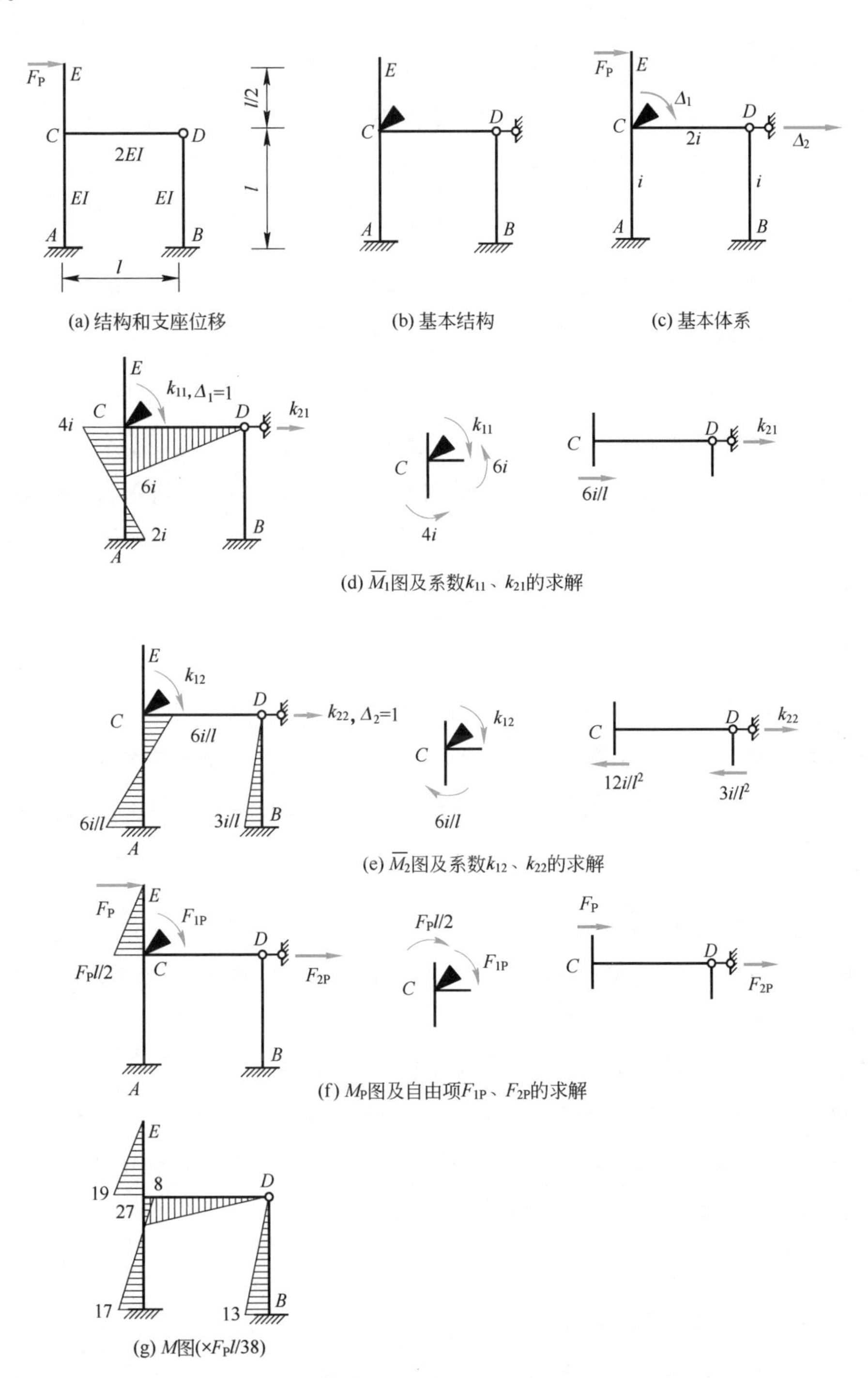

图 5-10 例题 5-5 结构及求解示意

(2) 写出位移法方程。

$$k_{11}\Delta_1+k_{12}\Delta_2+F_{1P}=0$$

$$k_{21}\Delta_1+k_{22}\Delta_2+F_{2P}=0$$

(3) 求系数和自由项，解方程。

作基本结构只发生转角位移 $\Delta_1=1$ 时的单位弯矩图——$\overline{M}_1$ 图，如图 5-10(d)所示。取图中所示隔离体，求得系数

$$k_{11}=10i,\quad k_{21}=-6i/l$$

作基本结构只发生转角位移 $\Delta_2=1$ 时的单位弯矩图——$\overline{M}_2$ 图，如图 5-10(e)所示。取图中所示隔离体，求得系数

$$k_{12}=-6i/l,\quad k_{22}=15i/l^2$$

作基本结构荷载弯矩图——M_P 图，如图 5-10(f)所示。荷载下悬臂部分弯矩图按静定结构作出，超静定部分无荷载。取图 5-10(f)所示隔离体，可得自由项为

$$F_{1P}=-F_Pl/2,\quad F_{2P}=-F_P$$

将求得的系数和自由项代入方程中，解得

$$\Delta_1=9F_Pl/76i;\quad \Delta_2=13F_Pl^2/114i$$

(4) 由 $M=\overline{M}_1\Delta_1+\overline{M}_2\Delta_2+M_P$ 叠加可得图 5-10(g)所示弯矩图。

(5) 取出刚节点 C，显然 $\sum M=0$，满足平衡条件。从最终弯矩图求柱子杆端剪力，与求 k_{22} 或 F_{2P} 一样取隔离体，可验证 $\sum F_x=0$。因此，本例题结果是正确的。

说明： 根据反力互等定理，刚度系数 $k_{12}=k_{21}$。因此，可从 $\overline{M}_2$ 求 k_{12}，也可从 $\overline{M}_1$ 求 k_{21}。显然取隔离体计算链杆反力 k_{21} 的工作量，比取刚节点计算限制转动的约束(刚臂)反力的工作量大，因此对有侧移刚架来说，除侧移引起的限制侧移的链杆反力外，都应该设法由节点的力矩平衡来求。

【例题 5-6】 试求图 5-11(a)所示排架的杆端剪力。

【解】 (1) 选择基本结构和基本体系。此排架无刚节点，三柱平行，柱顶各节点水平位移相同，故基本结构如图 5-11(b)所示，基本体系如图 5-11(c)所示。

(2) 建立位移法方程。

$$k_{11}\Delta_1+F_{1P}=0$$

(3) 求系数和自由项，解方程。

作基本结构发生水平位移 $\Delta_1=1$ 时的单位弯矩图——$\overline{M}_1$ 图(图 5-11d)，取图 5-11(e)中所示隔离体，求得系数

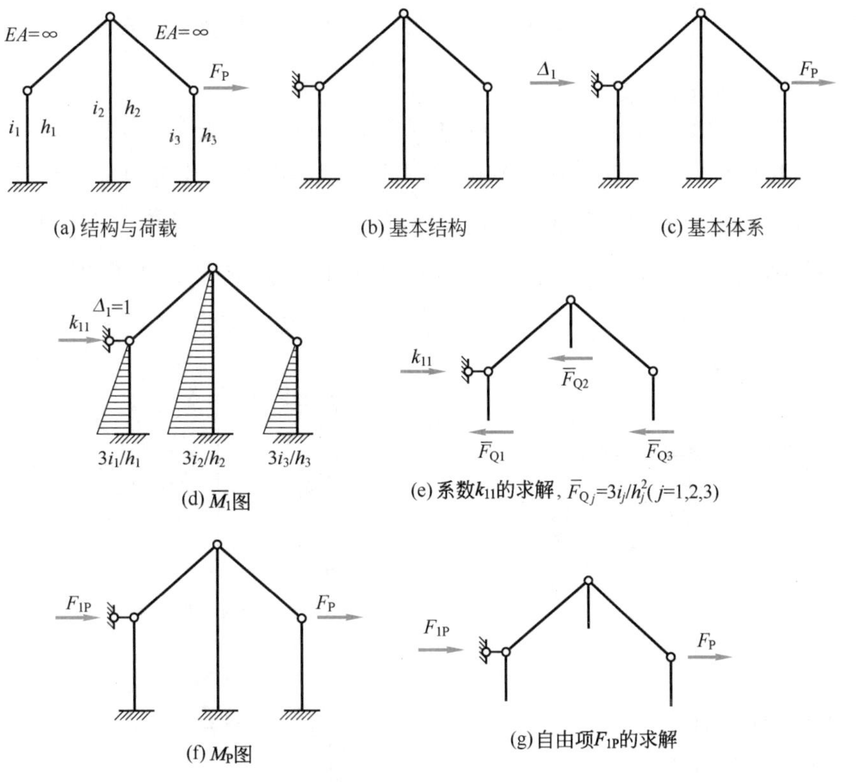

图 5-11　例题 5-6 图——剪力分配法示意

$$k_{11}=\sum_{j=1}^{3}\overline{F}_{Qj}=\sum_{j}\frac{3i_j}{h_j^2}$$

其中，$F_{Qj}=\dfrac{3i_j}{h_j^2}$称为第 j 根柱子的侧移刚度。

作基本结构荷载弯矩图——M_P 图(图 5-11f)。由于只有节点荷载，且无节点位移，所以杆件没有弯矩。取图 5-11(g)所示隔离体，列力矩平衡方程，可得

$$F_{1P}=-F_P$$

将求得的系数和自由项代入方程中，解得

$$\Delta_1=\frac{F_P}{\sum\limits_{j=1}^{3}F_{Qj}}$$

(4) 由 $M=\overline{M}_1\Delta_1$ 可得排架最终弯矩图，并可求出柱顶剪力为 $\overline{F}_{Qj}\Delta_1=\dfrac{\overline{F}_{Qj}}{\sum\limits_{j=1}^{3}\overline{F}_{Qj}}F_P$。

若记$\mu_j=\frac{\overline{F}_{Qj}}{\sum_{j=1}^{3}\overline{F}_{Qj}}$，并称其为剪力分配系数，则各柱柱顶剪力为$\mu_j F_P$。这表明，当单层排架仅在柱顶受水平荷载时，柱顶剪力是按各柱子的侧移刚度来分配的。因此，类似的排架计算就可首先确定各柱的侧移刚度，进而计算剪力分配系数，然后由分配得到各柱柱顶剪力，分别乘以柱高即可获得柱底弯矩，从而作出弯矩图。

【例题 5-7】 试求图 5-12(a)所示结构的弯矩图。横梁刚性，柱子的EI=常数。

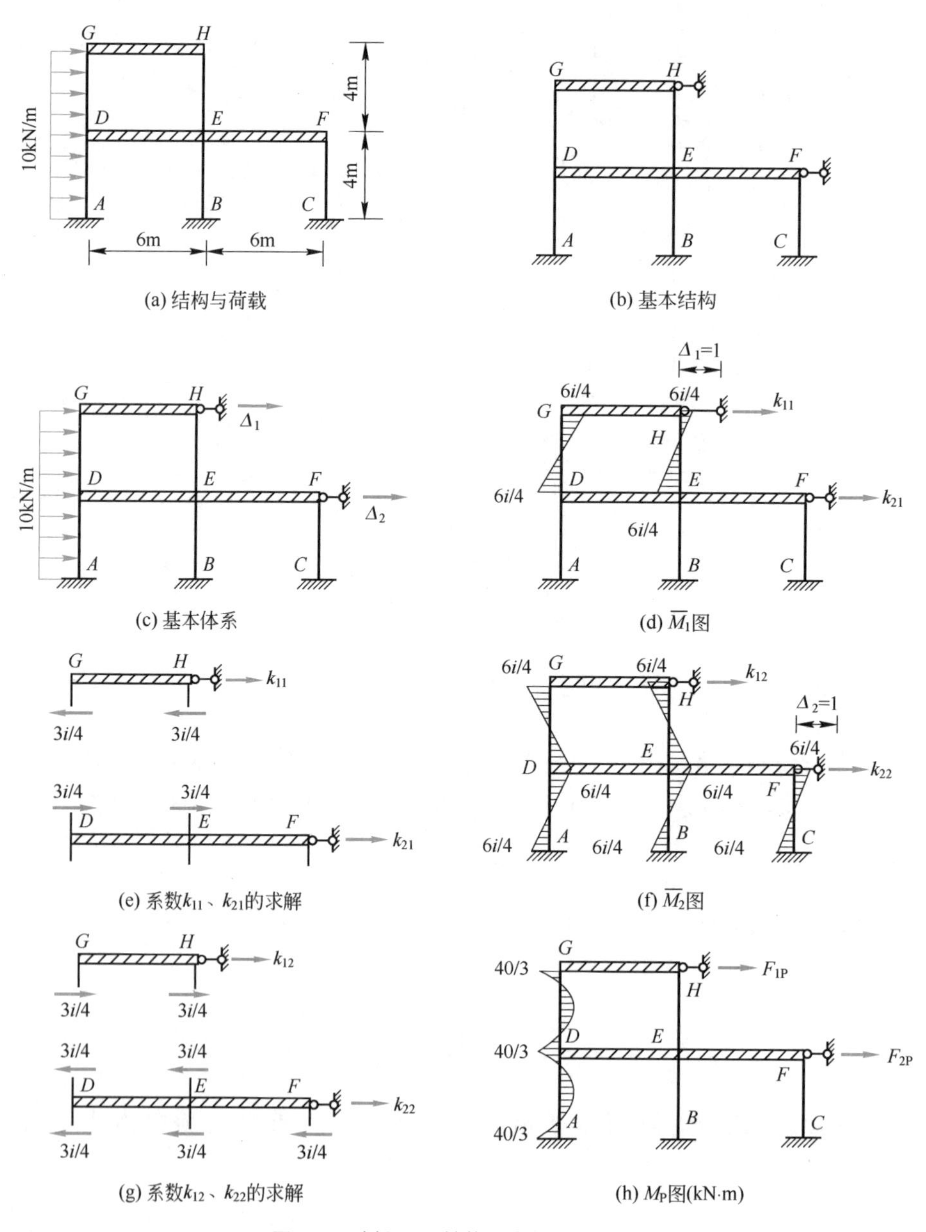

图 5-12 例题 5-7 结构及求解示意（一）

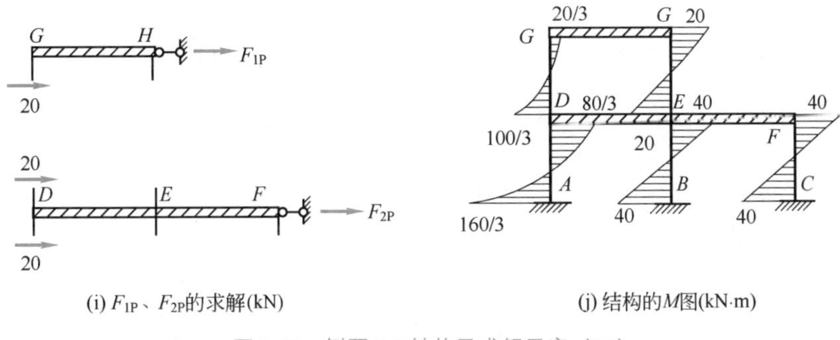

(i) F_{1P}、F_{2P}的求解(kN)

(j) 结构的M图(kN·m)

图 5-12 例题 5-7 结构及求解示意（二）

【解】 (1) 确定基本未知量及基本结构。基本结构如图 5-12(b)所示，基本体系如图 5-12(c)所示。

(2) 建立位移法方程。

$$k_{11}\Delta_1+k_{12}\Delta_2+F_{1P}=0$$

$$k_{21}\Delta_1+k_{22}\Delta_2+F_{2P}=0$$

(3) 求系数和自由项，解方程。

作基本结构 $\Delta_1=1$ 的弯矩图——$\overline{M}_1$ 图，如图 5-12(d)所示。取图 5-12 (e) 所示隔离体，求得系数

$$k_{11}=3i/2,\quad k_{21}=-3i/2$$

作基本结构 $\Delta_2=1$ 的弯矩图——$\overline{M}_2$ 图，如图 5-12(f)所示。取图 5-12 (g) 所示隔离体，求得系数

$$k_{12}=-3i/2,\quad k_{22}=15i/4$$

作基本结构荷载弯矩图——M_P 图，如图 5-12(h)所示。取图 5-12 (i) 所示隔离体，列力矩平衡方程，求得自由项

$$F_{1P}=-20\text{kN},\quad F_{2P}=-40\text{kN}$$

将求得的系数和自由项代入位移法方程中，解得

$$\Delta_1=\frac{160}{3i},\quad \Delta_2=\frac{80}{3i}$$

(4) 由 $M=\overline{M}_1\Delta_1+\overline{M}_2\Delta_2+M_P$ 叠加，可得图 5-12(j)所示弯矩图。

5.3.3 具有剪力静定杆结构

所谓剪力静定杆，是指仅用平衡条件就可以确定截面剪力的杆件。例如，图 5-13(a)所示结构，虽然这是一个超静定结构，但是 AB 杆任意截面的剪力都可以

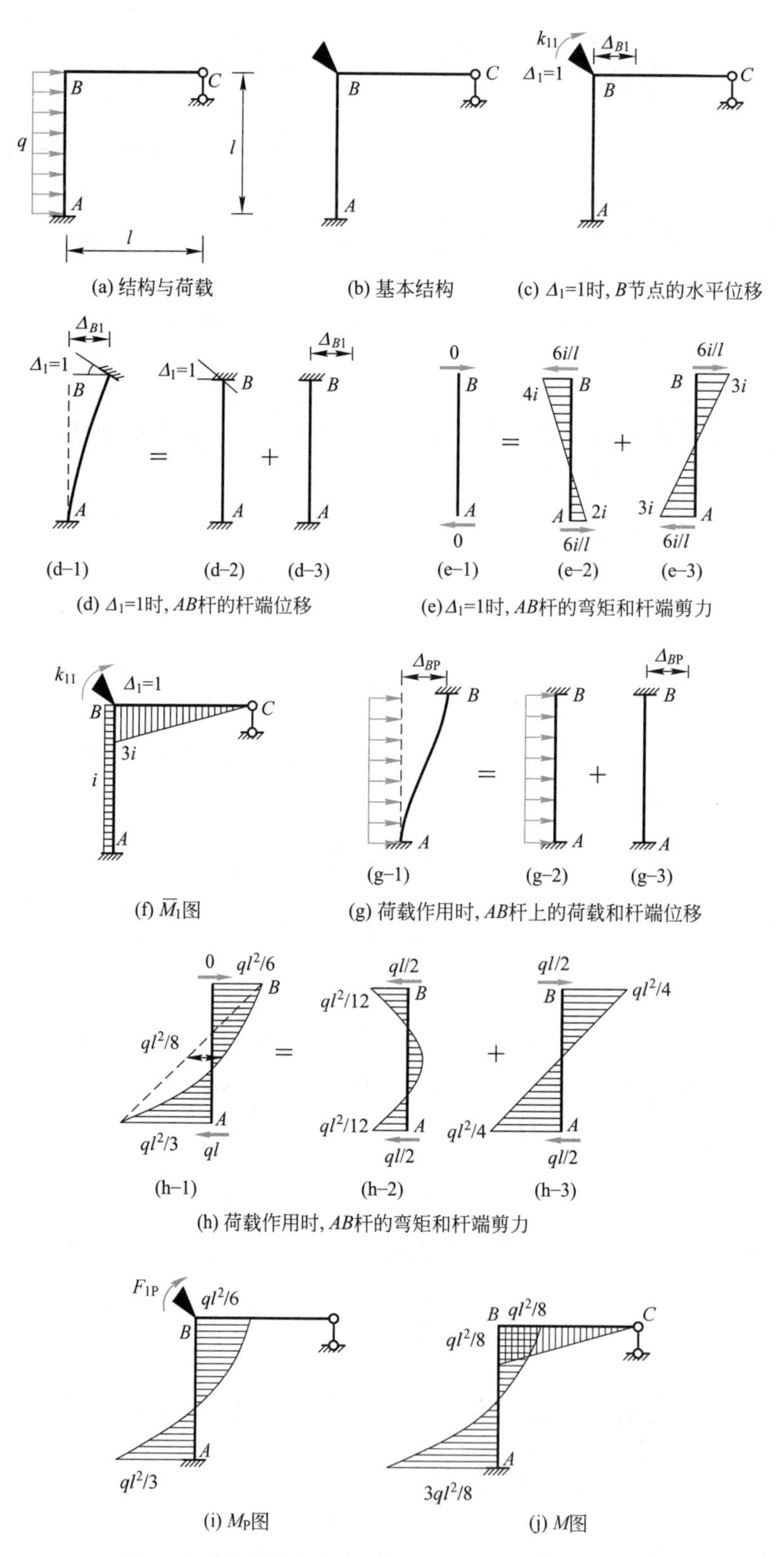

图 5-13 剪力静定杆解题的第一种思路——剪力平衡法

用水平力投影方程确定。所以，AB 杆是剪力静定杆。

若用位移法求解该结构，只需取 B 节点的转角位移作为基本未知量，如图 5-13(b)所示。下面详细讲解一下为什么 B 点的水平位移可以不用作为基本未知量。

1. 第一种思路——剪力平衡法

(1) 画 $\overline{M}_1$ 图，求系数 k_{11}。

由于 B 点的水平方向没有施加约束，当节点发生单位转角时，B 点也会同时发生水平位移，用 Δ_{B1} 表示，如图 5-13(c)所示。因此，$\overline{M}_1$ 图就由节点 B 的两个位移共同产生。

将 AB 杆单独取出来，并将杆端的两个位移分开画，如图 5-13(d)所示。由于 AB 杆是剪力静定杆，图 5-13(d-1)情形的杆端剪力可由平衡方程很方便地求出，如图 5-13(e-1)所示。

图 5-13(d-2)情形的弯矩图和杆端剪力可由两端固定梁一端发生单位转角时的形常数直接得到，如图 5-13(e-2)所示。图 5-13(d-3)所示的情形，属于两端固定梁一端发生侧移的情况，弯矩图的形状是已知的，杆端剪力是未知的。因此，关键的问题是求出这种情况的杆端剪力。很明显，该杆端剪力等于图 5-13(e-1)的杆端剪力减去图 5-13(e-2)的杆端剪力。故 B 端的剪力 $F_{QB1}=6i/l(\rightarrow)$，$A$ 端的剪力 $F_{QA1}=6i/l(\leftarrow)$。其弯矩图如图 5-13(e-3)所示。将图 5-13(e-2)和图 5-13(e-3)的弯矩图叠加，就得到了 $\overline{M}_1$ 图中 AB 杆的弯矩图。

B 点的水平位移对 BC 杆的弯矩没有影响，因此，BC 杆的弯矩可由一端固定、一端铰支的形常数得到。

完整的 $\overline{M}_1$ 图如图 5-13(f)所示。很明显，$k_{11}=4i$。

(2) 画 M_P 图，求自由项 F_{1P}。

画 M_P 图的思路和画 $\overline{M}_1$ 图的思路完全一样。

由于 B 点的水平方向没有施加约束，当均布荷载 q 作用时，B 点也会同时发生水平位移，用 Δ_{BP} 表示，如图 5-13(g)所示。因此，M_P 图就由均布荷载 q 和 B 点的水平位移共同产生。

将 AB 杆单独取出来，并将荷载作用和杆端位移作用分开画，如图 5-13(g)所示。由于 AB 杆是剪力静定杆，图 5-13(g-1)情形的杆端剪力可由平衡方程很方便地求出，如图 5-13(h-1)所示。

图 5-13(g-2)的弯矩图和杆端剪力可由梁端固定梁均布荷载下的载常数直接得到，如图 5-13(h-2)所示。图 5-13(g-3)所示的情形，弯矩图的形状已知，杆端剪力未知。同理，该杆端剪力等于图 5-13(h-1)的杆端剪力减去图 5-13(h-2)的杆端剪力。

其 B 端的剪力 $F_{QBP}=ql/2(\rightarrow)$、$A$ 端的剪力 $F_{QAP}=ql/2(\leftarrow)$，其弯矩图如图 5-13(h-3)所示。将图 5-13(h-2)和图 5-13(h-3)的弯矩图叠加，便得到 M_P 图中 AB 杆的弯矩图。完整的 M_P 图如图 5-13(i)所示。很明显，$F_{1P}=-ql^2/6$。

(3) 解方程，画 M 图。

$$\Delta_1=-\frac{F_{1P}}{k_{11}}=\frac{ql^2}{24i},\quad M=\overline{M}_1\Delta_1+M_P$$

M 图如图 5-13(j)所示。

现在回答为什么 B 点的水平位移可以不作为基本未知量。

第一：由于 AB 杆是剪力静定杆，所以，不管是 B 节点发生单位转角位移，还是只有荷载作用时，AB 杆的剪力都可以用平衡条件很方便地确定。

第二：由于 AB 杆的剪力能够确定，按照前面的分析过程，其弯矩图也就可以确定。也就是说，不必知道 B 点的水平位移，就能绘制出 $\overline{M}_1$ 图和 M_P 图。

这样，可以减少一个未知数，解题会简单些。

2. 第二种思路——约束简化法

首先明确一个概念。对于一根杆件，将某一截面切开，则三组内力如图 5-14(a)所示。

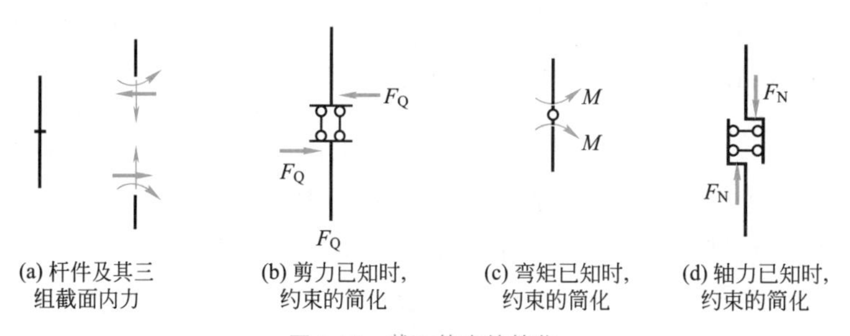

图 5-14　截面约束的简化

在这三组内力中：

如果截面的剪力是已知的，则该截面的约束可以用轴向的平行链杆来代替，同时将已知的剪力当成荷载作用在平行链杆的两侧，如图 5-14(b)所示。

如果截面的弯矩是已知的，则该截面的约束可以用单铰来代替，同时将已知的弯矩当成荷载作用在铰的两侧，如图 5-14(c)所示。

如果截面的轴力是已知的，则该截面的约束可以用垂直于轴向的平行链杆来代替，同时将已知的轴力当成荷载作用在平行链杆的两侧，如图 5-14(d)所示。

下面就用剪力已知的情况，将杆件截面用平行链杆来代替，达到不用将图 5-13(a)所示结构 B 点水平位移作为未知量的目的。

具体过程如下。

按照图 5-14 所示的约束简化思路，在 $\overline{M}_1$ 中，可以将 AB 杆 A 端截面简化成竖向的平行链杆连接，这时 AB 杆截面的剪力是零，如图 5-15(b)所示。这样，当节点 B 发生单位转角位移时，AB 杆的弯矩图就可以由一端固定一端平行链杆的单跨梁的形常数很方便地得到，如图 5-15(c)所示。

在 M_P 图中，对于 A 截面也采用同样的做法，如图 5-15(d)所示。此时 A 截面的剪力是ql，所以，要加上一个 ql 的剪力。同理，也可以将 B 截面的约束简化成平行链杆，如图 5-15(e)所示。此时 B 截面的剪力是零，画弯矩图会简单些。

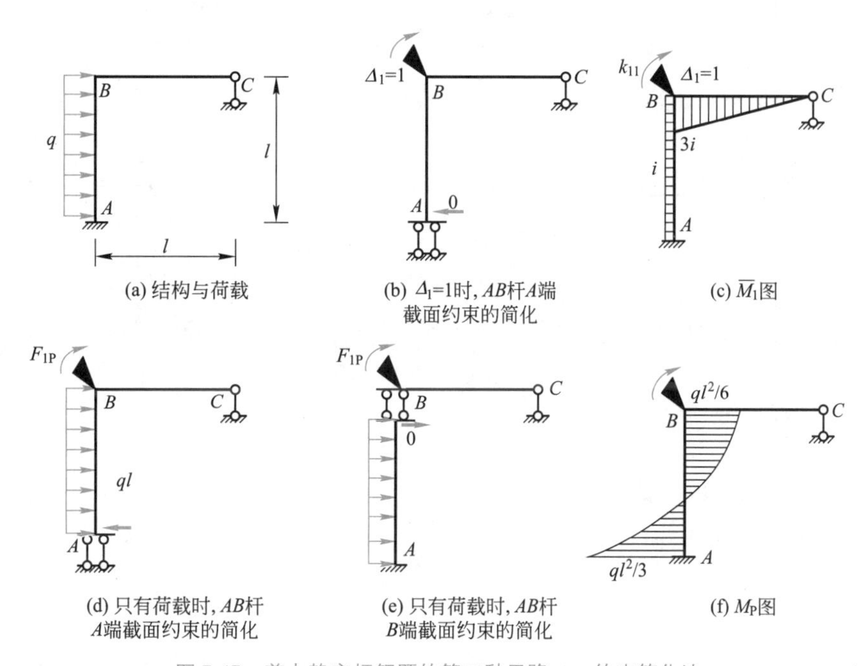

图 5-15　剪力静定杆解题的第二种思路——约束简化法

现在回答为什么 B 点的水平位移可以不作为基本未知量。

第一：由于 AB 杆是剪力静定杆，其截面剪力是已知的，所以，可将其杆端约束简化成平行链杆。这样 AB 杆就变成了一端固定一端平行链杆的单跨梁了，其形常数和载常数是我们事先都知道的。

第二：在画 M_P 图时，不要忘了将截面的剪力当作荷载加上。

第三：不论是哪种思路，都是由于 AB 杆的剪力能够事先确定，所以不需要 B 点的水平位移就可以画出 $\overline{M}_1$ 图和 M_P 图。

第四：对于手算位移法，减少一个基本未知量，计算量会减少很多，而且也不容易出错。

【例题 5-8】 试建立图 5-16(a)所示结构的位移法方程，并求出方程的系数和自由项。各杆 EI 相等，$i=\dfrac{EI}{l}$，$ql=F_P$。

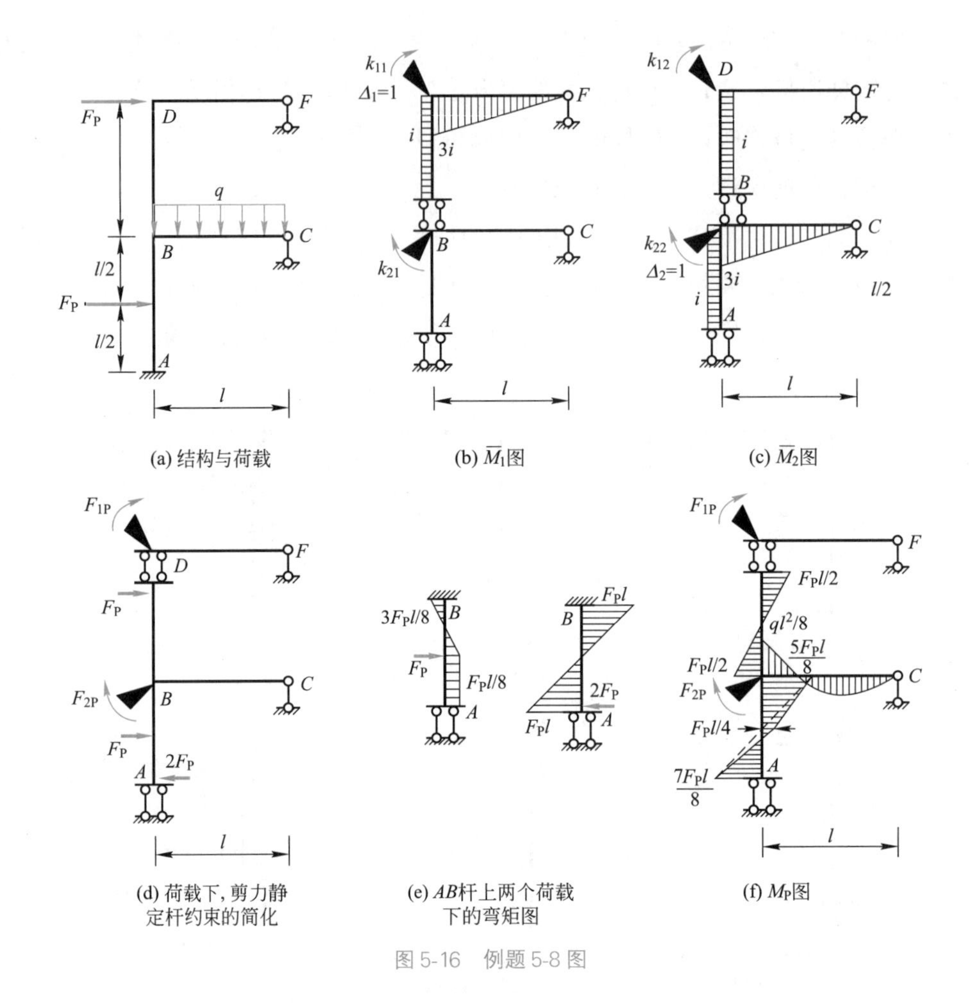

图 5-16 例题 5-8 图

【解】 在 $\overline{M}_1$、$\overline{M}_2$ 图中，将两根剪力静定杆的下端约束简化为平行链杆，并绘制出相应的弯矩图，如图 5-16(b)、(c)所示。因此，得

$$k_{11}=4i,\quad k_{12}=k_{21}=-i,\quad k_{22}=5i$$

在 M_P 图中，将 BD 杆的上端约束简化为平行链杆，并将 D 端的剪力 F_P 加上。将 AB 杆的下端约束简化为平行链杆，并将 A 端的剪力 $2F_P$ 加上。图 5-16(e)给出了 AB 杆在原有荷载和 A 截面静定的剪力作用下的弯矩图。图 5-16(f)给出了完整的 M_P 图。由此得

$$F_{1P}=-F_Pl/2,\quad F_{2P}=-10F_Pl/8$$

总结：

(1) 在 $\overline{M}_1$、$\overline{M}_2$ 中，将剪力静定杆的哪一端简化为平行链杆都是一样的，因为整个杆件上的剪力都是零。

(2) 在 M_P 图中，原则上也是简化哪一端都可以。需要注意的是，当剪力静定杆两端截面剪力不同的时候，需要施加不同的剪力。如果简化剪力为零的杆端，画弯

矩图会简单些。

5.4 位移法解具有牵连位移的结构

对于图 5-17 所示刚架，如果不考虑杆件的轴向变形，则 C、D 两点的水平向位移是相等的，也可以说是不独立的，或者说是牵连的。

对于图 5-18 所示刚架，如果 CB 杆的抗弯刚度为无穷大，很明显，C 点的竖向位移 Δ_{Cy} 与 C 截面的转角 φ_C 是不独立的，二者的关系为 $\Delta_{Cy}=\varphi_C l_2$。

对于图 5-19 所示的具有斜杆的刚架，若不考虑各杆的轴向变形(即假设各杆的抗拉刚度为无穷大)，当 C 点发生水平位移时，D 点将随之发生垂直于 DB 杆的线位移(移动到 D_1 点)，且该线位移在水平方向的投影与 C 点的水平位移相等。图中给出了 C 点发生单位水平位移时，D 点的位移情况。因此，C、D 两点的线位移是相互牵连的、不独立的。

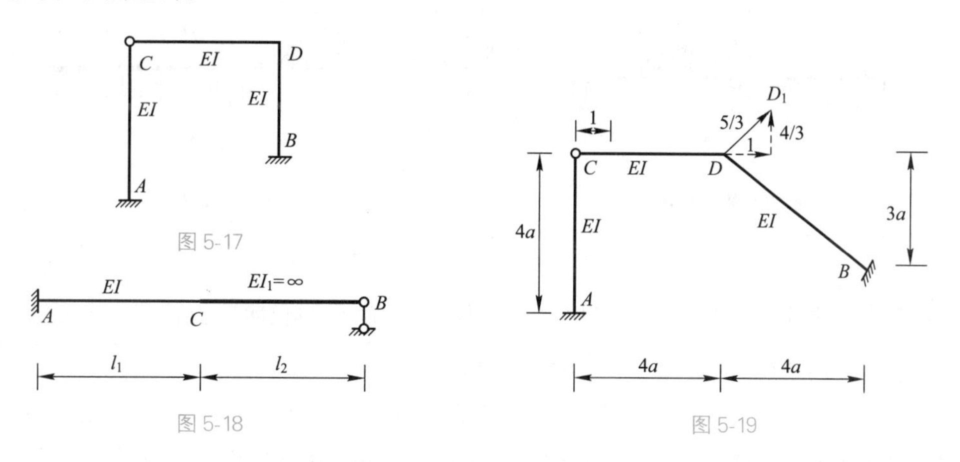

图 5-17

图 5-18

图 5-19

综上所述，产生牵连位移的原因，是由于结构中的杆件有刚度为无穷大的假设。对于两个相互牵连的位移，在用位移法求解时，只需要选择其中一个位移作为未知数就可以了。

【例题 5-9】 试求图 5-20(a)所示结构的弯矩图。

【解】 (1) 由于本题中 BC 的刚度为无穷大，B 点的竖向位移和截面转角不独立。因此，只需将其中一个位移作为未知数。本题选择 B 点的竖向位移作为基本未知量，如图 5-20(b)所示。位移法典型方程为

$$k_{11}\Delta_1+F_{1P}=0$$

(2) 求系数和自由项，解方程。

作单位弯矩图——$\overline{M}_1$ 图，如图 5-20(c)所示。由于 B 点的竖向位移和截面转角是相互牵连的，当 B 点发生竖直向下的单位位移时，B 截面也同时发生逆时针转角，

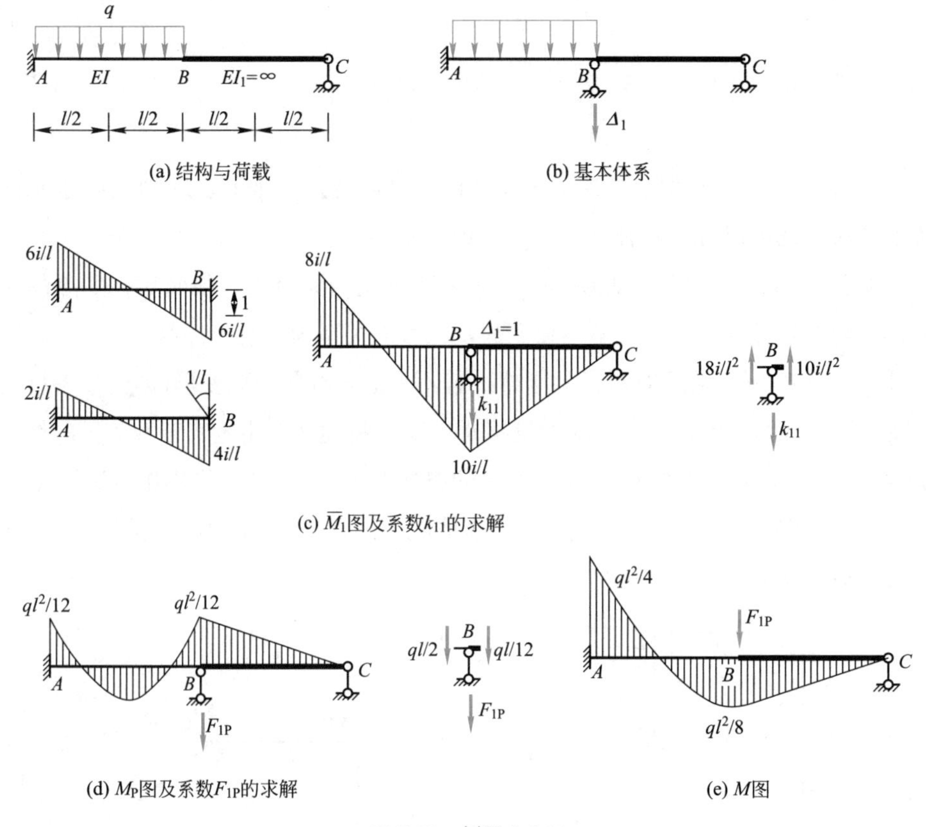

图 5-20　例题 5-9 图

转角的大小为 $1/l$。所以，AB 杆的弯矩图就是由 B 点的竖向单位位移和转角 $1/l$ 共同引起的，二者叠加后，就得到 AB 杆的弯矩图。

对于 BC 杆。由于 B 节点没有附加刚臂，B 点左右两侧的弯矩应该是等值反向的。又由于 C 点是铰节点，弯矩为零，便可得到 BC 杆弯矩图。取图示隔离体，列竖向力的平衡方程，得到

$$k_{11}=\frac{\left(\frac{8i}{l}+\frac{10i}{l}\right)}{l}+\frac{\frac{10i}{l}+0}{l}=\frac{28i}{l^2}$$

作荷载弯矩图——M_{P} 图，如图 5-20(d)所示。由于 B 点不发生竖向位移，因此，截面也不发生转角。所以，荷载下 AB 杆的弯矩图就相当于两端固定梁在均布荷载作用下的弯矩图。

对于 BC 杆。同样，利用 B 节点的弯矩平衡条件，考虑 C 点的弯矩为零，便可得到 BC 杆荷载下的弯矩图。取图示隔离体，列竖向力的平衡方程，得到

$$F_{1\mathrm{P}}=-\frac{ql}{2}-\frac{ql}{12}=-\frac{7ql}{12}$$

将求得的系数和自由项代入方程中，解得

$$\Delta_1=\frac{ql^3}{48i}$$

(3) 由 $M=\overline{M}_1\Delta_1+M_P$ 叠加可得图 5-20(e)所示的结构弯矩图。

【例题 5-10】 试用位移法作图 5-21 所示结构的弯矩图。

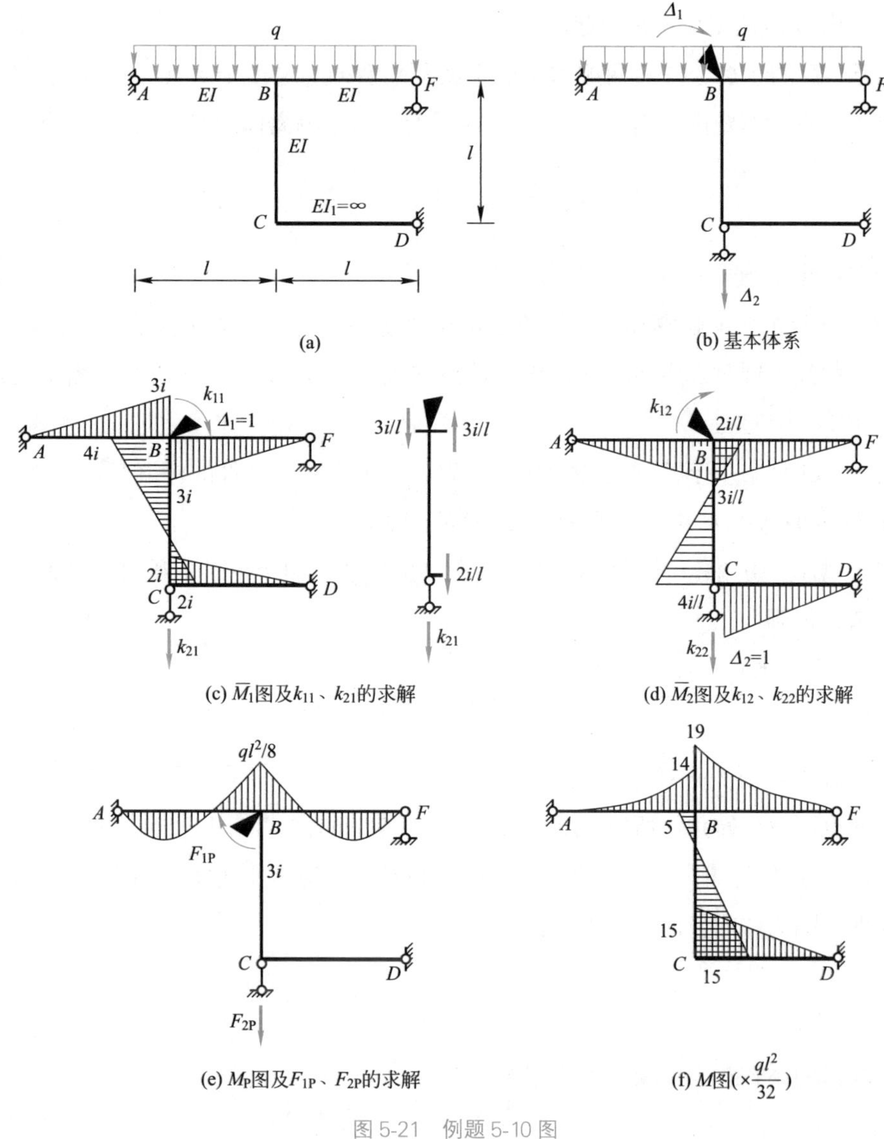

图 5-21 例题 5-10 图

【解】 (1) 由于本题中 CD 杆的刚度为无穷大，C 点的竖向位移和截面转角不独立。因此，只需将其中一个位移作为未知数。本题选择 C 点的竖向位移作为基本未知量。另一个基本未知量为 B 点的转角。基本体系如图 5-21(b)所示。位移法典型方程为

$$k_{11}\Delta_1+k_{12}\Delta_2+F_{1P}=0$$

$$k_{21}\Delta_1+k_{22}\Delta_2+F_{2P}=0$$

(2) 求系数和自由项，解方程

作单位弯矩图——$\overline{M}_1$ 图，如图 5-21(c)所示。由于 C 点的竖向位移和截面转角是相互牵连的，当 C 点不发生竖向位移时，C 截面也没有转角。所以，BC 杆的弯矩图就只是由 B 点的单位转角引起的。

对于 CD 杆。C 点左右两侧的弯矩应该是平衡的。又由于 D 点的弯矩为零，便可得到 CD 杆的弯矩图。由 B 节点的弯矩平衡和图示隔离体的竖向力平衡，得到

$$k_{11}=10i,\quad k_{21}=-\frac{2i}{l}$$

作单位弯矩图——$\overline{M}_2$ 图，如图 5-21(d)所示。

由于 C 点的竖向位移和截面转角是相互牵连的，当 C 点发生竖直向下的单位位移时，C 截面也同时发生逆时针转角，转角的大小为 $1/l$。BC 杆的弯矩图就是由 C 点的转角 $1/l$ 引起的。

对于 CD 杆，由于 C 节点没有附加刚臂，C 节点两个杆件的杆端弯矩应该平衡。又由于 D 点的弯矩为零，便可得到 CD 杆的弯矩图。

对于 AB、BF 杆，则是常规的弯矩图。由 B 节点的弯矩平衡和图示隔离体的竖向力平衡，得到

$$k_{12}=-\frac{2i}{l},\quad k_{22}=\frac{10i}{l^2}$$

作荷载弯矩图——M_P 图，如图 5-21(e)所示。由于 C 点不发生竖向位移，因此，截面也不发生转角。所以，BC 杆的弯矩为零。同样，利用 C 节点的弯矩平衡条件，考虑 D 点的弯矩为零，便可得到 CD 杆荷载下的弯矩也为零。由 B 节点的弯矩平衡和图示隔离体的竖向力平衡，得到

$$F_{1P}=0,\quad F_{2P}=-\frac{5ql}{8}-\frac{5ql}{8}=-\frac{5ql}{4}$$

将求得的系数和自由项代入方程中，解得

$$\Delta_1=-\frac{5ql^2}{192i},\quad \Delta_2=-\frac{25ql^3}{192i}$$

(3) 由 $M=\overline{M}_1\Delta_1+\overline{M}_2\Delta_2+M_P$ 叠加，可得图 5-21(f)所示的结构弯矩图。

【例题 5-11】 试用位移法作图 5-22 所示结构的弯矩图。

【解】 (1) 确定基本未知量，建立位移法方程。本题中，C、D 两点的线位移是

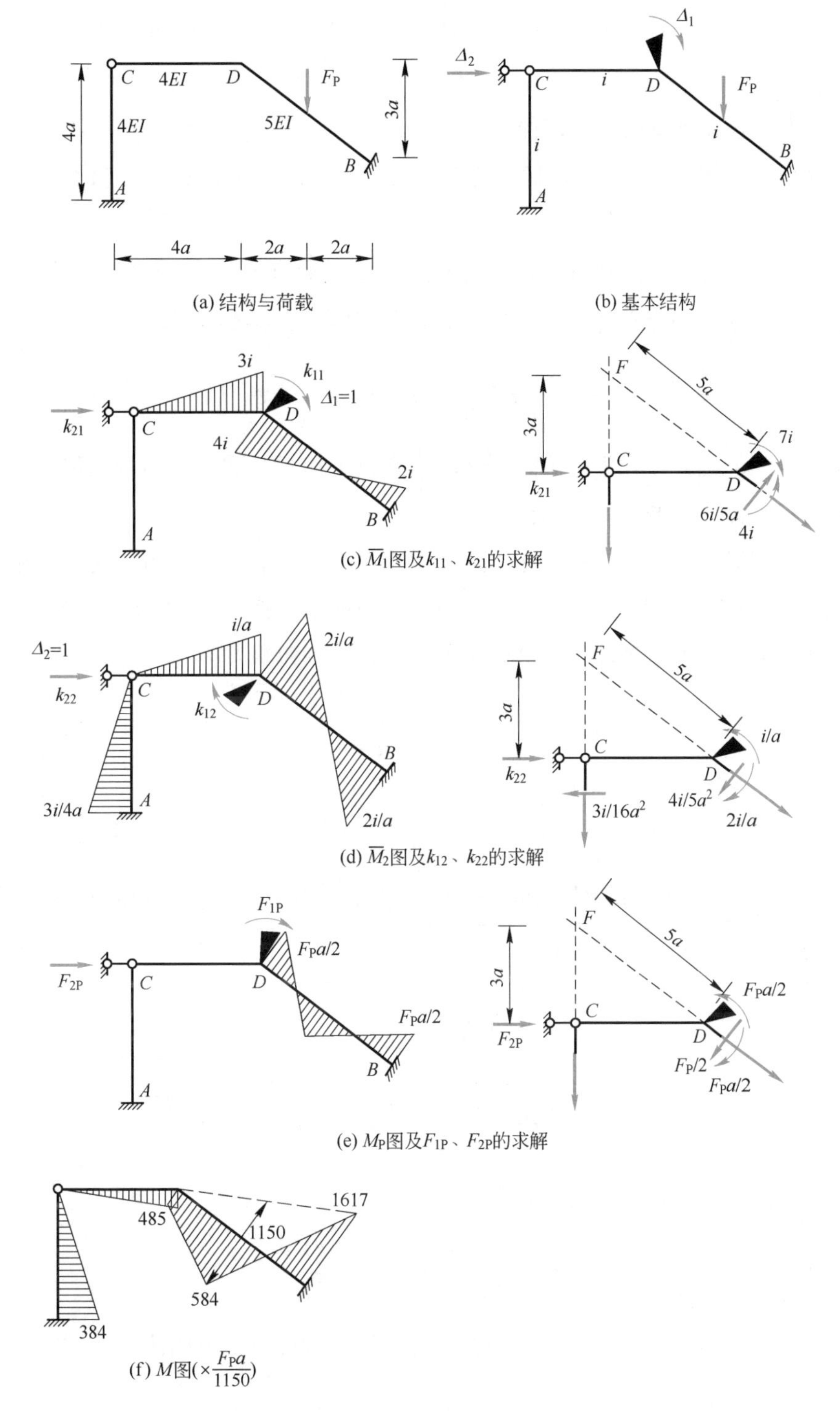

图 5-22　例题 5-11 图

不独立的，具有牵连关系。本题选 C 点的水平线位移作为基本未知量，另一个基本未知量为 D 点的转角。基本结构如图 5-22(b)所示。位移法基本方程为

$$k_{11}\Delta_1+k_{12}\Delta_2+F_{1P}=0$$

$$k_{21}\Delta_1+k_{22}\Delta_2+F_{2P}=0$$

(2) 求系数和自由项，解方程。

作单位弯矩图——$\overline{M}_1$ 图，如图 5-22(c)所示。由 D 节点的弯矩平衡，可直接求得 $k_{11}=7i$。

求 k_{21} 时，取图示隔离体。在这个隔离体上，由于两个杆件的轴力是未知的，因此要以两个轴力的交点为矩心，列力矩平衡方程，求解 k_{21}，即

$$\sum M_F=0: k_{21}\cdot 3a+\frac{6i}{5a}\cdot 5a+4i-7i=0,\ k_{21}=-\frac{i}{a}$$

值得注意的是：在隔离体上，刚臂的附加力矩和切开截面上的弯矩都要画出来。因为列力矩平衡方程的时候要用到。

作单位弯矩图——$\overline{M}_2$ 图。当 C 点发生水平位移时，D 点的位移情况如图 5-19(c)所示，其相应的弯矩图如图 5-22(d)所示。与前述类似，由 D 节点和图 5-22 (d) 所示隔离体的弯矩平衡条件，可分别求出 k_{12}、k_{22}，即

$$k_{12}=-\frac{i}{a}$$

$$\sum M_F=0: k_{22}\cdot 3a-\frac{3i}{16a^2}\cdot 3a-\frac{4i}{5a^2}\cdot 5a-\frac{2i}{a}+\frac{i}{a}=0,\quad k_{22}=\frac{89i}{48a^2}$$

作荷载弯矩图——M_P 图，如图 5-22(e)所示。由 D 节点和图 5-22 (e) 所示隔离体的弯矩平衡条件，分别得到

$$F_{1P}=-\frac{F_Pa}{2}$$

$$F_{2P}\cdot 3a-\frac{F_P}{2}\cdot 5a-\frac{F_Pa}{2}+\frac{F_Pa}{2}=0,\quad F_{2P}=\frac{5F_P}{6}$$

将求得的系数和自由项代入方程中，解得

$$\Delta_1=\frac{9F_Pa}{1150i},\quad \Delta_2=-\frac{256F_Pa^2}{575i}$$

(3) 由 $M=\overline{M}_1\Delta_1+\overline{M}_2\Delta_2+M_P$ 叠加可得图 5-22(f)所示的结构弯矩图。其中

$$M_{AC}=-\frac{3i}{4a}\left(-\frac{256F_Pa^2}{575i}\right)=\frac{192}{575}F_Pa$$

$$M_{DC}=3i\times\frac{9F_Pa}{1150i}+\frac{i}{a}\left(-\frac{256F_Pa^2}{575i}\right)=-\frac{97}{230}F_Pa$$

$$M_{DB}=4i\times\frac{9F_{P}a}{1150i}-\frac{2i}{a}\left(-\frac{256F_{P}a^{2}}{575i}\right)-\frac{F_{P}a}{2}=\frac{97}{230}F_{P}a$$

$$M_{BD}=2i\times\frac{9F_{P}a}{1150i}-\frac{2i}{a}\left(-\frac{256F_{P}a^{2}}{575i}\right)+\frac{F_{P}a}{2}=\frac{1617}{1150}F_{P}a$$

5.5 位移法解有支座移动和温度变化的结构

5.5.1 位移法解有支座移动的结构

【例题 5-12】 试作图 5-23(a)所示连续梁由于图示支座位移引起的弯矩图，并进行弯矩图的校核。

【解】 (1) 确定基本未知量及基本结构。支座位移是一种广义荷载，基本结构和基本体系如图 5-23(b)、(c)所示。

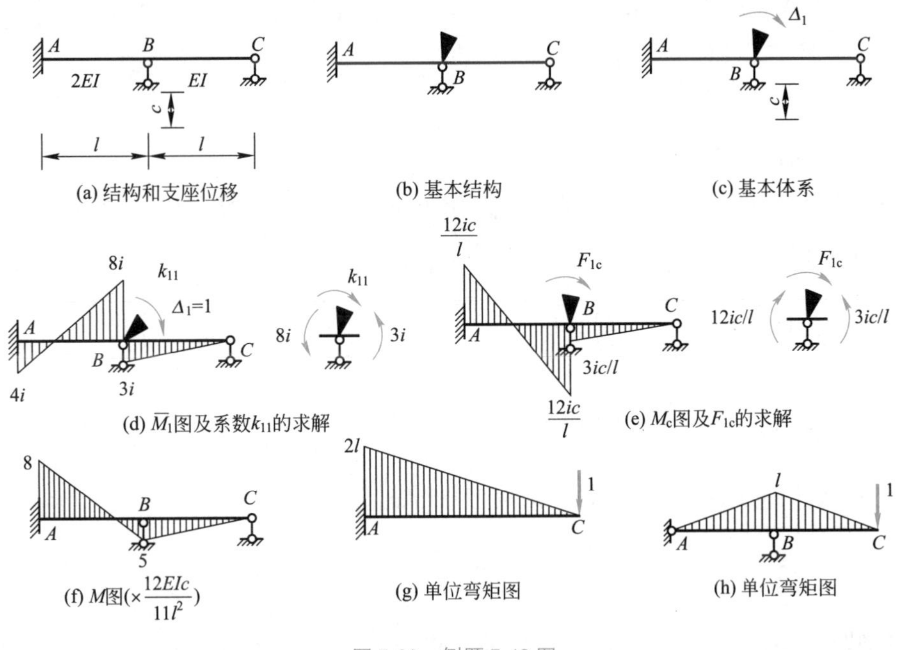

图 5-23 例题 5-12 图

(2) 写出位移法方程。

$$k_{11}\Delta_1+F_{1c}=0$$

(3) 求系数和自由项，解方程。

作出基本结构单位弯矩图——$\overline{M}_1$ 图，如图 5-23(d)所示。取图示的刚节点为隔离体，列力矩平衡方程，得

$$k_{11}=11i$$

作出基本结构广义荷载(支座位移)引起的弯矩图——M_c 图，如图 5-23(e)所示。取图示的刚节点为隔离体，列力矩平衡方程可，得

$$F_{1c}=-\frac{9i}{l}c$$

将求得的系数和自由项代入方程中，可得

$$\Delta_1=\frac{9c}{11l}$$

(4) 按 $M=\overline{M}_1\Delta_1+M_c$ 叠加计算，可得图 5-23(f)所示的最终弯矩图。

(5) 弯矩图校核。用 C 支座处的竖向位移进行校核。

取图 5-23(g)所示的基本结构，并作单位弯矩图，与图 5-23(f)所示的最终弯矩图相乘，得

$$\Delta=\frac{1}{2EI}\times\left[\left(\frac{1}{2}\times\frac{96EIc}{11l^2}\times l\right)\times\left(\frac{5}{6}\times 2l\right)-\left(\frac{1}{2}\times\frac{60EIc}{11l^2}\times l\right)\times\left(\frac{4}{6}\times 2l\right)\right]$$
$$-\frac{1}{EI}\times\left(\frac{1}{2}\times\frac{60EIc}{11l^2}\times l\right)\times\frac{2}{3}l=0$$

与原结构已知位移条件相符。

另取图 5-23(h)所示的基本结构，并作单位弯矩图，与图 5-23(f)所示的最终弯矩图相乘，得

$$\Delta=\frac{1}{2EI}\left[\left(\frac{1}{2}\times\frac{96EIc}{11l^2}\times l\right)\times\left(\frac{1}{3}\times l\right)-\left(\frac{1}{2}\times\frac{60EIc}{11l^2}\times l\right)\times\left(\frac{2}{3}\times l\right)\right]$$
$$-\frac{1}{EI}\left[\left(\frac{1}{2}\times\frac{60EIc}{11l^2}\times l\right)\times\frac{2}{3}l\right]=-2c\neq 0$$

为什么两种方法答案不一样？请读者自行研究。

5.5.2 位移法解有温度变化的结构

【例题 5-13】 试作图 5-24(a)所示刚架弯矩图。已知刚架外部升温 t℃、内部升温 $2t$℃。梁截面尺寸为 $b\times 1.26h$，柱截面尺寸为 $b\times h$，$l=10h$。$i=EI/l$。

【解】 (1) 确定基本未知量及基本结构。基本结构和基本体系如图 5-24(b)、(c)所示。但这里有必要再次强调：所加刚臂只限制转动不限制线位移。

(2) 写出位移法方程。对本题来说，方程的物理意义是基本结构在节点位移 Δ_1 和温度改变共同作用下，附加约束上总反力偶等于零。即

$$k_{11}\Delta_1+F_{1t}=0$$

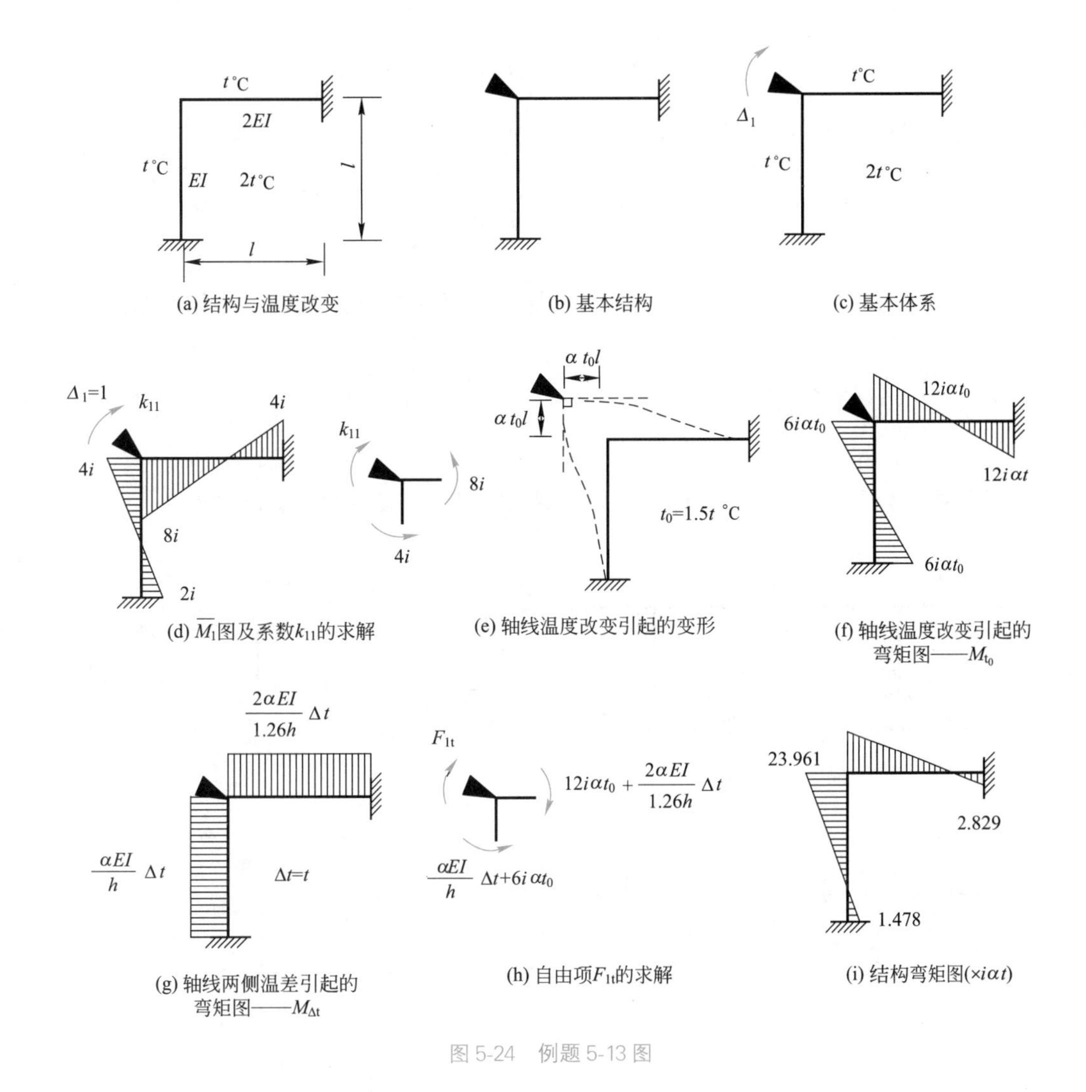

(a) 结构与温度改变　(b) 基本结构　(c) 基本体系

(d) $\overline{M}_1$图及系数k_{11}的求解　(e) 轴线温度改变引起的变形　(f) 轴线温度改变引起的弯矩图——M_{t_0}

(g) 轴线两侧温差引起的弯矩图——$M_{\Delta t}$　(h) 自由项F_{1t}的求解　(i) 结构弯矩图($\times i\alpha t$)

图 5-24　例题 5-13 图

(3) 求系数和自由项，解方程。

做出 $\Delta_1=1$ 时的单位弯矩图——$\overline{M}_1$ 图，如图 5-24(d)所示，取图中所示隔离体，可求得系数

$$k_{11}=12i$$

温度改变可分解成如图 5-24(e)、(g)所示的两种情况。图 5-24(e)情况中，杆轴线温度改变 $t_0=1.5t$℃时，杆件将产生伸长，因为刚臂不能限制线位移，故基本结构将产生图示的节点线位移。根据所产生的线位移由形常数可作出图 5-24(f)所示的轴线温度改变引起的弯矩图，记作 M_{t_0}。对于图 5-24(g)所示两侧温差 $\Delta t=t$℃的情况，可查表 5-1 载常数作出图 5-24(g)所示的温差引起的弯矩图，记作 $M_{\Delta t}$。因此，有温度改变时的弯矩图 M_t 应该是 M_{t_0} 图和 $M_{\Delta t}$ 图相加。取出图 5-24(h)所示的隔离体，可得

$$F_{1t}=-\frac{937}{63}\alpha t i$$

将求得的系数和自由项代入方程，解得

$$\Delta_1=\frac{937}{63\times12}\alpha t$$

(4) 由 $M=\overline{M}_1\Delta_1+M_{t_0}+M_{\Delta t}$ 进行叠加，可得图 5-24(i)所示的结构弯矩图。

5.6 对称性的利用

【例题 5-14】 试求图 5-25(a)所示结构的弯矩图。EI=常数，$i=EI/6$。

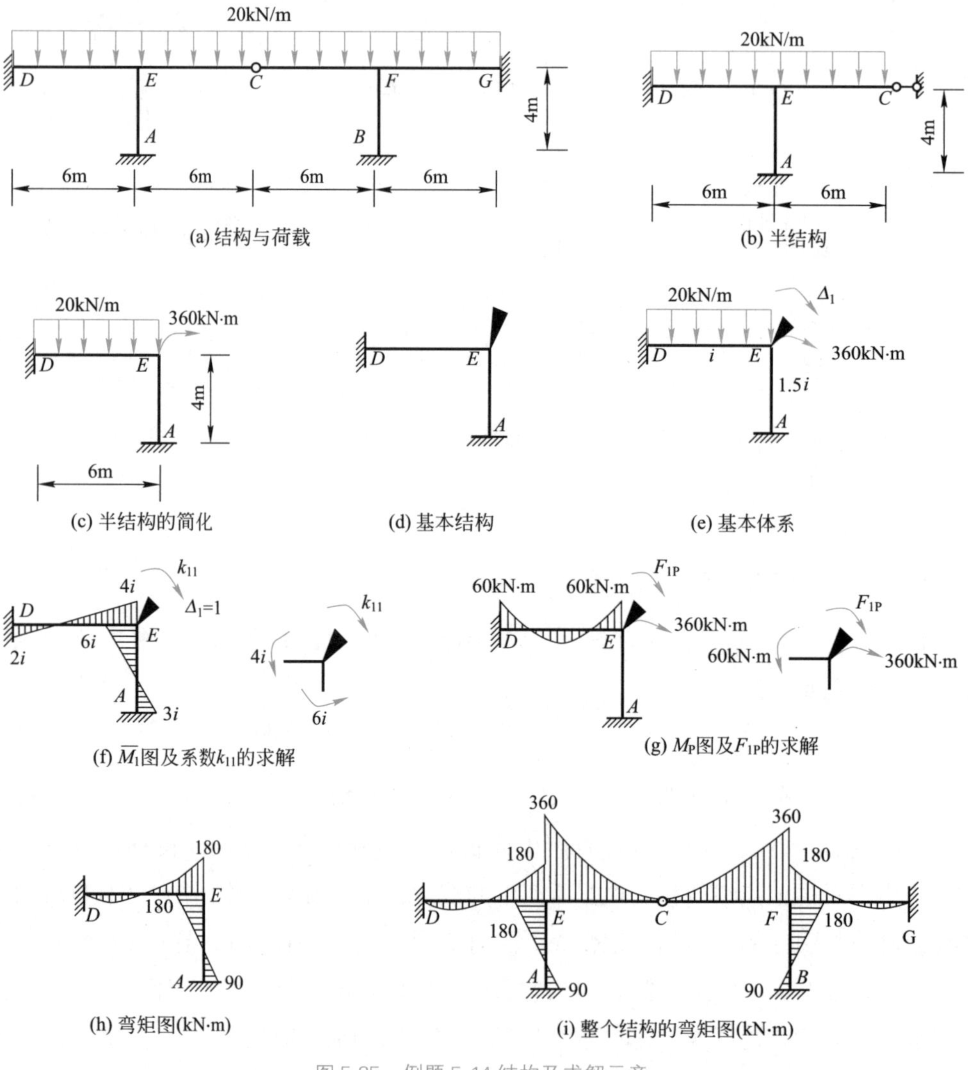

图 5-25 例题 5-14 结构及求解示意

【解】 (1) 对称性的利用。本例题属于对称结构作用对称荷载的情况。取图 5-25(b)所示半结构。从图 5-25(b)可以看出 C 处的水平链杆对结构的弯矩图不起作用，求弯矩图时可以去掉。从图 5-25(b)还可以看出，EC 杆的弯矩和剪力都可由静力平衡条件确定。因此，可以将 EC 杆去掉，其上荷载对余下结构的作用可以用一个力偶和一个竖向的集中力表示。因为不计杆件的轴向变形，这个竖向力对结构的弯矩也不起作用，所以，只考虑力偶的作用。去掉 C 处的水平链杆和 EC 杆以后的结构如图 5-25(c)所示。这时的结构已经得到很大的简化了。

(2) 确定基本未知量及基本结构。很明显，经过上述简化后的半结构，其基本结构如图 5-25(d)所示，基本体系如图 5-25(e)所示。

(3) 写出位移法方程。

$$k_{11}\Delta_1+F_{1P}=0$$

(4) 求系数和自由项，解方程。

首先作基本结构的单位弯矩图——$\overline{M}_1$ 图(图 5-25f)，取图中所示隔离体，求得

$$k_{11}=4i+6i=10i$$

作荷载弯矩图——M_P 图(图 5-25g)。取图中所示隔离体，可得

$$F_{1P}=-300\text{kN}\cdot\text{m}$$

将求得的系数和自由项代入方程中，解得

$$\Delta_1=\frac{30}{i}$$

(5) 由 $M=\overline{M}_1\Delta_1+M_P$ 叠加，可得图 5-25(h)所示弯矩图。

(6) 将 EC 杆的弯矩图加上，再根据弯矩图正对称的性质画出另一半结构的弯矩图，则整个结构的弯矩如图 5-25(i)所示。

【例题 5-15】 试求图 5-26(a)所示结构的弯矩图。

【解】 (1) 对称性的利用。本题属于对称结构作用有任意荷载的情况。可将荷载分成正对称和反对称两组，利用对称性可得图 5-26(b)、(c)所示的反对称和对称半结构。对称荷载下的半结构属于无弯矩状态，故只需计算反对称荷载下的半结构即可。

(2) 选择计算方法。很明显图 5-26(b)按位移法求解有两个未知数，而按力法求解有一个未知数。因此，反对称半结构用力法求解简单。图 5-26(d)为力法的基本体系。

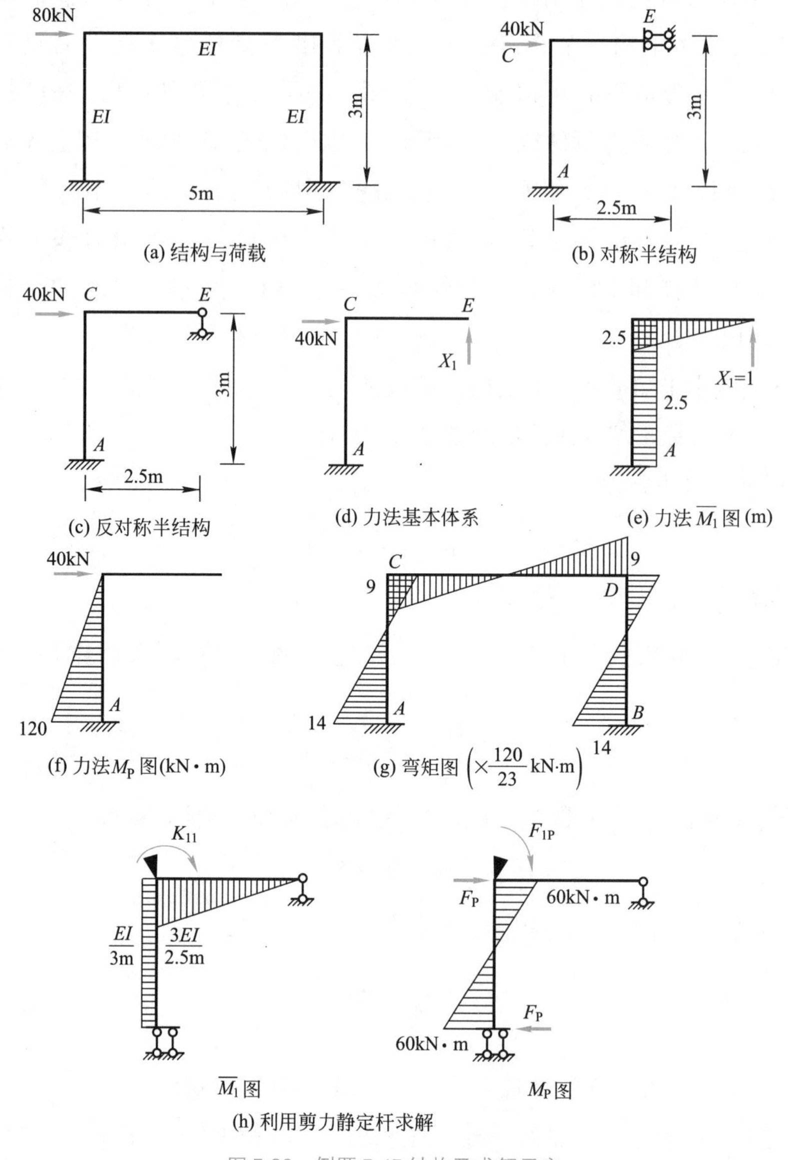

图 5-26　例题 5-15 结构及求解示意

(3) 写出力法方程。

$$\delta_{11}X_1+\Delta_{1P}=0$$

(4) 求系数 δ_{11} 和自由项 Δ_{1P}，并求解方程。

作基本结构单位弯矩图——$\overline{M}_1$ 图(图 5-26e)和荷载弯矩图——M_P 图(图 5-26f)。可求得系数和自由项分别为

$$\delta_{11}=\frac{\left(\frac{1}{3}\times2.5^3+2.5\times3\times2.5\right)}{EI}=\frac{575}{24EI}\text{m}^3$$

$$\Delta_{1P}=-\frac{(1/2\times120\times3\times2.5)}{EI}=-\frac{450}{EI}\text{kN}\cdot\text{m}^3$$

将求得的系数代入力法方程中，解得

$$X_1=\frac{432}{23}=18.783\text{kN}$$

（5）由 $M=\overline{M}_1X_1+M_P$ 叠加可得半结构的弯矩图，因为本题对称半结构无弯矩，因此根据对称性可由半结构弯矩图得到如图 5-26(g)所示的最终弯矩图。

说明： 1）对于受任意荷载的单跨对称结构，当将荷载分解成对称和反对称两组时，对称半结构用位移法求解方便，反对称半结构用力法求解方便。这种利用对称性后，不同结构用不同方法求解，以达到未知量(也即工作量)最少的解法，称为联合法。同时也可看到，如何选择解法，应该综合已有的知识，不应该墨守成规只用单一方法。

2）图 5-26（c）所示结构中，AC 杆为剪力静定杆，也可以只选择 C 点转角位移作为基本未知量用位移法进行求解。其中的 $\overline{M}_1$ 图和 M_P 图如图 5-26（h）所示。

思考题

5-1 位移法基本未知量个数是否唯一？为什么？

5-2 如何理解两端固定梁的形常数、载常数是最基本的，一端固定一端铰支和一端固定一端定向这两类梁的形常数、载常数可认为是导出的？

5-3 由位移法典型方程求解时，是如何体现超静定结构必须综合考虑“平衡、变形和本构关系”三方面的原则？

5-4 支座位移、温度改变等作用下的位移法求解是如何处理的？

5-5 荷载作用下为什么求内力时可用杆件的相对刚度，而求位移时必须用绝对刚度？

5-6 位移法能否解静定结构？

习题

5-1 试确定图 5-27 所示结构位移法的基本未知量。

5-2 试用位移法计算图 5-28 所示结构的弯矩图。

5-3 试用位移法计算图 5-29 所示结构的内力图。

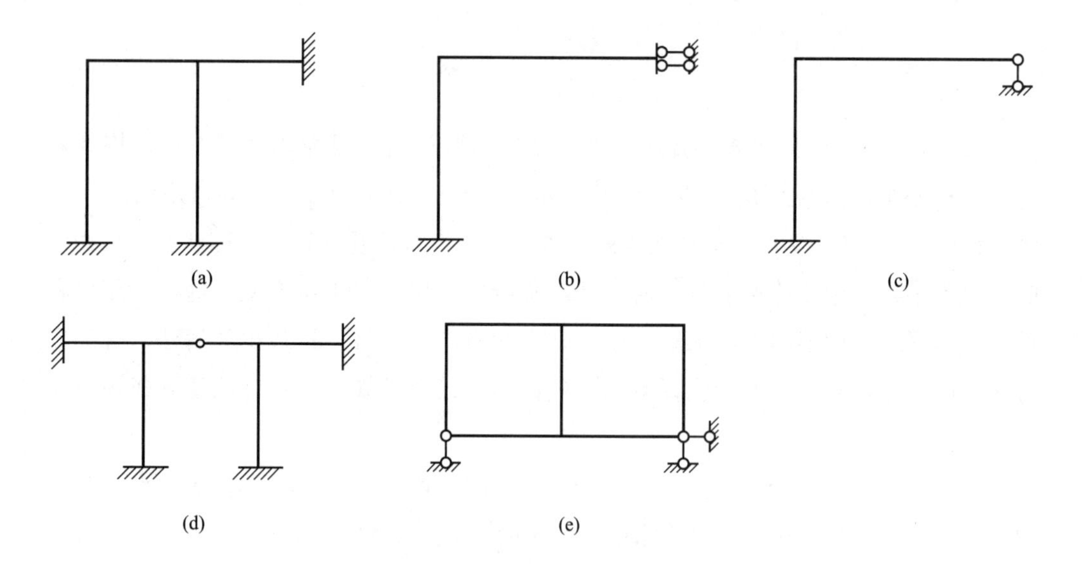

图 5-27　习题 5-1 图

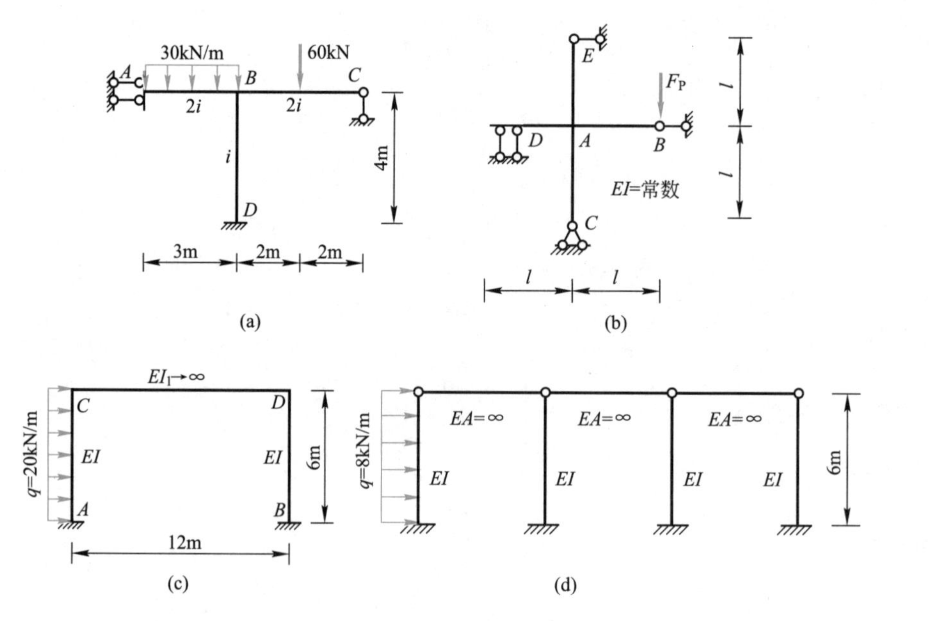

图 5-28　习题 5-2 图(一)

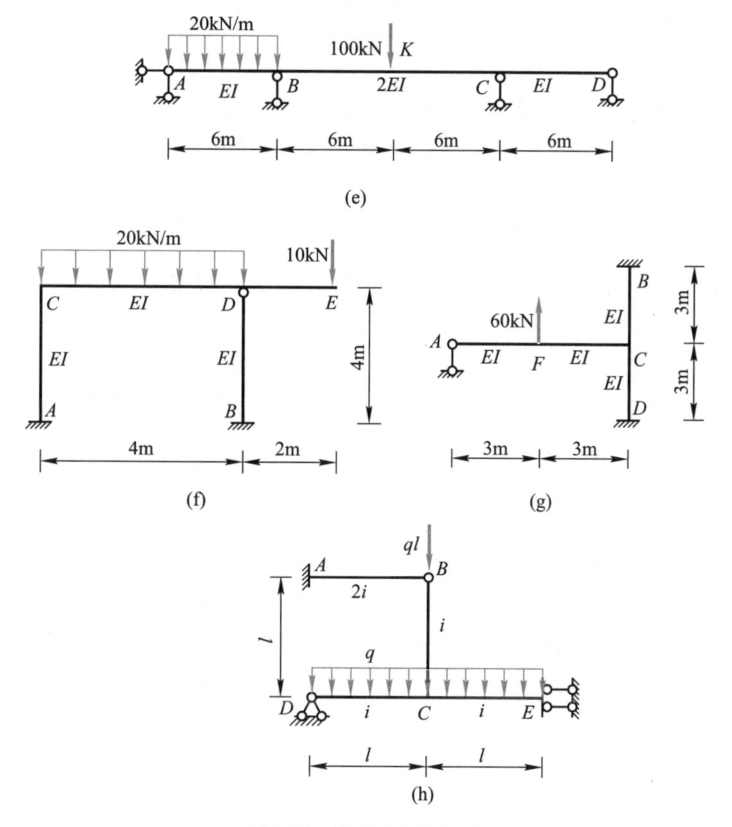

图 5-28　习题 5-2 图(二)

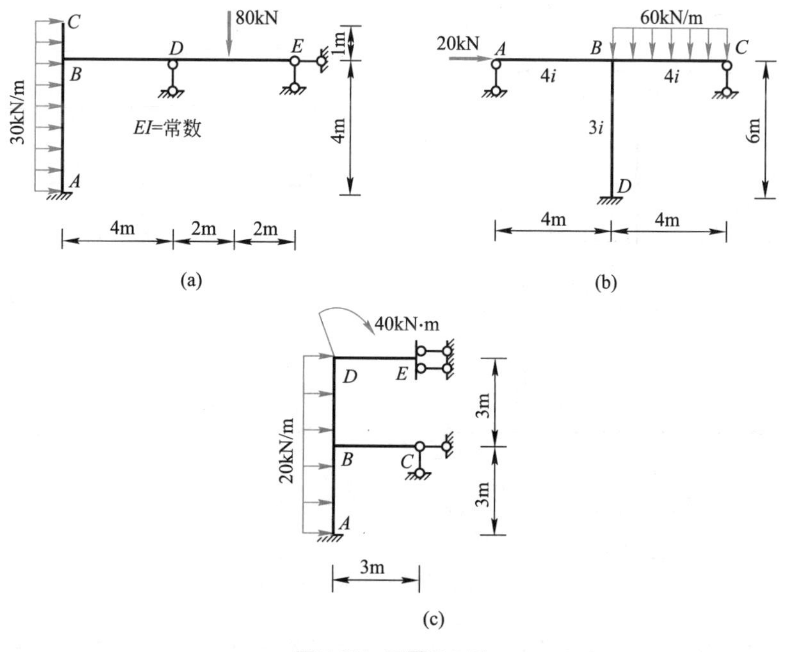

图 5-29　习题 5-3 图

5-4 试用位移法计算图 5-30 所示有弹性支座的梁的弯矩图。$k=3EI/l^3$。

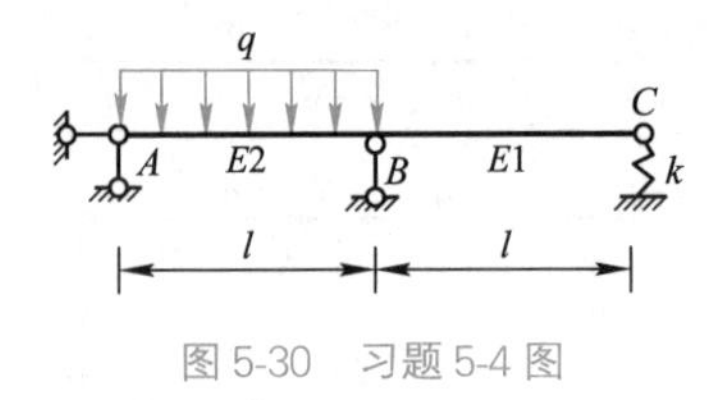

图 5-30 习题 5-4 图

5-5 试用位移法计算图 5-31 所示具有剪力静定杆结构的弯矩图。已知各杆 EI 相同。

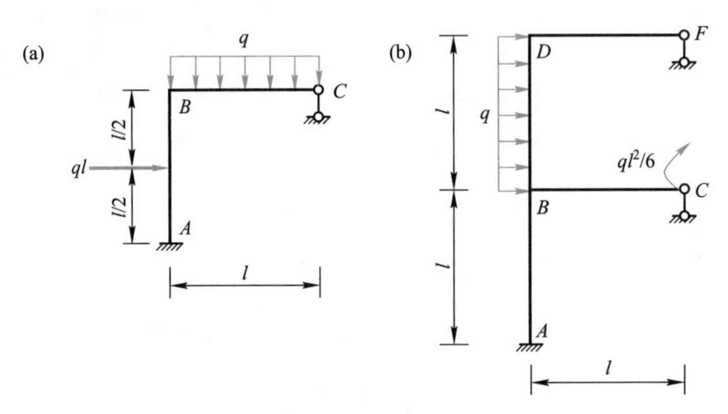

图 5-31 习题 5-5 图

5-6 试用位移法计算图 5-32 所示结构的弯矩图。

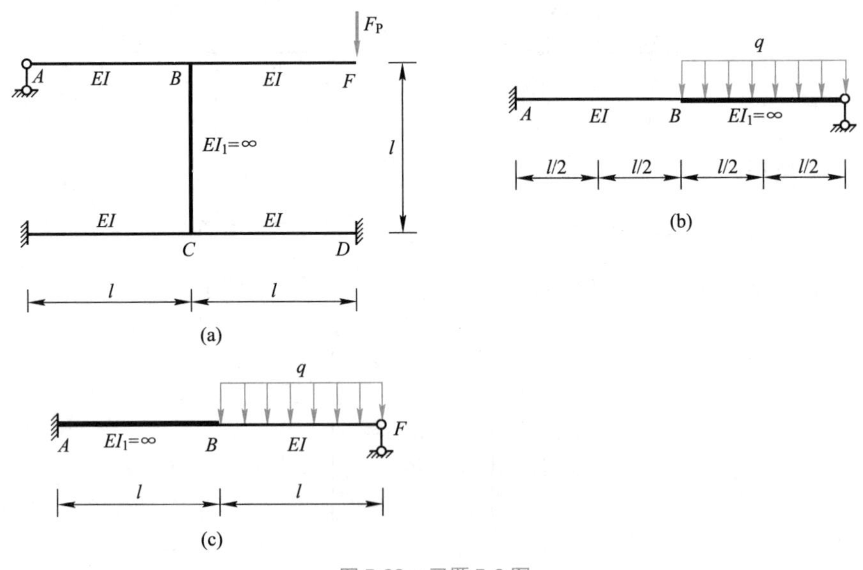

图 5-32 习题 5-6 图

5-7 试用位移法计算图 5-33 所示结构的弯矩图。

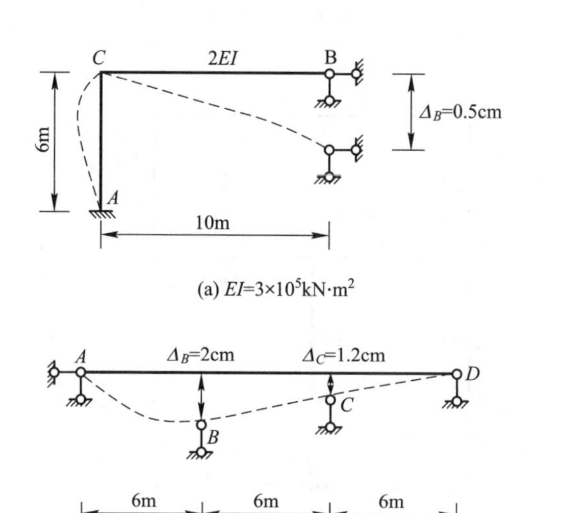

(a) $EI=3\times10^5\text{kN}\cdot\text{m}^2$

(b) $EI=1.2\times10^5\text{kN}\cdot\text{m}^2$

(c) $EI=5\times10\text{kN}\cdot\text{m}^2$

图 5-33 习题 5-7 图

5-8 图 5-34 所示等截面正方形刚架，内部温度升高 t℃，杆截面高度 h，温度膨胀系数为 α，求作 M 图。

5-9 试用位移法计算图 5-35 所示结构，并作弯矩图(提示：可利用对称性)。

5-10 作图 5-36 所示刚架的内力图。

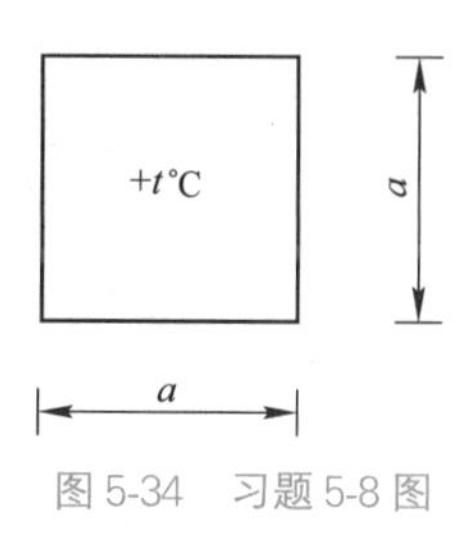

图 5-34 习题 5-8 图

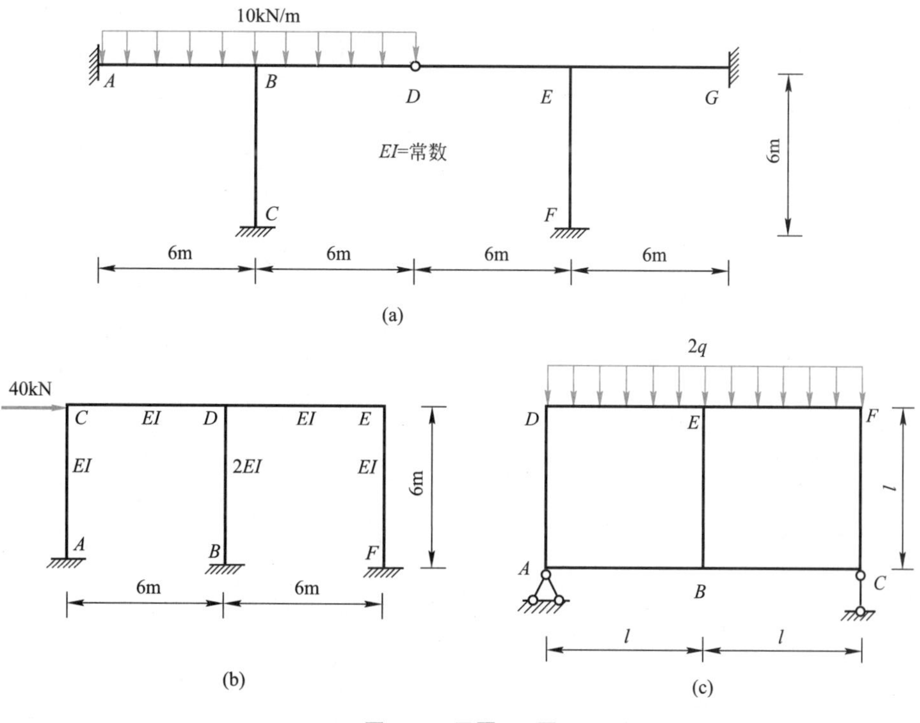

(a)

(b)

(c)

图 5-35 习题 5-9 图

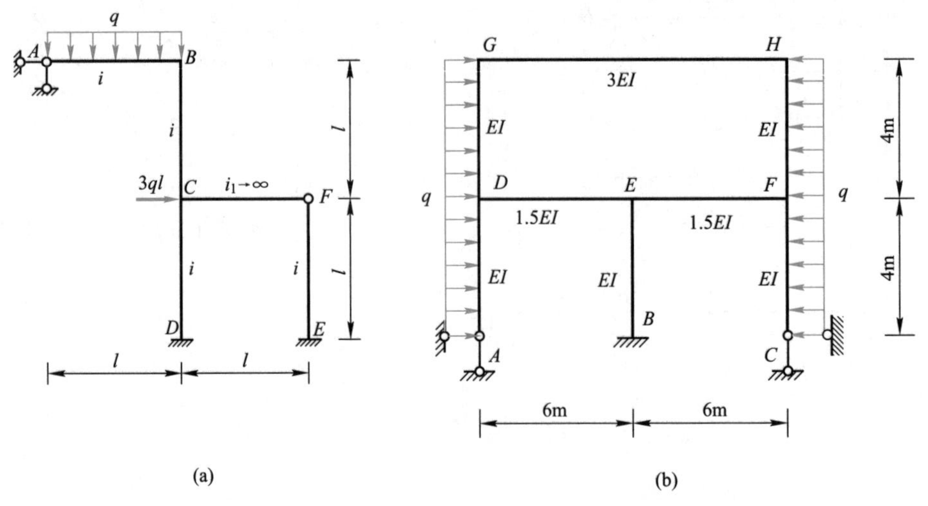
q
A
B
i
i
3ql
C
i₁→∞
F
i
i
D
E
l
l
l
l
(a)
G
H
3EI
EI
EI
D
E
F
q
q
1.5EI
1.5EI
EI
EI
EI
B
A
C
4m
4m
6m
6m
(b)

图 5-36　习题 5-10 图

第6章

力矩分配法

本章知识点

【知识点】 转动刚度、分配系数、传递系数、固端弯矩、节点不平衡力矩，单节点力矩分配法，多节点力矩分配法。

【重点】 力矩分配法解连续梁和无侧移刚架的内力。

【难点】 静定外伸段的处理。

采用力法和位移法计算超静定结构时，不可避免地要解联立方程组。当未知数较多时，计算工作量大，而且容易出错。力矩分配法是一种解超静定结构的渐进方法，其计算结果的精度随计算轮次的增加而提高，最后收敛于精确解。由于每一轮计算过程都是按同一步骤重复进行，因而适合手算，不易出错。

6.1 基本概念

首先通过图 6-1 所示结构的位移法分析过程，引入力矩分配法的基本思路和有关概念。

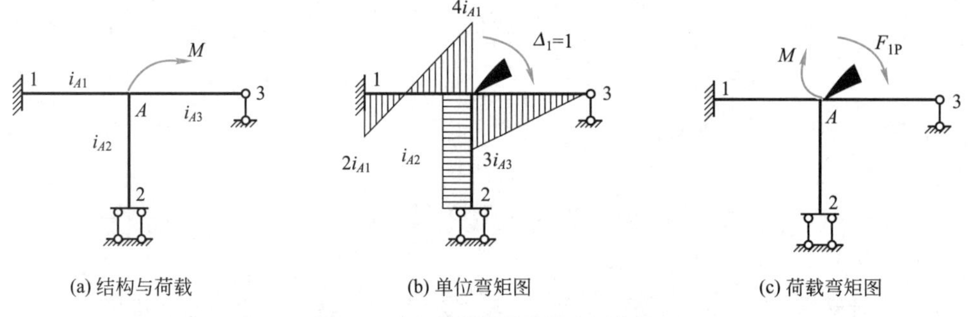

图 6-1 力矩分配法基本概念示意图

对于图 6-1(a)所示结构，在节点集中力偶作用下，按照位移法的基本思路，可得到图 6-1(b)所示单位弯矩图和图 6-1(c)所示荷载弯矩图，且

$$k_{11}=4i_{A1}+i_{A2}+3i_{A3},\quad F_{1P}=-M$$

由位移法方程可求得

$$\Delta_1=-\frac{F_{1P}}{k_{11}}=\frac{M}{4i_{A1}+i_{A2}+3i_{A3}}$$

再由 $\overline{M}_1\Delta_1+M_P$ 叠加可得

$$M_{A1}=4i_{A1}\Delta_1=\frac{4i_{A1}}{4i_{A1}+i_{A2}+3i_{A3}}M,\quad M_{1A}=2i_{A1}\Delta_1=\frac{1}{2}M_{A1}$$

$$M_{A2}=i_{A2}\Delta_1=\frac{i_{A2}}{4i_{A1}+i_{A2}+3i_{A3}}M,\quad M_{2A}=-i_{A2}\cdot\Delta_1=-M_{A2}\qquad\text{(a)}$$

$$M_{A3}=3i_{A3}\Delta_1=\frac{3i_{A3}}{4i_{A1}+i_{A2}+3i_{A3}}M,\quad M_{3A}=0\cdot\Delta_1=0\cdot M_{A3}$$

下面以图 6-1 中的三个杆件 Aj($j=1, 2, 3$)为例，引入如下基本概念：

(1) **转动刚度**。Aj 杆 A 端产生单位转角时，A 端产生的杆端弯矩，称为 Aj 杆

A 端的转动刚度，记作 S_{Aj}。由等截面直杆的形常数可知，S_{Aj} 只与杆件的线刚度及 j 端的支撑条件有关。一般称发生转角的一端为近端，另一端为远端。对本例来说，各杆的转动刚度分别为

$$S_{A1}=4i_{A1}\text{(远端为固定端)}$$

$$S_{A2}=i_{A2}\text{(远端为定向支座)}$$

$$S_{A3}=3i_{A3}\text{(远端为铰支端)}$$

(2) 分配系数。以 Aj 杆 A 端的转动刚度为分子，以汇交于 A 节点各杆件的转动刚度之和为分母，计算得到的值称为 Aj 杆的分配系数，记作 μ_{Aj}。对本例来说，各杆的分配系数分别为

$$\mu_{A1}=\frac{4i_{A1}}{4i_{A1}+i_{A2}+3i_{A3}}$$

$$\mu_{A2}=\frac{i_{A2}}{4i_{A1}+i_{A2}+3i_{A3}}$$

$$\mu_{A3}=\frac{3i_{A3}}{4i_{A1}+i_{A2}+3i_{A3}}$$

显然，汇交于 A 节点各杆的分配系数之和应等于 1。

(3) 传递系数。Aj 杆 A 端发生转角位移时，j 端的杆端弯矩与 A 端的杆端弯矩的比值称为 Aj 杆 A 端向 j 端的传递系数，记作 C_{Aj}。对本例来说，三个杆端由 A 端向各自远端的传递系数分别为

$$C_{A1}=\frac{1}{2}\text{(远端为固定端)}$$

$$C_{A2}=-1\text{(远端为定向支座)}$$

$$C_{A3}=0\text{(远端为铰支端)}$$

利用这些概念，本例中式(a)所示的杆端弯矩可表示成

$$\begin{aligned} &M_{A1}=S_{A1}\Delta_1=\mu_{A1}M, \quad M_{1A}=C_{A1}M_{A1} \\ &M_{A2}=S_{A2}\Delta_1=\mu_{A2}M, \quad M_{2A}=C_{A2}M_{A2} \\ &M_{A3}=S_{A3}\Delta_1=\mu_{A3}M, \quad M_{3A}=C_{A3}M_{A3} \end{aligned} \tag{b}$$

我们可以这样描述式(b)中各杆的杆端弯矩的求解过程：

首先，将作用在 A 点的集中力偶按汇交于 A 点各杆的分配系数，分配给每一个杆端，得到各杆的近端弯矩；然后，各杆按照自己的传递系数，将近端弯矩传递到远端，得到远端弯矩。

6.2 单节点力矩分配法

考虑图 6-2(a)所示的结构，该结构承受非节点荷载。对于非节点荷载的处理，可以按位移法的思路分两步进行。

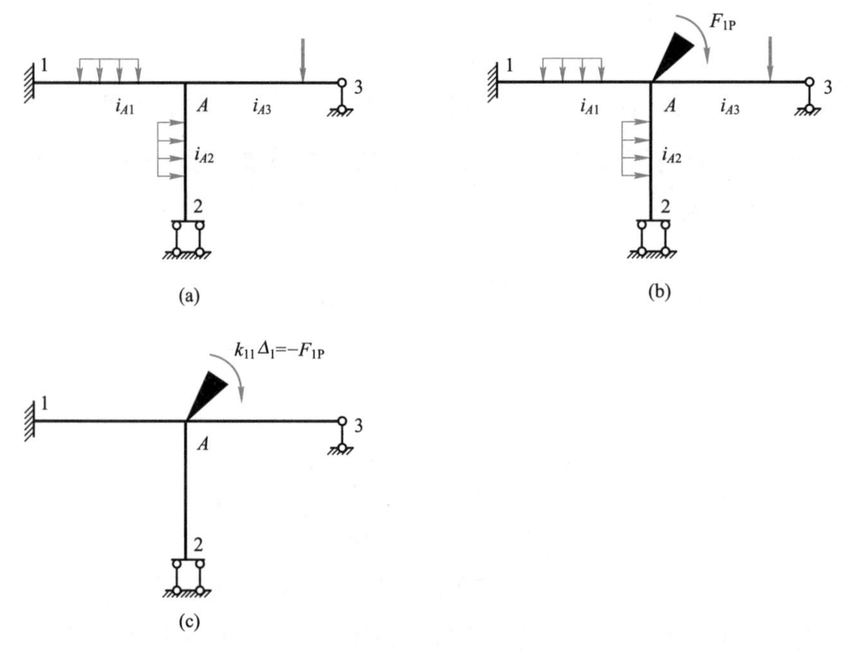

图 6-2　单节点力矩分配法

步骤 1：在图 6-2(b)的刚臂上施加附加弯矩，即位移法方程中的 F_{1P}。锁定 A 节点的转角位移。此时，各杆件有固端弯矩 M_{Aj}^{F}、M_{jA}^{F}（$j=1, 2, 3$）。由节点平衡条件可知，附加弯矩的数值等于汇交于该节点的各单元的固端弯矩之和，即 $F_{1P}=\sum_{j=1}^{3}M_{Aj}^{F}$。

步骤 2：在图 6-2(c)的刚臂上施加附加弯矩，即位移法中的 $k_{11}\Delta_1$。这时，A 节点的转角位移为 Δ_1。在这个节点集中力偶作用下，各杆的杆端弯矩就可以利用第 6.1 节的求解过程求解了。由位移法方程可知，这种情况下的附加弯矩为 $k_{11}\Delta_1=-F_{1P}=-\sum_{j=1}^{3}M_{Aj}^{F}$。

最后，将这两步杆端弯矩相加，就得到了原结构最终的杆端弯矩，即

$$M_{Aj}=\mu_{Aj}\left(-\sum_{j=1}^{3}M_{Aj}^{F}\right)+M_{Aj}^{F},\quad M_{jA}=C_{Aj}\mu_{Aj}\left(-\sum_{j=1}^{3}M_{Aj}^{F}\right)+M_{jA}^{F}$$

结合上面的讲述，再补充如下概念：

(1)不平衡弯矩。汇交于 A 节点各杆件的固端弯矩代数和，即 $\sum_{j=1}^{3} M_{Aj}^{\mathrm{F}}$ ，称为该节点的不平衡弯矩。

(2)分配弯矩。将 A 节点的不平衡弯矩反号后，乘以该节点各杆端的分配系数，所得到的杆端弯矩称为该节点各杆端的分配弯矩，即 $\mu_{Aj}(-\sum_{j=1}^{3} M_{Aj}^{\mathrm{F}})$ 。

(3) 传递弯矩。将 A 节点各杆端的分配弯矩乘以传递系数，所得到的杆端弯矩称为该点远端的传递弯矩，即 $M_{jA}=C_{Aj}\mu_{Aj}(-\sum_{j=1}^{3} M_{Aj}^{\mathrm{F}})$ 。

在上述杆端弯矩计算的两个步骤中，我们还可以这样描述：

首先，步骤 1 中节点有不平衡弯矩，步骤 2 中用于分配的集中力偶是反号的不平衡弯矩，二者相加正好等于零。将两个步骤合起来看，可以说步骤 2 消除了步骤 1 中的节点不平衡弯矩。

其次，步骤 1 中是锁定 A 节点的转角位移，步骤 2 中是让节点 A 发生转角位移，即放松节点。可以说，放松节点的过程就是消除节点不平衡弯矩的过程。

【例题 6-1】 试用力矩分配法，作图 6-3(a)所示的连续梁弯矩图。

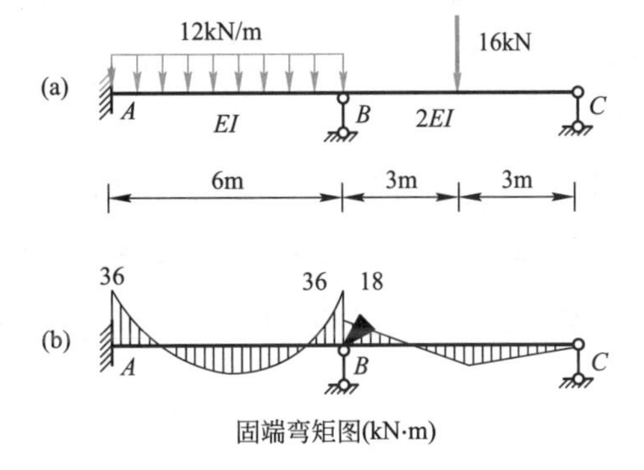

固端弯矩图(kN·m)

分配系数		0.4	0.6	
固端弯矩	−36	36	−18	0
分配弯矩 与传递弯矩	−3.6 ←	−7.2	−10.8 →	0
杆端弯矩	−39.6	28.8	−28.8	0

注: 表中弯矩的单位为“kN·m”。

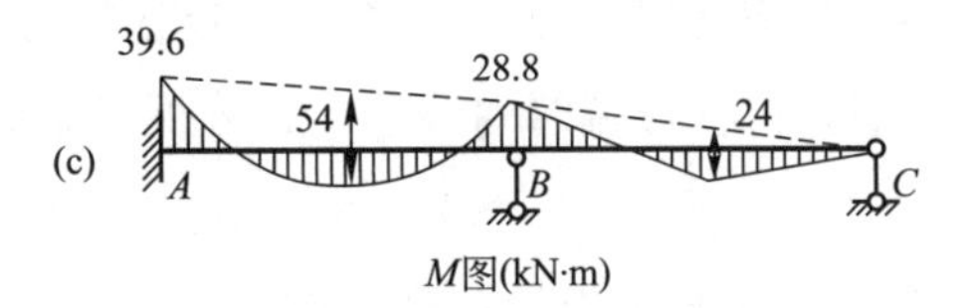

M图(kN·m)

图 6-3 例题 6-1 图

【解】 (1) 计算分配系数。由已知条件得各杆的线刚度分别为

$$i_{BA}=\frac{EI}{6\text{m}},\quad i_{BC}=\frac{2EI}{6\text{m}}$$

根据各杆远端支承条件得相应的转动刚度分别为

$$S_{BA}=4\cdot\frac{EI}{6\text{m}}=\frac{4EI}{6\text{m}},\quad S_{BC}=3\cdot\frac{2EI}{6\text{m}}=\frac{6EI}{6\text{m}}$$

由此可得分配系数为

$$\mu_{BA}=\frac{S_{BA}}{S_{BA}+S_{BC}}=0.4,\quad \mu_{BC}=\frac{S_{BC}}{S_{BA}+S_{BC}}=0.6$$

将分配系数标注于各相应杆端下面。

(2) 计算固端弯矩。锁定 B 节点，可作出图 6-3(b)所示固端弯矩图。将固端弯矩分别标注在相应分配系数下方杆端处。

(3) 分配与传递。首先，将汇交于 B 点各杆的固端弯矩相加，求得 B 节点的不平衡力矩；然后，将不平衡力矩反号后，乘分配系数得各杆端的分配弯矩(分配弯矩下面的双实线表明这个节点的力矩已经平衡了)；最后，将各杆端的分配弯矩按各自的传递系数，传递给远端，得到传递弯矩。

(4) 计算最终弯矩。将各杆端的固端弯矩、分配弯矩或传递弯矩相加，便得到了杆端最终弯矩。

(5) 根据杆端弯矩和其上作用的荷载，按区段叠加法作出图 6-3(c)所示最终弯矩图。

【例题 6-2】 试用力矩分配法作图 6-4(a)所示梁的弯矩图。

【解】 (1) 计算分配系数。由已知条件，可得各杆的转动刚度分别为

$$S_{BA}=\frac{4EI}{l},\quad S_{BC}=0$$

相应的分配系数为

$$\mu_{BA}=\frac{S_{BA}}{S_{BA}+S_{BC}}=1,\quad \mu_{BC}=\frac{S_{BC}}{S_{BA}+S_{BC}}=0$$

(2) 计算固端弯矩。锁定 B 节点，可作出图 6-4(b)所示固端弯矩图。将固端弯矩分别标注在相应分配系数下方的各杆端处。

(3) 分配与传递。将 B 节点的不平衡力矩反号分配，并向各自的远端传递。

(4) 计算最终弯矩。将各杆端的固端弯矩、分配弯矩或传递弯矩相加，便得到了各杆端最终弯矩。

(5) 根据杆端弯矩和其上作用的荷载，按区段叠加法作出图 6-4(c)所示最终弯矩图。

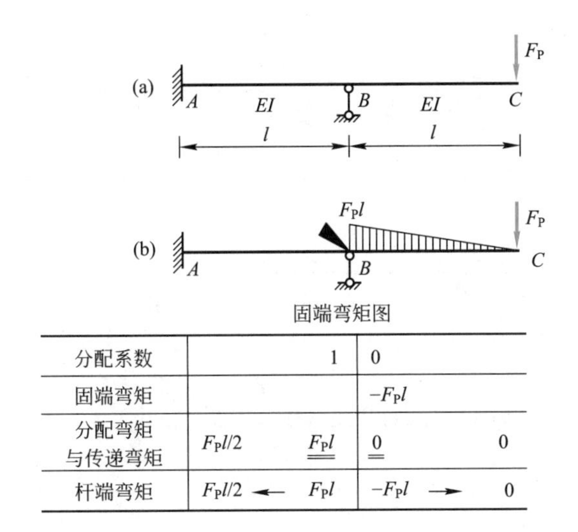

分配系数		1	0	
固端弯矩			$-F_Pl$	
分配弯矩与传递弯矩	$F_Pl/2$	$\underline{\underline{F_Pl}}$	$\underline{\underline{0}}$	0
杆端弯矩	$F_Pl/2$ ←	F_Pl	$-F_Pl$ →	0

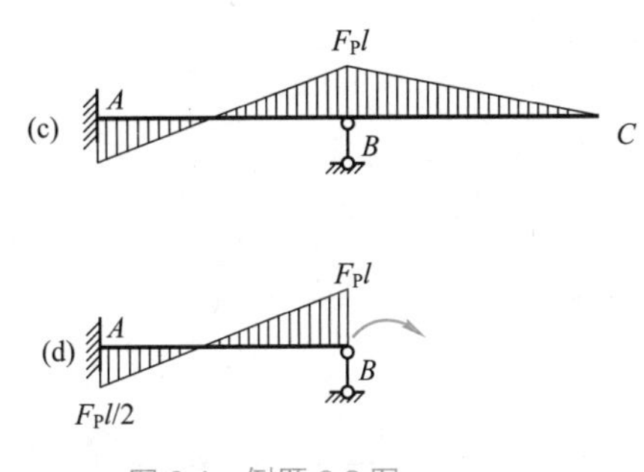

图 6-4　例题 6-2 图

特殊说明： 本题最终的杆端弯矩结果可以直接作为图 6-4(d)所示单跨梁的固端弯矩使用。在后面的例题中可以看到，这样做可以减少一个分配的节点。

【例题 6-3】 试用力矩分配法求作图 6-5(a)所示连续梁的弯矩图。

【解】 (1) 计算分配系数。首先，将 CD 段静定梁去掉，C 点简化成铰支座。将 CD 部分对截面 C 的作用画上(其中的竖向力对求解弯矩图不影响，所以没有画出)，如图 6-5(b)所示。由已知条件可得各杆的转动刚度分别为

$$S_{BA}=3EI/l,\quad S_{BC}=3EI/l$$

进而得到各杆端的分配系数为

$$\mu_{BA}=\frac{S_{BA}}{S_{BA}+S_{BC}}=0.5,\quad \mu_{BC}=\frac{S_{BC}}{S_{BA}+S_{BC}}=0.5$$

(2) 计算固端弯矩。锁定 B 节点，利用例题 6-2 的计算结果，可作出图 6-5(c)所示固端弯矩图。将固端弯矩分别标注在相应分配系数下方的杆端处。

(3) 分配与传递。由各杆的固端弯矩和节点集中力偶，求得 B 点的不平衡弯矩。反号分配得分配弯矩，并向各自的远端传递，得分配弯矩。

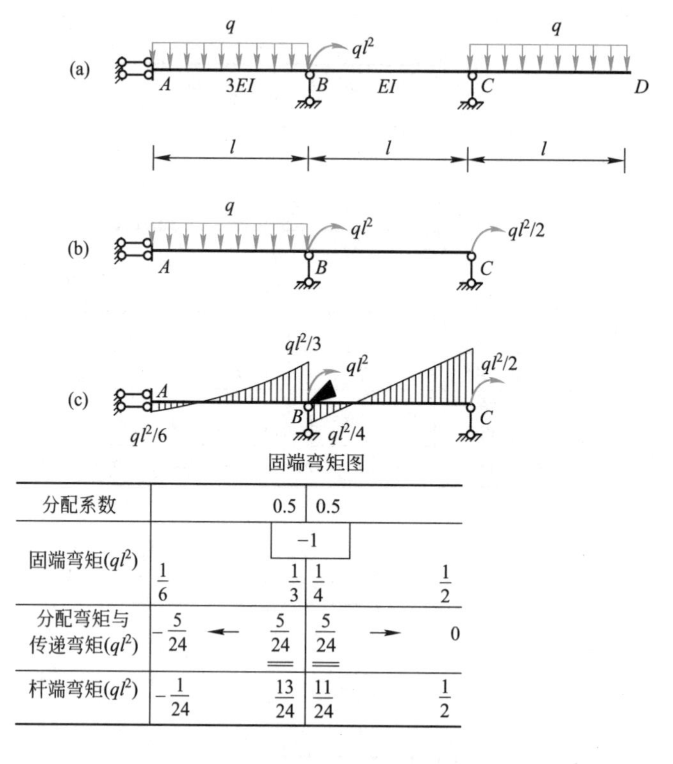

	A	B_A	B_C	C
分配系数		0.5	0.5	
固端弯矩(ql^2)	$\frac{1}{6}$	−1 $\frac{1}{3}$	$\frac{1}{4}$	$\frac{1}{2}$
分配弯矩与传递弯矩(ql^2)	$-\frac{5}{24}$ ←	$\frac{5}{24}$	$\frac{5}{24}$ →	0
杆端弯矩(ql^2)	$-\frac{1}{24}$	$\frac{13}{24}$	$\frac{11}{24}$	$\frac{1}{2}$

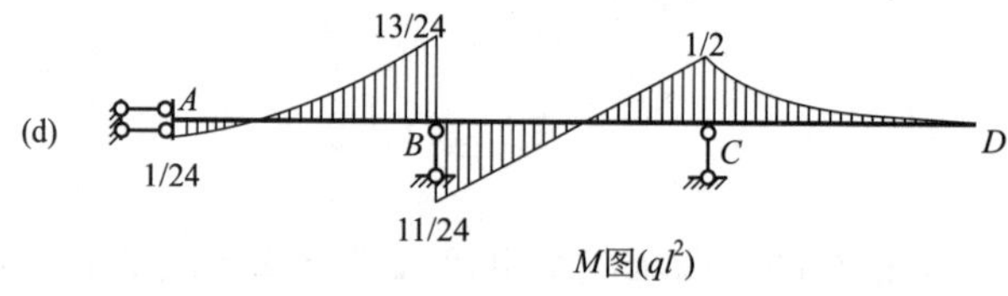

图 6-5　例题 6-3 图

（4）计算最终弯矩。将各杆端的固端弯矩、分配弯矩或传递弯矩相加，得杆端最终弯矩。最后，按区段叠加法作出图 6-5(d)所示的最终弯矩图。

需要强调的是，本题中 B 节点作用有集中力偶(因为是绕节点的，所以逆时针为正)，该集中力偶参与弯矩的分配，但不参加最终杆端弯矩的求和。

【例题 6-4】 试用力矩分配法求作图 6-6(a)所示无侧移刚架的弯矩图。

【解】 对于刚架，列表比较方便。

（1）计算分配系数。这是一个单节点弯矩分配问题。由已知条件得 D 点各杆端的转动刚度分别为

$$S_{DA}=4\cdot\frac{EI}{4.5},\quad S_{DB}=4\cdot\frac{EI}{5}$$

相应的分配系数为

$$\mu_{DA}=\frac{S_{DA}}{S_{DA}+S_{DB}}=0.526,\quad \mu_{DB}=\frac{S_{DB}}{S_{DA}+S_{DB}}=0.474$$

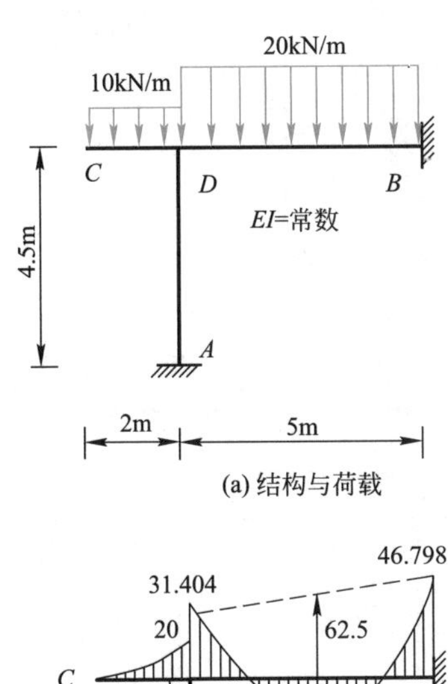

(a) 结构与荷载

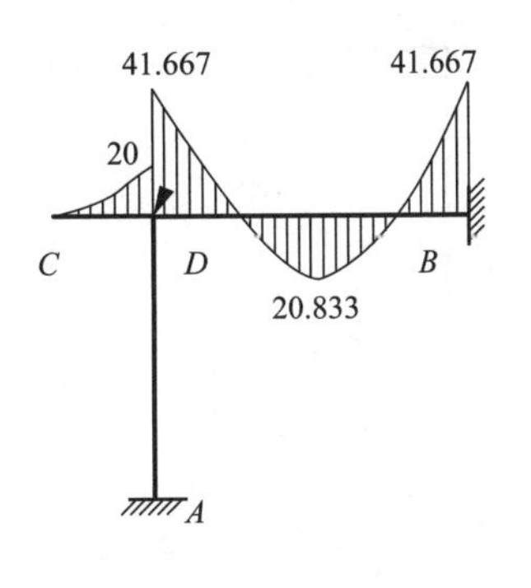

(b) 固端弯矩图(kN·m)

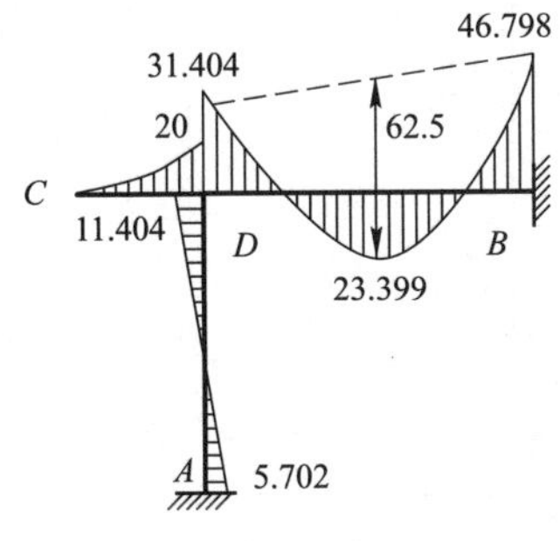

(c) M图(kN·m)

节点	A	D		B
杆端	AD	DA	DB	BD
分配系数		0.526	0.474	
固端弯矩(kN·m)		20		41.667
		0	−41.667	
分配与传递(kN·m)	5.702	11.404	10.263	5.131
最终弯矩(kN·m)	5.702	11.404	−31.404	46.798

图 6-6　例题 6-4 求解

将分配系数分别在 D 节点处按 DA 和 DB 给出(因为静定部分分配系数为零，表上没标)。

(2) 计算固端弯矩。由载常数可求得各杆的固端弯矩如图 6-6(a)所示，将固端弯矩分别标注在相应分配系数下方杆端处。

(3) 分配与传递。将固端弯矩相加求得节点 D 的不平衡弯矩，反号后按分配系数分配各杆近端，得分配弯矩；再将各杆的分配弯矩向各自的远端传递，得到传递弯矩。

(4) 计算结构的杆端最终弯矩。叠加固端弯矩、分配或传递弯矩，得杆端最终弯矩。根据杆端弯矩作出图 6-6(c)所示最终弯矩图。

【例题 6-5】 试用力矩分配法求作图 6-7 所示无侧移刚架弯矩图。

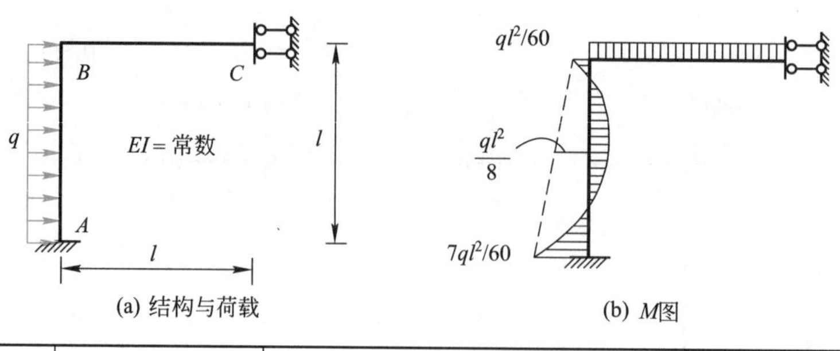

(a) 结构与荷载　　(b) M图

节点	A	B		C
杆端	AB	BA	BC	CB
分配系数		0.8	0.2	
固端弯矩	$\frac{-ql^2}{12}$	$\frac{ql^2}{12}$		
分配与传递	$-\frac{2}{60}ql^2$	$-\frac{4}{60}ql^2$	$-\frac{1}{60}ql^2$	$\frac{1}{60}ql^2$
最终弯矩	$-\frac{7}{60}ql^2$	$\frac{1}{60}ql^2$	$-\frac{1}{60}ql^2$	$\frac{1}{60}ql^2$

图 6-7　例题 6-5 求解示意

由以上例题可以看到：

(1) 固端弯矩就是位移法中的只有荷载、没有转角位移时的杆端弯矩，也就是 M_P 图中各杆的杆端弯矩。

(2) 将节点不平衡弯矩首先反号分配、然后传递的过程，就是放松节点，使其发生与实际情况相同的转角位移。这个过程中，杆端得到的弯矩是只有转角位移时的杆端弯矩，也就是 $\overline{M}_1\Delta_1$ 图中各杆的杆端弯矩。

6.3　多节点力矩分配法

对于具有多个节点转角位移的结构，力矩分配法的求解过程与单节点类似。只是需要依次轮流放松各个节点，直到各节点的不平衡力矩小到满足工程精度要求为止。下面结合具体实例来说明。

【例题 6-6】 试用力矩分配法求作图 6-8(a)所示多跨连续梁的弯矩图。

【解】 首先将静定的悬臂部分去掉，得到图 6-8(b)所示的三跨连续梁。将悬臂部分的荷载等效到 D 点，由于节点的集中力对弯矩图不起作用，故略去。这样，D 节点就是作用有集中力偶的铰接节点。按照位移法的思路，需要锁定的节点位移有 2 个，一个是 B 点的转角位移，另一个是 C 点的转角位移。

(1) 计算分配系数。锁定 C 点的转角位移时，B 节点两个杆件的远端(A 端、C 端)都可视为固定端，故分配系数为

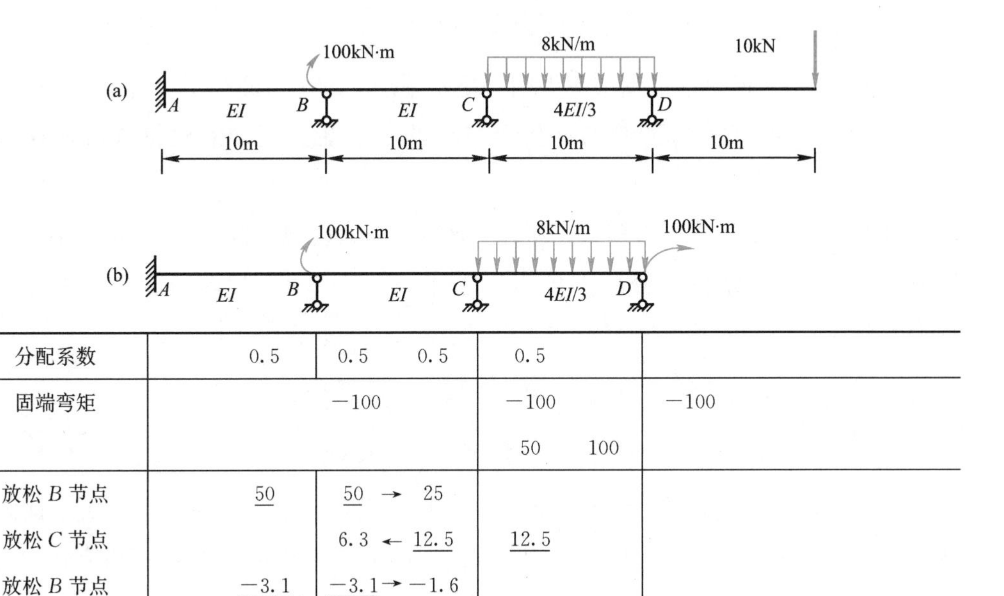

分配系数	0.5	0.5　　0.5	0.5	
固端弯矩		−100	−100 50　　100	−100
放松 B 节点	50	50 → 25		
放松 C 节点		6.3 ← 12.5	12.5	
放松 B 节点	−3.1	−3.1 → −1.6		
放松 C 节点		0.8	0.8	
最终弯矩	23.4 ← 46.9	53.2　　36.7	−36.7　　100	−100

注：表中弯矩的单位为“kN・m”。

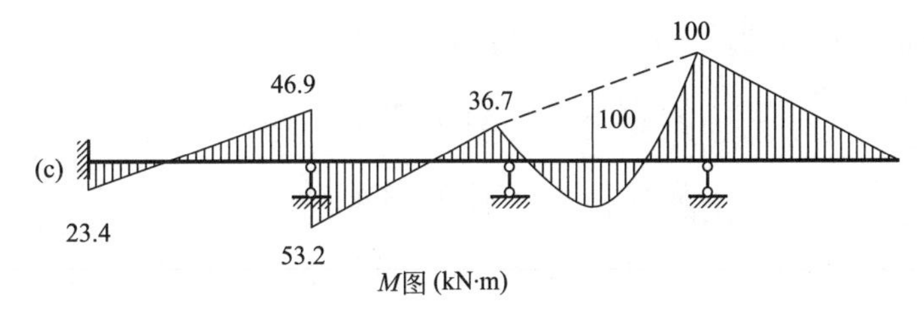

图 6-8　例题 6-6 求解

$$\mu_{BA}=\frac{S_{BA}}{S_{BA}+S_{BC}}=0.5,\quad \mu_{BC}=\frac{S_{BC}}{S_{BA}+S_{BC}}=0.5$$

锁定 B 点的转角位移时，C 端视为固定端，D 端为铰接端，故分配系数为

$$\mu_{CB}=\frac{S_{CB}}{S_{CB}+S_{CD}}=\frac{4\cdot\dfrac{EI}{10}}{4\cdot\dfrac{EI}{10}+3\cdot\dfrac{\dfrac{4EI}{3}}{10}}=0.5,\quad \mu_{CD}=0.5$$

(2) 计算固端弯矩。锁定 B、C 两点，CD 跨作用的荷载有均布荷载和节点集中力偶。由例题 6-2 的计算结果可得到 CD 跨梁的固端弯矩为

$$M_{CD}^{\mathrm{F}}=-\frac{8\times10^{2}}{8}+50=-50\mathrm{kN}\cdot\mathrm{m}$$

$$M_{DC}^{F}=100\text{kN}\cdot\text{m}$$

这时，B、C 两个节点都有不平衡力矩，分别为$-100\text{kN}\cdot\text{m}$、$-50\text{kN}\cdot\text{m}$。

(3) 分配与传递。为了消除这两个节点的不平衡力矩，依次轮流放松这两个节点。

由于 B 节点的不平衡力矩大，所以先放松 B 节点。此时，C 节点仍然锁定。将 B 节点的不平衡力矩反号分配并传递。这时，B 节点两个杆端得到的分配弯矩分别为

$$M_{BA}^{D(1)}=0.5\times100=50\text{kN}\cdot\text{m}$$

$$M_{BC}^{D(1)}=0.5\times100=50\text{kN}\cdot\text{m}$$

公式中上角标的 D 表示该弯矩是分配力矩。把它们填入图中。在分配弯矩下面画一条横线，表明 B 节点暂时获得了平衡。此时，B 节点转动的角度为(还没有转动到最终位置)

$$\Delta_{B}^{(1)}=\frac{M_{BC}^{D(1)}}{S_{BC}}=\frac{M_{BA}^{D(1)}}{S_{BA}}=\frac{50}{4\dfrac{EI}{10}}=\frac{125}{EI}\text{kN}\cdot\text{m}^{2}$$

将分配弯矩向各自的远端传递，得传递弯矩为

$$M_{AB}^{T(1)}=0.5\times50=25\text{kN}\cdot\text{m}$$

$$M_{CB}^{T(1)}=0.5\times50=25\text{kN}\cdot\text{m}$$

公式中上角标的 T 表示该弯矩是传递弯矩。用箭头把它们送到各自的远端。

再看 C 节点，它原来有不平衡力矩$-50\text{kN}\cdot\text{m}$，又加上 B 节点传来的 $25\text{kN}\cdot\text{m}$，共有不平衡力矩$-25\text{kN}\cdot\text{m}$。现在，把 B 节点在刚才的位置上锁定，放松 C 节点。与放松 B 节点一样，得到下面的分配弯矩和 C 节点转动的角度为

$$M_{CB}^{D(1)}=0.5\times25=12.5\text{kN}\cdot\text{m}$$

$$M_{CD}^{D(1)}=0.5\times25=12.5\text{kN}\cdot\text{m}$$

$$\Delta_{C}^{(1)}=\frac{M_{CD}^{D(1)}}{S_{CD}}=\frac{M_{CB}^{D(1)}}{S_{CB}}=\frac{12.5\text{kN}}{4\dfrac{EI}{10}}=\frac{125}{4EI}\text{kN}\cdot\text{m}^{2}$$

传递弯矩为

$$M_{BC}^{T(1)}=0.5\times12.5=6.25\text{kN}\cdot\text{m}\approx6.3\text{kN}\cdot\text{m}$$

$$M_{DC}^{T(1)}=0$$

把它们填入图中。在分配弯矩下面画一条横线，表明 C 节点暂时获得了平衡。

将 C 节点在转动后的位置锁定。

再看 B 节点，它又有了一个新的不平衡力矩 6.25kN·m。于是又需要放松 B 节点，消除这个不平衡力矩。这一次，得到分配弯矩和传递弯矩分别如图 6-8 所示。同时，B 节点在原来的位置又转动了一个角度

$$\Delta_B^{(2)}=-\frac{6.3}{4\dfrac{EI}{10}}=-\frac{63}{4EI}\text{kN}\cdot\text{m}^2$$

接下来，C 节点又获得了一个不平衡力矩，需要再次放松。

反复将 B、C 节点轮流放松、固定，不断地进行不平衡力的分配与传递。这个过程使不平衡力越来越小。直到传递弯矩的数值小到能够满足精度要求时，计算就可以结束了。将最后一次分配的弯矩下面画上双横线，表明过程结束。

这时，各节点经过逐次转动，已经逼近了实际的平衡位置。

将各杆端的固端弯矩、分配力矩、传递弯矩相加，便得到了各杆端的最后弯矩。

提醒：

(1) 一般情况下，当分配力矩小于最大节点不平衡力矩的 1%时，就可以停止了。此外，为了保证各节点的最终弯矩是平衡的，最后一次分配的弯矩不再传递。

(2) 由于反号分配不平衡力矩的过程，就是节点发生转角位移的过程。因此，可用某一杆端历次分配弯矩之和除以杆端的转动刚度计算分配过程中杆端发生的转角位移。

对于这道例题：

$$\Delta_B=\frac{M_{BA}^{\mathrm{D}(1)}+M_{BA}^{\mathrm{D}(2)}}{S_{BA}}=\frac{50-3.1}{4\dfrac{EI}{10}}=\frac{469}{4EI}\approx\frac{117.03}{EI}\text{kN}\cdot\text{m}^2$$

$$\Delta_C=\frac{M_{CB}^{\mathrm{D}(1)}+M_{CB}^{\mathrm{D}(2)}}{S_{CB}}=\frac{12.5+0.8}{4\dfrac{EI}{10}}=\frac{133}{4EI}\approx\frac{33.25}{EI}\text{kN}\cdot\text{m}^2$$

而位移法计算的精确结果为

$$\Delta_B=\frac{350}{3EI}\approx\frac{116.67}{EI}\text{kN}\cdot\text{m}^2$$

$$\Delta_C=\frac{100}{3EI}\approx\frac{33.33}{EI}\text{kN}\cdot\text{m}^2$$

可见，经过两轮分配得到的近似结果与精确结果相比，具有较高的近似程度。

【例题 6-7】 试用力矩分配法求作图 6-9(a)所示多跨连续梁的弯矩图。

【解】 具体求解过程如下面图表所示。

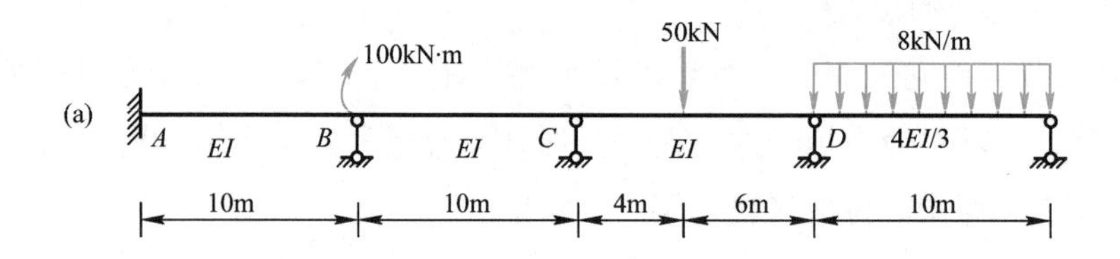

分配系数		0.5	0.5	0.5	0.5	0.5	0.5
固端弯矩			−100		−72	48	−100
放松 B、D 节点		50	50	→ 25	13 ←	26	26
放松 C 节点			8.5 ←	17	17	→ 8.5	
放松 B、D 节点		−4.2	−4.3	→ −2.1	−2.1 ←	−4.3	−4.2
放松 C 节点			1.0 ←	2.1	2.1	→ 1.0	
		−0.5	−0.5			−0.5	−0.5
最终弯矩	22.6	45.3	54.7	42	−42	78.7	−78.7

注：表中弯矩的单位为“kN·m”。

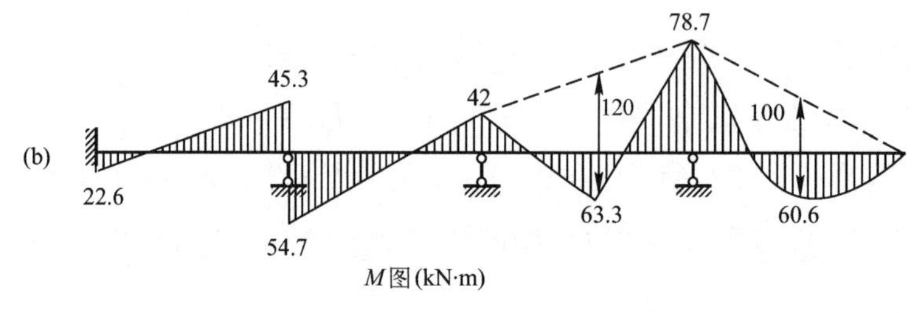

图 6-9　例题 6-7 求解

讨论：

(1)这道例题有 3 个转角位移，先同时放松两边的节点，再放松中间的节点。这样可以减小工作量。

(2)力矩分配法的校核。若计算结果正确，则应同时满足平衡条件和变形协调条件。

① 平衡条件：由力矩分配法的计算过程可以看出，只要每一次不平衡力矩反号分配过程中没有错误，最后的节点弯矩就能满足平衡条件。至于不平衡力矩计算是否正确、传递弯矩是否正确，由平衡条件就没有办法校核了。因此，还需要用变形协调条件来校核。

② 变形协调条件：对于两端只发生转角位移的杆件 ik，两端的最终弯矩应该满足下式

$$\begin{aligned} M_{ik} &= 4i_{ik}\Delta_i + 2i_{ik}\Delta_k + M_{ik}^{F} \\ M_{ki} &= 2i_{ik}\Delta_i + 4i_{ik}\Delta_k + M_{ki}^{F} \end{aligned} \tag{a}$$

式中　Δ_i、Δ_k 分别为杆件 ik 两端的转角。消去式(a)中的 Δ_k，得

$$\Delta_i=\left[\left(M_{ik}-\frac{1}{2}M_{ki}\right)-\left(M_{ik}^{\mathrm{F}}-\frac{1}{2}M_{ki}^{\mathrm{F}}\right)\right]\Big/3i_{ik} \tag{b}$$

对于汇交于刚节点 i 的各杆，i 端的转角都是相等的。因此，可以用式(b)分别计算汇交于刚节点 i 各杆 i 端的转角。如果各杆 i 端的转角位移计算结果相等，则说明汇交于刚节点 i 各杆 i 端的转角满足变形协调条件。

下面校核例题 6-7 的变形协调条件。

对于 C 节点的转角，由 CD 杆计算的 C 端转角位移为

$$\Delta_C=\frac{\left(M_{CD}-\frac{1}{2}M_{DC}\right)-\left(M_{CD}^{\mathrm{F}}-\frac{1}{2}M_{DC}^{\mathrm{F}}\right)}{3i_{CD}}$$

$$=\frac{\left(-42-\frac{1}{2}\times78.7\right)-\left(-72-\frac{1}{2}\times48\right)}{3\times\frac{EI}{10}}=\frac{147}{3EI}$$

由 CB 杆计算的 C 端转角位移为

$$\Delta_C=\frac{\left(M_{CB}-\frac{1}{2}M_{BC}\right)-\left(M_{CB}^{\mathrm{F}}-\frac{1}{2}M_{BC}^{\mathrm{F}}\right)}{3i_{CB}}$$

$$=\frac{\left(42-\frac{1}{2}\times54.7\right)-\left(0-\frac{1}{2}\times0\right)}{3\times\frac{EI}{10}}=\frac{147}{3EI}$$

二者相等，说明 C 节点的变形条件是满足的。一般情况下验算一个节点就基本可以了。

请有兴趣的读者试着验算 D 节点的变形协调条件。

【例题 6-8】 试用力矩分配法求作图 6-10(a)所示的无侧移刚架结构弯矩图。

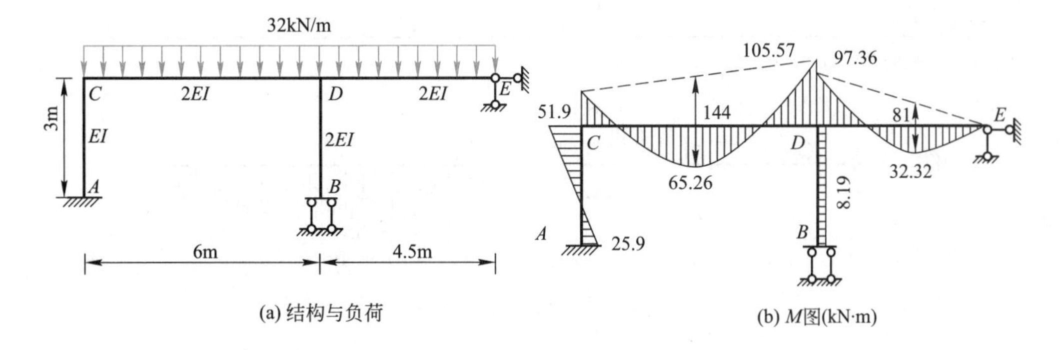

(a) 结构与负荷　　(b) M图(kN·m)

节点	A	C		D			E	B
杆端	AC	CA	CD	DC	DB	DE	ED	BD
分配系数		0.5	0.5	0.4	0.2	0.4		
固端弯矩			−96	96		−81		
放松 C 节点		48	48	24				
放松 D 节点			−7.8	−15.6	−7.8	−15.6		
放松 C 节点		3.9	3.9	1.95				
放松 D 节点				−0.78	−0.39	−0.76		
最终弯矩	25.9	51.9	−51.9	105.57	−8.19	−97.36	0	8.19

注：表中弯矩的单位为"kN·m"。

图 6-10 例题 6-8 示意图

【解】 这个例题只是对用力矩分配法解刚架的书写格式进行示范。由于 AC 杆上没有荷载，两端的弯矩都是由 C 节点的转角位移引起的，因此，不用每次都写出 C 端向 A 端的传递弯矩，只需将最终 AC 杆 C 端的弯矩向 A 端传递就可以了。对于 DB 杆 B 端的弯矩也是一样的做法。

【例题 6-9】 用力矩分配法计算图 6-11（a）所示连续梁。设支座移动 $\Delta=1\text{cm}$，梁 $E=200\text{GPa}$，$I=2500\text{cm}^4$。

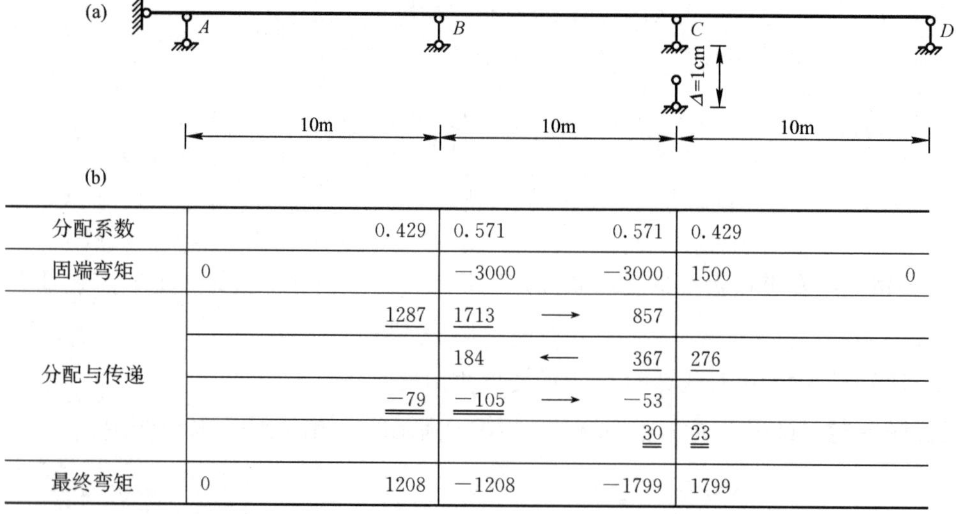

分配系数		0.429	0.571	0.571	0.429	
固端弯矩	0		−3000	−3000	1500	0
分配与传递		1287	1713 →	857		
			184 ←	367	276	
		−79	−105 →	−53		
				30	23	
最终弯矩	0	1208	−1208	−1799	1799	

注：表中弯矩的单位为"N·m"。

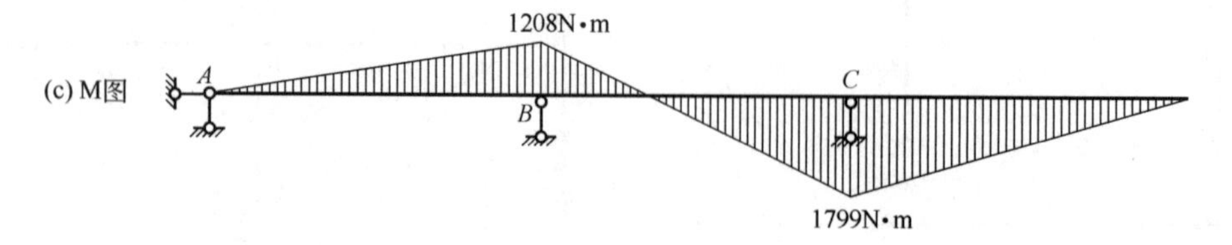

图 6-11 例题 6-9 示意图

【解】 支座移动时的计算与荷载作用时的不同之处，仅在于固端弯矩是由支座

移动时产生的。本题的固端弯矩为

$$M_{BC}^{\mathrm{F}}=M_{CB}^{\mathrm{F}}=-\frac{6EI}{l^2}\Delta=\frac{-6\times200\times10^9\times2500\times10^{-8}}{10^2}\times1\times10^{-2}=-3000\mathrm{N\cdot m}$$

$$M_{CD}^{\mathrm{F}}=\frac{3EI}{l^2}\Delta=1500\mathrm{N\cdot m}$$

具体计算过程如图 6-11（b）所示。最终弯矩图如图 6-11（c）所示。

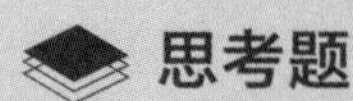

6-1　不平衡力矩如何计算？为什么不平衡力矩要反号分配？

6-2　何谓转动刚度、分配系数、分配弯矩、传递系数、传递弯矩？它们如何确定？

6-3　为什么力矩分配法随分配、传递的轮数增加会趋于收敛？

6-4　力矩分配法的求解前提是无节点线位移，为什么连续梁有支座已知位移时，节点有线位移，仍然能用力矩分配法求解？

习题

6-1　试用力矩分配法计算图 6-12 所示连续梁，并作 M 图。

6-2　试用力矩分配法计算图 6-13 所示无侧移刚架，并作 M 图。

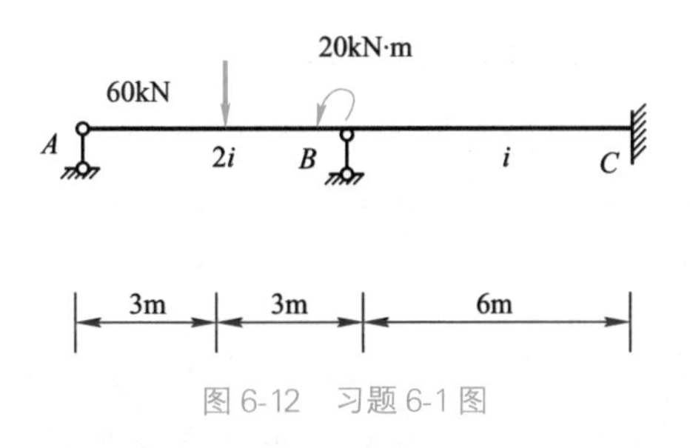

图 6-12　习题 6-1 图

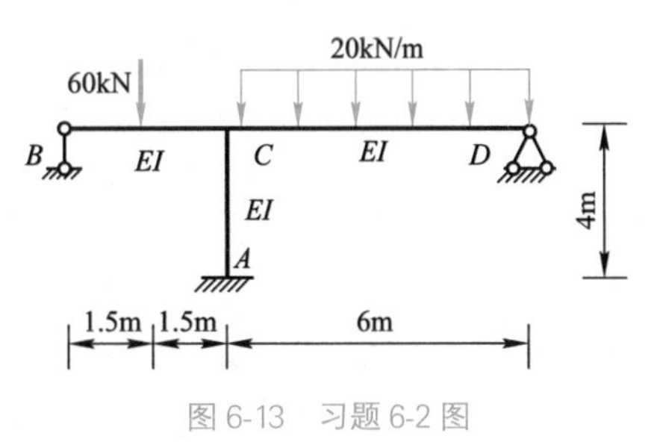

图 6-13　习题 6-2 图

6-3　用力矩分配法计算图 6-14 所示结构，并作 M 图。

6-4　已知图 6-15 所示结构的弯矩分配系数 $\mu_{A1}=8/13$，$\mu_{A2}=2/13$，$\mu_{A3}=3/13$，作 M 图。

6-5　求图 6-16 所示结构的弯矩分配系数和固端弯矩。已知 $q=20\mathrm{kN/m}$，各杆 EI 相同。

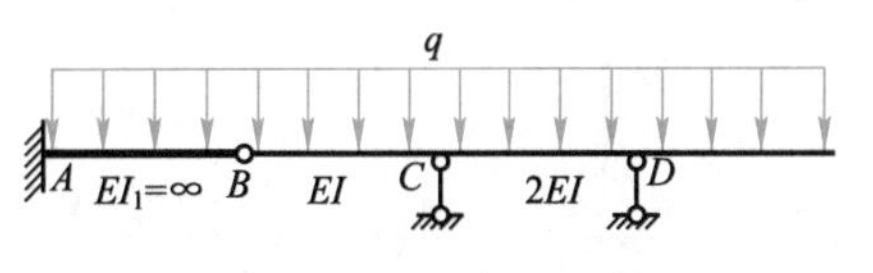

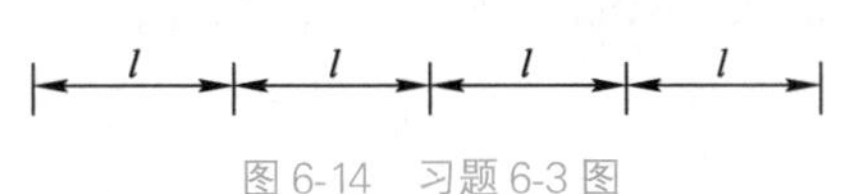

图 6-14　习题 6-3 图

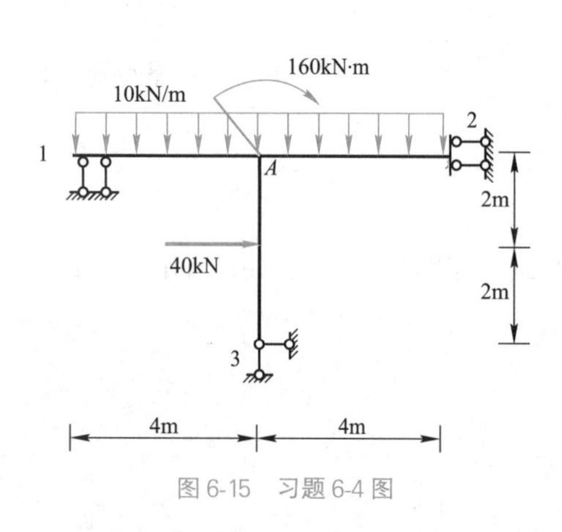

图 6-15　习题 6-4 图

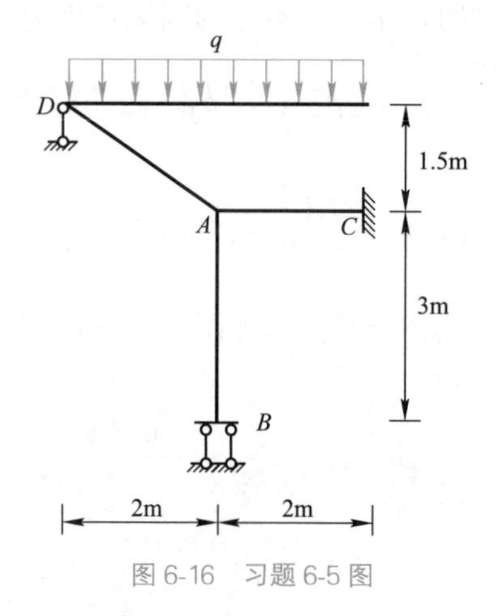

图 6-16　习题 6-5 图

6-6　用力矩分配法计算图 6-17 所示连续梁的 M 图，并计算支座反力。

6-7　用力矩分配法计算图 6-18 所示连续梁的 M 图，并对 C、D 两点的变形协调条件进行校核。

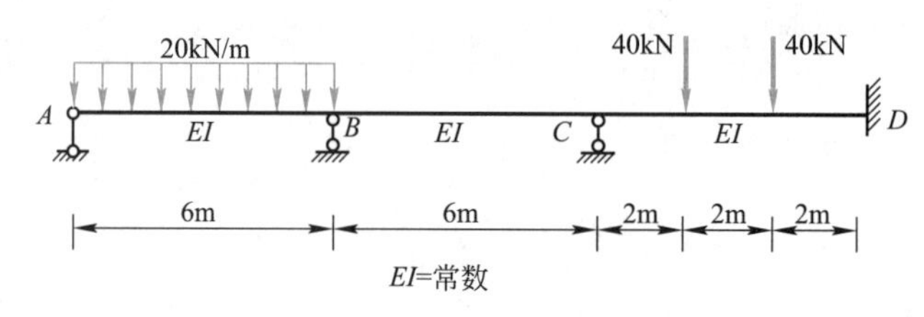

图 6-17　习题 6-6 图

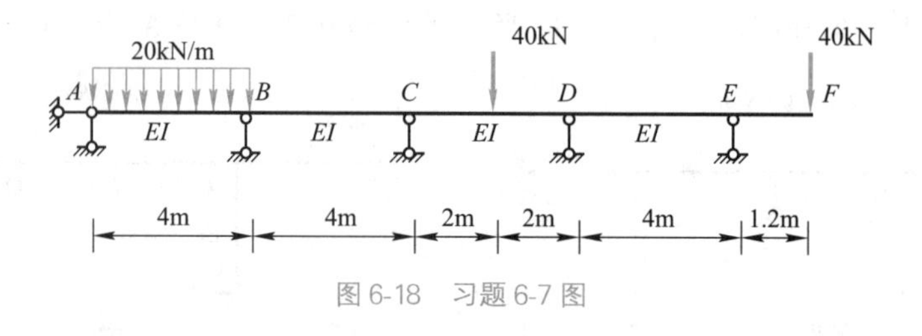

图 6-18　习题 6-7 图

6-8　用力矩分配法计算图 6-19 所示刚架的 M 图，计算两轮。EI＝常数。并将 BC 的杆端弯矩与用位移法求得的结果进行对比，看看误差有多大。

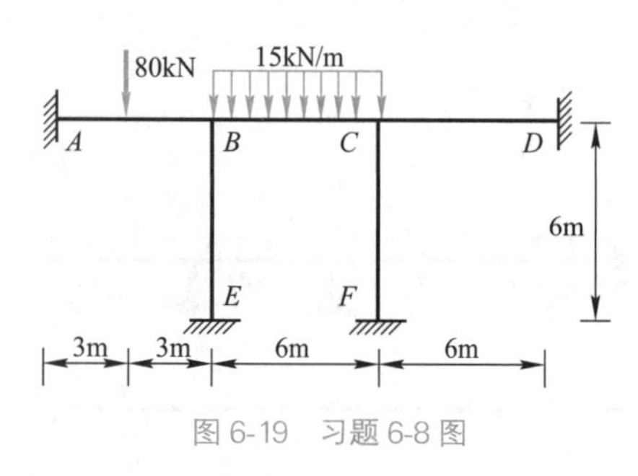

图 6-19　习题 6-8 图

6-9　用力矩分配法计算图 6-20 所示刚架的 M 图，计算两轮。EI＝常数。并将节点 B、C 的转角位移与用位移法求得的结果进行对比，看看误差有多大。

6-10　用力矩分配法计算图 6-21 所示刚架

的 M 图，计算两轮。$EI=$常数。并对节点 B 的变形协调条件进行校核。

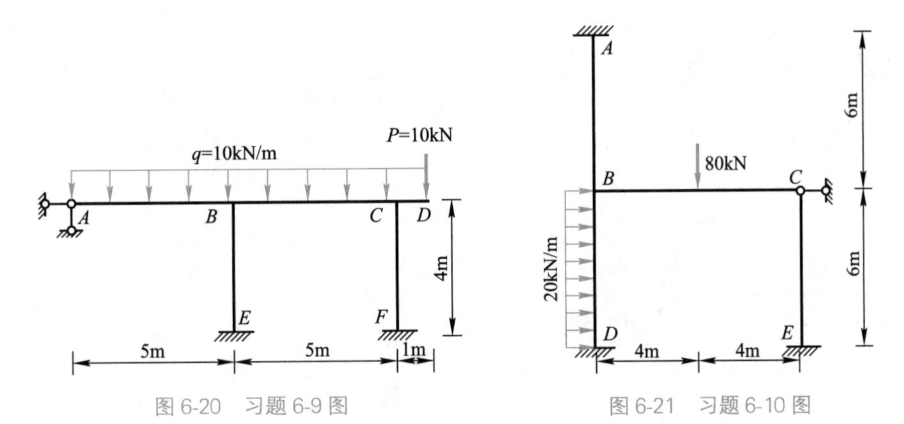

图 6-20　习题 6-9 图　　　　图 6-21　习题 6-10 图

第 7 章

矩阵位移法

本章知识点

【知识点】 矩阵位移法概念，杆端力列阵、杆端位移列阵、坐标转换矩阵，自由单元和特殊单元的刚度矩阵(局部坐标系、整体坐标系)，节点力列阵、节点位移列阵、总码、局部码、单元定位向量，结构整体刚度矩阵的形成，直接节点荷载列阵、等效节点荷载列阵，综合节点荷载列阵的形成。

【重点】 各类结构的矩阵位移法求解。

【难点】 结构整体刚度矩阵的形成。等效节点荷载列阵的形成。

矩阵位移法是基于位移法原理，采用矩阵运算的手段，进行结构分析的一种方法。这种方法便于编制计算机程序，因而可以精确快速地求解大型复杂结构。矩阵位移法的主要内容包括以下两个方面：

(1) 单元分析。首先把结构离散成有限个较小的单元。对于杆系结构，一般以一段等截面杆件作为一个单元，如图 7-1 所示。单元分析的主要内容是分析单元的杆端位移与杆端力之间的关系。

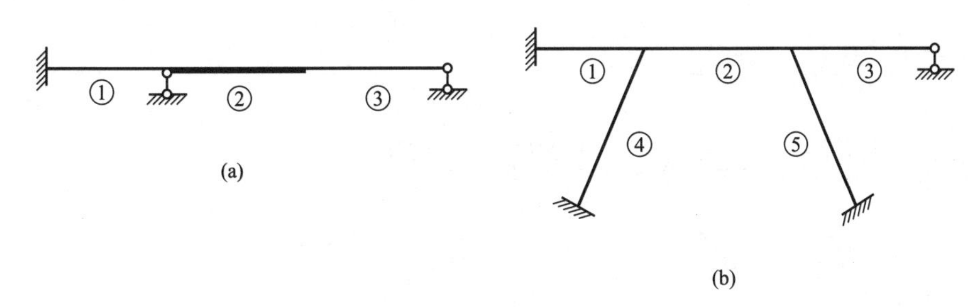

图 7-1　单元划分

(2) 整体分析。把各单元按照位移协调条件和力平衡条件，整合成原来的结构。整体分析的主要内容是分析结构的节点位移与荷载之间的关系。

7.1　局部坐标下的单元刚度方程和单元刚度矩阵

1. 单元的局部坐标系

图 7-2(a)为一个等截面直杆单元 e，杆长为 l、横截面积为 A、截面惯性矩为 I、弹性模量为 E。

单元的局部坐标系一般是这样定义的：以杆件轴线的某一方向作为 $\overline{x}$ 轴的正向，在轴线上以箭头作正方向标记；以从 $\overline{x}$ 轴顺时针转动 90°为 $\overline{y}$ 轴的正向，如图 7-2(a)所示。

在局部坐标系中，单元杆端力和杆端位移的正负号规定为：与坐标轴方向相同为正。单元的六个杆端位移分量和六个杆端力分量按一定顺序编码。一般来说，编码从 x 轴的起始端开始，按 $\overline{x}$ 方向、$\overline{y}$ 方向、转动顺序进行。如图 7-2(b)、

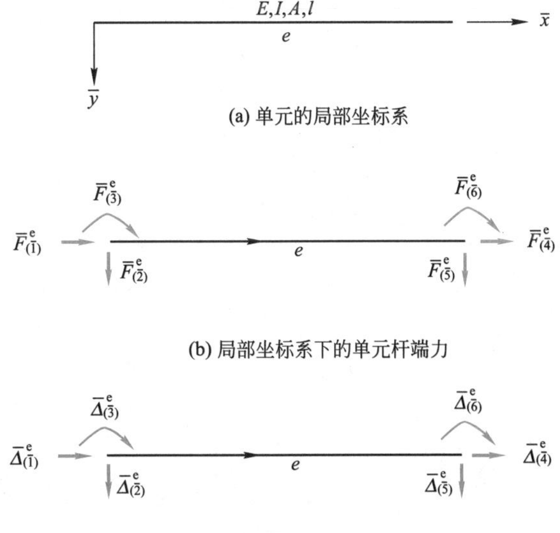

图 7-2　局部坐标系

(c)所示。图 7-2 杆端位移和杆端力的符号中，字母和数字上面的一横是局部坐标的标志。杆端位移和杆端力的编码都加上括号，表明是单元各自的编码。

2. 单元刚度方程

所谓单元刚度方程是指单元杆端力和杆端位移的关系式。若图 7-2(b)的杆端力是由图 7-2(c)杆端位移引起的，则由两端固定梁的形常数可知，杆端力和杆端位移之间的关系为

$$\overline{F}^{e}_{(\bar{1})}=\frac{EA}{l}\overline{\Delta}^{e}_{(\bar{1})}-\frac{EA}{l}\overline{\Delta}^{e}_{(\bar{4})}$$

$$\overline{F}^{e}_{(\bar{2})}=\frac{12EI}{l^3}\overline{\Delta}^{e}_{(\bar{2})}+\frac{6EI}{l^2}\overline{\Delta}^{e}_{(\bar{3})}-\frac{12EI}{l^3}\overline{\Delta}^{e}_{(\bar{5})}+\frac{6EI}{l^2}\overline{\Delta}^{e}_{(\bar{6})}$$

$$\overline{F}^{e}_{(\bar{3})}=\frac{6EI}{l^2}\overline{\Delta}^{e}_{(\bar{2})}+\frac{4EI}{l}\overline{\Delta}^{e}_{(\bar{3})}-\frac{6EI}{l^2}\overline{\Delta}^{e}_{(\bar{5})}+\frac{2EI}{l}\overline{\Delta}^{e}_{(\bar{6})}$$

$$\overline{F}^{e}_{(\bar{4})}=-\frac{EA}{l}\overline{\Delta}^{e}_{(\bar{1})}+\frac{EA}{l}\overline{\Delta}^{e}_{(\bar{4})}$$

$$\overline{F}^{e}_{(\bar{5})}=-\frac{12EI}{l^3}\overline{\Delta}^{e}_{(\bar{2})}-\frac{6EI}{l^2}\overline{\Delta}^{e}_{(\bar{3})}+\frac{12EI}{l^3}\overline{\Delta}^{e}_{(\bar{5})}-\frac{6EI}{l^2}\overline{\Delta}^{e}_{(\bar{6})}$$

$$\overline{F}^{e}_{(\bar{6})}=\frac{6EI}{l^2}\overline{\Delta}^{e}_{(\bar{2})}+\frac{2EI}{l}\overline{\Delta}^{e}_{(\bar{3})}-\frac{6EI}{l^2}\overline{\Delta}^{e}_{(\bar{5})}+\frac{4EI}{l}\overline{\Delta}^{e}_{(\bar{6})}$$

写成矩阵形式为

$$\begin{Bmatrix}\overline{F}^{e}_{(\bar{1})}\\\overline{F}^{e}_{(\bar{2})}\\\overline{F}^{e}_{(\bar{3})}\\\hdashline\overline{F}^{e}_{(\bar{4})}\\\overline{F}^{e}_{(\bar{5})}\\\overline{F}^{e}_{(\bar{6})}\end{Bmatrix}=\left[\begin{array}{ccc:ccc}\frac{EA}{l}&0&0&-\frac{EA}{l}&0&0\\0&\frac{12EI}{l^3}&\frac{6EI}{l^2}&0&-\frac{12EI}{l^3}&\frac{6EI}{l^2}\\0&\frac{6EI}{l^2}&\frac{4EI}{l}&0&-\frac{6EI}{l^2}&\frac{2EI}{l}\\\hdashline-\frac{EA}{l}&0&0&\frac{EA}{l}&0&0\\0&-\frac{12EI}{l^3}&-\frac{6EI}{l^2}&0&\frac{12EI}{l^3}&-\frac{6EI}{l^2}\\0&\frac{6EI}{l^2}&\frac{2EI}{l}&0&-\frac{6EI}{l^2}&\frac{4EI}{l}\end{array}\right]\begin{Bmatrix}\overline{\Delta}^{e}_{(\bar{1})}\\\overline{\Delta}^{e}_{(\bar{2})}\\\overline{\Delta}^{e}_{(\bar{3})}\\\hdashline\overline{\Delta}^{e}_{(\bar{4})}\\\overline{\Delta}^{e}_{(\bar{5})}\\\overline{\Delta}^{e}_{(\bar{6})}\end{Bmatrix} \tag{7-1a}$$

简写成

$$\{\overline{F}\}^{e}=[\overline{k}]^{e}\{\overline{\Delta}\}^{e} \tag{7-1b}$$

上式就是局部坐标系下的单元刚度方程。其中

$$
[\bar{k}]^{e}=\left[\begin{array}{ccc:ccc}
\frac{EA}{l} & 0 & 0 & -\frac{EA}{l} & 0 & 0 \\
0 & \frac{12EI}{l^{3}} & \frac{6EI}{l^{2}} & 0 & -\frac{12EI}{l^{3}} & \frac{6EI}{l^{2}} \\
0 & \frac{6EI}{l^{2}} & \frac{4EI}{l} & 0 & -\frac{6EI}{l^{2}} & \frac{2EI}{l} \\
\hdashline
-\frac{EA}{l} & 0 & 0 & \frac{EA}{l} & 0 & 0 \\
0 & -\frac{12EI}{l^{3}} & -\frac{6EI}{l^{2}} & 0 & \frac{12EI}{l^{3}} & -\frac{6EI}{l^{2}} \\
0 & \frac{6EI}{l^{2}} & \frac{2EI}{l} & 0 & -\frac{6EI}{l^{2}} & \frac{4EI}{l}
\end{array}\right] \tag{7-1c}
$$

称为局部坐标系下的单元刚度矩阵。

由于这个单元没有任何支座约束，因此称为自由单元。自由单元的单元刚度矩阵具有下列性质：

(1) 单元刚度矩阵中的元素称为单元的刚度系数，它表示单位杆端位移引起的杆端力。例如：$\bar{k}^{e}_{(\bar{i})(\bar{j})}$ 表示 e 单元第 $\bar{j}$ 个杆端位移 $\bar{\Delta}^{e}_{(\bar{j})}=1$ 时，引起的第 $\bar{i}$ 个杆端力 $\bar{F}^{e}_{(\bar{i})}$。

(2) 单元刚度矩阵是对称矩阵，即 $\bar{k}^{e}_{(\bar{i})(\bar{j})}=\bar{k}^{e}_{(\bar{j})(\bar{i})}$。这一点由反力互等定理很容易理解。

(3) 单元刚度矩阵是奇异矩阵，即 $|[\bar{k}]^{e}|=0$。直接计算式(7-1c)的矩阵行列式，便可验证上述结论。

由于 $|[\bar{k}]^{e}|=0$，因此，$[\bar{k}]^{e}$ 的逆阵不存在，故不能由杆端力唯一地确定杆端位移。从力学的知识中可以这样解释：因为单元是自由单元，没有支座约束，是几何可变体系，可以发生刚体位移。由杆端力只能唯一确定单元的变形，但不能由杆端力唯一确定杆端刚体位移。

3. 特殊单元

(1) 连续梁单元。这种单元的两端只有转角位移，其刚度方程是指杆端弯矩和杆端转角位移之间的关系式，即

$$
\left\{\begin{array}{c}
\bar{F}^{e}_{(\bar{1})} \\
\hdashline
\bar{F}^{e}_{(\bar{2})}
\end{array}\right\}=\left[\begin{array}{c:c}
\frac{4EI}{l} & \frac{2EI}{l} \\
\hdashline
\frac{2EI}{l} & \frac{4EI}{l}
\end{array}\right]\left\{\begin{array}{c}
\bar{\Delta}^{e}_{(\bar{1})} \\
\hdashline
\bar{\Delta}^{e}_{(\bar{2})}
\end{array}\right\} \tag{7-2a}
$$

其单元刚度矩阵为

$$[\bar{k}]^{\mathrm{e}}=\left[\begin{array}{c:c}\dfrac{4EI}{l} & \dfrac{2EI}{l} \\ \hdashline \dfrac{2EI}{l} & \dfrac{4EI}{l}\end{array}\right] \tag{7-2b}$$

很明显，这个单元刚度矩阵是可逆的，因为这个单元没有刚体位移。

(2) 桁架杆单元。这种单元的两端只有轴向变形，其刚度方程是指杆端轴力与杆端轴向位移之间的关系式，即

$$\left\{\begin{array}{c}\bar{F}^{\mathrm{e}}_{(\bar{1})} \\ \hdashline \bar{F}^{\mathrm{e}}_{(\bar{2})}\end{array}\right\}=\left[\begin{array}{c:c}\dfrac{EA}{l} & -\dfrac{EA}{l} \\ \hdashline -\dfrac{EA}{l} & \dfrac{EA}{l}\end{array}\right]\left\{\begin{array}{c}\bar{\Delta}^{\mathrm{e}}_{(\bar{1})} \\ \hdashline \bar{\Delta}^{\mathrm{e}}_{(\bar{2})}\end{array}\right\} \tag{7-3a}$$

其单元刚度矩阵为

$$[\bar{k}]^{\mathrm{e}}=\left[\begin{array}{c:c}\dfrac{EA}{l} & -\dfrac{EA}{l} \\ \hdashline -\dfrac{EA}{l} & \dfrac{EA}{l}\end{array}\right] \tag{7-3b}$$

这个单元刚度矩阵也是奇异的。

为了方便后面的坐标转换，可以将式(7-3b)扩展成式(7-3c)所示的 4×4 的矩阵

$$[\bar{k}]^{\mathrm{e}}=\left[\begin{array}{cc:cc}\dfrac{EA}{l} & 0 & -\dfrac{EA}{l} & 0 \\ 0 & 0 & 0 & 0 \\ \hdashline -\dfrac{EA}{l} & 0 & \dfrac{EA}{l} & 0 \\ 0 & 0 & 0 & 0\end{array}\right] \tag{7-3c}$$

对于其他类型的单元，也可得到相对简化的单元。但矩阵位移法着眼于标准化、自动化，故不罗列更多的非标准化的特殊单元。

7.2 整体坐标系下的单元刚度方程和单元刚度矩阵

7.2.1 单元坐标转换矩阵

对于整个结构，各单元的局部坐标系($\overline{xy}$)可能是不一致的，而对整体结构进行受

力分析时，又需要一个统一的坐标系，即整体坐标系(xy)。因此，需要讨论两种坐标系的转换问题。

如图 7-3 所示，令 α 为两种坐标系的夹角(由 $x \to \bar{x}$，顺时针方向为正)，单元在局部坐标系和整体坐标系下的杆端力分别如图 7-3(a)和图 7-3(b)所示。

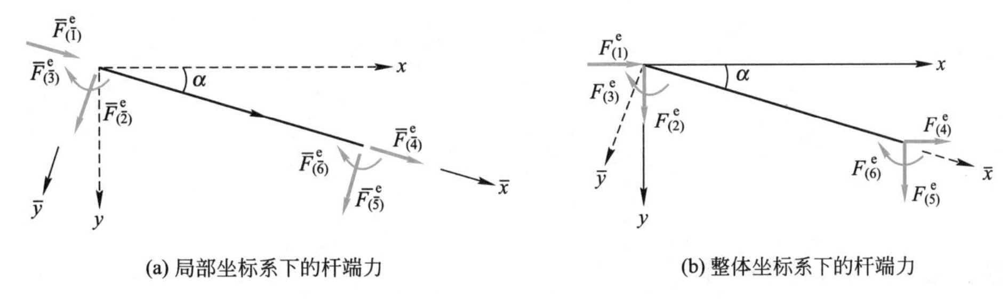

(a) 局部坐标系下的杆端力　　(b) 整体坐标系下的杆端力

图 7-3　局部坐标系和整体坐标系的转换

对于一个单元，在两种坐标系下，杆端力的合力应该相等。因此，二者存在下列关系

$$\overline{F}^{e}_{(\bar{1})}=F^{e}_{(1)}\cos\alpha+F^{e}_{(2)}\sin\alpha$$

$$\overline{F}^{e}_{(\bar{2})}=-F_{(1)}\sin\alpha+F^{e}_{(2)}\cos\alpha$$

$$\overline{F}^{e}_{(\bar{3})}=F^{e}_{(3)}$$

$$\overline{F}^{e}_{(\bar{4})}=F^{e}_{(4)}\cos\alpha+F^{e}_{(5)}\sin\alpha$$

$$\overline{F}^{e}_{(\bar{5})}=-F^{e}_{(4)}\sin\alpha+F^{e}_{(5)}\cos\alpha$$

$$\overline{F}^{e}_{(\bar{6})}=F^{e}_{(6)}$$

写成矩阵形式

$$\begin{Bmatrix} \overline{F}^{e}_{(\bar{1})} \\ \overline{F}^{e}_{(\bar{2})} \\ \overline{F}^{e}_{(\bar{3})} \\ \hdashline \overline{F}^{e}_{(\bar{4})} \\ \overline{F}^{e}_{(\bar{5})} \\ \overline{F}^{e}_{(\bar{6})} \end{Bmatrix}=\left[\begin{array}{ccc:ccc} \cos\alpha & \sin\alpha & 0 & 0 & 0 & 0 \\ -\sin\alpha & \cos\alpha & 0 & 0 & 0 & 0 \\ 0 & 0 & 1 & 0 & 0 & 0 \\ \hdashline 0 & 0 & 0 & \cos\alpha & \sin\alpha & 0 \\ 0 & 0 & 0 & -\sin\alpha & \cos\alpha & 0 \\ 0 & 0 & 0 & 0 & 0 & 1 \end{array}\right]\begin{Bmatrix} F^{e}_{(1)} \\ F^{e}_{(2)} \\ F^{e}_{(3)} \\ \hdashline F^{e}_{(4)} \\ F^{e}_{(5)} \\ F^{e}_{(6)} \end{Bmatrix} \tag{7-4a}$$

或简写成

$$\{\overline{F}\}^e = [T]^e\{F\}^e \tag{7-4b}$$

其中

$$[T]^e = \left[\begin{array}{ccc:ccc} \cos\alpha & \sin\alpha & 0 & 0 & 0 & 0 \\ -\sin\alpha & \cos\alpha & 0 & 0 & 0 & 0 \\ 0 & 0 & 1 & 0 & 0 & 0 \\ \hdashline 0 & 0 & 0 & \cos\alpha & \sin\alpha & 0 \\ 0 & 0 & 0 & -\sin\alpha & \cos\alpha & 0 \\ 0 & 0 & 0 & 0 & 0 & 1 \end{array}\right] \tag{7-4c}$$

称为单元 e 的坐标转换矩阵。

从式(7-4c)可以看出，单元坐标转换矩阵为正交矩阵，即$([T]^e)^{-1}=([T]^e)^T$。

同理，两种坐标系下的杆端位移之间也存在同样的转换关系，即

$$\{\overline{\Delta}\}^e = [T]^e\{\Delta\}^e \tag{7-4d}$$

其中

$$\{\Delta\}^e = \begin{bmatrix}\Delta^e_{(1)} & \Delta^e_{(2)} & \Delta^e_{(3)} & \Delta^e_{(4)} & \Delta^e_{(5)} & \Delta^e_{(6)}\end{bmatrix}^T$$

为整体坐标系下单元的杆端位移列阵。

对于连续梁单元，单元的局部坐标与整体坐标可以是一致的，即

$$[T]^e = [I]$$

对于桁架单元，只对两端四个杆端力和位移依次编码。两种坐标系下，杆端力的关系为

$$\overline{F}^e_{(\bar{1})} = F^e_{(1)}\cos\alpha + F^e_{(2)}\sin\alpha$$

$$0 = -F^e_{(1)}\sin\alpha + F^e_{(2)}\cos\alpha$$

$$\overline{F}^e_{(\bar{2})} = F^e_{(3)}\cos\alpha + F^e_{(4)}\sin\alpha$$

$$0 = -F^e_{(3)}\sin\alpha + F^e_{(4)}\cos\alpha$$

写成矩阵形式为

$$\left\{\begin{array}{c} \overline{F}^e_{(\bar{1})} \\ 0 \\ \hdashline \overline{F}^e_{(\bar{2})} \\ 0 \end{array}\right\} = \left[\begin{array}{cc:cc} \cos\alpha & \sin\alpha & 0 & 0 \\ -\sin\alpha & \cos\alpha & 0 & 0 \\ \hdashline 0 & 0 & \cos\alpha & \sin\alpha \\ 0 & 0 & -\sin\alpha & \cos\alpha \end{array}\right] \left\{\begin{array}{c} F^e_{(1)} \\ F^e_{(2)} \\ \hdashline F^e_{(3)} \\ F^e_{(4)} \end{array}\right\} \tag{7-5a}$$

简写成

$$\{\overline{F}\}^{e}=[T]^{e}\{F\}^{e} \tag{7-5b}$$

因此，坐标转换矩阵为

$$[T]^{e}=\begin{bmatrix} \cos\alpha & \sin\alpha & 0 & 0 \\ -\sin\alpha & \cos\alpha & 0 & 0 \\ 0 & 0 & \cos\alpha & \sin\alpha \\ 0 & 0 & -\sin\alpha & \cos\alpha \end{bmatrix} \tag{7-5c}$$

7.2.2 整体坐标系的单元刚度矩阵

式(7-6)为整体坐标系下的单元刚度方程，其物理意义是整体坐标系下，单元杆端力和杆端位移之间的关系式。

$$\{F\}^{e}=[k]^{e}\{\Delta\}^{e} \tag{7-6}$$

其中，$[k]^{e}$ 为整体坐标系下的单元刚度矩阵。

下面推导 $[k]^{e}$ 和 $[\overline{k}]^{e}$ 之间的关系式。将式(7-4b)和式(7-4d)分别代入式(7-1b)的两边，得

$$[T]^{e}\{F\}^{e}=[\overline{k}]^{e}\ [T]^{e}\{\Delta\}^{e}$$

上式两侧同时左乘 $[T]^{eT}$，得

$$\{F\}^{e}=[T]^{eT}\ [\overline{k}]^{e}([T]^{e})\{\Delta\}^{e}$$

将上式与式(7-6)对照，得

$$[k]^{e}=[T]^{eT}\ [\overline{k}]^{e}\ [T]^{e} \tag{7-7}$$

此式即为两种坐标系下的单元刚度矩阵关系式。

有了单元分析的基础，就可以进一步开展结构的整体分析了。

7.3 结构的整体刚度方程和整体刚度矩阵

所谓整体刚度方程就是整体坐标系下，节点荷载与节点位移之间的关系式，即

$$\{F\}=[K]\{\Delta\} \tag{7-8}$$

式中，$\{F\}$ 为结构的节点荷载列向量；$\{\Delta\}$ 为结构的节点位移列向量；$[K]$ 为结构的整体刚度矩阵。

下面以图 7-4(a)所示结构为例，说明整体刚度矩阵的形成过程。

首先对不等于零的节点位移进行编码，用 1、2、…表示，如图 7-4(a)所示。节点荷载如图 7-4(b)所示，节点荷载作用下产生的节点位移如图 7-4(c)所示。

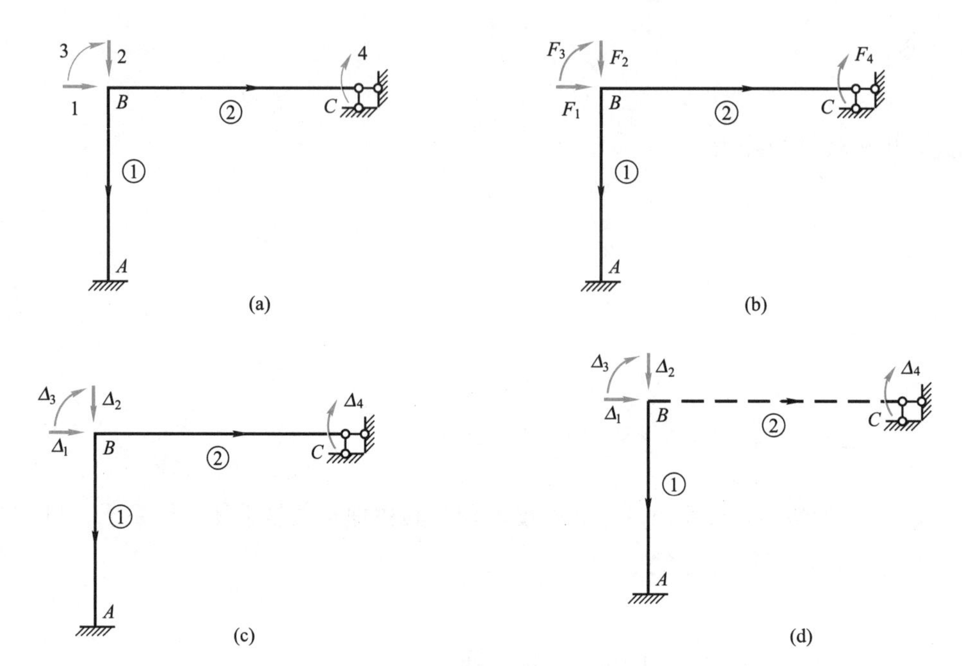

图 7-4　整体刚度矩阵

很明显，发生图 7-4(c)所示的节点位移时，各单元产生了相应的杆端力。由节点平衡条件可知，节点荷载等于汇交于该节点的各单元的杆端力之和，即

$$\begin{aligned}\{F\}&=[F_1 \quad F_2 \quad F_3 \quad F_4]^{\mathrm{T}}\\&=[F_1^{①}+F_1^{②} \quad F_2^{①}+F_2^{②} \quad F_3^{①}+F_3^{②} \quad F_4^{①}+F_4^{②}]^{\mathrm{T}}\end{aligned}$$

简写成

$$\{F\}=\{F\}^{①}+\{F\}^{②} \tag{7-9}$$

其中

$$\{F\}^{①}=[F_1^{①} \quad F_2^{①} \quad F_3^{①} \quad F_4^{①}]^{\mathrm{T}}$$

$$\{F\}^{②}=[F_1^{②} \quad F_2^{②} \quad F_3^{②} \quad F_4^{②}]^{\mathrm{T}}$$

分别表示单元①和单元②发生位移时需要施加的节点荷载。

首先考虑单元①发生位移时需要的节点荷载$\{F\}^{①}$。由于单元①只发生Δ_1、Δ_2、Δ_3 节点位移，如图 7-4(d)所示，所以

$$F_4^{①}=0 \tag{a}$$

而 $F_1^{①}$、$F_2^{①}$、$F_3^{①}$ 可用单元①的刚度矩阵 $[k]^{①}$算出，即

$$\begin{Bmatrix}F_1^{①}\\F_2^{①}\\F_3^{①}\end{Bmatrix}=\begin{bmatrix}k_{(1)(1)}^{①} & k_{(1)(2)}^{①} & k_{(1)(3)}^{①}\\k_{(2)(1)}^{①} & k_{(2)(2)}^{①} & k_{(2)(3)}^{①}\\k_{(3)(1)}^{①} & k_{(3)(2)}^{①} & k_{(3)(3)}^{①}\end{bmatrix}\begin{Bmatrix}\Delta_1\\\Delta_2\\\Delta_3\end{Bmatrix} \tag{b}$$

将式(a)和式(b)合并，得

$$\begin{Bmatrix} F_1^{①} \\ F_2^{①} \\ F_3^{①} \\ F_4^{①} \end{Bmatrix} = \begin{bmatrix} k_{(1)(1)}^{①} & k_{(1)(2)}^{①} & k_{(1)(3)}^{①} & 0 \\ k_{(2)(1)}^{①} & k_{(2)(2)}^{①} & k_{(2)(3)}^{①} & 0 \\ k_{(3)(1)}^{①} & k_{(3)(2)}^{①} & k_{(3)(3)}^{①} & 0 \\ 0 & 0 & 0 & 0 \end{bmatrix} \begin{Bmatrix} \Delta_1 \\ \Delta_2 \\ \Delta_3 \\ \Delta_4 \end{Bmatrix} \tag{7-10a}$$

简写成

$$\{F\}^{①} = [K]^{①} \{\Delta\} \tag{7-10b}$$

其中

$$[K]^{①} = \begin{bmatrix} k_{(1)(1)}^{①} & k_{(1)(2)}^{①} & k_{(1)(3)}^{①} & 0 \\ k_{(2)(1)}^{①} & k_{(2)(2)}^{①} & k_{(2)(3)}^{①} & 0 \\ k_{(3)(1)}^{①} & k_{(3)(2)}^{①} & k_{(3)(3)}^{①} & 0 \\ 0 & 0 & 0 & 0 \end{bmatrix} \tag{7-11}$$

其次，考虑单元②发生位移时需要的节点荷载$\{F\}^{②}$。单元②发生了Δ_1、Δ_2、Δ_3、Δ_4 四个节点位移，需要施加的节点荷载 $F_1^{②}$、$F_2^{②}$、$F_3^{②}$、$F_4^{②}$ 可用单元②的刚度矩阵 $[k]^{②}$算出，即

$$\begin{Bmatrix} F_1^{②} \\ F_2^{②} \\ F_3^{②} \\ F_4^{②} \end{Bmatrix} = \begin{bmatrix} k_{(1)(1)}^{②} & k_{(1)(2)}^{②} & k_{(1)(3)}^{②} & k_{(1)(6)}^{②} \\ k_{(2)(1)}^{②} & k_{(2)(2)}^{②} & k_{(2)(3)}^{②} & k_{(2)(6)}^{②} \\ k_{(3)(1)}^{②} & k_{(3)(2)}^{②} & k_{(3)(3)}^{②} & k_{(3)(6)}^{②} \\ k_{(6)(1)}^{②} & k_{(6)(2)}^{②} & k_{(6)(3)}^{②} & k_{(6)(6)}^{②} \end{bmatrix} \begin{Bmatrix} \Delta_1 \\ \Delta_2 \\ \Delta_3 \\ \Delta_4 \end{Bmatrix} \tag{7-12a}$$

简写成

$$\{F\}^{②} = [K]^{②} \{\Delta\} \tag{7-12b}$$

其中

$$[K]^{②} = \begin{bmatrix} k_{(1)(1)}^{②} & k_{(1)(2)}^{②} & k_{(1)(3)}^{②} & k_{(1)(6)}^{②} \\ k_{(2)(1)}^{②} & k_{(2)(2)}^{②} & k_{(2)(3)}^{②} & k_{(2)(6)}^{②} \\ k_{(3)(1)}^{②} & k_{(3)(2)}^{②} & k_{(3)(3)}^{②} & k_{(3)(6)}^{②} \\ k_{(6)(1)}^{②} & k_{(6)(2)}^{②} & k_{(6)(3)}^{②} & k_{(6)(6)}^{②} \end{bmatrix} \tag{7-13}$$

将式(7-10b)和式(7-12b)相加，得结构的节点荷载为

$$\{F\}=\{F\}^{①}+\{F\}^{②}=([K]^{①}+[K]^{②})\{\Delta\} \tag{7-14a}$$

由此得出结构的整体刚度矩阵 $[K]$ 为

$$[K]=[K]^{①}+[K]^{②} \tag{7-14b}$$

其中，$[K]^{①}$、$[K]^{②}$分别称为单元①和单元②的刚度贡献矩阵。

将式(7-14b)展开为

$$[K]=\begin{bmatrix} k^{①}_{(1)(1)}+k^{②}_{(1)(1)} & k^{①}_{(1)(2)}+k^{②}_{(1)(2)} & k^{①}_{(1)(3)}+k^{②}_{(1)(3)} & k^{②}_{(1)(6)} \\ k^{①}_{(2)(1)}+k^{②}_{(2)(1)} & k^{①}_{(2)(2)}+k^{②}_{(2)(2)} & k^{①}_{(2)(3)}+k^{②}_{(2)(3)} & k^{②}_{(2)(6)} \\ k^{①}_{(3)(1)}+k^{②}_{(3)(1)} & k^{①}_{(3)(2)}+k^{②}_{(3)(2)} & k^{①}_{(3)(3)}+k^{②}_{(3)(3)} & k^{②}_{(3)(6)} \\ k^{②}_{(6)(1)} & k^{②}_{(6)(2)} & k^{②}_{(6)(3)} & k^{②}_{(6)(6)} \end{bmatrix}$$

从式中可以看出：整体刚度矩阵的元素是由各单元的单元刚度矩阵元素经过适当的定位叠加得到的。

这个过程可分为三步：

第一步，注意两种位移编码：在单元分析中，每个单元的杆端位移各自编码，称为局部码，用(1)、(2)、…、(6)表示。在整体分析中，节点位移在结构中统一编码，称为总码，用1、2…表示。

第二步，注意两种位移编码的对应关系。本例中两种位移编码的对应关系如表7-1所示。

两种位移编码的对应关系　　表 7-1

	单元①						单元②					
局部码	(1)	(2)	(3)	(4)	(5)	(6)	(1)	(2)	(3)	(4)	(5)	(6)
↓	↓	↓	↓	↓	↓	↓	↓	↓	↓	↓	↓	↓
总码	1	2	3	0	0	0	1	2	3	0	0	4
定位向量	$\{\lambda\}^{①}=[1\ \ 2\ \ 3 \vdots 0\ \ 0\ \ 0]^{T}$						$\{\lambda\}^{②}=[1\ \ 2\ \ 3 \vdots 0\ \ 0\ \ 4]^{T}$					

第三步，注意刚度矩阵中元素的排列方式。

在单元刚度矩阵 $[k]^{e}$ 中，元素按局部码“对号入座”；在单元刚度贡献矩阵 $[K]^{e}$ 中，元素按总码“对号入座”。

为了将 $[k]^{e}$ 的元素放到 $[K]^{e}$ 中，需要将 $[k]^{e}$ 中元素定位的局部码换成在 $[K]^{e}$ 中定位需要的总码，即“换码”。因此，由 $[k]^{e}$ 形成 $[K]^{e}$ 的过程简称“换码重排座”，即 $k^{e}_{(i)(j)}\rightarrow K^{e}_{\lambda_i\lambda_j}$。

实际计算机编程时的步骤为

(1) 将 $[K]^e$ 置零，此时 $[K]^e=[0]$。

(2) 将 $[k]^{①}$ 中的元素送入 $[K]$ 中，这时 $[K]=[K]^{①}$。

(3) 将 $[k]^{②}$ 中的元素送入 $[K]$ 中并叠加，这时 $[K]=[K]^{①}+[K]^{②}$。

【例题 7-1】 试求图 7-5(a)所示刚架的整体刚度矩阵。已知各单元整体坐标系下的单元刚度矩阵分别为

$$[k]^{①}=\left[\begin{array}{ccc:ccc} 300 & 0 & 0 & -300 & 0 & 0 \\ 0 & 12 & 30 & 0 & -12 & 30 \\ 0 & 30 & 100 & 0 & -30 & 50 \\ \hdashline -300 & 0 & 0 & 300 & 0 & 0 \\ 0 & -12 & -30 & 0 & 12 & -30 \\ 0 & 30 & 50 & 0 & -30 & 100 \end{array}\right]\times 10^4$$

$$[k]^{②}=[k]^{③}\left[\begin{array}{ccc:ccc} 12 & 0 & -30 & -12 & 0 & -30 \\ 0 & 300 & 0 & 0 & -300 & 0 \\ -30 & 0 & 100 & 30 & 0 & 50 \\ \hdashline -12 & 0 & 30 & 12 & 0 & 30 \\ 0 & -300 & 0 & 0 & 300 & 0 \\ -30 & 0 & 50 & 30 & 0 & 100 \end{array}\right]\times 10^4$$

【解】 (1) 对不等于零的节点位移编码。对于图 7-5(a)所示刚架，由于 C 节点为铰接节点，节点两侧杆端转角位移不相等，需要分别进行编码。因此，不等于零的节点位移有 7 个，整体刚度矩阵为 7×7 矩阵。

(2) 换码重排座。各单元的杆端位移编码与整体节点位移编码的对应关系如图 7-5(b)所示，即

$$\{\lambda\}^{①}=\left[\begin{array}{ccc:ccc}1 & 2 & 3 & 4 & 5 & 6\end{array}\right]^{\mathrm{T}}$$

$$\{\lambda\}^{②}=\left[\begin{array}{ccc:ccc}1 & 2 & 3 & 0 & 0 & 0\end{array}\right]^{\mathrm{T}}$$

$$\{\lambda\}^{③}=\left[\begin{array}{ccc:ccc}4 & 5 & 7 & 0 & 0 & 0\end{array}\right]^{\mathrm{T}}$$

将各单元刚度矩阵中的元素按照定位向量换码后，重新排列，送入 7×7 矩阵中，就得到了各单元的刚度贡献矩阵。例题单元③中的元素 $k_{(1)(3)}^{③}$ 换码后变成贡献矩阵中的 $K_{47}^{③}$，被送到贡献矩阵中的第 4 行第 7 列的位置上。同理 $k_{(1)(4)}^{③}$ 换码后变成 $K_{40}^{③}$，这表明该元素在贡献矩阵中没有位置。依次类推，便得到了下面各单元的刚度贡献矩阵。

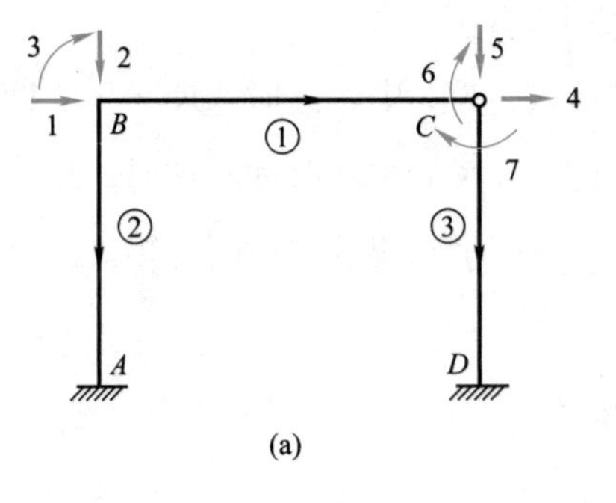

(a)

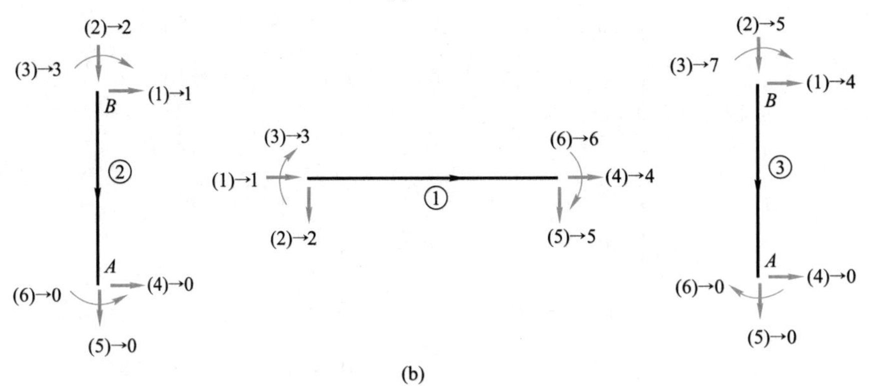

(b)

图 7-5　例题 7-1 图

$$[K]^{①}=\begin{bmatrix}300 & 0 & 0 & -300 & 0 & 0 & 0\\0 & 12 & 30 & 0 & -12 & 30 & 0\\0 & 30 & 100 & 0 & -30 & 50 & 0\\-300 & 0 & 0 & 300 & 0 & 0 & 0\\0 & -12 & -30 & 0 & 12 & -30 & 0\\0 & 30 & 50 & 0 & -30 & 100 & 0\\0 & 0 & 0 & 0 & 0 & 0 & 0\end{bmatrix}\times 10^4$$

$$[K]^{②}=\begin{bmatrix}12 & 0 & -30 & 0 & 0 & 0 & 0\\0 & 300 & 0 & 0 & 0 & 0 & 0\\-30 & 0 & 100 & 0 & 0 & 0 & 0\\0 & 0 & 0 & 0 & 0 & 0 & 0\\0 & 0 & 0 & 0 & 0 & 0 & 0\\0 & 0 & 0 & 0 & 0 & 0 & 0\\0 & 0 & 0 & 0 & 0 & 0 & 0\end{bmatrix}\times 10^4$$

$$[K]^{③}=\begin{bmatrix}0&0&0&0&0&0&0\\0&0&0&0&0&0&0\\0&0&0&0&0&0&0\\0&0&0&12&0&0&-30\\0&0&0&0&300&0&0\\0&0&0&0&0&0&0\\0&0&0&-30&0&0&100\end{bmatrix}\times 10^4$$

(3) 将上述三个单元的刚度贡献矩阵相加，就得到了结构的整体刚度矩阵。

$$[K]=\begin{bmatrix}312&0&-30&-300&0&0&0\\0&312&30&0&-12&30&0\\-30&30&200&0&-30&50&0\\-300&0&0&312&0&0&-30\\0&-12&-30&0&312&-30&0\\0&30&50&0&-30&100&0\\0&0&0&-30&0&0&100\end{bmatrix}\times 10^4$$

对于连续梁结构，也是按照同样的过程形成整体刚度矩阵，具体讲述如下。

(1) 对不等于零的节点位移进行编码。对于图 7-6(a)所示的连续梁，取局部坐标系与整体坐标系一致，不等于零的节点位移是 3 个转角位移，整体刚度矩阵为 3×3 方阵。

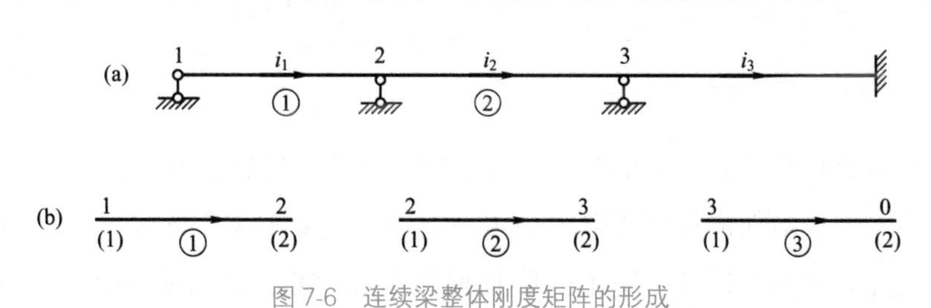

图 7-6 连续梁整体刚度矩阵的形成

(2) 换码重排座。各单元的杆端位移编码与整体节点位移编码的对应关系如图 7-6(b)所示，即

$$\{\lambda\}^{①}=[1 \vdots 2]^{\mathrm{T}},\quad \{\lambda\}^{②}=[2 \vdots 3]^{\mathrm{T}},\quad \{\lambda\}^{③}=[3 \vdots 0]^{\mathrm{T}}$$

换码重排座后，各单元的刚度贡献矩阵分别为

$$[K]^{①}=\begin{bmatrix}4i_1&2i_1&0\\2i_1&4i_1&0\\0&0&0\end{bmatrix},\quad [K]^{②}=\begin{bmatrix}0&0&0\\0&4i_2&2i_2\\0&2i_2&4i_2\end{bmatrix},\quad [K]^{③}=\begin{bmatrix}0&0&0\\0&0&0\\0&0&4i_3\end{bmatrix}$$

将上述三个单元的刚度贡献矩阵相加，就得到了连续梁的整体刚度矩阵。

$$[K]=\begin{bmatrix}4i_1 & 2i_1 & 0\\ 2i_1 & 4i_1+4i_2 & 2i_2\\ 0 & 2i_2 & 4i_2+4i_3\end{bmatrix}$$

若连续梁体系有 n 个单元，且两端均为铰接点，则整体刚度矩阵为

$$[K]=\begin{bmatrix}4i_1 & 2i_1 & & & & & \\ 2i_1 & 4i_1+4i_2 & 2i_2 & & & & \\ & 2i_2 & 4i_2+4i_3 & \ddots & & & \\ & & \ddots & \ddots & \ddots & & \\ & & \ddots & 2i_{n-2} & 4i_{n-2}+4i_{n-1} & 2i_{n-1} & \\ & & & & 2i_{n-1} & 4i_{n-1}+4i_n & 2i_n\\ & & & & & 2i_n & 4i_n\end{bmatrix}$$

从连续梁整体刚度矩阵的形成过程可以看到下面两个特点：

(1) 该矩阵为对称矩阵：有许多零元素。

(2) 该矩阵为三对角矩阵：只有主对角线和两条副对角线的带状区域内有非零元素。

7.4 非节点荷载的处理

7.4.1 等效节点荷载的概念

对于非节点荷载(图 7-7a)的处理，可以按位移法的思路分两步进行。

第一步，增加附加链杆和刚臂，约束所有节点的线位移和转角位移。此时，各单元有固端力，附加链杆和刚臂上有附加反力和反力矩。由节点平衡条件可知，这些附加反力和反力矩的数值等于汇交于该节点的各单元的固端力之和，如图 7-7(b)所示。

第二步，取消链杆和刚臂，亦即将附加反力和反力矩反号后，作为荷载施加在节点上(图 7-7c)，这些荷载称为原非节点荷载的等效节点荷载，用 $\{F_{\mathrm{E}}\}$ 表示(下标“E”表示等效)。这里，所谓的等效是指图 7-7(a)和图 7-7(c)两种情况的节点位移相等(因为图 7-7b 的节点位移为零)。因此，图 7-7(a)的等效荷载为

$$[F_{\mathrm{E1}}\quad F_{\mathrm{E2}}\quad F_{\mathrm{E3}}\quad F_{\mathrm{E4}}\quad F_{\mathrm{E5}}\quad F_{\mathrm{E6}}]^{\mathrm{T}}=-[F_{\mathrm{1P}}\quad F_{\mathrm{2P}}\quad F_{\mathrm{3P}}\quad F_{\mathrm{4P}}\quad F_{\mathrm{5P}}\quad F_{\mathrm{6P}}]^{\mathrm{T}}$$

更一般的表达式为

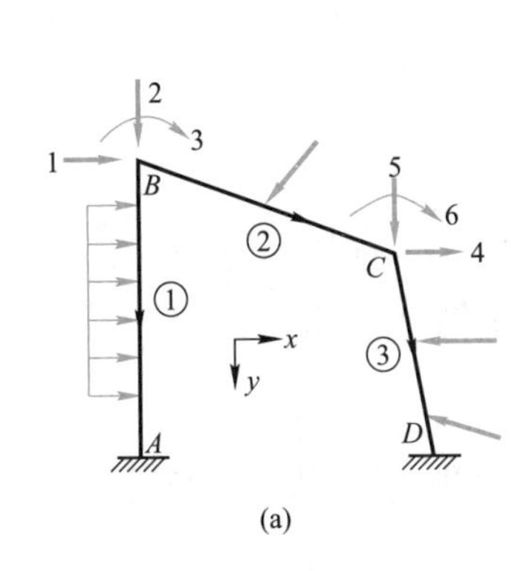

(a)

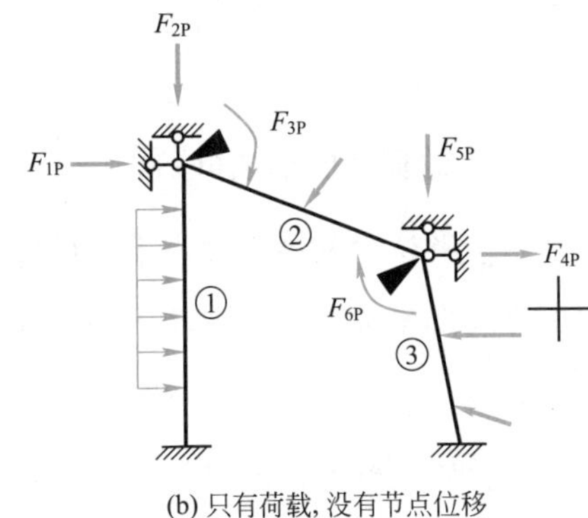

(b) 只有荷载，没有节点位移

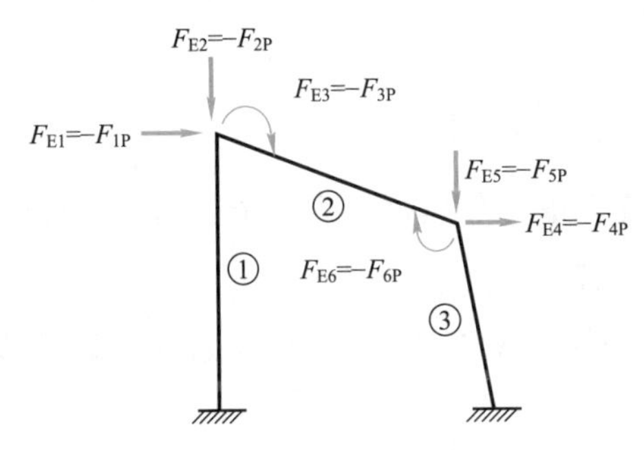

(c) 只有节点位移，没有荷载

图 7-7　等效节点荷载概念

$$\{F_{\mathrm{E}}\}=-\{F_{\mathrm{P}}\}$$

最后，将这两步内力叠加，即为原结构的内力解答。

7.4.2　等效节点荷载的形成过程

与整体刚度矩阵形成过程一样，先考察每个单元荷载引起的固端力对等效节点荷载的贡献。

对于单元①，根据局部码与总码的对应关系，其上的荷载只对等效荷载 F_{E1}、F_{E2}、F_{E3} 有贡献，因此，将固端力 $F_{(1)\mathrm{P}}^{①}$、$F_{(2)\mathrm{P}}^{①}$、$F_{(3)\mathrm{P}}^{①}$ 分别反号放在 $\{F_{\mathrm{E}}\}^{①}$ 的第 1、2 和 3 行，其余元素为零。这样就形成了单元①的等效节点荷载贡献列阵 $\{F_{\mathrm{E}}\}^{①}$，即

$$\{F_{\mathrm{E}}\}^{①}=-[F_{(1)\mathrm{P}}^{①}\quad F_{(2)\mathrm{P}}^{①}\quad F_{(3)\mathrm{P}}^{①}\quad 0\quad 0\quad 0]^{\mathrm{T}}$$

对于单元②，其上的荷载对 $\{F_{\mathrm{E}}\}$ 中的六个元素都有贡献，其等效节点荷载贡献列阵为

$$\{F_{\mathrm{E}}\}^{②}=-[F_{(1)\mathrm{P}}^{②}\quad F_{(2)\mathrm{P}}^{②}\quad F_{(3)\mathrm{P}}^{②}\quad F_{(4)\mathrm{P}}^{②}\quad F_{(5)\mathrm{P}}^{②}\quad F_{(6)\mathrm{P}}^{②}]^{\mathrm{T}}$$

同理，单元③的等效节点荷载贡献列阵为

$$\{F_E\}^{③}=-[0\quad 0\quad 0\quad F^{③}_{(1)P}\quad F^{③}_{(2)P}\quad F^{③}_{(3)P}]^T$$

因此，等效荷载的形成可归纳成下面几个步骤：

(1) 由位移法中的载常数，求得局部坐标系下的单元固端力 $\{\overline{F}_P\}^e$；

(2) 将局部坐标系下的固端力转换成整体坐标系下的单元固端力

$$\{F_P\}^e=[T]^{eT}\{\overline{F}_P\}^e$$

(3) 将整体坐标系下的单元固端力，通过"换码重排座"，依次"反号"送入结构等效节点荷载列阵中。

若结构还有直接作用的节点荷载 $\{F_D\}$（下标"D"表示直接），则结构总的节点荷载为

$$\{F\}=\{F_D\}+\{F_E\}$$

$\{F\}$ 称为结构的综合节点荷载列阵。综合节点荷载列阵求出后，就可以解结构的刚度方程$[K]\{\Delta\}=\{F\}$，求出节点位移了。

【例题 7-2】 试求图 7-8(a)所示结构的等效节点荷载。单元划分、单元局部坐标系和节点位移编码如图 7-8(b)所示。

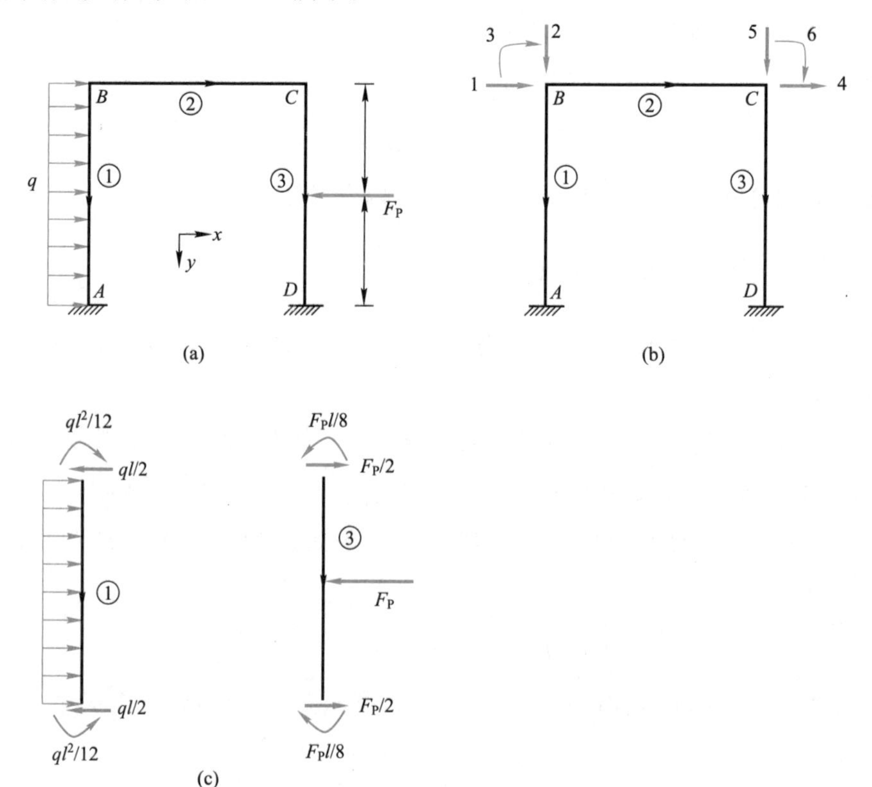

图 7-8　例题 7-2 图

【解】 (1) 由位移法中的载常数求得局部坐标系下的单元固端力 $\{\overline{F}_P\}^e$。

$$\{\overline{F}_P\}^{①}=\begin{bmatrix}0 & \frac{ql}{2} & \frac{ql^2}{12} & \vdots & 0 & \frac{ql}{2} & -\frac{ql^2}{12}\end{bmatrix}^T,\quad \{\overline{F}_P\}^{③}=\begin{bmatrix}0 & -\frac{F_P}{2} & -\frac{F_Pl}{8} & \vdots & 0 & -\frac{F_P}{2} & \frac{F_Pl}{8}\end{bmatrix}^T$$

(2) 将局部坐标系下的杆端力转换成整体坐标系下的单元固端力

$$\{F\}^e=[T]^{eT}\{\overline{F}_P\}^e$$

$$[T]^{①}=[T]^{③}=\begin{bmatrix}\cos\frac{\pi}{2} & \sin\frac{\pi}{2} & 0 & 0 & 0 & 0\\ -\sin\frac{\pi}{2} & \cos\frac{\pi}{2} & 0 & 0 & 0 & 0\\ 0 & 0 & 1 & 0 & 0 & 0\\ 0 & 0 & 0 & \cos\frac{\pi}{2} & \sin\frac{\pi}{2} & 0\\ 0 & 0 & 0 & -\sin\frac{\pi}{2} & \cos\frac{\pi}{2} & 0\\ 0 & 0 & 0 & 0 & 0 & 1\end{bmatrix}=\begin{bmatrix}0 & 1 & 0 & 0 & 0 & 0\\ -1 & 0 & 0 & 0 & 0 & 0\\ 0 & 0 & 1 & 0 & 0 & 0\\ 0 & 0 & 0 & 0 & 1 & 0\\ 0 & 0 & 0 & -1 & 0 & 0\\ 0 & 0 & 0 & 0 & 0 & 1\end{bmatrix}$$

$$\{F_P\}^{①}=[T]^{①T}\{\overline{F}_P\}^{①}=\begin{bmatrix}-\frac{ql}{2} & 0 & \frac{ql^2}{12} & \vdots & -\frac{ql}{2} & 0 & -\frac{ql^2}{12}\end{bmatrix}^T$$

$$\{F_P\}^{③}=[T]^{③T}\{\overline{F}_P\}^{③}=\begin{bmatrix}\frac{F_P}{2} & 0 & -\frac{F_Pl}{8} & \vdots & \frac{F_P}{2} & 0 & \frac{F_Pl}{8}\end{bmatrix}^T$$

(3) 将整体坐标系下的单元固端力，通过“换码重排座”，依次“反号”送入等效节点荷载向量中。

各单元的定位向量为

$$\{\lambda\}^{①}=[1\quad 2\quad 3 \vdots 0\quad 0\quad 0]^T,\{\lambda\}^{③}=[4\quad 5\quad 6 \vdots 0\quad 0\quad 0]^T$$

$$\{F_E\}^{①}=\begin{bmatrix}\frac{ql}{2} & 0 & -\frac{ql^2}{12} & \vdots & 0 & 0 & 0\end{bmatrix},\{F_E\}^{③}=\begin{bmatrix}0 & 0 & 0 & \vdots & -\frac{F_P}{2} & 0 & \frac{F_Pl}{8}\end{bmatrix}^T$$

则结构总的节点荷载为

$$\{F\}=\{F_E\}^{①}+\{F_E\}^{③}=\begin{bmatrix}\frac{ql}{2} & 0 & -\frac{ql^2}{12} & \vdots & -\frac{F_P}{2} & 0 & \frac{F_Pl}{8}\end{bmatrix}^T$$

讨论：(1) 杆件只有水平杆和竖直杆，可以根据图 7-8(c)所示的杆端力的实际方向，直接写出整体坐标系下的杆端力。

(2) 根据等效节点荷载的概念和计算方法，本题可以直接写出等效节点荷载的最后解答。

(3) 以上两条讨论，可以帮助读者明确基本概念，并用直接判断的结果验证按矩阵位移法计算的结果。

【例题 7-3】 试求图 7-9(a)所示结构的等效节点荷载。单元划分、单元局部坐标系和节点位移编码如图 7-9(b)所示。

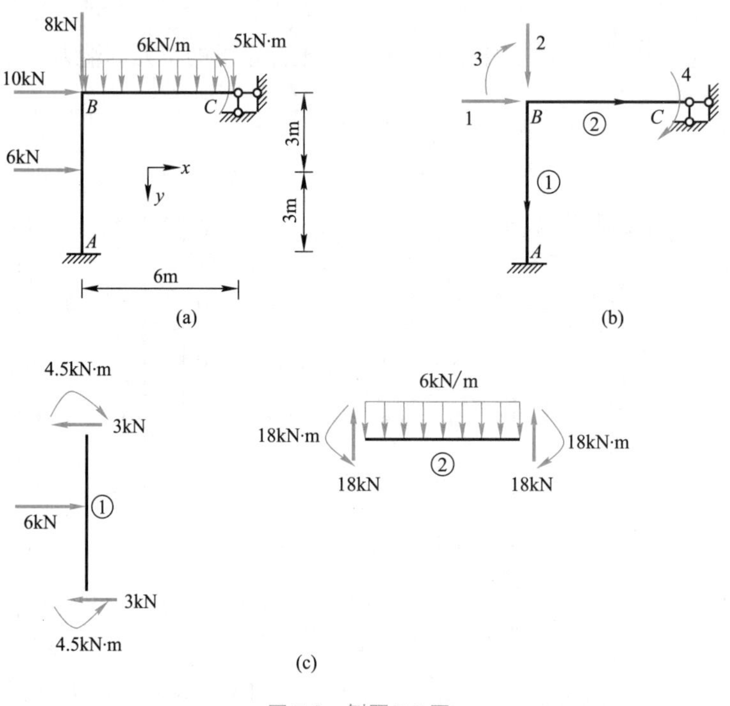

图 7-9 例题 7-3 图

【解】 (1) 由位移法中的载常数，求得局部坐标系下的单元固端力 $\{\overline{F}_{\mathrm{P}}\}^{e}$。

$$\{\overline{F}_{\mathrm{P}}\}^{\textcircled{1}}=[0 \quad 3 \quad 4.5 \mid 0 \quad 3 \quad -4.5]^{\mathrm{T}}$$

$$\{\overline{F}_{\mathrm{P}}\}^{\textcircled{2}}=[0 \quad -18 \quad -18 \mid 0 \quad -18 \quad 18]^{\mathrm{T}}$$

(2) 将局部坐标系下的单元固端力转换成整体坐标系下的单元固端力

$$\{F_{\mathrm{P}}\}^{e}=[T]^{e\mathrm{T}}\{\overline{F}_{\mathrm{P}}\}^{e}$$

$$[T]^{\textcircled{1}}=\left[\begin{array}{ccc|ccc} 0 & 1 & 0 & 0 & 0 & 0 \\ -1 & 0 & 0 & 0 & 0 & 0 \\ 0 & 0 & 1 & 0 & 0 & 0 \\ \hline 0 & 0 & 0 & 0 & 1 & 0 \\ 0 & 0 & 0 & -1 & 0 & 0 \\ 0 & 0 & 0 & 0 & 0 & 1 \end{array}\right]$$

$$\{F_{\mathrm{P}}\}^{\textcircled{1}}=\{T\}^{\textcircled{1}\mathrm{T}}\{\overline{F}_{\mathrm{P}}\}^{\textcircled{1}}=[-3 \quad 0 \quad 4.5 \mid -3 \quad 0 \quad -4.5]^{\mathrm{T}}$$

$$\{F_{\mathrm{P}}\}^{\textcircled{2}}=\{\overline{F}_{\mathrm{P}}\}^{\textcircled{2}}=[0 \quad -18 \quad -18 \mid 0 \quad -18 \quad 18]^{\mathrm{T}}$$

(3) 将整体坐标系下的单元固端力，通过“换码重排座”，依次“反号”送入等效节点荷载向量中。

各单元的定位向量为

$$\{\lambda\}^{①}=[1\quad 2\quad 3 \vdots 0\quad 0\quad 0]^{\mathrm{T}},\ \{\lambda\}^{②}=[1\quad 2\quad 3 \vdots 0\quad 0\quad 4]^{\mathrm{T}}$$

$$\{F_{\mathrm{E}}\}^{①}=[3\quad 0\quad -4.5\quad 0]^{\mathrm{T}},\ \{F_{\mathrm{E}}\}^{②}=[0\quad 18\quad 18\quad -18]^{\mathrm{T}}$$

$$\{F_{\mathrm{E}}\}=\{F_{\mathrm{E}}\}^{①}+\{F_{\mathrm{E}}\}^{②}=[3\quad 18\quad 13.5\quad -18]^{\mathrm{T}}$$

另外，结构上还有直接节点荷载，即

$$\{F_{\mathrm{D}}\}=[10\quad 8\quad 0\quad -5]^{\mathrm{T}}$$

则结构总的节点荷载为

$$\{F\}=\{F_{\mathrm{E}}\}+\{F_{\mathrm{D}}\}=[13\quad 26\quad 13.5\quad -23]^{\mathrm{T}}$$

讨论：本例题同样可以利用基本概念，来校核用矩阵位移法计算的结果。

【例题 7-4】 试求图 7-10(a)所示结构的等效节点荷载。单元划分、单元局部坐标系和节点位移编码如图 7-10(b)所示。

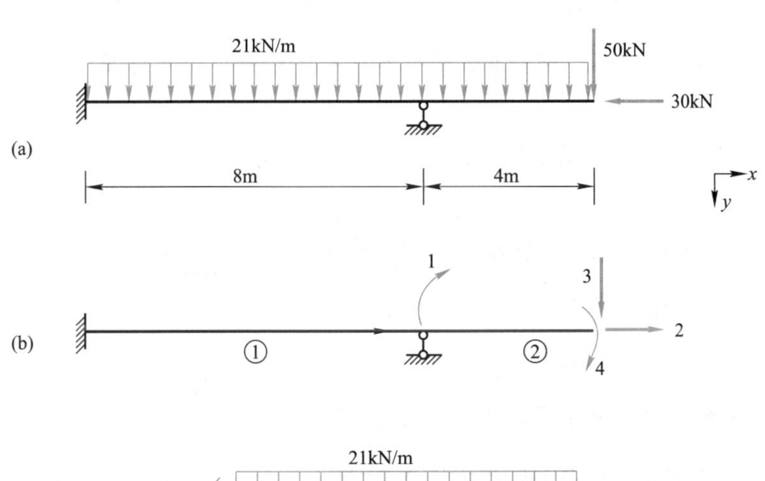

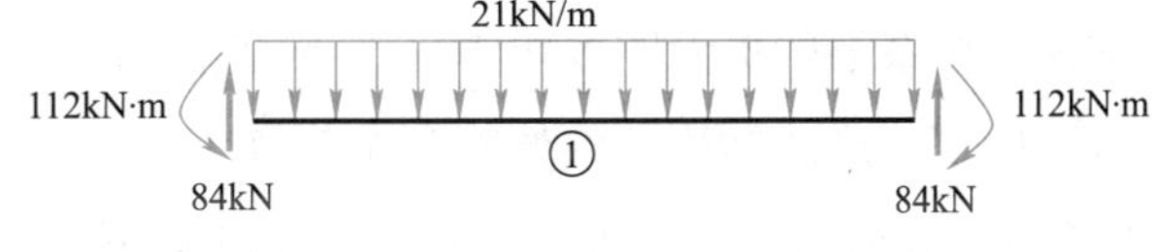

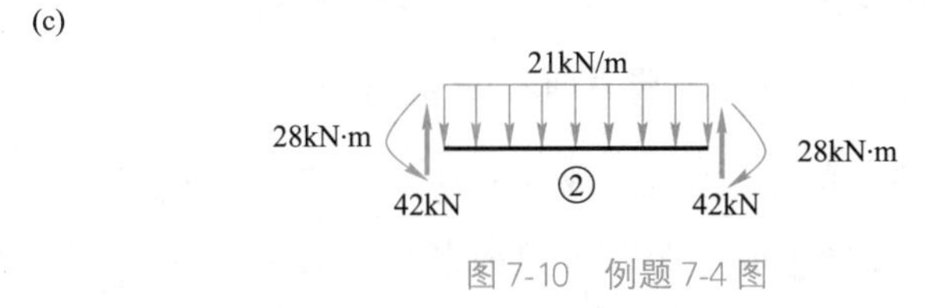

图 7-10 例题 7-4 图

【解】 (1) 由位移法中的载常数，求得局部坐标系下的杆端力$\{\overline{F}\}^{e}$。

(2) 将局部坐标系下的杆端力转换成整体坐标系下的杆端力$\{F\}^{e}=[T]^{e\mathrm{T}}\{\overline{F}\}^{e}$。

本例题中，取各单元的局部坐标系与整体坐标系一致，故

$$\{F\}^{①}=\{\overline{F}\}^{①}=[0\quad -84\quad -112\ \vdots\ 0\quad -84\quad 112]^{T}$$

$$\{F\}^{②}=\{\overline{F}\}^{②}=[0\quad -42\quad -28\ \vdots\ 0\quad -42\quad 28]^{T}$$

(3) 将整体坐标系下的杆端力，通过“换码重排座”，依次“反号”送入等效节点荷载向量中。

各单元的定位向量为

$$\{\lambda\}^{①}=[0\quad 0\quad 0\ \vdots\ 0\quad 0\quad 1]^{T},\{\lambda\}^{②}=[0\quad 0\quad 1\ \vdots\ 2\quad 3\quad 4]^{T}$$

$$\{F_{E}\}^{①}=[-112\quad 0\quad 0\quad 0]^{T},\{F_{E}\}^{②}=[28\quad 0\quad 42\quad -28]^{T}$$

$$\{F_{E}\}=\{F_{E}\}^{①}+\{F_{E}\}^{②}=[-84\quad 0\quad 42\quad -28]^{T}$$

另外，结构上还有直接节点荷载，即

$$\{F_{D}\}=[0\quad -30\quad 50\quad 0]^{T}$$

则结构总的节点荷载为

$$\{F\}=\{F_{E}\}+\{F_{D}\}=[-84\quad -30\quad 92\quad -28]^{T}$$

讨论：本例题同样可以利用基本概念来校核用矩阵位移法计算的结果。

7.5 矩阵位移法的解题步骤和例题

根据前面各节的讨论，将矩阵位移法的解题步骤归纳如下：

(1) 确定整体和局部坐标系、单元和节点位移编码。

(2) 形成整体刚度矩阵$[K]$。

1) 形成局部坐标系下的单元刚度矩阵$[\overline{k}]^{e}$；

2) 形成整体坐标系下的单元刚度矩阵$[k]^{e}=[T]^{eT}[\overline{k}]^{e}[T]^{e}$；

3) “换码重排座”，形成结构的整体刚度矩阵$[K]$。

(3) 形成等效节点荷载列阵$\{F_{E}\}$ 和综合节点荷载列阵$\{F\}$。

1) 形成局部坐标系下的单元固端力列阵$\{\overline{F}_{P}\}^{e}$；

2) 形成整体坐标系下的单元固端力列阵$\{F_{P}\}^{e}=[T]^{eT}\{\overline{F}_{P}\}^{e}$；

3) “换码重排座、反号集成” 等效节点荷载列阵$\{F_{E}\}$，综合节点荷载列阵$\{F\}=\{F_{E}\}+\{F_{D}\}$。

(4) 解整体刚度方程$\{F\}=[K]\{\Delta\}$，求节点位移$\{\Delta\}$。

(5) 求各单元的杆端内力$\{\overline{F}\}^{e}$。

1）求整体坐标系下的单元杆端位移$\{\Delta\}^{e}$；

2）求局部坐标系下的单元杆端位移$\{\overline{\Delta}\}^{e}$；

3）求局部坐标系下的单元杆端力$\{\overline{F}\}^{e}=[\overline{k}]^{e}\{\overline{\Delta}\}^{e}+\{\overline{F}_{P}\}^{e}$。

【例题 7-5】 试作图 7-11(a)所示结构的内力图。其单元划分及位移编码如图 7-11(b)所示，各单元局部坐标系下的单元刚度矩阵分别为

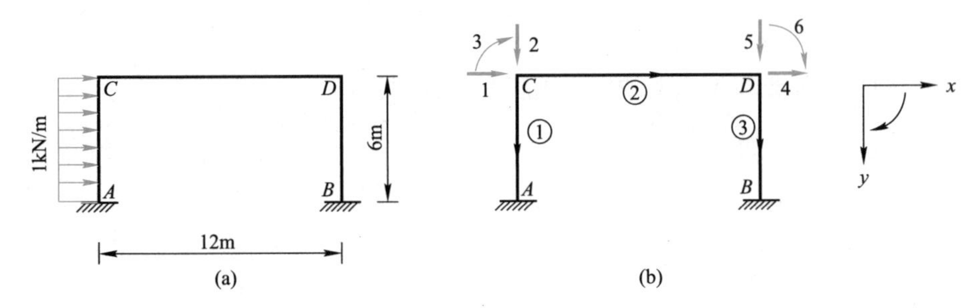

图 7-11　例题 7-5 图

$$[\overline{k}]^{①}=[\overline{k}]^{③}=\left[\begin{array}{ccc:ccc} 83.3 & 0 & 0 & -83.3 & 0 & 0 \\ 0 & 2.31 & 6.94 & 0 & -2.31 & 6.94 \\ 0 & 6.94 & 27.8 & 0 & -6.94 & 13.9 \\ \hdashline -83.3 & 0 & 0 & 83.3 & 0 & 0 \\ 0 & -2.31 & -6.94 & 0 & 2.31 & -6.94 \\ 0 & 6.94 & 13.9 & 0 & -6.94 & 27.8 \end{array}\right]\times 10^{-3}$$

$$[\overline{k}]^{②}=\left[\begin{array}{ccc:ccc} 52.5 & 0 & 0 & -52.5 & 0 & 0 \\ 0 & 0.58 & 3.47 & 0 & -0.58 & 3.47 \\ 0 & 3.47 & 27.8 & 0 & -3.47 & 13.9 \\ \hdashline -52.5 & 0 & 0 & 52.5 & 0 & 0 \\ 0 & -0.58 & -3.47 & 0 & 0.58 & -3.47 \\ 0 & 3.47 & 13.9 & 0 & -3.47 & 27.8 \end{array}\right]\times 10^{-3}$$

【解】 （1）确定整体和局部坐标系、单元和节点位移编码(已知)。

（2）形成整体刚度矩阵。

1）局部坐标系下的单元刚度矩阵(已知)。

2）形成整体坐标系下的单元刚度矩阵。各单元的坐标转换矩阵为

$$[T]^{①}=[T]^{③}=\left[\begin{array}{ccc:ccc}0 & 1 & 0 & & & \\ -1 & 0 & 0 & & [0] & \\ 0 & 0 & 1 & & & \\ \hdashline & & & 0 & 1 & 0 \\ & [0] & & -1 & 0 & 0 \\ & & & 0 & 0 & 1\end{array}\right]$$

相应的各单元整体坐标下的单元刚度方程分别为

$[k]^{①}=[k]^{③}=[T]^{①T}\ [\bar{k}]^{①}\ [T]^{①}$

$$=\left[\begin{array}{ccc:ccc}2.31 & 0 & -6.94 & -2.31 & 0 & -6.94 \\ 0 & 83.3 & 0 & 0 & -83.3 & 0 \\ -6.94 & 0 & 27.8 & 6.94 & 0 & 13.9 \\ \hdashline -2.31 & 0 & 6.94 & 2.31 & 0 & 6.94 \\ 0 & -83.3 & 0 & 0 & 83.3 & 0 \\ -6.94 & 0 & 13.9 & 6.94 & 0 & 27.8\end{array}\right]\times 10^{-3}$$

$$[k]^{②}=[\bar{k}]^{②}$$

3）“换码重排座”，形成整体坐标系下的整体刚度矩阵。各单元的定位向量为

$$\{\lambda\}^{①}=[1\quad 2\quad 3\ \vdots\ 0\quad 0\quad 0]^{T}$$

$$\{\lambda\}^{②}=[1\quad 2\quad 3\ \vdots\ 4\quad 5\quad 6]^{T}$$

$$\{\lambda\}^{③}=[4\quad 5\quad 6\ \vdots\ 0\quad 0\quad 0]^{T}$$

按照“换码重排座”的方法，可得整体刚度矩阵为

$$[K]=\left[\begin{array}{ccc:ccc}54.81 & 0 & -6.94 & -52.5 & 0 & 0 \\ 0 & 83.88 & 3.47 & 0 & -0.58 & 3.47 \\ -6.94 & 3.47 & 55.6 & 0 & -3.47 & 13.9 \\ \hdashline -52.5 & 0 & 0 & 54.81 & 0 & -6.94 \\ 0 & -0.58 & -3.47 & 0 & 83.88 & -3.47 \\ 0 & 3.47 & 13.9 & -6.94 & -3.47 & 55.6\end{array}\right]\times 10^{-3}$$

(3) 形成等效节点荷载。

1）形成局部坐标系下的单元固端力列阵。只有单元①上有荷载，其固端力列阵为

$$\{\overline{F}_P\}^{①} = [0 \quad 3 \quad 3 \;\vdots\; 0 \quad 3 \quad -3]^T$$

2）形成整体坐标系下的单元固端力列阵

$$\{F_P\}^{①} = [T]^{①T}\{\overline{F}_P\}^{①} = [-3 \quad 0 \quad 3 \;\vdots\; -3 \quad 0 \quad -3]^T$$

3）“换码重排座、反号集成”等效节点荷载列阵。只需对单元①进行集成。

$$\{F_E\} = [3 \quad 0 \quad -3 \quad 0 \quad 0 \quad 0]^T$$

（4）解整体刚度方程，求节点位移。

$$[K]\{\Delta\} = \{F_E\}$$

$$10^{-3} \times \begin{bmatrix} 54.81 & 0 & -6.94 & -52.5 & 0 & 0 \\ 0 & 83.88 & 3.47 & 0 & -0.58 & 3.47 \\ -6.94 & 3.47 & 55.6 & 0 & -3.47 & 13.9 \\ -52.5 & 0 & 0 & 54.81 & 0 & -6.94 \\ 0 & -0.58 & -3.47 & 0 & 83.88 & -3.47 \\ 0 & 3.47 & 13.9 & -6.94 & -3.47 & 55.6 \end{bmatrix} \begin{Bmatrix} \Delta_1 \\ \Delta_2 \\ \Delta_3 \\ \Delta_4 \\ \Delta_5 \\ \Delta_6 \end{Bmatrix} = \begin{Bmatrix} 3 \\ 0 \\ -3 \\ 0 \\ 0 \\ 0 \end{Bmatrix}$$

$$\{\Delta\} = [849 \quad -5.14 \quad 28.5 \;\vdots\; 825 \quad 5.14 \quad 96.5]^T$$

（5）求各单元的杆端力。

1）整体坐标系下的单元杆端位移。

$$\{\Delta\}^{①} = [849 \quad -5.14 \quad 28.5 \;\vdots\; 0 \quad 0 \quad 0]^T$$

$$\{\Delta\}^{②} = [849 \quad -5.14 \quad 28.5 \;\vdots\; 825 \quad 5.14 \quad 96.5]^T$$

$$\{\Delta\}^{③} = [825 \quad 5.14 \quad 96.5 \;\vdots\; 0 \quad 0 \quad 0]^T$$

2）局部坐标系下的单元杆端位移。

$$\{\overline{\Delta}\}^{①} = [T]^{①}\{\Delta\}^{①} = \begin{bmatrix} 0 & 1 & 0 & & & \\ -1 & 0 & 0 & & [0] & \\ 0 & 0 & 1 & & & \\ & & & 0 & 1 & 0 \\ & [0] & & -1 & 0 & 0 \\ & & & 0 & 0 & 1 \end{bmatrix} \begin{Bmatrix} 849 \\ -5.14 \\ 28.5 \\ 0 \\ 0 \\ 0 \end{Bmatrix} = \begin{Bmatrix} -5.14 \\ -849 \\ 28.5 \\ 0 \\ 0 \\ 0 \end{Bmatrix}$$

$$\{\overline{\Delta}\}^{②}=\{\Delta\}^{②}=[849\quad -5.14\quad 28.5 \vdots 825\quad 5.14\quad 96.5]^{\mathrm{T}}$$

$$\{\overline{\Delta}\}^{③}=[T]^{③}\{\Delta\}^{③}=\left[\begin{array}{ccc:ccc} 0 & 1 & 0 & & & \\ -1 & 0 & 0 & & [0] & \\ 0 & 0 & 1 & & & \\ \hdashline & & & 0 & 1 & 0 \\ & [0] & & -1 & 0 & 0 \\ & & & 0 & 0 & 1 \end{array}\right]\left\{\begin{array}{c} 825 \\ 5.14 \\ 96.5 \\ \hdashline 0 \\ 0 \\ 0 \end{array}\right\}=\left\{\begin{array}{c} 5.14 \\ -825 \\ 96.5 \\ \hdashline 0 \\ 0 \\ 0 \end{array}\right\}$$

3）局部坐标系下的单元杆端力。

由杆端位移和固端力，可求得各单元的杆端力。具体为

$$\{\overline{F}\}^{①}=[\overline{k}]^{①}\{\overline{\Delta}\}^{①}+\{\overline{F}_{\mathrm{P}}\}^{①}$$

$$=10^{-3}\times\left[\begin{array}{ccc:ccc} 83.3 & 0 & 0 & -83.3 & 0 & 0 \\ 0 & 2.31 & 6.94 & 0 & -2.31 & 6.94 \\ 0 & 6.94 & 27.8 & 0 & -6.94 & 13.9 \\ \hdashline -83.3 & 0 & 0 & 83.3 & 0 & 0 \\ 0 & -2.31 & -6.94 & 0 & 2.31 & -6.94 \\ 0 & 6.94 & 13.9 & 0 & -6.94 & 27.8 \end{array}\right]\left\{\begin{array}{c} -5.14 \\ -849 \\ 28.5 \\ \hdashline 0 \\ 0 \\ 0 \end{array}\right\}+\left\{\begin{array}{c} 0 \\ 3 \\ 3 \\ \hdashline 0 \\ 3 \\ -3 \end{array}\right\}=\left\{\begin{array}{c} -0.43 \\ 1.24 \\ -2.10 \\ \hdashline 0.43 \\ 4.76 \\ -8.50 \end{array}\right\}$$

$$\{\overline{F}\}^{②}=[\overline{k}]^{②}\{\overline{\Delta}\}^{②}+\{\overline{F}_{\mathrm{P}}\}^{②}$$

$$=10^{-3}\times\left[\begin{array}{ccc:ccc} 52.5 & 0 & 0 & -52.5 & 0 & 0 \\ 0 & 0.58 & 3.47 & 0 & -0.58 & 3.47 \\ 0 & 3.47 & 27.8 & 0 & -3.47 & 13.9 \\ \hdashline -52.5 & 0 & 0 & 52.5 & 0 & 0 \\ 0 & -0.58 & -3.47 & 0 & 0.58 & -3.47 \\ 0 & 3.47 & 13.9 & 0 & -3.47 & 27.8 \end{array}\right]\left\{\begin{array}{c} 849 \\ -5.14 \\ 28.5 \\ \hdashline 825 \\ 5.14 \\ 96.5 \end{array}\right\}$$

$$=\left\{\begin{array}{c} 1.24 \\ 0.43 \\ 2.10 \\ \hdashline -1.24 \\ -0.43 \\ 3.04 \end{array}\right\}$$

$$\{\overline{F}\}^{③}=[\overline{k}]^{③}\{\overline{\Delta}\}^{③}+\{\overline{F}_{\mathrm{P}}\}^{③}$$

$$=10^{-3}\times\left[\begin{array}{ccc:ccc}83.3 & 0 & 0 & -83.3 & 0 & 0\\ 0 & 2.31 & 6.94 & 0 & -2.31 & 6.94\\ 0 & 6.94 & 27.8 & 0 & -6.94 & 13.9\\ \hdashline -83.3 & 0 & 0 & 83.3 & 0 & 0\\ 0 & -2.31 & -6.94 & 0 & 2.31 & -6.94\\ 0 & 6.94 & 13.9 & 0 & -6.94 & 27.8\end{array}\right]\left\{\begin{array}{c}5.14\\ -824\\ 96.5\\ \hdashline 0\\ 0\\ 0\end{array}\right\}$$

$$=\left\{\begin{array}{c}0.43\\ -1.24\\ -3.04\\ \hdashline -0.43\\ 1.24\\ -4.38\end{array}\right\}$$

各单元的杆端力如图 7-12 所示。到此不难画出整个结构的内力图，如图 7-13 所示。

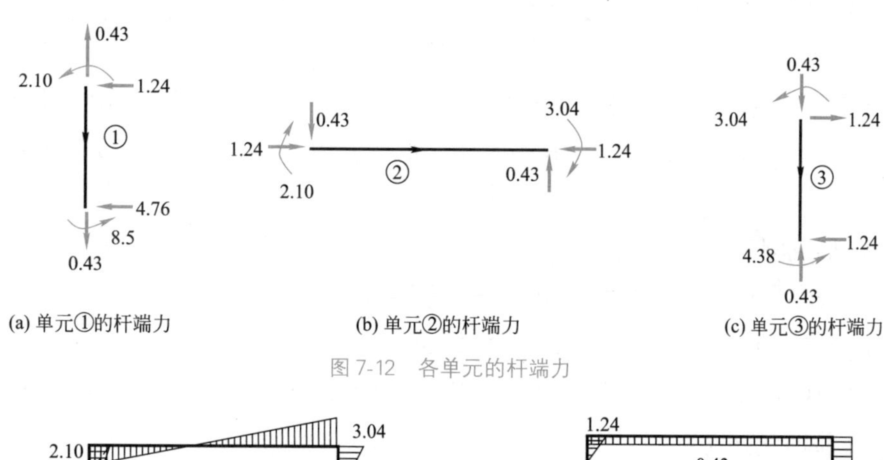

(a) 单元①的杆端力　(b) 单元②的杆端力　(c) 单元③的杆端力

图 7-12　各单元的杆端力

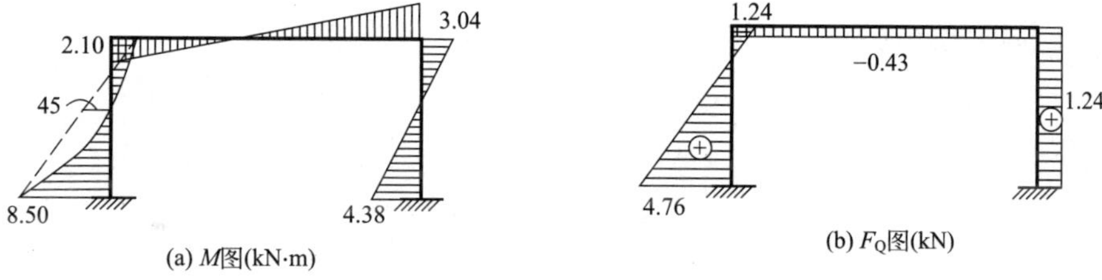

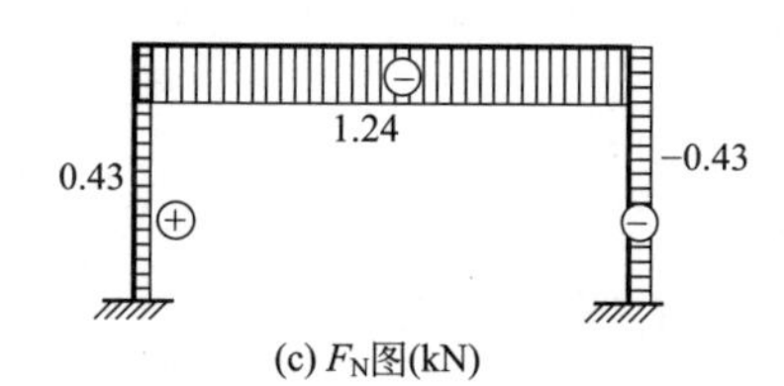

图 7-13　内力图

【例题 7-6】 如图 7-14 所示，不考虑单元的轴向变形，重作例题 7-5 所示结构的内力图。

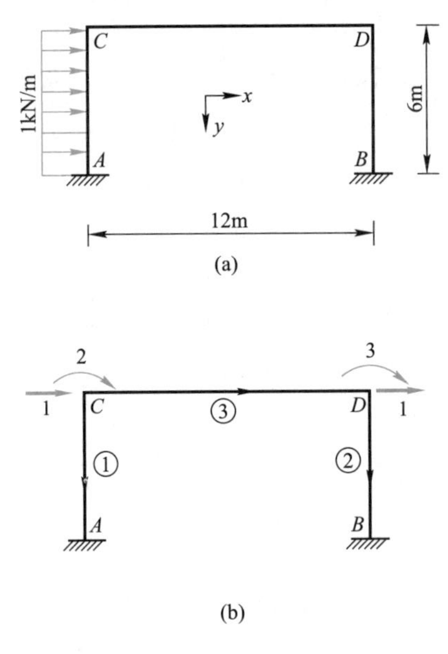

图 7-14　例题 7-6 图

【解】 (1) 确定整体和局部坐标系、单元和节点位移编码(图 7-14b)。由于不考虑轴向变形，两个节点的竖向位移均为零，水平位移相同，因此，独立的节点位移有 3 个。

(2) 形成刚度矩阵。

1) 形成局部坐标系下的单元刚度矩阵(同例题 7-5)。

2) 形成整体坐标系下的单元刚度矩阵(同例题 7-5)。

3)"换码重排座"，形成整体坐标系下的整体刚度矩阵。不考虑轴向变形时，各单元的定位向量分别为

$$\{\lambda\}^{①}=[1\quad 0\quad 2\ \vdots\ 0\quad 0\quad 0]^{\mathrm{T}}$$

$$\{\lambda\}^{②}=[1\quad 0\quad 2\ \vdots\ 1\quad 0\quad 3]^{\mathrm{T}}$$

$$\{\lambda\}^{③}=[1\quad 0\quad 3\ \vdots\ 0\quad 0\quad 0]^{\mathrm{T}}$$

故，结构的整体刚度矩阵为

$$[K]=\begin{bmatrix} 4.62 & -6.94 & -6.94 \\ -6.94 & 55.6 & 13.9 \\ -6.94 & 13.9 & 55.6 \end{bmatrix}\times 10^{-3}$$

(3) 形成等效节点荷载。

1) 形成局部坐标系下的单元固端力列阵(同例题 7-5)。

$$\{\overline{F}_{\mathrm{P}}\}^{①}=[0\quad 3\quad 3\ \vdots\ 0\quad 3\quad -3]^{\mathrm{T}}$$

2) 形成整体坐标系下的单元固端力列阵(同例题 7-5)。

$$\{F_{\mathrm{P}}\}^{①}=[T]^{①\mathrm{T}}\{\overline{F}_{\mathrm{P}}\}^{①}=[-3\quad 0\quad 3\ \vdots\ -3\quad 0\quad -3]^{\mathrm{T}}$$

3) "换码重排座",形成结构的等效荷载列阵。

$$\{F_{\mathrm{E}}\}=[3\quad -3\quad 0]^{\mathrm{T}}$$

(4) 解刚度方程,求节点位移。

$$[K]\{\Delta\}=\{F_{\mathrm{E}}\}$$

$$10^{-3}\times\begin{bmatrix}4.62 & -6.94 & -6.94\\ -6.94 & 55.6 & 13.9\\ -6.94 & 13.9 & 55.6\end{bmatrix}\begin{Bmatrix}\Delta_1\\ \Delta_2\\ \Delta_3\end{Bmatrix}=\begin{Bmatrix}3\\ -3\\ 0\end{Bmatrix}$$

$$\{\Delta\}=[835\quad 25.8\quad 97.8]^{\mathrm{T}}$$

1) 整体坐标系下的单元杆端位移。

$$\{\Delta\}^{①}=[835\quad 0\quad 25.8\ \vdots\ 0\quad 0\quad 0]^{\mathrm{T}}$$

$$\{\Delta\}^{③}=[835\quad 0\quad 25.8\ \vdots\ 835\quad 0\quad 97.8]^{\mathrm{T}}$$

$$\{\Delta\}^{②}=[835\quad 0\quad 97.8\ \vdots\ 0\quad 0\quad 0]^{\mathrm{T}}$$

2) 局部坐标系下的单元杆端位移。

$$\{\overline{\Delta}\}^{①}=[T]^{①}\{\Delta\}^{①}=\left[\begin{array}{ccc:ccc}0 & 1 & 0 & & & \\ -1 & 0 & 0 & & [0] & \\ 0 & 0 & 1 & & & \\ \hdashline & & & 0 & 1 & 0\\ & [0] & & -1 & 0 & 0\\ & & & 0 & 0 & 1\end{array}\right]\left\{\begin{array}{c}835\\ 0\\ 25.8\\ \hdashline 0\\ 0\\ 0\end{array}\right\}=\left\{\begin{array}{c}0\\ -835\\ 25.8\\ \hdashline 0\\ 0\\ 0\end{array}\right\}$$

$$\{\overline{\Delta}\}^{③}=\{\Delta\}^{③}=[835\quad 0\quad 25.8\ \vdots\ 835\quad 0\quad 97.8]^{\mathrm{T}}$$

$$\{\overline{\Delta}\}^{②}=[T]^{②}\{\Delta\}^{②}=\left[\begin{array}{ccc:ccc}0&1&0&&&\\-1&0&0&&[0]&\\0&0&1&&&\\\hdashline&&&0&1&0\\&[0]&&-1&0&0\\&&&0&0&1\end{array}\right]\left\{\begin{array}{c}835\\0\\97.8\\\hdashline 0\\0\\0\end{array}\right\}=\left\{\begin{array}{c}0\\-835\\97.8\\\hdashline 0\\0\\0\end{array}\right\}$$

3）局部坐标系下的单元杆端力。

$$\{\overline{F}\}^{①}=[\overline{k}]^{①}\{\overline{\Delta}\}^{①}+\{\overline{F}_{\mathrm{P}}\}^{①}$$

$$=10^{-3}\times\left[\begin{array}{ccc:ccc}83.3&0&0&-83.3&0&0\\0&2.31&6.94&0&-2.31&6.94\\0&6.94&27.8&0&-6.94&13.9\\\hdashline -83.3&0&0&83.3&0&0\\0&-2.31&-6.94&0&2.31&-6.94\\0&6.94&13.9&0&-6.94&27.8\end{array}\right]\left\{\begin{array}{c}0\\-835\\25.8\\\hdashline 0\\0\\0\end{array}\right\}+\left\{\begin{array}{c}0\\3\\3\\\hdashline 0\\3\\-3\end{array}\right\}$$

$$=\left\{\begin{array}{c}0\\1.25\\-2.07\\\hdashline 0\\4.75\\-8.44\end{array}\right\}$$

$$\{\overline{F}\}^{③}=[\overline{k}]^{③}\{\overline{\Delta}\}^{③}+\{\overline{F}_{\mathrm{P}}\}^{③}$$

$$=10^{-3}\times\left[\begin{array}{ccc:ccc}52.5&0&0&-52.5&0&0\\0&0.58&3.47&0&-0.58&3.47\\0&3.74&27.8&0&-3.47&13.9\\\hdashline -52.5&0&0&52.5&0&0\\0&-0.58&-3.47&0&0.58&-3.47\\0&3.47&13.9&0&-3.47&27.8\end{array}\right]\left\{\begin{array}{c}835\\-0\\25.1\\\hdashline 835\\0\\97.8\end{array}\right\}$$

$$=\left\{\begin{array}{c}0\\0.43\\2.07\\\hdashline 0\\-0.43\\3.08\end{array}\right\}$$

$$\{\overline{F}\}^{②}=[\overline{k}]^{②}\{\overline{\Delta}\}^{②}+\{\overline{F}_{\mathrm{P}}\}^{②}$$

$$=10^{-3}\times\left[\begin{array}{ccc:ccc}83.3&0&0&-83.3&0&0\\0&2.31&6.94&0&-2.31&6.94\\0&6.94&27.8&0&-6.94&13.9\\\hdashline -83.3&0&0&83.3&0&0\\0&-2.31&-6.94&0&2.31&-6.94\\0&6.94&13.9&0&-6.94&27.8\end{array}\right]\left\{\begin{array}{c}0\\-835\\97.8\\\hdashline 0\\0\\0\end{array}\right\}$$

$$=\left\{\begin{array}{c}0\\-1.25\\-3.08\\\hdashline 0\\1.25\\-4.44\end{array}\right\}$$

根据局部坐标系下的杆端力计算结果，得到各杆的杆端力如图 7-15 所示。

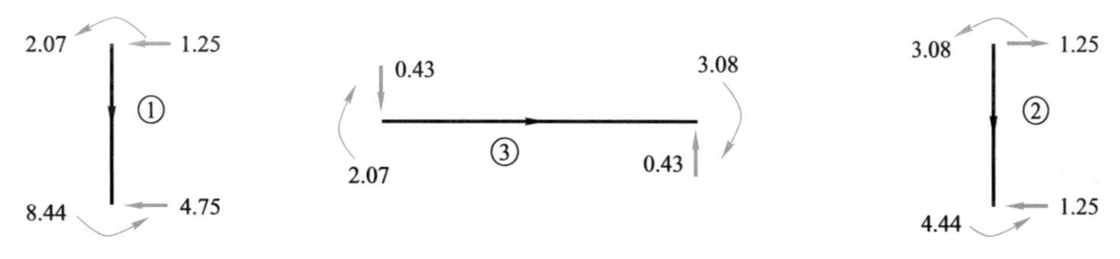

图 7-15　各杆的杆端力

因为不考虑杆件的轴向变形，只能求出各单元的剪力和弯矩，而各单元的轴力则要由节点平衡条件来求，内力如图 7-16 所示。

【例题 7-7】 试求图 7-17 所示桁架结构的内力。各杆 EA＝常数。

【解】 (1) 确定整体和局部坐标系、单元和节点位移编码，如图 7-17(b)所示。对于桁架，只需要对节点线位移进行编码，共有 4 个独立的节点线位移。

(2) 形成整体刚度矩阵 $[K]$。

1) 形成局部坐标系下的单元刚度矩阵。

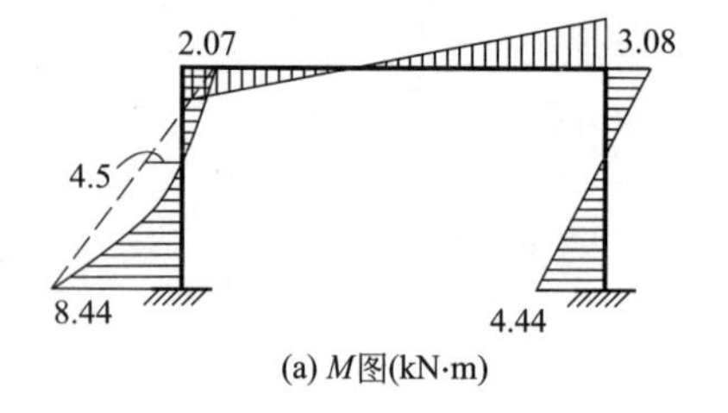

(a) M图(kN·m)

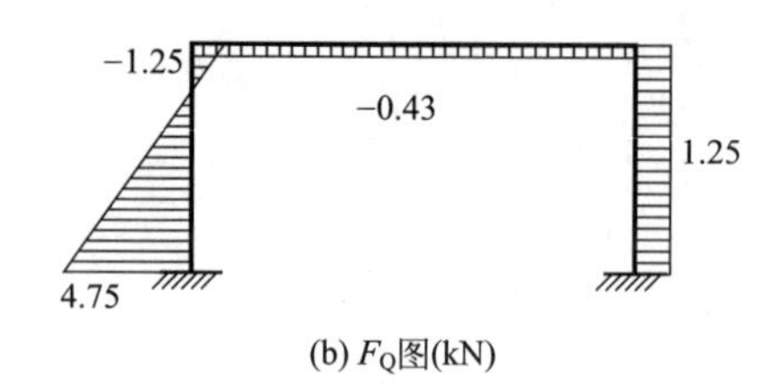

(b) F_Q图(kN)

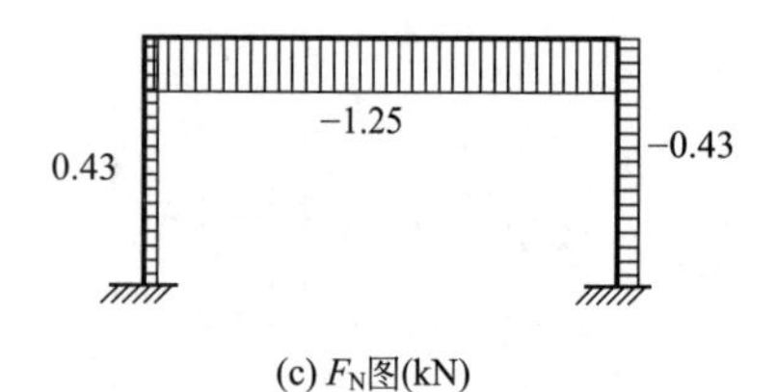

(c) F_N图(kN)

图 7-16　内力图

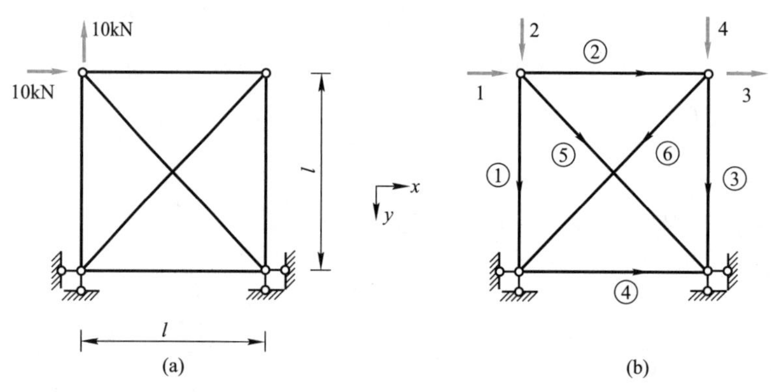

(a)　　(b)

图 7-17　例题 7-7 图

$$[\bar{k}]^{①}=[\bar{k}]^{②}=[\bar{k}]^{③}=[\bar{k}]^{④}=\frac{EA}{l}\left[\begin{array}{cc:cc}1&0&-1&0\\0&0&0&0\\\hdashline-1&0&1&0\\0&0&0&0\end{array}\right]$$

$$[\bar{k}]^{⑤}=[\bar{k}]^{⑥}=\frac{EA}{\sqrt{2}l}\left[\begin{array}{cc:cc}1&0&-1&0\\0&0&0&0\\\hdashline-1&0&1&0\\0&0&0&0\end{array}\right]$$

2）形成整体坐标系下的单元刚度矩阵。

$$[T]^{①}=[T]^{③}=\left[\begin{array}{cc:cc}0&1&0&0\\-1&0&0&0\\\hdashline0&0&0&1\\0&0&-1&0\end{array}\right]$$

$$[k]^{①}=[k]^{③}=[T]^{①\mathrm{T}}\ [\bar{k}]^{①}[T]^{①}=\frac{EA}{l}\left[\begin{array}{cc:cc}0&0&0&0\\0&1&0&-1\\ \hdashline 0&0&0&0\\0&-1&0&1\end{array}\right]$$

$$[k]^{②}=[k]^{④}=\frac{EA}{l}\left[\begin{array}{cc:cc}1&0&-1&0\\0&0&0&0\\ \hdashline -1&0&1&0\\0&0&0&0\end{array}\right]$$

$$[T]^{⑤}=\frac{1}{\sqrt{2}}\left[\begin{array}{cc:cc}1&1&0&0\\-1&1&0&0\\ \hdashline 0&0&1&1\\0&0&-1&1\end{array}\right],$$

$$[k]^{⑤}=[T]^{⑤\mathrm{T}}\ [\bar{k}]^{⑤}\ [T]^{⑤}=\frac{EA}{2\sqrt{2}\,l}\left[\begin{array}{cc:cc}1&1&-1&-1\\1&1&-1&-1\\ \hdashline -1&-1&1&1\\-1&-1&1&1\end{array}\right]$$

$$[T]^{⑥}=\frac{1}{\sqrt{2}}\left[\begin{array}{cc:cc}-1&1&0&0\\-1&-1&0&0\\ \hdashline 0&0&-1&1\\0&0&-1&-1\end{array}\right],$$

$$[k]^{⑥}=[T]^{⑥\mathrm{T}}\ [\bar{k}]^{⑥}\ [T]^{⑥}=\frac{EA}{2\sqrt{2}\,l}\left[\begin{array}{cc:cc}1&-1&-1&1\\-1&1&1&-1\\ \hdashline -1&1&1&-1\\1&-1&-1&1\end{array}\right]$$

3）“换码重排座”，形成整体结构的刚度矩阵。各单元的定位向量为

$$\{\lambda\}^{①}=[1\quad 2\quad 0\quad 0]^{\mathrm{T}}，\{\lambda\}^{②}=[1\quad 2\quad 3\quad 4]^{\mathrm{T}}$$

$$\{\lambda\}^{③}=[3\quad 4\quad 0\quad 0]^{\mathrm{T}}，\{\lambda\}^{④}=[0\quad 0\quad 0\quad 0]^{\mathrm{T}}$$

$$\{\lambda\}^{⑤}=[1\quad 2\quad 0\quad 0]^{\mathrm{T}}，\{\lambda\}^{⑥}=[3\quad 4\quad 0\quad 0]^{\mathrm{T}}$$

集成单元①

$$[K]=\frac{EA}{l}\left[\begin{array}{cc:cc}0 & 0 & 0 & 0\\0 & 1 & 0 & 0\\ \hdashline 0 & 0 & 0 & 0\\0 & 0 & 0 & 0\end{array}\right]$$

集成单元②

$$[K]=\frac{EA}{l}\begin{bmatrix}0+1 & 0+0 & 0-1 & 0+0\\0+0 & 1+0 & 0+0 & 0+0\\0-1 & 0+0 & 0+1 & 0+0\\0+0 & 0+0 & 0+0 & 0+0\end{bmatrix}$$

集成单元③

$$[K]=\frac{EA}{l}\begin{bmatrix}1 & 0 & -1 & 0\\0 & 1 & 0 & 0\\-1 & 0 & 1+0 & 0+0\\0 & 0 & 0+0 & 0+1\end{bmatrix}$$

集成单元④

$$[K]=\frac{EA}{l}\begin{bmatrix}1 & 0 & -1 & 0\\0 & 1 & 0 & 0\\-1 & 0 & 1 & 0\\0 & 0 & 0 & 1\end{bmatrix}$$

集成单元⑤

$$[K]=\frac{EA}{l}\begin{bmatrix}1+\frac{1}{2\sqrt{2}} & 0+\frac{1}{2\sqrt{2}} & -1 & 0\\0+\frac{1}{2\sqrt{2}} & 1+\frac{1}{2\sqrt{2}} & 0 & 0\\-1 & 0 & 1 & 0\\0 & 0 & 0 & 1\end{bmatrix}$$

集成单元⑥

$$[K]=\frac{EA}{l}\begin{bmatrix}1+\frac{1}{2\sqrt{2}} & \frac{1}{2\sqrt{2}} & -1 & 0\\ \frac{1}{2\sqrt{2}} & 1+\frac{1}{2\sqrt{2}} & 0 & 0\\ -1 & 0 & 1+\frac{1}{2\sqrt{2}} & \frac{-1}{2\sqrt{2}}\\ 0 & 0 & \frac{-1}{2\sqrt{2}} & 1+\frac{1}{2\sqrt{2}}\end{bmatrix}$$

结构的整体刚度矩阵为

$$[K]=\frac{EA}{l}\begin{bmatrix}1.35 & 0.35 & -1 & 0\\ 0.35 & 1.35 & 0 & 0\\ -1 & 0 & 1.35 & -0.35\\ 0 & 0 & -0.35 & 1.35\end{bmatrix}$$

(3) 对于桁架结构，只有节点荷载，故

$$\{F\}=\{F_D\}=[10\quad -10\quad 0\quad 0]^T$$

(4) 解整体刚度方程，求节点位移 $\{\Delta\}$。

$$[K]\{\Delta\}=\{F\}$$

$$\frac{EA}{l}\left[\begin{array}{cc|cc}1.35 & 0.35 & -1 & 0\\ 0.35 & 1.35 & 0 & 0\\ \hline -1 & 0 & 1.35 & -0.35\\ 0 & 0 & -0.35 & 1.35\end{array}\right]\begin{Bmatrix}\Delta_1\\ \Delta_2\\ \hdashline \Delta_3\\ \Delta_4\end{Bmatrix}=\begin{Bmatrix}10\\ -10\\ \hdashline 0\\ 0\end{Bmatrix}$$

$$\{\Delta\}=\frac{l}{EA}[27.07\quad -14.43 \,\vdots\, 21.50\quad 5.5]^T$$

(5) 求各单元的杆端内力。

1) 求整体坐标系下的单元杆端位移。

$$\{\Delta\}^{①}=\{\Delta\}^{⑤}=[27.07\quad -14.43 \,\vdots\, 0\quad 0]^T$$

$$\{\Delta\}^{②}=[27.07\quad -14.43 \,\vdots\, 21.5\quad 5.57]^T$$

$$\{\Delta\}^{③}=\{\Delta\}^{⑥}=[21.5\quad 5.57 \,\vdots\, 0\quad 0]^T$$

$$\{\Delta\}^{④}=[0\quad 0 \,\vdots\, 0\quad 0]^T$$

2）求局部坐标系下的单元杆端位移。

$$\{\overline{\Delta}\}^{①}=[T]^{①}\{\Delta\}^{①}=\left[\begin{array}{cc:cc}0 & 1 & 0 & 0\\ -1 & 0 & 0 & 0\\ \hdashline 0 & 0 & 0 & 1\\ 0 & 0 & -1 & 0\end{array}\right]\left\{\begin{array}{c}27.07\\ -14.42\\ \hdashline 0\\ 0\end{array}\right\}\frac{1}{EA}=\left\{\begin{array}{c}-14.43\\ -27.07\\ \hdashline 0\\ 0\end{array}\right\}\frac{1}{EA}$$

$$\{\overline{\Delta}\}^{②}=\{\Delta\}^{②}=[27.07\quad -14.43\ \vdots\ 21.5\quad 5.57]^{\mathrm{T}}$$

$$\{\overline{\Delta}\}^{③}=[T]^{③}\{\Delta\}^{③}=\left[\begin{array}{cc:cc}0 & 1 & 0 & 0\\ -1 & 0 & 0 & 0\\ \hdashline 0 & 0 & 0 & 1\\ 0 & 0 & -1 & 0\end{array}\right]\left\{\begin{array}{c}21.5\\ 5.57\\ \hdashline 0\\ 0\end{array}\right\}\frac{1}{EA}=\left\{\begin{array}{c}5.57\\ -21.5\\ \hdashline 0\\ 0\end{array}\right\}\frac{1}{EA}$$

$$\{\overline{\Delta}\}^{④}=[0]$$

$$\{\overline{\Delta}\}^{⑤}=[T]^{⑤}\{\Delta\}^{⑤}=\frac{1}{\sqrt{2}}\left[\begin{array}{cc:cc}1 & 1 & 0 & 0\\ -1 & 1 & 0 & 0\\ \hdashline 0 & 0 & 1 & 1\\ 0 & 0 & -1 & 1\end{array}\right]\left\{\begin{array}{c}27.07\\ -14.43\\ \hdashline 0\\ 0\end{array}\right\}\frac{1}{EA}=\left\{\begin{array}{c}8.94\\ -29.25\\ \hdashline 0\\ 0\end{array}\right\}\frac{1}{EA}$$

$$\{\overline{\Delta}\}^{⑥}=[T]^{⑥}\{\Delta\}^{⑥}=\frac{1}{\sqrt{2}}\left[\begin{array}{cc:cc}-1 & 1 & 0 & 0\\ -1 & -1 & 0 & 0\\ \hdashline 0 & 0 & -1 & 1\\ 0 & 0 & -1 & -1\end{array}\right]\left\{\begin{array}{c}21.5\\ 5.57\\ \hdashline 0\\ 0\end{array}\right\}\frac{1}{EA}=\left\{\begin{array}{c}-11.26\\ -19.14\\ \hdashline 0\\ 0\end{array}\right\}\frac{1}{EA}$$

3）求局部坐标系下的单元杆端力。

$$\{\overline{F}\}^{①}=[\overline{k}]^{①}\{\overline{\Delta}\}^{①}=\frac{EA}{l}\left[\begin{array}{cc:cc}1 & 0 & -1 & 0\\ 0 & 0 & 0 & 0\\ \hdashline -1 & 0 & 1 & 0\\ 0 & 0 & 0 & 0\end{array}\right]\left\{\begin{array}{c}-14.43\\ 27.07\\ \hdashline 0\\ 0\end{array}\right\}\frac{l}{EA}=\left\{\begin{array}{c}-14.43\\ 0\\ \hdashline 14.43\\ 0\end{array}\right\}$$

$$\{\overline{F}\}^{②}=[\bar{k}]^{②}\{\overline{\Delta}\}^{②}=\frac{EA}{l}\begin{bmatrix}1&0&-1&0\\0&0&0&0\\-1&0&1&0\\0&0&0&0\end{bmatrix}\begin{Bmatrix}27.07\\-14.43\\21.5\\5.57\end{Bmatrix}\frac{l}{EA}=\begin{Bmatrix}5.57\\0\\-5.57\\0\end{Bmatrix}$$

$$\{\overline{F}\}^{③}=[\bar{k}]^{③}\{\overline{\Delta}\}^{③}=\frac{EA}{l}\begin{bmatrix}1&0&-1&0\\0&0&0&0\\-1&0&1&0\\0&0&0&0\end{bmatrix}\begin{Bmatrix}5.57\\-21.5\\0\\0\end{Bmatrix}\frac{l}{EA}=\begin{Bmatrix}5.57\\0\\-5.57\\0\end{Bmatrix}$$

$$\{\overline{F}\}^{④}=[\bar{k}]^{④}\{\overline{\Delta}\}^{④}=\frac{EA}{l}\begin{bmatrix}1&0&-1&0\\0&0&0&0\\-1&0&1&0\\0&0&0&0\end{bmatrix}\frac{l}{EA}=\begin{Bmatrix}0\\0\\0\\0\end{Bmatrix}$$

$$\{\overline{F}\}^{⑤}=[\bar{k}]^{⑤}\{\overline{\Delta}\}^{⑤}=\frac{EA}{\sqrt{2}l}\begin{bmatrix}1&0&-1&0\\0&0&0&0\\-1&0&1&0\\0&0&0&0\end{bmatrix}\begin{Bmatrix}8.94\\-29.25\\0\\0\end{Bmatrix}\frac{l}{EA}=\begin{Bmatrix}6.32\\0\\-6.32\\0\end{Bmatrix}$$

$$\{\overline{F}\}^{⑥}=[\bar{k}]^{⑥}\{\overline{\Delta}\}^{⑥}=\frac{EA}{\sqrt{2}l}\begin{bmatrix}1&0&-1&0\\0&0&0&0\\-1&0&1&0\\0&0&0&0\end{bmatrix}\begin{Bmatrix}-11.26\\-19.14\\0\\0\end{Bmatrix}\frac{l}{EA}=\begin{Bmatrix}-7.96\\0\\+7.96\\0\end{Bmatrix}$$

【例题 7-8】 试求图 7-18(a)所示组合结构的内力，$EI=\frac{1}{2}EA\,\mathrm{m}^2=20E_1A_1\,\mathrm{m}^2$。已知各单元局部坐标系下的刚度矩阵为

$$[\bar{k}]^{①}=[\bar{k}]^{②}=[\bar{k}]^{③}=\frac{EI}{20}\begin{bmatrix}2&0&0&-2&0&0\\0&0.03&0.3&0&-0.03&0.3\\0&0.3&4&0&-0.3&2\\-2&0&0&2&0&0\\0&-0.03&-0.3&0&0.03&-0.3\\0&0.3&2&0&-0.3&4\end{bmatrix}$$

$$[\bar{k}]^{④}=[\bar{k}]^{⑤}=E_1A_1\begin{bmatrix}0.04 & 0 & -0.04 & 0\\0 & 0 & 0 & 0\\-0.04 & 0 & 0.04 & 0\\0 & 0 & 0 & 0\end{bmatrix}$$

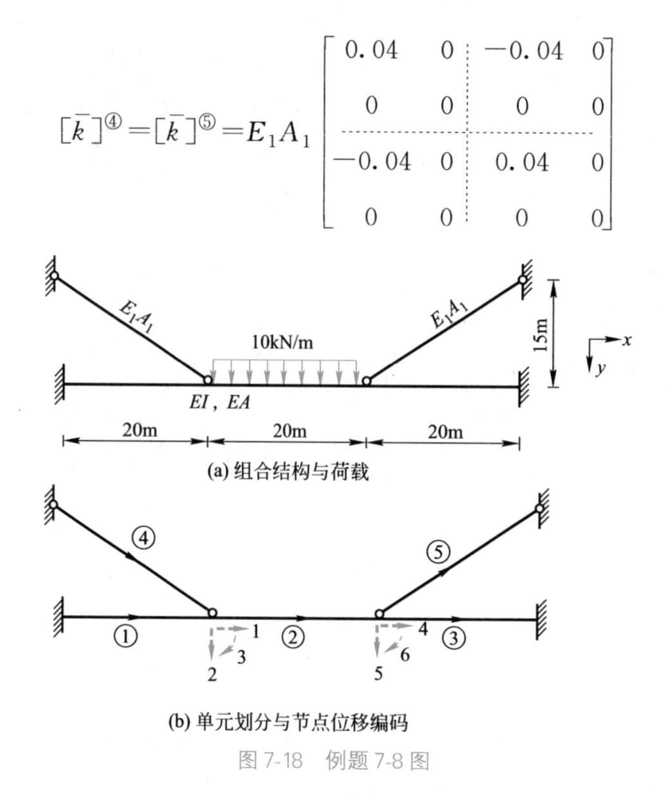

图 7-18　例题 7-8 图

【解】 (1) 确定整体和局部坐标系、单元和节点位移编码(已知)。

(2) 形成整体刚度矩阵$[K]$。

1) 形成局部坐标系下的单元刚度矩阵(已知);

2) 形成整体坐标系下的单元刚度矩阵。

$$[k]^{①}=[k]^{②}=[k]^{③}=[\bar{k}]^{①}$$

$$[T]^{④}=\begin{bmatrix}0.8 & 0.6 & 0 & 0\\-0.6 & 0.8 & 0 & 0\\0 & 0 & 0.8 & 0.6\\0 & 0 & -0.6 & 0.8\end{bmatrix}$$

$$[k]^{④}=[T]^{④\mathrm{T}}[\bar{k}]^{④}\ [T]^{④}=E_1A_1\begin{bmatrix}0.0256 & 0.0192 & -0.0256 & -0.0192\\0.0192 & 0.0144 & -0.0192 & -0.0144\\-0.0256 & -0.0192 & 0.0256 & -0.0192\\-0.0192 & -0.0144 & 0.0192 & 0.0144\end{bmatrix}$$

$$[T]^{⑤}=\begin{bmatrix}0.8 & -0.6 & 0 & 0\\0.6 & 0.8 & 0 & 0\\0 & 0 & 0.8 & -0.6\\0 & 0 & 0.6 & 0.8\end{bmatrix}$$

$$[k]^{⑤}=[T]^{⑤T}[\bar{k}]^{⑤}\ [T]^{⑤}=E_1A_1\left[\begin{array}{cc:cc}0.0256 & -0.0192 & -0.0256 & 0.0192\\ -0.0192 & 0.0144 & 0.0192 & -0.0144\\ \hdashline -0.0256 & 0.0192 & 0.0256 & -0.0192\\ 0.0192 & -0.0144 & -0.0192 & 0.0144\end{array}\right]$$

3）“换码重排座”，形成整体结构的刚度矩阵。

$$\{\lambda\}^{①}=[0\quad 0\quad 0\ \vdots\ 1\quad 2\quad 3]^{T}，\{\lambda\}^{②}=[1\quad 2\quad 3\ \vdots\ 4\quad 5\quad 6]^{T}$$

$$\{\lambda\}^{③}=[4\quad 5\quad 6\ \vdots\ 0\quad 0\quad 0]^{T}，\{\lambda\}^{④}=[0\quad 0\quad 1\quad 2]^{T}$$

$$\{\lambda\}^{⑤}=[4\quad 5\quad 0\quad 0]^{T}$$

$$[K]=\left[\begin{array}{ccc:ccc}4.025 & 0.0192 & 0 & -2 & 0 & 0\\ 0.0192 & 0.0744 & 0 & 0 & -0.03 & 0.3\\ 0 & 0 & 8 & 0 & -0.3 & 2\\ \hdashline -2 & 0 & 0 & 4.0256 & -0.0192 & 0\\ 0 & -0.03 & -0.3 & -0.0192 & 0.0744 & 0\\ 0 & 0.3 & 2 & 0 & 0 & 8\end{array}\right]\frac{EI}{20}$$

（3）形成等效节点荷载列阵$\{F_E\}$和综合节点荷载列阵$\{F\}$。

因为没有节点荷载，故

$$\{F\}=\{F_E\}=-\{F_P\}$$

$$=-\left[0\quad \frac{-200}{2}\quad -\frac{10}{12}\times 400\ \vdots\ 0\quad \frac{-200}{2}\quad \frac{10}{12}\times 400\right]^{T}$$

$$=[0\quad 100\quad 333\ \vdots\ 0\quad 100\quad -333]^{T}$$

（4）解整体刚度方程，求节点位移$\{\Delta\}$。

$$[K]\{\Delta\}=\{F\}$$

$$\frac{EI}{20}\left[\begin{array}{ccc:ccc}4.025 & 0.0192 & 0 & -2 & 0 & 0\\ 0.0192 & 0.0744 & 0 & 0 & -0.03 & 0.3\\ 0 & 0 & 8 & 0 & -0.3 & 2\\ \hdashline -2 & 0 & 0 & 4.0256 & -0.0192 & 0\\ 0 & -0.03 & -0.3 & -0.0192 & 0.0744 & 0\\ 0 & 0.3 & 2 & 0 & 0 & 8\end{array}\right]\left\{\begin{array}{c}\Delta_1\\ \Delta_2\\ \Delta_3\\ \hdashline \Delta_4\\ \Delta_5\\ \Delta_6\end{array}\right\}=\left\{\begin{array}{c}0\\ 100\\ 333\\ \hdashline 0\\ 100\\ -333\end{array}\right\}$$

$$\{\Delta\}=\frac{20}{EI}[-12.67\quad 3976\quad 254.3\ \vdots\ 12.67\quad 3976\quad -254.3]^{T}$$

（5）求各单元的杆端力(图 7-19)。

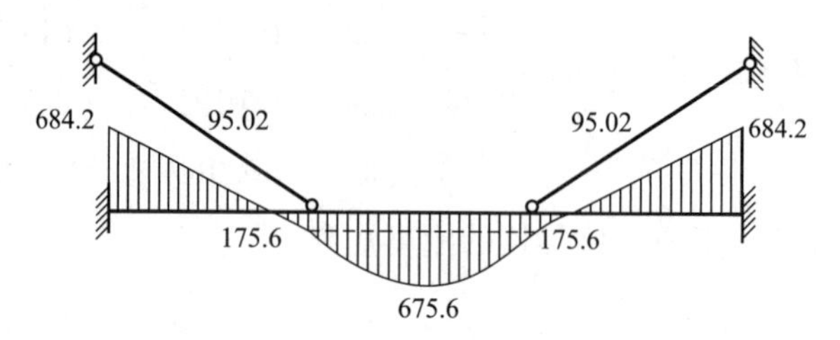

图 7-19　M 图(kN·m)、N 图(kN)

1）求整体坐标系下的单元杆端位移。

$$\{\Delta\}^{①}=\frac{20}{EI}[0\quad 0\quad 0 \vdots -12.67\quad 3976\quad 254.3]^{\mathrm{T}}$$

$$\{\Delta\}^{②}=\frac{20}{EI}[-12.67\quad 3976\quad 254.3 \vdots 12.67\quad 3976\quad -254.3]^{\mathrm{T}}$$

$$\{\Delta\}^{③}=\frac{20}{EI}[12.67\quad 3976\quad -254.3 \vdots 0\quad 0\quad 0]^{\mathrm{T}}$$

$$\{\Delta\}^{④}=\frac{20}{EI}[0\quad 0 \vdots -12.67\quad 3976]^{\mathrm{T}}$$

$$\{\Delta\}^{⑤}=\frac{20}{EI}[12.67\quad 3976 \vdots 0\quad 0]^{\mathrm{T}}$$

2）求局部坐标系下的单元杆端位移。

$$\{\overline{\Delta}\}^{①}=\{\Delta\}^{①}=\frac{20}{EI}[0\quad 0\quad 0 \vdots -12.67\quad 3976\quad 254.3]^{\mathrm{T}}$$

$$\{\overline{\Delta}\}^{②}=\{\Delta\}^{②}=\frac{20}{EI}[-12.67\quad 3976\quad 254.3 \vdots 12.67\quad 3976\quad -254.3]^{\mathrm{T}}$$

$$\{\overline{\Delta}\}^{③}=\{\Delta\}^{③}=\frac{20}{EI}[12.67\quad 3976\quad -254.3 \vdots 0\quad 0\quad 0]^{\mathrm{T}}$$

$$\{\overline{\Delta}\}^{④}=[T]^{④}\{\Delta\}^{④}=\begin{bmatrix}0.8 & 0.6 & 0 & 0\\ -0.6 & 0.8 & 0 & 0\\ 0 & 0 & 0.8 & 0.6\\ 0 & 0 & -0.6 & 0.8\end{bmatrix}\begin{Bmatrix}0\\ 0\\ -12.67\\ 3976\end{Bmatrix}\frac{20}{EI}=\begin{Bmatrix}0\\ 0\\ 2375.5\\ 3188.4\end{Bmatrix}\frac{20}{EI}$$

$$\{\overline{\Delta}\}^{⑤}=[T]^{⑤}\{\Delta\}^{⑤}=\begin{bmatrix}0.8 & -0.6 & 0 & 0\\ 0.6 & 0.8 & 0 & 0\\ 0 & 0 & 0.8 & -0.6\\ 0 & 0 & 0.6 & 0.8\end{bmatrix}\begin{Bmatrix}12.67\\ 3976\\ 0\\ 0\end{Bmatrix}\frac{20}{EI}=\begin{Bmatrix}-2375.5\\ 3188.4\\ 0\\ 0\end{Bmatrix}\frac{20}{EI}$$

3）求局部坐标系下的单元杆端力。

$\{\overline{F}\}^{①}=[\overline{k}]^{①}\{\overline{\Delta}\}^{①}$

$$=\frac{EI}{20}\begin{bmatrix} 2 & 0 & 0 & -2 & 0 & 0 \\ 0 & 0.03 & 0.3 & 0 & -0.03 & 0.3 \\ 0 & 0.3 & 4 & 0 & -0.3 & 2 \\ -2 & 0 & 0 & 2 & 0 & 0 \\ 0 & -0.03 & -0.3 & 0 & 0.03 & 0.3 \\ 0 & 0.3 & 2 & 0 & -0.3 & 4 \end{bmatrix}\begin{Bmatrix} 0 \\ 0 \\ 0 \\ -12.67 \\ 3976 \\ 254.3 \end{Bmatrix}\frac{20}{EI}$$

$$=\begin{Bmatrix} 25.34 \\ -42.99 \\ -684.2 \\ -25.34 \\ 42.99 \\ -175.6 \end{Bmatrix}$$

$\{\overline{F}\}^{②}=[\overline{k}]^{②}\ \{\overline{\Delta}\}^{②}+\{\overline{F}_{\mathrm{P}}\}^{②}$

$$=\frac{EI}{20}\begin{bmatrix} 2 & 0 & 0 & -2 & 0 & 0 \\ 0 & 0.03 & 0.3 & 0 & -0.03 & 0.3 \\ 0 & 0.3 & 4 & 0 & -0.3 & 2 \\ -2 & 0 & 0 & 2 & 0 & 0 \\ 0 & -0.03 & -0.3 & 0 & 0.03 & -0.3 \\ 0 & 0.3 & 2 & 0 & -0.3 & 4 \end{bmatrix}\begin{Bmatrix} -12.67 \\ 3976 \\ 254.3 \\ 12.67 \\ 3976 \\ -254.3 \end{Bmatrix}\frac{20}{EI}+\begin{Bmatrix} 0 \\ -100 \\ -333 \\ 0 \\ -100 \\ 333 \end{Bmatrix}$$

$$=\begin{Bmatrix} -50.68 \\ -100 \\ 175.6 \\ 50.68 \\ -100 \\ -175.6 \end{Bmatrix}$$

$$\{\overline{F}\}^{③}=[\overline{k}]^{③}\{\overline{\Delta}\}^{③}=\frac{EI}{20}\left[\begin{array}{ccc:ccc}2 & 0 & 0 & -2 & 0 & 0\\0 & 0.03 & 0.3 & 0 & -0.03 & 0.3\\0 & 0.3 & 4 & 0 & -0.3 & 2\\\hdashline -2 & 0 & 0 & 2 & 0 & 0\\0 & -0.03 & -0.3 & 0 & 0.03 & 0.3\\0 & 0.3 & 2 & 0 & -0.3 & 4\end{array}\right]\left\{\begin{array}{c}12.67\\3976\\-254.3\\\hdashline 0\\0\\0\end{array}\right\}\frac{20}{EI}$$

$$=\left\{\begin{array}{c}25.34\\42.99\\175.6\\\hdashline -25.34\\-42.99\\684.2\end{array}\right\}$$

$$\{\overline{F}\}^{④}=[\overline{k}]^{④}\{\overline{\Delta}\}^{④}=E_1A_1\left[\begin{array}{cc:cc}0.04 & 0 & -0.04 & 0\\0 & 0 & 0 & 0\\\hdashline -0.04 & 0 & 0.04 & 0\\0 & 0 & 0 & 0\end{array}\right]\left\{\begin{array}{c}0\\0\\\hdashline 2375.5\\3188.4\end{array}\right\}\frac{20}{EI}=\left\{\begin{array}{c}-95.02\\0\\\hdashline 95.02\\0\end{array}\right\}$$

$$\{\overline{F}\}^{⑤}=[\overline{k}]^{⑤}\{\overline{\Delta}\}^{⑤}=E_1A_1\left[\begin{array}{cc:cc}0.04 & 0 & -0.04 & 0\\0 & 0 & 0 & 0\\\hdashline -0.04 & 0 & 0.04 & 0\\0 & 0 & 0 & 0\end{array}\right]\left\{\begin{array}{c}-2375.5\\3188.4\\\hdashline 0\\0\end{array}\right\}\frac{20}{EI}=\left\{\begin{array}{c}-95.02\\0\\\hdashline 95.02\\0\end{array}\right\}$$

7.6 结论和讨论

7.6.1 结论

（1）由于只建立了等截面直杆的单元刚度方程，因此对于拱、曲杆结构和连续变截面等结构，首先必须作用等截面直杆逼近待分析结构的近似处理。当然，如果建立起相应的曲杆、变截面杆等的单元刚度方程，就可像直杆结构一样直接进行离散。

（2）自由式单元刚度矩阵都具有对称性和奇异性。具有位移约束的单元，如果位移约束能限制单元发生刚体位移，则单元刚度矩阵是非奇异的。

（3）从计算机分析考虑，分析工作规范、统一，程序设计就简单、方便。计算机分析原则上不怕未知量多，而是怕乱、怕没有规则。因此，矩阵位移法分析时一般都考虑轴向变形，亦即对平面刚架每节点有三个位移。这时整体分析的物理实质是：保证全部节点平衡。

（4）深刻理解结构刚度矩阵元素的物理意义，便可根据形常数，从结构中取相关联的一部分，列平衡方程得到结构刚度矩阵指定的元素。

（5）综合节点荷载由直接作用在节点上的荷载以及等效节点荷载组成，它可根据相关单元由载常数快速确定。

（6）对于单元上有荷载作用的情形，单元的杆端力由单元杆端位移及荷载引起的固端内力确定。单元上任意截面的内力，在求得杆端力后，可用截面法确定。

7.6.2 讨论

对只受扭矩作用的单元，设剪切弹性模量为 G，极惯性矩为 I_P，单元长度为 l，请读者根据材料力学知识，自行写出扭转单元的局部坐标单元刚度矩阵，并与平面桁架单元进行比较。

思考题

7-1 矩阵位移法和典型方程位移法有何异同？

7-2 何谓单元刚度矩阵 $[k]^e$，其元素 k_{ij} 的物理意义是什么？

7-3 为什么要进行坐标转换？什么时候可以不进行坐标转换？

7-4 何谓定位向量？试述如何将单元刚度元素和等效节点荷载按定位向量进行组装？

7-5 如何求单元等效节点荷载？等效的含义是什么？

7-6 当结构具有弹性支撑或已知支座位移时应如何处理？

7-7 如何快速确定结构整体刚度矩阵元素 $K_{\lambda_i\lambda_j}$？

7-8 如何快速确定综合等效节点荷载元素？

7-9 矩阵位移法如何处理温度改变问题？

习题

7-1 试求图 7-20 所示刚架结构的整体刚度矩阵(不计杆件的轴向变形)。设 $E=$

21×10^4MPa，$I=6.4\times10^{-5}\text{m}^4$。

7-2 试求图 7-21 所示刚架结构的刚度矩阵(计杆件的轴向变形)，设各杆几何尺寸相同，$l=5$m，$A=0.5\text{m}^2$，$I=1/24\text{m}^4$，$E=3\times10^7\text{kN/m}^2$。

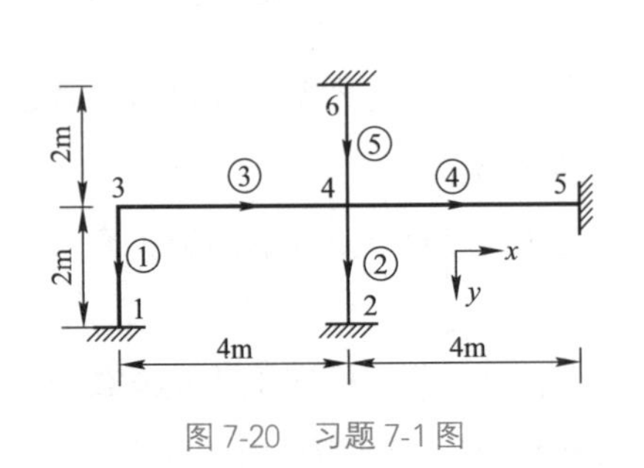

图 7-20 习题 7-1 图

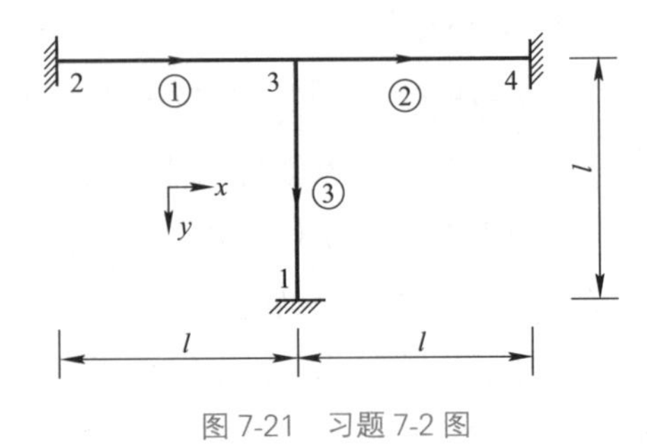

图 7-21 习题 7-2 图

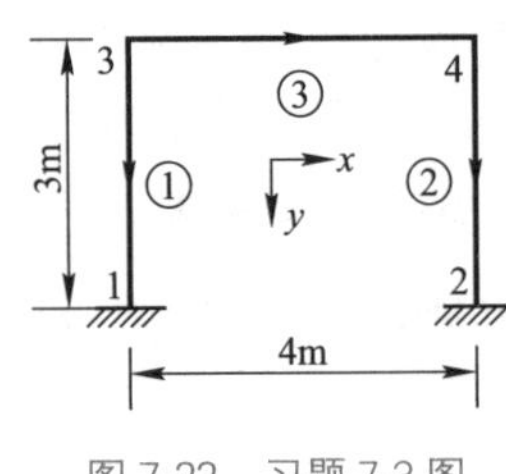

图 7-22 习题 7-3 图

7-3 试建立图 7-22 所示结构的整体刚度矩阵。设 $E=21\times10^4$MPa，$I=6.4\times10^{-5}\text{m}^4$，$A=2\times10^{-3}\text{m}^2$。

7-4 用矩阵位移法计算图 7-23 所示连续梁的内力。$EI=$常数。

7-5 试建立图 7-24 所示连续梁的整体刚度矩阵和综合节点荷载。各杆 $E=21\times10^4$MPa，$I=6.4\times10^{-5}\text{m}^4$。

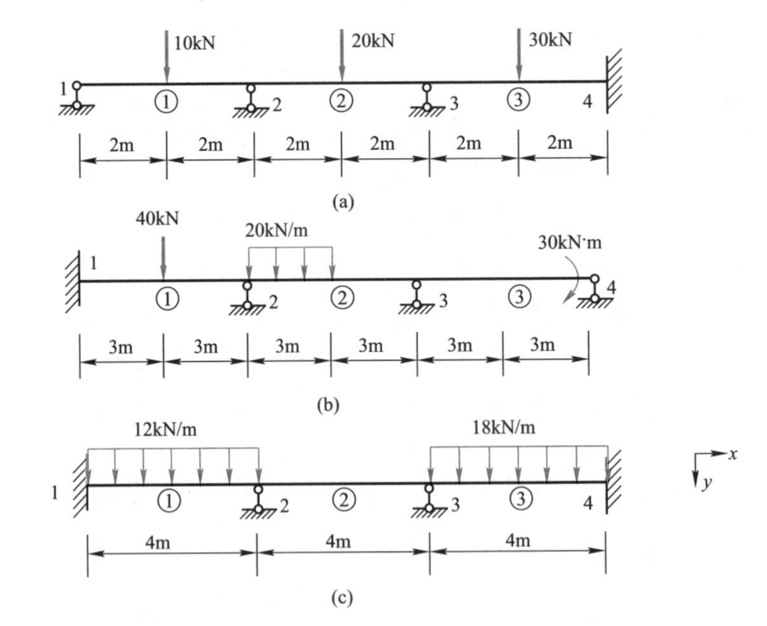

图 7-23 习题 7-4 图

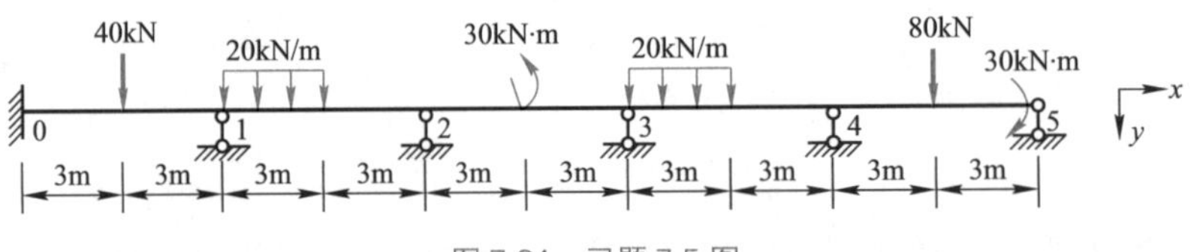

图 7-24 习题 7-5 图

7-6 试用矩阵位移法求图 7-25 所示桁架各杆轴力。各杆 EA 相同。

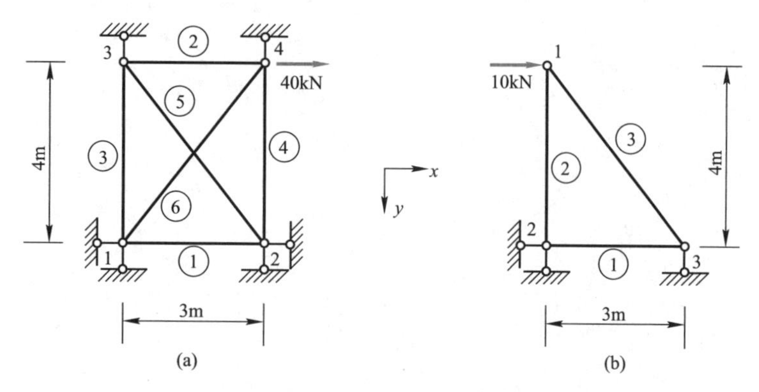

图 7-25　习题 7-6 图

7-7 试用矩阵位移法求图 7-26 所示桁架各杆轴力。各杆 E 相同。

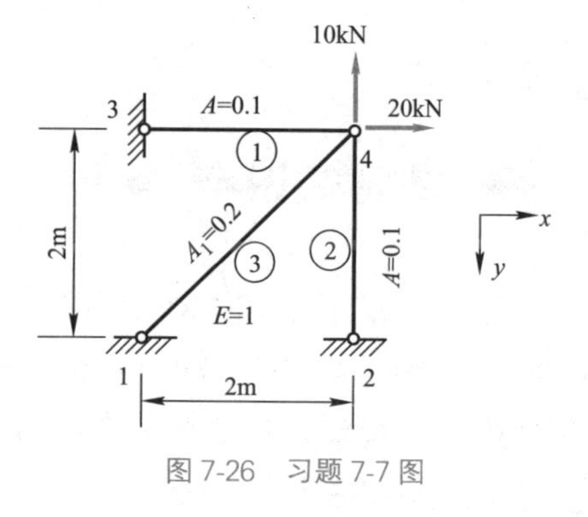

图 7-26　习题 7-7 图

第 8 章

结构的动力计算

本章知识点

【知识点】 动力自由度，动力荷载，动力方程的建立；单自由度体系自振频率、周期，Duhamel 积分，动力系数，阻尼及其作用；多自由度体系频率方程，主振型及其正交性，多自由度体系受迫振动，振型分解法；频率的近似计算。

【重点】 单自由度体系的频率计算，自由振动、受迫振动的求解；多自由度体系频率、主振型计算，简谐荷载下的动力计算。

【难点】 Duhamel 积分，动力系数，动位移、动内力与最大位移、最大内力。

8.1 概述

结构动力计算是研究结构在动力荷载作用下的振动问题。所谓动力荷载是指大小和方向随时间变化的荷载。严格地讲，大多数荷载都是随时间变化的。但是，有些荷载的变化速度很慢，由此产生的惯性力也很小，为了简化，通常按静力荷载考虑。只有当动力荷载的变化速度比较快，以至于其产生的惯性力与结构所受的其他外力相比不容忽视时，才需要按动力荷载考虑。

8.1.1 动力荷载的分类

实际工程中的动力荷载主要有以下几种。

(1) 简谐荷载和周期荷载

简谐荷载是指可以用正弦函数或余弦函数表示的荷载，如图 8-1(a)所示。例如，安装在结构上的机器，由于其偏心引起的离心力，对结构就形成了简谐荷载。

周期荷载是指按固定周期变化的荷载，如图 8-1(b)所示。例如，船舶匀速行进时，螺旋桨对船体产生的推力就是一种周期荷载。简谐荷载是周期荷载的特例。

(2) 冲击荷载和突加荷载

冲击荷载是指在很短的时间内骤然增减的荷载，如图 8-1(c)所示。最典型的例子是由爆炸引起的冲击波。

突加荷载是指以某一量值突然施加在结构上，并在一定时间内保持不变，如图 8-1(d)所示。典型的实例为锻锤和打桩机产生的荷载。

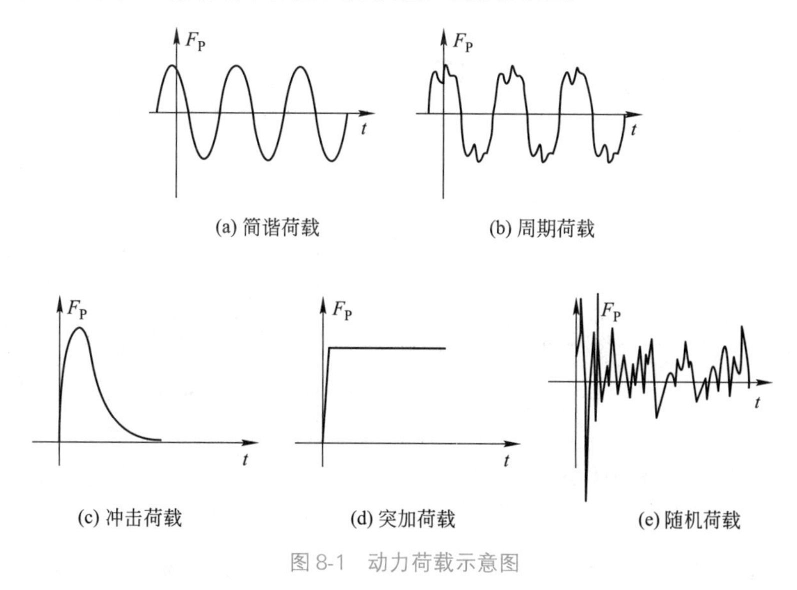

图 8-1 动力荷载示意图

(3) 随机荷载

随机荷载是指无法用确定性时间函数表达的荷载，如图 8-1(e)所示。风荷载和地震荷载都是典型的随机荷载。

结构在动力荷载作用下产生的位移和内力，称为动位移和动内力，它们均为时间的函数，统称为动力反应。结构动力计算的目的就是要分析结构的动力反应规律，提出动力反应的分析方法以及控制动力反应的途径，为结构的抗震设计提供可靠的理论和技术支撑。

8.1.2 体系的动力自由度

在动力体系中，确定全部质量位置需要的独立坐标，称为体系的动力自由度，简称自由度。

实际结构的质量是连续分布的，确定所有质量需要的独立坐标有无限多个，是无限自由度体系。但是，如果完全按无限自由度体系作动力分析不仅困难，而且也没有必要。所以，实际动力计算中，常将无限自由度体系简化为有限自由度体系。处理的方法一般有集中质量法和广义坐标法等。本书只针对采用集中质量法简化的动力体系进行讨论。

图 8-2(a)所示体系为一个质量连续分布的简支梁。在分析梁的竖向振动时，可根据精度的要求，分别取图 8-2(b)、(c)、(d)所示的有限自由度模型。

对于图 8-3(a)所示多层框架结构体系，由于梁板在平面内的刚度很大，且结构的大部分自重和活荷载都集中在梁板结构上，分析结构的水平振动时，常将柱子的质量分别集中到上下楼板高度处，采用图 8-3(b)所示的三自由度体系模型。

下面举几个确定体系动力自由度的例子。

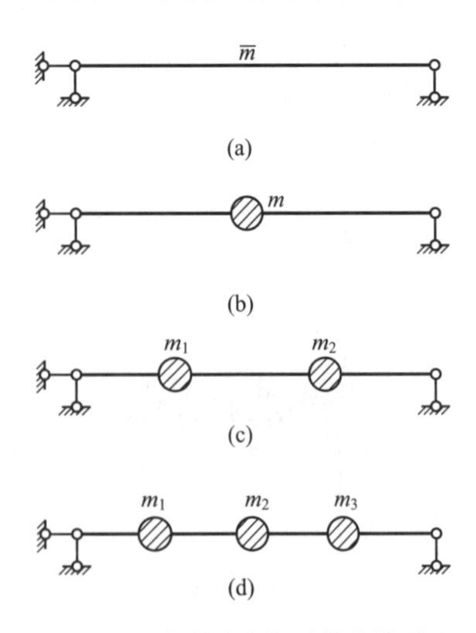

图 8-2 梁的竖向振动简化模型

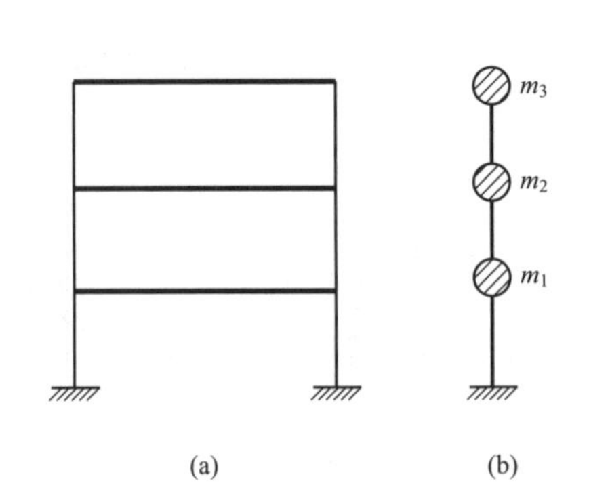

图 8-3 多层框架结构的水平向振动简化模型

对于图 8-4(a)所示体系，由于横梁抗弯刚度为无穷大，体系只能发生绕支座 A 的转动。因此，只需一个转角 α 就可以确定两个质体的位置了，故体系有 1 个自由度。

对于图 8-4(b)所示体系，柱子的弯曲变形可引起质体的水平运动，横梁的弯曲变形可引起质体的竖向运动，所以质体可以发生水平和竖向两个方向的运动，体系有 2 个自由度。

从以上两个例子可以看出，体系的自由度与质体数量并不一定相等。

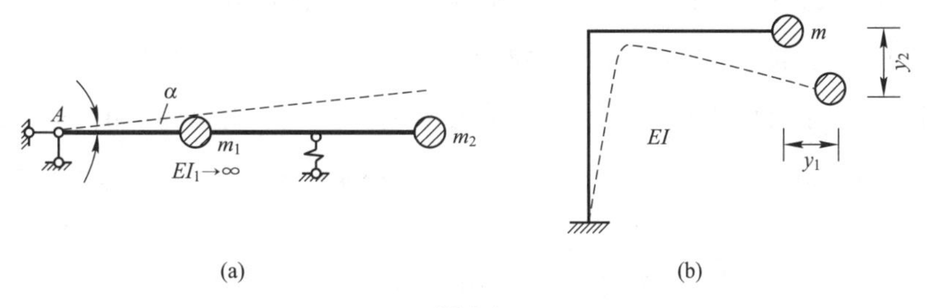

图 8-4

对于图 8-5 所示体系，不考虑横梁的轴向变形，两个质体具有相同的水平运动。由于横梁可以发生弯曲变形，质体 m_1 就可以发生竖直方向的运动。不考虑柱子的轴向变形时，质体 m_2 就不可能发生竖向运动。因此，体系有 2 个自由度。

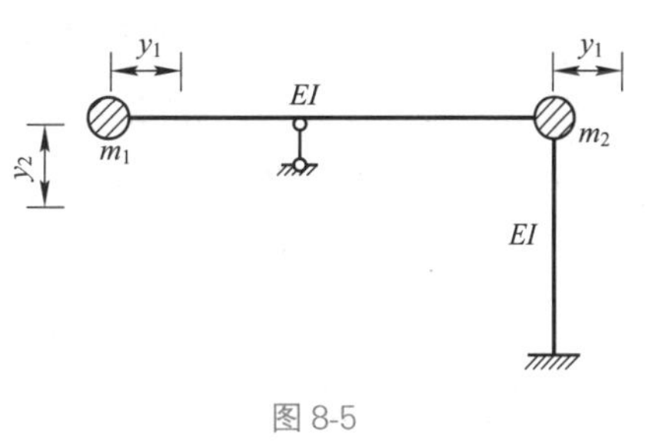

图 8-5

综上所述，动力体系的自由度不仅取决于质体的数目，还与体系各构件可能产生的变形情况有关。

8.1.3 动力计算的特点

图 8-6(a)所示为一个弹簧在静力荷载 f_P 作用下的情形。很明显，弹簧的拉力为

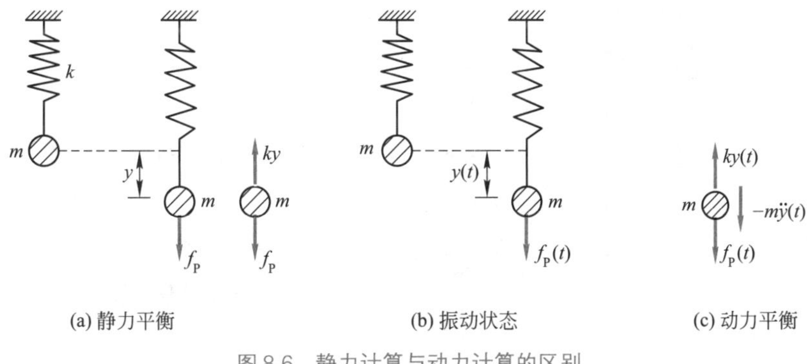

图 8-6 静力计算与动力计算的区别

$$ky=f_P \tag{a}$$

图 8-6(b)所示为一个带有质体 m 的弹簧在动力荷载 $f_P(t)$作用下，发生振动的情形。由牛顿第二定律得

$$f_P(t)-ky(t)=ma=m\ddot{y}(t)$$

移项，得

$$ky(t)=f_P(t)-m\ddot{y}(t) \tag{b}$$

比较式(a)和式(b)可以看出：由于是动力荷载，在计算弹簧拉力时多了一项惯性力$-m\ddot{y}(t)$。因此，式(b)称为动力方程。

从图 8-6(c)中可以看到，如果将惯性力加到质体上，则质体上的弹簧力、动荷载和惯性力满足静力平衡方程。又由于此时质体是运动的，故称这种平衡为动力平衡。

因此，我们可以这样理解动力平衡的概念：如果在运动的质体上加上惯性力，并把惯性力和动力荷载一起看成静力荷载，按照静力学的方法求出的内力和位移就是体系在动荷载作用下的动内力和动位移。

因此，动力计算的关键是建立考虑惯性力的动力方程，求出动力位移和惯性力。

建立动力方程有两种方法：

一种是建立动力体系中力的平衡方程，因为这种方法要用到体系的刚度系数，称为刚度法；另一种是建立动力体系中位移的协调方程，因为这种方法要用到体系的柔度系数，称为柔度法。

8.1.4 重力荷载对动力计算的影响

设体系只在重力荷载作用下的竖向位移为 y_j，只在动荷载作用下的竖向位移为 $y(t)$。则体系的总位移为 $y_j+y(t)$，如图 8-7 所示。考虑牛顿第二定律，得

$$[f_P(t)+G]-k[y(t)+y_j]=m[\ddot{y}(t)+\ddot{y}_j]$$

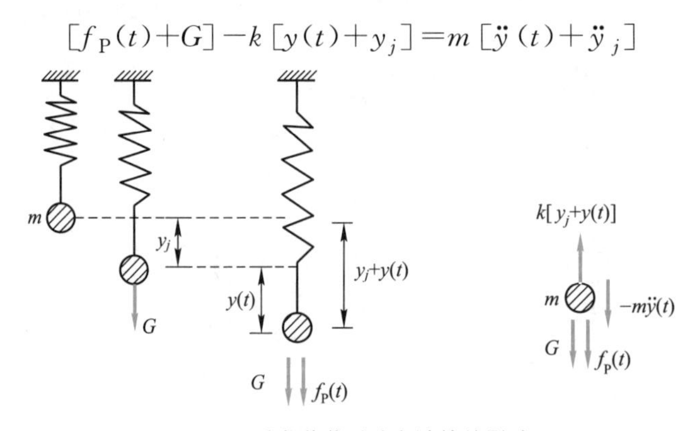

图 8-7　重力荷载对动力计算的影响

移项，得弹簧力

$$k[y(t)+y_j]=[f_P(t)+G]-m[\ddot{y}(t)+\ddot{y}_j]$$

由于 y_j 是重力荷载下弹簧的伸长值，与时间无关，故 $\ddot{y}_j=0$，且 $ky_j=G$。故上式变成

$$ky(t)=f_P(t)-m\ddot{y}(t)$$

从上面的过程可以看出两点：

(1) 求解动力位移的方程与重力荷载无关。

(2) 动力位移是从重力平衡位置开始计算的。也就是说，质体是在重力平衡位置上作往复振动。

8.2 单自由度体系的自由振动

所谓自由振动是指体系在振动过程中不受动力荷载作用。产生自由振动的原因是一个静止的体系由于受到某种干扰，产生了位移和速度。干扰消失后，体系就以此作为初始位移和初始速度开始自由振动。

8.2.1 不考虑阻尼的自由振动

1. 刚度法建立的动力方程

图 8-8(a)为一个作自由振动的单自由度体系，在 t 时刻的动力位移为 $y(t)$。

首先，将惯性力 $-m\ddot{y}(t)$ 施加到质体上，体系处于动力平衡，如图 8-8(b)所示。由动力平衡的概念可知：如果将惯性力 $-m\ddot{y}(t)$ 看成是静力荷载，$y(t)$ 就是这个静力荷载产生的静力位移。

现在就将惯性力看成是静力荷载，建立图 8-8(b)所示体系的位移法典型方程。

该体系只有一个水平方向的自由度，故只需在质体上施加水平方向的附加链杆。质体发生单位水平位移时，附加链杆的水平反力如图 8-8(c)所示；当质体只作用有

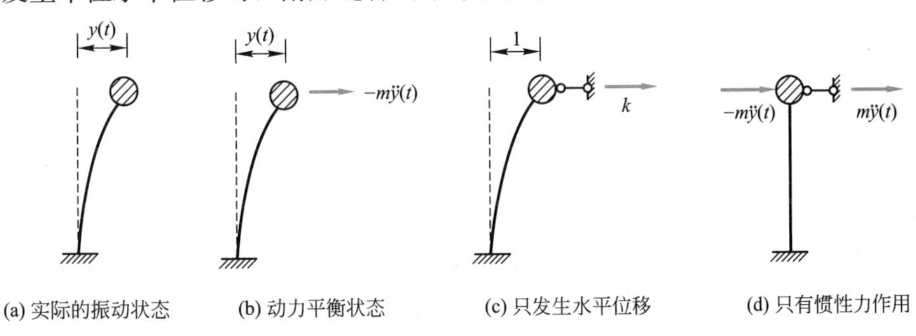

图 8-8 刚度法建立单自由度体系自由振动方程

惯性力时，附加链杆的水平反力如图 8-8(d)所示。因此，位移法典型方程为

$$ky(t)+m\ddot{y}(t)=0$$

移项，就得到了用刚度系数表达的体系的动力方程

$$m\ddot{y}(t)+ky(t)=0 \tag{8-1}$$

下面讨论这个动力方程的求解。令

$$\omega^2=\frac{k}{m} \tag{8-2}$$

则

$$\ddot{y}(t)+\omega^2 y(t)=0 \tag{8-3}$$

式(8-3)为一阶常系数线性齐次微分方程，其通解形式为

$$y(t)=C_1\cos\omega t+C_2\sin\omega t$$

式中，C_1、C_2 由振动的初始条件确定。令体系在 $t=0$ 时的初位移和初速度分别为

$$y(0)=y_0,\quad \dot{y}(0)=v_0$$

将其代入通解表达式，可求得

$$C_1=y_0,\quad C_2=\frac{v_0}{\omega}$$

故

$$y(t)=y_0\cos\omega t+\frac{v_0}{\omega}\sin\omega t \tag{8-4}$$

由此可见，体系的自由振动由两部分组成：一部分是由初始位移引起的，另一部分是由初始速度引起的。

将式(8-4)写成单项式，得

$$y(t)=Y\sin(\omega t+\alpha) \tag{8-5}$$

其中

$$Y=\sqrt{y_0^2+\left(\frac{v_0}{\omega}\right)^2},\quad \tan\alpha=\frac{y_0\omega}{v_0}$$

式中，Y 为质点的最大动力位移，称为**振幅**；α 为 $t=0$ 时刻的相位角，称为**初始相位角**。

质体的运动可以用图 8-9 的圆周运动来形象地表达。图中，质体 m 以振幅 Y 为半径，绕坐标原点 O 点作逆时针匀速圆周运动，运动的角速度为 ω。则质体运动时的纵坐标就是动位移 $y(t)$，横坐标为速度与角速度的比值 $\dot{y}(t)/\omega$。

很明显，质体运动一周需要的时间为 $T=\frac{2\pi}{\omega}$，称为周期；周期的倒数 $f=\frac{1}{T}$表示 1s 完成振动的次数，称为工程频率，单位为“1/s”或“Hz”；而 $\omega=\frac{2\pi}{T}$为质体作匀速圆周运动的角速度。与工程频率 $f=\frac{1}{T}$对比，$\omega=\frac{2\pi}{T}$也可以理解为质体在 2π 秒内完成振动的次数。因此，也称其为圆频率，单位为“rad/s”。工程频率和圆频率都是体系自振频率的表达。

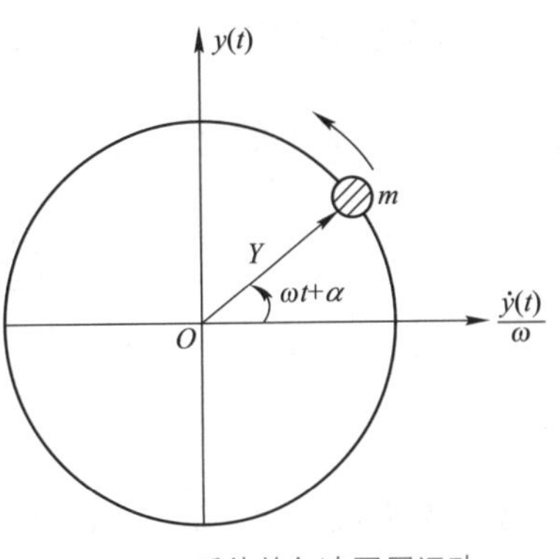

图 8-9　质体的匀速圆周运动

2. 柔度法建立的动力方程

考虑用柔度法建立图 8-10(a)所示体系的动力方程。在体系上施加惯性力 $-m\ddot{y}(t)$，体系处于动力平衡，如图 8-10(b)所示。

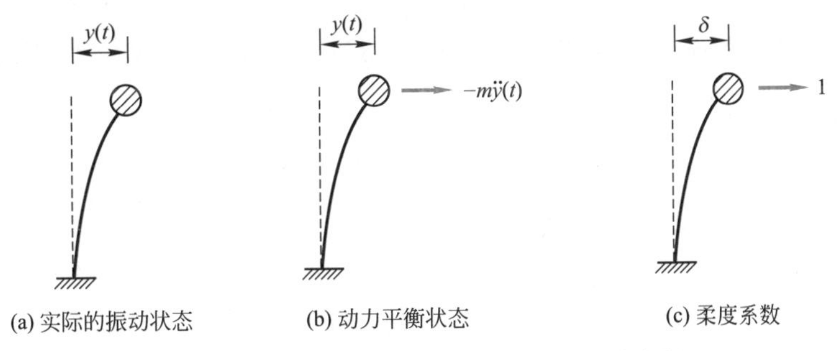

图 8-10　柔度法建立单自由度体系自由振动方程

质体的位移为惯性力作用下的静力位移，即

$$y(t)=\delta[-m\ddot{y}(t)] \tag{8-6}$$

式中，δ 为质体施加单位水平力时产生的水平位移，称之为柔度系数，如图 8-10(c)所示。

式(8-6)就是用柔度系数表示的动力方程。考虑到 $\delta=\frac{1}{k}$，上式变成

$$m\ddot{y}(t)+ky(t)=0$$

可见，用刚度法和柔度法建立的动力方程在本质上是一样的。

3. 自振频率计算公式

如果不特殊指出，本书中提到的自振频率一般均指圆频率 ω。自由振动中，最主要的内容是计算结构的自振频率。由自振圆频率的计算公式可知：自振频率只与体系的刚度和质量有关，是结构固有的特性，与外界荷载无关。

根据圆频率的原始计算公式，考虑 $k=\frac{1}{\delta}$、$m=\frac{G}{g}$、$y_j=G\delta$，可以派生出下面几个计算自振频率的公式

$$\omega=\sqrt{\frac{k}{m}}=\sqrt{\frac{1}{m\delta}}=\sqrt{\frac{g}{G\delta}}=\sqrt{\frac{g}{y_j}}$$

式中，δ 为柔度系数；g 为重力加速度；$G=mg$ 为质体的重量；y_j 为重力荷载产生的位移。

【例题 8-1】 图 8-11(a)、(b)、(c)为三种不同支撑情况的单跨梁。$EI=$常数，在梁中点有一集中质量 m，试求三者的竖向自振频率。若弹簧的刚度 $k=\frac{24EI}{l^3}$，试比较三者的自振频率。

【解】 图 8-11(a)所示梁为静定结构，计算柔度系数比较方便。在梁的质量上沿自由度方向加一个竖向单位力，质体的位移(柔度系数)等于梁变形和弹簧变形引起的位移之和(图 8-11d)。弹簧变形引起的位移为 $\delta_{弹簧}=1/2k$，梁变形引起的位移可由图 8-11(d)的弯矩图自乘求得，自乘结果为 $\delta_{梁}=l^3/48EI$。于是，柔度系数为

$$\delta_1=\delta_{弹簧}+\delta_{梁}=\frac{1}{2k}+\frac{l^3}{48EI}$$

图 8-11(b)所示梁，柔度系数为

$$\delta_2=\delta_{梁}=\frac{l^3}{48EI}$$

图 8-11(c)所示梁为超静定结构，将图 8-11(e)的弯矩图视为其基本结构的单位力弯矩图，将图 8-11(e)和图 8-11(f)的弯矩图互乘，就得到了图 8-11(c)所示梁的柔度系数，即

$$\delta_3=\frac{7l^3}{768EI}$$

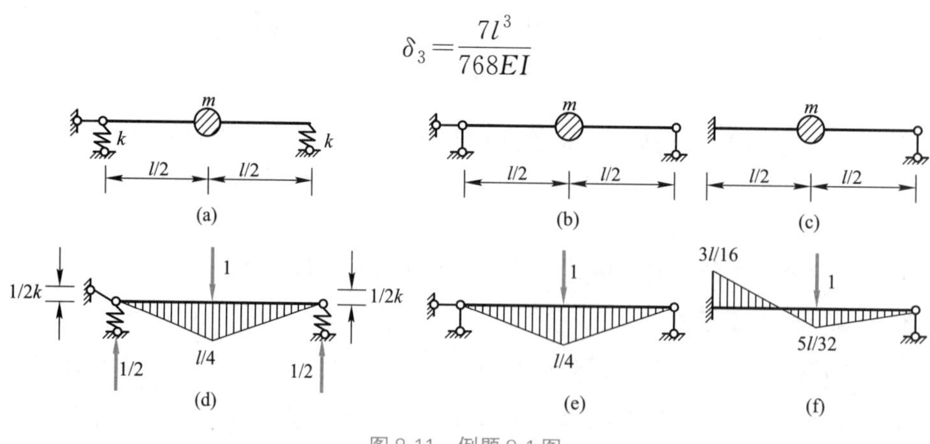

图 8-11　例题 8-1 图

将求得的三个柔度系数分别代入频率计算公式，得三个梁的自振频率分别为

$$\omega_1=\sqrt{\frac{1}{m\delta}}=\sqrt{\frac{1}{m\left(\frac{1}{2k}+\frac{l^3}{48EI}\right)}},\ \omega_2=\sqrt{\frac{48EI}{ml^3}},\quad \omega_3=\sqrt{\frac{768EI}{7ml^3}}$$

考虑 $k=24EI/l^3$，则 $\omega_1:\omega_2:\omega_3=1:1.414:2.138$

由此可以看出，同样的上部结构，由于约束条件不同，自振频率也不同。约束条件越强，体系的柔度越小，自振频率也就越大。

【例题 8-2】 试求图 8-12(a)所示体系的自振频率。

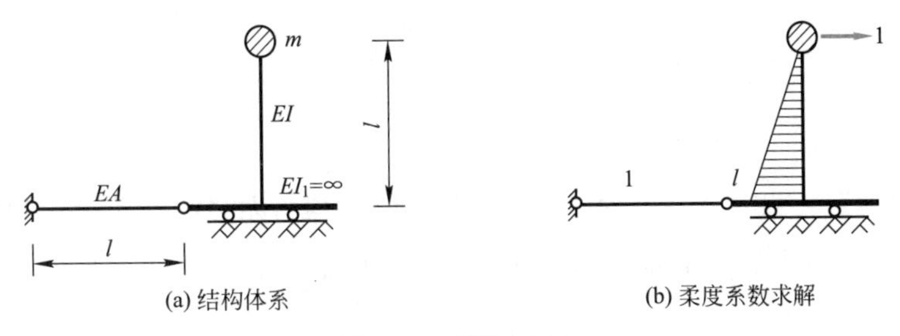

图 8-12　例题 8-2 图

【解】 在质体上沿自由度方向施加单位力，质体的水平位移即为柔度系数。因此，该柔度系数由两部分组成，一部分是水平桁架杆的轴向变形，另一部分是竖杆弯曲变形引起的质体处的水平位移，即

$$\delta=\frac{l}{EA}+\frac{l^3}{3EI}$$

故，体系的自振频率为

$$\omega=\sqrt{\frac{1}{\delta m}}=\sqrt{\frac{1}{\left(\frac{l}{EA}+\frac{l^3}{3EI}\right)m}}$$

【例题 8-3】 图 8-13(a)所示体系中，具有分布质量 $\bar{m}$ 的横梁刚度为无穷大，端部有一个集中质量 m，弹簧的刚度系数为 k。试求体系的自振频率。

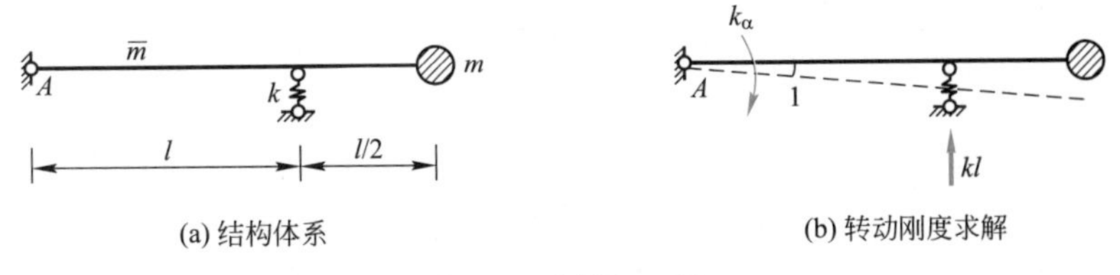

图 8-13　例题 8-3 图

【解】 图示体系中，所有质量有一个共同的绕 A 点转动的自由度，因此，可以将线位移和刚度的概念推广到转动问题中。这种情况下，与质量对应的是转动惯量

(为了区别，用 J 表示)，与刚度对应的是转动刚度(用下角标 α，以示区别)。

体系中，所有质量绕 A 点的转动惯量之和为

$$J=\int_0^{\frac{3}{2}l}\bar{m}\cdot dx\cdot x^2+m\left(\frac{3}{2}l\right)^2=\frac{9}{8}\bar{m}l^3+\frac{9}{4}ml^2$$

转动刚度为发生绕 A 点的单位转角时，需要施加的集中力偶。从图 8-13(b)中，可以很方便地求出

$$k_\alpha=kl\cdot l=kl^2$$

故

$$\omega=\sqrt{\frac{k_\alpha}{J}}=\sqrt{\frac{kl^2}{\frac{9}{8}\bar{m}l^3+\frac{9}{4}ml^2}}$$

【例题 8-4】 图 8-14(a)所示体系中，横梁刚度均为无穷大。其中，AB 杆上有分布质量 $\bar{m}$，BC 杆上有集中质量 m。试求体系的自振频率。

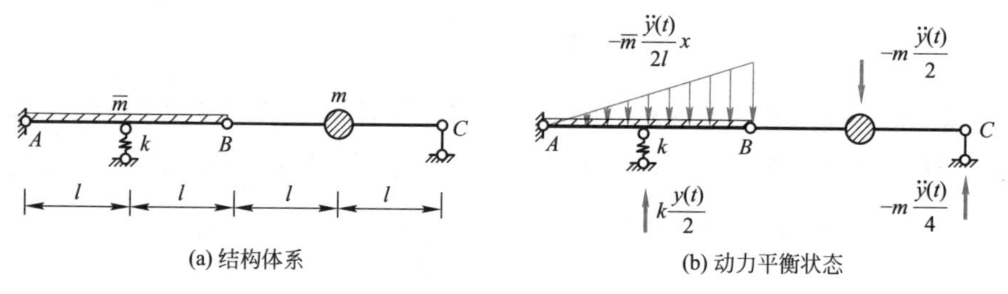

图 8-14　例题 8-4 图

【解】 由于体系各部分质量对应的自由度表达式不统一，因此，需要利用动态平衡方程，求解体系的自振频率。设 B 点发生向下的动力位移 $y(t)$，则分布质量的惯性力、集中质量的惯性力、弹簧的支反力分别如图 8-14(b)所示。

由 BC 杆的平衡条件，可求得 C 点的竖向反力，如图 8-14(b)所示。由于体系处于动态平衡状态，体系上所有的力(惯性力、支座反力)对 A 点的力矩之和应该等于零，即

$$\int_0^{2l}\left(-\bar{m}\frac{\ddot{y}(t)}{2l}x\right)\cdot dx\cdot x+\left(-m\frac{\ddot{y}(t)}{2}\right)\cdot 3l-k\frac{y(t)}{2}\cdot l-\left(-m\frac{\ddot{y}(t)}{4}\right)\cdot 4l=0$$

整理，得

$$(8\bar{m}l+3m)\ddot{y}(t)+3ky(t)=0$$

故

$$\omega=\sqrt{\frac{3k}{8\bar{m}l+3m}}$$

8.2.2 阻尼对自由振动的影响

实际上，体系的自由振动会随着时间逐渐衰减，这种使振动衰减的因素称为阻尼。阻尼可大致分为两种：一种是外部介质的阻力，例如空气和液体的阻力等；另一种是体系内部材料的摩擦和黏结性等。由于内、外阻尼的规律不同，且与各种建筑材料的性质及结构的受力状态有关，因而准确描述和估计阻尼是非常困难的。对此，人们提出过各种计算阻尼作用的建议。这些建议主要基于两点：一是便于计算；二是能大致反映阻尼的作用规律。为了计算简单，本章采用黏滞阻尼假定计算阻尼作用。该假定近似地认为：阻尼力与质体运动的速度成正比，即

$$f_{\mathrm{D}}(t)=-c\dot{y}(t)$$

式中，c 为阻尼系数，“－”号表示阻尼力总是与速度方向相反。

1. 有阻尼时的动力方程

考虑阻尼时，质体运动过程中，不但有惯性力，还有阻尼力，如图 8-15 所示。因此，只要将无阻尼动力方程中的$-m\ddot{y}(t)$用$-m\ddot{y}(t)-c\dot{y}(t)$来代替，就得到了有阻尼时的动力方程。因此，用刚度法建立的有阻尼时的动力方程为

$$m\ddot{y}(t)+c\dot{y}(t)+ky(t)=0 \tag{8-7}$$

用柔度法建立的有阻尼时的动力方程为

$$y(t)=\delta[-m\ddot{y}(t)-c\dot{y}(t)] \tag{8-8}$$

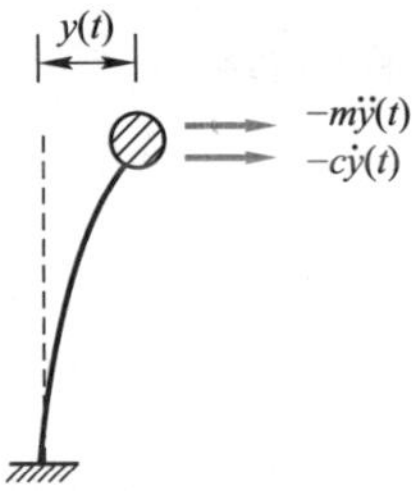

图 8-15 有阻尼时的自由振动

2. 有阻尼时动力方程的解

仍令

$$\omega^{2}=\frac{k}{m}=\frac{1}{\delta m}$$

并令

$$\xi=\frac{c}{2m\omega}$$

将 ω、ξ 两个参数引入式(8-7)或式(8-8)，都可以得到下面的微分方程

$$\ddot{y}(t)+2\xi\omega\dot{y}(t)+\omega^{2}y(t)=0 \tag{8-9}$$

该方程的通解为

$$y(t)=Ce^{\lambda t}$$

将其代入式(8-9)中，得到关于 λ 的特征方程

$$\lambda^{2}+2\xi\omega\lambda+\omega^{2}=0$$

该方程的特征根为

$$\lambda=\omega(-\xi\pm\sqrt{\xi^2-1})$$

根据 ξ 的大小，特征根有以下三种情况。

(1) 大阻尼($\xi>1$)时，两个特征根为

$$\lambda_{1,2}=\omega(-\xi\pm\sqrt{\xi^2-1})<0$$

方程的通解为

$$y(t)=C_1 e^{\lambda_1 t}+C_2 e^{\lambda_2 t}$$

这是非周期衰减函数，表明质体不能发生振动。因为阻尼力比较大时，体系由于初始干扰所获得的能量只够克服使体系回到平衡位置过程中的阻尼力，没有多余的能量使其再运动。

(2) 临界阻尼($\xi=1$)时，两个特征根相等，即

$$\lambda_{1,2}=-\omega$$

方程的通解为

$$y(t)=(C_1+C_2 t)e^{-\omega t}$$

与大阻尼情况一样，体系也不能发生振动。

从下面的分析可以看到，当 $\xi<1$ 时，体系就能发生自由振动。因此，$\xi=1$ 是体系能否发生振动的临界状态，故称此时的阻尼系数为临界阻尼系数，用 c_{cr} 表示，即

$$c_{cr}=2m\omega$$

考虑到体系的实际阻尼系数为

$$c=2m\omega\xi$$

则

$$\xi=\frac{c}{c_{cr}}$$

因此，ξ 的物理意义是体系实际的阻尼系数与临界阻尼系数的比值，故称 ξ 为阻尼比。与阻尼系数不同的是，阻尼比 ξ 不仅表示了体系阻尼的大小，还明确了体系是否具备发生自由振动的条件。因此，用阻尼比表示动力体系中阻尼的特征，显得更明确也更客观。

(3) 小阻尼($\xi<1$)，此时两个特征根为复数，即

$$\lambda=-\omega\xi\pm \boldsymbol{i}\omega\sqrt{1-\xi^2}=-\omega\xi\pm \boldsymbol{i}\omega_D$$

其中

$$\omega_D = \omega\sqrt{1-\xi^2}$$

式(8-9)的通解为

$$y = e^{-\xi\omega t}(C_1\cos\omega_D t + C_2\sin\omega_D t)$$

从上式可以看出，质体的运动是以 ω_D 为振动频率的衰减振动。因此称 $\omega_D = \omega\sqrt{1-\xi^2}$ 为考虑阻尼时，结构的自振频率。它比无阻尼时的自振频率要低。也就是说，有阻尼时振动会慢一些。

实际工程中，阻尼比与 1 相比小很多(钢筋混凝土结构的阻尼比为 0.05 左右，钢结构的阻尼比为 0.02 左右)，因此，计算体系自振频率时，可以不计阻尼的影响。

将初始条件代入通解，得

$$C_1 = y_0,\ C_2 = \frac{v_0 + \xi\omega y_0}{\omega_D}$$

故

$$y(t) = e^{-\xi\omega t}\left(y_0\cos\omega_D t + \frac{v_0 + \xi\omega y_0}{\omega_D}\sin\omega_D t\right)$$

写成单项式，得

$$y(t) = e^{-\xi\omega t}Y\sin(\omega_D t + \alpha) \tag{8-10}$$

其中

$$Y = \sqrt{y_0^2 + \frac{(v_0 + \xi\omega y_0)^2}{\omega_D^2}},\ \tan\alpha = \frac{y_0\omega_D}{v_0 + \xi\omega y_0}$$

图 8-16 给出了小阻尼体系的时间-位移曲线。

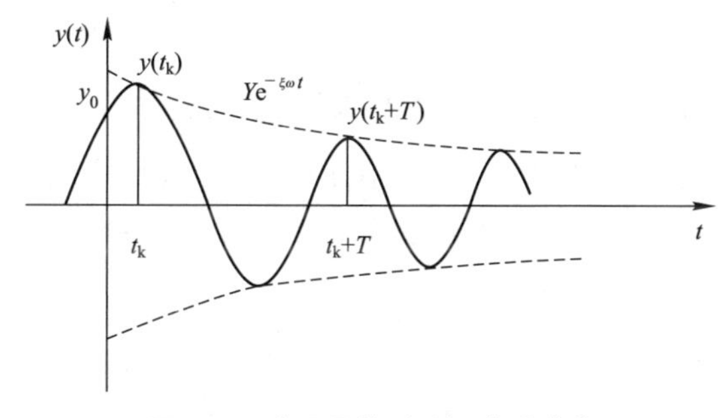

图 8-16　小阻尼体系时间-位移曲线

3. 对数衰减率

若在某一时刻 t_k，动位移为 $y(t_k)$，经过一个周期 T 后，动位移为 $y(t_k+T)$，则

$$y(t_k) = e^{-\xi\omega t_k}Y\sin(\omega_D t_k + \alpha)$$

$$y(t_k+T)=e^{-\xi\omega(t_k+T)}Y\sin[\omega_D(t_k+T)+\alpha]=e^{-\xi\omega t_k}e^{-\xi\omega T}Y\sin(\omega_D t_k+\alpha)$$

计算两个时刻动位移的比值，得

$$\frac{y(t_k)}{y(t_k+T)}=\frac{e^{-\xi\omega t_k}Y\sin(\omega_D t_k+\alpha)}{e^{-\xi\omega t_k}e^{-\xi\omega T}Y\sin(\omega_D t_k+\alpha)}=\frac{1}{e^{-\xi\omega T}}$$

考虑 $\xi=0.05$（钢筋混凝土结构），则该比值为 1/0.73，也就是说，经过一个周期，振动衰减了 27%。由此可见，阻尼对位移的衰减作用是显著的。

对该比值取自然对数，得

$$\ln\frac{y(t_k)}{y(t_k+T)}=\xi\omega T$$

称上式为自由振动的对数衰减率。同理，若经过 n 个周期后，则有

$$\ln\frac{y(t_k)}{y(t_k+nT)}=\xi\omega nT$$

若由实验测得相隔 n 个周期的动位移，则可由上式计算出体系的阻尼比，即

$$\xi=\frac{1}{\omega nT}\ln\frac{y(t_k)}{y(t_k+nT)}$$

考虑

$$\omega T\approx\omega_D T=2\pi$$

得阻尼比的近似计算公式为

$$\xi=\frac{1}{2\pi n}\ln\frac{y(t_k)}{y(t_k+nT)} \tag{8-11}$$

所以，利用阻尼对位移的衰减作用，可以间接得到结构的阻尼比。

【例题 8-5】 图 8-17(a)所示刚架，柱子的抗弯刚度为 $EI=4.5\times10^6\text{N}\cdot\text{m}^2$，高度为 3m；横梁质量 $m=5000\text{kg}$。为测得该结构的阻尼，先用千斤顶使横梁产生 25mm 的侧移，突然放开，使刚架产生自由振动。经过 5 个周期后，测得横梁侧移的幅值为 7.12mm。试计算结构的自振频率、阻尼比和阻尼系数。

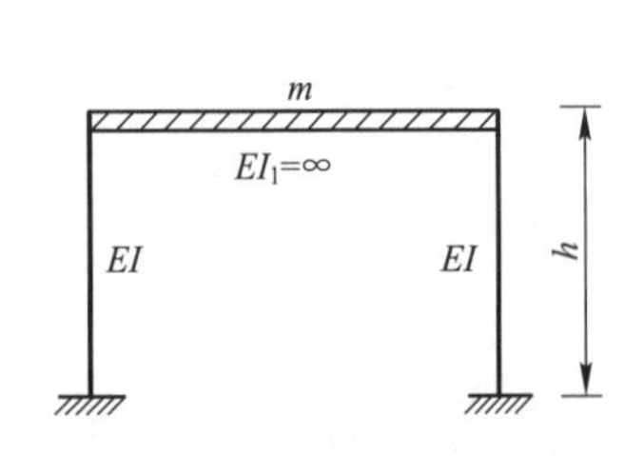

(a) 单层单跨框架

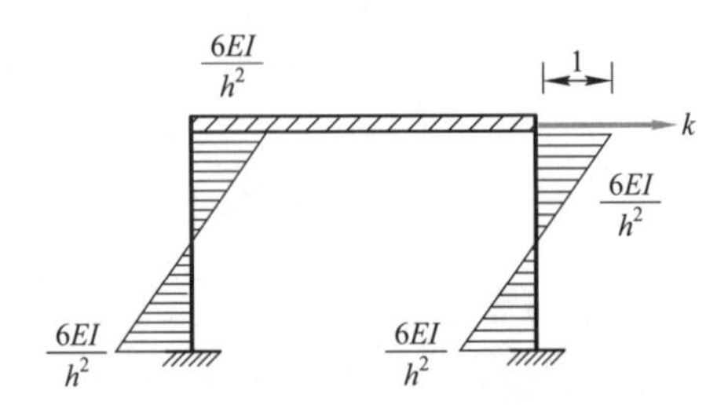

(b) 质体发生单位位移时的弯矩图

图 8-17 例题 8-5 图

【解】 (1) 自振频率。计算频率时，可不考虑阻尼的影响。

图 8-17(b)给出了质体发生水平单位位移时的弯矩图，刚度系数为图中两个柱子的剪力之和，即

$$k=2\times\frac{12EI}{h^3}=2\times\frac{12\times4.5\times10^6}{3^3}=4.0\times10^6\,\mathrm{N/m}$$

因此，频率为

$$\omega=\sqrt{\frac{k}{m}}=\sqrt{\frac{4\times10^6}{5000}}=28.284\,\mathrm{rad/s}$$

(2) 阻尼比和阻尼系数。

由已知条件可知，初始时刻的位移为 25mm，经过 5 个周期后位移为 7.12mm。由式(8-11)可得阻尼比为

$$\xi=\frac{1}{2n\pi}\ln\frac{y_{t_k}}{y(t_k+nT)}=\frac{1}{2\times5\times\pi}\ln\frac{25}{7.12}=0.04$$

阻尼系数为

$$c=2\xi\omega m=2\times0.04\times28.284\times5000=11313.6\,\mathrm{N\cdot s/m}$$

(3) 讨论。

1) 阻尼对自振频率的影响。计算有阻尼时的自振频率

$$\omega_D=\omega\sqrt{1-\xi^2}=28.284\times\sqrt{1-0.04^2}=28.261\,\mathrm{rad/s}$$

与无阻尼的自振频率对比，得

$$\frac{\omega-\omega_D}{\omega}=\frac{28.284-28.261}{28.284}=0.081\%$$

从计算结果可以看出，ω_D 和 ω 的误差仅为 0.081%，可见，工程中取 $\omega_D\approx\omega$ 是有足够精度的。

2) 阻尼对振动位移的影响。本例题中的无阻尼周期为

$$T=\frac{2\pi}{\omega}=\frac{2\pi}{28.284}=0.222\mathrm{s}$$

由例题中的实测结果可知，经过 5 个周期(1.11s)后，位移由 25mm 变为 7.12mm，衰减了 72%。因此，阻尼对自由振动位移的影响是显著的，不能忽略。若将体系的自振周期增加到 2.22s(是原来的 10 倍)，则需要 11.1s(同样是 5 个周期)才能完成同样的衰减。

3) 提示。大量结构实测结果表明，对于钢筋混凝土和砌体结构 $\xi=0.04\sim0.05$，

钢结构 $\xi=0.02\sim0.03$。各种坝体 $\xi=0.03\sim0.2$：拱坝 $\xi=0.03\sim0.05$，重力坝(大头坝)$\xi=0.05\sim0.1$，土坝、堆石坝 $\xi=0.1\sim0.2$。

8.3 单自由度体系简谐荷载下的受迫振动

所谓受迫振动是指体系在动荷载作用下的振动。

8.3.1 受迫振动时动力方程的建立

1. 刚度法

考虑图 8-18(a)所示的受迫振动状态。将惯性力、阻尼力和动力荷载看成静力荷载，将质体的动位移作为基本未知量，建立图 8-18(b)所示体系的位移法典型方程。该体系只有一个水平方向的自由度，故只需在质体上施加水平方向的附加链杆。质体发生单位水平位移时，附加链杆的水平反力如图 8-18(c)所示；当质体只作用惯性力和阻尼力时，附加链杆的水平反力如图 8-18(d)所示；当质体只作用动力荷载时，附加链杆的水平反力如图 8-18(e)所示。因此，位移法典型方程为

$$ky(t)+m\ddot{y}(t)+c\dot{y}(t)+f_{\mathrm{P}}(t)=0$$

移项，得体系的动力方程

$$ky(t)+m\ddot{y}(t)+c\dot{y}(t)=f_{\mathrm{PE}}(t) \tag{8-12}$$

式中，$f_{\mathrm{PE}}(t)=-f_{\mathrm{P}}(t)$。

从式(8-12)可以看出，图 8-18(a)所示体系质体的动力位移与质体上直接作用动

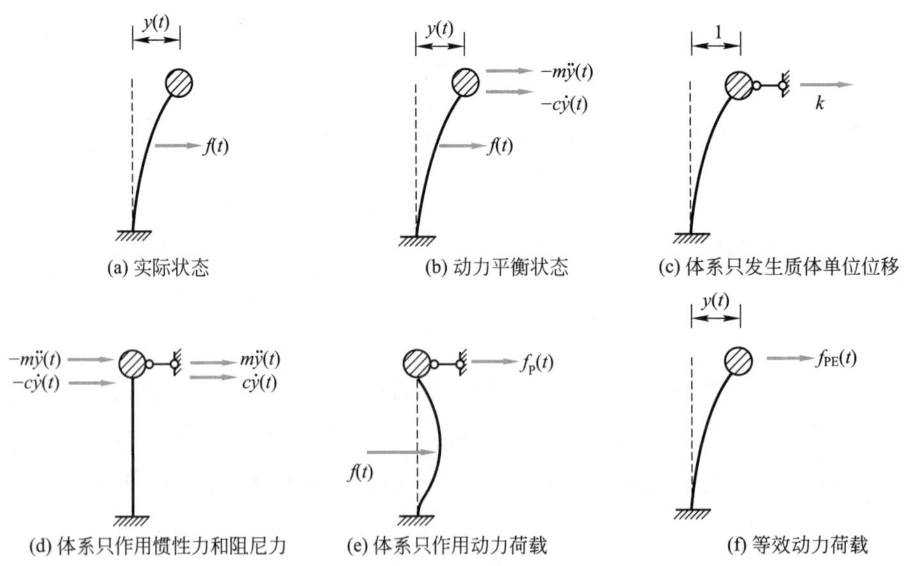

(a) 实际状态 (b) 动力平衡状态 (c) 体系只发生质体单位位移

(d) 体系只作用惯性力和阻尼力 (e) 体系只作用动力荷载 (f) 等效动力荷载

图 8-18 刚度法建立单自由度体系受迫振动方程

力荷载 $f_{PE}(t)$时(图 8-18f)相等。因此，称 $f_{PE}(t)$为图 8-18(a)所示体系的等效动力荷载。这里“**等效**”的含义只是两个体系中“质点的动力位移相等”。

显然，当动力荷载作用在质体上时，等效动力荷载就是其本身。

2. 柔度法

考虑图 8-18(b)所示的动力平衡状态，则质体的位移为体系在惯性力、阻尼力和动力荷载共同作用下产生的静位移之和，即

$$y(t)=\delta\left[-m\ddot{y}(t)-c\dot{y}(t)\right]+y_P(t) \tag{8-13}$$

式中，δ 为质体在单位水平力作用下的水平位移(称之为柔度系数)，如图 8-19(a)所示；$y_P(t)$为质体在动力荷载作用下的静力位移，如图 8-19(b)所示。

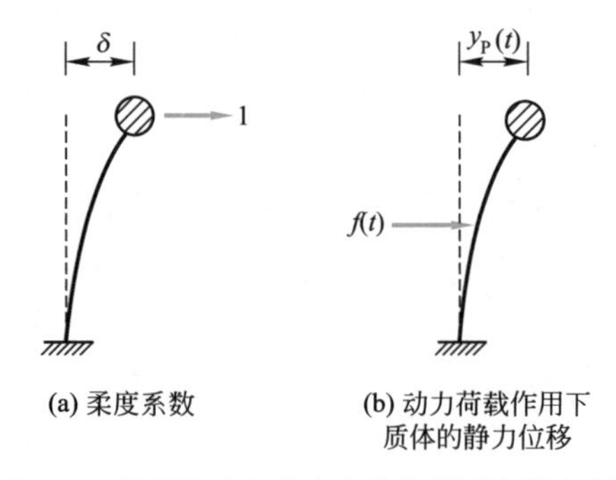

图 8-19　柔度法建立单自由度体系受迫振动方程

式(8-13)就是用柔度系数表示的动力方程。考虑到 $\delta=\frac{1}{k}$，上式变成

$$m\ddot{y}(t)+c\dot{y}(t)+ky(t)=f_{PE}(t)$$

式中，$f_{PE}(t)=\frac{y_P(t)}{\delta}$为图 8-18(f)所示体系的等效动力荷载。

8.3.2 简谐荷载下受迫振动方程求解

与自由振动一样，在受迫振动的动力方程中引入参数

$$\omega^2=\frac{k}{m}=\frac{1}{m\delta}\quad 和 \quad \xi=\frac{c}{2m\omega}$$

式(8-12)和式(8-13)都可整理成下式

$$\ddot{y}(t)+2\xi\omega\dot{y}(t)+\omega^2 y(t)=\frac{1}{m}f_{PE}(t) \tag{8-14}$$

这是一个二阶线性非齐次微分方程，其通解由齐次通解和非齐次特解组成。

齐次通解的形式由上一节自由振动方程已经解出，即

$$\bar{y}(t)=\mathrm{e}^{-\xi\omega t}(C_1\cos\omega_D t+C_2\sin\omega_D t)$$

非齐次特解的形式与荷载有关，本节先讨论简谐荷载的情况，即

$$f_{PE}(t)=F_{PE}\sin\theta t$$

式中，θ 为动力荷载频率；F_{PE} 为等效动力荷载幅值。

此时，动力方程(8-14)变成

$$\ddot{y}(t)+2\xi\omega\dot{y}(t)+\omega^2 y(t)=\frac{1}{m}F_{PE}\sin\theta t \tag{8-15}$$

其对应的特解形式可为

$$y^*(t)=C_3\cos\theta t+C_4\sin\theta t$$

将上式代入式(8-15)，得

$$(C_3\theta^2-2C_4\xi\omega\theta-C_3\omega^2)\cos\theta t=\left(-C_4\theta^2-2C_3\xi\omega\theta+C_4\omega^2-\frac{F_{PE}}{m}\right)\sin\theta t$$

显然，若上式在任何时刻都成立，括号内的部分应分别等于零，即

$$\left.\begin{aligned}C_3\theta^2-2C_4\xi\omega\theta-C_3\omega^2=0\\-C_4\theta^2-2C_3\xi\omega\theta+C_4\omega^2-\frac{F_{PE}}{m}=0\end{aligned}\right\}$$

由此解出

$$\left.\begin{aligned}C_3=\frac{-2\xi\omega\theta}{m\left[(\omega^2-\theta^2)^2+4\xi^2\omega^2\theta^2\right]}F_{PE}\\C_4=\frac{\omega^2-\theta^2}{m\left[(\omega^2-\theta^2)^2+4\xi^2\omega^2\theta^2\right]}F_{PE}\end{aligned}\right\}$$

将齐次通解和非齐次特解相加，得

$$y(t)=\bar{y}(t)+y^*(t)=e^{-\xi\omega t}(C_1\cos\omega_D t+C_2\sin\omega_D t)+C_3\cos\theta t+C_4\sin\theta t$$

系数 C_1、C_2 由初始条件确定。

将 $y(0)=y_0$、$\dot{y}(0)=v_0$ 代入上式，得

$$C_1=y_0-C_3,\quad C_2=\frac{v_0+\xi\omega y_0-\xi\omega C_3-C_4\theta}{\omega_D}$$

将系数 C_1、C_2 代入通解，得

$$\begin{aligned}y(t)=&e^{-\xi\omega t}\left(y_0\cos\omega_D t+\frac{v_0+\xi\omega y_0}{\omega_D}\sin\omega_D t\right)\\&+e^{-\xi\omega t}\left[-C_3\cos\omega_D t-\left(C_3\frac{\xi\omega}{\omega_D}+C_4\frac{\theta}{\omega_D}\right)\sin\omega_D t\right]\\&+C_3\cos\theta t+C_4\sin\theta t\end{aligned} \tag{8-16}$$

由此式可以看出，体系的振动由三部分组成：第一部分是由初始条件决定的自由振动；第二部分是与初始条件无关，且伴随动荷载的作用引起的振动，但其频率与体系的自振频率一致，故称为伴生自由振动。由于这两部分都含有衰减因子 $e^{-\xi\omega t}$，故它们都随着时间的推移逐渐衰减。最后只剩下按荷载频率振动的第三部分，这部分振动称为稳态振动。显然，稳态解就是动力方程的特解。

通常把开始一段时间内，几种振动成分共存的振动阶段称为过渡阶段；而把只有稳态振动的阶段称为平稳阶段。由于过渡阶段持续时间比较短，因此，在简谐荷载作用下，一般着重讨论稳态振动。值得注意的是，这个结论只适用于简谐荷载的情况。对于地震等非简谐荷载作用的情况，则有所不同。

将系数 C_3、C_4 代入式(8-16)的第三项，得稳态解为

$$y(t)=\frac{(\omega^2-\theta^2)F_{PE}}{m\left[(\omega^2-\theta^2)^2+4\xi^2\omega^2\theta^2\right]}\sin\theta t-\frac{2\xi\omega\theta F_{PE}}{m\left[(\omega^2-\theta^2)^2+4\xi^2\omega^2\theta^2\right]}\cos\theta t$$

下面仍分别就考虑和不考虑阻尼两种情况来讨论。

8.3.3 单自由度体系无阻尼受迫振动

$\xi=0$ 时，稳态动位移解为

$$y(t)=\frac{F_{PE}}{k}\cdot\frac{1}{1-\frac{\theta^2}{\omega^2}}\sin\theta t=Y_P\mu\sin\theta t$$

式中，$Y_P=\frac{F_{PE}}{k}$ 为等效荷载幅值产生的静力位移；$\mu=\frac{1}{1-\frac{\theta^2}{\omega^2}}$ 为荷载“动”时位移幅值与荷载“不动”的位移比值，故称其为位移动力系数。

从位移动力系数的表达式中，可以看出：对于无阻尼体系

（1）当 $\beta=\frac{\theta}{\omega}<1$ 时，$1-\frac{\theta^2}{\omega^2}>0$，$\mu>0$。这时，动位移与荷载同步，且同向。

（2）当 $\beta=\frac{\theta}{\omega}>1$ 时，$1-\frac{\theta^2}{\omega^2}<0$，$\mu<0$。这时，动位移与荷载同步，但反向。

作以下讨论：

1. 位移动力系数。

由图 8-20 可知看出：

（1）$\frac{\theta}{\omega}<1$ 时的情况，μ 是频率比的增函数。增加自振频率，可以降低位移动力系数。一般采

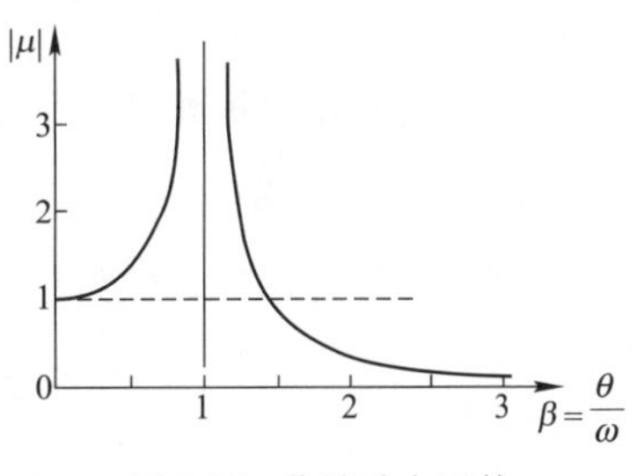

图 8-20　位移动力系数

用增加刚度的方法来增加自振频率，因此，称为刚性方案。

(2) $\frac{\theta}{\omega}>1$ 时的情况，$|\mu|$ 是频率比的减函数。此时，降低自振频率可以降低位移动力系数的绝对值。一般采用降低刚度(增加柔度)的方法来降低自振频率，因此，称为柔性方案。

(3) $\frac{\theta}{\omega}\rightarrow 1$ 时的情况，μ 的值显著增加。当 $\frac{\theta}{\omega}=1$ 时，理论上，位移动力系数趋于无穷大。体系发生共振，这种情况是非常危险的。实际结构在设计时，应尽量使体系的自振频率远离荷载频率。

2. 共振的时候，位移动力系数会突然增大到无穷大吗?

为了回答这个问题，设 $\omega=\theta$，看看会有什么现象发生。

无阻尼时，动力方程式(8-15)变成

$$\ddot{y}(t)+\omega^2 y(t)=\frac{1}{m}F_{PE}\sin\theta t \tag{a}$$

其特解也相应变成

$$y^*(t)=Y\sin(\theta t-\varphi)=\frac{F_{PE}}{m(\omega^2-\theta^2)}\sin(\theta t-\varphi)$$

很明显，当 $\omega=\theta$ 时，该特解分母为零。因此，共振时不能用上式作为特解。令共振时方程的特解为

$$y^*(t)=t(a_1\sin\omega t+a_2\cos\omega t)$$

将此特解代入式(a)中，并注意到 $\omega=\theta$，得

$$y^*(t)=-\frac{F_{PE}t}{2\omega m}\cos\omega t=\frac{F_{PE}}{\omega^2 m}\left(-\frac{t\omega}{2}\right)\cos\omega t=Y_P\mu\cos\omega t$$

很明显，位移动力系数 $\mu=-\frac{t\omega}{2}$ 是时间的线性增函数，不是一下子突然增大的。

从共振的这个性质可以有两点启示：

(1) 共振时，振幅随时间逐渐增大。时间越短，位移越小；因此，对于转速高的机器，在启动或停车的过程中，应迅速通过共振区，防止出现较大的振动。

(2) 利用共振时振幅比较大的特点，不断改变机器的转速，可以测定支撑机器的结构(如楼板)的自振频率。

3. 等效动力荷载、稳态位移和惯性力之间的关系

等效动力荷载 $f_{PE}(t)=F_{PE}\sin\theta t$

动力位移 $y(t)=Y_P\mu\sin\theta t$

$$惯性力\ f_{\mathrm{I}}(t)=m\theta^2 Y\sin\theta t$$

从三者的表达式中可以看出：

(1) 惯性力总是与位移同向。

(2) $\theta/\omega<1$ 时，$\mu>0$，等效动力荷载、动力位移、惯性力三者的表达式中都带有 $\sin\theta t$，因此，三者同步，且同时达到峰值。

(3) $\theta/\omega>1$ 时，$\mu<0$，动力位移和惯性力虽然还是和等效动力荷载同步，但是方向相反。因此，荷载达到幅值时，动力位移和惯性力达到负的最大值。同理，当动力位移和惯性力达到幅值时，荷载达到负的最大值。

【例题 8-6】 不计阻尼，试求图 8-21 所示简支梁的跨中动力位移幅值和动力弯矩幅值。已知 $\beta=0.6$。

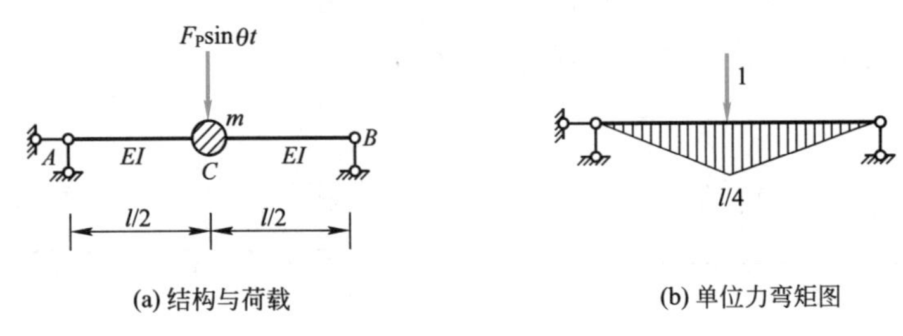

(a) 结构与荷载　　(b) 单位力弯矩图

图 8-21　例题 8-6 图

【解】 (1) 跨中动力位移幅值

由图 8-21(b)中的单位弯矩图自乘，得柔度系数为

$$\delta=\frac{l^3}{48EI}$$

荷载幅值作用下，质体的静位移为

$$Y_{\mathrm{P}}=F_{\mathrm{PE}}\delta=\frac{F_{\mathrm{P}}l^3}{48EI}$$

由 $\beta=0.6$，得位移动力系数为

$$\mu=\frac{1}{1-\beta^2}=1.5625$$

动力位移幅值为

$$Y=Y_{\mathrm{P}}\mu=1.5625\times\frac{F_{\mathrm{P}}l^3}{48EI}$$

(2) 跨中动力弯矩幅值

惯性力幅值为

$$F_{\mathrm{I}}=m\theta^2 Y=m\theta^2 Y_{\mathrm{P}}\cdot\mu=m\theta^2 F_{\mathrm{P}}\delta\mu=\beta^2\mu F_{\mathrm{P}}$$

跨中动力荷载幅值为惯性力幅值和动力弯矩幅值共同作用下的跨中静力弯矩，即

$$M_{\mathrm{Cmax}}=\frac{F_{\mathrm{P}}}{4}l+\frac{F_{\mathrm{I}}}{4}l=(1+\beta^{2}\mu)\frac{F_{\mathrm{P}}}{4}l=\left(1+\beta^{2}\frac{1}{1-\beta^{2}}\right)\frac{F_{\mathrm{P}}}{4}l=\mu M_{\mathrm{CP}}$$

其中，$M_{\mathrm{CP}}=\dfrac{F_{\mathrm{P}}}{4}l$ 为动荷载幅值作用下梁跨中的静力弯矩。

从这道题中可以看出，质体的动力位移系数和跨中弯矩的动力系数是一样的，亦即体系有统一的动力系数。这是因为动力荷载作用在质体上。后面的例题中可以看到，当动力荷载不作用在质体上时，体系的位移、内力等各种物理量的动力系数是不一致的。

【例题 8-7】 已知图 8-22(a)所示结构的频率比为 $\beta=0.5$，各杆 $EI=$常数。试求：质体 m 的振幅和动力弯矩幅值图(不计阻尼)。

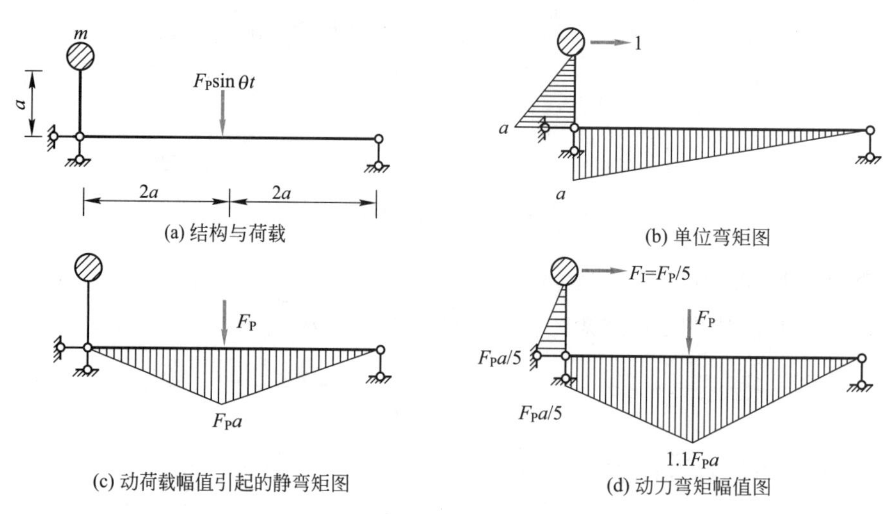

图 8-22　例题 8-7 图

【解】 (1)质体的振幅和动力弯矩幅值图

由图 8-22（b）的单位弯矩图自乘，得质体的柔度系数为

$$\delta=\frac{5a^{3}}{3EI}$$

由图 8-22(b)的单位弯矩图和图 8-22(c)的弯矩图互乘，得荷载幅值下质体的静位移为

$$Y_{\mathrm{P}}=\frac{a^{3}}{EI}F_{\mathrm{P}}$$

则质体的动力位移幅值为

$$Y=Y_{\mathrm{P}}\mu=\frac{a^{3}}{EI}F_{\mathrm{P}}\cdot\frac{1}{1-\beta^{2}}=\frac{4a^{3}}{3EI}F_{\mathrm{P}}$$

惯性力幅值为

$$F_{\mathrm{I}}=m\theta^2Y=mw^2\beta^2Y=\frac{1}{\delta}\beta^2Y=\frac{3EI}{5a^3}\cdot 0.5^2\cdot\frac{4a^3}{3EI}F_{\mathrm{P}}=\frac{1}{5}F_{\mathrm{P}}$$

将动力荷载幅值和惯性力幅值同时作用在体系上，得动力弯矩幅值图，如图 8-22(d)所示。

(2) 关于动力系数的讨论

质体位移的动力系数为

$$\mu_1=\frac{Y}{Y_{\mathrm{P}}}=\frac{\dfrac{4a^3}{3EI}F_{\mathrm{P}}}{\dfrac{a^3}{EI}F_{\mathrm{P}}}=\frac{4}{3}$$

梁跨中弯矩的动力系数为

$$\mu_2=\frac{1.1F_{\mathrm{P}}a}{F_{\mathrm{P}}a}=\frac{11}{10}$$

由此可见，当动荷载不作用在质体上时，体系各动力反应没有统一的动力系数。

【例题 8-8】 试求图 8-23 所示体系的自振频率、质体位移幅值、动弯矩幅值图和 AB 杆 B 端的弯矩动力系数。已知频率比为 $\beta=0.8$。

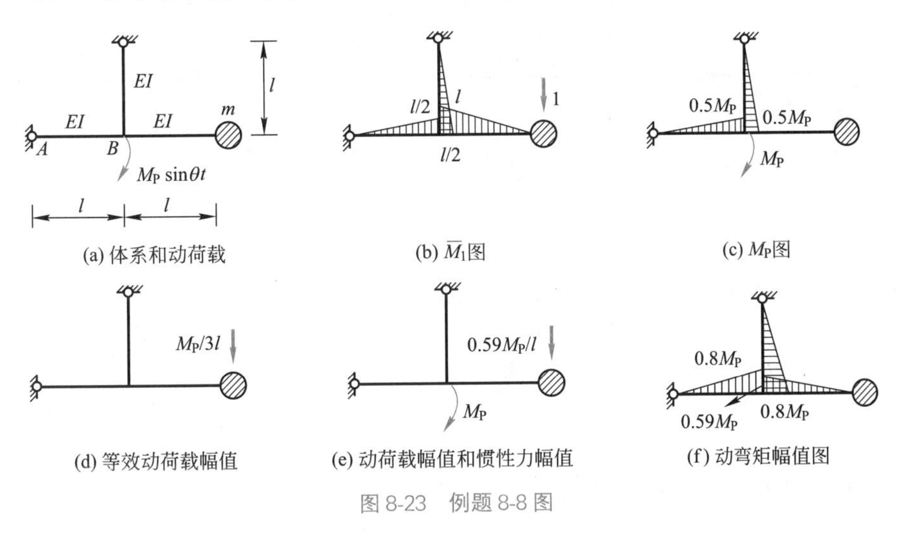

图 8-23　例题 8-8 图

【解】 计算体系的柔度系数、静力位移和等效动荷载。

$$\delta=\frac{\overline{M}_1\times\overline{M}_1}{EI}=\frac{l^3}{2EI},\quad Y_{\mathrm{P}}=\frac{\overline{M}_1\times M_{\mathrm{P}}}{EI}=\frac{M_{\mathrm{P}}l^2}{6EI},\quad F_{\mathrm{PE}}=\frac{Y_{\mathrm{P}}}{\delta_{11}}=\frac{M_{\mathrm{P}}}{3l}$$

质体的位移动力系数为

$$\mu=\frac{1}{1-\beta^2}=\frac{1}{1-0.8^2}=2.78$$

质体的动位移幅值、惯性力幅值分别为

$$Y=Y_{P}\mu=\frac{M_{P}l^{2}}{6EI}\times 2.78=0.46\frac{M_{P}l^{2}}{EI}$$

$$F_{I}=m\theta^{2}Y=mw^{2}\beta^{2}Y_{P}\cdot\mu=\frac{1}{\delta}\beta^{2}Y_{P}\mu=\frac{2EI}{l^{3}}\times 0.8^{2}\times\frac{M_{P}l^{2}}{6EI}\times 2.78=0.59\frac{M_{P}}{l}$$

将惯性力和动荷载幅值作用在体系上，如图 8-23(e)所示，动弯矩幅值图如图 8-23(f)所示。

图 8-23(c)和图 8-23(f)对比可知，AB 杆 B 端的弯矩动力系数为

$$\mu_{M_{BA}}=\frac{0.8M_{P}}{0.5M_{P}}=1.6$$

此题荷载不作用在质体上，体系各物理量的动力系数是不统一的。

【例题 8-9】 如图 8-24 所示，在悬挑梁上有一电动机，转数 $n=1200\text{r/min}$，竖向扰力 $f_{P}(t)=F_{P}\sin\theta t$，$F_{P}=4.9\text{kN}$。梁的弹性模量 $E=2.1\times 10^{4}\text{kN/cm}^{2}$，截面转动惯量 $I=77\text{cm}^{4}$，梁跨度 $l=1\text{m}$。梁端集中质量 $m=123\text{kg}$。试求梁端最大动位移和动弯矩图。

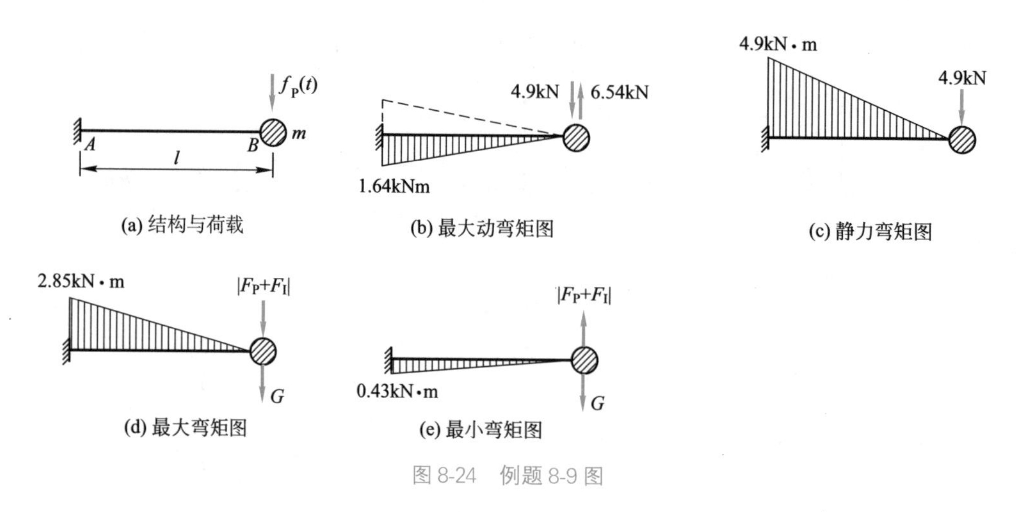

图 8-24 例题 8-9 图

【解】 梁端的竖向刚度系数为

$$k=\frac{3EI}{l^{3}}=\frac{3\times 2.1\times 10^{4}\text{kN/cm}^{2}\times 77\text{cm}^{4}}{1\text{m}^{3}}=485.1\text{kN/m}$$

体系的自振频率和荷载频率分别为

$$\omega=\sqrt{\frac{k}{m}}=\sqrt{\frac{485.1\text{kN/m}}{123\text{kg}}}=62.8\text{rad/s}$$

$$\theta=\frac{2\pi n}{60}=\frac{2\pi\times 1200}{60}=125.6\text{rad/s}$$

体系的频率比和位移动力系数分别为

$$\beta=\frac{\theta}{\omega}=\frac{125.6}{62.8}=2,\qquad \mu=\frac{1}{1-\beta^2}=\frac{1}{1-\dfrac{125.6^2}{62.8^2}}=-\frac{1}{3}$$

因为频率比大于 1，所以，动力系数是负的。动位移和惯性力始终与动荷载方向相反。质体的动位移幅值和惯性力幅值分别为

$$Y=Y_P\mu=\frac{F_P}{k}\mu=\frac{4.9}{485.1}\times\left(-\frac{1}{3}\right)=0.00337\text{m}=-3.37\text{mm}$$

$$F_I=m\theta^2Y=123\text{kg}\times(125.6\text{rad/s})^2\times(-3.37\text{mm})=-6.54\text{kN}$$

将惯性力和动荷载幅值作用在体系上，得梁端最大动弯矩为

$$M_A=(F_P+F_I)\cdot l=(4.9-6.54)\times1=-1.64\text{kN}\cdot\text{m}$$

图 8-24(b)给出了梁的最大动弯矩图。为了对比，图 8-24(c)给出了相应的静力弯矩图。从图中可以看出，本例题中，动弯矩图比静弯矩图小。

若考虑质体的重力始终向下，动力荷载是上下往复作用的。则梁端的最大、最小弯矩分别为

$$\begin{aligned}M_{A\max}&=(mg+|F_P+F_I|)\cdot l=(123\text{kg}\times9.8\text{m/s}^2+|4.9\text{kN}-6.54\text{kN}|)\times1\text{m}\\&=1.21\text{kN}\cdot\text{m}+1.64\text{kN}\cdot\text{m}=2.85\text{kN}\cdot\text{m}\end{aligned}$$

$$\begin{aligned}M_{A\min}&=(mg-|F_P+F_I|)\cdot l=(123\text{kg}\times9.8\text{m/s}^2-|4.9\text{kN}-6.54\text{kN}|)\times1\text{m}\\&=1.21\text{kN}\cdot\text{m}-1.64\text{kN}\cdot\text{m}=-0.43\text{kN}\cdot\text{m}\end{aligned}$$

计算结果表明，梁端最大弯矩是梁截面上侧受拉，最小弯矩是下侧受拉。

8.3.4 阻尼对受迫振动的影响

前述已给出有阻尼时的稳态振动解为

$$y(t)=\frac{(\omega^2-\theta^2)F_{PE}}{m[(\omega^2-\theta^2)^2+4\xi^2\omega^2\theta^2]}\sin\theta t-\frac{2\xi\omega\theta F_{PE}}{m[(\omega^2-\theta^2)^2+4\xi^2\omega^2\theta^2]}\cos\theta t$$

将上式写成单项式，得

$$y(t)=Y\sin(\theta t-\varphi)$$

振幅为

$$Y=\frac{F_{PE}}{k}\cdot\frac{1}{\sqrt{\left(1-\dfrac{\theta^2}{\omega^2}\right)^2+4\xi^2\dfrac{\theta^2}{\omega^2}}}=Y_P\mu$$

位移动力系数

$$\mu=\frac{1}{\sqrt{\left(1-\frac{\theta^2}{\omega^2}\right)^2+4\xi^2\frac{\theta^2}{\omega^2}}}$$

φ 为位移与荷载相位差，且

$$\tan\varphi=2\xi\frac{\theta}{\omega}\bigg/\left(1-\frac{\theta^2}{\omega^2}\right)=\frac{2\xi\beta}{1-\beta^2}$$

讨论：

1. 有阻尼时的位移动力系数

图 8-25 为不同阻尼比时的位移动力系数曲线。与无阻尼相比，有阻尼时的位移动力系数有如下新的特点。

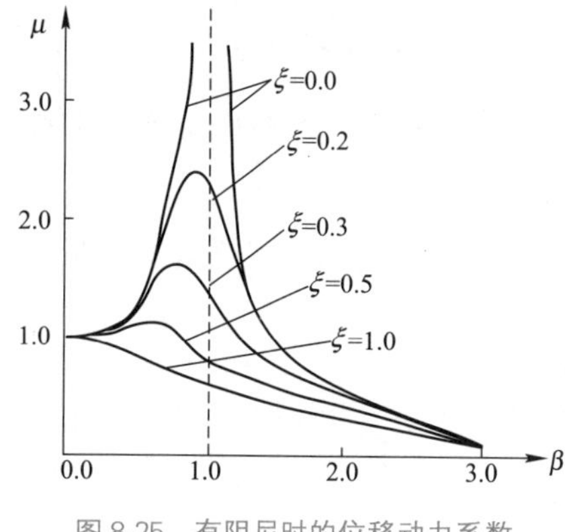

图 8-25　有阻尼时的位移动力系数

（1）阻尼比越大，位移动力系数越小。

（2）当 $\beta\to 1$ 时，各条曲线的数值都明显增加，即发生共振。此时，增加阻尼比，位移动力系数明显降低。实际工程中，一般将 $0.75\leqslant\beta\leqslant 1.3$ 的频率比范围定义为共振区，在这个频率比范围内要考虑阻尼的有利影响。在这个范围之外，因阻尼的影响不大，为了简单，按无阻尼的情况计算。很明显，这时的结果是偏于安全的。

（3）将位移动力系数 μ 对频率比 β 求导，并令导数等于零，得

$$\beta=\sqrt{1-2\xi^2}$$

此时，μ 取得最大值，即

$$\mu_{\max}=\frac{1}{2\xi\sqrt{1-\xi^2}}\approx\frac{1}{2\xi}$$

从这个结果可以看出，黏滞阻尼假定下，位移动力系数的最大值并不是发生在 $\beta=1$ 时，但很接近。共振时，位移动力系数与阻尼比近似成反比。因此，实际工程中，在共振区范围内，通过增加阻尼降低结构动力位移的方法，是正确的。在共振区之外，效果不佳，不宜采用。

2. 动荷载与动力位移之间的相位差

$$\varphi=\arctan\frac{2\xi\beta}{1-\beta^2}=\arctan\frac{2\xi}{\frac{1}{\beta}-\beta}$$

相位差表示的是，由于阻尼的作用，动力位移滞后于动力荷载的程度。

若将二者的变化用逆时针匀速圆周运动表示(图 8-26)，则二者的角速度相同，都是 θ；只不过位移的运动比荷载落后了一个角度 φ，落后的时间为$\dfrac{\varphi}{\theta}$。

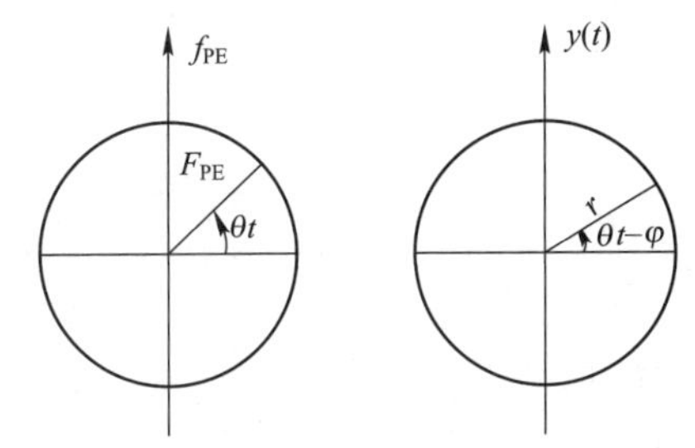

(a) 荷载的匀速圆周运动　(b) 质体的匀速圆周运动

图 8-26

从相位差的表达式可以看出：

(1) 阻尼比越大，动力位移落后于动力荷载越多。无阻尼时，$\varphi=0$，二者是同步的。

(2) 当 $\beta<1$ 时，$\left(\dfrac{1}{\beta}-\beta\right)>0$，相位差 $\varphi\in\left(0,\ \dfrac{\pi}{2}\right)$。

当 $\beta=1$ 时，$\left(\dfrac{1}{\beta}-\beta\right)=0$，相位差 $\varphi=\dfrac{\pi}{2}$。这种情况下，若荷载达到最大值，则动位移等于零；若荷载等于零，则位移达到幅值。

当 $\beta>1$ 时，$\left(\dfrac{1}{\beta}-\beta\right)<0$，相位差 $\varphi\in\left(\dfrac{\pi}{2},\ \pi\right)$。

当 $\beta\to\infty$时，$\left(\dfrac{1}{\beta}-\beta\right)\to-\infty$，$\varphi=\pi$；动位移与荷载方向始终相反。

因此，频率比越大，位移滞后得越多。

【例题 8-10】 一台机器固定在基础上，其转速为 $n=800\text{r/min}$。机器转动对基础产生的竖向干扰力幅值 $F_P=30\text{kN}$，地基竖向刚度 $k=134\times10^4\text{kN/m}$，机器和基础的质量为 $m=156\times10^3\text{kg}$，体系的阻尼比为 $\xi=0.2$。试求：质体的振幅。

【解】 体系的自振频率为

$$\omega=\sqrt{\frac{k}{m}}=\sqrt{\frac{134\times10^4\text{kN/m}}{156\times10^3\text{kg}}}=\sqrt{\frac{67\times10^4}{78}}=92.68\text{rad/s}$$

简谐荷载的频率为

$$\theta=\frac{2\pi n}{60}=\frac{2\pi\times800}{60}=\frac{80\pi}{3}=83.76\text{rad/s}$$

频率比为

$$\frac{\theta}{\omega}=\frac{83.76}{92.68}=0.9$$

属于共振区范围，要考虑阻尼的作用。

有阻尼时位移动力系数为

$$\mu=\frac{1}{\sqrt{\left(1-\frac{\theta^2}{\omega^2}\right)^2+4\xi^2\frac{\theta^2}{\omega^2}}}=\frac{1}{\sqrt{\left(1-\frac{83.73^2}{92.68^2}\right)^2+4\times0.2^2\times\frac{83.73^2}{92.68^2}}}=2.47$$

注：若不考虑阻尼，则位移动力系数为 5.56。可见，共振区内阻尼的影响是非常显著的。

质体的振幅为

$$Y=Y_P\mu=\frac{30\text{kN}}{134\times10^4\text{kN/m}}\times2.47=0.055\times10^{-3}\text{m}=0.055\text{mm}$$

惯性力幅值为

$$F_I=m\theta^2Y=\beta^2\mu F_P=2.02F_P$$

位移与荷载的相位差为

$$\varphi=\arctan\frac{2\xi\frac{\theta}{\omega}}{1-\frac{\theta^2}{\omega^2}}=\arctan\frac{2\times0.2\times\frac{83.73}{92.68}}{1-\frac{83.73^2}{92.68^2}}=70.1°$$

当动位移和惯性力取得幅值时，

$$\sin(\theta t-\varphi)=1,\quad \theta t=\frac{\pi}{2}+\varphi$$

此时，动力荷载的值为

$$F_P\sin\theta t=F_P\sin\left(\frac{\pi}{2}+\varphi\right)=F_P\cos\varphi=0.4525F_P$$

这里提醒读者，惯性力滞后于荷载，二者的幅值不能直接相加。当位移达到最大值时，质体上所受的力为

$$F_I+F_P\sin\left(\frac{\pi}{2}+\varphi\right)=2.47F_P=\mu F_P$$

【例题 8-11】 已知图 8-27(a)所示体系的 EI=常数，阻尼比 $\xi=0.1$，频率比为 $\dfrac{\theta}{\omega}=1.2$。试求：(1)质体的振幅和惯性力幅值；(2)质体动位移最大时的动弯矩图和荷载最大时的动弯矩图。

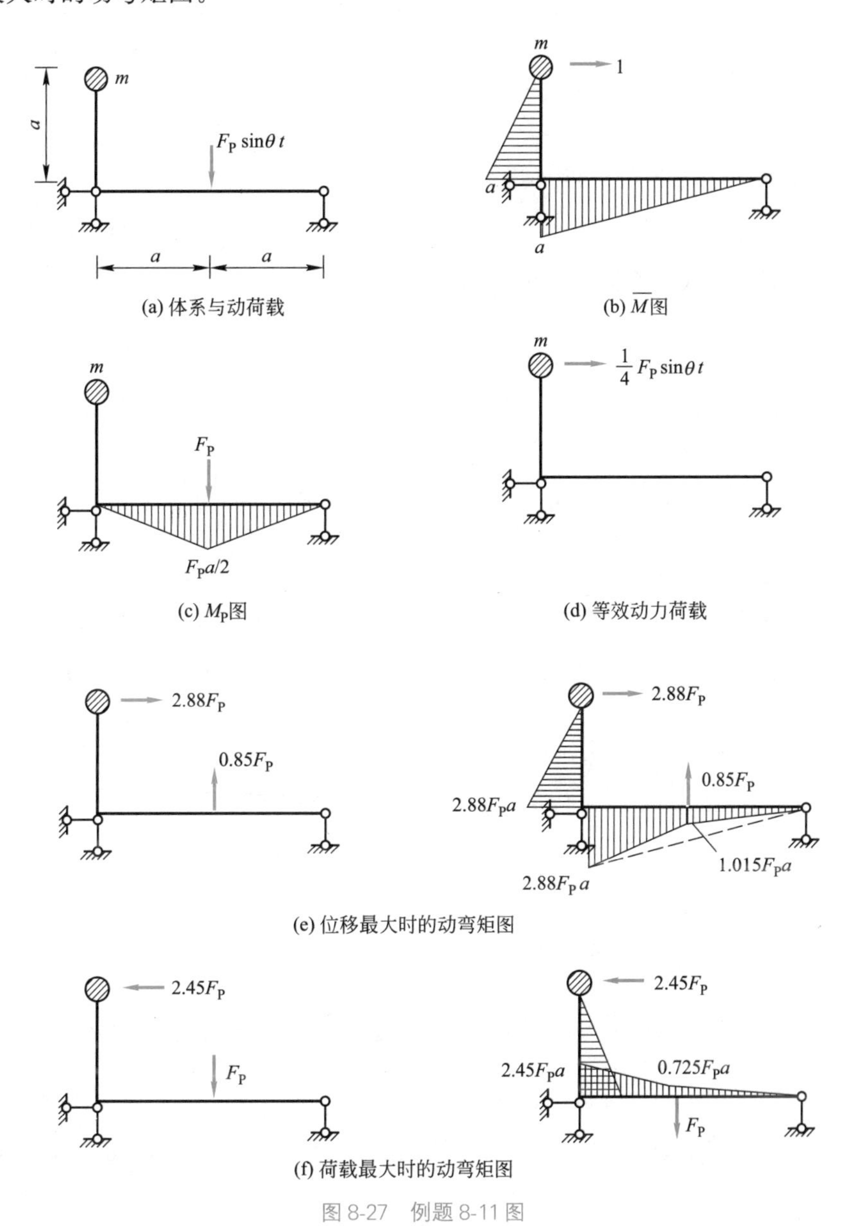

图 8-27　例题 8-11 图

【解】 $\overline{M}$ 图自乘、$\overline{M}$ 图和 M_P 图互乘，可分别求得

$$\delta=\frac{\overline{M}\cdot\overline{M}}{EI}=\frac{a^3}{EI},\ Y_P=\frac{\overline{M}\cdot M_P}{EI}=\frac{F_Pa^3}{4EI},\ F_{PE}=\frac{Y_P}{\delta}=\frac{F_Pa^3}{4EI}\cdot\frac{EI}{a^3}=\frac{1}{4}F_P$$

质体的位移动力系数为

$$\mu=\frac{1}{\sqrt{\left(1-\frac{\theta^2}{\omega^2}\right)^2+4\xi^2\frac{\theta^2}{\omega^2}}}=\frac{1}{\sqrt{(1-1.2^2)^2+4\times0.1^2\times1.2^2}}=2.0$$

$$\varphi=\arctan\frac{2\xi\frac{\theta}{\omega}}{1-\frac{\theta^2}{\omega^2}}=\arctan\frac{2\times0.1\times1.2}{1-1.2^2}=148.2°$$

$$y(t)=Y_P\mu\sin(\theta t-\varphi)=Y_P\mu\sin(\theta t-148.2°)$$

$$f_I=\beta^2\mu F_P\sin(\theta t-148.2°)=1.2^2\times2.0F_P\sin(\theta t-148.2°)=2.88F_P\sin(\theta t-148.2°)$$

当动位移和惯性力取得幅值时

$$\sin(\theta t-\varphi)=1,\quad \theta t=\frac{\pi}{2}+\varphi$$

此时，动力荷载的值为

$$F_P\sin\theta t=F_P\sin\left(\frac{\pi}{2}+\varphi\right)=F_P\cos148.2°=-0.85F_P$$

这时，体系的动力平衡状态和相应的动弯矩图，如图 8-27(e)所示。

这里提醒读者，惯性力滞后于荷载，二者的幅值不能同时作用到体系上。

另一方面，当动荷载达到最大值时，$\theta t=\pi/2$，$t=\pi/2\theta$。这时，动位移和惯性力分别为

$$y(t)=Y_P\mu\sin(\theta t-\varphi)=Y_P\mu\sin\left(\frac{\pi}{2}-148.2°\right)=Y_P\mu\cos148.2°=-0.85Y_P\mu$$

$$f_I(t)=\beta^2\mu F_P\sin(\theta t-\varphi)=\beta^2\mu F_P\sin\left(\frac{\pi}{2}-148.2°\right)=-0.85\beta^2\mu F_P=-2.45F_P$$

图 8-27(f)给出了此时的动弯矩图。

8.3.5 一般形式动荷载下的单自由度体系受迫振动

为了推导一般形式动荷载作用下受迫振动的一般公式，首先讨论瞬时冲量作用下的振动问题。对于静止的质体，若有瞬时冲量 $f_{PE}(t)\mathrm{d}t$ 作用，质体将获得动量 mv_0。由 $f_{PE}(t)\mathrm{d}t=mv_0$，得 $v_0=\frac{f_{PE}(t)\mathrm{d}t}{m}$。

冲量消失后，质体将以 v_0 为初速度，作自由振动。自由振动的位移表达式为

$$\mathrm{d}y(t)=e^{-\xi\omega t}\left(\frac{v_0}{\omega_D}\sin\omega_D t\right)=\frac{1}{m\omega_D}f_{PE}(t)e^{-\xi\omega t}\sin(\omega_D t)\mathrm{d}t \tag{a}$$

若冲量作用的时刻为 $t=\tau$，而计算位移的时刻还是从 $t=0$ 开始，如图 8-28 所

示，则 τ 时刻作用在质体上的冲量为 $f_{PE}(\tau)d\tau$，质体获得的动量为 $mv_0(\tau)$。由 $f_{PE}(\tau)d\tau=mv_0(\tau)$，得质体获得的速度为

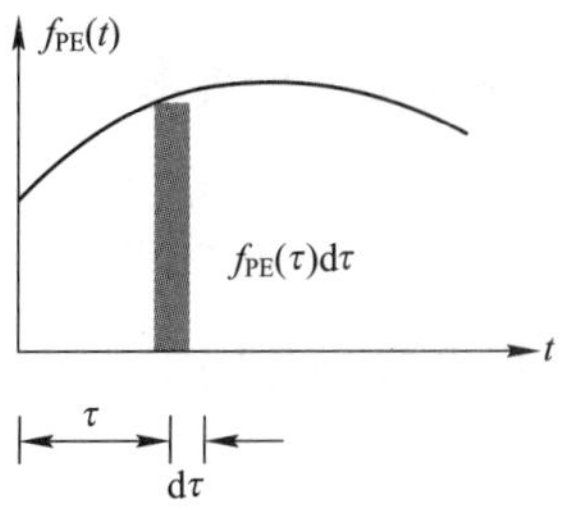

$$v_0(\tau)=\frac{f_{PE}(\tau)d\tau}{m}$$

图 8-28　一般荷载

由此初速度引起的自由振动在 $t(t>\tau)$时刻引起的动位移为

$$dy(t)=e^{-\xi\omega(t-\tau)}\left(\frac{v_0}{\omega_D}\sin\omega_D(t-\tau)\right)=\frac{1}{m\omega_D}f_{PE}(\tau)e^{-\xi\omega(t-\tau)}\sin\omega_D(t-\tau)d\tau \quad \text{(b)}$$

若将一般形式的动荷载看成一系列微小冲量连续作用的结果，则有

$$y(t)=\frac{1}{m\omega_D}\int_0^t f_{PE}(\tau)e^{-\xi\omega(t-\tau)}\sin\omega_D(t-\tau)d\tau \tag{8-17}$$

下面研究两种特殊动荷载下的位移解答。

1. 突加荷载

以加载时刻为时间起点，其变化规律如图 8-29 所示。令结构在加载前处于静止状态，将 $f_{PE}(\tau)=F_P$ 代入式(8-17)中，得

$$\begin{aligned}y(t)&=\frac{F_P}{m\omega^2}\left[1-e^{-\xi\omega t}\left(\cos\omega_D t+\frac{\xi\omega}{\omega_D}\sin\omega_D t\right)\right]\\&=Y_P\left[1-e^{-\xi\omega t}\left(\cos\omega_D t+\frac{\xi\omega}{\omega_D}\sin\omega_D t\right)\right]\end{aligned} \tag{8-18}$$

式(8-18)表明，在突加荷载作用下，质体的位移由两部分组成，一部分是荷载引起的**静力位移**，另一部分是在静力平衡位置产生的**衰减简谐振动**，其时间位移曲线如图 8-30 中的实线所示。

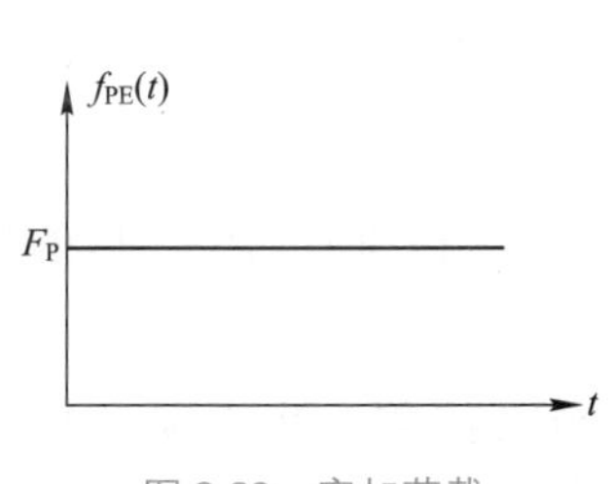

图 8-29　突加荷载

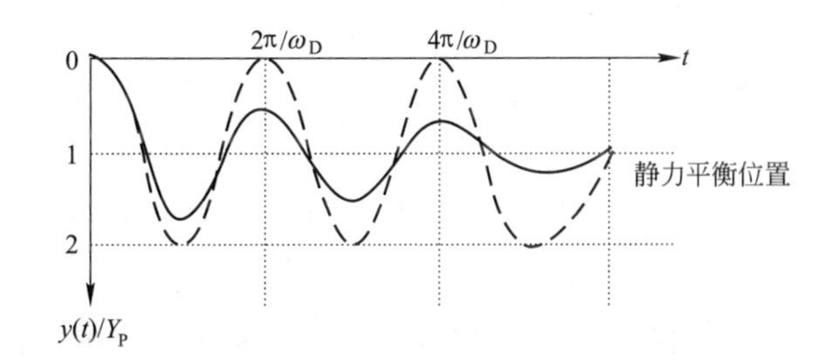

图 8-30　突加荷载位移响应

若不考虑阻尼的影响，则式(8-18)成为

$$y(t)=Y_P(1-\cos\omega t) \tag{8-19}$$

此时质体在静力平衡位置附近作简谐振动，如图 8-30 中的虚线所示。

由式(8-18)可求出质体在$\frac{\pi}{\omega_D}$时刻，达到最大动位移

$$y_{max}=Y_P(1+e^{-\frac{\xi\omega\pi}{\omega_D}}) \tag{8-20}$$

因此，突加荷载作用下，体系的位移动力系数为

$$\mu=\frac{y_{max}}{Y_P}=1+e^{-\frac{\xi\omega\pi}{\omega_D}} \tag{8-21}$$

当$\xi=0.05$时，$\mu=1.855$；$\xi=0$时，$\mu=2$。所以一般认为突加荷载的位移动力系数近似为2。

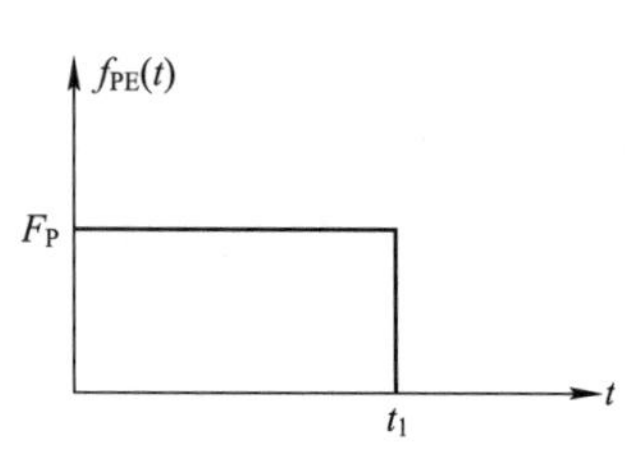

图 8-31　矩形脉冲荷载

2. 矩形脉冲荷载

图 8-31 所示矩形脉冲荷载的表达式为

$$f_{PE}(t)=\begin{cases}0 & t<0, t>t_1\\ F_P & 0<t<t_1\end{cases} \tag{8-22}$$

由于这种荷载的作用时间t_1一般较短，最大位移一般发生在振动衰减还很少的开始阶段，因此通常可以不考虑阻尼的影响。

在荷载作用期间，动力位移的表达式可由式(8-18)简化得到

$$y(t)=Y_P(1-\cos\omega t)\quad (0<t<t_1) \tag{8-23a}$$

在荷载作用消失后，质体以t_1时刻的位移$y(t_1)=Y_P(1-\cos\omega t_1)$、速度$\dot{y}(t_1)=Y_P\omega\sin\omega t_1$为初始条件做自由振动，即

$$y(t)=y(t_1)\cos\omega t+\frac{\dot{y}(t_1)}{\omega}\sin\omega t=2Y_P\sin\frac{\omega t_1}{2}\sin\omega\left(t-\frac{t_1}{2}\right) \tag{8-23b}$$

由式(8-23) 可知

当$\omega t_1>\pi$，即$t_1>\frac{\pi}{\omega}=\frac{2\pi}{2\omega}=\frac{T}{2}$时：在荷载作用期间（$0<t<t_1$），式（8-23a）在$t=\frac{\pi}{\omega}(<t_1)$时取得最大值，即最大动力位移为$y_{max}=2Y_P$；在荷载消失之后的最大动力位移为$y_{max}=2Y_P\sin\frac{\omega t_1}{2}$。因此，这种情况下的最大位移发生在荷载作用期间。

当$\omega t_1<\pi$，即$t_1<\frac{\pi}{\omega}=\frac{2\pi}{2\omega}=\frac{T}{2}$时：在荷载作用期间($0<t<t_1$)，动力位移是作用时间的增函数，最大动力位移为$y_{max}=Y_P(1-\cos\omega t_1)$；在荷载消失之后的最大动

力位移为 $y_{\max}=2Y_{P}\sin\dfrac{\omega t_1}{2}$。荷载消失前、后最大动力位移的比值为

$$\frac{1-\cos\omega t_1}{2\sin\dfrac{\omega t_1}{2}}=\frac{1-\left(\cos^2\dfrac{\omega t_1}{2}-\sin^2\dfrac{\omega t_1}{2}\right)}{2\sin\dfrac{\omega t_1}{2}}=\sin\frac{\omega t_1}{2}$$

很明显，在 $0<\omega t_1<\pi$ 范围内，$0<\sin\dfrac{\omega t_1}{2}<1$。所以，在这种情况下，最大动力位移发生在荷载消失之后。

综合以上两种情况，在矩形脉冲荷载作用下，质体的位移动力系数为

$$\mu=\begin{cases}2 & t_1/T>0.5\\ 2\sin(\omega t_1/2) & t_1/T\leqslant 0.5\end{cases}\tag{8-24}$$

表 8-2 给出了不同的 t_1/T 比值下 μ 的数值。

矩形脉冲荷载的位移动力放大系数　　表 8-2

t_1/T	0	0.01	0.02	0.05	0.10	1/6	0.2	0.3	0.4	0.5	>0.5
μ	0	0.063	0.126	0.313	0.618	1.0	1.176	1.618	1.902	2	2

8.4 多自由度体系自由振动

为了便于理解多自由度体系自由振动的规律，先以两个自由度无阻尼体系为例进行讲解。

8.4.1 刚度法

图 8-32(a)为两个自由度体系。无阻尼自由振动时，动力平衡状态中只有惯性力

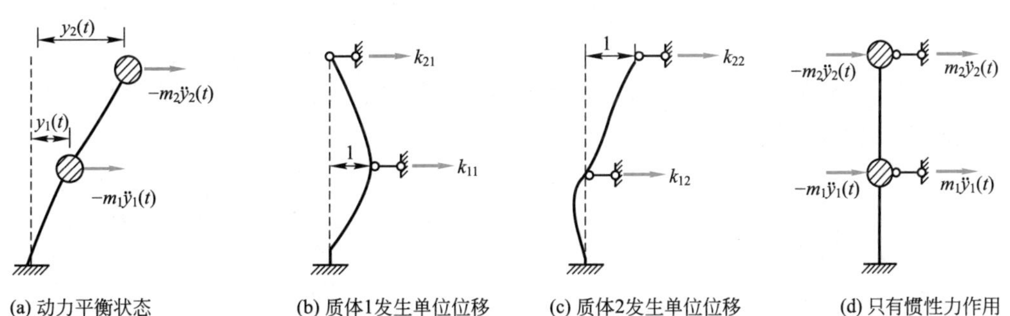

(a) 动力平衡状态　(b) 质体1发生单位位移　(c) 质体2发生单位位移　(d) 只有惯性力作用

图 8-32　刚度法建立两个自由度体系自由振动的动力方程

作用。按照建立位移法典型方程的思路(图 8-32)，体系的动力方程为

$$k_{11}y_1(t)+k_{12}y_2(t)+m_1\ddot{y}_1(t)=0$$

$$k_{21}y_1(t)+k_{22}y_2(t)+m_2\ddot{y}_2(t)=0$$

整理得

$$\begin{cases}m_1\ddot{y}_1(t)+k_{11}y_1(t)+k_{12}y_2(t)=0\\ m_2\ddot{y}_2(t)+k_{21}y_1(t)+k_{22}y_2(t)=0\end{cases} \tag{8-25}$$

这是一个二阶线性齐次常微分方程组，通解为两个线性无关特解的线性组合。

设方程组的特解为

$$\begin{cases}y_1(t)=Y_1\sin(\omega t+\alpha)\\ y_2(t)=Y_2\sin(\omega t+\alpha)\end{cases} \tag{8-26}$$

这个形式的特解表明，两个质点都按同一频率同一相位作同步简谐振动，但幅值不同。将其代入式(8-25)，并消去时间因子 $\sin(\omega t+\alpha)$，得

$$\begin{cases}(k_{11}-m_1\omega^2)Y_1+k_{12}Y_2=0\\ k_{21}Y_1+(k_{22}-m_2\omega^2)Y_2=0\end{cases} \tag{8-27a}$$

式(8-27a)是关于质点振幅的齐次方程组，称为**振型方程**。要使该方程组有非零解，则方程组的系数行列式应为零，即

$$\begin{vmatrix}k_{11}-\omega^2m_1 & k_{12}\\ k_{21} & k_{22}-\omega^2m_2\end{vmatrix}=0 \tag{8-27b}$$

式(8-27b)称为体系的**频率方程**。将其展开并整理，得

$$(\omega^2)^2-\left(\frac{k_{11}}{m_1}+\frac{k_{22}}{m_2}\right)\omega^2+\frac{k_{11}k_{22}-k_{12}k_{21}}{m_1m_2}=0$$

进一步解得 ω^2 的两个根

$$(\omega^2)_{1,2}=\frac{1}{2}\left(\frac{k_{11}}{m_1}+\frac{k_{22}}{m_2}\right)\mp\sqrt{\frac{1}{4}\left(\frac{k_{11}}{m_1}+\frac{k_{22}}{m_2}\right)^2-\frac{k_{11}k_{22}-k_{12}k_{21}}{m_1m_2}} \tag{8-28a}$$

开方后得 ω 的两个正根，较小者称为第一自振频率(记作 ω_1)，较大者称为第二自振频率(记作 ω_2)，即

$$\begin{cases}\omega_1^2=\frac{1}{2}\left(\frac{k_{11}}{m_1}+\frac{k_{22}}{m_2}\right)-\sqrt{\frac{1}{4}\left(\frac{k_{11}}{m_1}+\frac{k_{22}}{m_2}\right)^2-\frac{k_{11}k_{22}-k_{12}k_{21}}{m_1m_2}}\\ \omega_2^2=\frac{1}{2}\left(\frac{k_{11}}{m_1}+\frac{k_{22}}{m_2}\right)+\sqrt{\frac{1}{4}\left(\frac{k_{11}}{m_1}+\frac{k_{22}}{m_2}\right)^2-\frac{k_{11}k_{22}-k_{12}k_{21}}{m_1m_2}}\end{cases} \tag{8-28b}$$

将 ω_1 代入式(8-27a)中的任一方程，并记这时的 Y_1、Y_2 为 Y_{11}、Y_{21}，得到与第一自振频率对应的振型(称为第一振型)

$$\frac{Y_{11}}{Y_{21}}=-\frac{k_{12}}{k_{11}-m_1\omega_1^2} \quad 或 \quad \frac{Y_{11}}{Y_{21}}=-\frac{k_{22}-m_2\omega_1^2}{k_{21}} \tag{8-29a}$$

注意：由于式（8-27a）为齐次方程组，式中两个方程不独立。因此，不能完全确定 Y_1、Y_2 的值，只能求得二者的比值。

同理，将 ω_2 代入式(8-27a)中的任一方程，并记这时的 Y_1、Y_2 为 Y_{12}、Y_{22}，得到与第二自振频率对应的振型(称为第二振型)

$$\frac{Y_{12}}{Y_{22}}=-\frac{k_{12}}{k_{11}-m_1\omega_2^2} \quad 或 \quad \frac{Y_{12}}{Y_{22}}=-\frac{k_{22}-m_2\omega_2^2}{k_{21}} \tag{8-29b}$$

频率和振型是体系的固有自振特性，与外界因素无关。振型通常用向量表示，称为振型向量。第一振型向量和第二振型向量可分别记作

$$\{\boldsymbol{Y}\}^{(1)}=\begin{Bmatrix}Y_{11}\\Y_{21}\end{Bmatrix}, \quad \{\boldsymbol{Y}\}^{(2)}=\begin{Bmatrix}Y_{12}\\Y_{22}\end{Bmatrix}$$

振型向量中的元素大小不定，但元素间的比值是确定的。通常令其中一个元素为 1，其他元素用与这个元素的比值确定。因此，振型公式常表示为

$$\{\boldsymbol{Y}\}^{(1)}=\begin{Bmatrix}Y_{11}\\Y_{21}\end{Bmatrix}=\begin{Bmatrix}1\\ \dfrac{k_{11}-m_1\omega_1^2}{-k_{12}}\end{Bmatrix}=\begin{Bmatrix}1\\ \dfrac{-k_{21}}{k_{22}-m_2\omega_1^2}\end{Bmatrix} \tag{8-29c}$$

$$\{\boldsymbol{Y}\}^{(2)}=\begin{Bmatrix}Y_{12}\\Y_{22}\end{Bmatrix}=\begin{Bmatrix}1\\ \dfrac{k_{11}-m_1\omega_2^2}{-k_{12}}\end{Bmatrix}=\begin{Bmatrix}1\\ \dfrac{-k_{21}}{k_{22}-m_2\omega_2^2}\end{Bmatrix} \tag{8-29d}$$

至此，可得式（8-25）的两个特解分别为

$$\begin{Bmatrix}y_{11}(t)\\y_{21}(t)\end{Bmatrix}=\begin{Bmatrix}Y_{11}\\Y_{21}\end{Bmatrix}\sin(\omega_1 t+\alpha_1) \tag{8-30a}$$

$$\begin{Bmatrix}y_{12}(t)\\y_{22}(t)\end{Bmatrix}=\begin{Bmatrix}Y_{12}\\Y_{22}\end{Bmatrix}\sin(\omega_2 t+\alpha_2) \tag{8-30b}$$

一个特解对应一种振动形式。按每一特解形式作自由振动的特点是：

(1) 体系上所有质体的振动频率相同。

(2) 在振动的任一时刻，各质体位移的比值保持不变，即振动形状保持不变，将此振动形式称为振型。

将式(8-30a)、式(8-30b)的两个特解进行线性组合，得动力方程的通解为

$$\begin{Bmatrix} y_1(t) \\ y_2(t) \end{Bmatrix} = C_1 \begin{Bmatrix} y_{11}(t) \\ y_{21}(t) \end{Bmatrix} + C_2 \begin{Bmatrix} y_{12}(t) \\ y_{22}(t) \end{Bmatrix}$$

$$= C_1 \begin{Bmatrix} Y_{11} \\ Y_{21} \end{Bmatrix} \sin(\omega_1 t + \alpha_1) + C_2 \begin{Bmatrix} Y_{12} \\ Y_{22} \end{Bmatrix} \sin(\omega_2 t + \alpha_2)$$

四个待定常数 C_1、C_2、α_1 和 α_2 由初始条件确定。

【例题 8-12】 试求图 8-33(a)所示两层刚架的自振频率和振型。已知横梁刚度为无穷大，各立柱的抗弯刚度 $EI=6.0\times10^6\mathrm{N\cdot m^2}$，立柱的质量忽略不计，横梁的质量 $m_1=m_2=5000\mathrm{kg}$，每层的高度 $h=5\mathrm{m}$。

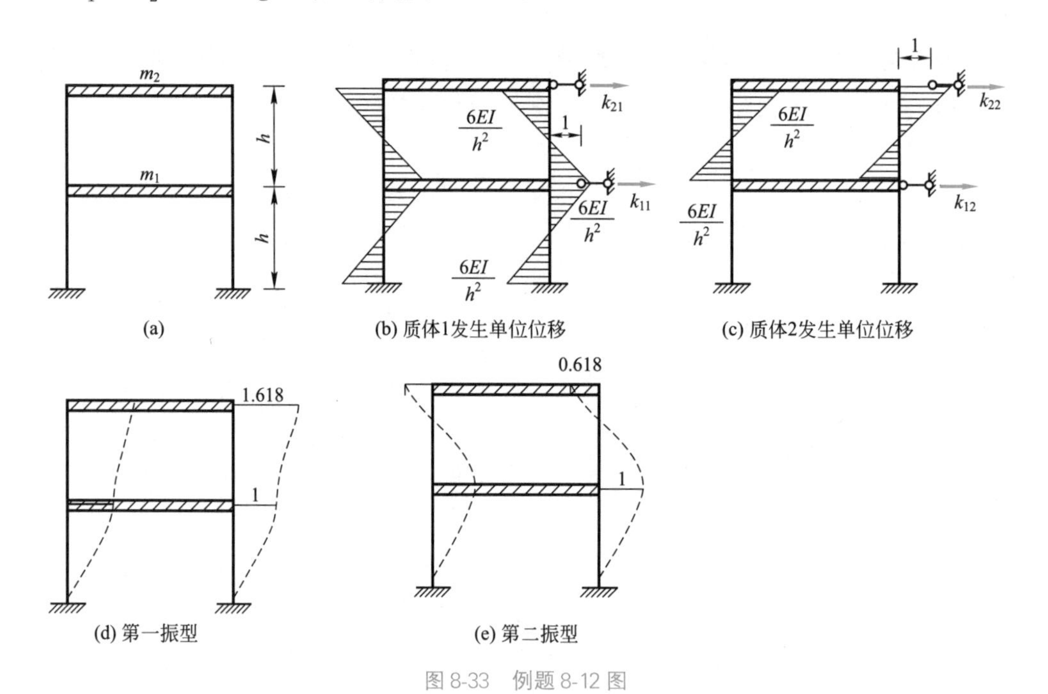

图 8-33　例题 8-12 图

【解】 (1) 求刚度系数

由图 8-33(b)、(c)可求得

$$k_{11}=\frac{48EI}{h^3},\quad k_{12}=k_{21}=-\frac{24EI}{h^3},\quad k_{22}=\frac{24EI}{h^3}$$

(2) 求频率和振型

将 k_{11}、k_{12}、k_{21}、k_{22} 和各自由度的质量 m_1、m_2 代入式(8-28a)得

$$\omega_1^2=(36-12\sqrt{5})\frac{EI}{mh^3},\quad \omega_1=3.03\sqrt{\frac{EI}{mh^3}}=9.4\mathrm{rad/s}$$

$$\omega_2^2=(36+12\sqrt{5})\frac{EI}{mh^3},\quad \omega_2=7.93\sqrt{\frac{EI}{mh^3}}=24.6\text{rad/s}$$

将 ω_1^2 和 ω_2^2 分别代入式(8-29c)和式(8-29d)，得体系的两个振型分别为

$$\{\boldsymbol{Y}\}^{(1)}=\begin{Bmatrix}Y_{11}\\Y_{21}\end{Bmatrix}=\begin{Bmatrix}1\\\dfrac{-k_{21}}{k_{22}-\omega_1^2m_2}\end{Bmatrix}=\begin{Bmatrix}1\\1.618\end{Bmatrix}$$

$$\{\boldsymbol{Y}\}^{(2)}=\begin{Bmatrix}Y_{12}\\Y_{22}\end{Bmatrix}=\begin{Bmatrix}1\\\dfrac{-k_{21}}{k_{22}-\omega_2^2m_2}\end{Bmatrix}=\begin{Bmatrix}1\\-0.618\end{Bmatrix}$$

图 8-33(d)、(e)分别给出了两个振型的示意图。

对于 n 个自由度体系，无阻尼自由振动方程为

$$\begin{cases}m_1\ddot{y}_1(t)+k_{11}y_1(t)+k_{12}y_2(t)+\cdots+k_{1n}y_n(t)=0\\m_2\ddot{y}_2(t)+k_{21}y_1(t)+k_{22}y_2(t)+\cdots+k_{2n}y_n(t)=0\\\cdots\cdots\\m_n\ddot{y}_n(t)+k_{n1}y_1(t)+k_{n2}y_2(t)+\cdots+k_{nn}y_n(t)=0\end{cases}\tag{8-31a}$$

为了表达方便，将动力方程写成矩阵形式

$$\begin{bmatrix}m_1&0&0&0\\0&m_2&0&0\\0&0&\ddots&0\\0&0&0&m_n\end{bmatrix}\begin{Bmatrix}\ddot{y}_1(t)\\\ddot{y}_2(t)\\\vdots\\\ddot{y}_n(t)\end{Bmatrix}+\begin{bmatrix}k_{11}&k_{12}&\cdots&k_{1n}\\k_{21}&k_{22}&\cdots&k_{2n}\\\vdots&\vdots&\ddots&\vdots\\k_{n1}&k_{n2}&\cdots&k_{nn}\end{bmatrix}\begin{Bmatrix}y_1(t)\\y_2(t)\\\vdots\\y_n(t)\end{Bmatrix}=\begin{Bmatrix}0\\0\\\vdots\\0\end{Bmatrix}\tag{8-31b}$$

简写成

$$[\boldsymbol{M}]\{\ddot{\boldsymbol{y}}(t)\}+[\boldsymbol{K}]\{\boldsymbol{y}(t)\}=\{0\}\tag{8-31c}$$

设特解列向量为

$$\begin{Bmatrix}y_1(t)\\y_2(t)\\\vdots\\y_n(t)\end{Bmatrix}=\begin{Bmatrix}Y_1\\Y_2\\\vdots\\Y_n\end{Bmatrix}\sin(\omega t+\alpha)\tag{8-32a}$$

简写成

$$\{\boldsymbol{y}(t)\}=\{\boldsymbol{Y}\}\sin(\omega t+\alpha)\tag{8-32b}$$

将其代入方程(8-31)，并消去时间因子 $\sin(\omega t+\alpha)$，得振型方程为

$$\left(\begin{bmatrix} k_{11} & k_{12} & \cdots & k_{1n} \\ k_{21} & k_{22} & \cdots & k_{2n} \\ \vdots & \vdots & \ddots & \vdots \\ k_{n1} & k_{n2} & \cdots & k_{nn} \end{bmatrix} - \omega^2 \begin{bmatrix} m_1 & 0 & \cdots & 0 \\ 0 & m_2 & \cdots & 0 \\ \vdots & \vdots & \ddots & \vdots \\ 0 & 0 & \cdots & m_n \end{bmatrix}\right) \begin{Bmatrix} Y_1 \\ Y_2 \\ \vdots \\ Y_n \end{Bmatrix} = \begin{Bmatrix} 0 \\ 0 \\ 0 \\ 0 \end{Bmatrix}$$

简写成

$$([\boldsymbol{K}]-\omega^2[\boldsymbol{M}])\{\boldsymbol{Y}\}=\{0\} \tag{8-33a}$$

令振型方程的系数行列式等于零，得频率方程为

$$\left|\begin{bmatrix} k_{11} & k_{12} & \cdots & k_{1n} \\ k_{21} & k_{22} & \cdots & k_{2n} \\ \vdots & \vdots & \ddots & \vdots \\ k_{n1} & k_{n2} & \cdots & k_{nn} \end{bmatrix} - \omega^2 \begin{bmatrix} m_1 & 0 & \cdots & 0 \\ 0 & m_2 & \cdots & 0 \\ \vdots & \vdots & \ddots & \vdots \\ 0 & 0 & \cdots & m_n \end{bmatrix}\right| = 0$$

简写成

$$|[\boldsymbol{K}]-\omega^2[\boldsymbol{M}]|=0 \tag{8-33b}$$

由式(8-33a)和式(8-33b)可解出体系的 n 个自振频率和振型。进而得到振动方程的 n 个特解。将 n 个特解进行线性组合，得通解为

$$\begin{Bmatrix} y_1(t) \\ y_2(t) \\ \vdots \\ y_n(t) \end{Bmatrix} = C_1 \begin{Bmatrix} Y_{11} \\ Y_{21} \\ \vdots \\ Y_{n1} \end{Bmatrix} \sin(\omega_1 t+\alpha_1) + C_2 \begin{Bmatrix} Y_{12} \\ Y_{22} \\ \vdots \\ Y_{n2} \end{Bmatrix} \sin(\omega_2 t+\alpha_2) + \cdots + C_n \begin{Bmatrix} Y_{1n} \\ Y_{2n} \\ \vdots \\ Y_{nn} \end{Bmatrix} \sin(\omega_n t+\alpha_n)$$

$$= \begin{bmatrix} Y_{11} & Y_{12} & \cdots & Y_{1n} \\ Y_{21} & Y_{22} & \cdots & Y_{2n} \\ \vdots & \vdots & \ddots & \vdots \\ Y_{n1} & Y_{n2} & \cdots & Y_{nn} \end{bmatrix} \begin{Bmatrix} C_1 \sin(\omega_1 t+\alpha_1) \\ C_2 \sin(\omega_2 t+\alpha_2) \\ \vdots \\ C_n \sin(\omega_n t+\alpha_n) \end{Bmatrix}$$

$2n$ 个待定系数 $C_1 \sim C_n$、$\alpha_1 \sim \alpha_n$ 由初始条件确定。

【例题 8-13】 试求图 8-34(a)所示三层框架的自振频率和振型。已知横梁刚度为无穷大，各层柱子的抗弯刚度 $EI=6.39\times10^5 \mathrm{N\cdot m^2}$，横梁处的集中质量 $m_1=m_2=m_3=16000\mathrm{kg}$，柱子的质量忽略不计，柱高 $h=4\mathrm{m}$。

【解】 (1) 求质量矩阵和刚度矩阵。由图 8-34(a)、(b)、(c)、(d)可得到体系的

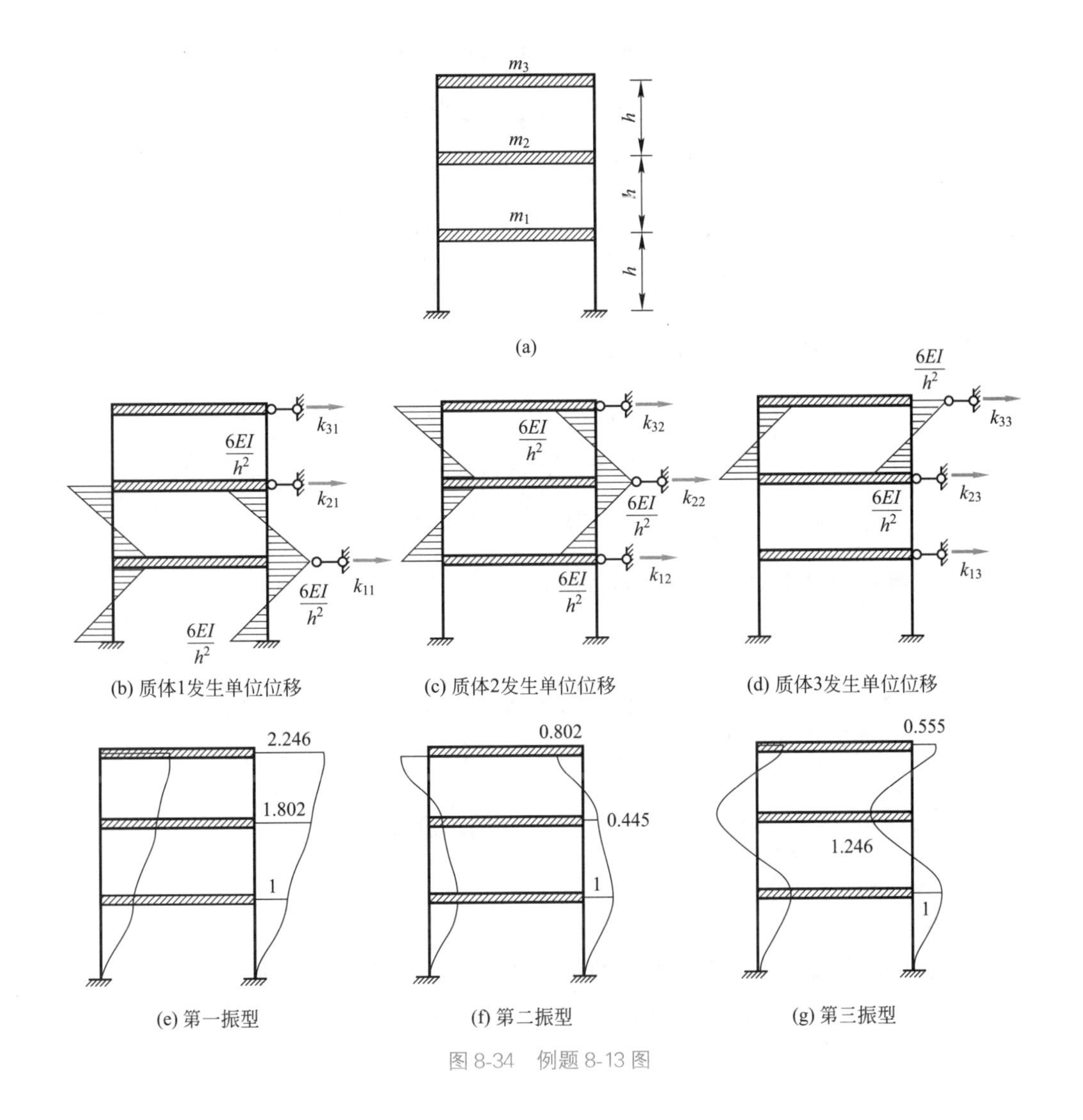

图 8-34　例题 8-13 图

质量矩阵和刚度矩阵分别为

$$[\boldsymbol{M}]=\begin{bmatrix} m_1 & 0 & 0 \\ 0 & m_2 & 0 \\ 0 & 0 & m_3 \end{bmatrix}=\begin{bmatrix} 1.6 & 0 & 0 \\ 0 & 1.6 & 0 \\ 0 & 0 & 1.6 \end{bmatrix}\times 10^4\text{kg}, \ [\boldsymbol{K}]=\begin{bmatrix} 48 & -24 & 0 \\ -24 & 48 & -24 \\ 0 & -24 & 24 \end{bmatrix}\frac{EI}{h^3}$$

（2）计算振型和频率。将刚度矩阵和质量矩阵代入式(8-33b)频率方程中，得

$$\left|\begin{bmatrix} 48 & -24 & 0 \\ -24 & 48 & -24 \\ 0 & -24 & 24 \end{bmatrix}\frac{EI}{h^3}-\omega^2\begin{bmatrix} m_1 & 0 & 0 \\ 0 & m_2 & 0 \\ 0 & 0 & m_3 \end{bmatrix}\right|=0$$

求解上述行列式，可得到体系的三个自振频率分别为

$$\omega_1=17.22\text{rad/s},\quad \omega_2=48.26\text{rad/s},\quad \omega_3=69.73\text{rad/s}$$

将 ω_1 代入振型方程式(8-33a)，并将 Y_1、Y_2、Y_3 改为 Y_{11}、Y_{21}、Y_{31} 得

$$\left(\begin{bmatrix}48 & -24 & 0\\ -24 & 48 & -24\\ 0 & -24 & 24\end{bmatrix}\frac{EI}{h^3}-\omega_1^2\begin{bmatrix}m_1 & 0 & 0\\ 0 & m_2 & 0\\ 0 & 0 & m_3\end{bmatrix}\right)\begin{Bmatrix}Y_{11}\\ Y_{21}\\ Y_{31}\end{Bmatrix}=0$$

令 $Y_{11}=1$，得体系的第一振型为

$$\{\boldsymbol{Y}\}^{(1)}=\begin{Bmatrix}Y_{11}\\ Y_{21}\\ Y_{31}\end{Bmatrix}=\begin{Bmatrix}1\\ 1.802\\ 2.246\end{Bmatrix}$$

同理，解得第二振型和第三振型分别为

$$\{\boldsymbol{Y}\}^{(2)}=\begin{Bmatrix}Y_{12}\\ Y_{22}\\ Y_{32}\end{Bmatrix}=\begin{Bmatrix}1\\ 0.445\\ -0.802\end{Bmatrix},\quad \{\boldsymbol{Y}\}^{(3)}=\begin{Bmatrix}Y_{13}\\ Y_{23}\\ Y_{33}\end{Bmatrix}=\begin{Bmatrix}1\\ -1.246\\ 0.555\end{Bmatrix}$$

图 8-34(e)、(f)、(g)分别给出了三个振型的示意图。

8.4.2 柔度法

两个自由度体系无阻尼自由振动的动力平衡状态如图 8-35(a)所示，则两个质体的位移分别为两个质体上惯性力产生的静力位移之和，即

$$\begin{aligned}y_1(t)&=\delta_{11}(-m_1\ddot{y}_1(t))+\delta_{12}(-m_2\ddot{y}_2(t))\\ y_2(t)&=\delta_{21}(-m_1\ddot{y}_1(t))+\delta_{22}(-m_2\ddot{y}_2(t))\end{aligned}\tag{8-34}$$

式中的柔度系数 δ_{11}、δ_{12}、δ_{21}、δ_{22} 如图 8-35(b)、(c)所示。这就是两个自由度无阻尼体系，用柔度系数表示的动力方程。

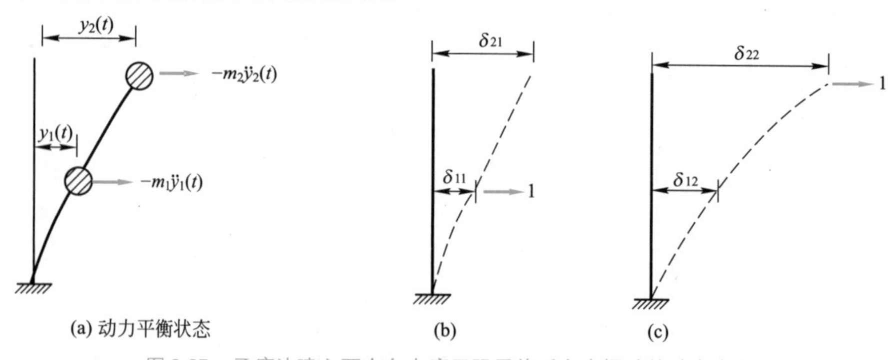

图 8-35 柔度法建立两个自由度无阻尼体系自由振动的动力方程

式(8-34)的求解过程与刚度法类似，不再赘述。其振型方程和频率方程分别为

$$\begin{cases}\left(\delta_{11}m_1-\dfrac{1}{\omega^2}\right)Y_1+\delta_{12}m_2Y_2=0\\ \delta_{21}m_1Y_1+\left(\delta_{22}m_2-\dfrac{1}{\omega^2}\right)Y_2=0\end{cases} \tag{8-35a}$$

$$\begin{vmatrix}\delta_{11}m_1-\dfrac{1}{\omega^2} & \delta_{12}m_2\\ \delta_{21}m_1 & \delta_{22}m_2-\dfrac{1}{\omega^2}\end{vmatrix}=0 \tag{8-35b}$$

解得频率和振型分别为

$$\omega=\sqrt{1/\lambda}$$

$$\lambda_{12}=\frac{\delta_{11}m_1+\delta_{22}m_2}{2}\pm\sqrt{\frac{1}{4}(\delta_{11}m_1+\delta_{22}m_2)^2-(\delta_{11}\delta_{22}-\delta_{12}\delta_{21})m_1m_2} \tag{8-36a}$$

$$\begin{aligned}\{\boldsymbol{Y}\}^{(1)}&=\begin{Bmatrix}Y_{11}\\ Y_{21}\end{Bmatrix}=\begin{Bmatrix}1\\ -\dfrac{\delta_{11}m_1-\lambda_1}{\delta_{12}m_2}\end{Bmatrix}=\begin{Bmatrix}1\\ -\dfrac{\delta_{21}m_1}{\delta_{22}m_2-\lambda_1}\end{Bmatrix}\\ \{\boldsymbol{Y}\}^{(2)}&=\begin{Bmatrix}Y_{12}\\ Y_{22}\end{Bmatrix}=\begin{Bmatrix}1\\ -\dfrac{\delta_{11}m_1-\lambda_2}{\delta_{12}m_2}\end{Bmatrix}=\begin{Bmatrix}1\\ -\dfrac{\delta_{21}m_1}{\delta_{22}m_2-\lambda_2}\end{Bmatrix}\end{aligned} \tag{8-36b}$$

【例题 8-14】 试求图 8-36(a)所示简支梁体系的自振频率和振型。

【解】 由图 8-36(b)、(c)所示的单位弯矩图，用图乘法可求得体系的柔度系数为

$$\delta_{11}=\delta_{22}=\frac{4l^3}{243EI},\quad \delta_{12}=\delta_{21}=\frac{7l^3}{486EI}$$

考虑 $m_1=m_2=m$，由式(8-36a)可得

$$\lambda_1=\frac{5ml^3}{162EI},\quad \omega_1=\sqrt{1/\lambda_1}=5.69\sqrt{\frac{EI}{ml^3}}$$

$$\lambda_2=\frac{ml^3}{486EI},\quad \omega_2=\sqrt{1/\lambda_2}=22\sqrt{\frac{EI}{ml^3}}$$

由式(8-36b)得

$$\{\boldsymbol{Y}\}^{(1)}=\begin{Bmatrix}Y_{11}\\ Y_{21}\end{Bmatrix}=\begin{Bmatrix}1\\ 1\end{Bmatrix},\{\boldsymbol{Y}\}^{(2)}=\begin{Bmatrix}Y_{12}\\ Y_{22}\end{Bmatrix}=\begin{Bmatrix}1\\ -1\end{Bmatrix}$$

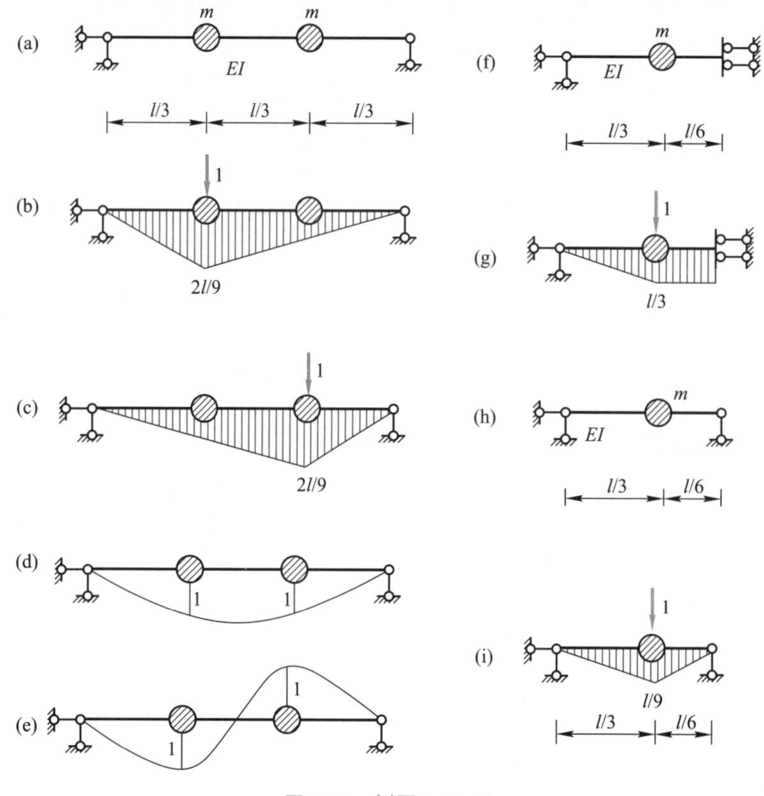

图 8-36　例题 8-14 图

图 8-36(d)、(e)为两个振型的示意图。

从振型图可以看出：

(1) 第一振型是对称的。如果体系按第一振型振动，则质点的振动与图 8-36(f) 所示的半结构的振动完全相同。因此，可取半结构按单自由度体系进行计算。由图 8-36(g)的弯矩图自乘，得柔度系数为 $\delta_1=\dfrac{5l^3}{162EI}$，故该半结构的自振频率(第一频率)为 $\omega_1=\sqrt{\dfrac{1}{m\delta_1}}=\sqrt{\dfrac{162EI}{5ml^3}}=5.69\sqrt{\dfrac{EI}{ml^3}}$。

(2) 第二振型是反对称的。可取图 8-36(h)所示的半结构进行计算。由图 8-36(i) 的弯矩图自乘，得柔度系数为 $\delta_2=\dfrac{l^3}{486EI}$，故该半结构的自振频率（第二频率）为 $\omega_2=\sqrt{\dfrac{1}{m\delta_2}}=\sqrt{\dfrac{486EI}{ml^3}}=22\sqrt{\dfrac{EI}{ml^3}}$。

对于对称结构，取半结构进行计算，过程会简单些。

【例题 8-15】 试求图 8-37(a)所示结构的振型。各杆 EI 相同。

【解】 该体系有两个自由度，水平自由度的质量为 $m_1=m$，竖向自由度的质量

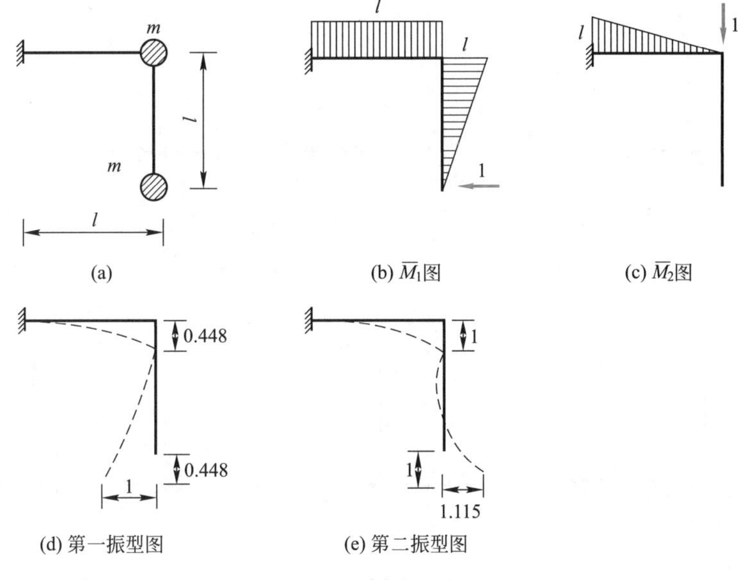

图 8-37　例题 8-15 图

为 $m_2=2m$。由单位力下的弯矩图可求得如下柔度系数

$$\delta_{11}=\frac{4l^3}{3EI},\quad \delta_{12}=\delta_{21}=\frac{l^3}{2EI},\quad \delta_{22}=\frac{l^3}{3EI}$$

将柔度系数和质量代入频率方程中，求得体系的两个自振频率分别为

$$\lambda_{1,2}=\frac{\delta_{11}m_1+\delta_{22}m_2}{2}\pm\sqrt{\frac{1}{4}(\delta_{11}m_1+\delta_{22}m_2)^2-(\delta_{11}\delta_{22}-\delta_{12}\delta_{21})m_1m_2}=\frac{ml^3}{EI}\left(1\pm\frac{\sqrt{22}}{6}\right)$$

$$\omega_1=\sqrt{1/\lambda_1}=\sqrt{\frac{6}{6+\sqrt{22}}\frac{EI}{ml^3}}=0.75\sqrt{\frac{EI}{ml^3}}$$

$$\omega_2=\sqrt{1/\lambda_2}=\sqrt{\frac{6}{6-\sqrt{22}}\frac{EI}{ml^3}}=2.14\sqrt{\frac{EI}{ml^3}}$$

将求得的频率和质量代入振型方程，得两个振型分别为

$$\{\boldsymbol{Y}\}^{(1)}=\begin{Bmatrix}Y_{11}\\Y_{21}\end{Bmatrix}=\begin{Bmatrix}1\\-\dfrac{\delta_{11}m_1-\lambda_1}{\delta_{12}m_2}\end{Bmatrix}=\begin{Bmatrix}1\\\dfrac{-2+\sqrt{22}}{6}\end{Bmatrix}=\begin{Bmatrix}1\\0.448\end{Bmatrix}$$

$$\{\boldsymbol{Y}\}^{(2)}=\begin{Bmatrix}1\\-\dfrac{2+\sqrt{22}}{6}\end{Bmatrix}=\begin{Bmatrix}1\\-1.115\end{Bmatrix}$$

【例题 8-16】 试求图 8-38(a)所示结构的振型。各杆 EI 相同。

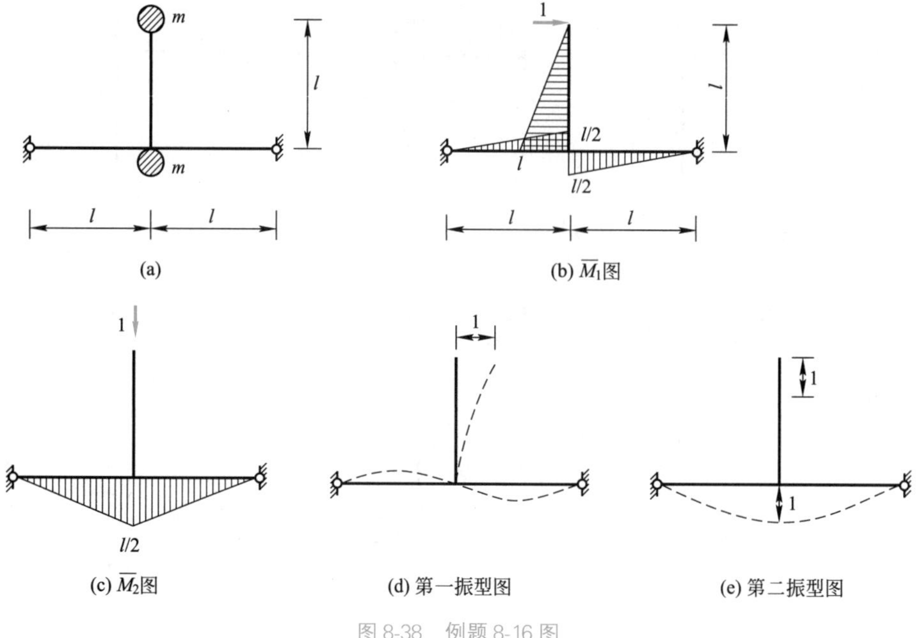

图 8-38　例题 8-16 图

【解】 由单位力下的弯矩图，可求得如下柔度系数

$$\delta_{11}=\frac{l^3}{2EI},\quad \delta_{12}=\delta_{21}=0,\quad \delta_{22}=\frac{l^3}{6EI}$$

考虑 $m_1=m$，$m_2=2m$，将柔度系数和质量代入频率方程中，求得体系的两个自振频率分别为

$$\lambda_{1,2}=\frac{\delta_{11}m_1+\delta_{22}m_2}{2}\pm\sqrt{\frac{1}{4}(\delta_{11}m_1+\delta_{22}m_2)^2-(\delta_{11}\delta_{22}-\delta_{12}\delta_{21})m_1m_2}=\frac{5\pm1}{12}\frac{ml^3}{EI}$$

$$\omega_1=\sqrt{1/\lambda_1}=\sqrt{\frac{2EI}{ml^3}},\ \omega_2=\sqrt{1/\lambda_2}=\sqrt{\frac{3EI}{ml^3}}$$

另外，从 $\delta_{12}=\delta_{21}=0$ 可以看出水平振动和竖向振动是相互独立、互不干扰的。因此，可只用单自由度体系公式求频率，即

$$\omega_1=\sqrt{\frac{1}{m\delta_{11}}},\ \omega_2=\sqrt{\frac{1}{2m\delta_{22}}}$$

将求得的频率和质量代入振型方程中

$$\begin{cases}\left(\delta_{11}m_1-\dfrac{1}{\omega^2}\right)Y_1+\delta_{12}m_2Y_2=0\\ \delta_{21}m_1Y_1+\left(\delta_{22}m_2-\dfrac{1}{\omega^2}\right)Y_2=0\end{cases}\qquad \begin{cases}\left(\delta_{11}m_1-\dfrac{1}{\omega^2}\right)Y_1+0\cdot Y_2=0\\ 0\cdot Y_1+\left(\delta_{22}m_2-\dfrac{1}{\omega^2}\right)Y_2=0\end{cases}$$

由于 $\delta_{12}=\delta_{21}=0$，所以，只能用第二个振型方程求第一振型，且令 $Y_{11}=1$，得

$$\{\boldsymbol{Y}\}^{(1)}=\begin{Bmatrix}Y_{11}\\Y_{21}\end{Bmatrix}=\begin{Bmatrix}Y_{11}\\-\dfrac{0\times Y_{11}}{\delta_{22}m_2-\lambda_1}\end{Bmatrix}=\begin{Bmatrix}1\\0\end{Bmatrix}$$

同理，只能用第一个振型方程求第二振型，且令 $Y_{22}=1$，得

$$\{\boldsymbol{Y}\}^{(2)}=\begin{Bmatrix}Y_{12}\\Y_{22}\end{Bmatrix}=\begin{Bmatrix}-\dfrac{0\times Y_{22}}{\delta_{11}m_1-\lambda_2}\\Y_{22}\end{Bmatrix}=\begin{Bmatrix}0\\1\end{Bmatrix}$$

对于 n 个自由度体系，无阻尼自由振动的动力方程为

$$\begin{cases}y_1(t)=\delta_{11}(-m_1\ddot{y}_1(t))+\delta_{12}(-m_2\ddot{y}_2(t))+\cdots+\delta_{1n}(-m_n\ddot{y}_n(t))\\y_2(t)=\delta_{21}(-m_1\ddot{y}_1(t))+\delta_{22}(-m_2\ddot{y}_2(t))+\cdots+\delta_{2n}(-m_n\ddot{y}_n(t))\\\cdots\cdots\\y_n(t)=\delta_{n1}(-m_1\ddot{y}_1(t))+\delta_{n2}(-m_2\ddot{y}_2(t))+\cdots+\delta_{nn}(-m_n\ddot{y}_n(t))\end{cases}\tag{8-37a}$$

为了表达方便，将动力方程写成矩阵形式

$$\begin{bmatrix}\delta_{11}&\delta_{12}&\cdots&\delta_{1n}\\\delta_{21}&\delta_{22}&\cdots&\delta_{2n}\\\vdots&\vdots&\ddots&\vdots\\\delta_{n1}&\delta_{n2}&\cdots&\delta_{nn}\end{bmatrix}\begin{bmatrix}m_1&0&\cdots&0\\0&m_2&\cdots&0\\\vdots&\vdots&\ddots&\vdots\\0&0&\cdots&m_n\end{bmatrix}\begin{Bmatrix}\ddot{y}_1(t)\\\ddot{y}_2(t)\\\vdots\\\ddot{y}_n(t)\end{Bmatrix}+\begin{Bmatrix}y_1(t)\\y_2(t)\\\vdots\\y_n(t)\end{Bmatrix}=\begin{Bmatrix}0\\0\\\vdots\\0\end{Bmatrix}\tag{8-37b}$$

简写成

$$[\boldsymbol{\delta}][M]\{\ddot{\boldsymbol{y}}(t)\}+\{\boldsymbol{y}(t)\}=\{0\}\tag{8-37c}$$

式中，$[\boldsymbol{\delta}]$ 称为体系的柔度矩阵。设位移特解列向量为

$$\begin{Bmatrix}y_1(t)\\y_2(t)\\\vdots\\y_n(t)\end{Bmatrix}=\begin{Bmatrix}Y_1\\Y_2\\\vdots\\Y_n\end{Bmatrix}\sin(\omega t+\alpha)\tag{8-38a}$$

简写成

$$\{\boldsymbol{y}(t)\}=\{\boldsymbol{Y}\}\sin(\omega t+\alpha) \tag{8-38b}$$

将其代入方程式（8-37）并消去时间因子 $\sin(\omega t+\alpha)$，得振型方程

$$\left(\begin{bmatrix}\delta_{11}m_1 & \delta_{12}m_2 & \cdots & \delta_{1n}m_n\\ \delta_{21}m_1 & \delta_{22}m_2 & \cdots & \delta_{2n}m_n\\ \vdots & \vdots & \ddots & \vdots\\ \delta_{n1}m_1 & \delta_{n2}m_2 & \cdots & \delta_{nn}m_n\end{bmatrix}-\frac{1}{\omega^2}\begin{bmatrix}1 & 0 & \cdots & 0\\ 0 & 1 & \cdots & 0\\ \vdots & \vdots & \ddots & \vdots\\ 0 & 0 & \cdots & 1\end{bmatrix}\right)\begin{Bmatrix}Y_1\\ Y_2\\ \vdots\\ Y_n\end{Bmatrix}=\begin{Bmatrix}0\\ 0\\ \vdots\\ 0\end{Bmatrix}$$

简写成

$$\left([\boldsymbol{\delta}][\boldsymbol{M}]-\frac{1}{\omega^2}[\boldsymbol{I}]\right)\{\boldsymbol{Y}\}=\{0\} \tag{8-39a}$$

令振型方程的系数行列式等于零，得频率方程为

$$\left|\begin{bmatrix}\delta_{11}m_1 & \delta_{12}m_2 & \cdots & \delta_{1n}m_n\\ \delta_{21}m_1 & \delta_{22}m_2 & \cdots & \delta_{2n}m_n\\ \vdots & \vdots & \ddots & \vdots\\ \delta_{n1}m_1 & \delta_{n2}m_2 & \cdots & \delta_{nn}m_n\end{bmatrix}-\frac{1}{\omega^2}\begin{bmatrix}1 & 0 & \cdots & 0\\ 0 & 1 & \cdots & 0\\ \vdots & \vdots & \ddots & \vdots\\ 0 & 0 & \cdots & 1\end{bmatrix}\right|=0$$

简写成

$$\left|[\boldsymbol{\delta}][\boldsymbol{M}]-\frac{1}{\omega^2}[\boldsymbol{I}]\right|=0 \tag{8-39b}$$

由式（8-39a）、式（8-38b）可解出体系的 n 个自振频率和振型。进而得到振动方程的 n 个特解。则通解为

$$\begin{Bmatrix}y_1(t)\\ y_2(t)\\ \vdots\\ y_n(t)\end{Bmatrix}=C_1\begin{Bmatrix}Y_{11}\\ Y_{21}\\ \vdots\\ Y_{n1}\end{Bmatrix}\sin(\omega_1 t+\alpha_1)+C_2\begin{Bmatrix}Y_{12}\\ Y_{22}\\ \vdots\\ Y_{n2}\end{Bmatrix}\sin(\omega_2 t+\alpha_2)+\cdots+C_n\begin{Bmatrix}Y_{1n}\\ Y_{2n}\\ \vdots\\ Y_{nn}\end{Bmatrix}\sin(\omega_n t+\alpha_n)$$

$$=\begin{bmatrix}Y_{11} & Y_{12} & \cdots & Y_{1n}\\ Y_{21} & Y_{22} & \cdots & Y_{2n}\\ \vdots & \vdots & \ddots & \vdots\\ Y_{n1} & Y_{n2} & \cdots & Y_{nn}\end{bmatrix}\begin{Bmatrix}C_1\sin(\omega_1 t+\alpha_1)\\ C_2\sin(\omega_2 t+\alpha_2)\\ \vdots\\ C_n\sin(\omega_n t+\alpha_n)\end{Bmatrix}$$

$2n$ 个待定常数 $C_1\sim C_n$、$\alpha_1\sim\alpha_n$ 由初始条件确定。

【例题 8-17】 试求图 8-39(a)所示简支梁体系的自振频率和振型。集中质量

$m_1=m_2=m_3=1$，梁长为 l，梁的抗弯刚度为 EI。

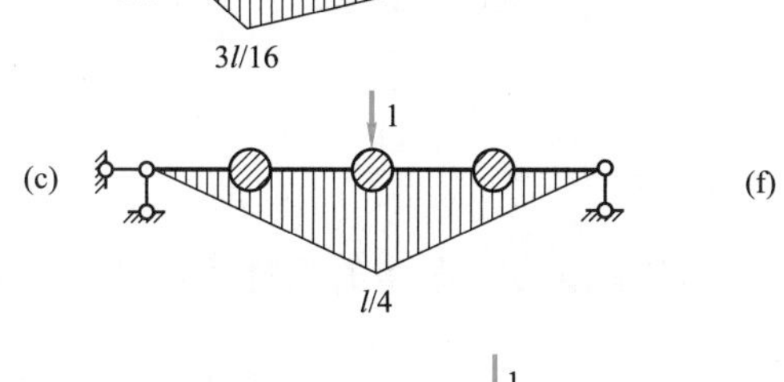

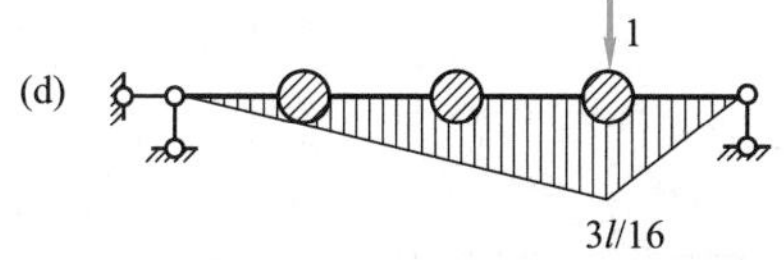

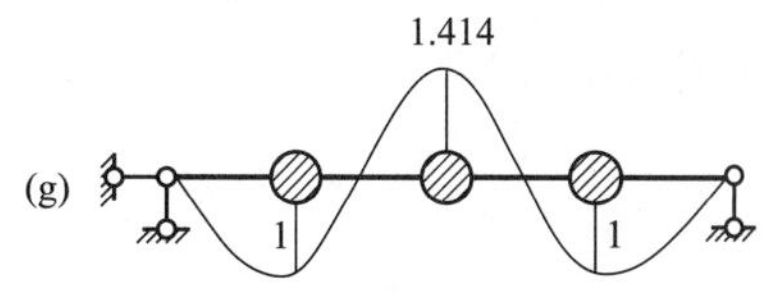

图 8-39　例题 8-17 图

【解】 (1) 计算体系柔度矩阵和质量矩阵。由图 8-39(a)、(b)、(c)、(d)可求得体系的质量矩阵和柔度矩阵分别为

$$[\boldsymbol{M}]=\begin{bmatrix}1&0&0\\0&1&0\\0&0&1\end{bmatrix},\quad [\boldsymbol{\delta}]=\begin{bmatrix}9&11&7\\11&16&11\\7&11&9\end{bmatrix}\frac{l^3}{768EI}$$

(2) 计算振型和频率。将质量矩阵和柔度矩阵代入式(8-39b)频率方程中，得三个自振频率分别为

$$\omega_1=0.3981\text{rad/s},\quad \omega_2=1.5810\text{rad/s},\quad \omega_3=3.3568\text{rad/s}$$

进而由振型方程式(8-39a)，解得三个振型分别为

$$\{\boldsymbol{Y}\}^{(1)}=\begin{Bmatrix}Y_{11}\\Y_{21}\\Y_{31}\end{Bmatrix}=\begin{Bmatrix}1\\1.414\\1\end{Bmatrix},\quad \{\boldsymbol{Y}\}^{(2)}=\begin{Bmatrix}Y_{12}\\Y_{22}\\Y_{32}\end{Bmatrix}=\begin{Bmatrix}1\\0\\-1\end{Bmatrix},\quad \{\boldsymbol{Y}\}^{(3)}=\begin{Bmatrix}Y_{13}\\Y_{23}\\Y_{33}\end{Bmatrix}=\begin{Bmatrix}1\\-1.414\\1\end{Bmatrix}$$

图 8-39(e)、(f)、(g)分别给出了三个振型的示意图。

8.4.3　振型的正交性及其应用

以三个自由度体系为例说明振型的正交性。

若体系按第一振型振动，则动力位移列向量和相应的惯性力列向量分别为

$$\begin{Bmatrix} y_1(t) \\ y_2(t) \\ y_3(t) \end{Bmatrix} = \begin{Bmatrix} Y_{11} \\ Y_{21} \\ Y_{31} \end{Bmatrix} \sin(\omega_1 t + \alpha_1) \tag{8-40}$$

$$\begin{Bmatrix} -m_1 \ddot{y}_1(t) \\ -m_2 \ddot{y}_2(t) \\ -m_3 \ddot{y}_3(t) \end{Bmatrix} = \begin{Bmatrix} \omega_1^2 m_1 Y_{11} \\ \omega_1^2 m_2 Y_{21} \\ \omega_1^2 m_3 Y_{31} \end{Bmatrix} \sin(\omega_1 t + \alpha_1) \tag{8-41}$$

由体系的动力平衡性质可知：

第一振型中各质点的位移幅值可以看成是由第一振型的惯性力幅值引起的静力位移，如图 8-40(a)所示。

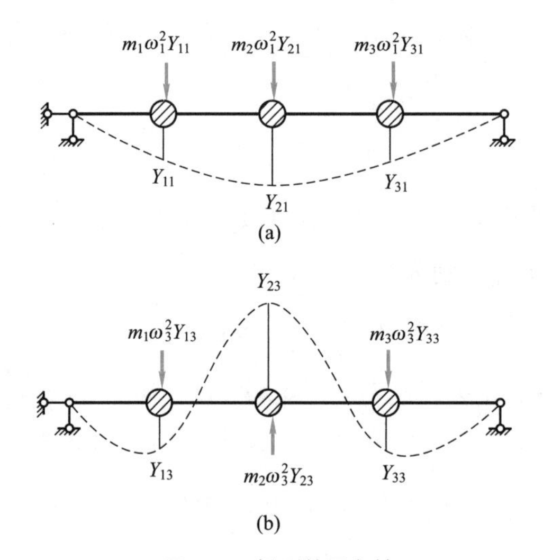

图 8-40　振型的正交性

同理，若体系按第三振型振动，则第三振型中各质点的位移幅值看成是由第三振型的惯性力幅值引起的静力位移，如图 8-40(b)所示。

因此，第一振型的惯性力幅值在第三振型上所做的虚功为

$$W_{31} = \omega_1^2 m_1 Y_{11} \cdot Y_{13} + \omega_1^2 m_2 Y_{21} \cdot Y_{23} + \omega_1^2 m_3 Y_{31} \cdot Y_{33}$$

第三振型的惯性力在第一振型上所做的虚功为

$$W_{13} = \omega_3^2 m_1 Y_{13} \cdot Y_{11} + \omega_3^2 m_2 Y_{23} \cdot Y_{21} + \omega_3^2 m_3 Y_{33} \cdot Y_{31}$$

由功的互等定理可知 $W_{31} = W_{13}$，即

$$\omega_3^2 m_1 Y_{13} \cdot Y_{11} + \omega_3^2 m_2 Y_{23} \cdot Y_{21} + \omega_3^2 m_3 Y_{33} \cdot Y_{31}$$
$$= \omega_1^2 m_1 Y_{11} \cdot Y_{13} + \omega_1^2 m_2 Y_{21} \cdot Y_{23} + \omega_1^2 m_3 Y_{31} \cdot Y_{33}$$

整理得

$$(\omega_3^2 - \omega_1^2)(m_1 Y_{13} \cdot Y_{11} + m_2 Y_{23} \cdot Y_{21} + m_3 Y_{33} \cdot Y_{31}) = 0$$

因为$(\omega_3^2 - \omega_1^2) \neq 0$，故

$$m_1 Y_{13} \cdot Y_{11} + m_2 Y_{23} \cdot Y_{21} + m_3 Y_{33} \cdot Y_{31} = 0 \tag{8-42a}$$

写成矩阵形式

$$[Y_{11} \quad Y_{21} \quad Y_{31}] \begin{bmatrix} m_1 & 0 & 0 \\ 0 & m_2 & 0 \\ 0 & 0 & m_3 \end{bmatrix} \begin{Bmatrix} Y_{13} \\ Y_{23} \\ Y_{33} \end{Bmatrix} = 0 \tag{8-42b}$$

简写成

$$\{Y\}^{(1)\mathrm{T}} [M] \{Y\}^{(3)} = 0 \tag{8-42c}$$

这表明，该体系的第一振型和第三振型两个向量对体系的质量矩阵是正交的。很明显，这个规律适合任何两个不同频率的振型，即

$$\{Y\}^{(i)\mathrm{T}} [M] \{Y\}^{(j)} = 0 \quad (i \neq j) \tag{8-43a}$$

还可以进一步证明，任意两个不同频率的振型对体系的刚度矩阵也正交，即

$$\{Y\}^{(i)\mathrm{T}} [K] \{Y\}^{(j)} = 0 \quad (i \neq j) \tag{8-43b}$$

振型的正交性也是结构本身固有的特性，它不仅可以用来简化结构的动力计算，还可以用来检验所求的振型是否正确。对于只有集中质量的结构，由于质量矩阵是对角矩阵，应用式(8-43a)要比式(8-43b)简单一些。

将例题 8-13 中的质量矩阵和求得的第一振型和第二振型，代入式(8-43a)，得

$$[1 \quad 1.802 \quad 2.246] \begin{bmatrix} 1.6\times10^4 & 0 & 0 \\ 0 & 1.6\times10^4 & 0 \\ 0 & 0 & 1.6\times10^4 \end{bmatrix} \begin{Bmatrix} 1 \\ 0.445 \\ -0.802 \end{Bmatrix} = 0$$

很明显，第一振型和第二振型对质量矩阵是正交的。请读者自行验证其他振型间的正交性。

下面利用振型的正交性，求解多自由度体系自由振动的位移解(以两个自由度体系为例)。两个自由度体系自由振动位移解的表达式为

$$\begin{Bmatrix} y_1(t) \\ y_2(t) \end{Bmatrix} = C_1 \begin{Bmatrix} Y_{11} \\ Y_{21} \end{Bmatrix} \sin(\omega_1 t + \alpha_1) + C_2 \begin{Bmatrix} Y_{12} \\ Y_{22} \end{Bmatrix} \sin(\omega_2 t + \alpha_2)$$

将体系振动的初始条件代入上述位移表达式中，得

$$\begin{Bmatrix} y_{10} \\ y_{20} \end{Bmatrix} = C_1 \begin{Bmatrix} Y_{11} \\ Y_{21} \end{Bmatrix} \sin\alpha_1 + C_2 \begin{Bmatrix} Y_{12} \\ Y_{22} \end{Bmatrix} \sin\alpha_2$$

$$\begin{Bmatrix} \dot{y}_{10} \\ \dot{y}_{20} \end{Bmatrix} = C_1 \begin{Bmatrix} Y_{11} \\ Y_{21} \end{Bmatrix} \omega_1 \cos\alpha_1 + C_2 \begin{Bmatrix} Y_{12} \\ Y_{22} \end{Bmatrix} \omega_2 \cos\alpha_2 \tag{8-44}$$

将式（8-44）中的两个式子分别左乘 $[Y_{11} \quad Y_{21}] \begin{bmatrix} m_1 & 0 \\ 0 & m_2 \end{bmatrix}$，并考虑振型的正交性，得

$$[Y_{11} \quad Y_{21}] \begin{bmatrix} m_1 & 0 \\ 0 & m_2 \end{bmatrix} \begin{Bmatrix} y_{10} \\ y_{20} \end{Bmatrix} = C_1 [Y_{11} \quad Y_{21}] \begin{bmatrix} m_1 & 0 \\ 0 & m_2 \end{bmatrix} \begin{Bmatrix} Y_{11} \\ Y_{21} \end{Bmatrix} \sin\alpha_1$$

$$[Y_{11} \quad Y_{21}] \begin{bmatrix} m_1 & 0 \\ 0 & m_2 \end{bmatrix} \begin{Bmatrix} \dot{y}_{10} \\ \dot{y}_{20} \end{Bmatrix} = C_1 [Y_{11} \quad Y_{21}] \begin{bmatrix} m_1 & 0 \\ 0 & m_2 \end{bmatrix} \begin{Bmatrix} Y_{11} \\ Y_{21} \end{Bmatrix} \omega_1 \cos\alpha_1 \tag{8-45}$$

将式（8-45）中两式相除，得

$$\tan\alpha_1 = \frac{[Y_{11} \quad Y_{21}] \begin{bmatrix} m_1 & 0 \\ 0 & m_2 \end{bmatrix} \begin{Bmatrix} y_{10} \\ y_{20} \end{Bmatrix}}{[Y_{11} \quad Y_{21}] \begin{bmatrix} m_1 & 0 \\ 0 & m_2 \end{bmatrix} \begin{Bmatrix} \dot{y}_{10} \\ \dot{y}_{20} \end{Bmatrix}} \omega_1 \tag{8-46a}$$

进一步可求得 α_1、$\sin\alpha_1$、$\cos\alpha_1$。再由式(8-45)即可求得待定系数，即

$$C_1 = \frac{[Y_{11} \quad Y_{21}] \begin{bmatrix} m_1 & 0 \\ 0 & m_2 \end{bmatrix} \begin{Bmatrix} y_{10} \\ y_{20} \end{Bmatrix}}{[Y_{11} \quad Y_{21}] \begin{bmatrix} m_1 & 0 \\ 0 & m_2 \end{bmatrix} \begin{Bmatrix} Y_{11} \\ Y_{21} \end{Bmatrix}} \frac{1}{\sin\alpha_1} = \frac{[Y_{11} \quad Y_{21}] \begin{bmatrix} m_1 & 0 \\ 0 & m_2 \end{bmatrix} \begin{Bmatrix} \dot{y}_{10} \\ \dot{y}_{20} \end{Bmatrix}}{[Y_{11} \quad Y_{21}] \begin{bmatrix} m_1 & 0 \\ 0 & m_2 \end{bmatrix} \begin{Bmatrix} Y_{11} \\ Y_{21} \end{Bmatrix}} \frac{1}{\omega_1 \cos\alpha_1} \tag{8-46b}$$

同理，将式（8-44）中两个式子分别左乘 $[Y_{12} \quad Y_{22}] \begin{bmatrix} m_1 & 0 \\ 0 & m_2 \end{bmatrix}$，经过同样的步骤，得

$$\tan\alpha_2=\frac{[Y_{12}\quad Y_{22}]\begin{bmatrix}m_1 & 0\\ 0 & m_2\end{bmatrix}\begin{Bmatrix}y_{10}\\ y_{20}\end{Bmatrix}}{[Y_{12}\quad Y_{22}]\begin{bmatrix}m_1 & 0\\ 0 & m_2\end{bmatrix}\begin{Bmatrix}\dot{y}_{10}\\ \dot{y}_{20}\end{Bmatrix}}\omega_2 \tag{8-47a}$$

$$C_2=\frac{[Y_{12}\quad Y_{22}]\begin{bmatrix}m_1 & 0\\ 0 & m_2\end{bmatrix}\begin{Bmatrix}y_{10}\\ y_{20}\end{Bmatrix}}{[Y_{12}\quad Y_{22}]\begin{bmatrix}m_1 & 0\\ 0 & m_2\end{bmatrix}\begin{Bmatrix}Y_{12}\\ Y_{22}\end{Bmatrix}}\frac{1}{\sin\alpha_2}=\frac{[Y_{12}\quad Y_{22}]\begin{bmatrix}m_1 & 0\\ 0 & m_2\end{bmatrix}\begin{Bmatrix}\dot{y}_{10}\\ \dot{y}_{20}\end{Bmatrix}}{[Y_{12}\quad Y_{22}]\begin{bmatrix}m_1 & 0\\ 0 & m_2\end{bmatrix}\begin{Bmatrix}Y_{12}\\ Y_{22}\end{Bmatrix}}\frac{1}{\omega_2\cos\alpha_2} \tag{8-47b}$$

这样，就得到了位移表达式中的四个待定系数。

【例题 8-18】 试求例题 8-12 体系自由振动的位移解。已知体系振动的初始条件分别为

(1) $\begin{Bmatrix}y_{10}\\ y_{20}\end{Bmatrix}=\begin{Bmatrix}15\text{mm}\\ 30\text{mm}\end{Bmatrix}$，$\begin{Bmatrix}\dot{y}_{10}\\ \dot{y}_{20}\end{Bmatrix}=\begin{Bmatrix}75\text{mm/s}\\ -150\text{mm/s}\end{Bmatrix}$

(2) $\begin{Bmatrix}y_{10}\\ y_{20}\end{Bmatrix}=\begin{Bmatrix}15\text{mm}\\ 30\text{mm}\end{Bmatrix}$，$\begin{Bmatrix}\dot{y}_{10}\\ \dot{y}_{20}\end{Bmatrix}=\begin{Bmatrix}0\\ 0\end{Bmatrix}$

【解】 由例题 8－12 可知，体系的质量矩阵、振型和自振频率分别为

$$[M]=\begin{bmatrix}5\times10^3 & 0\\ 0 & 5\times10^3\end{bmatrix}\text{kg},\quad \{Y\}^{(1)}=\begin{Bmatrix}1\\ 1.618\end{Bmatrix},\quad \{Y\}^{(2)}=\begin{Bmatrix}1\\ -0.618\end{Bmatrix}$$

$$\omega_1=9.4\text{rad/s},\ \omega_2=24.6\text{rad/s}$$

下面由式(8-46)和式(8-47)分别计算不同初始条件下的位移解。

(1) 第一种初始条件

$$\tan\alpha_1=\frac{[Y_{11}\quad Y_{21}]\begin{bmatrix}m_1 & 0\\ 0 & m_2\end{bmatrix}\begin{Bmatrix}y_{10}\\ y_{20}\end{Bmatrix}}{[Y_{11}\quad Y_{21}]\begin{bmatrix}m_1 & 0\\ 0 & m_2\end{bmatrix}\begin{Bmatrix}\dot{y}_{10}\\ \dot{y}_{20}\end{Bmatrix}}\omega_1=\frac{[1\quad 1.618]\begin{bmatrix}5\times10^3 & 0\\ 0 & 5\times10^3\end{bmatrix}\begin{Bmatrix}15\\ 30\end{Bmatrix}}{[1\quad 1.618]\begin{bmatrix}5\times10^3 & 0\\ 0 & 5\times10^3\end{bmatrix}\begin{Bmatrix}75\\ -150\end{Bmatrix}}\times9.4$$

$$=\frac{317700}{-838500}\times9.4=-3.562$$

由于 $\tan\alpha_1$ 的表达式中，分子是正的、分母是负的。所以，角度在第二象限。故

$$\alpha_1=105.68°，\sin\alpha_1=0.96$$

$$C_1=\frac{[Y_{11}\quad Y_{21}]\begin{bmatrix}m_1&0\\0&m_2\end{bmatrix}\begin{Bmatrix}y_{10}\\y_{20}\end{Bmatrix}}{[Y_{11}\quad Y_{21}]\begin{bmatrix}m_1&0\\0&m_2\end{bmatrix}\begin{Bmatrix}Y_{11}\\Y_{21}\end{Bmatrix}}\frac{1}{\sin\alpha_1}=\frac{[1\quad 1.618]\begin{bmatrix}5\times10^3&0\\0&5\times10^3\end{bmatrix}\begin{Bmatrix}15\\30\end{Bmatrix}}{[1\quad 1.618]\begin{bmatrix}5\times10^3&0\\0&5\times10^3\end{bmatrix}\begin{Bmatrix}1\\1.618\end{Bmatrix}}\times\frac{1}{0.96}$$

$$=18.3\text{mm}$$

$$\tan\alpha_2=\frac{[Y_{12}\quad Y_{22}]\begin{bmatrix}m_1&0\\0&m_2\end{bmatrix}\begin{Bmatrix}y_{10}\\y_{20}\end{Bmatrix}}{[Y_{12}\quad Y_{22}]\begin{bmatrix}m_1&0\\0&m_2\end{bmatrix}\begin{Bmatrix}\dot{y}_{10}\\\dot{y}_{20}\end{Bmatrix}}\omega_2=\frac{[1\quad -0.618]\begin{bmatrix}5\times10^3&0\\0&5\times10^3\end{bmatrix}\begin{Bmatrix}15\\30\end{Bmatrix}}{[1\quad -0.618]\begin{bmatrix}5\times10^3&0\\0&5000\end{bmatrix}\begin{Bmatrix}75\\-150\end{Bmatrix}}\times24.6$$

$$=\frac{-17700}{838500}\times24.6=-0.52$$

由于 $\tan\alpha_2$ 的表达式中，分子是负的、分母是正的。所以，角度在第四象限。故

$$\alpha_2=-27.5°，\sin\alpha_2=-0.46$$

$$C_2=\frac{[Y_{12}\quad Y_{22}]\begin{bmatrix}m_1&0\\0&m_2\end{bmatrix}\begin{Bmatrix}y_{10}\\y_{20}\end{Bmatrix}}{[Y_{12}\quad Y_{22}]\begin{bmatrix}m_1&0\\0&m_2\end{bmatrix}\begin{Bmatrix}Y_{12}\\Y_{22}\end{Bmatrix}}\frac{1}{\sin\alpha_2}=\frac{[1\quad -0.618]\begin{bmatrix}5\times10^3&0\\0&5\times10^3\end{bmatrix}\begin{Bmatrix}15\\30\end{Bmatrix}}{[1\quad -0.618]\begin{bmatrix}5\times10^3&0\\0&5\times10^3\end{bmatrix}\begin{Bmatrix}1\\-0.618\end{Bmatrix}}\times\frac{1}{0.46}$$

$$=-5.57\text{mm}$$

故体系的位移解为

$$\begin{Bmatrix}y_1(t)\\y_2(t)\end{Bmatrix}=18.3\begin{Bmatrix}1\\1.618\end{Bmatrix}\sin(9.4t+105.68°)\text{mm}-5.57\begin{Bmatrix}1\\-0.618\end{Bmatrix}\sin(24.6t-27.5°)\text{mm}$$

(2) 第二种初始条件

$$\tan\alpha_1=\frac{[Y_{11}\quad Y_{21}]\begin{bmatrix}m_1&0\\0&m_2\end{bmatrix}\begin{Bmatrix}y_{10}\\y_{20}\end{Bmatrix}}{[Y_{11}\quad Y_{21}]\begin{bmatrix}m_1&0\\0&m_2\end{bmatrix}\begin{Bmatrix}\dot{y}_{10}\\\dot{y}_{20}\end{Bmatrix}}\omega_1=\frac{[1\quad 1.618]\begin{bmatrix}5\times10^3&0\\0&5\times10^3\end{bmatrix}\begin{Bmatrix}15\\30\end{Bmatrix}}{[1\quad 1.618]\begin{bmatrix}5\times10^3&0\\0&5\times10^3\end{bmatrix}\begin{Bmatrix}0\\0\end{Bmatrix}}\times9.4$$

$$=\infty$$

由于 $\tan\alpha_1$ 的表达式中，分子是正的、分母是零。故

$$\alpha_1=90°,\ \sin\alpha_1=1$$

$$C_1=\frac{[Y_{11}\quad Y_{21}]\begin{bmatrix}m_1 & 0\\0 & m_2\end{bmatrix}\begin{Bmatrix}y_{10}\\y_{20}\end{Bmatrix}}{[Y_{11}\quad Y_{21}]\begin{bmatrix}m_1 & 0\\0 & m_2\end{bmatrix}\begin{Bmatrix}Y_{11}\\Y_{21}\end{Bmatrix}}\frac{1}{\sin\alpha_1}=\frac{[1\quad 1.618]\begin{bmatrix}5\times10^3 & 0\\0 & 5\times10^3\end{bmatrix}\begin{Bmatrix}15\\30\end{Bmatrix}}{[1\quad 1.618]\begin{bmatrix}5\times10^3 & 0\\0 & 5\times10^3\end{bmatrix}\begin{Bmatrix}1\\1.618\end{Bmatrix}}\times\frac{1}{1}$$

$$=\frac{317700}{18089.62}\times\frac{1}{1}=17.56\text{mm}$$

$$\tan\alpha_2=\frac{[Y_{12}\quad Y_{22}]\begin{bmatrix}m_1 & 0\\0 & m_2\end{bmatrix}\begin{Bmatrix}y_{10}\\y_{20}\end{Bmatrix}}{[Y_{12}\quad Y_{22}]\begin{bmatrix}m_1 & 0\\0 & m_2\end{bmatrix}\begin{Bmatrix}\dot{y}_{10}\\\dot{y}_{20}\end{Bmatrix}}\omega_2=\frac{[1\quad -0.618]\begin{bmatrix}5\times10^3 & 0\\0 & 5\times10^3\end{bmatrix}\begin{Bmatrix}15\\30\end{Bmatrix}}{[1\quad -0.618]\begin{bmatrix}5\times10^3 & 0\\0 & 5\times10^3\end{bmatrix}\begin{Bmatrix}0\\0\end{Bmatrix}}\times24.6$$

$$=\frac{-17700}{0}\times24.6=\infty$$

由于 $\tan\alpha_2$ 的表达式中，分子是负的、分母是零。所以

$$\alpha_2=-90°,\ \sin\alpha_2=-1$$

$$C_2=\frac{[Y_{12}\quad Y_{22}]\begin{bmatrix}m_1 & 0\\0 & m_2\end{bmatrix}\begin{Bmatrix}y_{10}\\y_{20}\end{Bmatrix}}{[Y_{12}\quad Y_{22}]\begin{bmatrix}m_1 & 0\\0 & m_2\end{bmatrix}\begin{Bmatrix}Y_{12}\\Y_{22}\end{Bmatrix}}\frac{1}{\sin\alpha_2}=\frac{[1\quad -0.618]\begin{bmatrix}5\times10^3 & 0\\0 & 5\times10^3\end{bmatrix}\begin{Bmatrix}15\\30\end{Bmatrix}}{[1\quad -0.618]\begin{bmatrix}5\times10^3 & 0\\0 & 5\times10^3\end{bmatrix}\begin{Bmatrix}1\\-0.618\end{Bmatrix}}\times\frac{1}{-1}$$

$$=\frac{-17700}{6909.62}\times\frac{1}{-1}=2.56\text{mm}$$

故体系的位移解为

$$\begin{Bmatrix}y_1(t)\\y_2(t)\end{Bmatrix}=17.56\begin{Bmatrix}1\\1.618\end{Bmatrix}\sin(9.4t+90°)\text{mm}+2.56\begin{Bmatrix}1\\-0.618\end{Bmatrix}\sin(24.6t-90°)\text{mm}$$

8.5 多自由度体系简谐荷载下的受迫振动

本节只讨论无阻尼的情况。

8.5.1 刚度法

仍以两个自由度体系为例进行讲解。图 8-41(a)为两个自由度体系的受迫振动。

动力平衡状态中有惯性力和动力荷载两种作用。因此，动力方程为

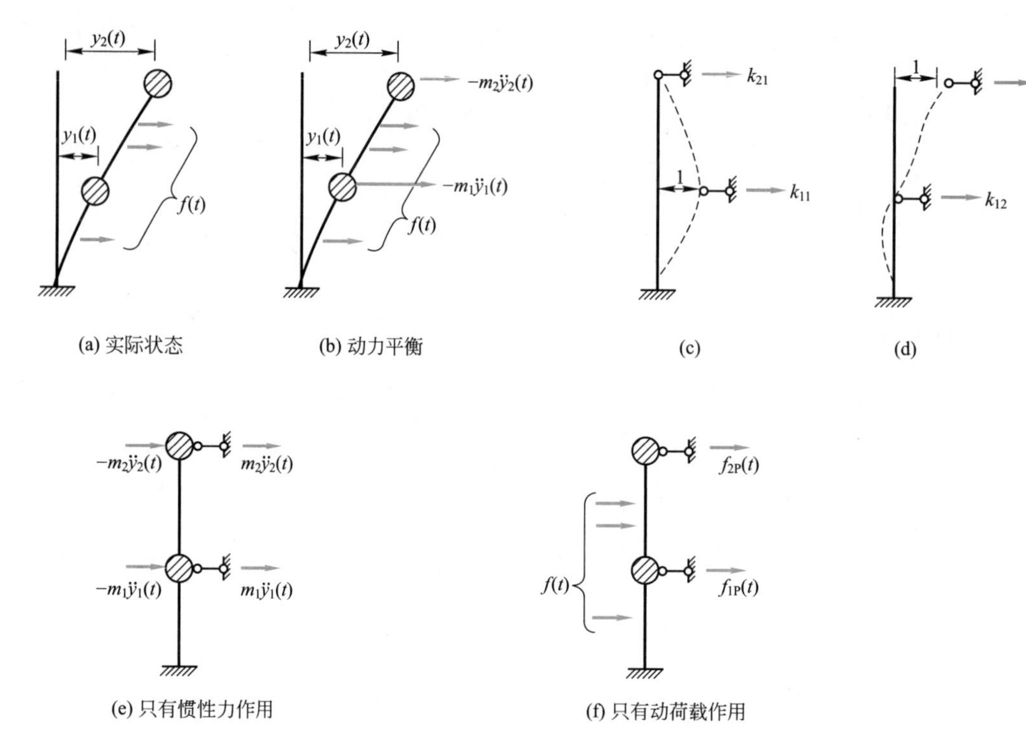

图 8-41 刚度法建立两个自由度体系强迫振动的动力方程

$$k_{11}y_1(t)+k_{12}y_2(t)+m_1\ddot{y}_1(t)+f_{1P}(t)=0$$

$$k_{21}y_1(t)+k_{22}y_2(t)+m_2\ddot{y}_2(t)+f_{2P}(t)=0$$

整理，得

$$\begin{cases}m_1\ddot{y}_1(t)+k_{11}y_1(t)+k_{12}y_2(t)=f_{1PE}(t)\\m_2\ddot{y}_2(t)+k_{21}y_1(t)+k_{22}y_2(t)=f_{2PE}(t)\end{cases}$$

式中

$$f_{1PE}(t)=-f_{1P}(t)$$

$$f_{2PE}(t)=-f_{2P}(t)$$

当动力荷载为简谐荷载时，有

$$f_{1PE}(t)=F_{1PE}\sin\theta t$$

$$f_{2PE}(t)=F_{2PE}\sin\theta t$$

其中，θ 为动力荷载频率；F_{1PE}、F_{2PE} 分别为等效动力荷载幅值。故振动方程为

$$\begin{cases}m_1\ddot{y}_1(t)+k_{11}y_1(t)+k_{12}y_2(t)=F_{1PE}\sin\theta t\\m_2\ddot{y}_2(t)+k_{21}y_1(t)+k_{22}y_2(t)=F_{2PE}\sin\theta t\end{cases}\tag{8-48}$$

与单自由度体系类似，方程的通解由齐次通解和非齐次特解构成。前者代表的是按体系自振频率振动的部分，由于阻尼的存在将迅速衰减；后者反映的是按荷载频率振动的稳态振动，这部分振动对实际工程有重要意义。

设稳态阶段各质体按荷载频率做同步振动时，特解的形式为

$$\begin{cases} y_1(t)=Y_1\sin\theta t \\ y_2(t)=Y_2\sin\theta t \end{cases} \tag{8-49}$$

式中，Y_1、Y_2 分别为两个自由度方向上质体的位移幅值。

将式(8-49)代入动力方程式(8-48)中，消去时间因子 $\sin\theta t$，得

$$\begin{cases} (k_{11}-m_1\theta^2)Y_1+k_{12}Y_2=F_{1PE} \\ k_{21}Y_1+(k_{22}-m_2\theta^2)Y_2=F_{2PE} \end{cases} \tag{8-50}$$

式(8-50)为动力方程式(8-48)的幅值方程。解幅值方程得

$$Y_1=\frac{D_1}{D_0},\quad Y_2=\frac{D_2}{D_0} \tag{8-51}$$

其中

$$D_1=\begin{vmatrix} F_{1PE} & k_{12} \\ F_{2PE} & k_{22}-\theta^2 m_2 \end{vmatrix}\quad D_2=\begin{vmatrix} k_{11}-\theta^2 m_1 & F_{1PE} \\ k_{21} & F_{2PE} \end{vmatrix}$$

$$D_0=\begin{vmatrix} k_{11}-\theta^2 m_1 & k_{12} \\ k_{21} & k_{22}-\theta^2 m_2 \end{vmatrix}$$

值得注意的是，当 $\theta=\omega_1$ 或 ω_2 时，振幅表达式的分母变成

$$D_0=\begin{vmatrix} k_{11}-\omega_1^2 m_1 & k_{12} \\ k_{21} & k_{22}-\omega_1^2 m_2 \end{vmatrix}\quad 或 \quad \begin{vmatrix} k_{11}-\omega_2^2 m_1 & k_{12} \\ k_{21} & k_{22}-\omega_2^2 m_2 \end{vmatrix}$$

很明显，这是频率方程的左边，当然等于零。因此，这时的振幅为无限大，这就是共振现象。由此可见，两个自由度体系有 2 个共振区。实际上由于阻尼的存在，振幅并不会为无限大，但对结构仍是很危险的，故应避免。

【例题 8-19】 试求图 8-42(a)所示的两层刚架一、二层横梁的动位移幅值及柱子动弯矩幅值图。已知 $\theta=4\sqrt{EI/mh^3}$，$m_1=m_2=m$。

【解】 (1) 求刚度系数。过程略。

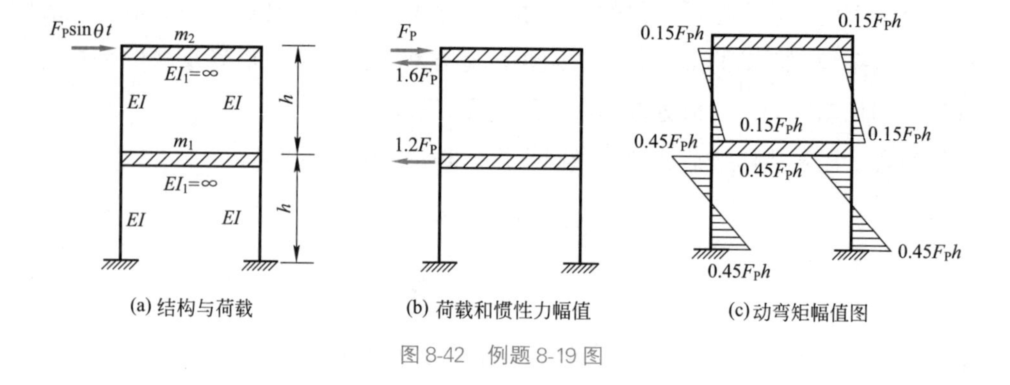

图 8-42　例题 8-19 图

$$k_{11}=48EI/h^3,\quad k_{12}=k_{21}=-24EI/h^3,\quad k_{22}=24EI/h^3$$

(2) 计算位移幅值。根据已知条件，$F_{1PE}=0$，$F_{2PE}=F_P$。由式(8-51)得

$$Y_1=\frac{D_1}{D_0}=\frac{\begin{vmatrix}F_{1PE} & k_{12}\\ F_{2PE} & k_{22}-\theta^2m_2\end{vmatrix}}{\begin{vmatrix}k_{11}-\theta^2m_1 & k_{12}\\ k_{21} & k_{22}-\theta^2m_2\end{vmatrix}}=-0.075\frac{F_Ph^3}{EI}$$

$$Y_2=\frac{D_2}{D_0}=\frac{\begin{vmatrix}k_{11}-\theta^2m_1 & F_{1PE}\\ k_{21} & F_{2PE}\end{vmatrix}}{\begin{vmatrix}k_{11}-\theta^2m_1 & k_{12}\\ k_{21} & k_{22}-\theta^2m_2\end{vmatrix}}=-0.1\frac{F_Ph^3}{EI}$$

(3) 计算惯性力幅值。

$$F_{1I}=m_1Y_1\theta^2=-\frac{48F_P}{40}=-1.2F_P,\quad F_{2I}=m_2Y_2\theta^2=-\frac{16F_P}{10}=-1.6F_P$$

(4) 求柱子动力弯矩图。将惯性力幅值、荷载幅值同时作用在体系上(图 8-42b)，便可得到动弯矩幅值图如图 8-42(c)所示。横梁上的弯矩图请读者根据平衡条件自行画出。

需要注意的是，本题中，惯性力与动力荷载的方向是相反的。

【例题 8-20】 试求图 8-43(a)所示的两层刚架一、二层横梁的动位移幅值。已知横梁的刚度为∞，$\theta^2=24E_2I_2/m_2h_2^3$。

【解】 (1) 求刚度系数。过程略。

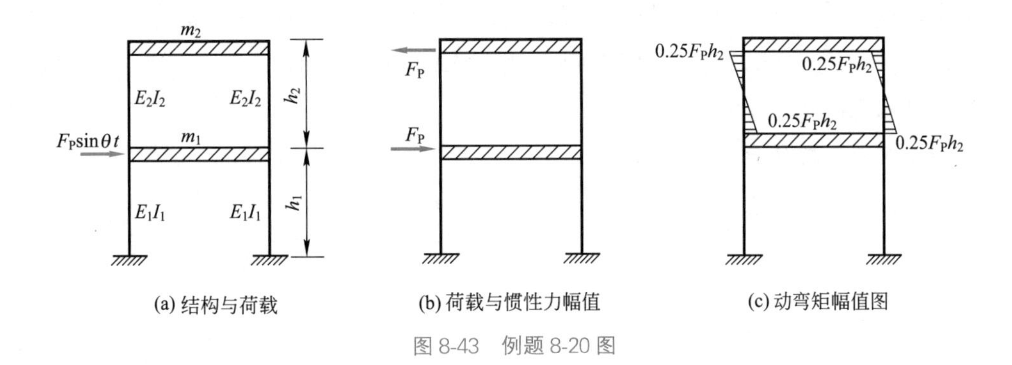

(a) 结构与荷载　　(b) 荷载与惯性力幅值　　(c) 动弯矩幅值图

图 8-43　例题 8-20 图

$$k_{11}=24\left(\frac{E_1I_1}{h_1^3}+\frac{E_2I_2}{h_2^3}\right),\quad k_{12}=k_{21}=-24\frac{E_2I_2}{h_2^3},\quad k_{22}=24\frac{E_2I_2}{h_2^3}$$

(2) 计算位移幅值。根据已知条件，$F_{1PE}=F_P$，$F_{2PE}=0$，$\theta^2=24E_2I_2/m_2h_2^3$。由式(8-51)得

$$Y_1=\frac{D_1}{D_0}=\frac{\begin{vmatrix}F_{1PE} & k_{12}\\ F_{2PE} & k_{22}-\theta^2m_2\end{vmatrix}}{\begin{vmatrix}k_{11}-\theta^2m_1 & k_{12}\\ k_{21} & k_{22}-\theta^2m_2\end{vmatrix}}=0$$

$$Y_2=\frac{D_2}{D_0}=\frac{\begin{vmatrix}k_{11}-\theta^2m_1 & F_{1PE}\\ k_{21} & F_{2PE}\end{vmatrix}}{\begin{vmatrix}k_{11}-\theta^2m_1 & k_{12}\\ k_{21} & k_{22}-\theta^2m_2\end{vmatrix}}=\frac{F_P}{k_{21}}=-\frac{F_Ph_2^3}{24E_2I_2}$$

(3) 计算惯性力幅值。

$$F_{1I}=0,\quad F_{2I}=m_2Y_2\theta^2=-F_P$$

(4) 求柱子动力弯矩图。将惯性力幅值、荷载幅值同时作用在体系上(图 8-43b)，便可得到动弯矩幅值图，如图 8-43(c)所示。

从计算结果可以看出：

(1) 由于体系中有 $\theta^2=\dfrac{24E_2I_2}{m_2h_2^3}=\dfrac{k_{22}}{m_2}$这个条件，使得一层的振幅为零。

(2) 如果将一层理解为主结构，二层理解为人为施加的子系统，可以这样联想，为了降低主结构的振动，可以在主结构上设置一个附加动力子系统。如果子系统的刚度和质量的比值等于或接近干扰力频率 θ^2，就可以消除或显著降低主体结构的稳

态振动。这就是吸振器的原理。已被工程实际应用的调频质量阻尼系统 TMD (Tuned Mass Damper)和调频液体阻尼系统 TLD (Tuned Liquid Damper)等结构振动控制技术都应用了这一原理。

对于多自由度体系，动力方程为

$$\begin{cases} m_1\ddot{y}_1(t)+k_{11}y_1(t)+k_{12}y_2(t)+\cdots+k_{1n}y_n(t)=f_{1PE}(t) \\ m_2\ddot{y}_2(t)+k_{21}y_1(t)+k_{22}y_2(t)+\cdots+k_{2n}y_n(t)=f_{2PE}(t) \\ \cdots\cdots \\ m_n\ddot{y}_n(t)+k_{n1}y_1(t)+k_{n2}y_2(t)+\cdots+k_{nn}y_n(t)=f_{nPE}(t) \end{cases} \tag{8-52a}$$

写成矩阵形式

$$\begin{bmatrix} m_1 & 0 & 0 & 0 \\ 0 & m_2 & 0 & 0 \\ 0 & 0 & \ddots & 0 \\ 0 & 0 & 0 & m_n \end{bmatrix}\begin{Bmatrix} \ddot{y}_1(t) \\ \ddot{y}_2(t) \\ \vdots \\ \ddot{y}_n(t) \end{Bmatrix}+\begin{bmatrix} k_{11} & k_{12} & \cdots & k_{1n} \\ k_{21} & k_{22} & \cdots & k_{2n} \\ \vdots & \vdots & \ddots & \vdots \\ k_{n1} & k_{n2} & \cdots & k_{nn} \end{bmatrix}\begin{Bmatrix} y_1(t) \\ y_2(t) \\ \vdots \\ y_n(t) \end{Bmatrix}=\begin{Bmatrix} f_{1PE}(t) \\ f_{2PE}(t) \\ \vdots \\ f_{nPE}(t) \end{Bmatrix} \tag{8-52b}$$

简写成

$$[\boldsymbol{M}]\{\ddot{\boldsymbol{y}}(t)\}+[\boldsymbol{K}]\{\boldsymbol{y}(t)\}=\{\boldsymbol{f}_{PE}(t)\} \tag{8-52c}$$

当动力荷载为简谐荷载时，$\{f_{PE}(t)\}=\{F_{PE}\sin\theta t\}$，有

$$\begin{cases} m_1\ddot{y}_1(t)+k_{11}y_1(t)+k_{12}y_2(t)+\cdots+k_{1n}y_n(t)=F_{1PE}\sin\theta t \\ m_2\ddot{y}_2(t)+k_{21}y_1(t)+k_{22}y_2(t)+\cdots+k_{2n}y_n(t)=F_{2PE}\sin\theta t \\ \cdots\cdots \\ m_n\ddot{y}_n(t)+k_{n1}y_1(t)+k_{n2}y_2(t)+\cdots+k_{nn}y_n(t)=F_{nPE}\sin\theta t \end{cases} \tag{8-53a}$$

写成矩阵形式

$$\begin{bmatrix} m_1 & 0 & 0 & 0 \\ 0 & m_2 & 0 & 0 \\ 0 & 0 & \ddots & 0 \\ 0 & 0 & 0 & m_n \end{bmatrix}\begin{Bmatrix} \ddot{y}_1(t) \\ \ddot{y}_2(t) \\ \vdots \\ \ddot{y}_n(t) \end{Bmatrix}+\begin{bmatrix} k_{11} & k_{12} & \cdots & k_{1n} \\ k_{21} & k_{22} & \cdots & k_{2n} \\ \vdots & \vdots & \ddots & \vdots \\ k_{n1} & k_{n2} & \cdots & k_{nn} \end{bmatrix}\begin{Bmatrix} y_1(t) \\ y_2(t) \\ \vdots \\ y_n(t) \end{Bmatrix}=\begin{Bmatrix} F_{1PE}\sin\theta t \\ F_{2PE}\sin\theta t \\ \vdots \\ F_{nPE}\sin\theta t \end{Bmatrix} \tag{8-53b}$$

简写成

$$[\boldsymbol{M}]\{\ddot{\boldsymbol{y}}(t)\}+[\boldsymbol{K}]\{\boldsymbol{y}(t)\}=\{\boldsymbol{F}_{\mathrm{PE}}\}\sin\theta t \tag{8-53c}$$

设稳态阶段各质量按荷载频率作同步振动，特解列向量的形式为

$$\begin{cases} y_1(t)=Y_1(t)\sin\theta t \\ y_2(t)=Y_2(t)\sin\theta t \\ \quad\vdots \\ y_n(t)=Y_n(t)\sin\theta t \end{cases} \tag{8-54}$$

将式(8-54)代入动力方程式(8-53)，消去时间因子 $\sin\theta t$ 后可得：

$$\begin{bmatrix} k_{11}-m_1\theta^2 & k_{12} & \cdots & k_{1n} \\ k_{21} & k_{22}-m_2\theta^2 & \cdots & k_{2n} \\ \vdots & \vdots & \ddots & \vdots \\ k_{n1} & k_{n2} & \cdots & k_{nn}-m_n\theta^2 \end{bmatrix}\begin{Bmatrix} Y_1(t) \\ Y_2(t) \\ \vdots \\ Y_n(t) \end{Bmatrix}=\begin{Bmatrix} F_{1\mathrm{PE}} \\ F_{2\mathrm{PE}} \\ \vdots \\ F_{n\mathrm{PE}} \end{Bmatrix} \tag{8-55a}$$

简写成

$$([\boldsymbol{K}]-\theta^2[\boldsymbol{M}])\{\boldsymbol{Y}\}=\{\boldsymbol{F}_{\mathrm{PE}}\} \tag{8-55b}$$

与两个自由度体系受迫振动一样，当 $\theta=\omega_i\,(i=1\sim n)$时，振幅表达式的分母变成

$$D_0=\begin{vmatrix} k_{11}-\omega_i^2 m_1 & k_{12} & \cdots & k_{1n} \\ k_{21} & k_{22}-\omega_i^2 m_2 & \cdots & k_{2n} \\ \vdots & \vdots & \ddots & \vdots \\ k_{n1} & k_{n2} & \cdots & k_{nn}-\omega_i^2 m_n \end{vmatrix}=0$$

因此，对于多自由度体系，体系有 n 个共振区。

在工程实际中，如果支撑该机器的体系前几阶自振频率小于机械转动的角频率，则在启动、刹车过程中会因越过自振频率而出现几次较大的振动。因此，如果机械的启停次数较多，必将对支撑体系的寿命产生较大的影响，这是应该注意避免的。

8.5.2 柔度法

还是以图 8-41(a)所示体系为例，考虑用柔度法建立振动方程。图 8-44(a)、(b)分别为体系的柔度系数和动荷载产生的静位移。

与单自由度体系的思路一样，质体的动位移为体系在惯性力、动荷载共同作用下产生的静力位移之和为

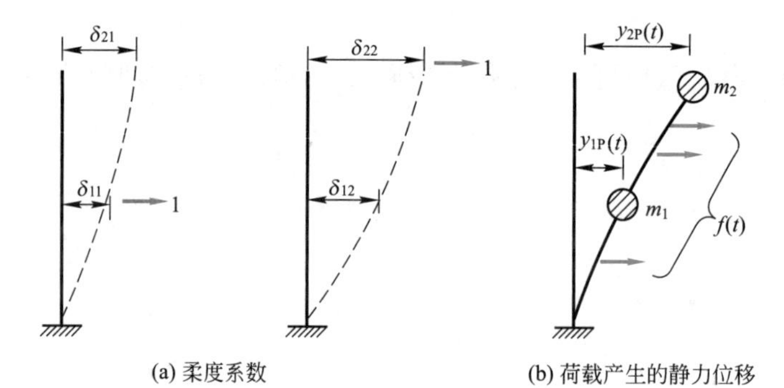

图 8-44　柔度法建立两个自由度体系受迫振动方程

$$y_1(t)=\delta_{11}(-m_1\ddot{y}_1(t))+\delta_{12}(-m_2\ddot{y}_2(t))+y_{1P}(t)$$

$$y_2(t)=\delta_{21}(-m_1\ddot{y}_1(t))+\delta_{22}(-m_2\ddot{y}_2(t))+y_{2P}(t)$$

整理得

$$\begin{cases}y_1(t)+\delta_{11}m_1\ddot{y}_1(t)+\delta_{12}m_2\ddot{y}_2(t)=y_{1P}(t)\\y_2(t)+\delta_{21}m_1\ddot{y}_1(t)+\delta_{22}m_2\ddot{y}_2(t)=y_{2P}(t)\end{cases}\tag{8-56}$$

当动力荷载为简谐荷载时，有

$$\begin{cases}y_1(t)+\delta_{11}m_1\ddot{y}_1(t)+\delta_{12}m_2\ddot{y}_2(t)=Y_{1P}\sin\theta t\\y_2(t)+\delta_{21}m_1\ddot{y}_1(t)+\delta_{22}m_2\ddot{y}_2(t)=Y_{2P}\sin\theta t\end{cases}\tag{8-57}$$

设稳态阶段各质量按荷载频率做同步振动，特解的形式为

$$\begin{cases}y_1(t)=Y_1\sin\theta t\\y_2(t)=Y_2\sin\theta t\end{cases}\tag{8-58}$$

式中，Y_1、Y_2 分别为质体沿两个自由度方向的动位移幅值。

将式(8-58)代入动力方程式(8-57)，消去时间因子 $\sin\theta t$，得

$$\begin{cases}(1-\delta_{11}m_1\theta^2)Y_1-\delta_{12}m_2\theta^2Y_2=Y_{1P}\\-\delta_{21}m_1\theta^2Y_1+(1-\delta_{22}m_2\theta^2)Y_2=Y_{2P}\end{cases}\tag{8-59}$$

式(8-59)为动力方程式(8-57)的幅值方程。解幅值方程得

$$Y_1=\frac{D_1}{D_0},\quad Y_2=\frac{D_2}{D_0}\tag{8-60}$$

其中

$$D_1=\begin{vmatrix}Y_{1P} & -\delta_{12}m_2\theta^2\\Y_{2P} & 1-\delta_{22}m_2\theta^2\end{vmatrix},\quad D_2=\begin{vmatrix}1-\delta_{11}m_1\theta^2 & Y_{1P}\\-\delta_{21}m_1\theta^2 & Y_{2P}\end{vmatrix}$$

$$D_0=\begin{vmatrix}1-\delta_{11}m_1\theta^2 & -\delta_{12}m_2\theta^2\\ -\delta_{21}m_1\theta^2 & 1-\delta_{22}m_2\theta^2\end{vmatrix}$$

【例题 8-21】 试求图 8-45(a)所示梁的动位移幅值和动弯矩幅值图，并计算质体 1 所在截面的位移动力系数和弯矩动力系数。已知：EI=常数，$\theta=3.415\sqrt{EI/ml^3}$，$m_1=m_2=m$。

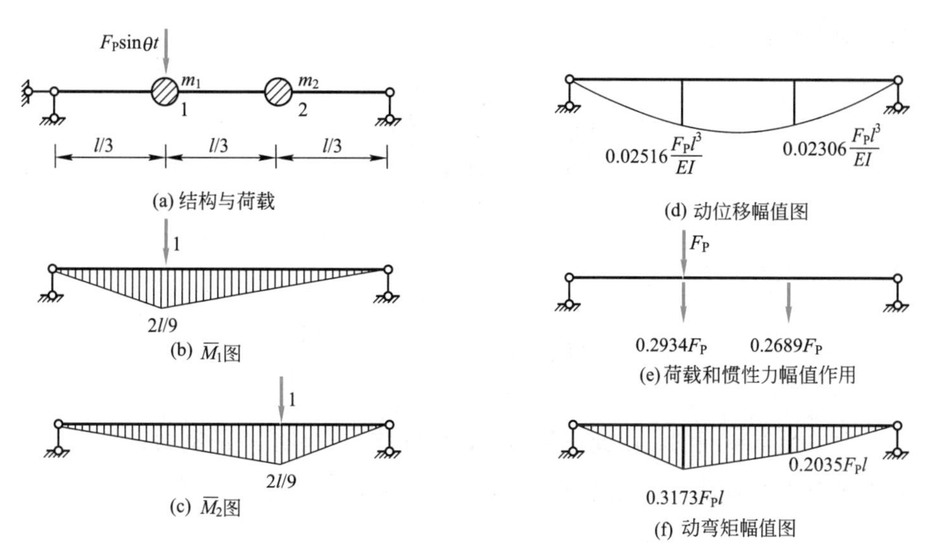

图 8-45 例题 8-21 图

【解】 (1) 求柔度系数和自由项。将图 8-45(b)和图 8-45(c)的单位弯矩图进行自乘和互乘，得

$$\delta_{11}=\delta_{22}=\frac{4l^3}{243EI},\quad \delta_{12}=\delta_{21}=\frac{7l^3}{486EI},\quad Y_{1P}=\frac{4F_Pl^3}{243EI},\quad Y_{2P}=\frac{7F_Pl^3}{486EI}$$

(2) 计算动位移幅值。将已知条件代入式(8-60)中，得

$$Y_1=\frac{D_1}{D_0}=\frac{\begin{vmatrix}Y_{1P} & -\delta_{12}m_2\theta^2\\ Y_{2P} & 1-\delta_{22}m_2\theta^2\end{vmatrix}}{\begin{vmatrix}1-\delta_{11}m_1\theta^2 & -\delta_{12}m_2\theta^2\\ -\delta_{21}m_1\theta^2 & 1-\delta_{22}m_2\theta^2\end{vmatrix}}=0.02516\frac{F_Pl^3}{EI}$$

$$Y_2=\frac{D_2}{D_0}=\frac{\begin{vmatrix}1-\delta_{11}m_1\theta^2 & Y_{1P}\\ -\delta_{21}m_1\theta^2 & Y_{2P}\end{vmatrix}}{\begin{vmatrix}1-\delta_{11}m_1\theta^2 & -\delta_{12}m_2\theta^2\\ -\delta_{21}m_1\theta^2 & 1-\delta_{22}m_2\theta^2\end{vmatrix}}=0.02306\frac{F_Pl^3}{EI}$$

动位移幅值图如图 8-45(d)所示。

(3) 计算动弯矩幅值。先求惯性力幅值

$$F_{1I}=m_1Y_1\theta^2=0.2934F_P,\quad F_{2I}=m_2Y_2\theta^2=0.2689F_P$$

将惯性力幅值和荷载幅值同时作用在体系上，如图 8-45(e)所示。由此可求得动弯矩幅值图如图 8-45(f)所示。

(4) 计算质体 1 所在截面的位移动力系数和弯矩动力系数。

位移动力系数

$$\mu_1=\frac{Y_1}{Y_{1P}}=\frac{0.02516\dfrac{F_Pl^3}{EI}}{\dfrac{4F_Pl^3}{243EI}}=1.529$$

弯矩动力系数

$$\mu_2=\frac{M_1}{M_{1P}}=\frac{0.3173F_Pl}{\dfrac{2F_Pl}{9}}=1.428$$

这两个动力系数是不同的，由此可见两个自由度体系没有统一的动力系数。

对于多自由度体系，用柔度系数表示的动力方程为

$$\begin{cases}y_1(t)+\delta_{11}m_1\ddot{y}_1(t)+\delta_{12}m_2\ddot{y}_2(t)+\cdots+\delta_{1n}m_n\ddot{y}_n(t)=y_{1P}(t)\\y_2(t)+\delta_{21}m_1\ddot{y}_1(t)+\delta_{22}m_2\ddot{y}_2(t)+\cdots+\delta_{2n}m_n\ddot{y}_n(t)=y_{2P}(t)\\\cdots\cdots\\y_n(t)+\delta_{n1}m_1\ddot{y}_1(t)+\delta_{n2}m_2\ddot{y}_2(t)+\cdots+\delta_{nn}m_n\ddot{y}_n(t)=y_{nP}(t)\end{cases}\tag{8-61}$$

当动力荷载为简谐荷载时，有

$$\begin{cases}y_1(t)+\delta_{11}m_1\ddot{y}_1(t)+\delta_{12}m_2\ddot{y}_2(t)+\cdots+\delta_{1n}m_n\ddot{y}_n(t)=Y_{1P}\sin\theta t\\y_2(t)+\delta_{21}m_1\ddot{y}_1(t)+\delta_{22}m_2\ddot{y}_2(t)+\cdots+\delta_{2n}m_n\ddot{y}_n(t)=Y_{2P}\sin\theta t\\\cdots\cdots\\y_n(t)+\delta_{n1}m_1\ddot{y}_1(t)+\delta_{n2}m_2\ddot{y}_2(t)+\cdots+\delta_{nn}m_n\ddot{y}_n(t)=Y_{nP}\sin\theta t\end{cases}\tag{8-62a}$$

写成矩阵形式，得

$$\begin{Bmatrix}y_1(t)\\y_2(t)\\\vdots\\y_n(t)\end{Bmatrix}+\begin{bmatrix}\delta_{11}&\delta_{12}&\cdots&\delta_{1n}\\\delta_{21}&\delta_{22}&\cdots&\delta_{2n}\\\vdots&\vdots&\ddots&\vdots\\\delta_{n1}&\delta_{n2}&\cdots&\delta_{nn}\end{bmatrix}\begin{bmatrix}m_1&0&0&0\\0&m_2&0&0\\0&0&\ddots&0\\0&0&0&m_n\end{bmatrix}\begin{Bmatrix}\ddot{y}_1(t)\\\ddot{y}_2(t)\\\vdots\\\ddot{y}_n(t)\end{Bmatrix}=\begin{Bmatrix}Y_{1P}\\Y_{2P}\\\vdots\\Y_{nP}\end{Bmatrix}\sin\theta t\tag{8-62b}$$

简写成

$$\{y(t)\}+[\delta][M]\{\ddot{y}(t)\}=\{Y_{\mathrm{P}}\}\sin\theta t \tag{8-62c}$$

设稳态阶段各质点按荷载频率做同步振动，特解列向量的形式为

$$\begin{Bmatrix} y_1(t) \\ y_2(t) \\ \vdots \\ y_n(t) \end{Bmatrix}=\begin{Bmatrix} Y_1(t) \\ Y_2(t) \\ \vdots \\ Y_n(t) \end{Bmatrix}\sin\theta t \quad 或 \quad \{\boldsymbol{y}(t)\}=\{Y\}\sin\theta t \tag{8-63}$$

将式(8-63)代入运动方程式(8-62)，消去时间因子 $\sin\theta t$ 后可得

$$\left(\begin{bmatrix} 1 & 0 & \cdots & 0 \\ 0 & 1 & \cdots & 0 \\ 0 & 0 & \ddots & 0 \\ 0 & 0 & 0 & 1 \end{bmatrix}-\theta^2\begin{bmatrix} \delta_{11} & \delta_{12} & \cdots & \delta_{1n} \\ \delta_{21} & \delta_{22} & \cdots & \delta_{2n} \\ \vdots & \vdots & \ddots & \vdots \\ \delta_{n1} & \delta_{n2} & \cdots & \delta_{nn} \end{bmatrix}\begin{bmatrix} m_1 & 0 & 0 & 0 \\ 0 & m_2 & 0 & 0 \\ 0 & 0 & \ddots & 0 \\ 0 & 0 & 0 & m_n \end{bmatrix}\right)\begin{Bmatrix} Y_1(t) \\ Y_2(t) \\ \vdots \\ Y_n(t) \end{Bmatrix}=\begin{Bmatrix} Y_{1\mathrm{P}} \\ Y_{2\mathrm{P}} \\ \vdots \\ Y_{n\mathrm{P}} \end{Bmatrix} \tag{8-64a}$$

简写成

$$([I]-\theta^2[\delta][M])\{Y\}=\{Y_{\mathrm{P}}\} \tag{8-64b}$$

解此方程组，可以求得各质点受迫振动的稳态幅值，进而可以得到各质点的惯性力幅值。

8.6 振型分解法

对于多自由度体系，振动方程是耦联的。当荷载不是简谐荷载时，求解很困难。振型分解法利用振型的正交性，将振动方程进行解耦，使其转化成一组独立方程，使计算得到很大简化。

8.6.1 无阻尼时的振型分解法

多自由度体系振动方程为

$$[M]\{\ddot{y}(t)\}+[K]\{y(t)\}=\{f_{\mathrm{PE}}(t)\}$$

将其位移解按振型进行分解，即

$$\begin{Bmatrix} y_1(t) \\ y_2(t) \\ \vdots \\ y_n(t) \end{Bmatrix}=\eta_1(t)\begin{Bmatrix} Y_{11} \\ Y_{21} \\ \vdots \\ Y_{n1} \end{Bmatrix}+\eta_2(t)\begin{Bmatrix} Y_{12} \\ Y_{22} \\ \vdots \\ Y_{n2} \end{Bmatrix}+\cdots+\eta_n(t)\begin{Bmatrix} Y_{1n} \\ Y_{2n} \\ \vdots \\ Y_{nn} \end{Bmatrix} \tag{8-65a}$$

写成矩阵形式，得

$$\begin{aligned}\{y(t)\}&=\eta_1(t)\{Y\}^{(1)}+\eta_2(t)\{Y\}^{(2)}+\cdots+\eta_n(t)\{Y\}^{(n)}\\&=\sum_{j=1}^{n}\eta_j(t)\{Y\}^{(j)}\end{aligned}\tag{8-65b}$$

式中，$\eta_j(t)$为振型 j 的广义坐标。

将式(8-65b)代入动力方程，得

$$[M]\left(\sum_{j=1}^{n}\ddot{\eta}_j(t)\{Y\}^{(j)}\right)+[K]\left(\sum_{j=1}^{n}\eta_j(t)\{Y\}^{(j)}\right)=\{f_{\mathrm{PE}}(t)\}$$

等式两边左乘第 i 振型的转置

$$\{Y\}^{(i)\mathrm{T}}[M]\left(\sum_{j=1}^{n}\ddot{\eta}_j(t)\{Y\}^{(j)}\right)+\{Y\}^{(i)\mathrm{T}}[K]\left(\sum_{j=1}^{n}\eta_j(t)\{Y\}^{(j)}\right)=\{Y\}^{(i)\mathrm{T}}\{f_{\mathrm{PE}}(t)\}\tag{8-66}$$

因为振型具有正交的性质，即

$$\{Y\}^{(i)\mathrm{T}}[M]\{Y\}^{(j)}=0\quad(i\neq j)$$

$$\{Y\}^{(i)\mathrm{T}}[K]\{Y\}^{(j)}=0\quad(i\neq j)$$

故，式(8-66)变成

$$\{Y\}^{(i)\mathrm{T}}[M]\{Y\}^{(i)}\ddot{\eta}_i(t)+\{Y\}^{(i)\mathrm{T}}[K]\{Y\}^{(i)}\eta_i(t)=\{Y\}^{(i)\mathrm{T}}\{f_{\mathrm{PE}}(t)\}\tag{8-67}$$

令

$$m_i^*=\{Y\}^{(i)\mathrm{T}}[M]\{Y\}^{(i)},\ k_i^*=\{Y\}^{(i)\mathrm{T}}[K]\{Y\}^{(i)},\ f_{i\mathrm{PE}}^*=\{Y\}^{(i)\mathrm{T}}\{f_{\mathrm{PE}}(t)\}$$

式(8-67)变成

$$m_i^*\ddot{\eta}_i(t)+k_i^*\eta_i(t)=f_{i\mathrm{PE}}^*(t)\tag{8-68}$$

式中，m_i^*、k_i^*、$f_{i\mathrm{PE}}^*(t)$分别称为第 i 阶振型的广义质量、广义刚度和广义荷载。

很明显，求解式(8-68)中 $\eta_i(t)$ 的过程与单自由度体系受迫振动方程的求解过程完全相同。

这样，就将求解耦联方程组的过程，简化成求解单自由度体系动力方程的过程，求解过程得到很大简化。

下面讨论广义刚度、广义质量和自振频率之间的关系。

写出刚度法表示的多自由度体系的第 i 振型的振型方程如下

$$([K]-\omega_i^2[M])\{Y\}^{(i)}=\{0\}$$

将上式左乘第 i 振型的转置，得

$$\{Y\}^{(i)\mathrm{T}}([K]-\omega_i^2[M])\{Y\}^{(i)}=\{0\}$$

整理得

$$\{Y\}^{(i)\mathrm{T}}[K]\{Y\}^{(i)}-\omega_i^2\{Y\}^{(i)\mathrm{T}}[M]\{Y\}^{(i)}=0$$

即

$$k_i^*-\omega_i^2 m_i^*=0$$

故

$$\omega_i^2=\frac{k_i^*}{m_i^*} \tag{8-69}$$

将式(8-68)两边同时除以 m_i^*，并注意到 $k_i^*/m_i^*=\omega_i^2$，则有

$$\ddot{\eta}_i(t)+\omega_i^2\eta_i(t)=\frac{1}{m_i^*}f_{i\mathrm{PE}}^*(t) \tag{8-70}$$

在零初始条件下，式(8-70)的解答可由单自由度体系的 Duhamel 积分给出

$$\eta_i(t)=\frac{1}{m_i^*\omega_i}\int_0^t f_{i\mathrm{PE}}^*(\tau)\sin\omega_i(t-\tau)\mathrm{d}\tau \tag{8-71}$$

照此过程，可以求出每个振型的广义坐标，将其代回到式(8-65)即可得到多自由度体系受迫振动问题的解答。该方法通常称为**振型分解法**。

【例题 8-22】 试用振型分解法计算图 8-46 所示体系的动力位移。已知 $m_1=m_2=m$，梁 $EI=$常数。$\omega_1=\sqrt{486EI/15ml^3}$，　$\omega_2=\sqrt{486EI/ml^3}$ $\{Y\}^{(1)}=[1\quad 1]^{\mathrm{T}}$，$\{Y\}^{(2)}=[1\quad -1]^{\mathrm{T}}F_{\mathrm{P}}$ 为突加荷载。

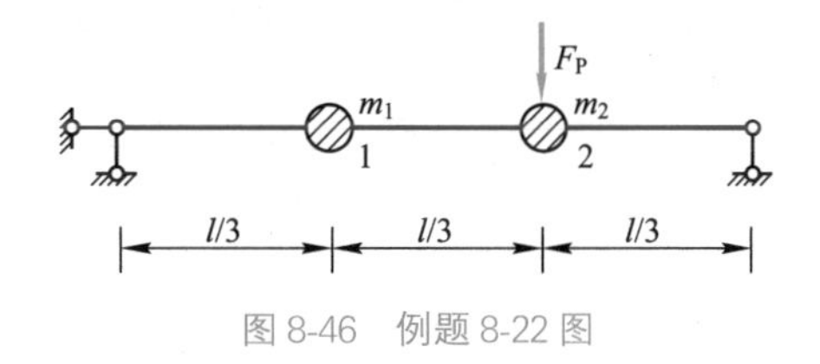

图 8-46　例题 8-22 图

【解】 (1) 计算广义质量和广义荷载。

$$m_1^*=[1\quad 1]\begin{bmatrix}m & 0\\0 & m\end{bmatrix}\begin{Bmatrix}1\\1\end{Bmatrix}=2m,\quad m_2^*=[1\quad -1]\begin{bmatrix}m & 0\\0 & m\end{bmatrix}\begin{Bmatrix}1\\-1\end{Bmatrix}=2m$$

$$f_{1\mathrm{PE}}^*(t)=[1\quad 1]\begin{Bmatrix}0\\f_{\mathrm{P}}(t)\end{Bmatrix}=F_{\mathrm{P}},\quad f_{2\mathrm{PE}}^*(t)=[1\quad -1]\begin{Bmatrix}0\\f_{\mathrm{P}}(t)\end{Bmatrix}=-F_{\mathrm{P}}$$

(2) 求广义坐标和动力位移。

$$\eta_1(t)=\frac{1}{m_1^*\omega_1}\int_0^t f_{1\mathrm{PE}}^*(\tau)\sin\omega_1(t-\tau)\mathrm{d}\tau=\frac{-F_{\mathrm{P}}}{2m\omega_1^2}(1-\cos\omega_1 t)$$

$$\eta_2(t)=\frac{1}{m_2^*\omega_2}\int_0^t f_{2PE}^*(\tau)\sin\omega_2(t-\tau)\mathrm{d}\tau=\frac{F_P}{2m\omega_2^2}(1-\cos\omega_2 t)$$

则动力位移为

$$\begin{Bmatrix}y_1(t)\\y_2(t)\end{Bmatrix}=\eta_1(t)\begin{Bmatrix}Y_{11}\\Y_{21}\end{Bmatrix}+\eta_2(t)\begin{Bmatrix}Y_{12}\\Y_{22}\end{Bmatrix}$$

$$=\begin{Bmatrix}\dfrac{F_P}{2m\omega_1^2}\left[-(1-\cos\omega_1 t)+\dfrac{\omega_1^2}{\omega_2^2}(1-\cos\omega_2 t)\right]\\\dfrac{F_P}{2m\omega_1^2}\left[-(1-\cos\omega_1 t)-\dfrac{\omega_1^2}{\omega_2^2}(1-\cos\omega_2 t)\right]\end{Bmatrix}$$

观察一下广义坐标的比值：

$$\frac{\eta_1(t)}{\eta_2(t)}=-\frac{\omega_2^2(1-\cos\omega_1 t)}{\omega_1^2(1-\cos\omega_2 t)}=-15\frac{(1-\cos\omega_1 t)}{(1-\cos\omega_2 t)}$$

从上面的比值可以看出，$\eta_1(t)$约为$\eta_2(t)$的 15 倍。因此，在动力位移中，第一振型占主要成分。产生这个结果的原因是第二振型的频率比第一振型的频率高。

【例题 8-23】 试用振型分解法计算简支梁在图 8-47(a)、(b)、(c)所示三种荷载作用下的动位移。已知：$\theta^2=0.36\omega_1^2$，其他已知条件同例题 8-22。

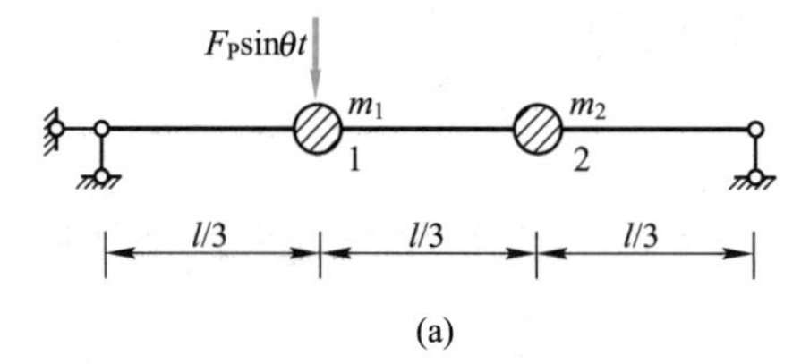

(a)

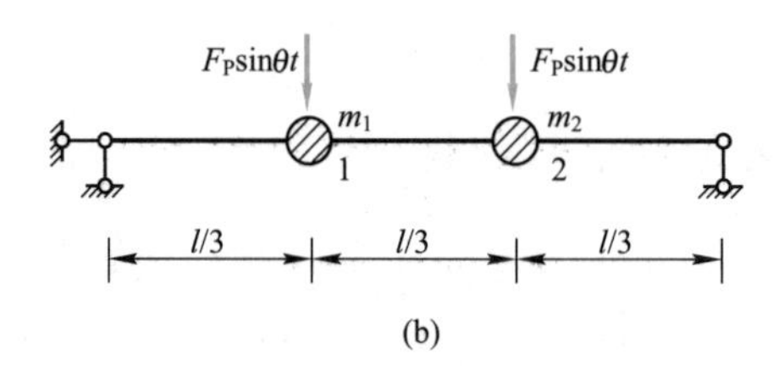

(b)

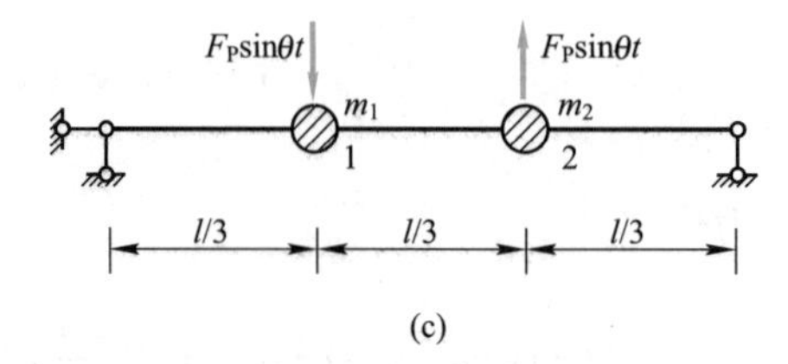

(c)

图 8-47 例题 8-23 图

【解】（1）图 8-47(a)所示荷载下的计算。

$$m_1^*=[1\quad 1]\begin{bmatrix} m & 0 \\ 0 & m \end{bmatrix}\begin{Bmatrix} 1 \\ 1 \end{Bmatrix}=2m,$$

$$m_2^*=[1\quad -1]\begin{bmatrix} m & 0 \\ 0 & m \end{bmatrix}\begin{Bmatrix} 1 \\ -1 \end{Bmatrix}=2m$$

$$f_{1PE}^*(t)=[1\quad 1]\begin{Bmatrix} F_P\sin\theta t \\ 0 \end{Bmatrix}=F_P\sin\theta t,$$

$$f_{2PE}^*(t)=[1\quad -1]\begin{Bmatrix} F_P\sin\theta t \\ 0 \end{Bmatrix}=F_P\sin\theta t$$

因为是简谐荷载，广义坐标可直接套用公式

$$\eta_1(t)=\frac{f_{1PE}^*(t)}{m_1^*\omega_1^2}\frac{1}{1-\dfrac{\theta^2}{\omega_1^2}}=2.4113\times10^{-2}\frac{F_Pl^3}{EI}\sin\theta t$$

$$\eta_2(t)=\frac{f_{2PE}^*(t)}{m_2^*\omega_2^2}\frac{1}{1-\dfrac{\theta^2}{\omega_2^2}}=0.1054\times10^{-2}\frac{F_Pl^3}{EI}\sin\theta t$$

从广义坐标的计算结果可以看出，这种情况下，第一振型在动力位移中所占的比例非常大，约为 96%。

质点的动力位移为

$$\begin{Bmatrix} y_1(t) \\ y_2(t) \end{Bmatrix}=\eta_1\{Y\}^{(1)}+\eta_2\{Y\}^{(2)}=\left(0.02411\begin{Bmatrix} 1 \\ 1 \end{Bmatrix}+0.00105\begin{Bmatrix} 1 \\ -1 \end{Bmatrix}\right)\frac{F_Pl^3}{EI}\sin\theta t$$

$$=\begin{Bmatrix} 0.02516 \\ 0.02306 \end{Bmatrix}\frac{F_Pl^3}{EI}\sin\theta t$$

（2）图 8-47(b)所示荷载下的计算。

$$m_1^*=[1\quad 1]\begin{bmatrix} m & 0 \\ 0 & m \end{bmatrix}\begin{Bmatrix} 1 \\ 1 \end{Bmatrix}=2m,\quad m_2^*=[1\quad -1]\begin{bmatrix} m & 0 \\ 0 & m \end{bmatrix}\begin{Bmatrix} 1 \\ -1 \end{Bmatrix}=2m$$

$$f_{1PE}^*(t)=[1\quad 1]\begin{Bmatrix} F_P\sin\theta t \\ F_P\sin\theta t \end{Bmatrix}=2F_P\sin\theta t,\quad f_{2PE}^*(t)=[1\quad -1]\begin{Bmatrix} F_P\sin\theta t \\ F_P\sin\theta t \end{Bmatrix}=0$$

广义坐标为

$$\eta_1(t)=\frac{f_{1PE}^*(t)}{m_1^*\omega_1^2}\frac{1}{1-\frac{\theta^2}{\omega_1^2}}=4.8226\times10^{-2}\frac{F_Pl^3}{EI}\sin\theta t$$

$$\eta_2(t)=0$$

从广义坐标的计算结果可以看出，这种情况下，动力位移中只有第一振型。原因是第二振型的广义荷载为零，其对应的广义坐标当然为零。这时的动力位移为

$$\begin{Bmatrix}y_1(t)\\y_2(t)\end{Bmatrix}=\eta_1\{Y\}^{(1)}=\begin{Bmatrix}0.04823\\0.04823\end{Bmatrix}\frac{F_Pl^3}{EI}\sin\theta t$$

(3) 图 8-47(c)所示荷载下的计算。

$$m_1^*=[1\quad 1]\begin{bmatrix}m&0\\0&m\end{bmatrix}\begin{Bmatrix}1\\1\end{Bmatrix}=2m,\quad m_2^*=[1\quad -1]\begin{bmatrix}m&0\\0&m\end{bmatrix}\begin{Bmatrix}1\\-1\end{Bmatrix}=2m$$

$$f_{1PE}^*(t)=[1\quad 1]\begin{Bmatrix}F_P\sin\theta t\\-F_P\sin\theta t\end{Bmatrix}=0,\quad f_{2PE}^*(t)=[1\quad -1]\begin{Bmatrix}F_P\sin\theta t\\-F_P\sin\theta t\end{Bmatrix}=2F_P\sin\theta t$$

广义坐标为

$$\eta_1(t)=0$$

$$\eta_2(t)=0.0021\frac{F_Pl^3}{EI}\sin\theta t$$

$$\begin{Bmatrix}y_1(t)\\y_2(t)\end{Bmatrix}=\eta_2\{Y\}^{(2)}=\begin{Bmatrix}0.0021\\-0.0021\end{Bmatrix}\frac{F_Pl^3}{EI}\sin\theta t$$

从广义坐标的计算结果可以看出，这种情况下，动力位移中只有第二振型。原因是第一振型的广义荷载为零，其对应的广义坐标当然为零。但是，从 η_2 的大小可以看出，虽然只有第二振型，但动力位移却很小。

因此，在很多实际情况下，都主要考虑第一振型的影响。

8.6.2 有阻尼时的振型分解法

无阻尼时的振型分解法，利用了振型对质量和刚度矩阵正交的条件。若将振型分解法应用在有阻尼体系中，则要求振型对阻尼矩阵也正交。为此，通常假设阻尼矩阵 $[C]$ 为质量矩阵 $[M]$ 和刚度矩阵 $[K]$ 的线性组合，称为 **Rayleigh 阻尼**，其表达式为

$$[C]=a[M]+b[K] \tag{8-72}$$

其中 a、b 为两个常数。对式(8-72)两边同时左乘$\{Y\}^{(i)\mathrm{T}}$、右乘$\{Y\}^{(i)}$，并记此结果为

$$C_i^* = \{Y\}^{(i)\mathrm{T}}(a[M]+b[K])\{Y\}^{(i)} = am_i^* + bk_i^* \tag{8-73}$$

并称 C_i^* 为第 i 阶振型的广义阻尼系数。利用关系式 $k_i^* = \omega_i^2 m_i^*$，并引入参数 $\xi_i = \dfrac{c_i^*}{2\omega_i m_i^*}$，式(8-73)可改写为

$$\xi_i = \frac{1}{2}\left(\frac{a}{\omega_i} + b\omega_i\right) \tag{8-74}$$

式中，ξ_i 为对应于第 i 阶振型的广义阻尼比。

在实际问题中，通常根据两个已知的 ω_i 和由实验测得的阻尼比 ξ_i 来计算 a、b 的值。例如：将已知的 ω_1、ω_2 和实测得到的 ξ_1、ξ_2 分别代入式(8-74)，则可求得

$$\begin{aligned} a &= \frac{2\omega_1\omega_2(\xi_1\omega_2 - \xi_2\omega_1)}{\omega_2^2 - \omega_1^2} \\ b &= \frac{2(\xi_2\omega_2 - \xi_1\omega_1)}{\omega_2^2 - \omega_1^2} \end{aligned} \tag{8-75}$$

再将所求得的 a、b 代入式(8-74)，即可计算更高阶振型的阻尼比 ξ_3、ξ_4…。在多自由度钢筋混凝土结构受迫振动分析中，一般设 $\xi_1 = \xi_2 = 0.05$，因此 $a = \dfrac{\omega_1\omega_2}{10(\omega_1+\omega_2)}$，$b = \dfrac{1}{10(\omega_1+\omega_2)}$。

有了满足正交性的阻尼矩阵，可以很容易得到有阻尼体系第 i 振型的广义坐标方程为

$$\ddot{\eta}_i(t) + 2\xi_i\omega_i\dot{\eta}_i(t) + \omega_i^2\eta_i(t) = \frac{f_{i\mathrm{PE}}^*(t)}{m_i^*} \tag{8-76}$$

广义坐标 $\eta_i(t)$ 的解为

$$\eta_i(t) = \frac{1}{m_i^*\omega_{\mathrm{D}i}}\int_0^t f_{i\mathrm{PE}}^*(\tau)e^{-\xi_i\omega_i(t-\tau)}\sin\omega_{\mathrm{D}i}(t-\tau)\mathrm{d}\tau \tag{8-77}$$

8.7 地面运动作用下的结构动力计算

在前面的章节里讲到，简谐荷载作用下，结构的伴生自由振动由于阻尼的存在会很快衰减，因此，只讨论了结构的稳态振动部分。这种情况在简谐荷载作用时间较长的情况下是正确的。例如：机器引起的偏心荷载对支撑结构的作用就属于这种情况。因为机器开动以后的工作时间是几小时、十几小时，甚至更长。因此，伴生自由振动有足够的时间衰减掉。

但是，在地面运动(例如地震)作用下，情况却有所不同，这和地震的特征有关。具体为

(1) 地震持续的时间比较短，一般是几十秒。这个时间内，伴生自由振动可能还没有衰减到可以忽略的程度。特别是一些长周期结构，伴生自由振动衰减得更慢。

(2) 在地震过程中，不断有新的地震波成分加入，也就不断有新的伴生自由振动产生。因此，始终会有还没有来得及衰减的伴生自由振动。

基于以上两点，本节对地震作用下的结构振动进行讨论。着重讨论伴生自由振动在总反应中所占比例的问题。

8.7.1 地面运动下结构的动力方程及其求解

为了简单起见，首先以单自由度体系在地面简谐运动作用下的情况进行讨论。

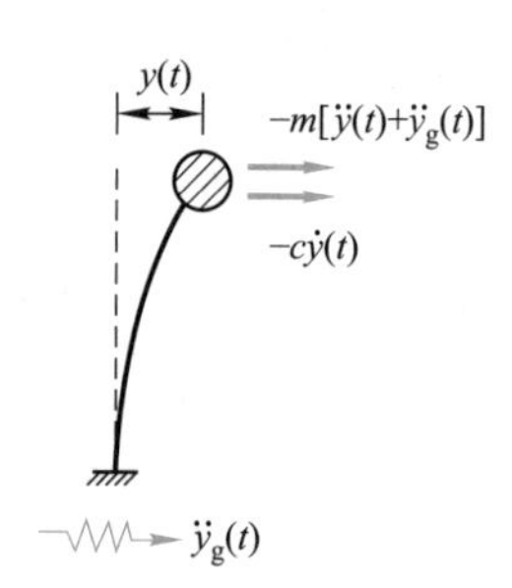

图 8-48 单自由度体系在简谐地面运动下的振动

图 8-48 所示为单自由度体系在简谐地面运动作用下的情形。特别强调：质体惯性力表达式中的加速度是绝对加速度。因此，体系的动力方程为

$$m[\ddot{y}(t)+\ddot{y}_g(t)]+c\dot{y}(t)+ky(t)=0$$

式中，$\ddot{y}_g(t)$为地面运动加速度；$y(t)$为质体相对于地面的位移。

移项得

$$m\ddot{y}(t)+c\dot{y}(t)+ky(t)=-m\ddot{y}_g(t) \tag{8-78}$$

由式(8-78)可以看出，地面运动的作用就相当于在质体上作用一个$-m\ddot{y}_g(t)$的动力荷载。

令 $\ddot{y}_g(t)=A_g\sin\theta t$，得

$$m\ddot{y}(t)+c\dot{y}(t)+ky(t)=-mA_g\sin\theta t$$

式中，A_g 为地面运动加速度幅值。

引入参数 ξ、ω，得

$$\ddot{y}(t)+2\xi\omega\dot{y}(t)+\omega^2y(t)=-A_g\sin\theta t \tag{8-79}$$

对于零初始条件，参照式(8-16)解的形式，考虑 $\omega\approx\omega_D$，很容易得到式(8-79)的解为

$$y(t)=-e^{-\xi\omega t}\left[C_3\cos\omega_D t+\left(C_3\frac{\xi\omega}{\omega_D}+C_4\frac{\theta}{\omega_D}\right)\sin\omega_D t\right]+(C_3\cos\theta t+C_4\sin\theta t) \tag{8-80}$$

式中

$$C_3=\frac{-2\xi\omega\theta}{(\omega^2-\theta^2)^2+4\xi^2\omega^2\theta^2}(-A_g),\quad C_4=\frac{\omega^2-\theta^2}{(\omega^2-\theta^2)^2+4\xi^2\omega^2\theta^2}(-A_g)$$

由式(8-80)可以看出，第一部分为伴生自由振动，记为

$$y^{\omega_D}(t)=-e^{-\xi\omega t}\left[C_3\cos\omega_D t+\left(C_3\frac{\xi\omega}{\omega_D}+C_4\frac{\theta}{\omega_D}\right)\sin\omega_D t\right]$$

$$=-Y^{\omega_D}\sin(\omega_D t+\varphi_D)\tag{8-81a}$$

振幅和相位角分别为

$$Y^{\omega_D}=e^{-\xi\omega t}\sqrt{C_3^2+\left(C_3\xi+C_4\frac{\theta}{\omega_D}\right)^2},\quad \varphi_D=\arctan\frac{C_3}{C_3\xi+C_4\frac{\theta}{\omega_D}}\tag{8-81b}$$

第二部分为受迫振动，记为

$$y^{\theta}(t)=(C_3\cos\theta t+C_4\sin\theta t)=Y^{\theta}\sin(\theta t+\varphi_\theta)\tag{8-82a}$$

振幅和相位角分别为

$$Y^{\theta}=\sqrt{C_3^2+C_4^2},\quad \varphi_\theta=\arctan\frac{C_3}{C_4}\tag{8-82b}$$

下面将讨论这两部分振动在建筑结构地震反应中的有关特点。

8.7.2 动力位移中的伴生自由振动

从伴生自由振动的衰减项 $e^{-\xi\omega t}$ 中可以看到，小阻尼比 ξ、低自振频率 ω(长周期)时，衰减得比较慢。表 8-3 中，给出了 $\xi=0.05$、$\omega=2\pi/2.5$rad/s($T=2.5$s)时的相关数值。

$e^{-\xi\omega t}$ 在不同时刻的数值　　表 8-3

$t=0$s	$t=5$s	$t=10$s	$t=15$s
1	0.54	0.28	0.15

注：$\xi=0.05$、$\omega=2\pi/2.5$rad/s($T=2.5$s)。

表 8-4 给出了一组伴生自由振动和稳态振动位移的幅值。

伴生自由振动和稳态振动位移幅值 （单位：mm）　　表 8-4

幅值	$\beta=2$	$\beta=4$	$\beta=6$	$\beta=8$
Y^{ω_D}	206.7	82.8	53.3	39.4
Y^{θ}	103.2	20.7	8.9	4.9
Y^{ω_D}/Y^{θ}	2.0	4.0	6.0	8.0

注：$\beta=\theta/\omega$。

从表 8-4 中可以看出，对于周期较长的结构（ω 比较小，β 比较大），伴生自由

振动的幅值比稳态振动的幅值大很多。

8.7.3 动力加速度中的伴生自由振动

将式(8-81a)对时间求两次导数，得到伴生自由振动的加速度反应，记为

$$\ddot{y}^{\omega_D}(t)=e^{-\xi\omega t}\ (C_3\omega^2+2C_4\xi\omega\theta)\ \cos\omega_D t+e^{-\xi\omega t}\left[C_3\left(-\frac{\xi^3\omega^3}{\omega_D}-\xi\omega\omega_D\right)+C_4\left(-\xi^2\omega^2\frac{\theta}{\omega_D}+\theta\omega_D\right)\right]\sin\omega_D t \tag{8-83a}$$

振幅为

$$A^{\omega_D}=e^{-\xi\omega t}\sqrt{(C_3\omega^2+2C_4\xi\omega\theta)^2+\left[C_3\left(-\frac{\xi^3\ \omega^3}{\omega_D}-\xi\omega\omega_D\right)+C_4\left(-\xi^2\ \omega^2\ \frac{\theta}{\omega_D}+\theta\omega_D\right)\right]^2} \tag{8-83b}$$

将式(8-82a)对时间求两次导数，再加上地面运动加速度，得到稳态振动的绝对加速度，记为

$$\ddot{y}^{\theta}_{abs}=\ddot{y}^{\theta}+A_g\sin\theta t=-C_3\theta^2\cos\theta t-C_4\theta^2\sin\theta t+A_g\sin\theta t \tag{8-84a}$$

振幅为

$$A^{\theta}_{abs}=\sqrt{(C_3\theta^2)^2+(A_g-C_4\theta^2)^2} \tag{8-84b}$$

表 8-5 给出了一组伴生自由振动和稳态振动加速度幅值。

伴生自由振动和稳态振动加速度幅值 （单位：m/s^2） 表 8-5

幅值	$\beta=2$	$\beta=4$	$\beta=6$	$\beta=8$
A^{ω_D}	1.31	0.52	0.34	0.25
A^{θ}_{abs}	0.66	0.14	0.065	0.040
$A^{\omega_D}/A^{\theta}_{abs}$	1.96	3.72	5.15	6.25

注：$\beta=\theta/\omega$。

从表 8-5 中的数值可以看出，随着频率比的增加，伴生自由振动与稳态振动的加速度比值明显增加。

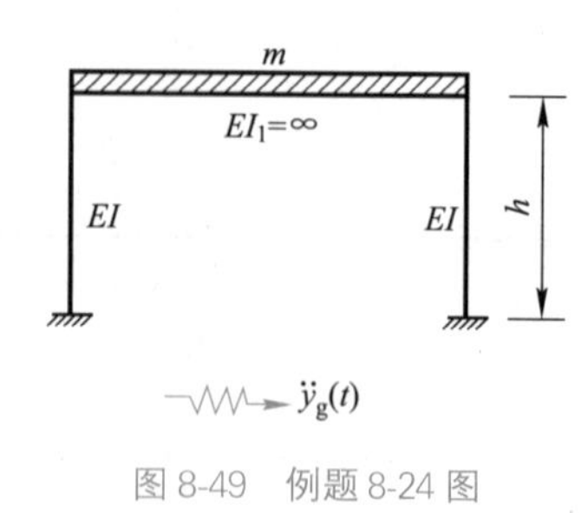

图 8-49 例题 8-24 图

综上所述，对于地面运动作用下的结构振动反应，伴生自由振动是不可以忽略的，有时还可能是主要的。实际地震发生时，更多的伴生自由振动不断被激发，伴生自由振动的作用将会更突出。限于本书的编写内容要求，此问题不再展开。

【例题 8-24】 如图 8-49 所示为一单层框架，楼面集中质量 $m=22000$kg，柱子 $EI=6.4\times10^4$kN·m^2，

柱高 $h=3.4\text{m}$。$\ddot{y}_g=A_g\sin\theta t$，$A_g=1.96\text{m/s}^2$，$\theta=20.94\text{rad/s}$，阻尼比 $\xi=0.05$。现分析其在考虑伴生自由振动下的动位移。

【解】 首先计算体系的自振频率和频率比。

$$\omega=\sqrt{\frac{k}{m}}=\sqrt{\frac{24EI}{h^3m}}=\sqrt{\frac{24\times6.4\times10^4\text{kN}\cdot\text{m}^2}{(3.4\text{m})^3\times22000\text{kg}}}=42.147\text{rad/s},\quad T=0.15\text{s}$$

$$\omega_D=\omega\sqrt{1-\xi^2}=42.09\text{rad/s}$$

频率比为

$$\beta=\frac{\theta}{\omega}=\frac{20.94\text{rad/s}}{42.147\text{rad/s}}=0.497$$

计算动位移公式中的系数

$$C_3=\frac{-2\xi\omega\theta}{(\omega^2-\theta^2)^2+4\xi^2\omega^2\theta^2}(-A_g)=9.62\times10^{-5}\text{m}$$

$$C_4=\frac{\omega^2-\theta^2}{(\omega^2-\theta^2)^2+4\xi^2\omega^2\theta^2}(-A_g)=-1.46\times10^{-3}\text{m}$$

由式(8-81b)得伴生自由振动的振幅和相位分别为

$$Y^{\omega_D}=e^{-\xi\omega t}\sqrt{C_3^2+\left(C_3\xi+C_4\frac{\theta}{\omega_D}\right)^2}=e^{-2.107t}\times0.727\text{mm}$$

$$\varphi_D=\arctan\frac{C_3}{C_3\xi+C_4\dfrac{\theta}{\omega_D}}=-0.133$$

因此，伴生自由振动的位移表达式为

$$y^{\omega_D}(t)=-Y^{\omega_D}\sin(\omega_D t+\varphi_D)=-e^{-2.107t}\times0.727\sin(42.09t-0.133)\text{mm}$$

同理，稳态振动的振幅和相位角分别为

$$Y^{\theta}=\sqrt{C_3^2+C_4^2}=1.462\text{mm}$$

$$\varphi_\theta=\arctan\frac{C_3}{C_4}=-0.066$$

稳态振动的位移表达式为

$$y^{\theta}(t)=Y^{\theta}\sin(\theta t+\varphi_\theta)=-1.462\sin(20.94t-0.066)\text{mm}$$

从动位移表达式中，可以方便地计算出

$$[y(t)]_{\max}=[y^{\omega_D}(t)+y^{\theta}(t)]_{\max}=1.79\text{mm}$$

$$1-\frac{Y^{\theta}}{[y(t)]_{\max}}=1-\frac{1.462}{1.79}=18.32\%$$

从计算结果可以看出：

(1) 若不考虑伴生自由振动，质体位移幅值被低估了 18.32%。

(2) 此题基本特征是：基本周期为 0.15s，频率比为 0.497、阻尼比为 0.05，是普通的钢筋混凝土结构特征。

【例题 8-25】 若例题 8-24 中的抗弯刚度改为 $EI=12.8\times10^2\text{kN}\cdot\text{m}^2$，阻尼比改为 0.12，其余条件相同。试进行同样的分析。

【解】 计算过程同例题 8-24。

自振频率为

$$\omega=\sqrt{\frac{k}{m}}=\sqrt{\frac{24EI}{h^3m}}=\sqrt{\frac{24\times12.8\times10^2\text{kN}\cdot\text{m}^2}{(3.4\text{m})^3\times22000\text{kg}}}=5.961\text{rad/s},\quad T=1.05\text{s}$$

$$\omega_D=\omega\sqrt{1-\xi^2}=5.917\text{rad/s}$$

频率比为

$$\beta=\frac{\theta}{\omega}=\frac{20.94\text{rad/s}}{5.961\text{rad/s}}=3.513$$

$$C_3=\frac{-2\xi\omega\theta}{(\omega^2-\theta^2)^2+4\xi^2\omega^2\theta^2}(-A_g)=3.60\times10^{-4}\text{m}$$

$$C_4=\frac{\omega^2-\theta^2}{(\omega^2-\theta^2)^2+4\xi^2\omega^2\theta^2}(-A_g)=4.84\times10^{-3}\text{m}$$

$$Y^{\omega_D}=e^{-\xi\omega t}\sqrt{C_3^2+\left(C_3\xi+C_4\frac{\theta}{\omega_D}\right)^2}=e^{-0.715t}\times17.1\text{mm}$$

$$\varphi_D=\arctan\frac{C_3}{C_3\xi+C_4\dfrac{\theta}{\omega_D}}=0.026$$

$$y^{\omega_D}(t)=-Y^{\omega_D}\sin(\omega_Dt+\varphi_D)$$
$$=-e^{-0.715t}\times17.1\sin(5.917t+0.026)\text{mm}$$

$$Y^{\theta}=\sqrt{C_3^2+C_4^2}=4.85\text{mm}$$

$$\varphi_\theta=\arctan\frac{C_3}{C_4}=0.074$$

$$y^{\theta}(t)=Y^{\theta}\sin(\theta t+\varphi_\theta)=4.85\sin(20.94t+0.074)\text{mm}$$

考虑与不考虑伴生自由振动时，体系的最大动位移分别为

$$[y(t)]_{\max}=[y^{\omega_D}(t)+y^{\theta}(t)]_{\max}=21.09\text{mm}$$

$$1-\frac{Y^{\theta}}{[y(t)]_{\max}}=1-\frac{4.85}{21.09}=77.0\%$$

计算质体的绝对加速度。由式(8-83a)和式(8-84a)计算可得

$$A^{\omega_{\mathrm{D}}}=\mathrm{e}^{-\xi\omega t}\sqrt{(C_3\omega^2+2C_4\xi\omega\theta)^2+\left[C_3\left(-\frac{\xi^3\omega^3}{\omega_{\mathrm{D}}}-\xi\omega\omega_{\mathrm{D}}\right)+C_4\left(-\xi^2\omega^2\frac{\theta}{\omega_{\mathrm{D}}}+\theta\omega_{\mathrm{D}}\right)\right]^2}$$

$$=\mathrm{e}^{-0.715t}\times0.609\mathrm{m/s^2}$$

$$A_{\mathrm{abs}}^{\theta}=\sqrt{(C_3\theta^2)^2+(A_{\mathrm{g}}-C_4\theta^2)^2}=0.225\mathrm{m/s^2}$$

$$\ddot{y}^{\omega_{\mathrm{D}}}(t)=A^{\omega_{\mathrm{D}}}\sin(\omega_{\mathrm{D}}t+\varphi_{\mathrm{D}})=\mathrm{e}^{-0.715t}\times0.609\sin(5.917t-0.233)\mathrm{m/s^2}$$

$$\ddot{y}^{\theta}(t)+\ddot{y}_{\mathrm{g}}(t)=A_{\mathrm{abs}}^{\theta}\sin(\theta t+\varphi_{\theta})=0.225\times\sin(20.94t+0.773)\mathrm{m/s^2}$$

体系的最大加速度为

$$[\ddot{y}(t)]_{\max}=0.812\mathrm{m/s^2}$$

$$1-\frac{A_{\mathrm{abs}}^{\theta}}{[\ddot{y}(t)]_{\max}}=1-\frac{0.225}{0.812}=72.3\%$$

与例题 8-24 相比，此题柱子的抗弯刚度降低了 98%，自振频率明显降低，周期由 0.15s 延长到 1.05s。从计算结果可以看出：

(1) 若不考虑伴生自由振动，质体位移幅值被低估了 77.0%。质体的绝对加速度被低估了 72.3%。

(2) 在结构设计中，我们通常关心地面输入被放大了多少。此题中质体的绝对加速度与地面输入加速度的幅值比为 0.414 (0.812/1.92)。地面输入经过水平刚度较小的楼层，被降低了 58.6%。

(3) 建筑工程中的基础隔震技术就是在基础顶面设置水平刚度很小的隔震层，降低结构地震反应。一般设计合理的隔震结构都可以减少地震作用 50%以上，甚至更多。

(4) 若将此题的层间剪力与例题 8-24 对比，结果显示，层间剪力降低了 76.4%。(请读者自己完成相关计算)

【例题 8-26】 如图 8-50 所示为一个二层框架结构，楼面集中质量 $m_1=m_2=2\times10^4\mathrm{kg}$，柱子的抗弯刚度 $EI=6.4\times10^4\ \mathrm{kN\cdot m^2}$，柱高 $h=3.6\mathrm{m}$。结构的自振频率和振型分别为 $\omega_1=25.07\mathrm{rad/s}$，$\omega_2=65.65\mathrm{rad/s}$，$\{Y\}^{(1)}=[1\quad 1.618]^{\mathrm{T}}$，$\{Y\}^{(2)}=[1\quad -0.618]^{\mathrm{T}}$。地面运动加速度为 $\ddot{y}_{\mathrm{g}}(t)=A_{\mathrm{g}}\sin\theta t$，其中 $A_{\mathrm{g}}=1.96\mathrm{m/s^2}$，$\theta=15.71\mathrm{rad/s}$。试分析体系

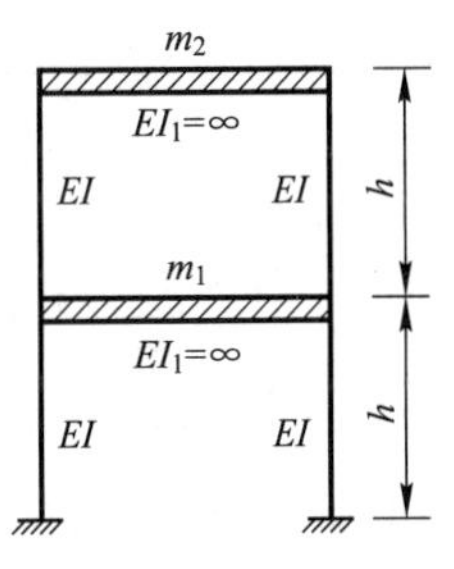

图 8-50 例题 8-26 图

动力位移。

【解】 利用振型分解法进行计算。

(1) 计算广义质量、广义刚度、广义荷载

$$m_1^*=[1\quad 1.618]\begin{bmatrix}m_1 & 0\\0 & m_2\end{bmatrix}\begin{Bmatrix}1\\1.618\end{Bmatrix}=3.62m=72400\text{kg}$$

$$m_2^*=[1\quad -0.618]\begin{bmatrix}m_1 & 0\\0 & m_2\end{bmatrix}\begin{Bmatrix}1\\-0.618\end{Bmatrix}=1.38m=27600\text{kg}$$

$$f_{1\text{PE}}^*(t)=[1\quad 1.618]\begin{Bmatrix}-m_1\ddot{y}_g\\-m_2\ddot{y}_g\end{Bmatrix}=-2.618m\ddot{y}_g=-102.63\sin(15.71t)\text{kN}$$

$$f_{2\text{PE}}^*(t)=[1\quad -0.618]\begin{Bmatrix}-m_1\ddot{y}_g\\-m_2\ddot{y}_g\end{Bmatrix}=-0.382m\ddot{y}_g=-14.97\sin(15.71t)\text{kN}$$

(2) 计算广义坐标

$$\eta_1(t)=\frac{1}{m_1^*\omega_1^2}\int_0^t f_{1\text{PE}}^*(\tau)\sin\omega_1(t-\tau)\text{d}\tau$$

$$=\frac{-102.63\text{kN}}{72400\text{kg}\times(25.07\text{rad/s})^2}$$

$$\times\frac{1}{1-\dfrac{(15.71\text{rad/s})^2}{(25.07\text{rad/s})^2}}\left[\sin(15.71t)-\frac{15.71}{25.07}\sin(25.07t)\right]$$

$$=3.714[0.627\sin(25.07t)-\sin(15.71t)]\text{mm}$$

$$\eta_2(t)=\frac{1}{m_2^*\omega_2}\int_0^t f_{2\text{PE}}^*(\tau)\sin\omega_2(t-\tau)\text{d}\tau$$

$$=\frac{-14.97\text{kN}}{27600\text{kg}\times(65.65\text{rad/s})^2}$$

$$\times\frac{1}{1-\dfrac{(15.71\text{rad/s})^2}{(65.65\text{rad/s})^2}}\left[\sin(15.71t)-\frac{15.71}{65.65}\sin(65.65t)\right]$$

$$=0.134[0.239\sin(65.65t)-\sin(15.71t)]\text{mm}$$

(3) 计算动力位移

$$\begin{Bmatrix}y_1(t)\\y_2(t)\end{Bmatrix}=\eta_1(t)\begin{Bmatrix}Y_{11}\\Y_{21}\end{Bmatrix}+\eta_2(t)\begin{Bmatrix}Y_{12}\\Y_{22}\end{Bmatrix}$$

$$=\left(\begin{Bmatrix}2.329\\3.768\end{Bmatrix}\sin(25.07t)+\begin{Bmatrix}0.0319\\-0.0197\end{Bmatrix}\sin(65.65t)\right.$$

$$\left.+\begin{Bmatrix}-3.8475\\-5.9267\end{Bmatrix}\sin(15.71t)\right)\text{mm}$$

$$\begin{Bmatrix}y_1^{\omega_D}(t)\\y_2^{\omega_D}(t)\end{Bmatrix}=\left(\begin{Bmatrix}2.329\\3.768\end{Bmatrix}\sin(25.07t)+\begin{Bmatrix}0.0319\\-0.0197\end{Bmatrix}\sin(65.65t)\right)\text{mm}$$

$$\begin{Bmatrix}y_1^{\theta}(t)\\y_2^{\theta}(t)\end{Bmatrix}=\begin{Bmatrix}-3.8475\\-5.9267\end{Bmatrix}\sin(15.71t)\text{mm}$$

对于一层的层间位移幅值，考虑与不考虑伴生自由振动的结果为

$$[y_1]_{\max}=6.2\text{mm},\quad [y_1^{\theta}]_{\max}=3.8475\text{mm},\quad 1-\frac{[y_1^{\theta}]_{\max}}{[y_1]_{\max}}=1-\frac{3.8475}{6.2}=38\%$$

对于二层的层间位移幅值，考虑与不考虑伴生自由振动的结果为

$$[y_2-y_1]_{\max}=3.4\text{mm},[y_2^{\theta}-y_1^{\theta}]_{\max}=2.0792\text{mm},\quad 1-\frac{[y_2^{\theta}-y_1^{\theta}]_{\max}}{[y_2-y_1]_{\max}}=39\%$$

从计算结果可以看出，不考虑伴生自由振动后，一层、二层的层间位移分别被低估了38%和39%。

(4) 绝对加速度计算

将动位移求二阶导数，得质体的加速度为

$$\begin{Bmatrix}\ddot{y}_1^{\omega_D}(t)\\\ddot{y}_2^{\omega_D}(t)\end{Bmatrix}=\left(\begin{Bmatrix}-1463.788\\-2368.206\end{Bmatrix}\sin(25.07t)+\begin{Bmatrix}-137.487\\84.905\end{Bmatrix}\sin(65.65t)\right)\times10^{-3}\text{m/s}^2$$

$$\begin{Bmatrix}\ddot{y}_1^{\theta}(t)\\\ddot{y}_2^{\theta}(t)\end{Bmatrix}=\begin{Bmatrix}949.579\\1462.734\end{Bmatrix}\sin(15.71t)\times10^{-3}\text{m/s}^2$$

$$\begin{Bmatrix}\ddot{y}_1^{\text{abs}}(t)\\\ddot{y}_2^{\text{abs}}(t)\end{Bmatrix}=\begin{Bmatrix}\ddot{y}_1^{\omega_D}(t)\\\ddot{y}_2^{\omega_D}(t)\end{Bmatrix}+\begin{Bmatrix}\ddot{y}_1^{\theta}(t)\\\ddot{y}_2^{\theta}(t)\end{Bmatrix}+\begin{Bmatrix}\ddot{y}_g(t)\\\ddot{y}_g(t)\end{Bmatrix}$$

$$=\left(\begin{Bmatrix}-1463.788\\-2368.206\end{Bmatrix}\sin(25.07t)+\begin{Bmatrix}-137.487\\84.905\end{Bmatrix}\sin(65.65t)\right.$$

$$\left.+\begin{Bmatrix}2909.579\\3422.734\end{Bmatrix}\sin(15.71t)\right)\times10^{-3}\text{m/s}^2$$

对于一层的绝对加速度

$$[\ddot{y}_1(t)]_{max}=4.5\text{m/s}^2,\quad A_1^{\theta}=2.91\text{m/s}^2,\quad 1-\frac{A_1^{\theta}}{[\ddot{y}_1(t)]_{max}}=1-\frac{2.91\text{m/s}^2}{4.5\text{m/s}^2}=35\%$$

对于二层的绝对加速度

$$[\ddot{y}_2(t)]_{max}=5.69\text{m/s}^2,\quad A_2^{\theta}=3.42\text{m/s}^2,\quad 1-\frac{A_2^{\theta}}{[\ddot{y}_2(t)]_{max}}=1-\frac{3.42\text{m/s}^2}{5.69\text{m/s}^2}=40\%$$

从计算结果可以看出，不考虑伴生自由振动后，一层、二层的绝对加速度分别被低估了 35%和 40%。

【例题 8-27】 将例题 8-26 中的一层刚度 EI 改为 $0.02EI$，其余条件相同。试进行同样的分析。

【解】 (1) 计算自振频率和振型。过程略。

$$\omega_1=4.047\text{rad/s},\ \omega_2=57.522\text{rad/s}$$

$$\{Y\}^{(1)}=[1\quad 1.01]^{\mathrm{T}},\ \{Y\}^{(2)}=[1\quad -0.99]^{\mathrm{T}}$$

(2) 计算广义质量、广义刚度、广义荷载。

$$m_1^*=[1\quad 1.01]\begin{bmatrix}m_1 & 0\\ 0 & m_2\end{bmatrix}\begin{Bmatrix}1\\ 1.01\end{Bmatrix}=40404\text{kg}$$

$$m_2^*=[1\quad -0.99]\begin{bmatrix}m_1 & 0\\ 0 & m_2\end{bmatrix}\begin{Bmatrix}1\\ -0.99\end{Bmatrix}=39604\text{kg}$$

$$f_{1PE}^*(t)=[1\quad 1.01]\begin{Bmatrix}-m_1\ddot{y}_g\\ -m_2\ddot{y}_g\end{Bmatrix}=-78.8\sin(15.71t)\text{kN}$$

$$f_{2PE}^*(t)=[1\quad -0.99]\begin{Bmatrix}-m_1\ddot{y}_g\\ -m_2\ddot{y}_g\end{Bmatrix}=-0.4\sin(15.71t)\text{kN}$$

(3) 计算广义坐标

$$\eta_1(t)=\frac{-78794}{40404\times 4.047^2}\cdot\frac{1}{1-\dfrac{15.71^2}{4.047^2}}\left[\sin(15.71t)-\frac{15.71}{4.047}\sin(4.047t)\right]$$

$$=8.463[\sin(15.71t)-3.882\sin(4.047t)]\text{mm}$$

$$\eta_2(t)=\frac{-394}{39604\times 57.52^2}\cdot\frac{1}{1-\dfrac{15.71^2}{57.52^2}}\left[\sin(15.71t)-\frac{15.71}{57.52}\sin(57.52t)\right]$$

$$=3.216\times10^{-3}[0.273\sin(57.52t)-\sin(15.71t)]\text{mm}$$

从两个振型的广义坐标可以看出，与例题 8-26 相比，第一振型所占比例显著增加。

(4) 计算动力位移

$$\begin{pmatrix} y_1(t) \\ y_2(t) \end{pmatrix}=\eta_1(t)\begin{Bmatrix} Y_{11} \\ Y_{21} \end{Bmatrix}+\eta_2(t)\begin{Bmatrix} Y_{12} \\ Y_{22} \end{Bmatrix}$$

因 $\eta_2(t)$数量级过小，将其忽略，只考虑第一振型

$$\begin{Bmatrix} y_1(t) \\ y_2(t) \end{Bmatrix}=\left[\begin{Bmatrix} -32.853 \\ 1.01\times(-32.853) \end{Bmatrix}\sin(4.047t)+\begin{Bmatrix} 8.463 \\ 1.01\times8.463 \end{Bmatrix}\sin(15.71t)\right]\text{mm}$$

从计算结果可以看出，一层和二层的位移几乎相等。这里只分析一层结果。

$$[y_1]_{\max}=39.66\text{mm},\quad [y_1^{\theta}]_{\max}=8.463\text{mm},\quad 1-\frac{[y_1^{\theta}]_{\max}}{[y_1]_{\max}}=1-\frac{8.463}{39.66}=79\%$$

(5) 计算质体的加速度(仅分析一层)

将动位移求二阶导数，得

$$\ddot{y}_1^{\omega_D}(t)=0.538\sin(4.047t)\text{m/s}^2$$

$$\ddot{y}_1^{\theta}(t)=-2.089\sin(15.71t)\text{m/s}^2$$

一层楼板处的绝对加速度为

$$\ddot{y}_1^{\text{abs}}(t)=\ddot{y}_1^{\omega_D}(t)+\ddot{y}_1^{\theta}(t)+\ddot{y}_g$$

$$=[0.538\sin4.047t-0.129\sin15.71t]\text{m/s}^2$$

$$[\ddot{y}_1(t)+\ddot{y}_g]_{\max}=0.64\text{m/s}^2,\quad A_1^{\theta}=0.129\text{m/s}^2$$

$$1-\frac{A_1^{\theta}}{[\ddot{y}_1(t)+\ddot{y}_g]_{\max}}=1-\frac{0.129\text{m/s}^2}{0.64\text{m/s}^2}=80\%$$

从计算结果可以看出：

(1) 由于一层层间刚度很小，体系振动以第一振型为主。二层的层间位移很小，相当于刚体平动。

(2) 与例题 8-26 相比，二层的层间位移降低了近 100%(二层层间位移很小)；一层楼板的绝对加速度降低了 85.8%。

(3) 一层楼板的绝对加速度仅为地面运动加速度的 32.65%(0.64/1.96)，衰减了 67.35%。这就是隔震结构的动力反应特点。

【例题 8-28】 如图 8-51 所示为一单层框架结构，上部子系统结构为吸振器并有

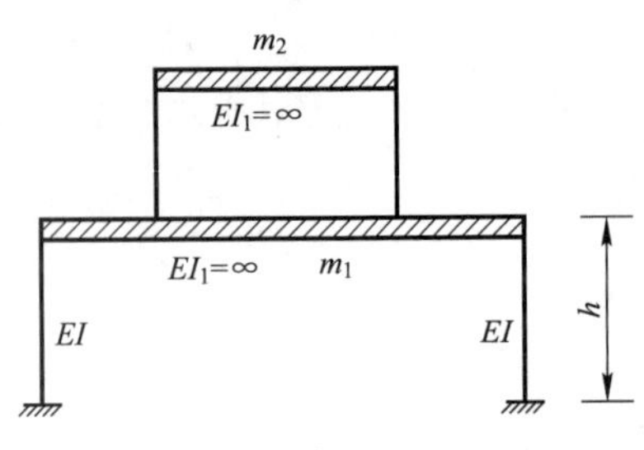

图 8-51　例题 8-28 图

$k_2/m_2=\theta^2$，$\theta=15.71\text{rad/s}$，楼板集中质量 $m_1=24000\text{kg}$，吸振器质量为 2400kg，柱子 $EI=1.025\times10^5\text{kN}\cdot\text{m}^2$，柱高 3.8m，$A_g=1.96\text{m/s}^2$。

试分析考虑伴生自由振动情况下吸振器的效果。

【解】（1）计算频率和振型（过程略）

$$\omega_1=15.59\text{rad/s},\quad \omega_2=43.55\text{rad/s}$$

$$[Y]^{(1)}=\begin{Bmatrix}Y_{11}\\Y_{21}\end{Bmatrix}=\begin{Bmatrix}1\\66.667\end{Bmatrix},\quad [Y]^{(2)}=\begin{Bmatrix}Y_{12}\\Y_{22}\end{Bmatrix}=\begin{Bmatrix}1\\-0.157\end{Bmatrix}$$

（2）计算广义质量、广义刚度、广义坐标及位移反应

$$m_1^*=10690773.3\text{kg},\quad m_2^*=24059\text{kg}$$

$$f_{1PE}^*(t)=-360.64\sin(15.71t)\text{kN},\quad f_{2PE}^*(t)=-46.3\sin(15.71t)\text{kN}$$

$$\eta_1(t)=\frac{-360.64\text{kN}}{10690773.3\text{kg}\times(15.59\text{rad/s})^2}\cdot\frac{1}{1-\frac{(15.71\text{rad/s})^2}{(15.59\text{rad/s})^2}}$$

$$\left[\sin(15.71t)-\frac{15.71\text{rad/s}}{15.59\text{rad/s}}\sin(15.59t)\right]$$

$$=-8.981\left[\sin(15.59t)-\sin(15.71t)\right]\ \text{mm}$$

$$\eta_2(t)=\frac{-46.3\text{kN}}{24059\text{kg}\times(43.55\text{rad/s})^2}\cdot\frac{1}{1-\frac{(15.71\text{rad/s})^2}{(43.55\text{rad/s})^2}}$$

$$\left[\sin(15.71t)-\frac{15.71\text{rad/s}}{43.55\text{rad/s}}\sin(43.55t)\right]$$

$$=1.1665\left[0.361\sin(43.55t)-\sin(15.71t)\right]\ \text{mm}$$

$$\begin{Bmatrix}y_1(t)\\y_2(t)\end{Bmatrix}=\eta_1(t)\begin{Bmatrix}Y_{11}\\Y_{21}\end{Bmatrix}+\eta_2(t)\begin{Bmatrix}Y_{12}\\Y_{22}\end{Bmatrix}$$

$$=\begin{Bmatrix}[-8.988\sin(15.59t)+0.4211\sin(43.55t)+7.8145\sin(15.71t)]\ \text{mm}\\ [-599\sin(15.59t)-6.611\times10^{-2}\sin(43.55t)+599\sin(15.71t)]\ \text{mm}\end{Bmatrix}$$

若将吸振器拆除，可得到质体的位移函数

$$y_1'(t)=1.209\times[0.363\sin(43.22t)-\sin(15.71t)]\ \text{mm}$$

从计算结果可以看出：

(1) 增设自振频率等于外载频率的吸振器后，在不考虑阻尼比的情况下，楼层最大位移不降反增并会随着时间的推移不断增大，并没有取得例题 8-20 中的减振效果。

(2) 由于二层的刚度明显小于一层，结构出现了明显的鞭梢效应。

8.8 频率的实用计算方法

在许多实际问题中，较为重要的只是前几阶频率。这是因为频率越高，体系振动的速度越快，介质的摩擦也就越大，相应的高阶振动形式也就越不容易出现。因此，在工程中用近似方法计算结构的较低频率是用得到的。

8.8.1 能量法

根据能量守恒原理，线性体系作无阻尼自由振动时，没有能量的输入和耗散，因此在任一时刻其总能量将保持不变，即有

$$\text{变形能}\ V(t)+\text{动能}\ T(t)=\text{常数} \tag{8-85}$$

以梁为例，假定其振动方程为

$$y(x,\ t)=Y(x)\sin(\omega t+\varphi) \tag{8-86}$$

在任一时刻的速度为

$$\dot{y}(x,\ t)=Y(x)\omega\cos(\omega t+\varphi) \tag{8-87}$$

此时，梁的动能表达式为

$$T=\frac{1}{2}\int_0^l \overline{m}(x)[\dot{y}(x,\ t)]^2 \mathrm{d}x=\frac{1}{2}\omega^2\cos^2(\omega t+\varphi)\int_0^l \overline{m}(x)Y^2(x)\mathrm{d}x$$

$$T_{\max}=\frac{1}{2}\omega^2\int_0^l \overline{m}(x)Y^2(x)\mathrm{d}x \tag{8-88}$$

结构的变形能表达式为

$$V=\frac{1}{2}\int_0^l EI\,[y''(x,t)]^2\mathrm{d}x=\frac{1}{2}\sin^2(\omega t+\alpha)\int_0^l EI\,[Y''(x)]^2\mathrm{d}x$$

$$V_{\max}=\frac{1}{2}\int_0^l EI\,[Y''(x)]^2\mathrm{d}x \tag{8-89}$$

由

$$T_{\max}=V_{\max}$$

得

$$\omega^2=\frac{\int_0^l EI\,[Y''(x)]^2\mathrm{d}x}{\int_0^l \overline{m}(x)Y^2(x)\mathrm{d}x} \tag{8-90}$$

如果结构上还有集中质量 m_i，则上式变成

$$\omega^2=\frac{\int_0^l EI\left[Y''(x)\right]^2\mathrm{d}x}{\int_0^l \bar{m}(x)Y^2(x)\mathrm{d}x+\sum_{i=1}^n m_i Y^2(x_i)} \tag{8-91}$$

利用上述公式求自振频率，必须知道体系的振幅曲线。若假设的曲线恰好与第一振型一致，则可求得第一自振频率的精确值；若恰好与第二振型吻合，则得到的是第二自振频率的精确值，依此类推。由于估计第一振型较容易，因此，这种方法常用于计算第一自振频率。

【例题 8-29】 试求等截面简支梁的第一自振频率。

【解】（1）假设位移形状函数 $Y(x)$ 为抛物线。

$$Y(x)=\frac{4a}{l^2}x(l-x)$$

$$\omega^2=\frac{\int_0^l EI\left[Y''(x)\right]^2\mathrm{d}x}{\int_0^l \bar{m}\left[Y(x)\right]^2\mathrm{d}x}=\frac{120EI}{\bar{m}l^4},\quad \omega=\frac{10.95}{l^2}\sqrt{\frac{EI}{\bar{m}}}$$

（2）假设位移形状函数 $Y(x)$ 为梁在均布荷载下的挠曲线。

$$Y(x)=\frac{q}{24EI}(l^3x-2lx^3+x^4)$$

$$\omega^2=\frac{\int_0^l EI\left[Y''(x)\right]^2\mathrm{d}x}{\int_0^l \bar{m}\left[Y(x)\right]^2\mathrm{d}x}=\frac{3024EI}{31\bar{m}l^4},\quad \omega=\frac{9.88}{l^2}\sqrt{\frac{EI}{\bar{m}}}$$

（3）正弦曲线作为 $Y(x)$。

$$Y(x)=a\sin\frac{\pi x}{l}$$

$$\omega^2=\frac{\int_0^l EI\left[Y''(x)\right]^2\mathrm{d}x}{\int_0^l \bar{m}\left[Y(x)\right]^2\mathrm{d}x}=\frac{\pi^4EI}{\bar{m}l^4},\quad \omega=\frac{9.8696}{l^2}\sqrt{\frac{EI}{\bar{m}}}$$

从上面的分析可知：正弦曲线就是第一振型，所以求出的第一自振频率是精确解；其他两种假设的位移函数得到的频率也具有很高的精度。

【例题 8-30】 用能量法求图 8-52(a)两层刚架的基本频率。图中刚架各立柱的抗弯刚度均为 $EI=6.0\times10^6\mathrm{N\cdot m^2}$，横梁的质量 m_1、m_2 均为 5000kg，立柱的质量忽略不计，每层的高度 $l=5\mathrm{m}$。

【解】（1）假设单位力下的侧移曲线为第一振型的近似值。

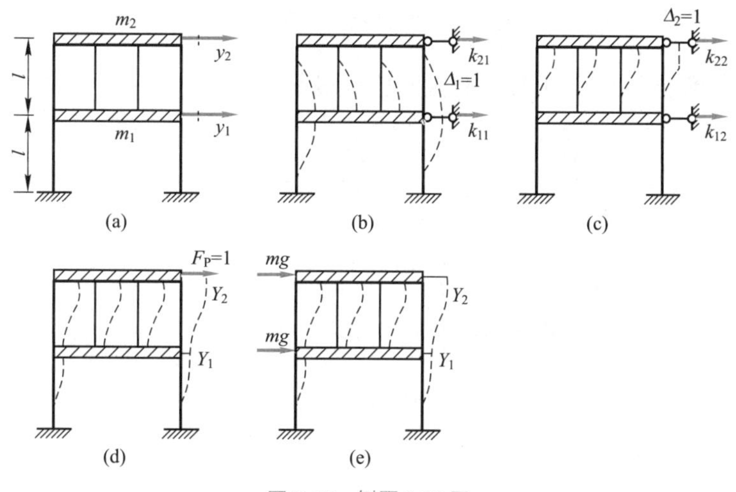

图 8-52　例题 8-30 图

由已知条件可知：一层和二层的侧移刚度(图 8-52b、c)分别为

$$k_1=\frac{24EI}{l^3},\quad k_2=\frac{48EI}{l^3}$$

在质量 m_2 上沿运动方向作用一个单位力(图 8-52d)，则得到以下两个位移

$$Y_1=\frac{1}{k_1}=\frac{l^3}{24EI},\quad Y_2=Y_1+\frac{1}{k_2}=\frac{l^3}{24EI}+\frac{l^3}{48EI}=\frac{3l^3}{48EI}$$

体系的最大动能为

$$T_{\max}=\frac{1}{2}\omega_1^2(m_1Y_1^2+m_2Y_2^2)$$

由于体系的最大变形能 $V_{\max}$ 等于外力所做的功，则有

$$V_{\max}=\frac{1}{2}\times1\times Y_2$$

由 $T_{\max}=V_{\max}$，得

$$\omega_1^2=\frac{Y_2}{m_1Y_1^2+m_2Y_2^2}=\frac{144EI}{13ml^3},\quad \omega_1=10.312\text{rad/s}$$

该体系的第一自振频率的精确解为 10.050rad/s，可见近似解的误差仅为 2.6%。

(2) 假设质体的重量沿水平方向产生的静力位移为第一振型的近似值。

如图 8-52(e)所示，两个质点处的水平静力位移分别为

$$Y_1=\frac{2mg}{k_1}=\frac{mgl^3}{12EI},\quad Y_2=Y_1+\frac{mg}{k_2}=\frac{mgl^3}{12EI}+\frac{mgl^3}{48EI}=\frac{5mgl^3}{48EI}$$

体系的最大动能为

$$T_{max}=\frac{1}{2}\omega_1^2(m_1Y_1^2+m_2Y_2^2)$$

体系的最大变形能 V_{max} 等于外力所做的功，则有

$$V_{max}=\frac{1}{2}\times(m_1g\cdot Y_1+m_2g\cdot Y_2)$$

由 $T_{max}=V_{max}$，得

$$\omega_1^2=\frac{m_1gY_1+m_2gY_2}{m_1Y_1^2+m_2Y_2^2}=\frac{432EI}{41ml^3},\quad \omega_1=10.057\text{rad/s}$$

此时的误差仅为 0.07%。

8.8.2 等效质量法

等效质量法是将多自由度体系等效为具有一个集中质量的单自由度体系。等效的原则是单自由度体系的动能与原体系相等。通常将集中质量放在原体系的最大位移处，再根据等效原则进一步确定质量的大小。

设具有分布质量的杆件按第一振型振动时的位移为

$$y(x,t)=Y(x)T(t) \tag{8-92}$$

振动时，其动能为

$$V=\int_0^l\frac{1}{2}\overline{m}(x)[\dot{y}(x,t)]^2\mathrm{d}x=\frac{1}{2}[\dot{T}(t)]^2\int_0^l\overline{m}(x)[Y(x)]^2\mathrm{d}x \tag{8-93}$$

用 m^* 表示等效质量，Y_K 表示等效质量处的位移，则等效体系的动能为

$$V^*=\frac{1}{2}m^*Y_K^2[\dot{T}(t)]^2 \tag{8-94}$$

根据等效原则，令 $V=V^*$，得到等效质量的计算公式

$$m^*=\frac{\int_0^l\overline{m}(x)[Y(x)]^2\mathrm{d}x}{Y_K^2} \tag{8-95}$$

进一步可求得第一自振频率的近似解为

$$\omega=\sqrt{\frac{k}{m^*}}=\frac{1}{\sqrt{\delta m^*}}$$

【例题 8-31】 用等效质量法求具有均匀分布质量的简支梁的第一自振频率。

【解】 (1) 假设位移形状函数为单位集中力作用在跨中的挠度曲线。

$$Y(x)=\frac{1}{48EI}(3l^2x-4x^3)$$

将等效质量放在梁的中点，则

$$Y_K = \frac{l^3}{48EI}$$

故

$$m^* = \frac{\int_0^l \bar{m}(x)[Y(x)]^2 \mathrm{d}x}{Y_K^2} = \frac{\int_0^l \bar{m}[(3l^2x - 4x^3)]^2 \mathrm{d}x}{l^6} = \frac{17}{35}\bar{m}l$$

由于$Y_K = \frac{l^3}{48EI}$是单位力作用下梁集中质量处的挠度，也就是柔度系数δ，故

$$\omega_1 = \frac{1}{\sqrt{m^*\delta}} = \frac{9.941}{l^2}\sqrt{\frac{EI}{\bar{m}}} \quad \left(精确值为\frac{10.95}{l^2}\sqrt{\frac{EI}{\bar{m}}}，误差为+0.7\%\right)$$

(2) 假设位移形状函数为均布单位荷载下的挠度曲线。

$$Y(x) = \frac{1}{24EI}(l^3x - 2lx^3 + x^4)$$

将质量等效在梁的中点，则

$$Y_K = \frac{5l^3}{384EI}$$

故

$$m^* = \frac{\int_0^l \bar{m}(x)[Y(x)]^2 \mathrm{d}x}{Y_K^2} = \frac{256\int_0^l \bar{m}[(l^3x - 2lx^3 + x^4)]^2 \mathrm{d}x}{25l^8} = 0.504\bar{m}l$$

$$\omega = \frac{1}{\sqrt{m^*\delta}} = \frac{1}{\sqrt{0.504\bar{m}l \cdot \frac{l^3}{48EI}}} = \frac{9.7602}{l^2}\sqrt{\frac{EI}{\bar{m}}} \quad (误差为-1.1\%)$$

8.9 结论与讨论

8.9.1 结论

(1) 我国是地震多发国家，在当前综合国力条件下，对一般结构的抗震设计原则为“小震不坏、中震可修、大震不倒”，为此掌握结构动力学基本知识十分重要。

(2) 随时间变化的荷载作用是否作动力学问题分析，要看结构在这种荷载作用下所产生的惯性力大小。对于不同结构受同一荷载作用，结论可能是不同的。

(3) 刚度法和柔度法是两种建立动力方程的方法。刚度法是考虑质量各自由度方向力的平衡，柔度法是建立各自由度方向位移的协调条件。

(4) 在共振区，阻尼的作用是不可忽略的。

(5) 不管动力方程用哪种方法建立，多自由度体系自由振动最终归结为求解频率和振型方程。

(6) 工程结构作多自由度无阻尼自由振动分析时，其自振频率个数等于自由度数，一般各不相等。其中最小频率称为基本频率，简称基频。全部频率由小到大排列的序列，称为体系的频率谱。如果相邻频率间隔较小，称为密集型频谱。否则，称为稀疏型频谱。不同频率谱的结构受动荷载作用的响应是不同的，频率谱是结构的重要动力特性之一。

(7) 利用吸振器原理，在主体结构上附加调频质量阻尼器或调频液体阻尼器，使阻尼器的频率接近主体结构的基频，可达到减少主体结构振动的作用。

(8) 对无阻尼体系，根据能量守恒，可用能量法求体系自振频率，一般用以求基频。当将运动质量的重量沿自由度方向作用，以其所产生的静位移作为第一振型的近似值，按能量法计算可获得相当精确的结果。

8.9.2 几点讨论

(1) 当质量集中于杆系结构节点时，如果考虑杆件的轴向变形，集中质量的数目和体系的自由度数有何关系，这时有 n 个质量的体系，其自由度数等于多少？

(2) 在给定动荷载的条件下，单自由度体系的最大响应只和周期、阻尼比有关。对不同的阻尼比作出最大响应随周期变化的曲线，这些曲线称为体系在给定荷载作用下的反应谱。位移的最大响应曲线叫位移反应谱、速度的叫速度反应谱、加速度的叫加速度反应谱。这一概念是结构抗震课程的基础。

(3) 结构如果存在刚度较小的顶部附属部分，例如建筑结构屋顶小烟囱、女儿墙等，当结构承受地震荷载等作用时，这些附属部分将产生激烈的运动，将导致破坏并可能引起次生灾害，这种现象称为鞭击效应或鞭梢效应。用两自由度说明鞭击效应的例子，留给读者自行研究。

(4) 振型分解法需要事先求解频率、振型后将运动方程解耦为正则坐标的单自由度体系来求解，最后叠加各振型正则坐标的结果，即可得到问题的解答。由于实际结构的阻尼作用，响应中的高振型成分很快被衰减掉，因此可取少量低阶振型结果的叠加作近似解，使工作量减少。

思考题

8-1 动力计算与静力计算的主要区别是什么?

8-2 什么是动力自由度，其与体系几何组成分析中的自由度有何区别?

8-3 刚度法与柔度法所建立的体系运动方程间有何联系? 各在什么情况下使用方便?

8-4 计重力与不计重力所得到的动力方程是一样的吗?

8-5 荷载不作用在质量上时如何建立动力方程?

8-6 什么是阻尼、阻尼力，产生阻尼的原因一般有哪些? 什么是等效黏滞阻尼?

8-7 为什么说结构的自振频率是结构的重要动力特征，它与哪些量有关?

8-8 任何体系都能发生自由振动吗? 什么是阻尼比，如何确定结构的阻尼比?

8-9 阻尼对频率、振幅有何影响?

8-10 什么是稳态响应? 通过杜哈梅积分确定的简谐荷载的动力响应是稳态响应吗?

8-11 什么是动力系数，简谐荷载下的动力系数与哪些因素有关?

8-12 简谐荷载下的位移动力系数与内力动力系数是否一定相同?

8-13 若要避开共振应采取何种措施?

8-14 不计阻尼时，自由振动中的惯性力方向与位移方向相同还是相反，还是随某些条件而定?

8-15 增加体系的刚度一定能减小受迫振动的振幅吗?

8-16 什么是振型，它与哪些量有关?

8-17 振型分解法的应用前提是什么?

8-18 伴生自由振动在总反应中的影响与哪些因素有关?

习题

8-1 试确定图 8-53 所示体系的动力自由度。除标明刚度杆外，其他杆抗弯刚度均为 EI。除(f)题外不计轴向变形。

8-2 试求图 8-54 所示各体系的自振频率。

8-3 某结构在自振 10 个周期后，振幅降为原来初始位移的 10%(初速度为零)，试求其阻尼比。

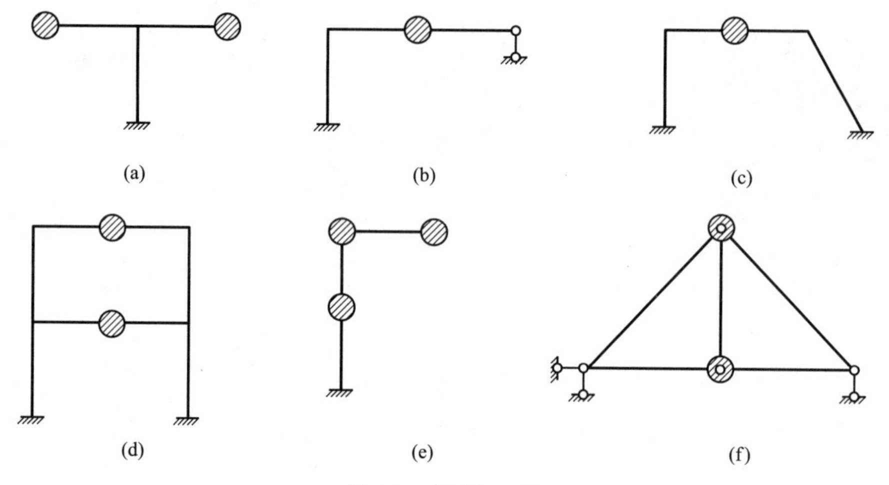

图 8-53　习题 8-1 图

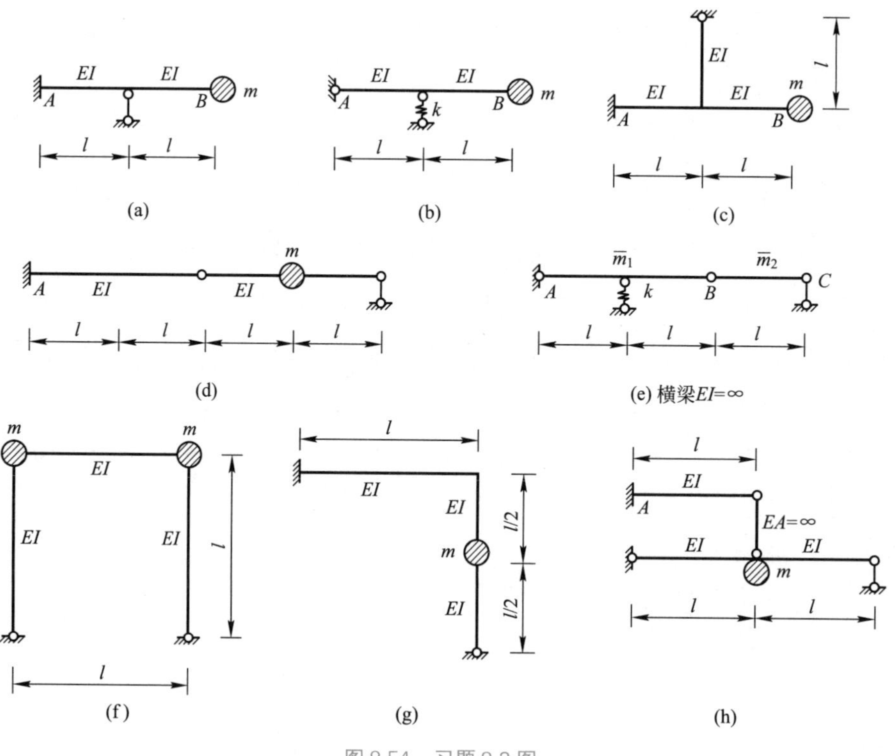

图 8-54　习题 8-2 图

8-4　图 8-55 所示体系中，$E=2\times10^4$ kN/cm^2，$I=4800$ cm^4，$l=2$m，$G=20$kN，$F_P=5$kN，$\theta=20\text{s}^{-1}$。求质点处最大动位移、最大惯性力和最大动弯矩。若考虑重力 G 的影响，试求梁 B 截面的最大弯矩和最小弯矩。

8-5　图 8-56 所示体系中，$E=2\times10^4$ kN/cm^4，$I=4800$ cm^4，$l=2$m。$G=20$kN，$F_P=5$kN，$\theta=20\text{s}^{-1}$。求质点处最大动位移、最大惯性力和最大动弯矩。若

考虑重力 G 的影响，试求梁 B、C 截面的最大弯矩和最小弯矩。

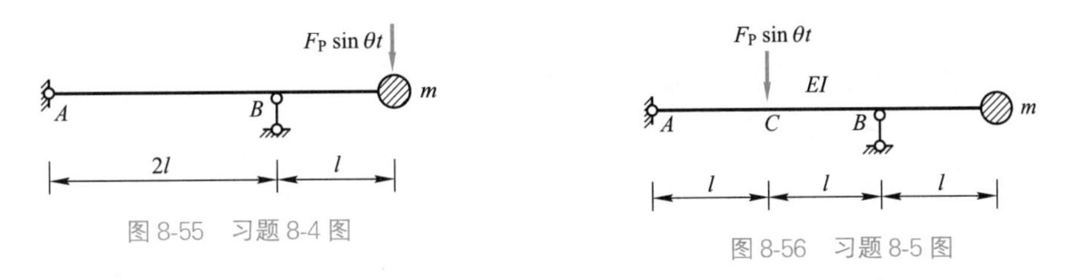

图 8-55　习题 8-4 图

图 8-56　习题 8-5 图

8-6　图 8-57 所示体系中，AB 是质量为 m 的刚性杆，弹簧的刚度系数 $k_0=3EI/l^3$，$\theta=\sqrt{\dfrac{108EI}{5ml^3}}$。试求：质体的动位移幅值、梁 A 截面的动弯矩幅值以及弹簧的动内力幅值。

8-7　图 8-58 所示梁，悬臂端安装有重量为 20kN 的电动机，荷载辐值 $F_P=15\text{kN}$，$EI=1.7\times10^5\text{kN}\cdot\text{m}^2$，$l=6\text{m}$。试分别计算，机器转速为 300r/min 和 600r/min 时，考虑阻尼($\xi=0.1$)和不考虑阻尼时，质体的最大动位移。并分析不同频率时，阻尼的减振效果。

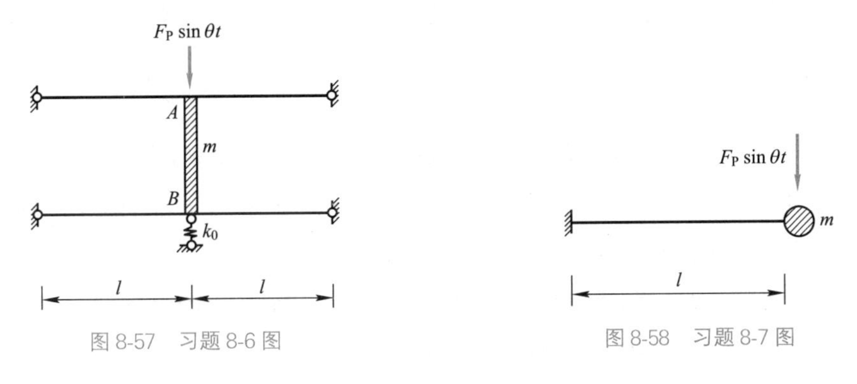

图 8-57　习题 8-6 图

图 8-58　习题 8-7 图

8-8　图 8-59 所示体系中，梁的抗弯刚度为 EI，阻尼比为 $\xi=0.25$，$\theta=1.25\sqrt{\dfrac{3EI}{ml^3}}$。试求：(1) 质体的动位移幅值和惯性力幅值。(2) 质体位移最大时的动弯矩图和动荷载最大时的动弯矩图。

8-9　图 8-60 所示梁跨中有重量为 20kN 的电动机，荷载幅值为 20kN，机器转速为 400r/min，$EI=1.06\times10^4\text{kN}\cdot\text{m}^2$，$l=6\text{m}$，$\xi=0.05$。求：(1) 质体的最大动位移和梁的最大动弯矩。(2) 假设开始时体系静止，若质体受到突加荷载 30kN 作

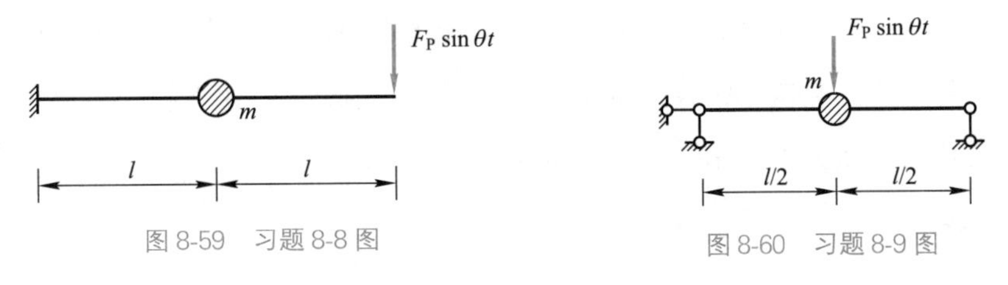

图 8-59　习题 8-8 图

图 8-60　习题 8-9 图

用。试求梁跨中最大动位移。

8-10 求图 8-61 所示梁的自振频率和振型。

8-11 试求图 8-62 所示梁的自振频率和振型。已知：$l=100\text{cm}$，$mg=1000\text{N}$，$I=68.82\text{cm}^4$，$E=2\times10^5\text{MPa}$。

图 8-61　习题 8-10 图

图 8-62　习题 8-11 图

8-12 求图 8-63 所示刚架的自振频率和振型。不计轴向变形。

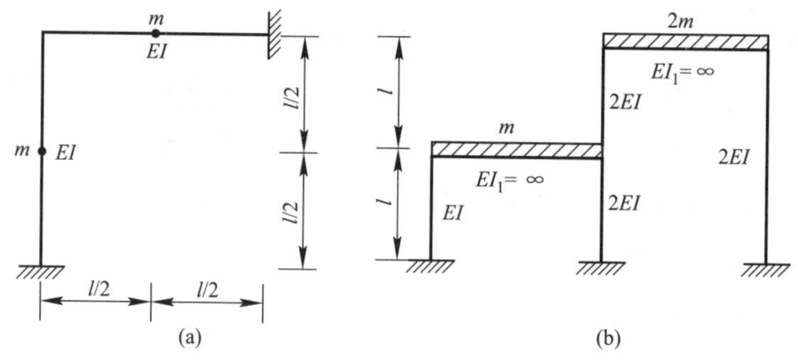

图 8-63　习题 8-12 图

8-13 求图 8-64 所示刚架的自振频率和振型。设楼面质量分别为 $m_1=120\text{t}$ 和 $m_2=100\text{t}$，柱的质量已集中于楼面；柱的线刚度分别为 $i_1=20\text{MN}\cdot\text{m}$ 和 $i_2=14\text{MN}\cdot\text{m}$；横梁刚度为无限大。不计轴向变形。

8-14 已知图 8-65 所示结构，AB 段刚度为 EI，BC 段刚度无穷大。弹簧刚度系数 $k=3EI/l^3$。试求：结构的自振频率和振型，并验证振型的正交性。

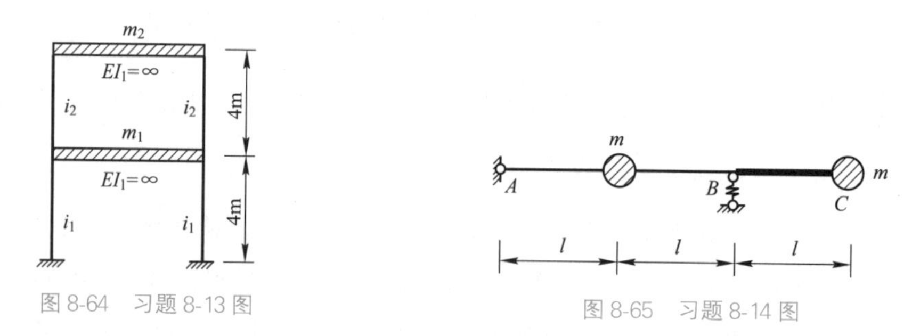

图 8-64　习题 8-13 图

图 8-65　习题 8-14 图

8-15 图 8-66 所示两层框架的横梁抗弯刚度为无穷大，柱的抗弯刚度为 $EI=7.0\times10^7\ \text{N}\cdot\text{m}^2$，立柱的质量忽略不计，横梁的质量 $m_1=4\times10^4\text{kg}$，$m_2=4.8\times10^4\text{kg}$，每层的层高为 $h=3\text{m}$。对体系进行以下计算

（1）求解体系的自振频率和振型。

(2) 求解体系的自由振动解。已知体系的初位移和初速度分别为

(a) $\begin{Bmatrix} y_1(0) \\ y_2(0) \end{Bmatrix} = \begin{Bmatrix} 10\text{mm} \\ 10\text{mm} \end{Bmatrix}$，$\begin{Bmatrix} \dot{y}_1(0) \\ \dot{y}_2(0) \end{Bmatrix} = \begin{Bmatrix} 50\text{mm/s} \\ 50\text{mm/s} \end{Bmatrix}$

(b) $\begin{Bmatrix} y_1(0) \\ y_2(0) \end{Bmatrix} = \begin{Bmatrix} 0 \\ 0 \end{Bmatrix}$，$\begin{Bmatrix} \dot{y}_1(0) \\ \dot{y}_2(0) \end{Bmatrix} = \begin{Bmatrix} -8\text{mm/s} \\ 8\text{mm/s} \end{Bmatrix}$

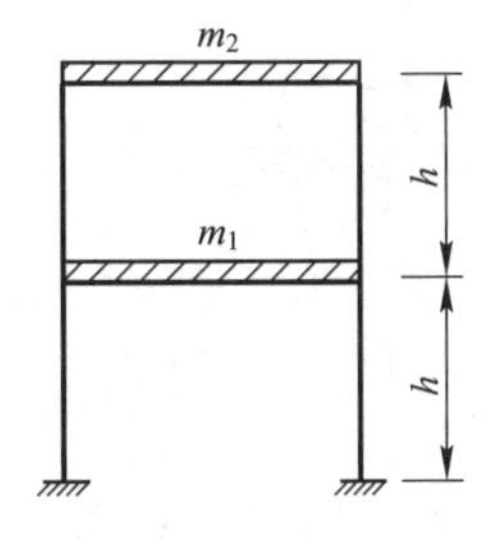

图 8-66　习题 8-15 图

8-16　设在习题 8-13 的两层刚架的二层楼面处沿水平方向作用一简谐干扰力 $F_P\sin\theta t$，其幅值 $F_P=5\text{kN}$，机器转速$=150\text{r/min}$。试求第一、二层楼面处的振幅值和柱端弯矩的幅值。不计阻尼。

8-17　图 8-67 所示悬臂梁上有两个电机，每个重 30kN，$F_P=5\text{kN}$。试求当只有电机 C 开动时的动力弯矩图。已知：梁的 $E=210\text{GPa}$，$I=2.4\times10^{-4}\ \text{m}^4$，电机每分钟转动次数为 300 转。梁重可以略去。

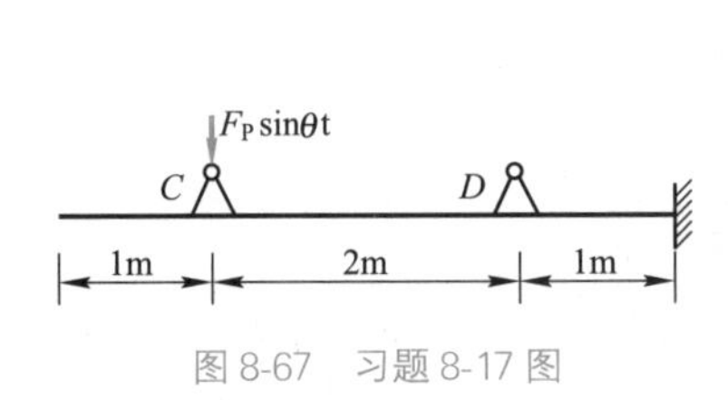

图 8-67　习题 8-17 图

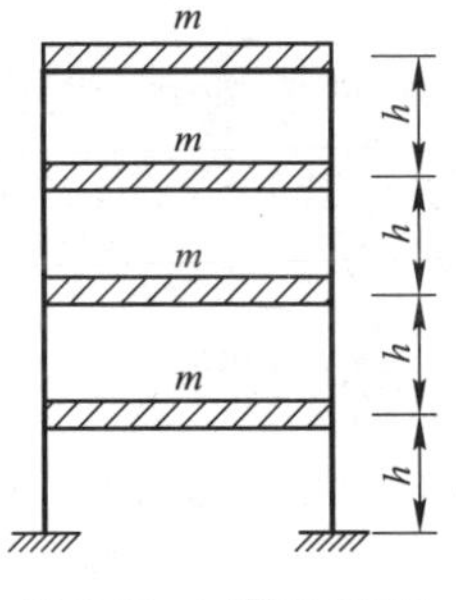

图 8-68　习题 8-20 图

8-18　用振型分解法重做习题 8-16。

8-19　用振型分解法重做习题 8-17。

8-20　试用能量法求图 8-68 所示刚架的第一自振频率(柱子 $EI=$常数，横梁刚度无穷大)。

第 9 章

影响线及其应用

本章知识点

【知识点】影响线的概念，静力法作静定梁和静定桁架的反力与内力的影响线，节点荷载作用下梁的影响线，机动法作静定梁的反力与内力的影响线，荷载最不利位置（布置），内力包络图，简支梁的绝对最大弯矩。

【重点】影响线的概念，静力法、机动法作静定梁和静定桁架反力与内力的影响线，荷载最不利位置的确定。

【难点】桁架的内力影响线，截面最大弯矩的计算，简支梁绝对最大弯矩的计算。

实际工程中，有些荷载是移动的。显然，在移动荷载作用下，结构的反力、内力和位移等物理量将随着荷载位置的移动而变化。例如行进的列车对桥梁的作用及吊车荷载对吊车梁的作用等。这些物理量的变化规律和最大值是结构设计的重要依据。不失一般性，本章先研究在单位移动荷载下，这些物理量的变化规律。然后，根据叠加原理再进一步研究各种实际移动荷载下，这些物理量的计算问题。由于结构设计中涉及最多的是结构的支座反力和内力，因此，本章主要针对这些物理量展开讨论。

9.1 静力法作影响线

所谓影响线是指在单位移动荷载作用下，结构的反力或内力等物理量随荷载位置的变化曲线。

下面以简支梁在单位竖向移动荷载 $F_P=1$ 作用为例，说明影响线的相关规定和绘制方法。

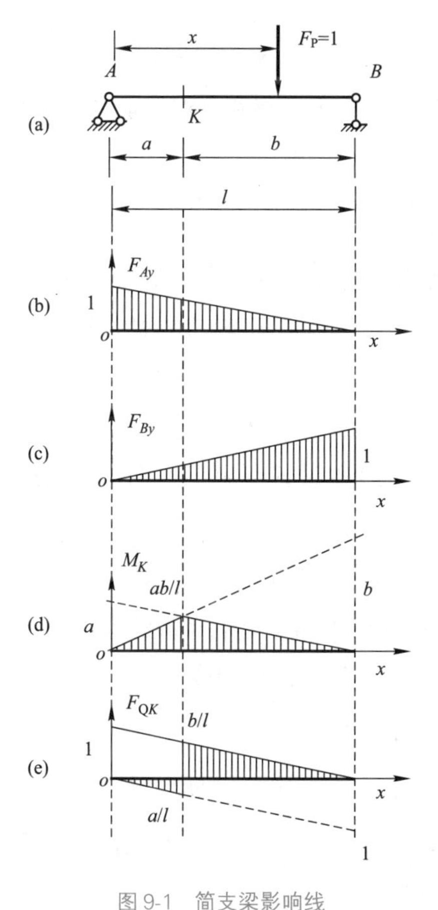

图 9-1 简支梁影响线

(1) 支座的竖向反力影响线

先选择坐标系。取 A 点为坐标原点，横坐标 x 表示单位荷载所在的位置，通常以向右为正；纵坐标表示支座反力的大小，对于竖向支座反力，通常以向上为正。

取整个梁为隔离体，由 $\sum M_B=0$，得

$$F_{Ay}=\frac{l-x}{l}\quad(0\leqslant x\leqslant l)$$

这就是 F_{Ay} 的影响线方程，将这个方程绘制在坐标系中，就得到了 F_{Ay} 的影响线，如图 9-1(b)所示。

同理，由 $\sum M_A=0$，得 F_{By} 的影响线方程为

$$F_{By}=\frac{x}{l}\quad(0\leqslant x\leqslant l)$$

其影响线如图 9-1(c)所示。

注意：因为 $F_P=1$ 是无量纲的，所以支座竖向反力影响线的纵坐标也是无量纲的。

(2) K 截面的弯矩影响线

对于梁，弯矩通常以下侧受拉为正，而正的弯矩要画在横轴的上面。这点需要引起注意。

当 $F_P=1$ 在 AK 段移动时，取 KB 段梁为隔离体，由 $\sum M_K=0$，得

$$M_K=F_{By}b \quad (0\leqslant x\leqslant a) \tag{a}$$

由式(a)可知，这一段影响线可由 F_{By} 的影响线乘以 b 后，取 AK 段得到。

同理，当 $F_P=1$ 在 KB 段移动时，取 AK 段梁为隔离体，由 $\sum M_K=0$，得

$$M_K=F_{Ay}a \quad (a\leqslant x\leqslant l) \tag{b}$$

这一段影响线可由 F_{Ay} 的影响线乘以 a 后，取 KB 段得到。两段影响线合在一起就是 K 截面总的影响线，如图 9-1(d)所示。

从弯矩的影响线方程可知，弯矩影响线的纵坐标单位为长度单位。

(3) K 截面的剪力影响线

剪力以绕隔离体顺时针转动为正。当 $F_P=1$ 在 AK 段移动时，取 KB 段梁为隔离体，由 $\sum F_y=0$，得

$$F_{QK}=-F_{By} \quad (0\leqslant x<a) \tag{c}$$

由式(c)可知，这一段影响线可由 F_{By} 的影响线反号后，取 AK 段得到。

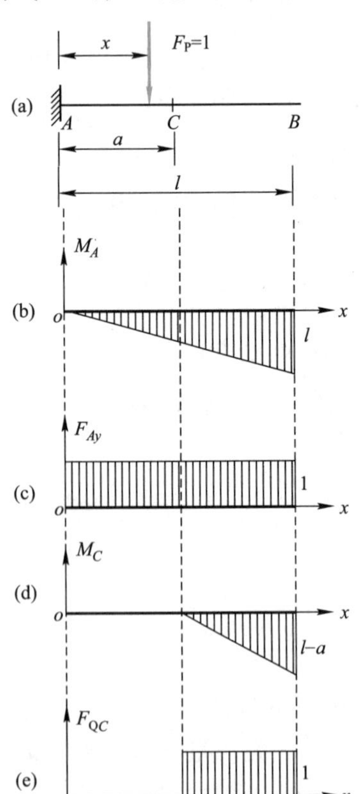

图 9-2　例题 9-1 图

同理，当 $F_P=1$ 在 KB 段移动时，取 AK 段梁为隔离体，由 $\sum F_y=0$，得

$$F_{QK}=F_{Ay} \quad (a<x\leqslant l) \tag{d}$$

这一段影响线可由 F_{Ay} 的影响线取 KB 段得到。两段影响线合在一起就得到了 K 截面的剪力影响线，如图 9-1(e)所示。很明显，剪力影响线纵坐标是无量纲的。

下面以例题的形式讨论悬臂梁和伸臂梁的影响线。

【例题 9-1】 试作图 9-2(a)所示悬臂梁支反力 M_A、F_{Ay} 和 C 截面内力 M_C、F_{QC} 的影响线。

【解】 (1) M_A、F_{Ay} 的影响线

取整个梁为隔离体，由 $\sum M_A=0$，得

$$M_A=-x \quad (0\leqslant x\leqslant l)$$

由 $\sum F_y=0$，得

$$F_{Ay}=1 \quad (0\leqslant x\leqslant l)$$

由此可得 M_A、F_{Ay} 的影响线，如图 9-2(b)、(c)所示。

(2) M_C、F_{QC} 影响线

分两段考虑，荷载在 AC 段移动时，M_C、F_{QC} 均为零；荷载在 CB 段移动时，取 CB 段为隔离体，由 $\sum M_C=0$，得

$$M_C=-(x-a) \quad (a \leqslant x \leqslant l)$$

由 $\sum F_y=0$，得

$$F_{QC}=1 \quad (a<x \leqslant l)$$

由此可得 M_C、F_{QC} 的影响线，如图 9-2(d)、(e)所示。

【例题 9-2】 试作图 9-3(a)所示伸臂梁的 F_{By}、F_{Cy}、M_K、F_{QK}、M_C、F_{QC}^{R} 的影响线。

【解】 图 9-3(b)给出了支座反力和 K 截面弯矩、剪力正向示意。

(1) F_{By}、F_{Cy} 影响线

取整个梁为隔离体，由 $\sum M_C=0$，得

$$F_{By}=1-x/l \quad (-c \leqslant x \leqslant l+d)$$

由 $\sum M_B=0$，得

$$F_{Cy}=x/l \quad (-c \leqslant x \leqslant l+d)$$

由此可得 F_{By}、F_{Cy} 的影响线，如图 9-3(c)、(d)所示。从图中可以看出，这个影响线的跨中部分与简支梁相同，伸臂部分是跨中部分的延长线。

(2) M_K、F_{QK} 影响线

当 $F_P=1$ 在 K 点左边移动时，取右边部分为隔离体，由 $\sum M_K=0$，得

$$M_K=F_{Cy}b \quad (-c \leqslant x \leqslant a)$$

当 $F_P=1$ 在 K 点右边移动时，取 K 点左部分为隔离体，由 $\sum M_K=0$，得

$$M_K=F_{By}a \quad (a \leqslant x \leqslant l+d)$$

同理，可得 F_{QK} 影响线方程为

$$F_{QK}=-F_{Cy} \quad (-c \leqslant x<a)$$

$$F_{QK}=F_{By} \quad (a<x \leqslant l+d)$$

由此可得 M_K、F_{QK} 的影响线，如图 9-3(e)、(f)所示。

与支座反力的影响线一样，影响线的跨中部分与简支梁相同，伸臂部分为跨中部分的延长线。

(3) M_C、F_{QC}^{R} 影响线

当 $F_P=1$ 在 C 点左边移动时，M_C、F_{QC}^{R} 都等于零。

当 $F_P=1$ 在 C 点右边移动时，取 C 点右边部分为隔离体，建立 M_C、F_{QC}^R 影响线方程为

$$M_C=-(x-l)\quad(l\leqslant x\leqslant l+d)$$

$$F_{QC}^R=1\quad(l<x\leqslant l+d)$$

由此可得 M_C、F_{QC}^R 的影响线如图 9-3(g)、(h)所示。由此可见，这两个影响线与悬臂梁的影响线相同。

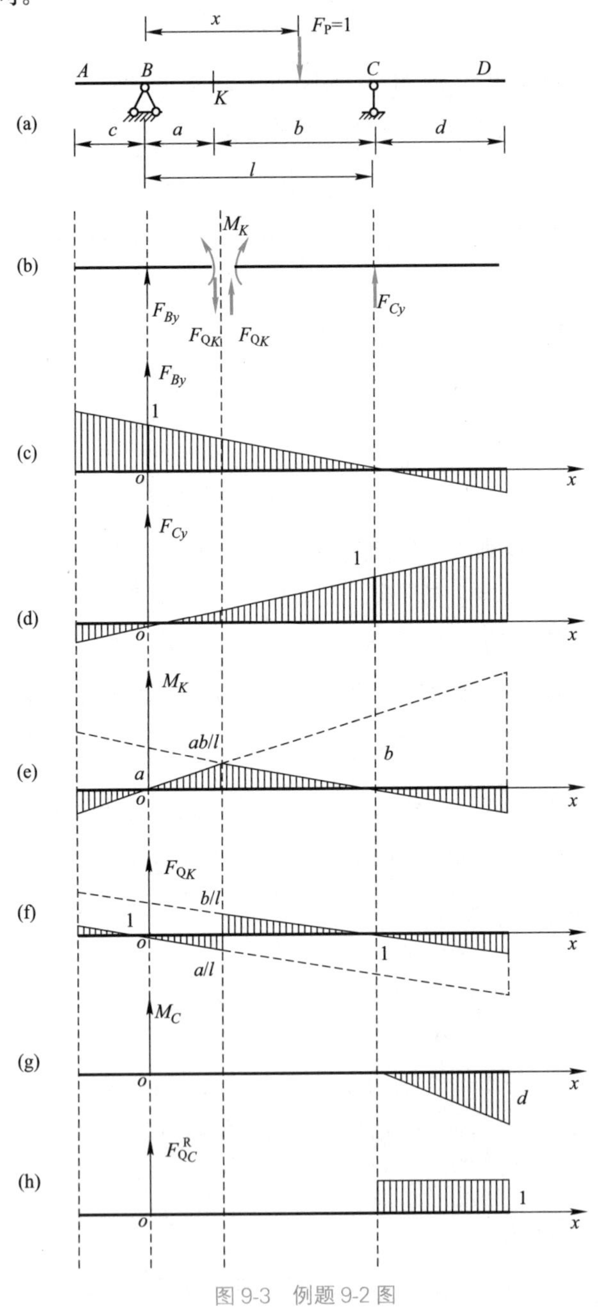

图 9-3　例题 9-2 图

从以上的叙述可以看出，求支座反力和截面内力影响线，所用的方法与固定荷载下求反力和内力的方法是完全相同的，都是取隔离体由平衡方程得到的。不同之处仅在于作影响线时，荷载是移动的单位荷载，求得的反力和内力是荷载位置 x 的函数，即影响线方程。尤其是当荷载作用在结构的不同部分的影响线方程不同时，应将它们分段写出，并在作图时注意各方程的适用范围。

最后需指出，对于静定结构，其反力和内力的影响线方程都是线性的，影响线由直线组成。而静定结构的位移以及超静定结构的各种量值的影响线一般都是曲线。

【例题 9-3】 试作图 9-4(a)所示梁的 F_{Ay}、F_{By}、M_B、F_{QC} 的影响线。

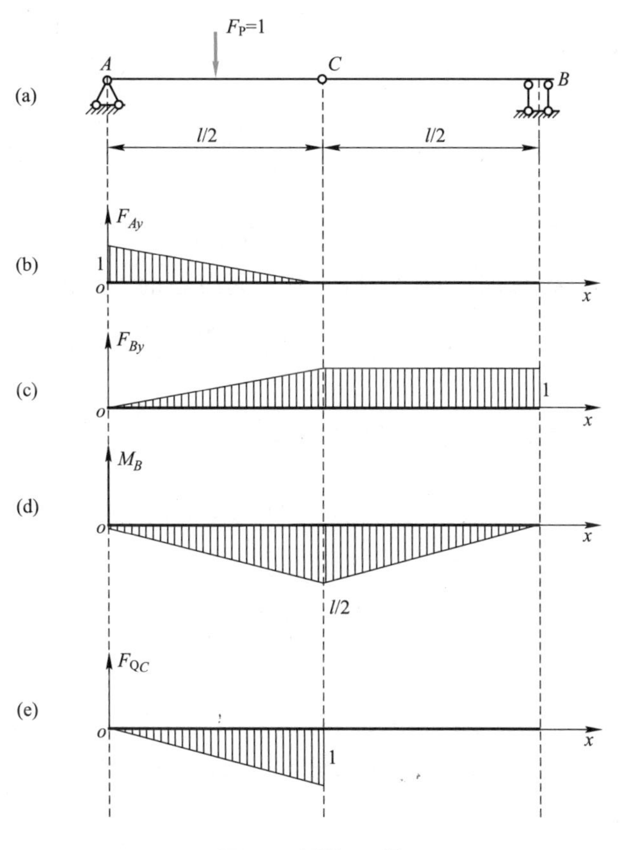

图 9-4　例题 9-3 图

【解】 (1) F_{Ay}、F_{By}、M_B 影响线

F_{Ay} 的影响线方程需要分段建立。当 $F_P=1$ 分别在 AC 段和 CB 段移动时，都取 AC 部分为隔离体，由 $\sum M_C=0$，得到 F_{Ay} 的两段影响线方程

$$F_{Ay}=\begin{cases}1-\dfrac{2x}{l} & \left(0\leqslant x\leqslant\dfrac{l}{2}\right)\\ 0 & (l/2<x\leqslant l)\end{cases}$$

其相应的影响线如图 9-4(b)所示。

取整个梁为隔离体，由$\sum F_y=0$，可得 F_{By} 的影响线方程为

$$F_{By}=1-F_{Ay}$$

其相应的影响线如图 9-4(c)所示。

取整个梁为隔离体，由$\sum M_B=0$，可得 M_B 的影响线方程为

$$M_B=F_{Ay}l-(l-x)$$

依据这个方程，直接利用 F_{Ay} 的影响线绘制 M_B 的影响线不太方便。为此，将 F_{Ay} 的影响线方程代入上式，得 M_B 的影响线方程为

$$M_B=F_{Ay}l-(l-x)=\begin{cases}-x & \left(0\leqslant x\leqslant\dfrac{l}{2}\right)\\ x-l & \left(\dfrac{l}{2}<x\leqslant l\right)\end{cases}$$

由这个形式的影响线方程绘制 M_B 的影响线就方便多了。由于 F_{Ay} 的影响线方程是分段函数，故得到的 M_B 的影响线方程也是分段的。其相应的影响线如图 9-4(d)所示。

(2) F_{QC} 的影响线

F_{QC} 的影响线方程比较简单，这里直接给出

$$F_{QC}=\begin{cases}-F_{By} & \left(0\leqslant x<\dfrac{l}{2}\right)\\ F_{Ay} & \left(\dfrac{l}{2}<x\leqslant l\right)\end{cases}$$

其相应的影响线如图 9-4(e)所示。

【例题 9-4】 试作图 9-5(a)所示结构的 M_A、F_{Q2}、M_1、M_3 的影响线。

【解】 取 E 点为坐标原点，移动荷载在 E、D 之间移动。

(1) M_A 的影响线

对于竖向杆件，通常可规定使梁右侧受拉的弯矩为正。分别考虑荷载在基础部分和附属部分的情况，得到 M_A 的影响线方程为

$$M_A=\begin{cases}2a-x & (0\leqslant x\leqslant 6a)\\ 2(x-8a) & (6a\leqslant x\leqslant 8a)\end{cases}$$

其相应的影响线，如图 9-5(b)所示。注意：虽然是竖向杆件的反力影响线，但横轴依然是荷载移动的范围，从 E 点到 D 点。

(2) F_{Q2} 的影响线

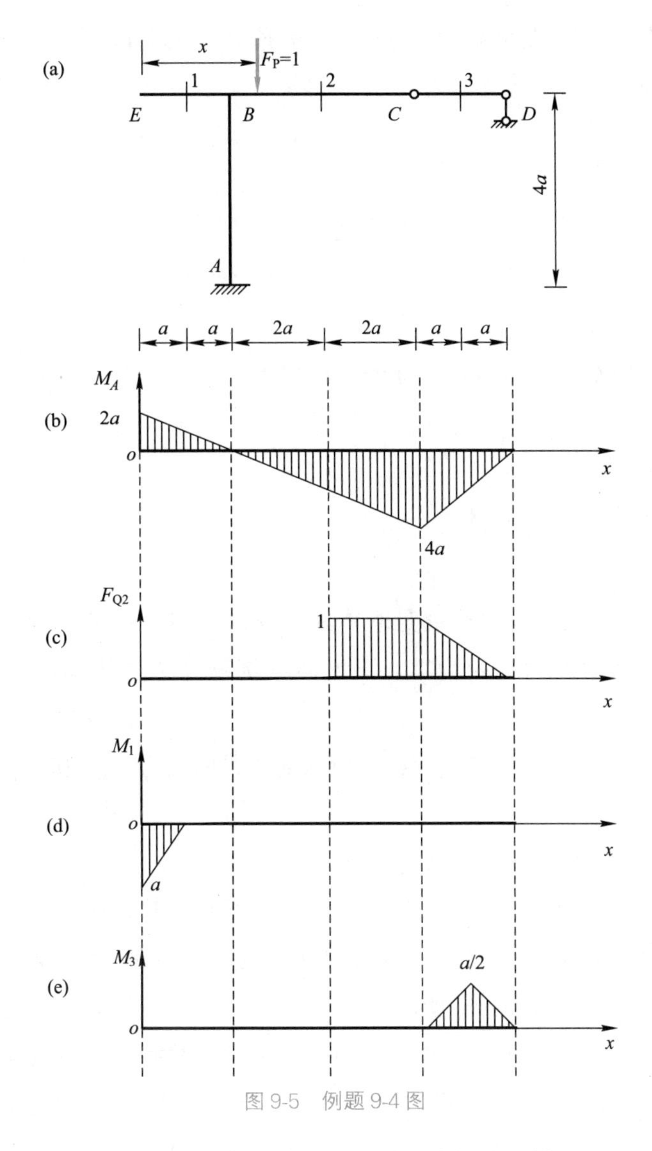

图 9-5　例题 9-4 图

取截面 2 右侧的梁段为隔离体，分别考虑荷载作用在截面 2 的左、右侧梁段的情况，得影响线方程为

$$F_{Q2}=\begin{cases}0 & (0\leqslant x<4a)\\ 1 & (4a<x\leqslant 6a)\\ 4-\dfrac{x}{2a} & (6a<x\leqslant 8a)\end{cases}$$

其相应的影响线，如图 9-5(c)所示。

(3) 截面内力 M_1 影响线

直接按照悬臂梁来考虑，影响线如图 9-5(d)所示。

(4) 截面内力 M_3 影响线

取截面 3 右侧的梁段为隔离体，分别考虑荷载作用在截面 3 的左、右两侧梁段时的情况，得 M_3 的影响线方程为

$$M_3=\begin{cases}0 & (0\leqslant x<6a)\\ -3a+\dfrac{x}{2} & (6a\leqslant x\leqslant 7a)\\ 4a-\dfrac{x}{2} & (7a<x\leqslant 8a)\end{cases}$$

其相应的影响线如图 9-5(e)所示。从图中可以看出，当荷载作用在基本部分时，附属部分的内力为零。

9.2 机动法作影响线

机动法绘制影响线的理论依据是刚体虚功原理，即一组平衡的力在一组协调的刚体虚位移上所做的虚功之和为零。下面通过例题来阐述机动法作影响线的具体过程。

【例题 9-5】 试用机动法作图 9-6(a)所示简支梁的反力 F_{By} 和 M_K、F_{QK} 的影响线。

【解】 (1) 反力 F_{By} 的影响线

首先，将与 F_{By} 对应的约束去掉，用相应的约束力 F_{By} 来代替，原结构变成了缺少一个约束的可变体系。这时，A 点的支座反力、单位移动荷载和反力 F_{By} 仍是一组平衡的力状态，如图 9-6(b)所示。

然后，让该体系沿去掉约束的正方向发生单位虚位移，体系随之发生如图 9-6(c)所示的刚体位移。这是一组协调的刚体位移。将移动单位荷载所在位置的竖向虚位移用 δ_P 表示，显然 δ_P 是荷载位置 x 的函数，写成 $\delta_P(x)$。

针对图 9-6(b)所示的力状态和图 9-6(c)所示的虚位移状态，可以写出如下的虚功方程

$$-F_P\cdot\delta_P(x)+F_{By}\cdot 1=0$$

考虑到 $F_P=1$，得

$$F_{By}=\delta_P(x)$$

由上式可以明显看出，F_{By} 的影响线就是移动荷载对应的竖向虚位移图。这就是机动法作影响线的过程。

(2) M_K、F_{QK} 的影响线

求 M_K 的影响线时，先去掉与 M_K 对应的弯矩约束，用相应的约束力代替，如

图 9-7(b)所示。这时的约束力是一对力偶，由于规定截面弯矩以下侧受拉为正，因此，力偶的方向为左边逆时针、右边顺时针。然后，让 AK、BK 两个刚片发生图 9-7(c)所示的虚位移，这个位移图的特征是两个刚片沿约束力方向发生的转角位移 $\alpha_1+\alpha_2=1$。这时的虚功方程为

$$M_K \cdot \alpha_1+M_K \cdot \alpha_2-F_P \cdot \delta_P(x)=0$$

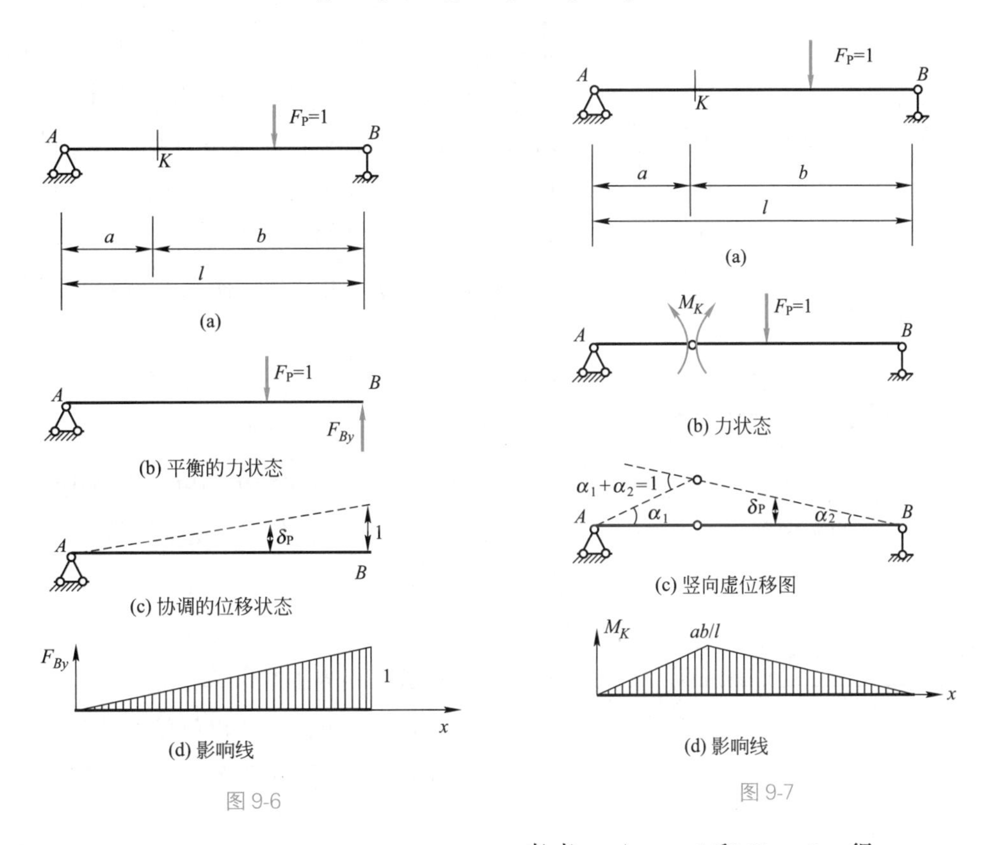

(a)

(b) 平衡的力状态

(c) 协调的位移状态

(d) 影响线

图 9-6

(a)

(b) 力状态

(c) 竖向虚位移图

(d) 影响线

图 9-7

考虑 $\alpha_1+\alpha_2=1$ 和 $F_P=1$，得

$$M_K=\delta_P(x)$$

则 M_K 的影响线如图 9-7(d)所示。

(3) 剪力 F_{QK} 影响线

求 F_{QK} 的影响线时，先去掉与 F_{QK} 对应的剪力约束，用相应的约束力代替，如图 9-8(b)所示。这时的约束力是一对等值反向的竖向力 F_{QK}，根据剪力的正负号规定，左边的力方向向下、右边的向上。然后，让 AK、BK 两个刚片发生图 9-8(c)所示的虚位移。这个位移图有两个特征：一个是两个刚片沿约束力方向发生的竖向位移之和为 1；另一个是左右两个刚片的竖向位移图是平行的，这一点由平行链杆的变形特征很容易理解。这时的虚功方程为

$$F_{QK} \cdot \delta_1+F_{QK} \cdot \delta_2-F_P \cdot \delta_P(x)=0$$

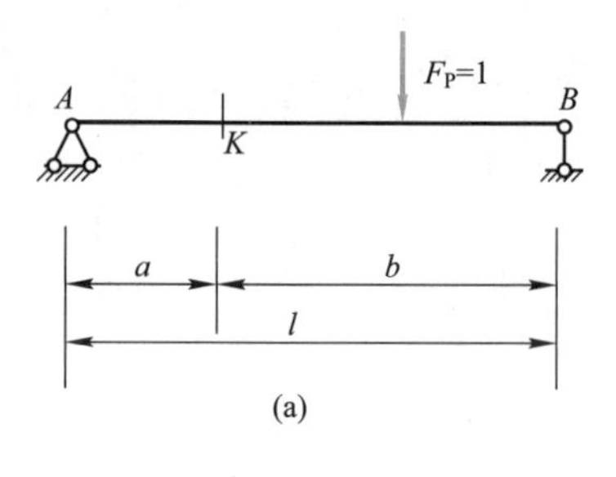

(a)

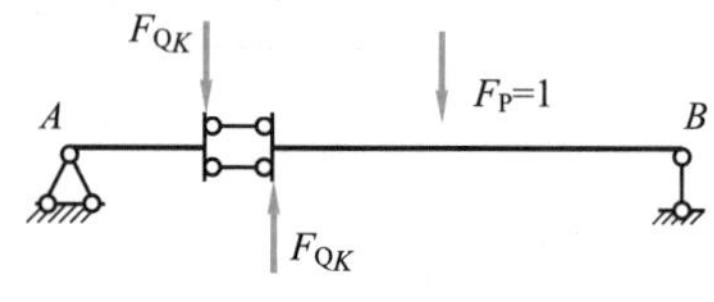

(b) 力状态

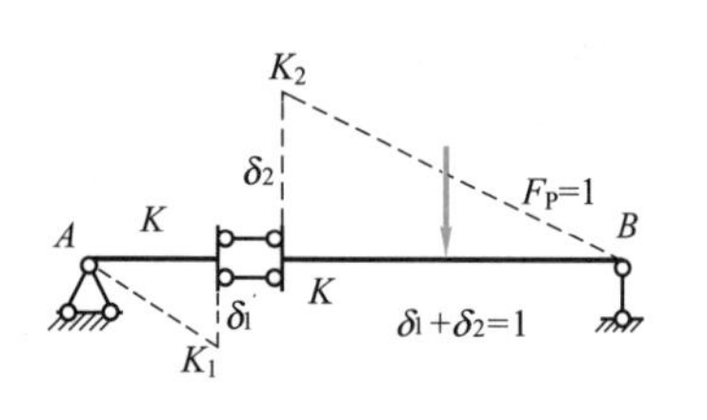

(c) 虚位移状态

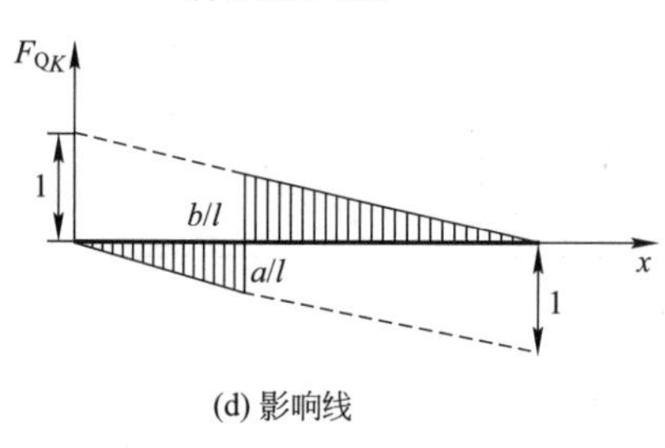

(d) 影响线

图 9-8

考虑 $\delta_1+\delta_2=1$ 和 $F_P=1$，得

$$F_{QK}=\delta_P(x)$$

则 F_{QK} 的影响线如图 9-8(d)所示。

从以上的讲解可以看出，机动法作静定结构影响线的关键有两点：一个是正确去掉与所求物理量对应的约束；另一个是正确画出协调的刚体虚位移图。通过以上例题，我们可以发现机动法的一个优点：就是不需要计算，就可以快速地绘制出影响线的轮廓，同时也可以用机动法校核静力法所作的影响线。

【例题 9-6】 用机动法作图 9-9(a)所示结构的 M_A、F_{Ay}、M_D、F_{QD}^{L}、F_{QD}^{R}、M_I 影响线。

【解】 (1) M_A 影响线

去掉与 M_A 对应的弯矩约束，用相应的约束力 M_A 代替。让杆件 AB 发生绕 A 点的顺时针单位转角位移。BC 杆是附属部分，也随之发生协调的刚体位移。由于 CF 部分能独立承受竖向荷载，相当于基本部分，因此，不能发生位移。所以，FJ 部分也就没有位移。由 AB 杆的转角可以得到 B 点的竖向位移值为 a。这样就得到了整个体系的竖向虚位移图，即 M_A 的影响线(图 9-9b)。

(2) F_{Ay} 影响线

去掉与 F_{Ay} 对应的竖向约束，用相应的约束力 F_{Ay} 代替。让杆件 AB 杆在 A 端发生向上的单位位移，由于 A 点的约束为平行链杆，因此，杆件 AB 只能整体向上平移一个单位位移，BC 杆也随之发生图示位移。得到的竖向虚位移图即为 F_{Ay} 的影响线，如图 9-9(c)所示。

(3) M_D 影响线

去掉与 M_D 对应的弯矩约束，用相应的约束力 M_D 代替。由于 D 点右边刚片 DF 不能发生转动和竖向移动，因此，虚位移只能是杆件 DC 发生绕 D 点的逆时针单位转角位移。得到的竖向虚位移图即为 M_D 的影响线，如图 9-9(d)所示。

(4) F_{QD}^{L} 影响线

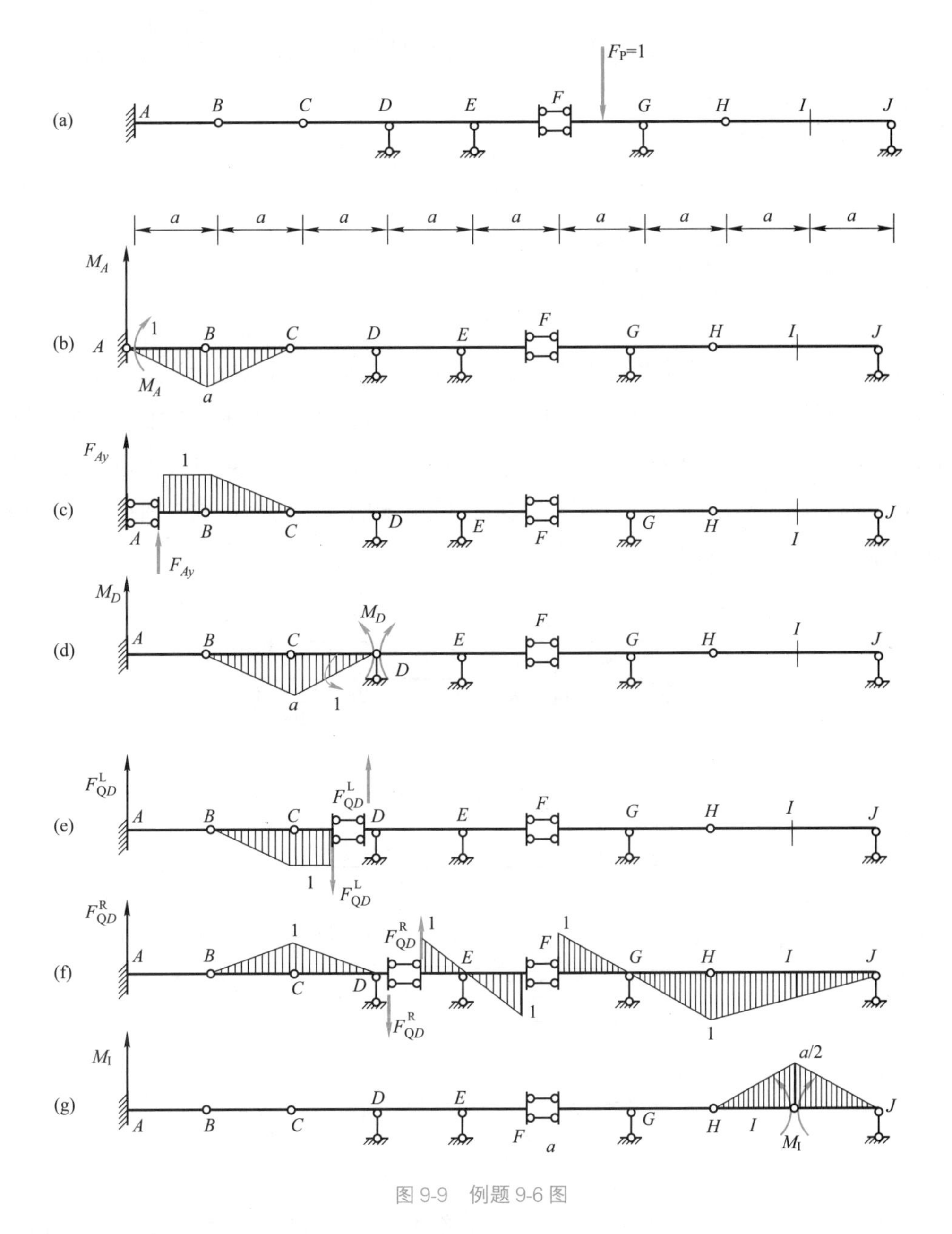

图 9-9 例题 9-6 图

去掉与 F_{QD}^{L} 对应的剪力约束，用相应的约束力 F_{QD}^{L} 代替。此时，虚位移只能是杆件 DC 向下平行移动单位位移。得到的竖向虚位移图即为 F_{QD}^{L} 的影响线，如图 9-9(e)所示。

（5）F_{QD}^{R} 影响线

去掉与 F_{QD}^{R} 对应的剪力约束，用相应的约束力 F_{QD}^{R} 代替。由于 D 支座的限制，只能是 DF 杆件上的 D 截面向上发生单位位移。由于 DF 杆件只能绕 E 点转动，所以，F 点同时发生向下的竖向位移。由 D 点和 F 点平行链杆的约束特点，CD 杆和

FH 杆也将发生与 DF 杆相同的转角位移。得到的竖向虚位移图即为 F_{QD}^{R} 的影响线，如图 9-9(f)所示。

(6) M_{I} 影响线。

图 9-9(g)给出了答案，具体过程略。

9.3 间接荷载下的影响线

图 9-10(a)所示为桥梁结构中的纵横梁桥面系统及主梁示意图。设计主梁时，通常假定纵梁简支在横梁上，横梁简支在主梁上。荷载直接作用在纵梁上，再通过横梁传到主梁，主梁只在各横梁处(节点处)受到集中力的作用。对主梁来说，这种荷载称为间接荷载或节点荷载。下面以主梁上 K 截面的弯矩为例，说明间接荷载作用下影响线的特点及绘制方法。

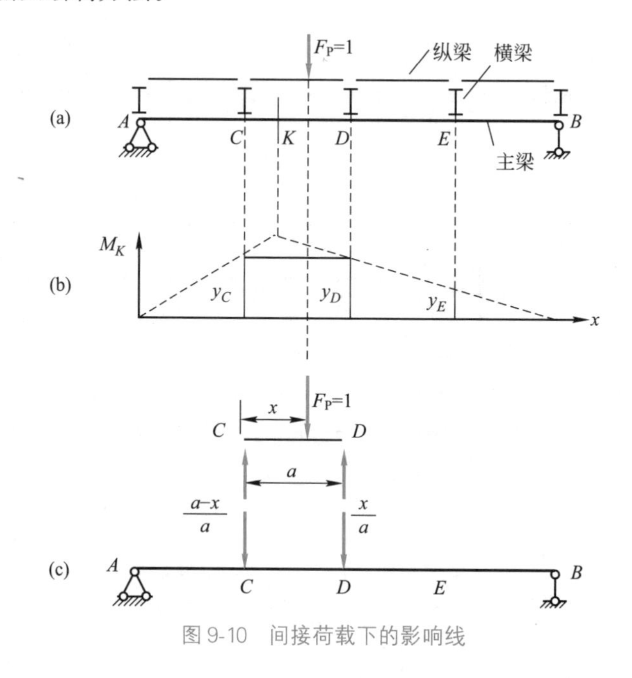

图 9-10 间接荷载下的影响线

当移动荷载 $F_P=1$ 作用在节点上时，其作用与荷载直接作用在主梁上的情况是完全一样的。因此，间接荷载下的主梁影响线在节点处的纵坐标与直接荷载下的相等。设直接荷载下 K 截面的弯矩影响线在 C、D 两个节点处的纵坐标分别为 y_C、y_D，如图 9-10(b)所示。

当移动荷载 $F_P=1$ 在两个相邻节点 C、D 间作用时，主梁受到的荷载分别为 C 点的集中力$\frac{a-x}{a}$和 D 点的集中力$\frac{x}{a}$，如图 9-10(c)所示。根据影响线的定义和叠加原理，在这两个集中力作用下 K 截面的弯矩应该为

$$M_K=\frac{a-x}{a}y_C+\frac{x}{a}y_D$$

显然，这是一个线性方程，表明单位荷载在 C、D 间移动时，K 截面的弯矩呈线性变化。因此，这一段的影响线就是连接纵坐标 y_C、y_D 的直线，如图 9-10(b)中的实线部分。

上面这个过程适合间接荷载下任意一个物理量的影响线绘制。由此，可将间接荷载下的影响线绘制方法总结如下：

(1) 作出直接荷载作用下所求量值的影响线。

(2) 在每一纵梁范围内，用直线连接相邻节点的影响线纵坐标。

【例题 9-7】 试作图 9-11(a)所示多跨静定梁的 M_1、M_B、F_{Dy}、F_{QB}^{L} 的影响线。

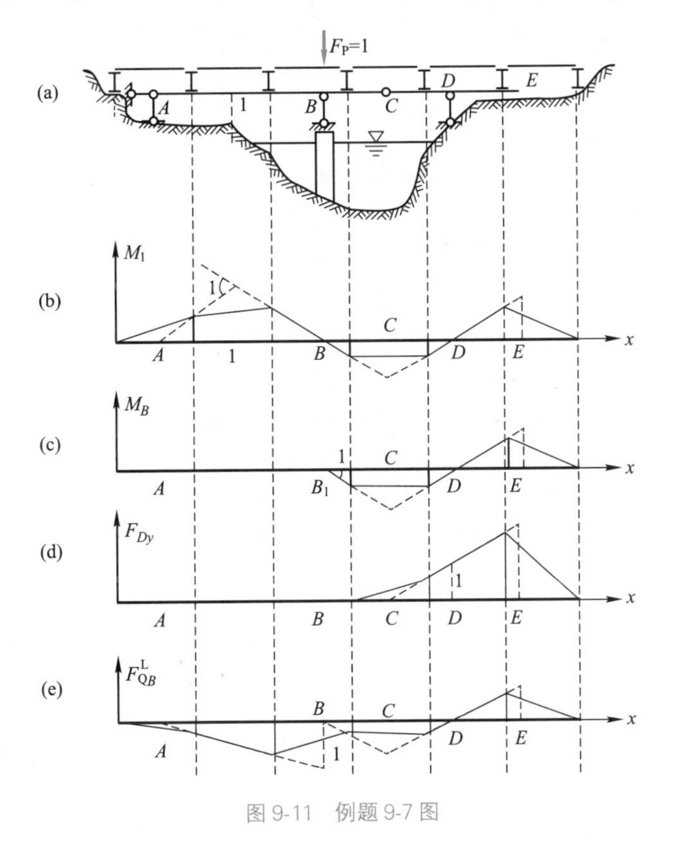

图 9-11　例题 9-7 图

【解】 (1) M_1 的影响线

首先绘制出直接荷载下 M_1 的影响线，用虚线表示(图 9-11b)。然后，将各节点的影响线纵坐标依次连成直线即可，如图 9-11(b)中实线所示。需要注意的是：第一根纵梁的左边节点已经超出了主梁的范围，因此，直接荷载下，该处影响线的纵坐标视为零。但是，荷载是在纵梁上移动的，因此，第一根纵梁范围内的影响线，应该是这根梁的左右节点处影响线的纵坐标连成的直线。

从 M_1 的影响线可以看出，间接荷载下的峰值比直接荷载下的峰值小很多。

(2) M_B、F_{Dy}、F_{QB}^{L} 影响线。

这三个物理量的影响线如图 9-11(c)、(d)、(e)中实线所示，过程略。

【例题 9-8】 试作图 9-12(a)所示结构的 F_{Fy}、M_G、M_D^{L} 的影响线。

【解】 首先绘制出直接荷载作用于主梁时的 F_{Fy}、M_G、M_D^{L} 的影响线。然后，将各个节点投影到所得的影响线上，得到各个节点纵坐标。最后，在每一纵梁范围内，直线连接相邻节点的影响线纵坐标，即所求量的影响线，如图 9-12(b)、(c)、(d)所示。其中，G 截面的弯矩以右侧受拉为正。

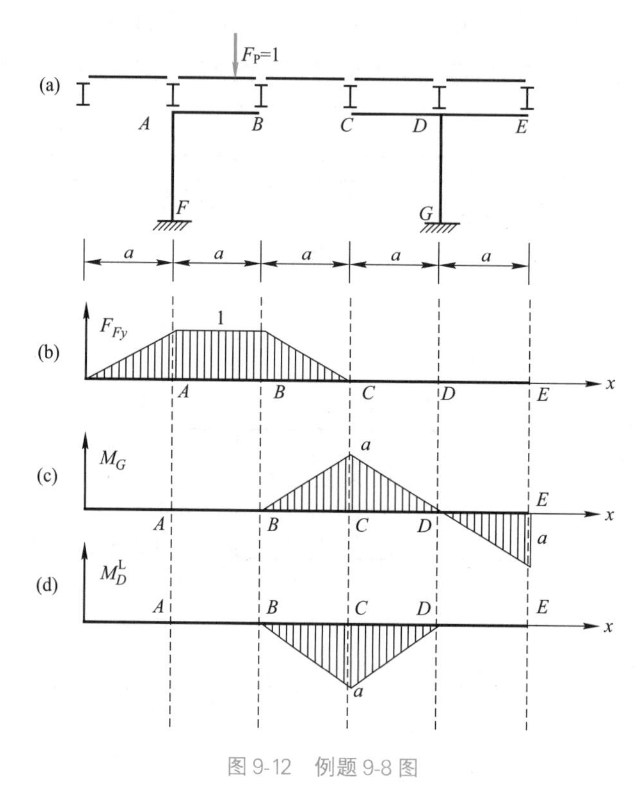

图 9-12　例题 9-8 图

有兴趣的读者还可以试一下用机动法直接作间接荷载的影响线。

9.4　桁架的影响线

桁架承受的荷载一般是经过横梁传递到节点上的节点荷载，如图 9-13 所示。横梁放在上弦时，称为上弦承载；放在下弦时，称为下弦承载。

间接移动荷载下影响线的性质对桁架结构仍然是适用的。

【例题 9-9】 试作图 9-14 所示桁架的 F_{Ay}、F_{By}、F_{N1}、F_{N2}、F_{N3} 的影响线。

【解】 设荷载 $F_P=1$ 到 A 点的距离为 x。

(1) F_{Ay} 和 F_{By} 的影响线

显而易见，二者与简支梁支座反力的影响线是相同的，如图 9-14(b)、(c)所示。

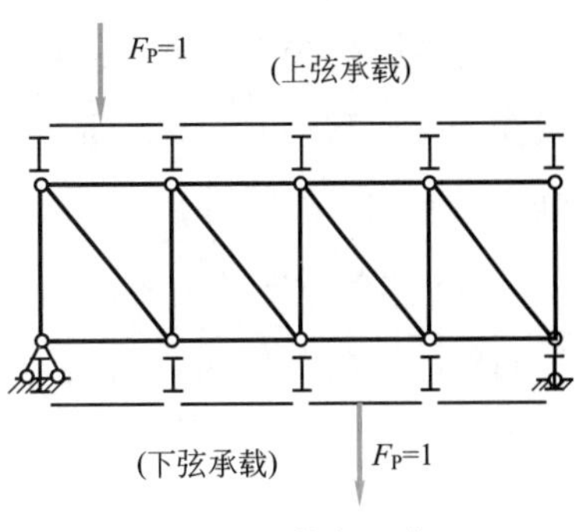

图 9-13　桁架承载

(2) F_{N1} 的影响线

当荷载在 AD 段移动时，作截面 Ⅰ-Ⅰ，取右侧为隔离体，这是，切断的杆件都是桁架杆。由 $\sum M_D=0$，得 F_{N1} 的影响线方程为

$$F_{N1}=-2F_{By}\quad (0\leqslant x\leqslant 2a)$$

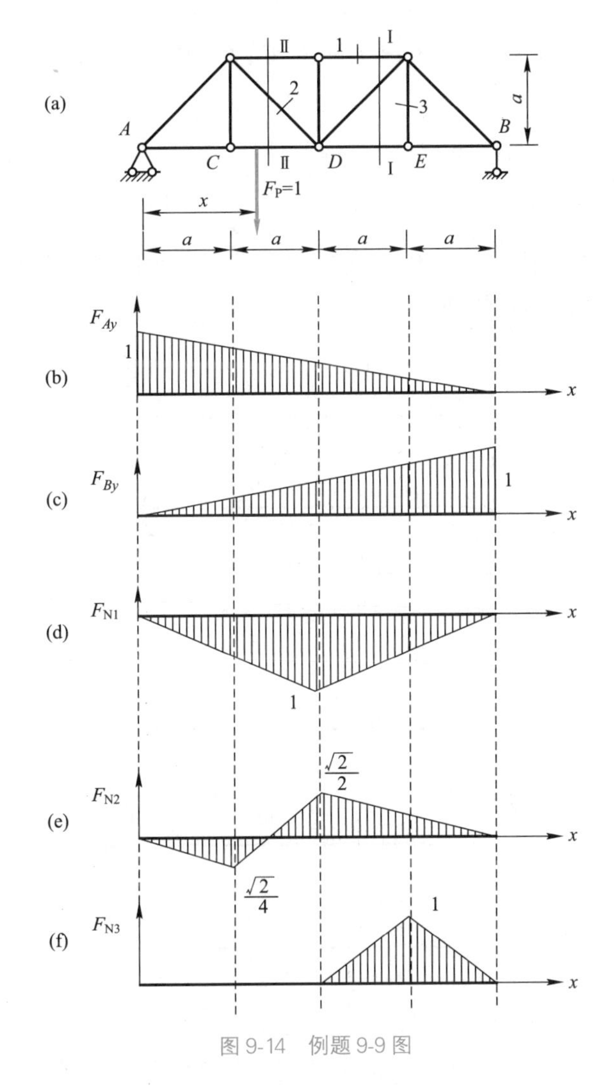

图 9-14　例题 9-9 图

当荷载在 EB 段移动时，仍作截面 Ⅰ-Ⅰ，取左侧为隔离体，由 $\sum M_D=0$，得 F_{N1} 的影响线方程为

$$F_{N1}=-2F_{Ay}\quad (3a\leqslant x\leqslant 4a)$$

首先将影响线方程表示的两段影响线绘出。由间接荷载影响线的性质可知，当荷载在 DE 段移动时，F_{N1} 是线性变化的。因此，只要将上述两段影响线在 D、E 的纵坐标连成直线即可(图 9-14d)。

(3) F_{N2} 的影响线

同理，作截面Ⅱ-Ⅱ，分别取左右两侧为隔离体，.由 $\sum F_y=0$ 可得 F_{N2} 的影响线方程为

$$F_{N2}=\begin{cases}-\sqrt{2}F_{By} & (0\leqslant x\leqslant a)\\ \sqrt{2}F_{Ay} & (2a\leqslant x\leqslant 4a)\end{cases}$$

作出两段影响线之后，将 C、D 的纵坐标连成直线即可(图 9-14e)。

(4) F_{N3} 的影响线

很明显，当荷载在 DB 段以外的范围移动时，$F_{N3}=0$。当荷载作用在 E 点时，$F_{N3}=1$。因此，其影响线如图 9-14(f)所示。

【例题 9-10】 分别作图 9-15(a)所示桁架，在上弦单位荷载和下弦单位荷载作用下的 F_{Ay}、F_{Ey}、F_{N1} 的影响线。

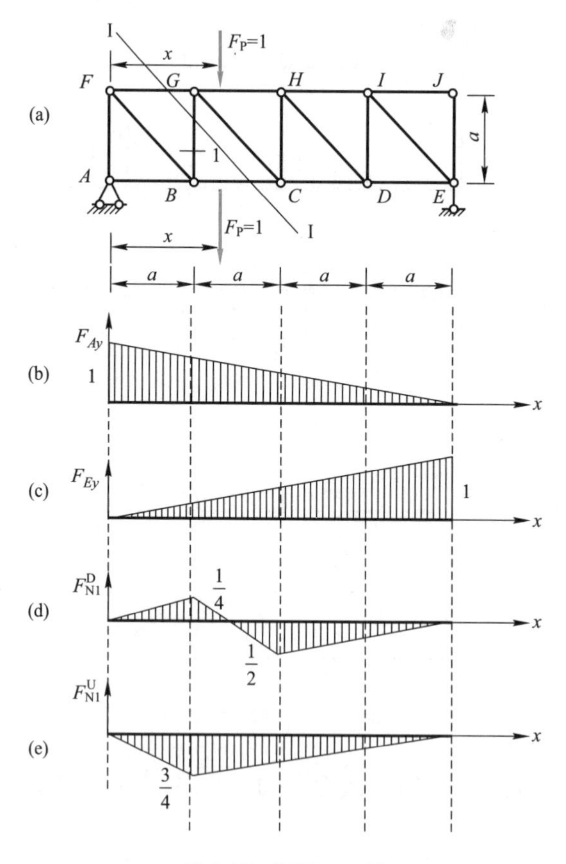

图 9-15 例题 9-10 图

【解】 无论是上弦荷载还是下弦荷载作用时，F_{Ay}、F_{Ey} 的影响线都和简支梁相同，如图 9-15(b)、(c)所示。

(1) 下弦荷载作用时，F_{N1}^{D} 的影响线。设荷载 $F_P=1$ 到 A 点的距离为 x，作截面Ⅰ-Ⅰ，考虑荷载分别在 AB 段和 CE 段移动时的情况，取右侧和左侧隔离体，由 $\sum F_y=0$ 得 F_{N1}^{D} 的影响线方程为

$$F_{N1}^{D}=\begin{cases}F_{Ey} & 0\leqslant x\leqslant a\\ -F_{Ay} & 2a\leqslant x\leqslant 4a\end{cases}$$

作出上述两段影响线后，再将两段影响线在 B、C 两点处的纵坐标连成直线即可，如图 9-15(d)所示。

(2) 上弦荷载作用时，F_{N1}^{U} 的影响线。设荷载 $F_P=1$ 到 F 点的距离为 x，得 F_{N1}^{U} 的影响线方程为

$$F_{N1}^{U}=\begin{cases}0 & x=0\\ -F_{Ay} & a\leqslant x\leqslant 4a\end{cases}$$

相应的影响线，如图 9-15(e)所示。

从图中可以看出，对于有些物理量，荷载在上弦和下弦移动时，其影响线是不同的。这一点应该引起注意。

【例题 9-11】 试作图 9-16(a)所示桁架的杆件 13、14 和 45 的影响线。

【解】 反力的影响线如图 9-16(b)、(c)所示。

(1) F_{N13} 的影响线。杆件 13 是斜杆，为了方便，先求出其水平力的影响线方程(用截面法和力矩法求，过程略)

$$X_{13}=\begin{cases}-\dfrac{4d}{h}F_{By} & 0\leqslant x\leqslant 2d\\ -\dfrac{2d}{h}F_{Ay} & 2d<x\leqslant 6d\end{cases}$$

然后再根据合力与水平分力的关系 $F_{N13}=X_{13}/\cos\beta$，得到 F_{N13} 的影响线方程为

$$F_{N13}=\begin{cases}-\dfrac{4d}{h\cos\beta}F_{By} & 0\leqslant x\leqslant 2d\\ -\dfrac{2d}{h\cos\beta}F_{Ay} & 2d<x\leqslant 6d\end{cases}$$

由上式，并利用支座反力的影响线，就可以很方便地绘制出 F_{N13} 的影响线，如图 9-16(d)所示。

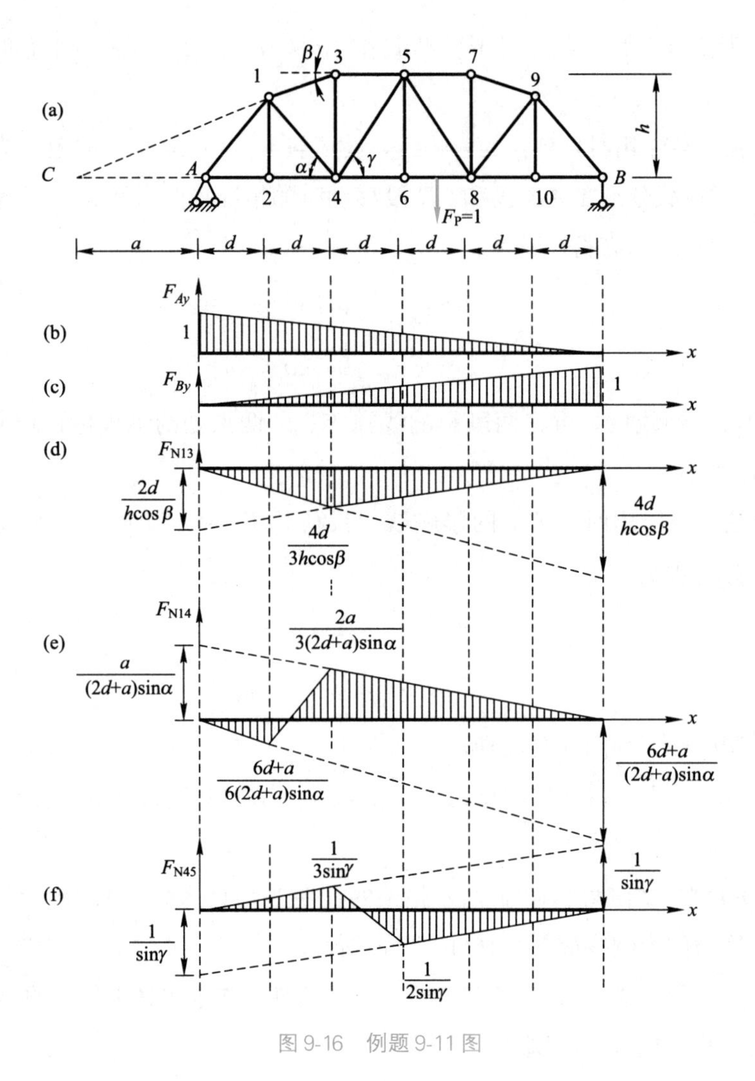

图 9-16　例题 9-11 图

(2) F_{N14} 的影响线。首先，令 13 杆和 $A2$ 杆的延长线交点为 C。记 C、A 两点的距离为 a，则有如下关系

$$\frac{h}{a+2d}=\tan\beta$$

杆件 14 同样是斜杆，为了方便，先求出其竖向分力的影响线方程(切开 24 节间，分别取左右两侧为隔离体，对 C 点取矩。具体过程略)

$$Y_{14}=\begin{cases}-\dfrac{6d+a}{2d+a}F_{By} & 0\leqslant x\leqslant d\\[2ex] \dfrac{a}{2d+a}F_{Ay} & 2d\leqslant x\leqslant 6d\end{cases}$$

由合力与竖向分力的关系 $F_{N14}=Y_{14}/\sin\alpha$，得到 F_{N14} 的影响线方程为

$$F_{N14}=\begin{cases}-\dfrac{6d+a}{(2d+a)\sin\alpha}F_{By} & 0\leqslant x\leqslant d\\ \dfrac{a}{(2d+a)\sin\alpha}F_{Ay} & 2d\leqslant x\leqslant 6d\end{cases}$$

其影响线，如图 9-16(e)所示。

(3) F_{N45} 的影响线。F_{N45} 竖向分力的影响线方程为

$$Y_{45}=\begin{cases}F_{By} & 0\leqslant x\leqslant 2d\\ -F_{Ay} & 3d\leqslant x\leqslant 6d\end{cases}$$

F_{N45} 的影响线方程为

$$F_{N45}=\begin{cases}\dfrac{F_{By}}{\sin\gamma} & 0\leqslant x\leqslant 2d\\ -\dfrac{F_{Ay}}{\sin\gamma} & 3d\leqslant x\leqslant 6d\end{cases}$$

其影响线，如图 9-16(f)所示。

这道例题的目的是提醒读者，对于一般角度的斜杆，可以将轴力分解，使一个分力的力臂为零，求出另一个分力的影响线方程。这样做的好处是分力的力臂容易确定，解题过程不容易出错，最后利用轴力和分力的三角关系，求其影响线。

9.5 影响线的应用

9.5.1 利用影响线求某一量值

1. 集中荷载作用的情况

图 9-17(a)所示简支梁上作用有集中荷载 F_{P1}、F_{P2}，现在要利用影响线求由这两个荷载产生的截面内力 M_C、F_{QC}、F^{L}_{QD}、F^{R}_{QD}。为此，先作出四个内力对应的影响线，如图 9-17(b)、(c)、(d)、(e)所示。由影响线的含义和叠加原理可知

$$M_C=F_{P1}y_1+F_{P2}y_2$$

$$F_{QC}=-F_{P1}y'_1+F_{P2}y'_2$$

对于 D 点左侧截面，集中力 F_{P2} 对应的纵坐标是 $y''_{2上}$，故

$$F^{L}_{QD}=-F_{P1}y''_1+F_{P2}y''_{2上}$$

同理，对于 D 点右侧截面，集中力 F_{P2} 对应的纵坐标是 $y''_{2下}$，故

$$F^{R}_{QD}=-F_{P1}y''_1-F_{P2}y''_{2下}$$

为了表达直观，上面各式和图中的影响线纵坐标均为绝对值。

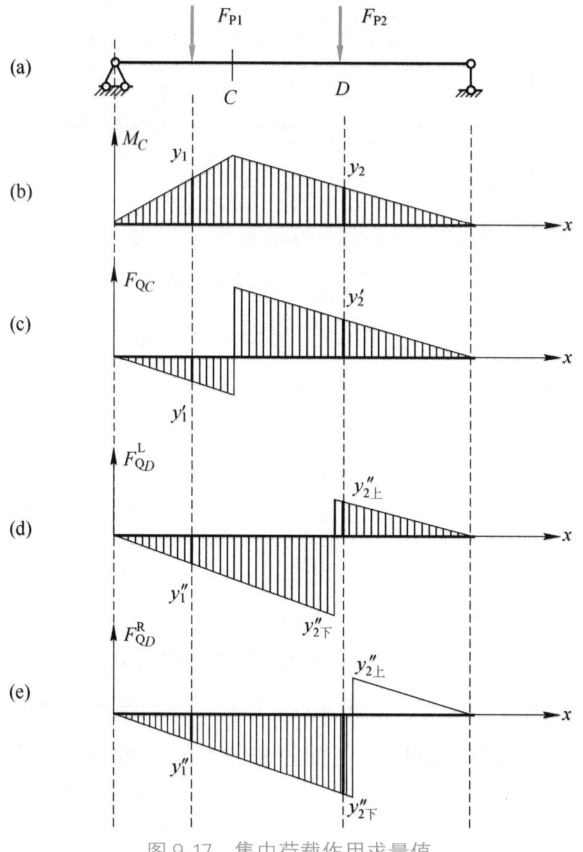

图 9-17　集中荷载作用求量值

2. 分布荷载的情况

若荷载为分布荷载，如图 9-18 所示。这时，可将分布荷载 $q(x)$ 在长度方向分成许多无穷小的微段，每一微段 dx 上的荷载相当于集中荷载 $q(x)dx$，故其所产生的量值 $dS=[q(x)dx]y$，则 C、D 段内的分布荷载所产生的量值 S 为

$$\int_C^D S=\int_C^D [q(x)dx]\cdot y$$

若 $q(x)$ 为均布荷载，则上式为

$$S=q\int_C^D y\cdot dx=q(-A_1+A_2)$$

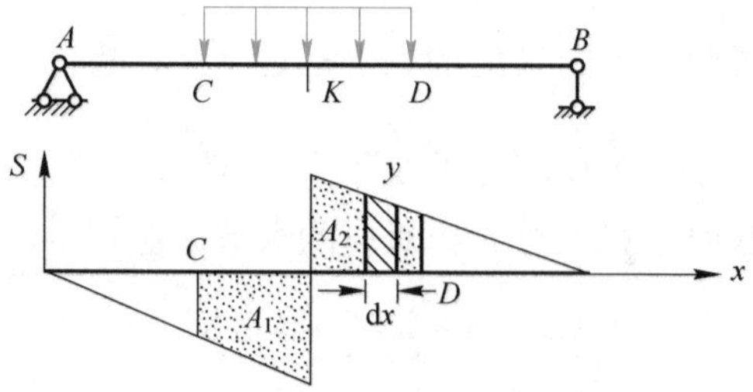

图 9-18　分布荷载作用求量值 S

式中，A_1、A_2 为均布荷载对应的影响线面积的绝对值。

【例题 9-12】 利用影响线试求图 9-19(a)所示简支梁的 F_{QK} 值。

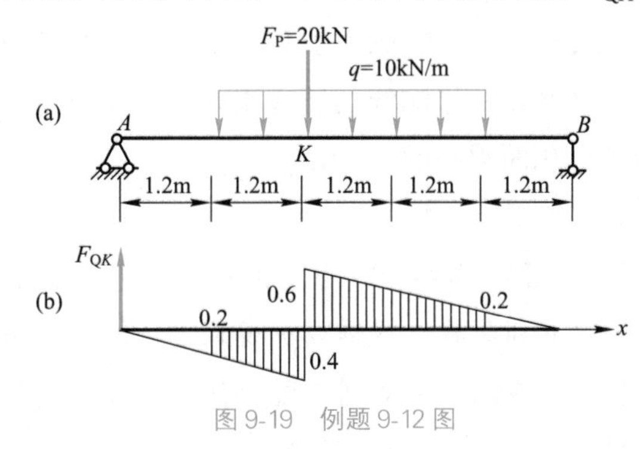

图 9-19 例题 9-12 图

【解】 有集中力作用的截面，需要分别求截面左侧和右侧的剪力。

首先，作出 F_{QK} 的影响线，如图 9-19(b)所示。则有

$$F_{QK}^{L}=20\times0.6+10\times\left(-\frac{0.2+0.4}{2}\times1.2+\frac{0.6+0.2}{2}\times2.4\right)=18\text{kN}$$

$$F_{QK}^{R}=-20\times0.4+10\times\left(-\frac{0.2+0.4}{2}\times1.2+\frac{0.6+0.2}{2}\times2.4\right)=-2\text{kN}$$

从计算结果可以看出，K 截面左右两侧的剪力有突变，突变值为 20kN，正是集中荷载的数值。证明结果无误。

9.5.2 利用影响线判断最不利荷载的位置

最不利荷载位置是指结构上的内力、反力等达到最大值或最小值时，移动荷载所在的位置。只要确定了最不利荷载位置，按照 9.5.1 节的方法，就可以求出这些反力或内力的最大值或最小值。这些值将是结构设计的重要依据。下面讨论如何确定荷载的最不利位置。

首先观察荷载比较简单的情况。

如果只有一个集中荷载 F_P(图 9-20a)，就可以直观地确定出最不利荷载位置：

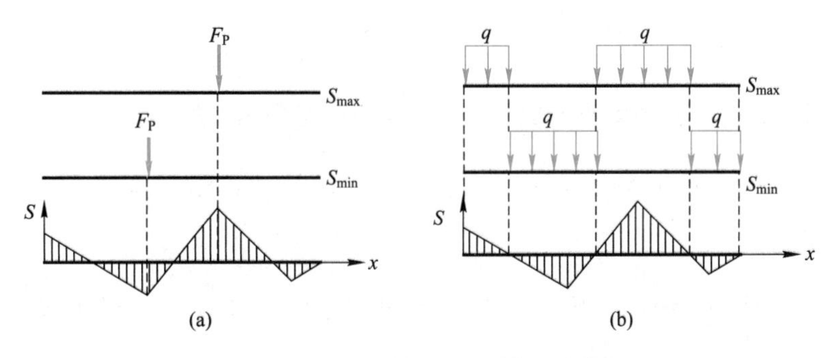

图 9-20 简单荷载下最不利位置的确定

当 F_P 位于 S 影响线的最大正纵坐标处时得到的 $S=S_{max}$；当 F_P 位于 S 影响线的最大负纵坐标处时得到的 $S=S_{min}$。

如果是可以任意断续布置的均布荷载时(图 9-20b)，显然也可以直观地确定出最不利荷载位置：当荷载布满 S 的影响线的所有正面积时得到的 $S=S_{max}$；当荷载布满 S 的影响线的所有负面积时得到的 $S=S_{min}$。

其次，讨论行列荷载作用的情况。

例如汽车车队行驶时，移动荷载是一组互相平行且间距保持不变的移动集中力，称为行列荷载，此时的最不利荷载位置难以直观确定。但是，根据最不利荷载位置的定义可知，无论荷载向左或向右移动到邻近位置时，量值 S 均将减少，因此，可以通过讨论荷载移动时，S 的增量来解决这个问题。

设某量值 S 的影响线为折线形，如图 9-21(b)所示。各直线段的倾角为 α_1、α_2 和 α_3，逆时针为正。现在有一组荷载处在图 9-21(a)所示的位置，影响线各直线段内荷载的合力分别为 F_{R1}、F_{R2} 和 F_{R3}，合力对应的影响线纵坐标分别为 y_1、y_2 和 y_3。若此时所产生的量值用 S_1 表示，则

$$S_1=F_{R1}y_1+F_{R2}y_2+F_{R3}y_3$$

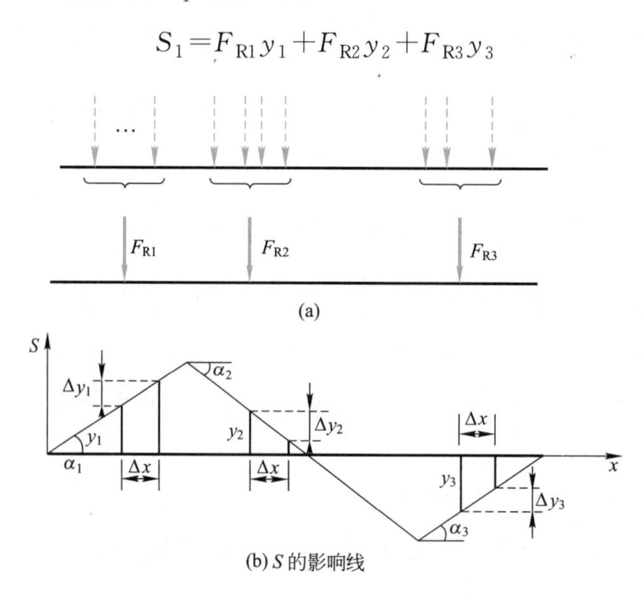

图 9-21　行列荷载作用下最不利位置的确定

当这个行列荷载向右移动微小距离 Δx 时，相应的量值 S_2 为

$$S_2=F_{R1}(y_1+\Delta y_1)+F_{R2}(y_2+\Delta y_2)+F_{R3}(y_3+\Delta y_3)$$

故 S 的增量为

$$\Delta S=S(x+\Delta x)-S(x)=S_2-S_1=F_{R1}\Delta y_1+F_{R2}\Delta y_2+F_{R3}\Delta y_3$$

考虑 $\Delta y_1=\Delta x\tan\alpha_1$，$\Delta y_2=\Delta x\tan\alpha_2$，$\Delta y_3=\Delta x\tan\alpha_3$，则

$$\Delta S = F_{R1}\Delta x\tan\alpha_1 + F_{R2}\Delta x\tan\alpha_2 + F_{R3}\Delta x\tan\alpha_3 = \Delta x\sum_{i=1}^{3}F_{Ri}\cdot\tan\alpha_i$$

$$\frac{\Delta S}{\Delta x} = \sum_{i=1}^{3}F_{Ri}\cdot\tan\alpha_i$$

$$S' = \lim_{\Delta x\to 0}\frac{\Delta S}{\Delta x} = \sum_{i=1}^{3}F_{Ri}\tan\alpha_i$$

故 S 为极大值时，应有

$$荷载左移\quad S' = \sum F_{Ri}\cdot\tan\alpha_i > 0$$

$$荷载右移\quad S' = \sum F_{Ri}\tan\alpha_i < 0$$

也就是说，当荷载左右移动时，$S' = \sum F_{Ri}\tan\alpha_i$ 必须由正变负，S 才能取得极大值。同理，当 $S' = \sum F_{Ri}\tan\alpha_i$ 由负变正时，S 将取得极小值。

那么，在什么情况下 $\sum F_{Ri}\tan\alpha_i$ 才能变号呢？$\tan\alpha_i$ 是影响线各直线段的斜率，是常数，并不随荷载的位置而改变。因此，只有各直线段的合力 F_{Ri} 发生变化时，$\sum F_{Ri}\tan\alpha_i$ 才有可能变化。显然，这种情况只有当某个集中荷载恰好位于影响线某个顶点时，才有可能发生。我们把能使 $\sum F_{Ri}\tan\alpha_i$ 变号的集中荷载称为临界荷载，用 F_{Pcr} 表示。此时的荷载位置称为临界位置。确定临界荷载的方法一般是观察和试算。

【例题 9-13】 如图 9-22(a)所示为某结构上作用有移动荷载，其中集中力 $F_{P1} = F_{P2} = F_{P3} = F_{P4} = F_{P5} = 90\text{kN}$，分布荷载 $q = 37.8\text{kN/m}$，已知某物理量 S 的影响线。试求该物理量 S 的荷载最不利位置和最大值。

【解】 首先计算影响线各直线段的斜率。

$$\tan\alpha_1 = \frac{1}{8},\quad \tan\alpha_2 = \frac{-0.25}{4},\quad \tan\alpha_3 = \frac{-0.75}{6}$$

(1) 假设 $F_{P3} = F_{Pcr}$，如图 9-22(b)所示。

荷载组稍向左移时

$$\begin{aligned}\sum F_{Ri}^{L}\cdot\tan\alpha_i &= (F_{P1}+F_{P2}+F_{P3})\tan\alpha_1 + (F_{P4}+F_{P5})\tan\alpha_2 + 5.5q\tan\alpha_3\\ &= 270\times\frac{1}{8} + 180\times\left(\frac{-0.25}{4}\right) + 5.5\times37.8\times\left(\frac{-0.75}{6}\right)\\ &= -3.5\text{kN} < 0\end{aligned}$$

因为要求的是最大值，荷载左右移动时，$\sum F_{Ri}^{L}\cdot\tan\alpha_i$ 应该从正变负。所以，F_{P3} 不是临界荷载。

(2) 假设 $F_{P4} = F_{Pcr}$，如图 9-22(c)所示。

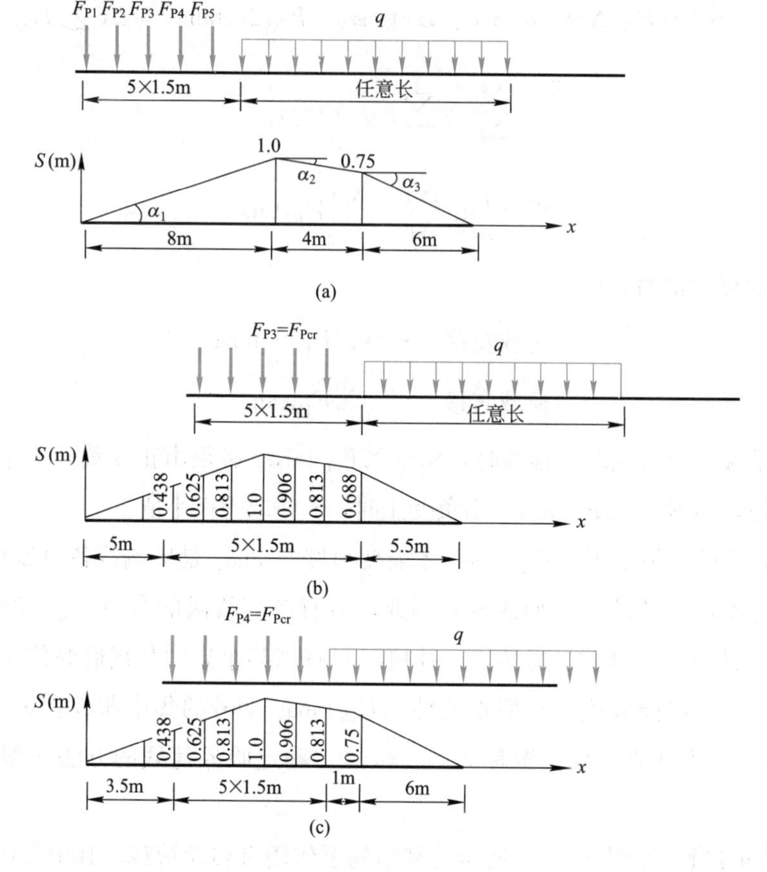

图 9-22 例题 9-13 图

荷载组稍向左移时

$$\sum F_{Ri}^{L}\cdot\tan\alpha_i=(F_{P1}+F_{P2}+F_{P3}+F_{P4})\tan\alpha_1+F_{P5}\tan\alpha_2+6q\tan\alpha_3$$

$$=360\times\frac{1}{8}+90\times\left(\frac{-0.25}{4}\right)+6\times37.8\times\left(\frac{-0.75}{6}\right)$$

$$=8.7\text{kN}>0$$

荷载组稍向右移时

$$\sum F_{Ri}^{R}\cdot\tan\alpha_i=(F_{P1}+F_{P2}+F_{P3})\tan\alpha_1+(F_{P4}+F_{P5})\tan\alpha_2+6q\tan\alpha_3$$

$$=270\times\frac{1}{8}+180\times\left(\frac{-0.25}{4}\right)+6\times37.8\times\left(\frac{-0.75}{6}\right)$$

$$=-8.2\text{kN}<0$$

所以，F_{P4} 是临界荷载之一，此时量值 S 为

$$S=90\times(0.438+0.625+0.813+1+0.906)$$

$$+37.8\times\left(\frac{0.813+0.75}{2}\times1+\frac{0.75}{2}\times6\right)$$

$$=455\text{kN}\cdot\text{m}$$

(3) 通过同样的方法，可以证明其他几个集中力都不是临界荷载，故所求量值 $S_{max}=455\text{kN}\cdot\text{m}$。

应该注意到，当行列荷载个数较多时，逐个判别计算工作量较大，为了减少试算次数，宜事先估计最不利荷载位置，一般取荷载密集、数值大的部分放在影响线顶点处试算，同时应注意位于同符号影响线范围内的荷载应尽可能多，这样才可能产生较大的 S 值。

【例题 9-14】 试求梁在图 9-23(a)所示的行车荷载作用下，K 截面的最大弯矩。已知：$F_{P1}=70\text{kN}$，$F_{P2}=130\text{kN}$，$F_{P3}=50\text{kN}$，$F_{P4}=100\text{kN}$。

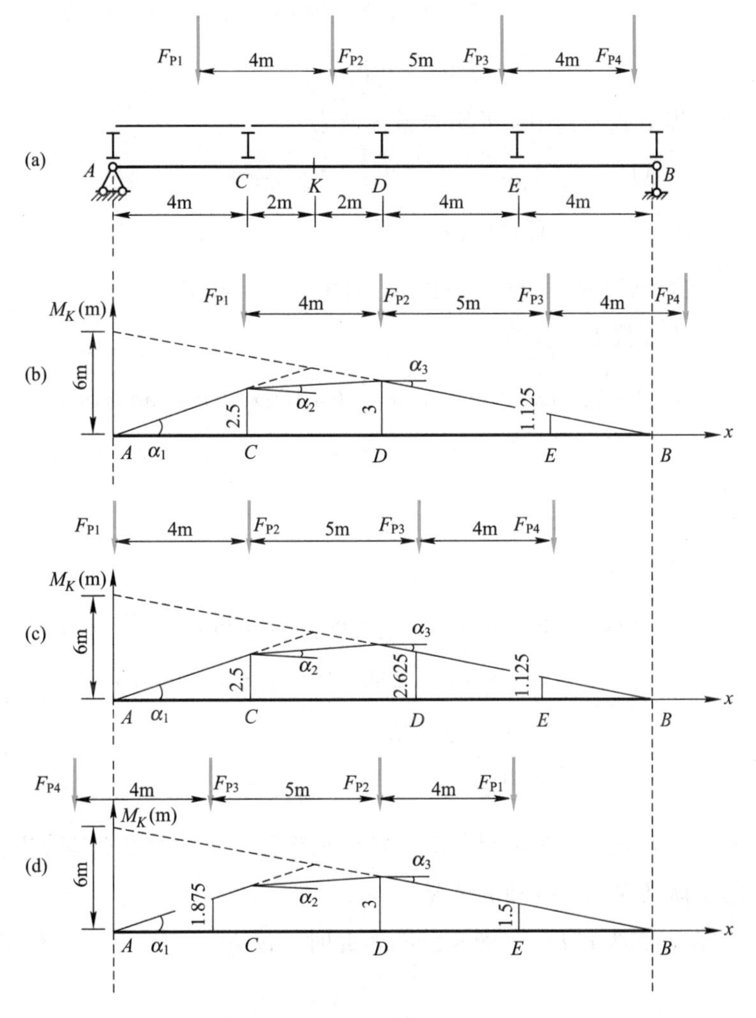

图 9-23　例题 9-14 图

【解】 (1) 首先作出 M_K 的影响线，其各直线段得斜率为

$$\tan\alpha_1=0.625,\quad \tan\alpha_2=0.125,\quad \tan\alpha_3=-0.375$$

(2) 考虑车队从右向左行驶的情况。

将 F_{P2} 放在影响线的 D 点(图 9-23b)，此时，仅 F_{P1}、F_{P2}、F_{P3} 位于梁上。荷载左移

$$\begin{aligned}\sum F_{Ri}^{L}\tan\alpha_i &=F_{P1}\tan\alpha_1+F_{P2}\tan\alpha_2+F_{P3}\tan\alpha_3\\ &=70\times0.625+130\times0.125-50\times0.375\\ &=41.25\text{kN}>0\end{aligned}$$

荷载右移

$$\begin{aligned}\sum F_{Ri}^{R}\tan\alpha_i &=F_{P1}\tan\alpha_2+F_{P2}\tan\alpha_3+F_{P3}\tan\alpha_3\\ &=70\times0.125-130\times0.375-50\times0.375\\ &=-58.75\text{kN}<0\end{aligned}$$

因此，F_{P2} 是临界荷载。其相应的影响量极值为

$$\begin{aligned}M_K &=\sum F_{Pi}y_i=70\times2.5+130\times3+50\times1.125\\ &=621.25\text{kN}\cdot\text{m}\end{aligned}$$

将 F_{P2} 放在影响线的 C 点(图 9-23c)，此时，F_{P4} 在梁上。
荷载左移，F_{P1} 不在梁上了。故

$$\begin{aligned}\sum F_{Ri}^{L}\tan\alpha_i &=F_{P2}\tan\alpha_1+F_{P3}\tan\alpha_3+F_{P4}\tan\alpha_3\\ &=130\times0.625-50\times0.375-100\times0.375\\ &=25\text{kN}>0\end{aligned}$$

荷载右移，F_{P1} 在梁上。故

$$\begin{aligned}\sum F_{Ri}^{R}\tan\alpha_i &=F_{P1}\tan\alpha_1+F_{P2}\tan\alpha_2+F_{P3}\tan\alpha_3+F_{P4}\tan\alpha_3\\ &=70\times0.625+130\times0.125-50\times0.375\\ &\quad-100\times0.375\\ &=3.75\text{kN}>0\end{aligned}$$

因此，在该位置上，F_{P2} 不是临界荷载。经判别验证，其他力也不是临界荷载。

(3) 考虑车队从左向右行驶的情况。

将 F_{P2} 放在影响线的 D 点(图 9-23d)，此时，仅 F_{P1}、F_{P2}、F_{P3} 位于梁上。荷载左移

$$\sum F_{Ri}^{L}\tan\alpha_i=F_{P3}\tan\alpha_1+F_{P2}\tan\alpha_2+F_{P1}\tan\alpha_3$$

$$=50\times0.625+130\times0.125-70\times0.375$$

$$=21.25\text{kN}>0$$

荷载右移

$$\sum F_{Ri}^{R}\tan\alpha_i=F_{P3}\tan\alpha_1+F_{P2}\tan\alpha_3+F_{P1}\tan\alpha_3$$

$$=50\times0.625-130\times0.375-70\times0.375$$

$$=-43.75\text{kN}<0$$

因此，F_{P2} 是临界荷载。其相应的影响量极值为

$$M_K=\sum F_{Pi}y_i=50\times1.875+130\times3+70\times1.5$$

$$=588.75\text{kN}\cdot\text{m}$$

经判别验证，其他力均不是临界荷载。

(4) 比较车队左行和右行两种情况可知，荷载最不利位置为图 9-23(b)所示的位置。此时 $M_{K\max}=621.25\text{kN}\cdot\text{m}$。

9.5.3 简支梁的绝对最大弯矩

在移动荷载作用下，简支梁各截面最大弯矩值中的最大值称为简支梁的绝对最大弯矩。对于等截面梁，发生绝对最大弯矩的截面为最危险的截面。因此，绝对最大弯矩是简支梁(如吊车梁等)设计的重要依据。

计算简支梁的绝对最大弯矩即是解决两个问题：一是求出它的值，二是确定其发生的位置和荷载位置。理论上，可以将全梁各个截面的最大弯矩都求出来，然后取其中的最大值。但实际上，全梁上有无数个截面，是不可能一一计算的。如果仅选取有限多个截面进行计算比较，不但过程繁复，而且得到的也只是近似解。

让我们换一个思考的角度，由上节可知，当移动荷载是一组集中力时，对于任意一个截面，只有当某一个集中力移动到该截面上时，才有可能达到此截面的最大弯矩。而绝对最大弯矩是各截面最大弯矩之一，所以它发生时也必定有一个集中力作用于发生绝对最大弯矩的截面上。这样，就可以按照这个思路确定出绝对最大弯矩：

(1) 绝对最大弯矩发生在某一个力 F_{PK} 作用的截面处。假设该截面横坐标为 x，此时，该截面弯矩为 $M_K(x)$。

(2) 当 F_{PK} 作用点弯矩为绝对最大时，该截面弯矩 $M_K(x)$对截面位置 x 的一阶导数应该等于零。由此可确定截面位置 x。

(3) 将所求得的截面位置 x 代回$M_K(x)$的表达式中，即可得到 F_{PK} 对应的极值弯矩。

(4) 极值弯矩 $M_{K\max}$($K=1$, 2, …, n。n 为集中力个数)中最大者便是绝对最大弯矩。

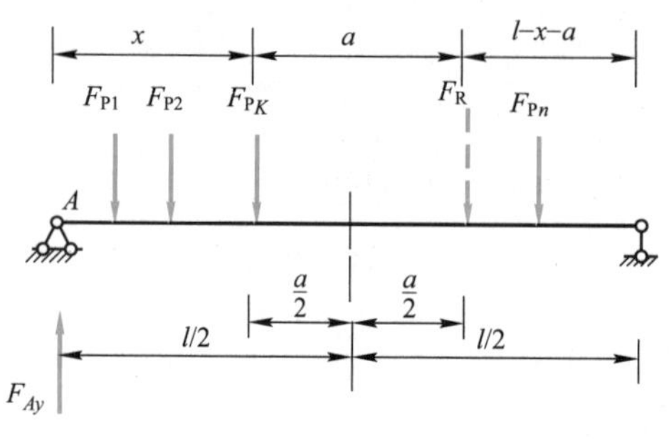

图 9-24 简支梁绝对最大弯矩

图 9-24 所示简支梁，假设力 F_{PK} 作用点到 A 支座的距离为 x。F_R 为位于梁上所有力的合力，到 F_{PK} 的距离为 a (F_{PK} 在 F_R 左边时 a 为正，反之为负)则 A 点支座反力为

$$F_{Ay}=\frac{F_R}{l}(l-x-a)$$

荷载合力 F_R 作用点截面的弯矩为

$$M_K(x)=F_{Ay}\cdot x-M_K^L=\frac{F_R}{l}(l-x-a)x-M_K^L$$

其中，M_K^L 表示 F_{PK} 左侧梁上各力对 F_{PK} 作用点的力矩之和，由于行列荷载的间距是不变的，所以对于一组荷载而言，M_K^L 是一个常数。由此，根据极值条件

$$\frac{dM_K}{dx}=\frac{F_R}{l}(l-2x-a)=0$$

可得

$$x=\frac{l}{2}-\frac{a}{2} \tag{9-1a}$$

如果合力 F_R 在 F_{PK} 左边时

$$x=\frac{l}{2}+\frac{a}{2} \tag{9-1b}$$

这表明，当 F_{PK} 作用点处截面弯矩达到最大值时，F_{PK} 与 F_R 对称作用于梁中点的两侧，其值为

$$M_{K\max}=\frac{F_R}{l}\left(\frac{l}{2}\pm\frac{a}{2}\right)^2-M_K^L \tag{9-2}$$

F_{PK} 在 F_R 左边时括号内取正号，在右边时括号内取负号。

按照上式，依次计算每个荷载作用截面的极值，再比较选出其中的最大值，即是绝对最大弯矩。

上述的方法，需要进行多次重复计算，过程比较繁复。同时，大量的实际经验发现，绝对最大弯矩总是发生在跨中截面附近。使得跨中截面发生弯矩最大值的临界荷载，往往就是发生绝对最大弯矩的临界荷载。利用这个特点，可以简化计算过程：用跨中截面最大弯矩的临界荷载代替绝对最大弯矩的临界荷载(一般情况下，与实际情况一致)，具体步骤如下：

(1) 求出能使跨中截面发生弯矩最大值的全部临界荷载。

(2) 移动荷载组，确定梁上全部荷载的合力 F_R 和相应的 a，使 F_{PK} 与 F_R 对称于梁的中点，此时应注意核对梁上荷载是否与求合力时相符，如果有荷载离开梁上或有新荷载作用到梁上，应重新计算合力。然后用式(9-2)计算 F_{PK} 作用点截面的弯矩，即为可能的绝对最大弯矩。

(3) 计算得到的这些可能的最大值，从中找出最大的，即为所求绝对最大弯矩。

【例题 9-15】 某吊车轮压为 $F_{P1}=F_{P2}=F_{P3}=F_{P4}=280\text{kN}$，如图 9-25(a)所示。试求该吊车梁的绝对最大弯矩。

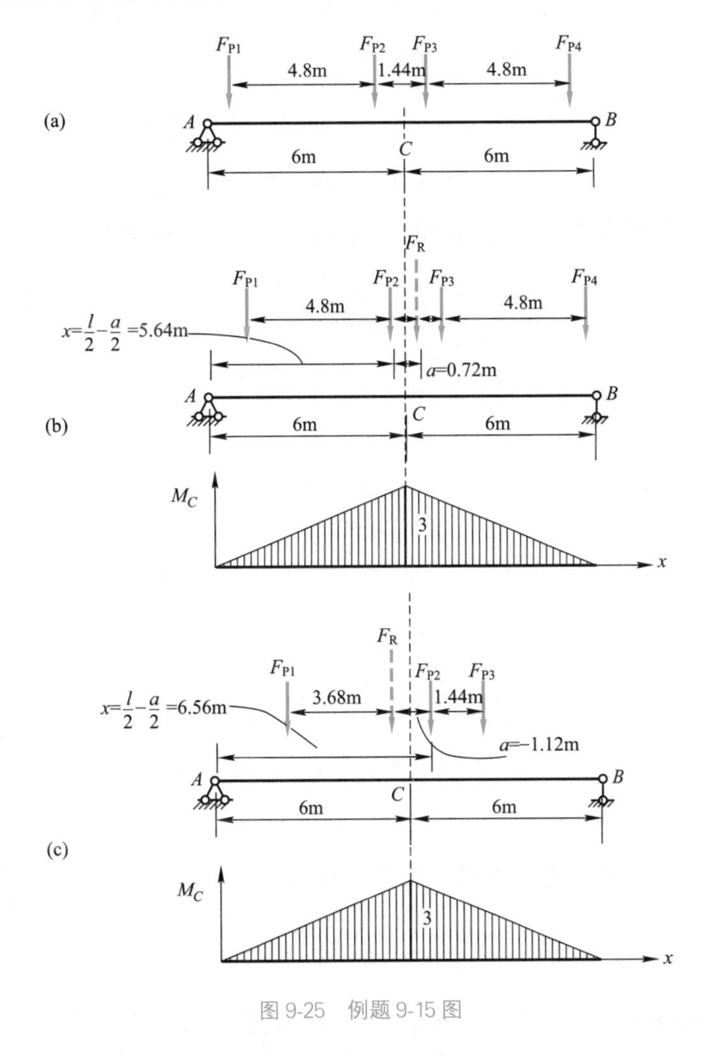

图 9-25 例题 9-15 图

【解】 作出简支梁跨中截面 C 弯矩影响线(图 9-25b、c)，并确定出使 C 截面弯矩发生最大值的临界力。对本题移动荷载，很明显 F_{P2} 或 F_{P3} 为临界荷载 F_{PK}，由于是对称结构、对称荷载，故只考虑 F_{P2}。

(1) 考虑四种荷载都在梁上的情况。将 F_{R} 和 F_{P2} 对称放在中点 C 两侧，如图9-25(b)所示。

此时梁上合力 F_{R} 到 F_{P2} 的距离 a 为

$$F_{\mathrm{R}}=4\times280=1120\mathrm{kN}$$

$$a=0.72\mathrm{m}$$

A 点的支座反力为

$$F_{Ay}=\frac{F_{\mathrm{R}}}{l}(l-x-a)=\frac{1120}{12}\times5.64=526.4\mathrm{kN}$$

F_{P2} 作用点即是发生绝对最大弯矩的截面，其值为

$$\begin{aligned}M_{\max}^{2}&=F_{Ay}\cdot x-M_{2}^{\mathrm{L}}\\&=526.4\times5.64-280\times4.8\\&=1624.9\mathrm{kN}\cdot\mathrm{m}\end{aligned}$$

(2) 考虑三种荷载都在梁上的情况。将 F_{R} 和 F_{P2} 对称放在中点 C 两侧，如图9-25(c)所示。

此时梁上合力 F_{R}，以及 F_{R} 到 F_{P2} 的距离 a 为

$$F_{\mathrm{R}}=3\times280=840\mathrm{kN}$$

$$a=-1.12\mathrm{m}$$

A 点的支座反力为

$$F_{Ay}=\frac{F_{\mathrm{R}}}{l}(l-x-a)=\frac{840}{12}\times6.56=459.2\mathrm{kN}$$

F_{P2} 作用点即是发生绝对最大弯矩的截面，其值为

$$\begin{aligned}M_{\max}^{2}&=F_{Ay}\cdot x-M_{2}^{\mathrm{L}}\\&=459.2\times6.56-280\times4.8\\&=1668.4\mathrm{kN}\cdot\mathrm{m}\end{aligned}$$

对比两种结果，绝对最大弯矩的截面在 C 点右侧 $a/2$ 处，大小为 1668.4kN·m。

9.5.4 简支梁的内力包络图

在钢筋混凝土梁设计计算中，通常需要在恒载和活荷载共同作用下，将各截面的最大、最小内力作为设计或检算的依据。由这些最大值或最小值连接而成的曲线称为内力包络图，图中包括了两条曲线，一条由各截面内力最大值构成，另一条由最小值构成。内力包络图又分为弯矩包络图和剪力包络图。

绘制梁弯矩(剪力)包络图的方法是：先将梁沿跨度分成若干等份，然后利用影响线求出各等分点的最大弯矩(剪力)和最小弯矩(剪力)，再以截面位置作横坐标，求得的值作为纵坐标，最后用光滑曲线连接各点即可获得包络图。图 9-26(a)为集中移动荷载下简支梁的弯矩包络图示意图。图 9-26(b)为恒载和分段活荷载作用下，连续梁的弯矩包络图示意图。

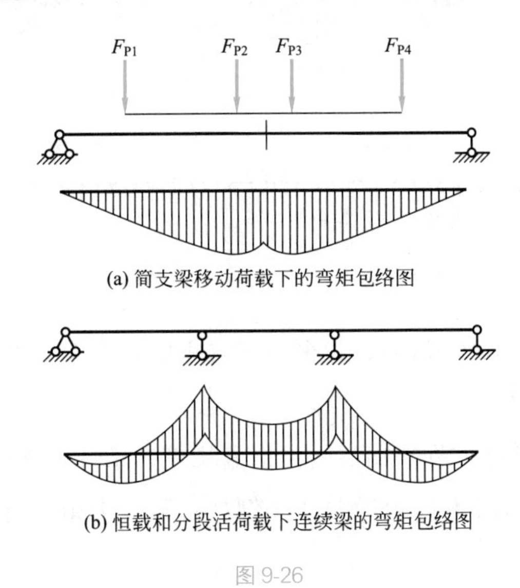

(a) 简支梁移动荷载下的弯矩包络图

(b) 恒载和分段活荷载下连续梁的弯矩包络图

图 9-26

不难想象，要想较光滑地画出连续梁的内力包络图，手算工作量是很大的。一般需要用计算机进行分析和绘制。

9.6 超静定结构的影响线

与静定结构的影响线作法类似，超静定结构的影响线绘制方法也分成静力法和机动法两种。下面分别介绍。

9.6.1 静力法作超静定结构的影响线

图 9-27(a)所示为一次超静定梁。现在要求支座反力矩 M_A 的影响线。将该约束视为多余约束，由力法方程可得

$$M_A(x)=-\frac{\delta_{1P}(x)}{\delta_{11}} \tag{a}$$

其中，$\delta_{1P}(x)$为单位移动荷载下基本结构上 A 截面的转角位移。因为，荷载是移动的，所以，$\delta_{1P}(x)$是荷载位置 x 的函数，可由图 9-27(b)、(c)互乘得到。δ_{11} 为基本结构上 A 截面在单位弯矩下的转角位移，是一个常数，可由图 9-27(c)自乘得到。

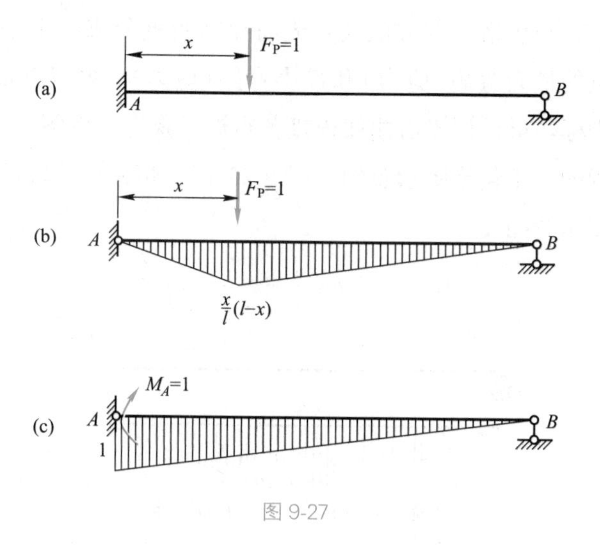

图 9-27

将图乘得到的结果代入式(a)，就得到了支座反力矩 M_A 的影响线方程。据此，可绘制出 M_A 的影响线。

多余约束力的影响线方程求出后，可以利用平衡条件，求得其他反力或内力的影响线方程，进而绘制出各自的影响线。例如：利用平衡条件 $\sum M_B=0$，可得到 F_{Ay} 的影响线方程为

$$F_{Ay}(x)=\frac{(l-x)-M_A}{l}$$

9.6.2 机动法作超静定结构的影响线

机动法作影响线的原理是位移互等定理。如图 9-28(a)所示为 5 次超静定梁。将竖向支座 B 视为多余约束去掉，得到一个 4 次超静定结构，如图 9-28(b)所示。如果将其视为基本结构，则由力法方程可得到 F_{By} 影响线方程为

$$F_{By}(x)=-\frac{\delta_{1P}(x)}{\delta_{11}}$$

其中，$\delta_{1P}(x)$为单位移动荷载下基本结构上 B 支座处的竖向位移，向上为正。δ_{11} 为基本结构上 B 支座处单位竖向力作用下，B 支座处的竖向位移，向上为正，是一个常数。

根据位移互等定理

$$\delta_{1P}(x)=\delta_{P1}(x)$$

其中，$\delta_{P1}(x)$为 B 支座处单位竖向力下基本结构上移动荷载所在截面的竖向位移，向下为正，如图 9-28(c)所示。因此，F_{By} 的影响线方程可写成

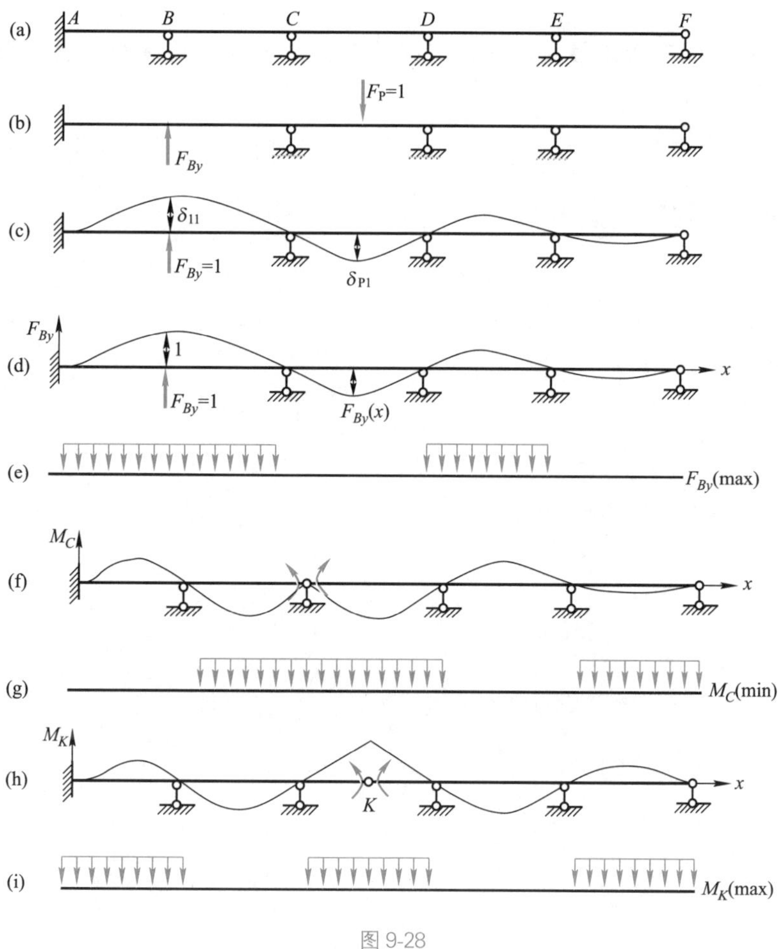

图 9-28

$$F_{By}(x)=-\frac{\delta_{P1}(x)}{\delta_{11}} \tag{b}$$

由式(b)可以看出，如果将图 9-28(c)的位移图除以 δ_{11}，就得到 F_{By} 的影响线，如图 9-28(d)所示。至于公式中的"−"号是由于 $\delta_{P1}(x)$以向下为正，当其向上时 F_{By} 正好为正。

因此，绘制超静定结构的多余约束力的影响线的方法是：去掉相应的多余约束，让基本结构沿多余约束的正向发生单位位移，得到的弹性位移图就是要求的影响线。

一般情况下，根据变形协调条件，可以很方便地勾出影响线的轮廓。根据这个轮廓，可以确定荷载的最不利布置。

例如：若使该支座反力最大，均布荷载的布置方式为支座左右两跨满布，然后隔跨满布，如图 9-28(e)所示。

同理可以作出支座截面的弯矩影响线轮廓，由此可以判断，若使该支座的负弯矩最大，均布荷载的布置方式为支座左右两跨满布，然后隔跨满布，如图 9-28(f)、 (g)所示。

若使某跨中的正弯矩最大，均布荷载的布置方式为本跨满布，然后隔跨满布，如图 9-28(h)、(i)所示。

思考题

9-1 影响线横坐标和纵坐标的物理意义是什么？

9-2 影响线与内力图有何不同？

9-3 各物理量影响线竖标的量纲是什么？

9-4 求内力的影响系数方程与求内力有何区别？

9-5 若移动荷载为集中力偶，能用影响线分析吗？

9-6 简支梁任一截面剪力影响线左、右两支为什么一定平行？截面处两个突变纵坐标的含义是什么？

9-7 当荷载组左、右移动一个 Δx 时，$\sum F_{Ri}\tan\alpha_i>0$ 均成立，应该如何移动荷载组才能找到临界位置？

9-8 某组移动荷载下简支梁绝对最大弯矩与跨中截面最大弯矩有多大差别？

9-9 如何用机动法作静定桁架的内力影响线？

9-10 “超静定结构内力影响线一定是曲线”，这种说法对吗？为什么？

9-11 有突变的 F_Q 影响线，能用临界荷载判别公式吗？

习题

9-1 用静力法作图 9-29 所示梁的支座反力 F_{1R}、F_{2R}、F_{3R} 及内力 M_K、F_{QK}、F_{NK} 的影响线。

9-2 用静力法作图 9-30 所示梁的 F_{By}、M_A、M_K 和 F_{QK} 的影响线。

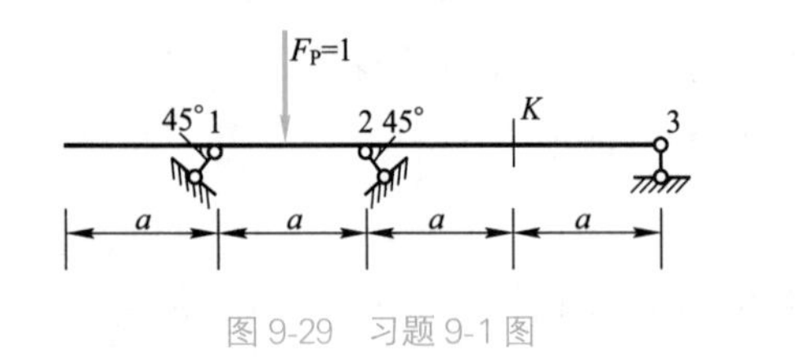

图 9-29 习题 9-1 图

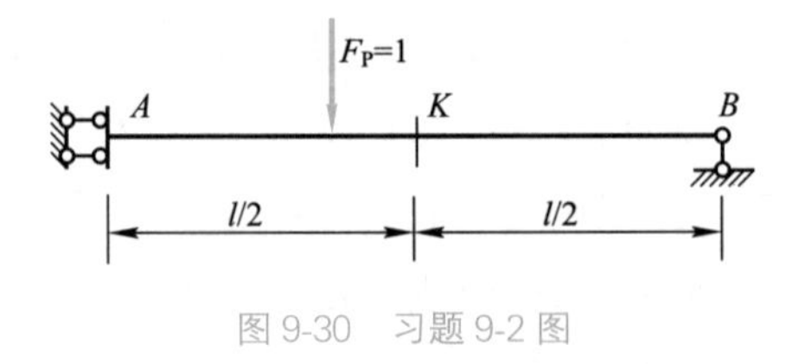

图 9-30 习题 9-2 图

9-3 用静力法作图 9-31 所示斜梁的 F_{Ay}、F_{Ax}、F_{By}、M_C、F_{QC} 和 F_{NC} 的影响线。

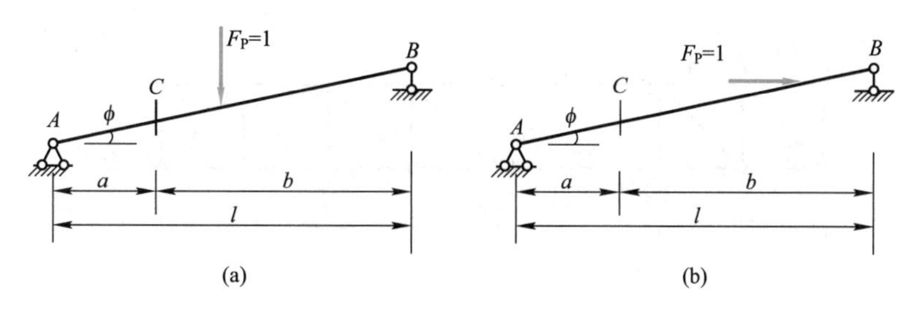

图 9-31　习题 9-3 图

9-4　如图 9-32 所示，作静定多跨梁 F_{Ay}、F_{By}、M_A、M_C、M_B、F^{L}_{QF}、F^{L}_{QE} 的影响线。

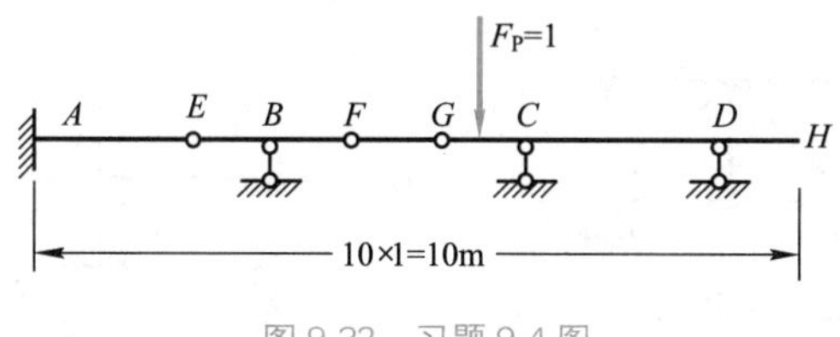

图 9-32　习题 9-4 图

9-5　如图 9-33 所示，试作 F^{R}_{QA}、M_C、F^{R}_{QE}、F^{L}_{QE} 的影响线。

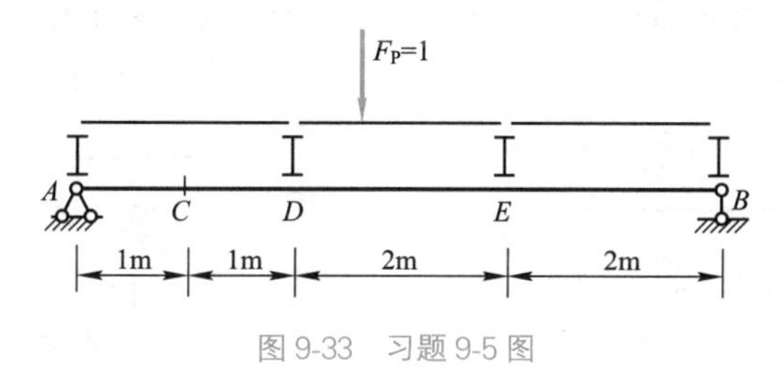

图 9-33　习题 9-5 图

9-6　如图 9-34 所示，作静定多跨梁 F_{Ay}、F_{By}、M_A、M_C、M_B、F^{L}_{QF}、F^{L}_{QE} 的影响线。

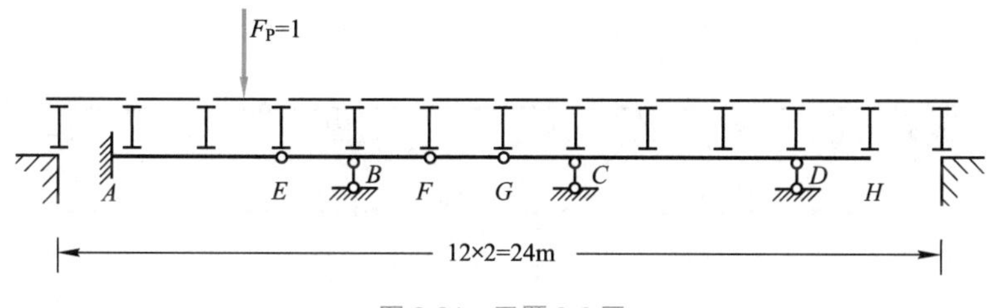

图 9-34　习题 9-6 图

9-7　分别就 $F_P=1$ 在上弦和下弦移动时，作图 9-35 所示桁架指定杆件的内力影响线。

9-8　如图 9-36 所示求指定杆件的内力影响线（$F_P=1$ 在上弦）。

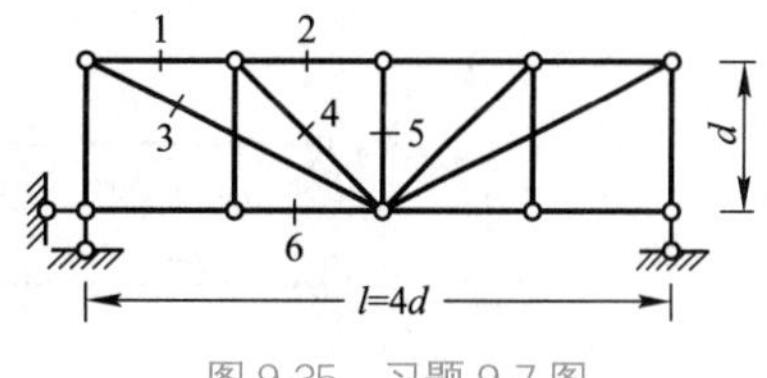

图 9-35　习题 9-7 图

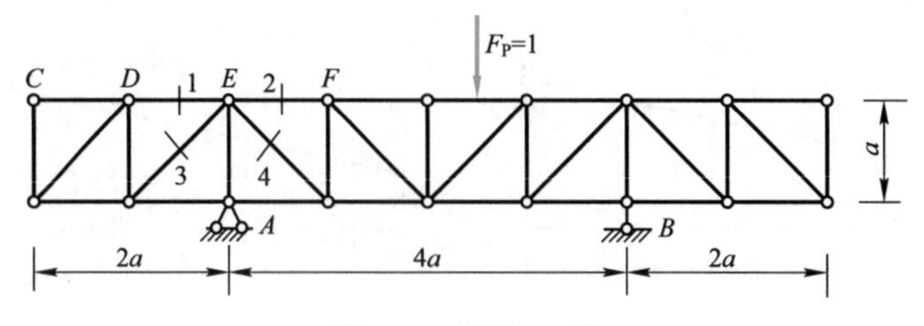

图 9-36　习题 9-8 图

9-9　如图 9-37 所示，求指定杆件的内力影响线($F_P=1$ 在上弦)。

9-10　图 9-38 所示简支梁上有单位力偶移动荷载 $M_P=1$，作 F_{Ay}、F_{By}、F_{QC}、M_C 的影响线。

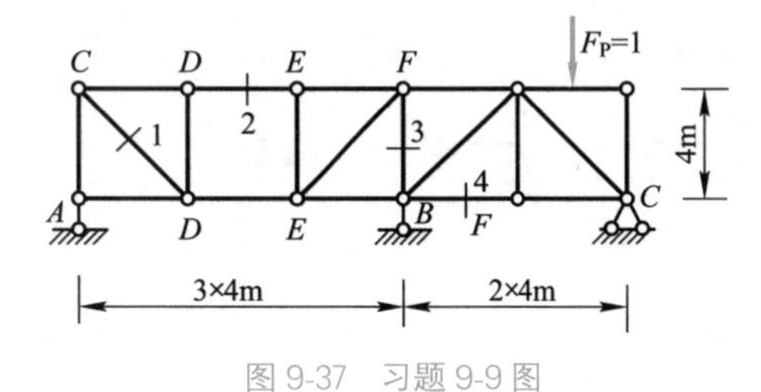

图 9-37　习题 9-9 图

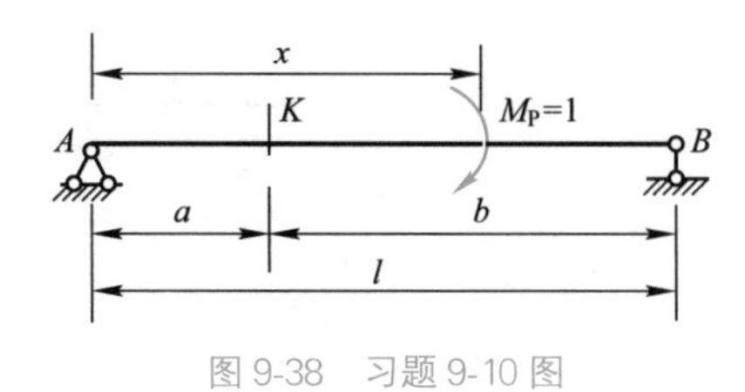

图 9-38　习题 9-10 图

9-11　作图 9-39 所示结构 F_{By}、M_C、F_{QC}^{R} 和 F_{QC}^{L} 影响线。

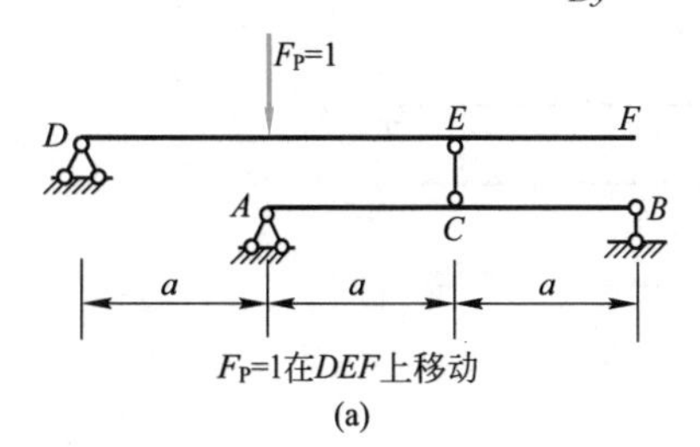

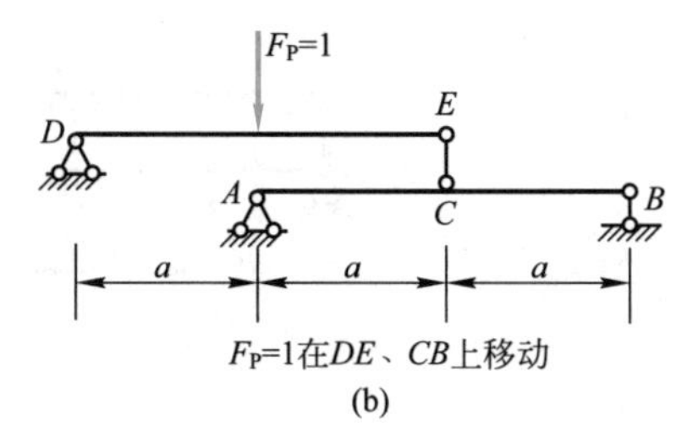

图 9-39　习题 9-11 图

9-12　如图 9-40 所示，试用机动法作 F_{Cy}、M_H、F_{QH}、F_{QG} 的影响线。

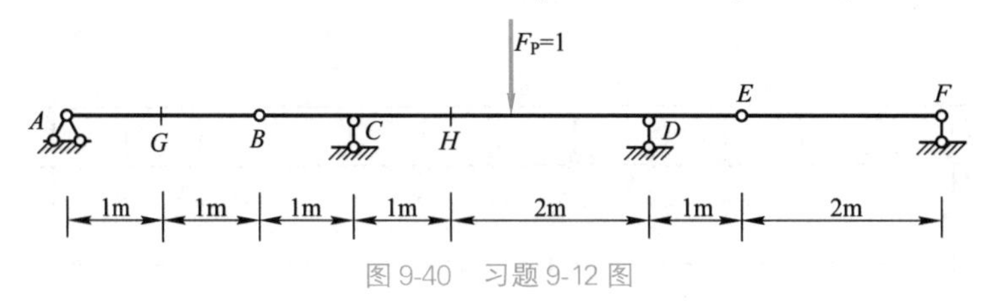

图 9-40　习题 9-12 图

9-13　如图 9-41 所示，试用机动法作 F_{Ay}、F_{By}、M_E、F_{QE}^{L}、F_{QE}^{R} 的影响线。

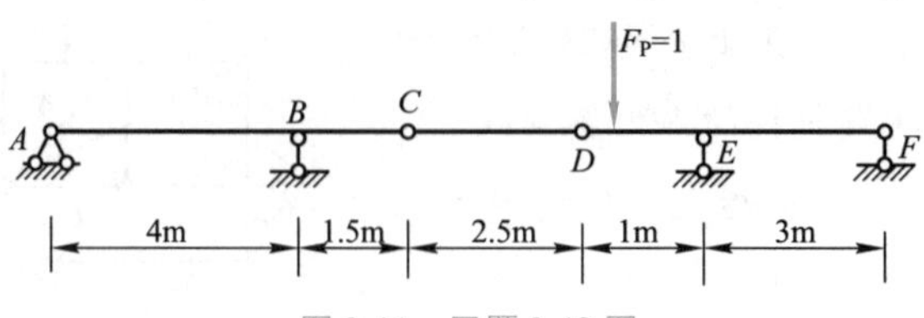

图 9-41　习题 9-13 图

9-14　试用机动法重作习题 9-1 和习题 9-2 的各项影响线。

9-15　试用机动法重作习题 9-5 的各项影响线。

9-16　如图 9-42 所示，利用影响线，计算 F_{QD}^{L}、M_E 值。

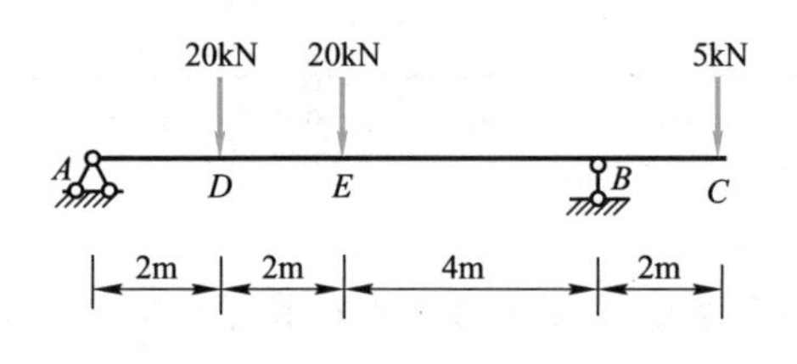

图 9-42　习题 9-16 图

9-17　如图 9-43 所示，利用影响线，计算 F_{QD}、M_E 值。

9-18　如图 9-44 所示，利用影响线，计算 F_{By}、F_{QB}^{L}、M_E 值。

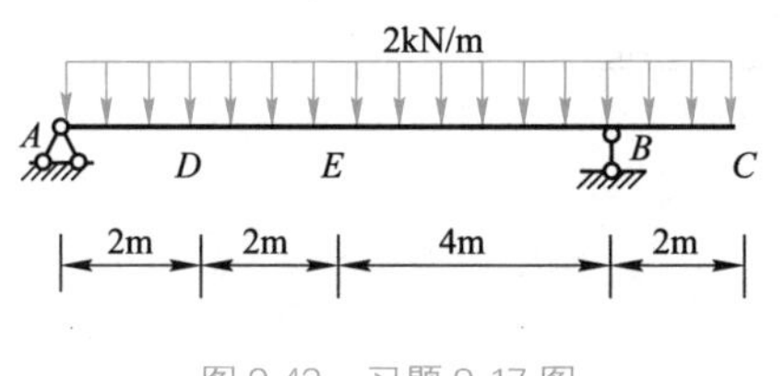

图 9-43　习题 9-17 图

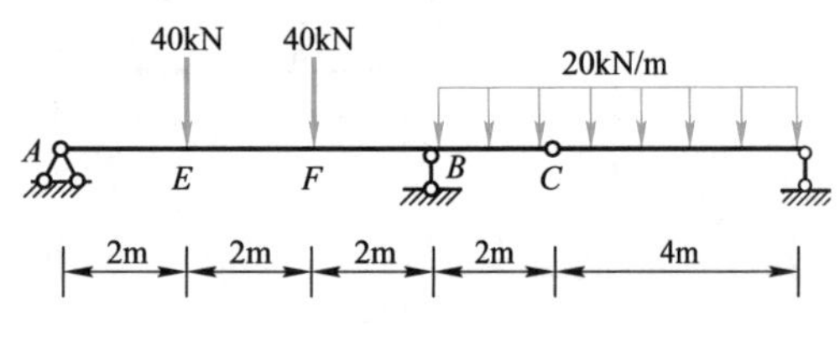

图 9-44　习题 9-18 图

9-19　求图 9-45 所示吊车梁在两台吊车移动过程中，跨中截面的最大弯矩。已知：$F_{P1}=F_{P2}=F_{P3}=F_{P4}=324.5\text{kN}$。

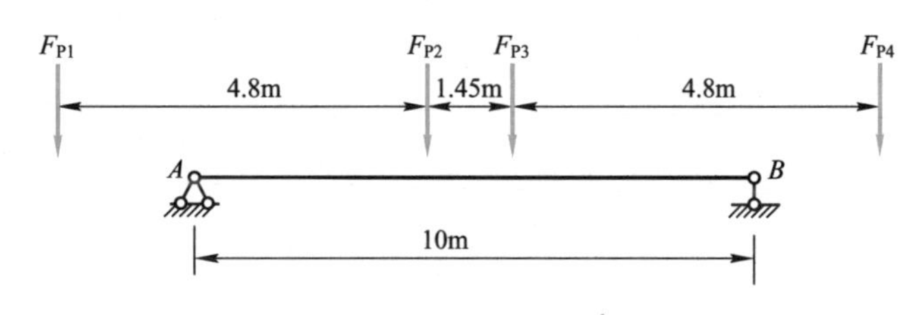

图 9-45　习题 9-19 图

9-20　求图 9-46 所示简支梁在移动荷载作用下，截面 K 的最大正剪力和最大负剪力。

9-21　移动荷载如图 9-47 所示，求简支梁绝对最大弯矩。

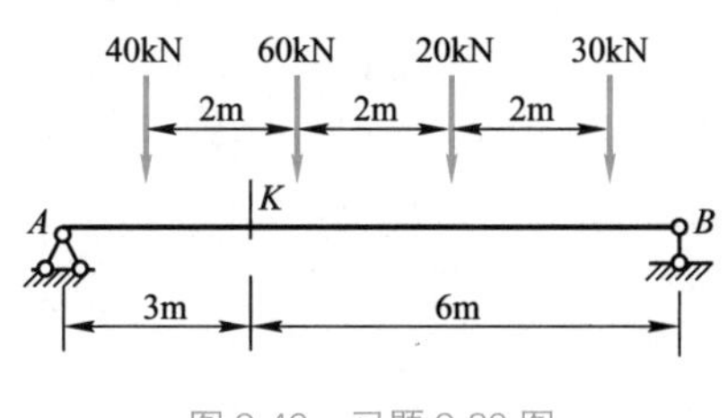

图 9-46　习题 9-20 图

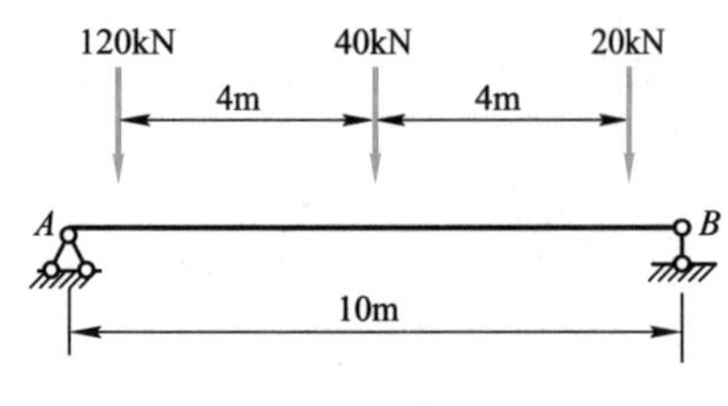

图 9-47　习题 9-21 图

9-22 试绘出图 9-48 所示连续梁的 F_{0y}、M_0、F_{1y}、M_K、F_{QK}、F_{Q2}^{L} 和 F_{Q2}^{R} 影响线的形状。

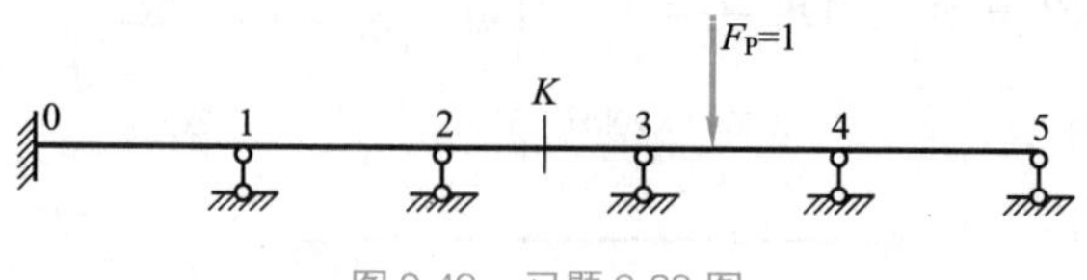

图 9-48 习题 9-22 图

9-23 求图 9-49 所示连续梁在可动均布荷载 $q=30\text{kN/m}$ 作用下，截面 K 的最大弯矩和最小弯矩(提示：利用对称性)。

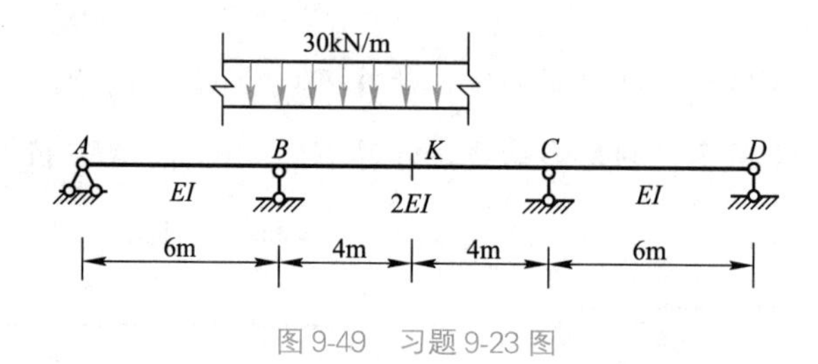

图 9-49 习题 9-23 图

第10章

结构稳定及极限荷载计算的基本知识

本章知识点

【知识点】 稳定平衡，不稳定平衡，随遇平衡；分支点失稳，极值点失稳，临界荷载；极限荷载，塑性铰，可破坏荷载，可接受荷载。

【重点】 临界荷载的求解；极限荷载的求解。

【难点】 失稳状态的平衡方程；破坏机构的确定。

10.1 结构稳定计算

工程中由于结构失稳而导致的事故时有发生，加拿大魁北克大桥、美国华盛顿剧院的倒塌事故，1983 年北京社会科学院科研楼兴建中脚手架的整体失稳等都是工程结构失稳的典型例子。随着工程结构向高层、大跨方向发展，所用材料向高强方向发展，结构的部件或整体丧失稳定性的可能性增大。因此，结构设计除须保证足够的强度和刚度外，保证结构具有足够的稳定性也日显重要。

各种实际工程结构都可能产生失稳，图 10-1(a)、(b)、(c)所示分别为刚架、拱、窄长截面梁整体失稳示意图。

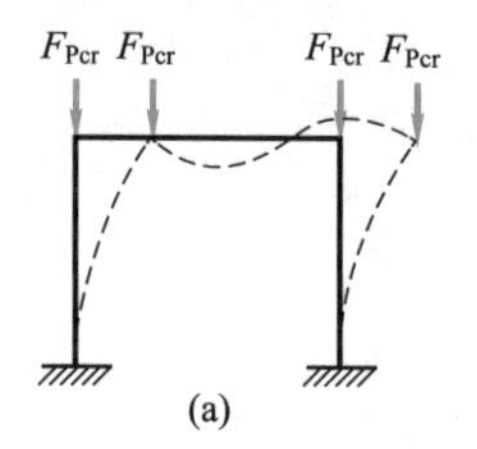

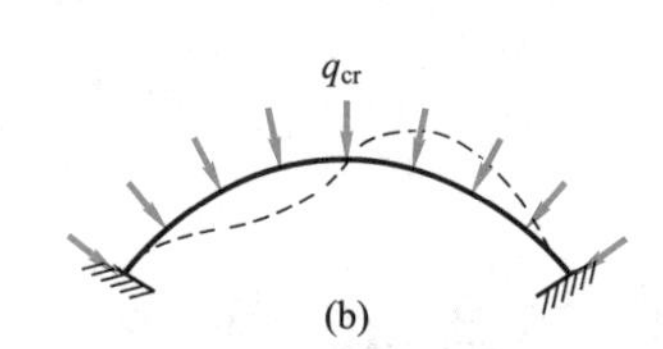

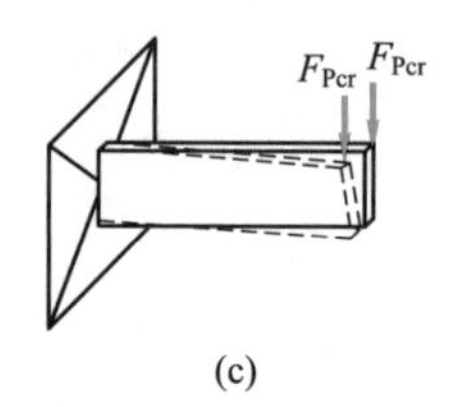

图 10-1　结构整体失稳示意图

10.1.1 稳定问题分类

1. 完善体系与非完善体系

结构中所有受压的杆件均为理想中心受压杆，这类结构体系称为完善体系。图 10-2 所示的结构，在不考虑轴向变形时，均为完善体系。

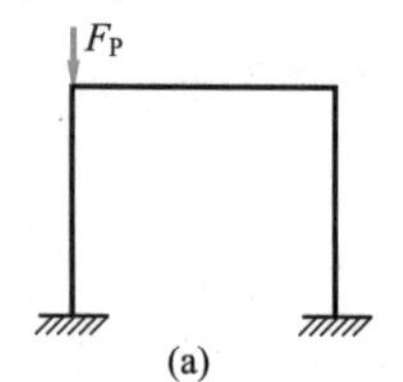

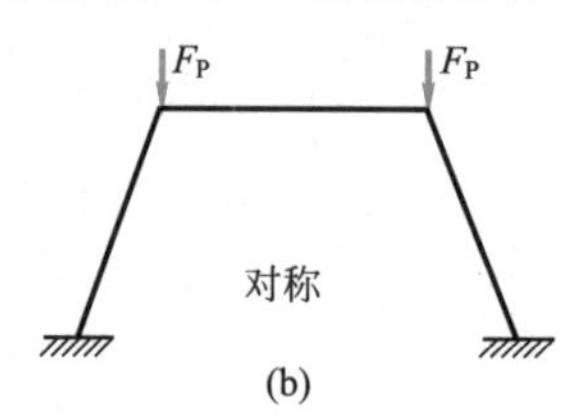

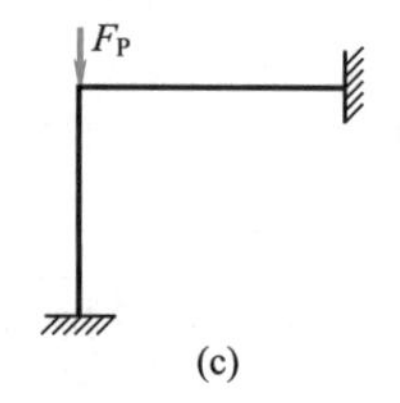

图 10-2　完善体系

结构中受压的杆件或有初曲率，或荷载有偏心(例如压弯联合受力状态)，这类结构体系称为非完善体系。图 10-3 所示的结构均为非完善体系。

2. 结构平衡状态的分类

结构经受微小外界干扰后将偏离原来的平衡位置，根据干扰消除后能否恢复到初始状态，平衡状态分为如下三类：

(1) 稳定平衡状态。外界干扰消失后，结构能完全恢复初始平衡位置，则称初始状态为稳定平衡状态。

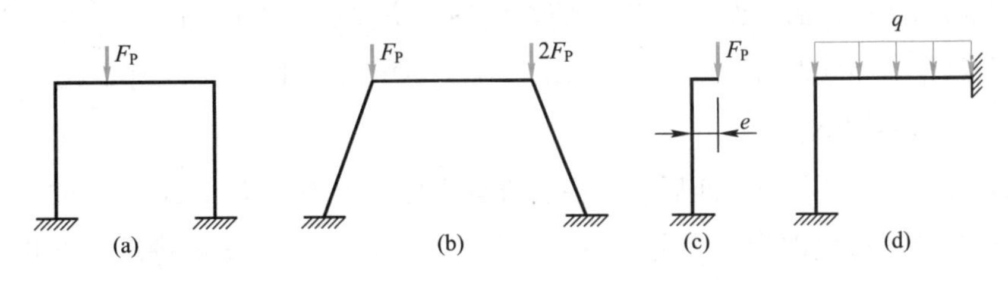

图 10-3　非完善体系

(2) 不稳定平衡状态。外界干扰消失后，结构不能恢复初始平衡位置，则称初始状态为不稳定平衡状态。

(3) 随遇平衡状态。干扰消失后，结构可在任何位置保持平衡，则称这种状态为随遇平衡状态。

3. 稳定问题分类

随着荷载的增加，结构的状态可能由稳定平衡转为不稳定平衡，这时称结构丧失了稳定。根据失稳前后结构的变形性质是否改变，结构失稳分为如下三类：

(1) 分支点失稳。失稳前后平衡状态所对应的变形性质将发生改变，如图 10-4 所示。图中 F_P 为所受荷载，F_{Pcr} 为临界荷载。失稳前(图 10-4a)，结构无弯曲变形，失稳后(图 10-4d)，结构产生弯曲变形。因此，属于分支点失稳。

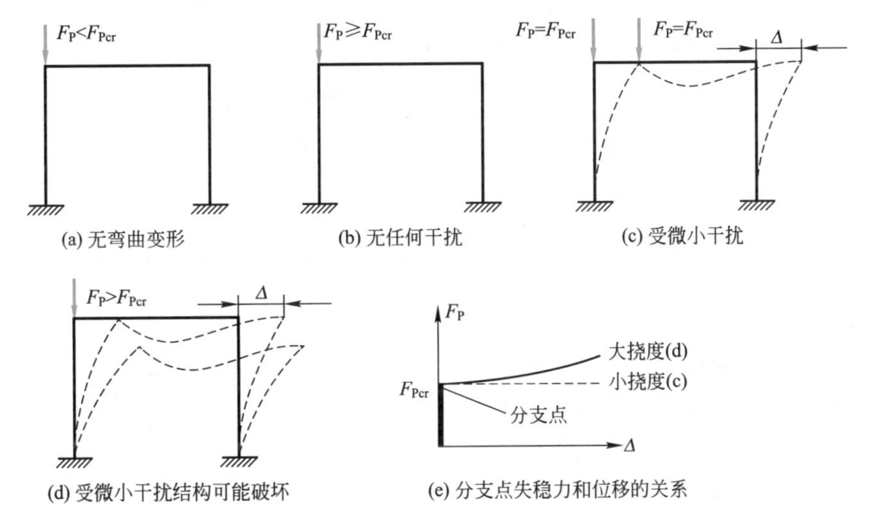

图 10-4　分支点失稳示意图

在图 10-4(e)所示的荷载与柱顶水平位移之间的关系图中可以看到：

1) 当 $F_P<F_{Pcr}$ 时，结构的平衡是稳定的，是图 10-4(a)所示的情况；

2) 当 $F_P=F_{Pcr}$ 时，结构的平衡具有双重性，分支点处的荷载，即为临界荷载 F_{Pcr}。可能是图 10-4(b)所示的情况，也可能是图 10-4(c)所示的情况。这种平衡是不稳定的。

3）当 $F_P > F_{Pcr}$ 时，结构的荷载随着位移的增加会略有增加。这是用大挠度理论分析的结果，与实验较为吻合。如果用小挠度理论来分析，则得到图 10-4(e)中的水平虚线所示的结果。

(2) 极值点失稳。失稳前后变形性质没有变化，力-位移(F_P-Δ)关系曲线存在极值点，其对应的荷载即为临界荷载 F_{Pcr}。F_P 达到 F_{Pcr} 后，变形将迅速增长，结构即告破坏，如图 10-5 所示。图 10-5(c)中，当 $F_p = F_{Pcr}$(亦即达到极值点)时，结构受干扰发生的失稳破坏也称为压溃。

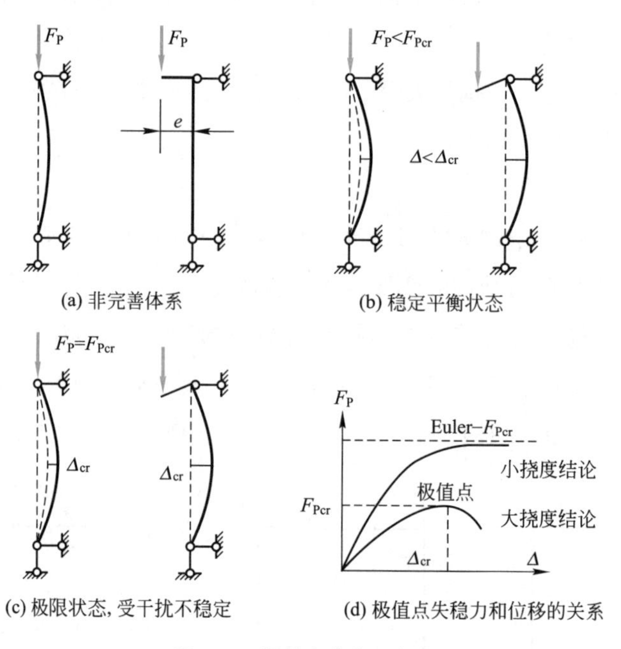

图 10-5 极值点失稳示意图

(3) 跳跃现象。对图 10-6 所示扁平二杆桁架或扁平拱来说，当荷载、变形达到

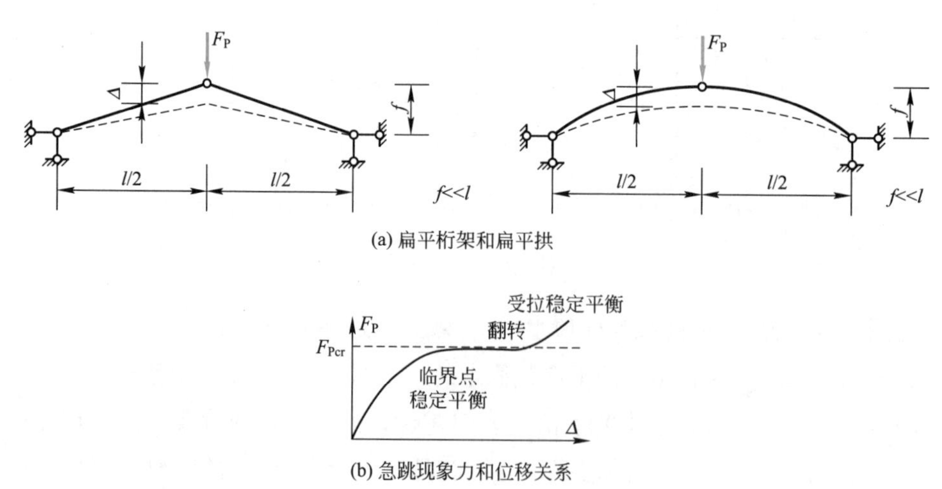

图 10-6 扁平结构急跳现象示意

一定程度时，可能从凸形受压的结构突然翻转成凹形的受拉结构，这就是急跳或跳跃现象。

10.1.2 完善体系分支点失稳分析举例

完善体系分支点失稳分析有静力法和能量法两种方法，下面分别用例题加以说明。

【例题 10-1】 试用静力法求图 10-7 所示结构的临界荷载 F_{Pcr}，其中 AB 为刚性杆，CAD 为弹性杆。

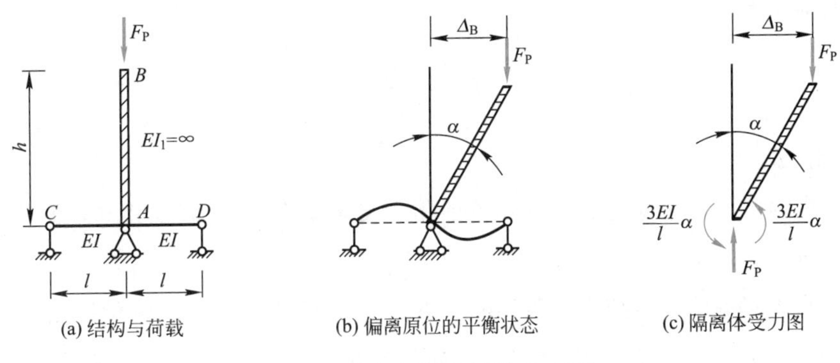

图 10-7　分支点失稳(例题 10-1 图)

【解】 所谓静力法是利用分支点的平衡两重性，通过建立平衡方程来分析的方法。

本例题结构失稳只能发生 AB 杆绕 A 点的转动，因此确定其平衡位置所需的独立坐标只有一个，为单自由度结构。

(1) 按非线性理论分析。考察图 10-7(b)所示失稳后的任意平衡位置，其中 α 为有限值(非微小量)。则

$$\Delta_B = h\sin\alpha$$

考察 AB 杆的受力(图 10-7c)，由 $\sum M_A=0$，得

$$F_P \cdot h\sin\alpha - \frac{6EI}{l}\alpha = 0$$

其解为

$$\alpha=0 \text{ 或 } \quad \alpha\neq 0,\quad F_P=\frac{6EI}{lh}\cdot\frac{\alpha}{\sin\alpha}$$

据此可作出结构的力-位移关系如图 10-8 所示。在分支点处 $\alpha\to 0$，$(\alpha/\sin\alpha)\to 1$。因此分支点荷载为

$$F_{Pcr}=\frac{6EI}{lh} \tag{a}$$

(2) 按线性理论分析。认为图 10-7(c)中 α 为微量，于是有 $\Delta_B \approx h \cdot \alpha$。

根据图 10-7(c)，由 $\sum M_A = 0$，得

$$F_P \cdot h \cdot \alpha - \frac{6EI}{l} \cdot \alpha = 0$$

其解为

$$\alpha = 0 \quad 或 \quad F_P = \frac{6EI}{lh}$$

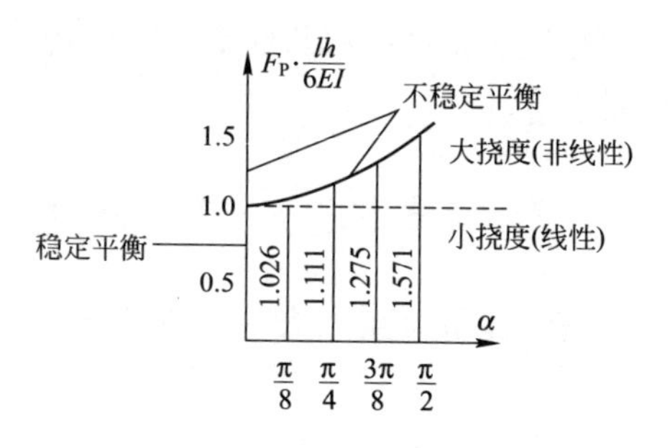

图 10-8　力-位移关系分析结果

分支点处临界荷载为

$$F_{cr} = \frac{6EI}{lh}$$

总结与推广：

(1) 按静力法，线性与非线性理论所得分支点荷载 F_{Pcr} 完全相同，但线性理论分析过程简单。

(2) 非线性理论分析结果表明，$F_P = F_{Pcr}$ 后，要使 AB 杆继续偏转(α 角继续增大)，必须施加更大的荷载(F_P 增加)。而线性理论分析结果表明，不管 α 角多大，荷载均保持为 F_{Pcr}，也即所谓随遇平衡。前者与实验吻合，后者实际是一种虚假的现象。

(3) 静力法线性与非线性理论分析分支点失稳的步骤均为：

1) 令结构偏离初始平衡位置，产生可能的变形状态；

2) 分析结构在可能变形状态下的受力，作隔离体受力图；

3) 由平衡条件建立稳定分析的特征方程；

4) 由特征方程在平衡两重性条件下求解临界荷载 F_{Pcr}。

【例题 10-2】 试用能量法求图 10-9 所示单自由度结构体系的临界荷载 F_{Pcr}。

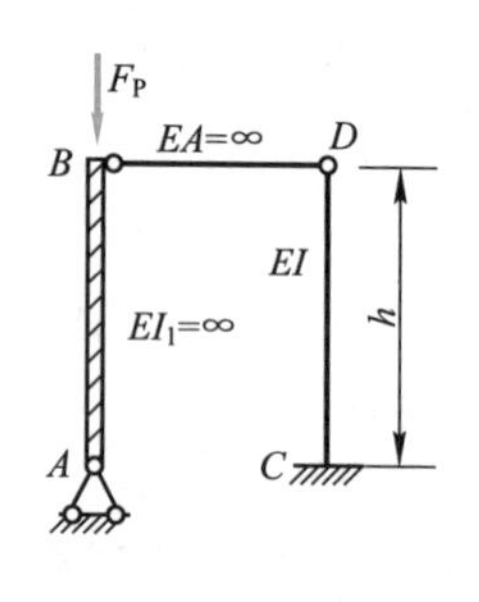

(a) 结构与荷载

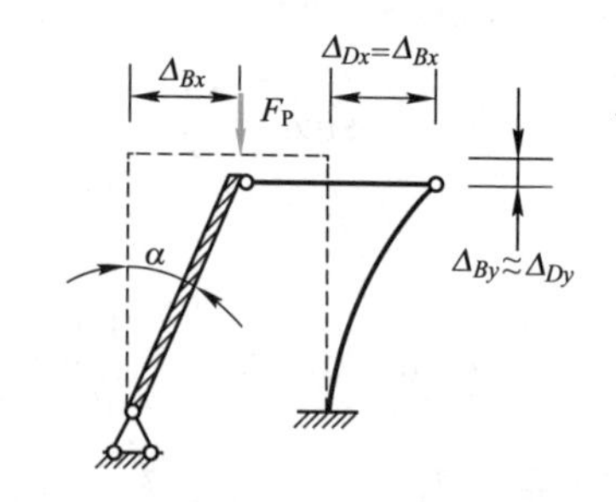

(b) 偏离原位的平衡状态

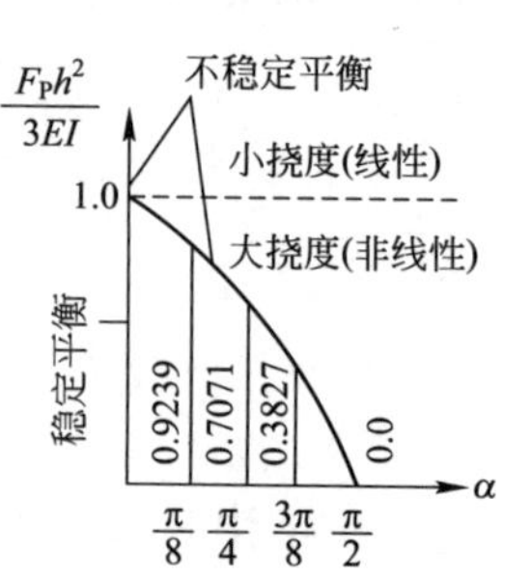

(c) 力和位移的关系

图 10-9　分支点失稳(例题 10-2 图)

【解】 在分支点失稳问题中，临界状态的能量特征为体系总势能取驻值。下面讨论由此特征确定临界荷载 F_{Pcr} 的方法。

(1) 按非线性理论计算。考察图 10-9(b)所示失稳后平衡位置，其中 α 为有限值。因此

$$\Delta_{Bx}=h\cdot\sin\alpha,\quad \Delta_{By}=h\cdot(1-\cos\alpha),\quad \Delta_{Dy}\approx\Delta_{By},\quad \Delta_{Dx}\approx\Delta_{Bx}$$

对应这一可能位置，弹性杆应变能 V_{ε}(根据能量守恒，可由“应变能=外力功”来计算)为

$$V_{\varepsilon}=\frac{1}{2}K_{x}\cdot\Delta_{Dx}^{2}=\frac{1}{2}\frac{3EI}{h^{3}}\cdot\Delta_{Dx}^{2}=\frac{3EI}{2h}\cdot\sin^{2}\alpha$$

定义 1：从变形位置退回到无变形位置过程中外荷载所做的功，称为外力势能，记作 V_{P}。则

$$V_{\mathrm{P}}=-F_{\mathrm{P}}\cdot\Delta_{By}=-F_{\mathrm{P}}\cdot h(1-\cos\alpha)$$

定义 2：应变能加外力(外荷载)势能为体系的总势能，记作 V 。则

$$V=V_{\varepsilon}+V_{\mathrm{P}}=\frac{3EI}{2h}\sin^{2}\alpha-F_{\mathrm{P}}\cdot h(1-\cos\alpha)=V(\alpha)$$

由稳定问题临界状态为总势能取驻值的能量特征可得

$$\delta V=\frac{\mathrm{d}V(\alpha)}{\mathrm{d}\alpha}\delta\alpha=\left(\frac{3EI}{h}\sin\alpha\cos\alpha-F_{\mathrm{P}}\cdot h\cdot\sin\alpha\right)\delta\alpha=0$$

由此可得

$$F_{\mathrm{P}}=\frac{3EI}{h^{2}}\cos\alpha$$

分支点处($\alpha=0$)荷载为(图 10-9c)

$$F_{\mathrm{Pcr}}=\frac{3EI}{h^{2}}$$

(2) 按线性理论计算。图 10-9(b)所示 α 为微量，此时

$$\Delta_{Bx}\approx h\cdot\alpha,\quad \Delta_{By}\approx\frac{h\cdot\alpha^{2}}{2}$$

$$V_{\varepsilon}=\frac{3EI}{2h}\cdot\alpha^{2},\quad V_{\mathrm{P}}=-F_{\mathrm{P}}\cdot\frac{h\alpha^{2}}{2}$$

因此体系总势能 V 为

$$V=\frac{3EI}{2h}\cdot\alpha^{2}-F_{\mathrm{P}}\cdot\frac{h\alpha^{2}}{2}=V(\alpha)$$

同样由总势能驻值可得

$$\delta V=\frac{\mathrm{d}V(\alpha)}{\mathrm{d}\alpha}\delta\alpha=\left(\frac{3EI}{h}-F_{\mathrm{P}}\cdot h\right)\alpha\delta\alpha=0$$

由此可得临界荷载

$$F_{\mathrm{Pcr}}=\frac{3EI}{h^2}$$

总结与推广：

(1) 体系的总势能等于体系的应变能 V_ε 与体系的外力(荷载)势能 V_{P} 之和；

(2) 确定体系临界荷载的能量准则是体系总势能 V 取驻值，对单自由度体系，驻值条件为

$$\frac{\mathrm{d}V(x)}{\mathrm{d}x}=0$$

式中 x 为体系位移参数。

对多自由度体系，总势能是各自由度位移参数 $x_i(i=1,2,\cdots,n)$ 的函数，体系驻值条件为

$$\frac{\partial V}{\partial x_i}=0 \quad (i=1,2,\cdots,n)$$

(3) 非线性理论分析结果表明，荷载达到分支点 $F_{\mathrm{Pcr}}=\dfrac{3EI}{h^2}$ 后，结构受干扰将压溃。由图 10-9(c)可见，本例的分支点也是极值点。因此设计验算此类结构时要特别小心，应该按非完善体系极值点失稳来验算。

(4) 线性理论分析虽能得出分支点临界荷载正确结果，但不能解释干扰后 F_{P} 反而减小的压溃现象，反而给出虚假的随遇平衡结论。

(5) 利用体系总势能的能量准则计算临界荷载的方法，称为能量法。它的一般分析步骤为(线性和非线性均适用)：

1) 设定一种满足位移约束条件的可能失稳变形状态(也称失稳构形)，将失稳构形用位移参数 x_i 表示；

2) 计算体系的弹性应变能 V_ε 和外力势能 V_{P}，从而获得总势能 $V=V_\varepsilon+V_{\mathrm{P}}$，将总势能表示为位移参数 x_i 的函数；

3) 根据总势能的驻值条件$\left(\dfrac{\partial V}{\partial x_i}=0,\ i=1,2,\cdots,n\right)$建立稳定分析的特征方程；

4) 由特征方程解得临界荷载 F_{Pcr}。

【例题 10-3】 试用线性理论静力法和能量法求图 10-10(a)所示单自由度结构的

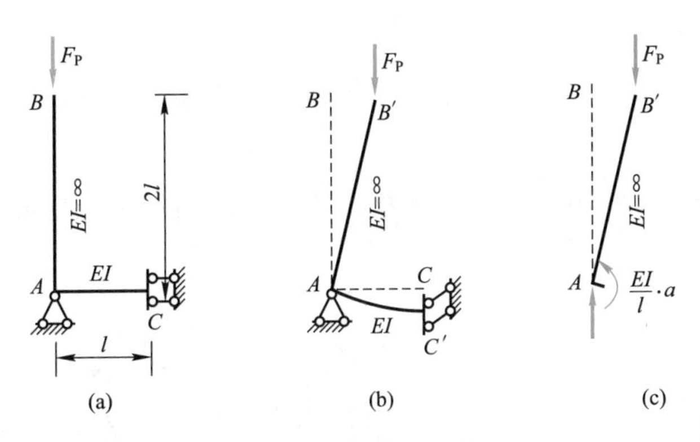

图 10-10 例题 10-3 图

临界荷载 $F_{\rm Pcr}$。

【解】 (1) 按静力法求解

1) 令体系产生如图 10-10(b)所示的可能失稳位移。

2) 根据 AC 杆的转动刚度(形常数)，取 AB 杆为隔离体，求解所需的受力图如图 10-10(c)所示。

3) 对 A 点取矩可建立如下平衡方程

$$F_{\rm P}\cdot 2l\cdot\alpha-\frac{EI}{l}\alpha=0$$

4) 由于分支点失稳的平衡两重性，可得 $F_{\rm Pcr}=\frac{EI}{2l^2}$。

(2) 按能量法求解

1) 设定可能的失稳变形状态如图 10-10(b)所示，刚性杆转动了 α 角。

2) 由于失稳，弹性杆所储存的应变能可由 $\frac{1}{2}M\alpha=\frac{1}{2}\cdot\frac{EI}{l}\alpha\cdot\alpha$ 计算，刚性杆无应变能，所以体系的总应变能 $V_\varepsilon=\frac{1}{2}\frac{EI}{l}\alpha^2$。此外，由于失稳变形，$B'$点相对 B 点下降了 $\Delta_B=2l-2l\cos\alpha\approx l\alpha^2$，因此根据外力势能的定义，可得 $V_{\rm P}=-F_{\rm P}\cdot l\alpha^2$。再根据体系总势能的定义可得 $V=\frac{1}{2}\frac{EI}{l}\alpha^2-F_{\rm P}l\alpha^2$。

3) 由体系总势能的驻值条件$\frac{\partial V}{\partial\alpha}=0$，可得稳定方程为$\frac{EI}{a}\alpha-2F_{\rm P}\alpha=0$。

4) 由稳定方程即可求得 $F_{\rm Pcr}=\frac{EI}{2l^2}$。显然，静力法和能量法所得结果完全相同。

10.1.3 非完善体系极值点失稳分析举例

【例题 10-4】 试求图 10-11(a)所示有初偏离角度 β 的单自由度结构体系的临界

荷载。图中偏角 β 很微小($\beta \ll 1$)。

【解】 本例仍旧用静力法求解，读者也请自行按例题 10-2 所给出的步骤用能量法求解。

(1) 按非线性理论计算。设体系发生图 10-11(b)所示失稳变形状态，此时 α 为有限值。

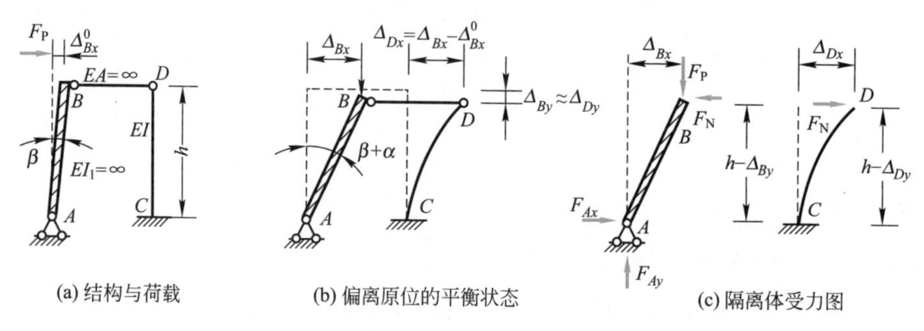

图 10-11 极值点失稳(例题 10-4 图)

因为 BD 杆刚度无限大，因此不存在轴向变形，由图 10-11(a)、(b)几何关系分析可得

$$\text{刚性杆 } AB \text{ 长} \quad l=h/\cos\beta\approx h$$

$$\Delta^0_{Bx}=l\cdot\sin\beta;\quad \Delta_{Bx}=l\cdot\sin(\alpha+\beta) \tag{a}$$

$$\Delta_{Dx}=l\cdot[\sin(\alpha+\beta)-\sin\beta]$$

$$\Delta_{Dy}\approx\Delta_{By}=h-l\cdot\cos(\alpha+\beta) \tag{b}$$

由图 10-11(c)受力杆隔离体受力图可见(形常数)

$$F_N=\frac{3EI}{h^3}\cdot\Delta_{Dx}=\frac{3EI}{h^3}\cdot l\cdot[\sin(\alpha+\beta)-\sin\beta] \tag{c}$$

根据刚性杆的平衡条件，由 $\sum M_A=0$，可得

$$F_P\cdot\Delta_{Bx}-F_N\cdot(h-\Delta_{By})=0$$

将式(a)、式(b)、式(c)中有关结果代入上式整理后，可得 F_P-α 的关系为

$$F_P=\frac{3EI}{h^3}\cdot l\cdot\cos(\alpha+\beta)\left[1-\frac{\sin\beta}{\sin(\alpha+\beta)}\right] \tag{d}$$

为此可按 $\frac{dF_P}{d\alpha}=0$ 求极值点位置，结果为

$$\sin(\alpha+\beta)=\sin^{\frac{1}{3}}\beta,\quad \cos(\alpha+\beta)=(1-\sin^{\frac{2}{3}}\beta)^{\frac{1}{2}} \tag{e}$$

将此结果代入式(d)可得极值点临界荷载为

$$F_{\mathrm{Pcr}}=\frac{3EI}{h^3}\cdot l\cdot(1-\sin^{\frac{2}{3}}\beta)^{\frac{3}{2}} \tag{f}$$

由式(d)和式(f)可作出如图 10-12(a)、(b)所示的 $F_{\mathrm{P}}h^3/3EIl$-α 及 $F_{\mathrm{Pcr}}h^3/3EIl$-β 的关系曲线。

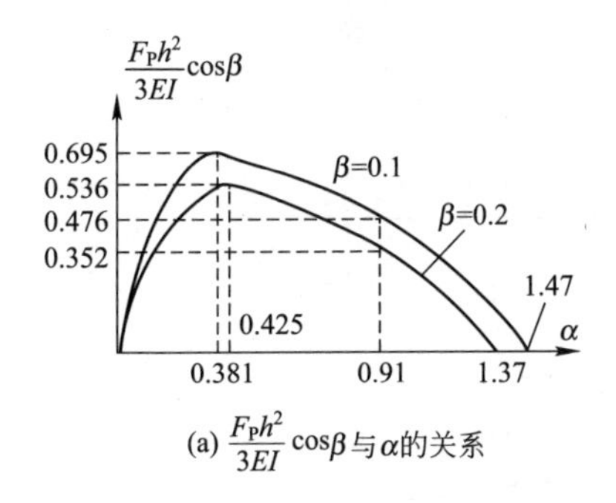

(a) $\frac{F_{\mathrm{P}}h^2}{3EI}\cos\beta$ 与 α 的关系

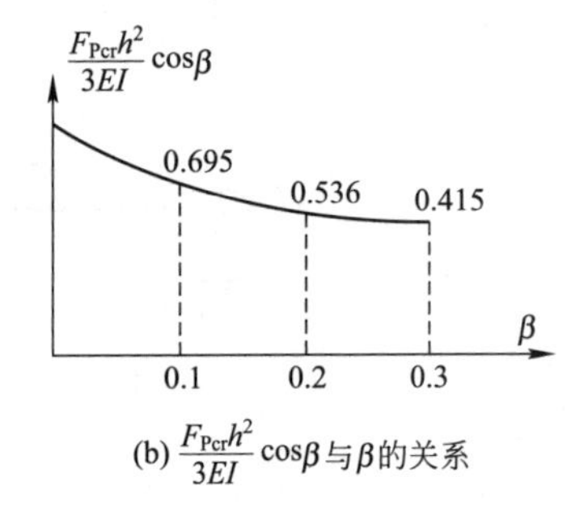

(b) $\frac{F_{\mathrm{Pcr}}h^2}{3EI}\cos\beta$ 与 β 的关系

图 10-12　非线性理论计算结果

(2) 按线性理论计算。此时 α 是微量，$l=\frac{h}{\cos\beta}\approx h$。也因为 α 是微量，因此

$$\Delta_{Bx}^{0}\approx l\cdot\beta,\quad \Delta_{Bx}\approx l\cdot(\alpha+\beta),\quad \Delta_{Dx}\approx l\cdot\alpha,\quad \Delta_{By}\approx 0$$

$$F_{\mathrm{N}}=\frac{3EI}{h^3}\cdot l\cdot\alpha$$

$$F_{\mathrm{P}}\cdot l\cdot(\alpha+\beta)-F_{\mathrm{N}}\cdot h=0$$

$$F_{\mathrm{P}}=\frac{3EI}{h^2}\cdot\frac{\alpha}{\alpha+\beta}$$

据此，不同初偏角 β 情况下，可作出 $F_{\mathrm{P}}h^2/3EI$-α 关系曲线如图 10-13 所示。

总结与推广：

(1) 不同的初偏角将影响临界荷载 F_{Pcr}，初偏角 β 增大时 F_{Pcr} 减小，这表明制造或安装误差对稳定性都是不利的。

(2) 非线性理论计算结果存在极值点失稳，这一结果与实际吻合。

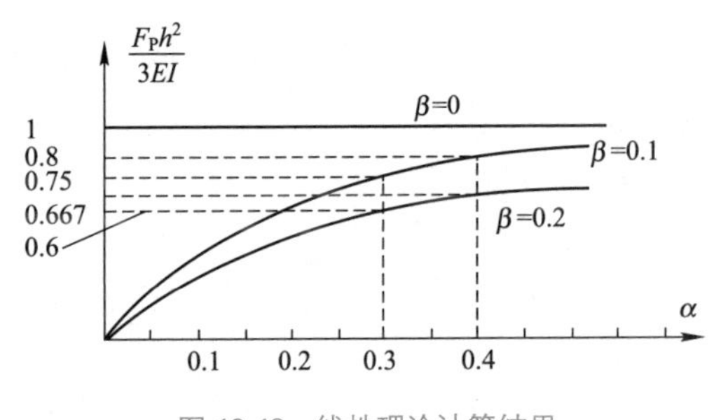

图 10-13　线性理论计算结果

(3) 线性理论计算结果 F_{P} 比非线性理论计算结果大，因而是偏于危险的(对比图 10-12 和图 10-13)。

(4) 在线性理论(α 微小)前提下，$F_{\mathrm{P}}(\alpha)$是单调增加的，不存在极值点。

(5) 非完善体系的临界荷载只能由非线性理论确定。

10.1.4　完善体系多自由度分支点失稳分析举例

【例题 10-5】 试求图 10-14(a)所示体系的临界荷载。

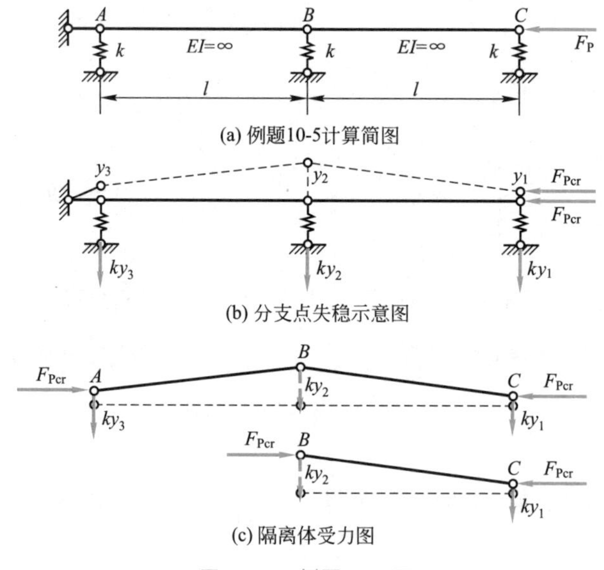

(a) 例题10-5计算简图

(b) 分支点失稳示意图

(c) 隔离体受力图

图 10-14　例题 10-5 图

【解】 如图 10-14(b)所示，确定此结构失稳位置需要三个竖向坐标 y_1、y_2、y_3，因此这是一个三自由度体系分支点失稳问题。

取整体和右边 BC 部分为隔离体，其受力图如图 10-14(c)所示。由此可建立如下整体平衡方程

$$\sum F_y=0,\quad k(y_1+y_2+y_3)=0$$

$$\sum M_A=0,\quad ky_1\cdot 2l+ky_2\cdot l+F_{\mathrm{Pcr}}\cdot(y_3-y_1)=0$$

BC 部分平衡方程为

$$\sum M_B=0,\quad ky_1\cdot l+F_{\mathrm{Pcr}}\cdot(y_2-y_1)=0$$

由此可得

$$\begin{bmatrix} 1 & 1 & 1 \\ 2kl-F_{\mathrm{Pcr}} & kl & F_{\mathrm{Pcr}} \\ kl-F_{\mathrm{Pcr}} & F_{\mathrm{Pcr}} & 0 \end{bmatrix}\begin{Bmatrix} y_1 \\ y_2 \\ y_3 \end{Bmatrix}=\{0\} \tag{a}$$

根据平衡的两重性，式(a)必须取得非零解，则

$$\begin{vmatrix} 1 & 1 & 1 \\ 2kl-F_{\mathrm{Pcr}} & kl & F_{\mathrm{Pcr}} \\ kl-F_{\mathrm{Pcr}} & F_{\mathrm{Pcr}} & 0 \end{vmatrix}=0$$

展开行列式，得

$$F_{\mathrm{Pcr}}(kl-F_{\mathrm{Pcr}})+F_{\mathrm{Pcr}}(2kl-F_{\mathrm{Pcr}})-kl(kl-F_{\mathrm{Pcr}})-F_{\mathrm{Pcr}}^{2}=0$$

整理，得

$$3F_{\mathrm{Pcr}}^{2}-4klF_{\mathrm{Pcr}}+k^{2}l^{2}=0$$

解此方程，得

$$F_{\mathrm{Pcr}}^{(1)}=\frac{1}{3}kl,\quad F_{\mathrm{Pcr}}^{(2)}=kl$$

取小值，将 $F_{\mathrm{Pcr}}=kl/3$ 代入式(a)，可得失稳的形态为：$y_1=y_3$，$y_2=2y_1$。

10.2 结构的极限荷载

大多数工程材料，特别是钢材，受力后发生变形，一般都存在线弹性阶段、屈服阶段和强化阶段。因此，随着荷载的增加，结构上应力大的点首先达到屈服极限，发生屈服，结构进入弹塑性状态。这时虽然部分已进入塑性状态，但尚有相当大的部分材料仍处于弹性范围，因而结构仍可继续承载。当荷载增加到一定程度，结构中进入塑性的部分不断扩展直至结构完全丧失承载能力，发生崩溃(或倒塌)。

工程设计中，根据工程的重要性和失效后危险性的不同程度，采用不同的设计准则。对核电站结构等特别重要的建筑，设计时需将结构的变形全部限定在弹性范围内，对于一般工程，这种弹性设计要求显然过于保守。对量大面广的钢筋混凝土结构，从微观上说始终是带裂缝工作的，设计时允许材料进入塑性的结构分析称为材料非线性分析，是目前结构分析中十分重要的研究领域之一。全面介绍其内容超出了本书的范围，本节仅讨论其中的极限状态设计问题。极限状态设计所关心的不是荷载作用下结构弹塑性的演变历程(也即每一时刻荷载对应的响应)，而是结构出现塑性变形直到崩溃时所能承受的最大荷载，称为**极限荷载**(Ultimate Load)。然后，考虑结构应有足够的安全储备，即可将极限承载能力作为设计依据。显然，按极限状态设计结构比弹性设计更经济。下面主要讨论结构极限荷载的确定。

10.2.1 基本假定

本节分析基于以下基本假定：

(1) 假定材料具有相同的拉、压力学性能以及理想弹塑性的应力-应变关系，如图 10-15 所示。实际工程中的建筑钢材，变形不大时的性能与这一假定比较接近。

(2) 假定结构上所受荷载是按荷载参数 P 以同一比例由小变大逐步加载的，同时荷载参数 P 单调增加，不出现卸载情形，这种加载方式称为**比例加载**(Proportion Load)。

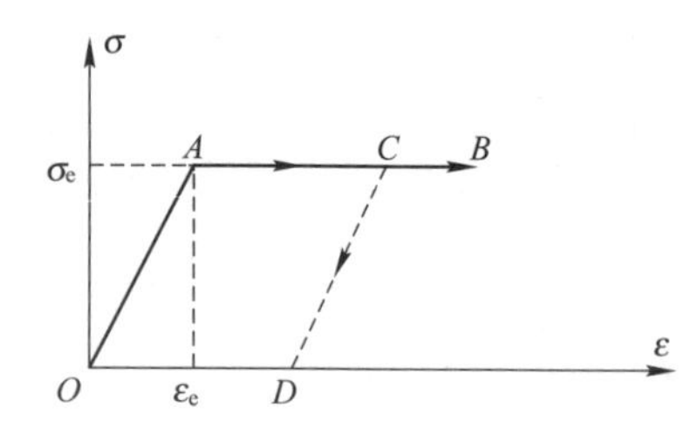

图 10-15　理想弹塑性应力-应变关系

(3) 假定在弹塑性阶段横截面应变仍符合平截面假定。

10.2.2　基本概念

在讨论具体结构极限荷载计算之前，首先通过图 10-16(a)所示纯弯曲矩形等截面梁的弹塑性过程分析建立一些基本概念。

(1) 在基本假定条件下，加载过程中，梁将从图 10-16(c)、(d)的弹性阶段经弹塑性阶段(图 10-16e)，最后进入塑性阶段(图 10-16f)。

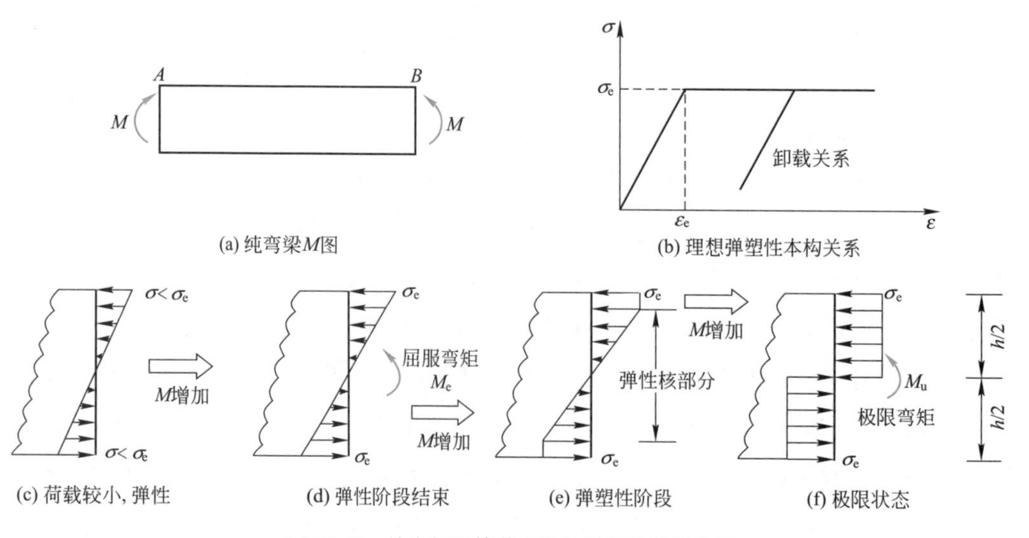

图 10-16　纯弯矩形等截面梁的弹塑性过程分析

(2) 弹性阶段(图 10-16c)以梁边缘应力达屈服应力 σ_e 为终止(图 10-16d)，对应的截面弯矩称为屈服弯矩(Yield Moment)，是弹性阶段所能承受的最大弯矩，用 M_e 表示。

(3) 进入弹塑性阶段后，随荷载增大，弹性区(或称弹性核)逐渐减小，塑性区逐渐增大，如图 10-16(e)所示。

(4) 荷载增加到使截面上各点的应力均达屈服应力时(图 10-16f)，根据基本假定，变形将不断增大，梁最终将破坏，对应截面上的弯矩称为极限弯矩(Ultimate Moment)，用 M_u 表示。此时的荷载即为极限荷载，用 F_u 表示。

(5) 由上所述，对矩形截面梁，$M_e=W\sigma_e=bh^2\sigma_e/6$，式中 $W=bh^2/6$ 为弹性弯曲截面模量。

(6) 由极限弯矩定义，对矩形截面梁，$M_u=W_u\sigma_e=bh^2\sigma_e/4$，式中 $W_u=bh^2/4$ 为塑性弯曲截面模量。可见 $M_u=1.5M_e$。

当梁处于非纯弯曲状态时，如跨中受集中荷载 F_P 作用的简支梁，由于截面既有正应力又有切应力，因此应按复杂应力状态的屈服准则确定极限荷载。但实验和理论分析结果都表明，对于细长梁，剪应力对极限承载力影响很小，可不予考虑。因此，其分析过程和纯弯梁类似。如图 10-17(a)所示的简支梁，跨中截面达到极限弯矩时，对理想弹塑性体由于变形的增加，将出现塑性铰而使结构变成几何可变体系，即破坏状态。从中可以明确以下几点：

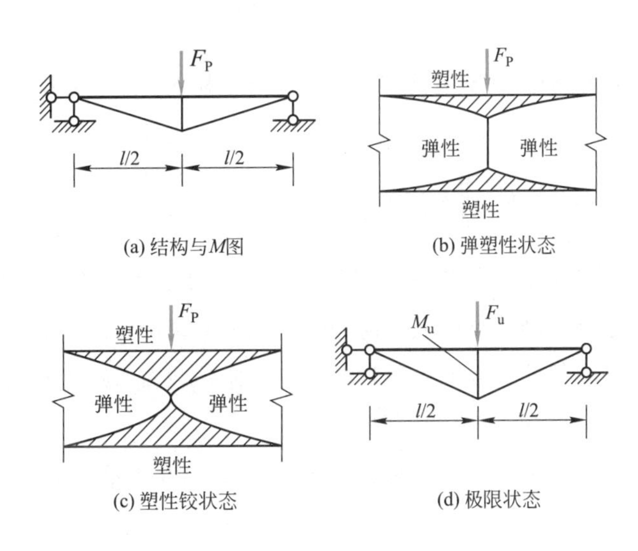

图 10-17　横向荷载下极限荷载分析过程

(1) 沿梁长度方向塑性区范围是不同的(或称弹性核大小沿杆长度方向是变化的)，如图 10-17(c)所示。

(2) 当 $F_Pl/4=M_u$ 时，对应的荷载为 $F_{Pu}=4M_u/l$ 即为极限荷载。

(3) 当 $F_P=F_{Pu}$ 时，跨中截面两侧变形不断增加，可产生有限的相对转动，因为是理想的弹塑性材料，截面弯矩并不增加，其作用与铰相似。因此，称此截面为塑性铰。

(4) 在一些简化的非线性分析和极限荷载分析中，认为塑性区仅集中在塑性铰截面，杆件的其他区段都是弹性的。

(5) 从图 10-16 卸载时的应力-应变关系可见，当截面因卸载而应力减小时，截面又将回到弹塑性或弹性(有残余应变)状态，因此塑性流动引起的铰链作用消失，故塑性铰是单向的(单方向可允许转动，反方向铰链将闭合)。

(6) 实际的铰节点允许相连杆件间相对转动，不能传递弯矩。而塑性铰截面能承受该截面对应的极限弯矩 M_u。

上述最后两点是塑性铰和实际铰的差别之处。

如果杆件平面弯曲的中性轴并非对称轴，材料仍为拉、压性能相同且具有理想弹塑性的应力-应变关系，同时还不考虑剪力、轴力的影响时，与上述分析过程相似，可以得到以下结论(平截面假设成立，建议读者自行画出相关的各阶段图形，以加深理解)：

(1) 中性轴位置将随弹塑性区的变化而改变。

(2) 出现塑性铰(截面弯矩达 M_u)时中性轴为截面拉、压区面积相等的“等面积轴”。

(3) 极限弯矩 $M_u=(S_T+S_C)\sigma_e$。式中 S_T 和 S_C 分别为拉、压区面积对中性轴的静矩。

10.2.3 比例加载时极限荷载的求解

根据上述基本概念，结构达极限状态时应该同时满足以下条件：

(1) 平衡条件。结构整体或任何部分均应是平衡的。

(2) 内力局限条件。极限状态时，结构中任一截面弯矩绝对值不可能超过其极限弯矩。

(3) 单向机构条件。结构达极限状态时，结构变成沿荷载方向能作单向运动的机构。

若荷载只满足单向破坏机构和平衡条件，称为可破坏荷载；若荷载只满足内力极限条件和平衡条件，称为可接受荷载。显然，极限荷载应该既是可破坏荷载，又是可接受荷载。

【例题 10-6】 试求图 10-18(a)所示单跨超静定梁的极限荷载。已知 $M'_u \geqslant M_u$。

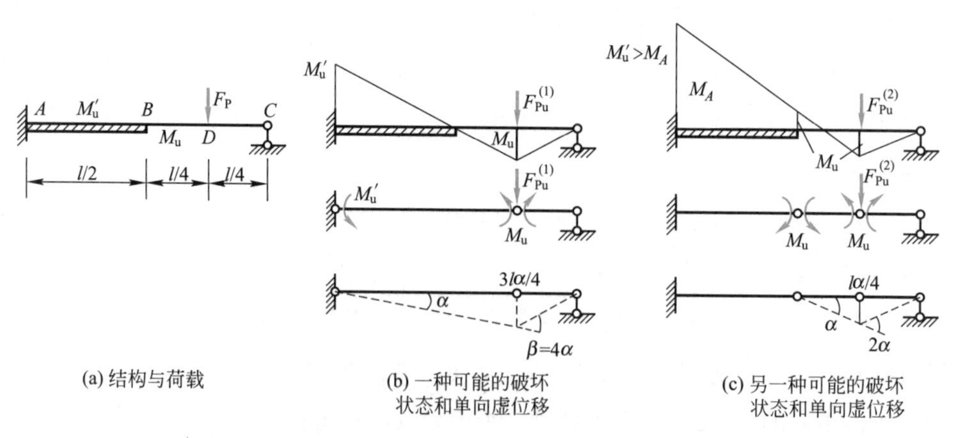

图 10-18 变截面单跨梁极限分析

【解】 图 10-18(a)梁的弯矩图形状为图 10-18(b)、(c)所示的折线，因此可能的破坏情形(即极限状态)有图 10-18(b)(A、D 出现塑性铰)和图 10-18(c)(B、D 出现塑性铰，因为 $M'_u \geqslant M_u$，所以 B 处塑性铰出现在 B 右截面）两种（特殊情况为 A、B、D 三截面同时出现塑性铰而破坏，可从上述两种情形中导出）。

要出现图 10-18(b)所示破坏时，从极限状态弯矩图分析，B 截面弯矩必须满足如下条件

$$M_B = \frac{1}{3}(M'_u - 2M_u) \leqslant M_u$$

当 $M'_u \leqslant 5M_u$ 时，上述条件成立。

根据刚体虚位移原理可求 $F_{Pu}^{(1)}$，为此由图 10-18(b)令破坏机构沿荷载方向发生虚位移，建立刚体虚功方程

$$F_{Pu}^{(1)} \cdot \frac{3l}{4}\alpha - (M'_u\alpha + M_u \cdot 4\alpha) = 0$$

得

$$F_{Pu}^{(1)} = \frac{4}{3l}(M'_u + 4M_u)$$

上述结果也可按如下步骤由列平衡方程求得：

(1) 在图 10-18(b)可能破坏状态下，C 支座反力为

$$F_{RC} = \left(-M'_u + \frac{3}{4}l \cdot F_{Pu}^{(1)}\right) \Big/ l$$

(2) 荷载作用截面的弯矩为

$$M_D = F_{RC} \cdot \frac{1}{4}l = \frac{1}{4}\left(-M'_u + \frac{3}{4}l \cdot F_{Pu}^{(1)}\right) = M_u$$

(3) 由上式平衡条件可得

$$F_{Pu}^{(1)} = \frac{4}{3l}(M'_u + 4M_u)$$

显然与用刚体虚位移原理结果相同。当 $M'_u = 5M_u$ 时

$$F_{Pu}^{(1)} = \frac{12M_u}{l}$$

而要出现图 10-18(c)所示破坏情形时，从极限状态弯矩图几何分析，A 截面弯矩必须满足如下条件

$$M_A = 5M_u \leqslant M'_u$$

同时，根据图 10-18(c)可列虚功方程

$$F_{Pu}^{(2)} \cdot \frac{l}{4}\alpha l - (M_u \cdot \alpha + M_u \cdot 2\alpha) = 0$$

得 $$F_{\mathrm{Pu}}^{(2)}=\frac{12M_{\mathrm{u}}}{l}$$

由上面分析可知，极限荷载为

$$F_{\mathrm{Pu}}=\frac{12M_{\mathrm{u}}}{l}$$

讨论：

(1) $M'_{\mathrm{u}}=5M_{\mathrm{u}}$ 时，两种情况都能产生，A、B、D 三处都出现塑性铰。极限荷载为

$$F_{\mathrm{Pu}}=12M_{\mathrm{u}}/l$$

(2) 任何结构(静定、超静定)的极限荷载只需分析破坏机构。

(3) 由平衡条件(静力平衡方程或虚功方程)即可求出。这种方法称为极限平衡法。对超静定结构计算无需考虑变形协调条件，因此比弹性计算简单。

(4) 超静定结构的温度改变、支座移动等外因只影响结构弹塑性变形的过程(或称历程)，并不影响极限荷载值。亦即当仅计算极限荷载时，可不考虑温度改变、支座移动等外因的作用。

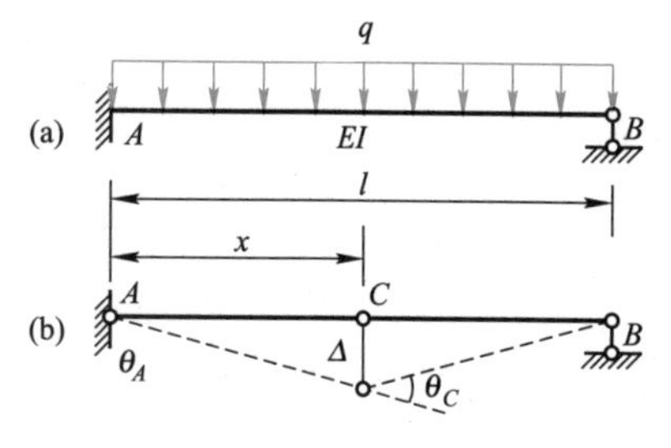

图 10-19　例题 10-7 图

【例题 10-7】 如图 10-19(a)所示等截面梁，M_{u}＝常数。试求在均布荷载作用下的极限荷载 q_{u}。

【解】 由此梁的弯矩分布(参见载常数表)可知，当梁处于极限状态时，有一个塑性铰在固定端 A 形成，另一个塑性铰 C 的位置是待定的，可应用极小定理确定。

图 10-19(b)所示为一破坏机构，其中塑性铰 C 的坐标设为 x。为了求出此破坏机构相应的可破坏荷载 q^{+}，可对图 10-19(b)所示的可能位移列出虚功方程

$$q^{+}\cdot\frac{l\Delta}{2}=M_{\mathrm{u}}(\theta_A+\theta_C)$$

由图 10-19(b)几何关系可得

$$\theta_A=\frac{\Delta}{x},\quad \theta_C=\frac{l\Delta}{x(l-x)}$$

故得

$$q^{+}=\frac{2l-x}{x(l-x)}\frac{2M_{\mathrm{u}}}{l}$$

为了求q^+的极小值，令$\frac{dq^+}{dx}=0$，得

$$x^2-4lx+2l^2=0$$

其两个根为

$$x_1=(2+\sqrt{2})l,\quad x_2=(2-\sqrt{2})l$$

弃去不合题意的x_1，由x_2求得极限荷载为

$$q_u=\frac{2\sqrt{2}}{3\sqrt{2}-4}\frac{M_u}{l^2}=11.659\frac{M_u}{l^2}$$

10.3 结论和讨论

10.3.1 结论

(1) 稳定性分析中，结构可区分为完善和非完善两类。压杆都是理想中心受压情形的为完善体系，否则为非完善体系。

(2) 稳定问题主要有两类：分支点失稳和极值点失稳。分支点稳定问题的静力准则为分支点处平衡具有两重性，或称为平衡路径发生分叉。分支点稳定问题的能量准则为总势能取驻值。完善体系一般属分支点稳定问题，非完善体系一般为极值点稳定问题。此时的临界荷载如果小于极限荷载，表明问题由稳定性控制，临界荷载就是极限荷载。反之，表明失稳之前结构便已经破坏，结构失效由弹塑性控制。

(3) 分支点稳定线性和非线性理论关于临界荷载的结果是相同的，线性分析要方便得多。但是，线性理论得出“随遇平衡”的状态却是不正确的。

(4) 极值点失稳必须应用非线性理论来分析，用线性理论在变形微小条件下得到的所谓“临界荷载”，远大于实际的极值点荷载，因此是很不安全的。

(5) 稳定性分析可以用静力法，也可以用能量法。对难以用静力法求“精确解”的复杂系统，往往可用能量法来求近似解。这时所设的失稳形态必须满足位移边界条件，如果所设失稳形态就是真实的变形情形，能量法所得的结果是精确的。

(6) 在理想弹塑性假定下，全截面应力达到σ_e时，截面不能承担更大的荷载，可以产生单向相对转动，称此截面出现塑性铰，它是一种单向铰。当结构出现的塑性铰使结构变成单向机构时，对应的状态为极限状态，此时的荷载为极限荷载。

(7) 结构全弹性设计除特别重要结构外，是极不经济的。在理想弹塑性、比例加载、只关心到破坏为止所能承受的荷载大小时，可用极限平衡法计算结构的极限荷

载。对简单结构实际上这是一种试算法，首先分析确定可能的破坏形式，根据极限状态的平衡、局限和单向机构条件进行试算，同时满足三条件的就是极限状态，对应的荷载就是极限荷载。

(8) 比例加载下的一些定理在简单结构分析中十分有用，也是计算机方法的基础。

10.3.2 几点讨论

(1) 与材料力学建立微分方程、利用边界条件解超越方程从而确定临界荷载的方法相类似，对图 10-20 中所示压杆，杆的 1 端位移为 Δ_1、θ_1，2 端位移为 Δ_2、θ_2，考虑轴向荷载 F_P 对弯矩的影响，列挠曲线微分方程，利用上述位移“边界条件”和平衡条件，可建立压杆的力-位移关系，也称压杆刚度方程。利用压杆刚度方程，结合位移法思想可求解刚架稳定问题。刚度方程中一些超越函数的表格，可参阅相关资料。

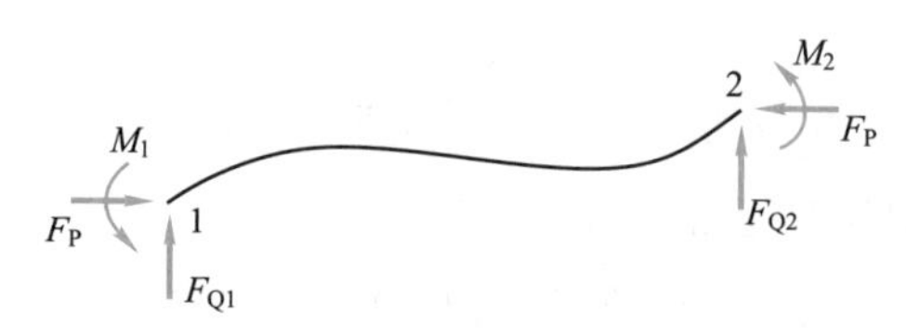

图 10-20 压杆受力图

(2) 类似于杆产生塑性铰，对于板有所谓塑性铰线，像利用塑性铰确定极限荷载一样，利用塑性铰线可以计算板的极限承载力。有兴趣的读者，可自行查阅有关书籍、资料。

思考题

10-1 何谓稳定平衡状态、不稳定平衡状态？随遇平衡状态是否实际存在？

10-2 何谓分支点、极值点和急跳失稳？各有什么特点？

10-3 何谓分支点失稳静力法和能量法？试述其计算步骤。

10-4 稳定性分析的线性和非线性理论的根本差别是什么？

10-5 结构极限荷载分析时都采用了哪些假定？

10-6 何谓塑性铰？它与实际铰有何异同？

10-7 结构极限状态应该满足哪些条件？何谓可破坏荷载和可接受荷载？

10-8 试证明极小、极大定理。

10-9 何谓极限平衡法？试述确定结构极限荷载的步骤。

习题

10-1 如图 10-21 所示，假定弹性支座的刚度系数为 k，试用线性和非线性两种方法求临界荷载 F_{Pcr}。

10-2 如图 10-22 所示，试用静力法和能量法计算求临界荷载 F_{Pcr}。

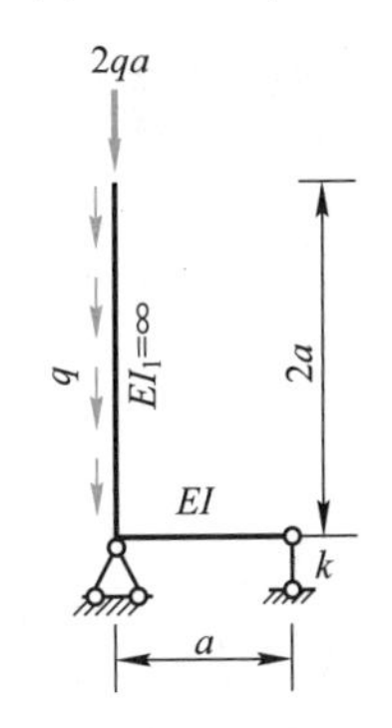

图 10-21 习题 10-1 图

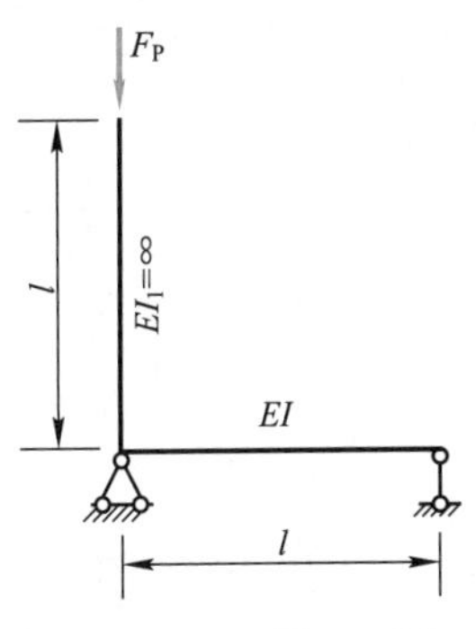

图 10-22 习题 10-2 图

10-3 试求图 10-23 所示压杆的临界荷载 F_{Pcr}。

10-4 将图 10-24 所示压杆体系化为弹性支座中心受压杆，并用静力法求临界荷载 F_{Pcr}。

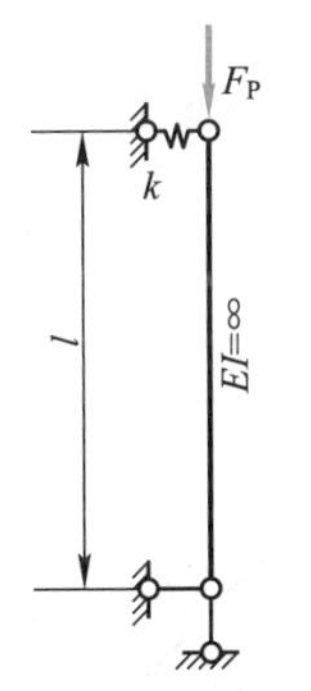

图 10-23 习题 10-3 图

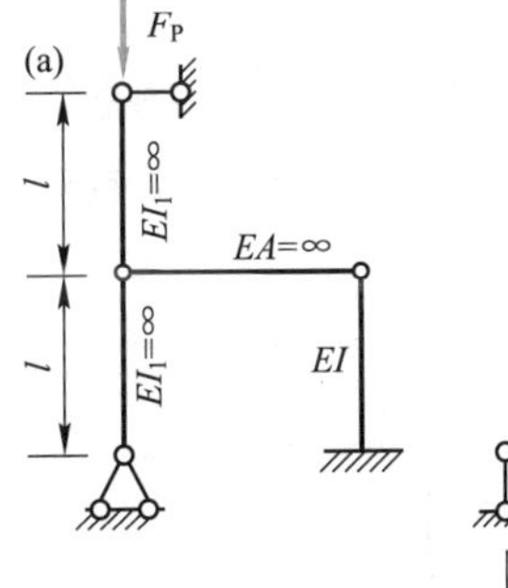

图 10-24 习题 10-4 图

10-5 试讨论图 10-25 所示结构的可能失稳形式，并求 a、b 为何值时临界荷载为最小。

10-6 如图 10-26 所示，试用静力法和能量法计算临界荷载 F_{Pcr}。

10-7 试求图 10-27 所示等截面单跨梁的极限荷载。梁的截面为矩形 $b \times h = 5\text{cm} \times 20\text{cm}$，$\sigma_e = 235\text{MPa}$，$l = 6\text{m}$。

10-8 试求图 10-28 所示等截面单跨梁的极限荷载。

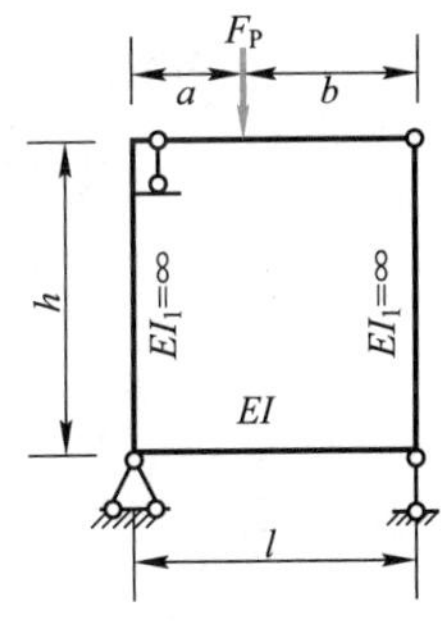

图 10-25 习题 10-5 图

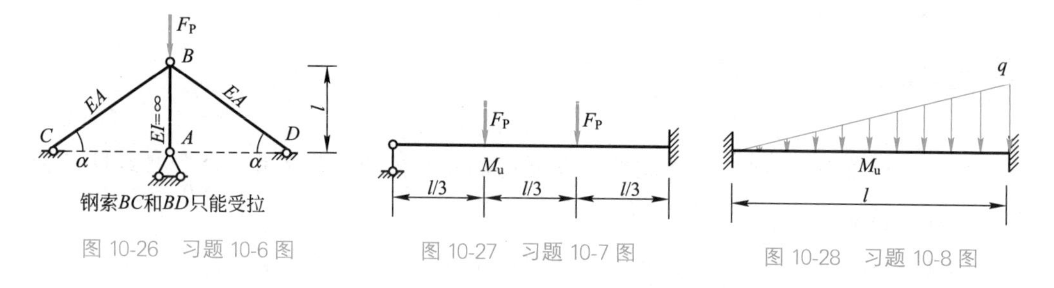

图 10-26　习题 10-6 图　　图 10-27　习题 10-7 图　　图 10-28　习题 10-8 图

10-9　试求图 10-29 所示等截面超静定梁的极限荷载。M_u 已知。

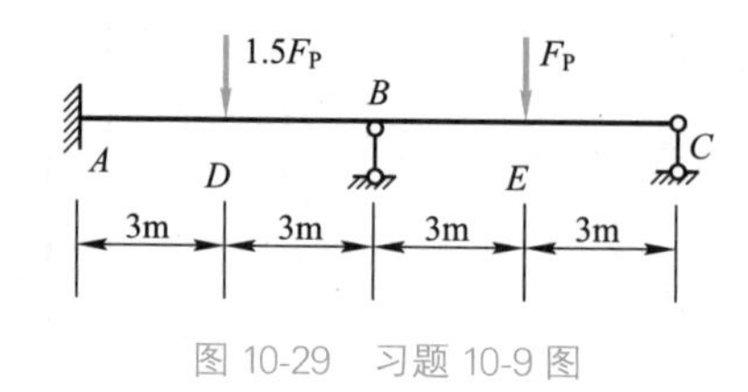

图 10-29　习题 10-9 图

10-10　试求图 10-30 所示等截面连续梁的极限弯矩。M_u 已知。

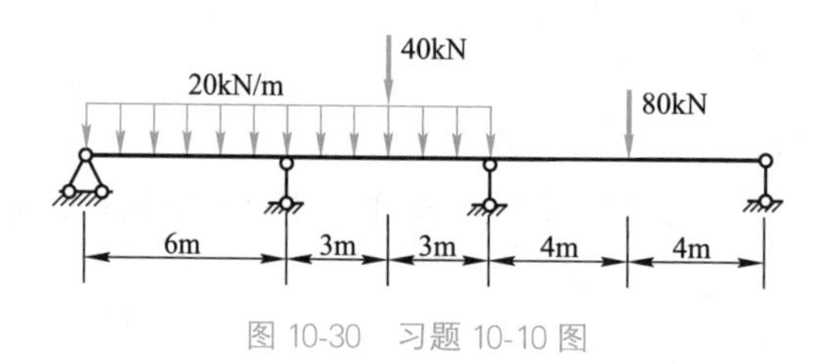

图 10-30　习题 10-10 图

10-11　试求图 10-31 所示阶形柱的极限荷载。已知截面屈服应力为 σ_e。

10-12　如图 10-32 所示，各二力杆截面均为 40cm^2，其屈服应力为 25kN/cm^2，试求极限荷载。

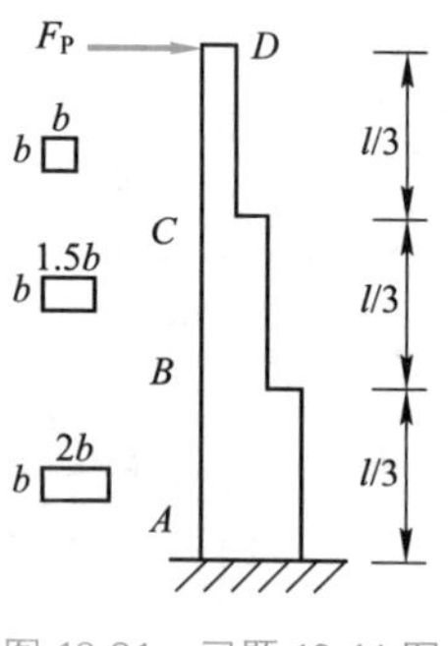

图 10-31　习题 10-11 图

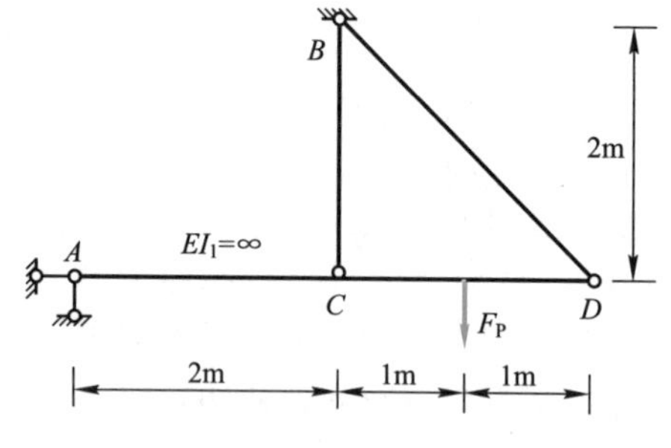

图 10-32　习题 10-12 图

附录 习题简明答案

第1章 平面杆件体系的几何组成分析

1-1 (a) 几何不变体系，无多余约束；(b) 几何不变体系，2个多余约束；
(c) 几何不变体系，无多余约束；(d) 几何可变体系，少1个多余约束；
(e) 几何不变体系，无多余约束；(f) 几何不变体系，无多余约束；
(g) 几何不变体系，无多余约束；(h) 几何不变体系，无多余约束；
(i) 几何不变体系，无多余约束；(j) 几何不变体系，无多余约束；
(k) 几何不变体系，无多余约束；(l) 几何不变体系，无多余约束；
(m) 几何不变体系，无多余约束；(n) 几何不变体系，无多余约束；
(o) 几何不变体系，无多余约束；(p) 几何可变体系，缺1个必要约束，多1个多余约束

1-2 (a) 几何不变体系，1个多余约束；(b) 几何不变体系，无多余约束；
(c) 几何不变体系，1个多余约束；(d) 几何不变体系，无多余约束；
(e) 几何不变体系，无多余约束；(f) 几何不变体系，无多余约束；
(g) 几何不变体系，无多余约束；(h) 几何不变体系，1个多余约束；
(i) 几何瞬变体系；(j) 几何不变体系，1个多余约束；
(k) 几何不变体系，1个多余约束；(l) 几何不变体系，1个多余约束；
(m) 几何不变体系，无多余约束；(n) 几何瞬变体系；
(o) 几何不变体系，2个多余约束；(p) 几何瞬变体系

1-3 (a) 几何瞬变体系；(b) 几何不变体系，无多余约束；
(c) 几何不变体系，1个多余约束；(d) 几何瞬变体系；
(e) 几何不变体系，无多余约束；(f) 几何不变体系，1个多余约束；
(g) 几何不变体系，1个多余约束；(h) 几何不变体系，1个多余约束；
(i) 几何不变体系，无多余约束；(j) 几何不变体系，无多余约束；
(k) 几何瞬变体系

1-4 (a) 8个多余约束；(b) 2个多余约束；
(c) 3个多余约束；(d) 3个多余约束；
(e) 2个多余约束；(f) 6个多余约束

第 2 章　静定结构受力分析

2-1　(a)

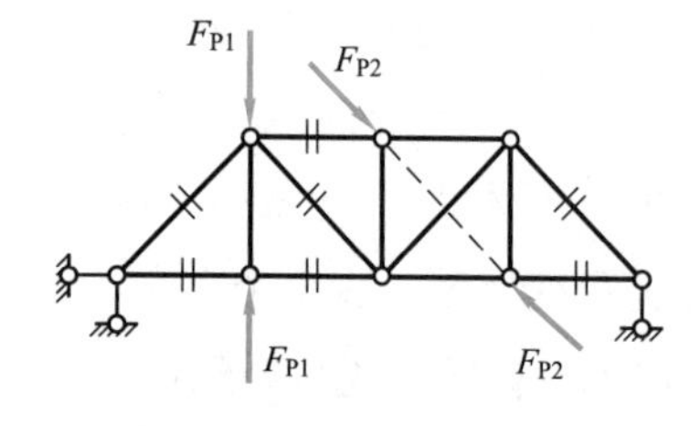

(b)

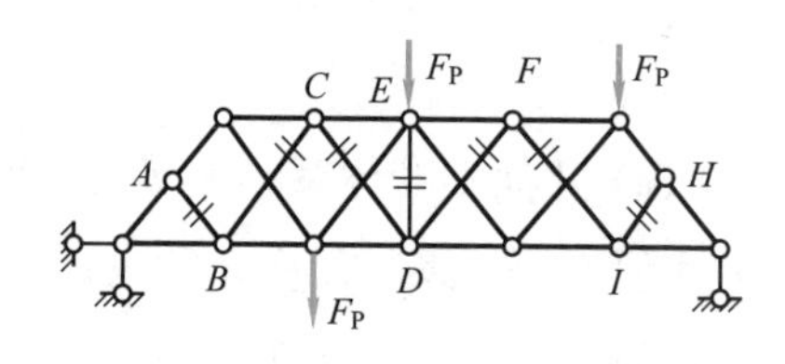

(c)

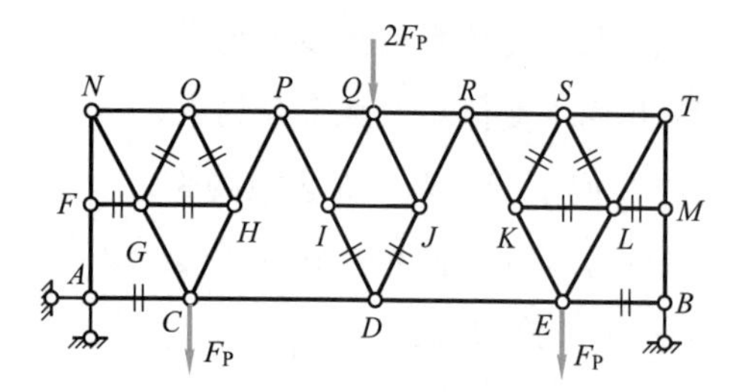

(d)

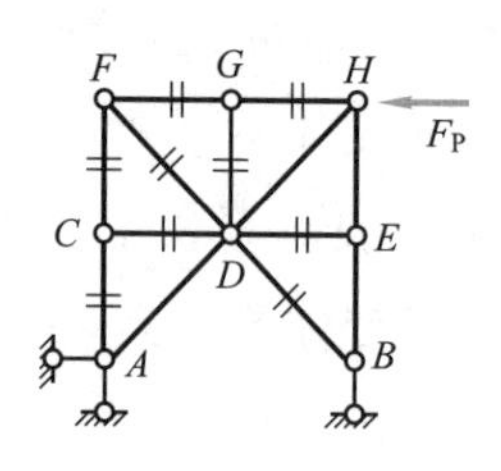

2-2　(a) 去除零杆后结构如图。

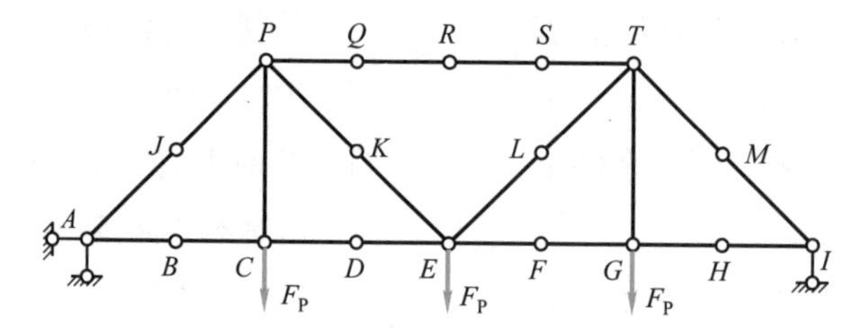

$F_{NAJ}=F_{NJP}=-1.5\sqrt{2}F_P$；$F_{NAB}=F_{NBC}=1.5F_P$；$F_{NCD}=F_{NDE}=1.5F_P$；

$F_{NCP}=F_P$；$F_{NPK}=F_{NKE}=\dfrac{\sqrt{2}}{2}F_P$；$F_{NQP}=F_{NQR}=-2F_P$

右半部杆件轴力由对称性可得。

(b) $F_{N1}=-15\sqrt{5}\text{kN}$；$F_{N2}=-5\sqrt{5}\text{kN}$；$F_{N3}=20\text{kN}$

(c) $F_{N1}=4F_P$；$F_{N2}=-0.5F_P$；$F_{N3}=\dfrac{\sqrt{2}}{2}F_P$；$F_{N4}=-4.5F_P$

2-3　(a) $F_{N1}=20\text{kN}$；$F_{N2}=-10\sqrt{2}\text{kN}$；$F_{N3}=0$

(b) $F_{N1}=8\sqrt{2}\text{kN}$；$F_{N2}=\sqrt{5}F_{By}=28.32\text{kN}$

2-4　(a) $F_{N3}=-1.5F_P$；$F_{N2}=-3\sqrt{2}\text{kN}$；$F_{N1}=-2.5\sqrt{5}F_P$

(b) $F_{N1}=0.5F_P$；$F_{N2}=F_{NDC}=0.25\sqrt{5}F_P$；$F_{N3}=-0.25\sqrt{5}F_P$

2-5　$F_{Ay}=F_{By}=20\text{kN}$

去掉零杆简化后体系如图。

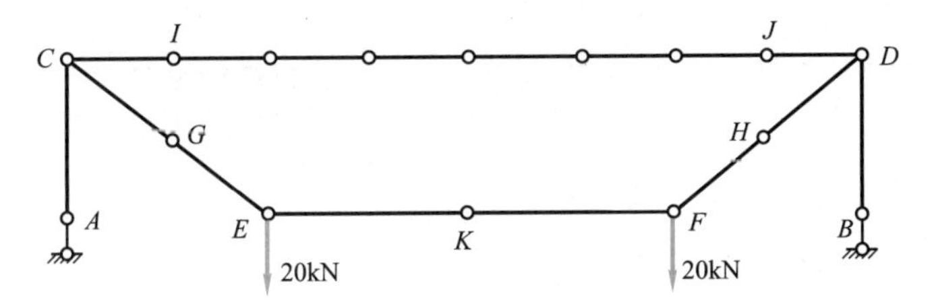

$F_{NCG}=F_{NGE}=\frac{100}{3}\text{kN}$；$F_{NEK}=\frac{80}{3}\text{kN}$；$F_{NCI}=-\frac{80}{3}\text{kN}$

2-6 （a）$F_{N1}=80\sqrt{2}\text{kN}$；$F_{N2}=-80\text{kN}$

（b）$F_{N1}=30\text{kN}$；$F_{N2}=-30\sqrt{2}\text{kN}$；$F_{N3}=-15\sqrt{2}\text{kN}$

（c）$F_{N1}=-2.83\text{kN}$；$F_{N2}=-3.3\text{kN}$；$F_{N3}=5\text{kN}$；$F_{N4}=1.21\text{kN}$

（d）$F_{N1}=-7.33\text{kN}$；$F_{N2}=1.8\text{kN}$；$F_{N3}=10.17\text{kN}$；$F_{N4}=-1\text{kN}$

2-7 （a）

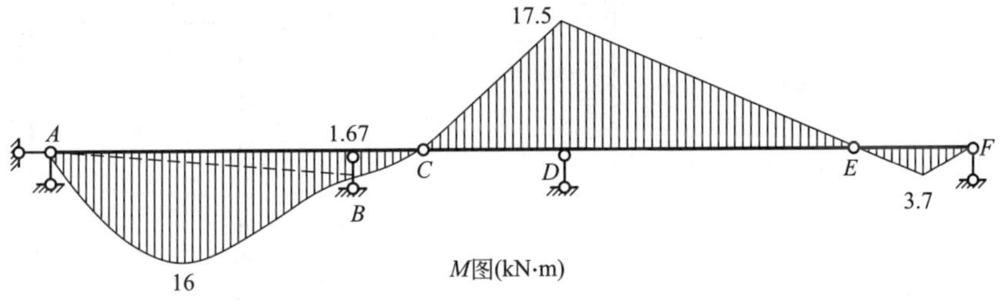

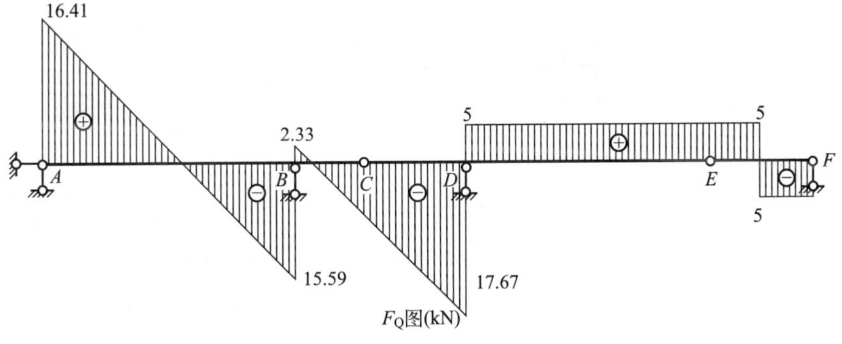

（b）

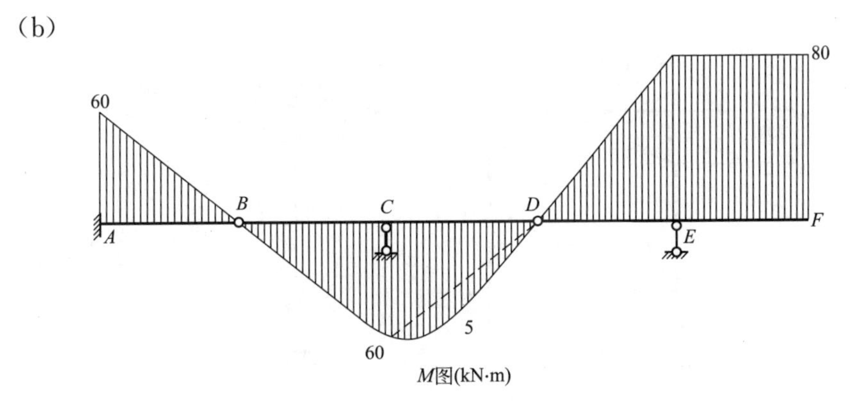

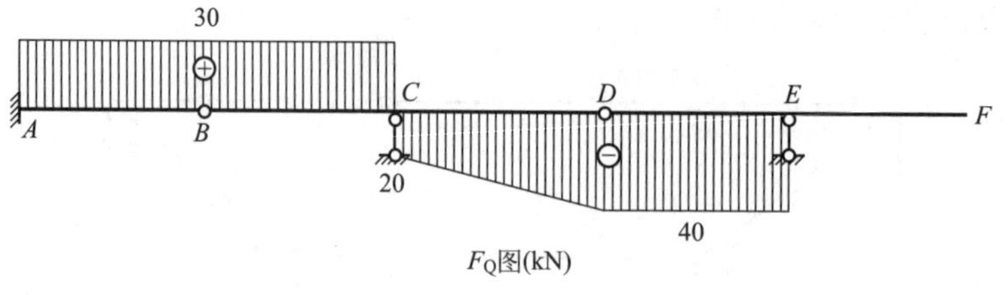

F_Q图(kN)

2-8 $x=0.1464l$

2-9 (a)

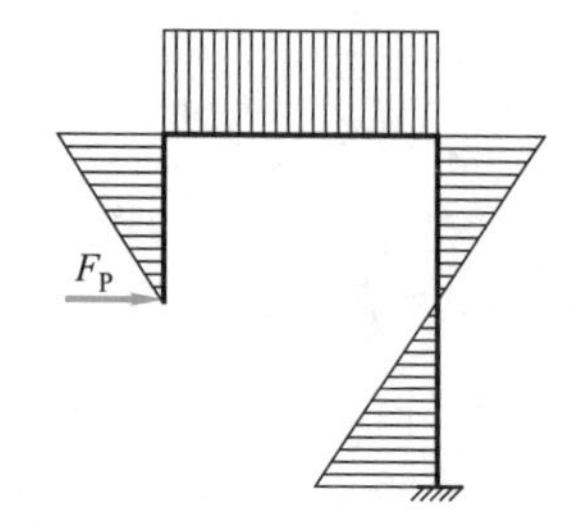

(b)

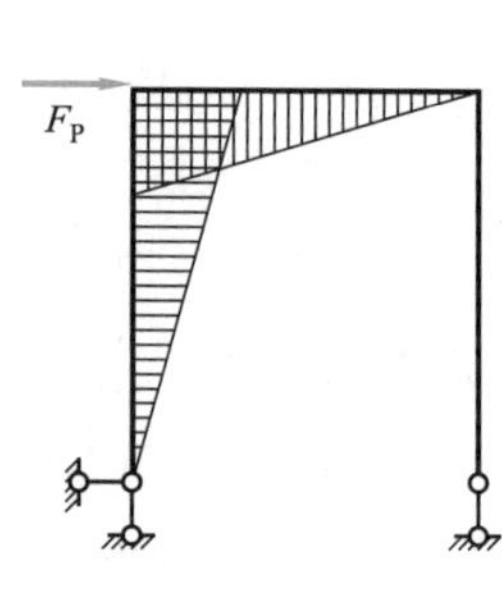

(c)

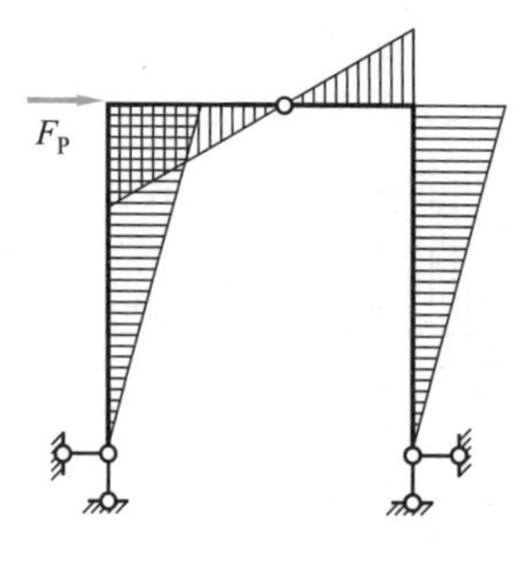

(d)

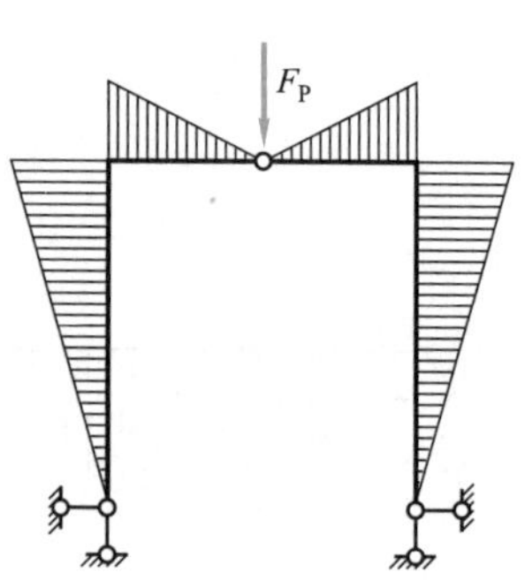

(e)

(f)

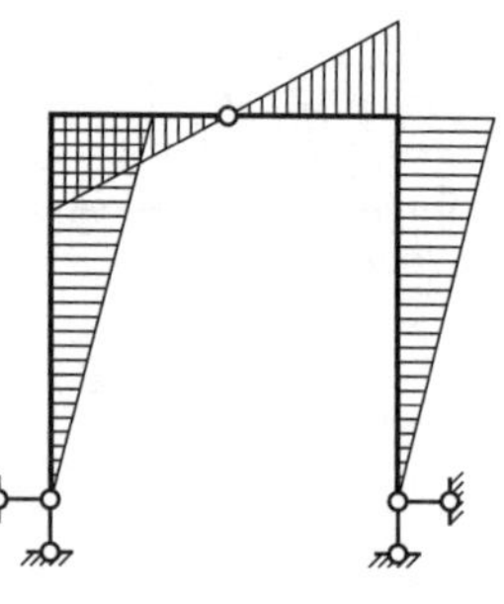

2-10 (a)

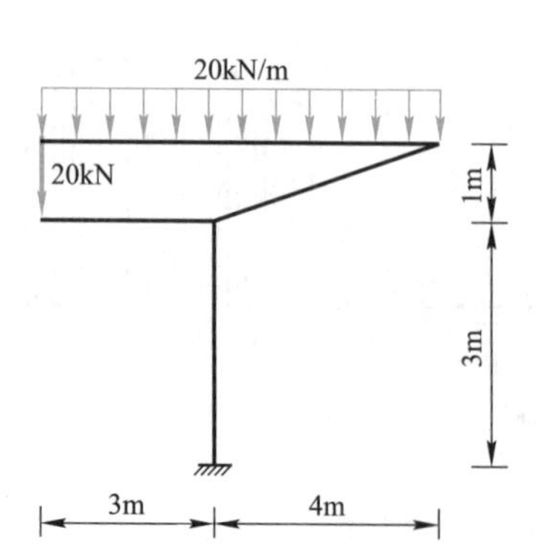

160 150

10

M图(kN·m)

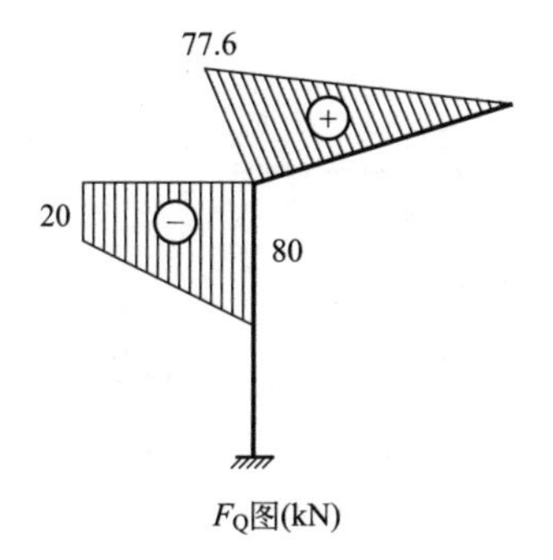
77.6
20
80
F_Q图(kN)

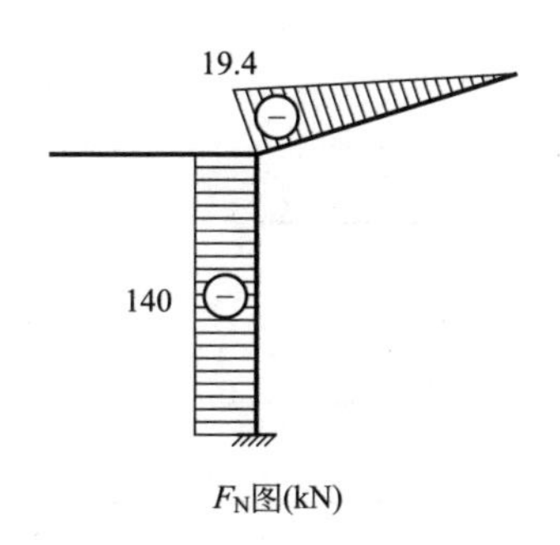
19.4
140
F_N图(kN)

（b）

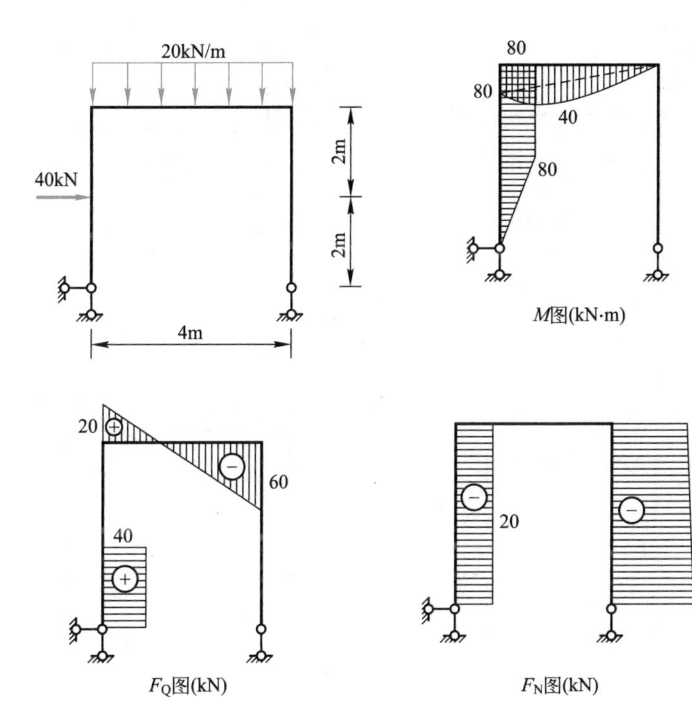
20kN/m
40kN
2m
2m
4m
80
80
40
80
M图(kN·m)
20
60
40
F_Q图(kN)
20
60
F_N图(kN)

（c）

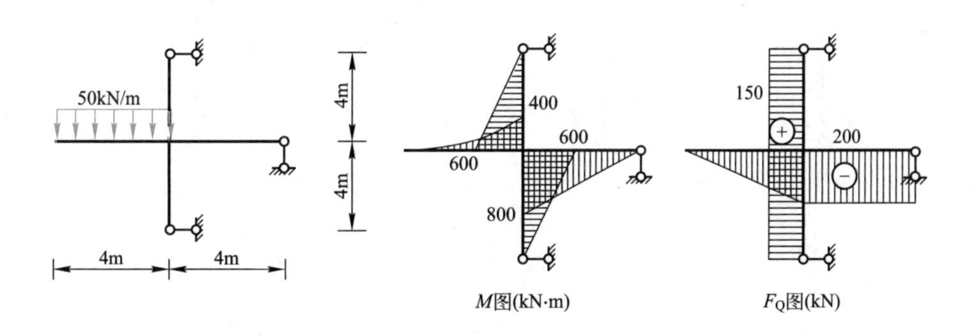
50kN/m
4m
4m
4m
4m
400
600
600
800
M图(kN·m)
150
200
F_Q图(kN)

(d)

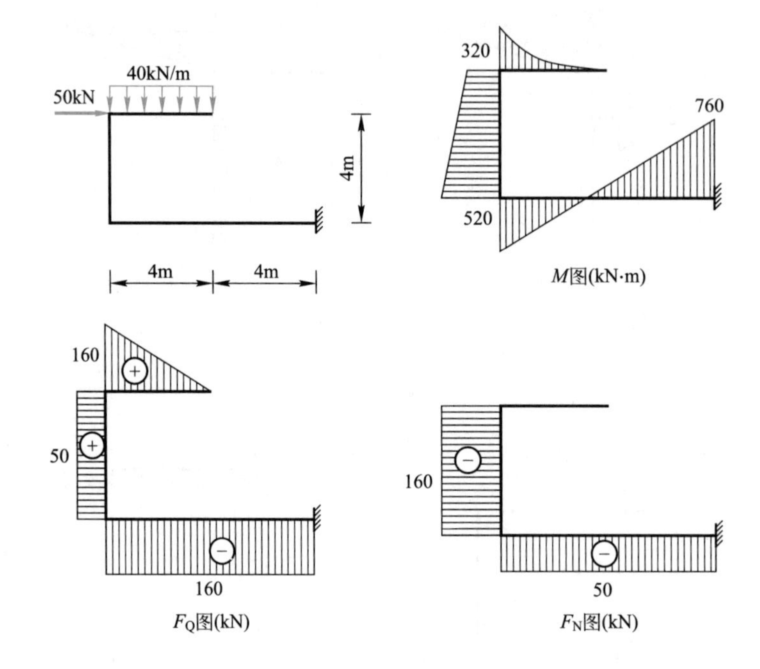
50kN
40kN/m
4m
4m
4m
320
760
520
M图(kN·m)
160
50
160
160
50
FQ图(kN)
FN图(kN)

(e)

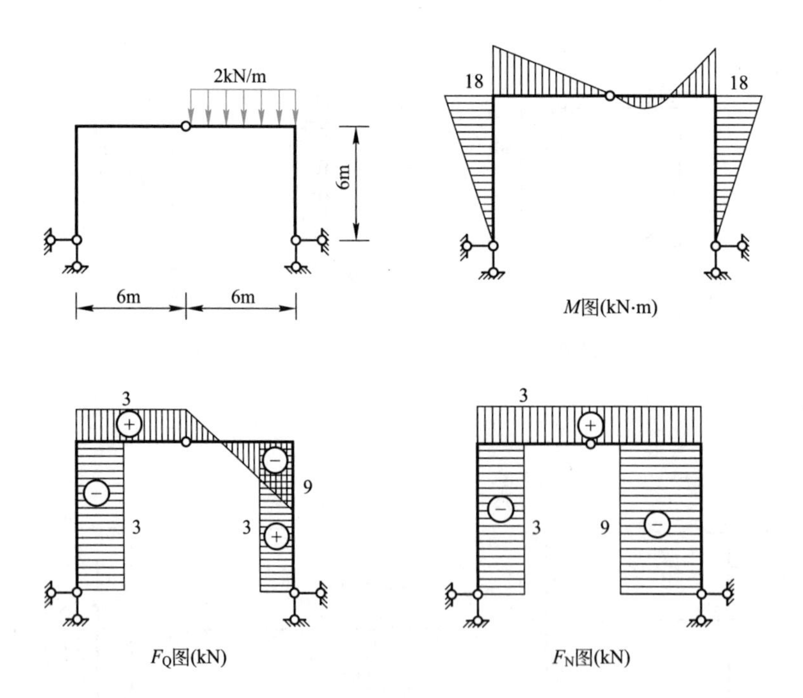
2kN/m
6m
6m
6m
18
18
M图(kN·m)
3
3
3
9
3
3
9
FQ图(kN)
FN图(kN)

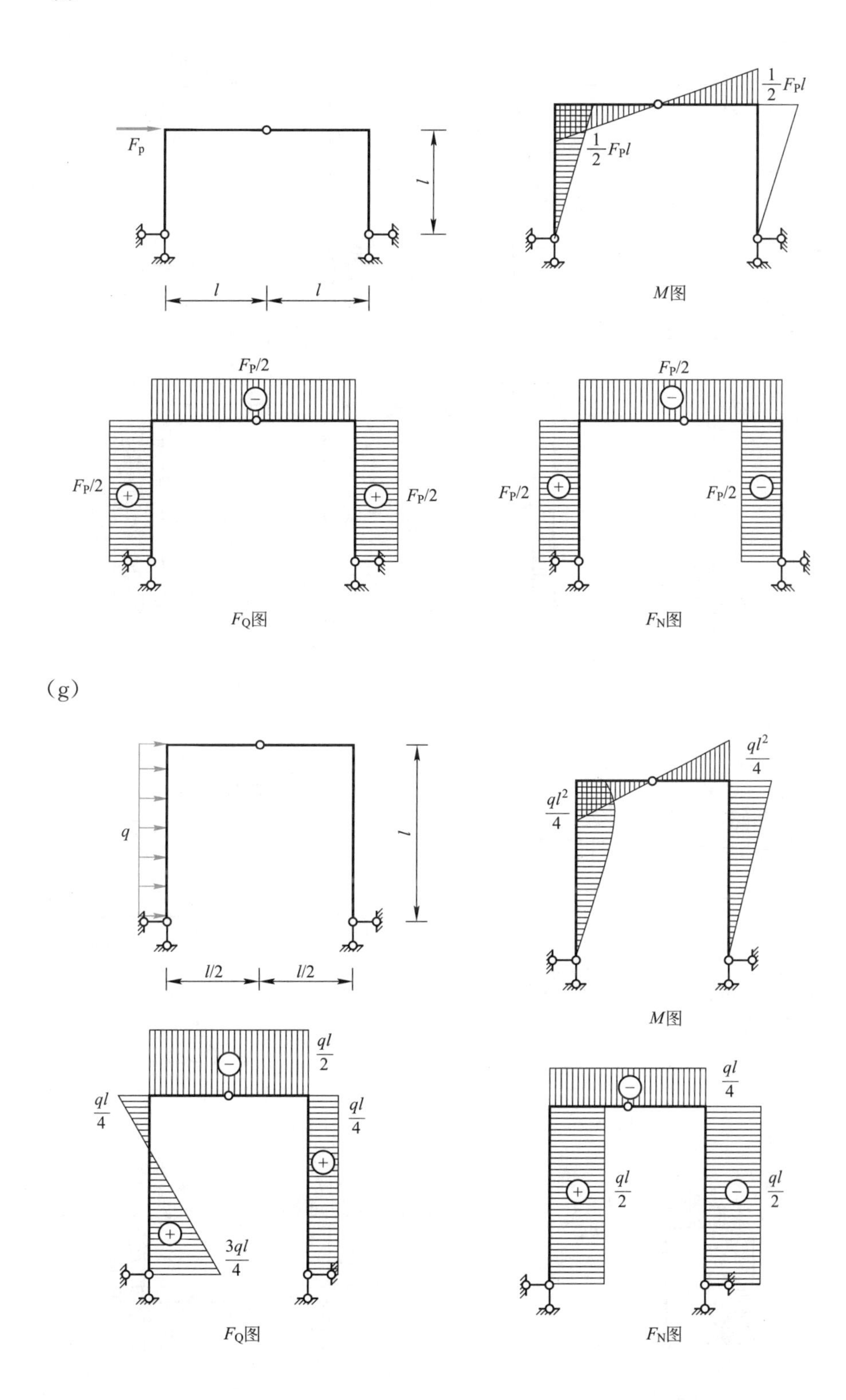
(f)
F_P
l
l
l
$\frac{1}{2}F_Pl$
$\frac{1}{2}F_Pl$
M图
$F_P/2$
$F_P/2$
$F_P/2$
F_Q图
$F_P/2$
$F_P/2$
$F_P/2$
F_N图
(g)
q
l
$l/2$
$l/2$
$\frac{ql^2}{4}$
$\frac{ql^2}{4}$
M图
$\frac{ql}{2}$
$\frac{ql}{4}$
$\frac{ql}{4}$
$\frac{3ql}{4}$
F_Q图
$\frac{ql}{4}$
$\frac{ql}{2}$
$\frac{ql}{2}$
F_N图

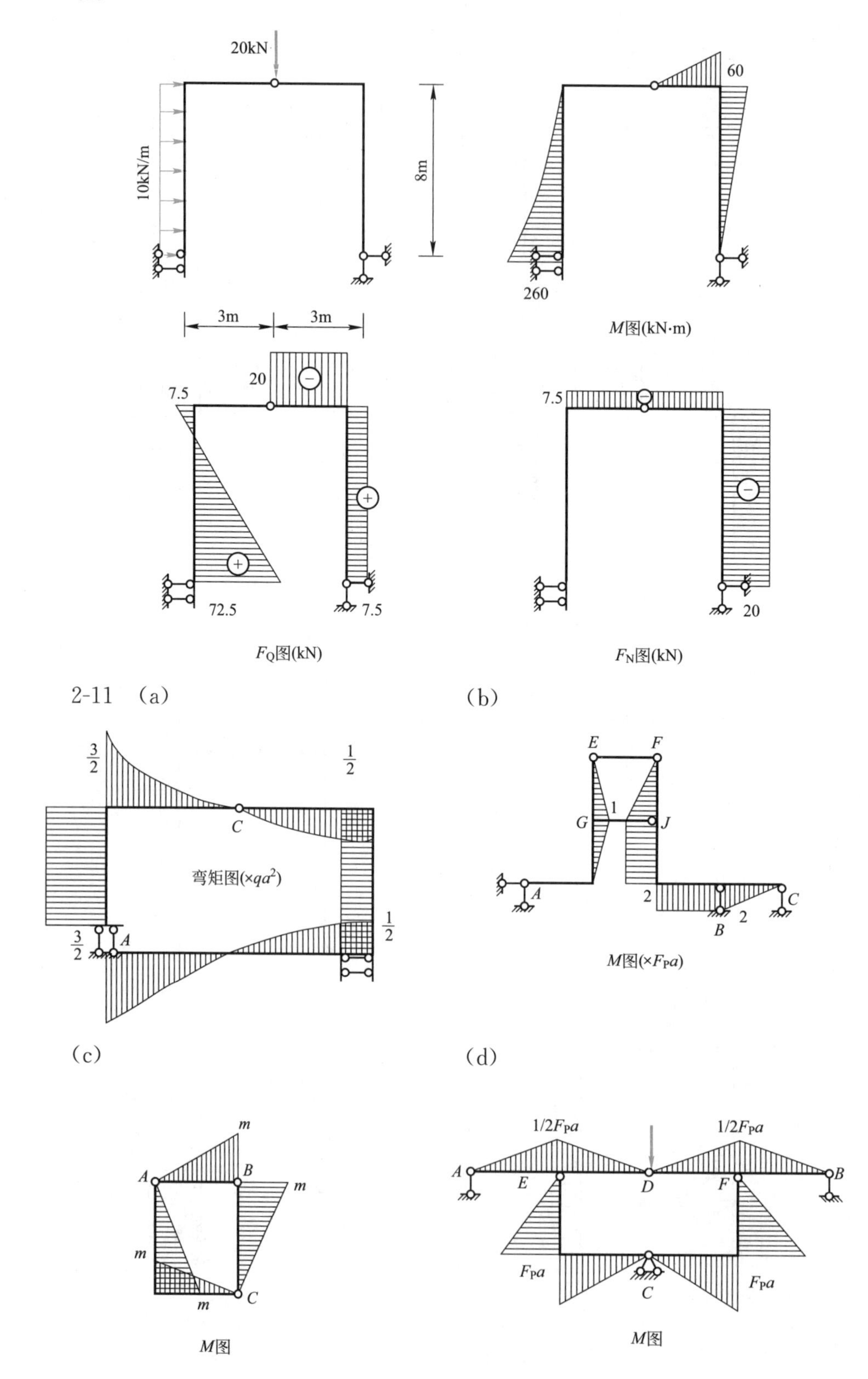

(h)
20kN
10kN/m
8m
3m
3m
60
260
M图(kN·m)
20
7.5
72.5
7.5
F_Q图(kN)
7.5
20
F_N图(kN)
2-11 (a)
(b)
3/2
1/2
C
弯矩图(×qa^2)
3/2
A
1/2
E
F
G
1
J
A
2
B
2
C
M图(×F_Pa)
(c)
(d)
m
A
B
m
m
m
C
M图
1/2F_Pa
1/2F_Pa
A
E
D
F
B
F_Pa
C
F_Pa
M图

2-12

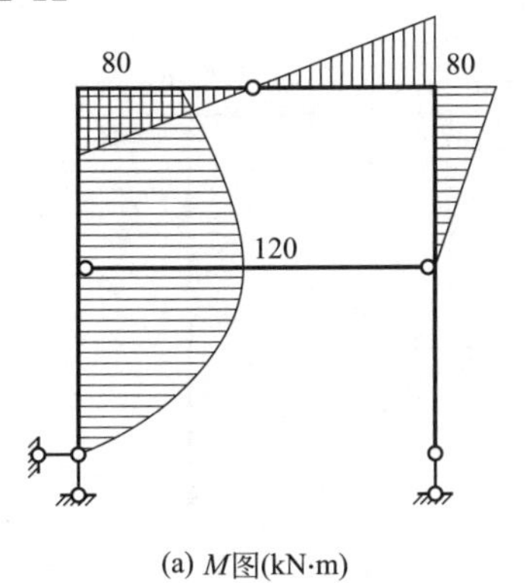

(a) M图(kN·m)

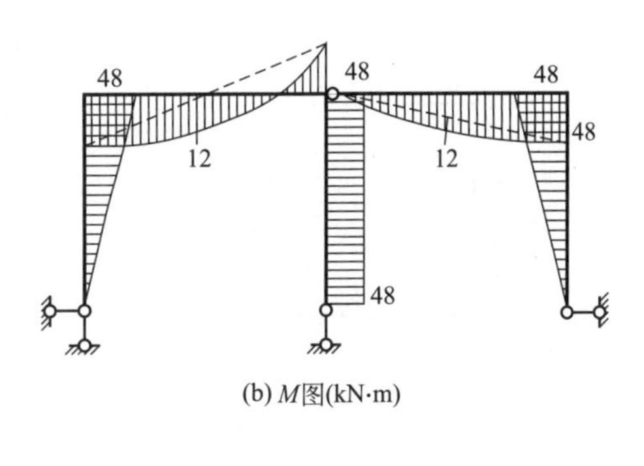

(b) M图(kN·m)

(c) M图($\times F_P l$)

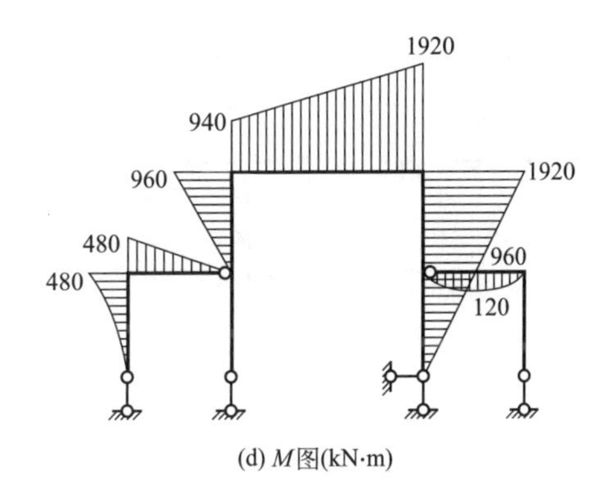

(d) M图(kN·m)

2-13

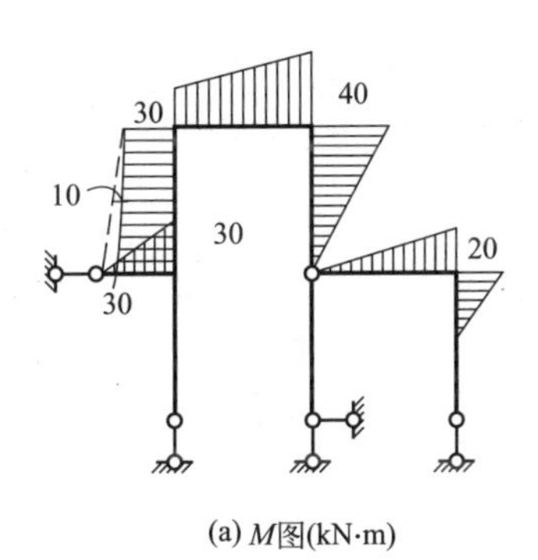

(a) M图(kN·m)

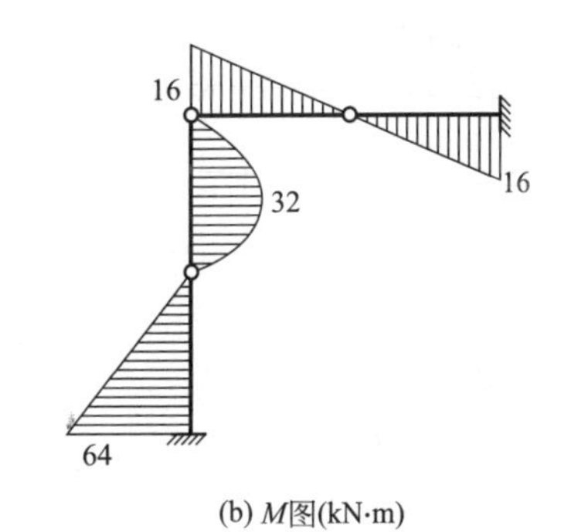

(b) M图(kN·m)

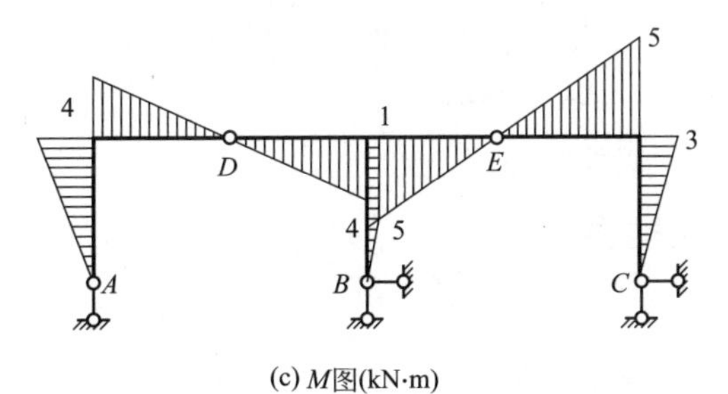

(c) M图(kN·m)

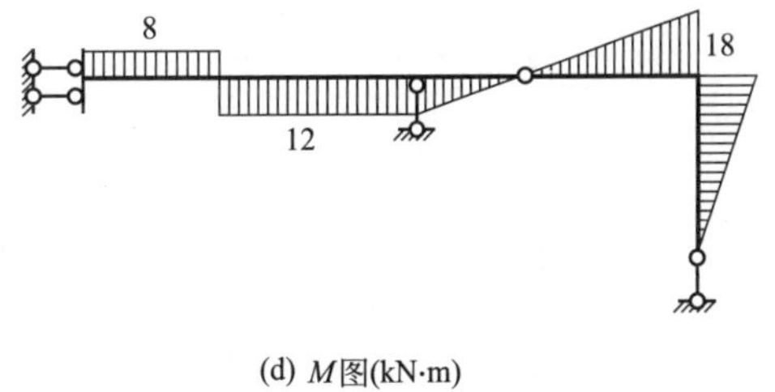

(d) M图(kN·m)

2-14

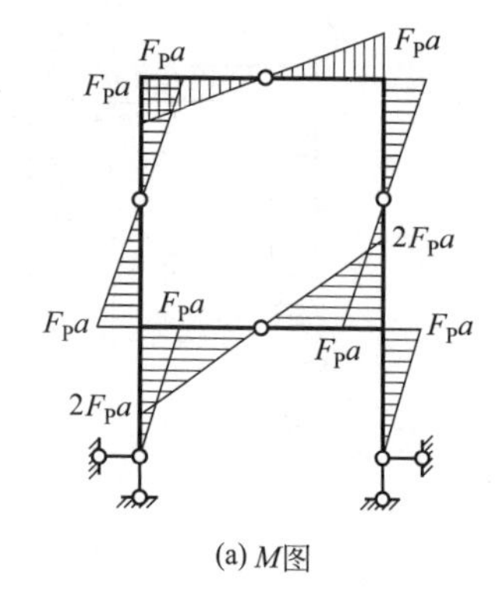

(a) M图

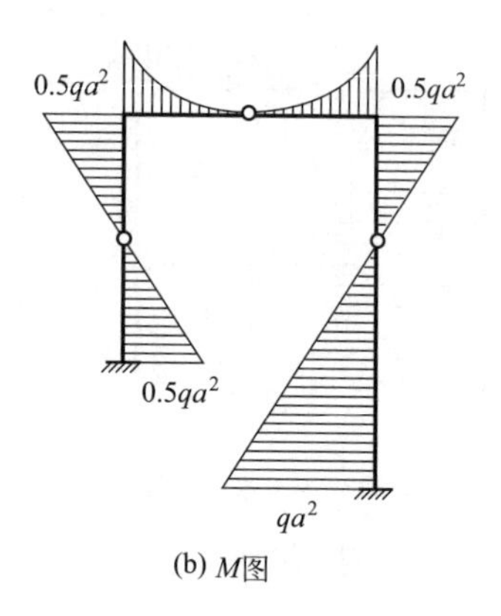

(b) M图

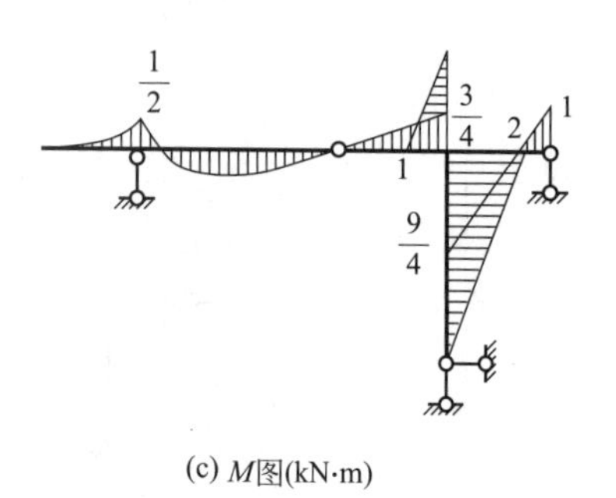

(c) M图(kN·m)

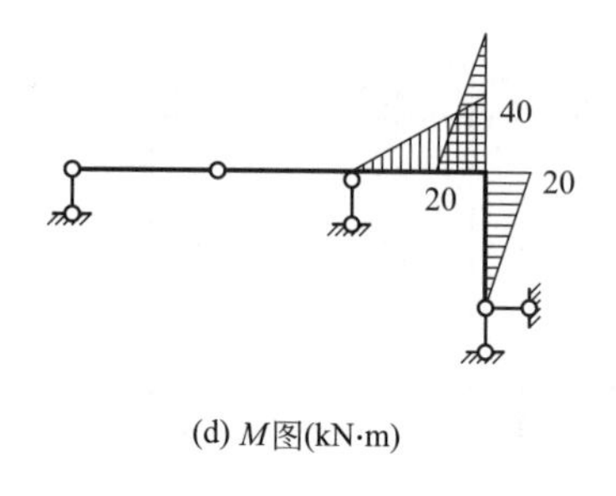

(d) M图(kN·m)

2-15

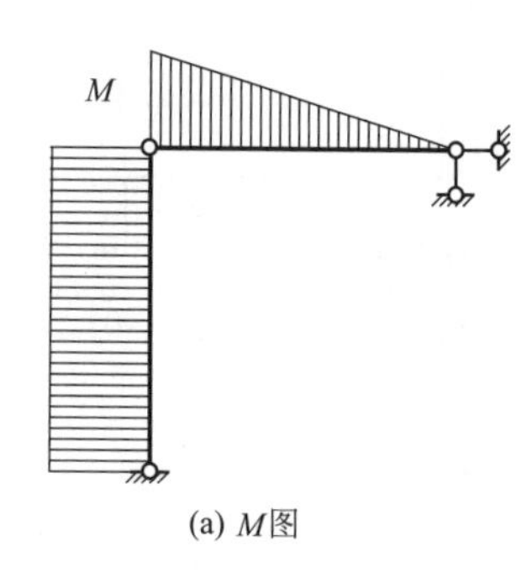

(a) M图

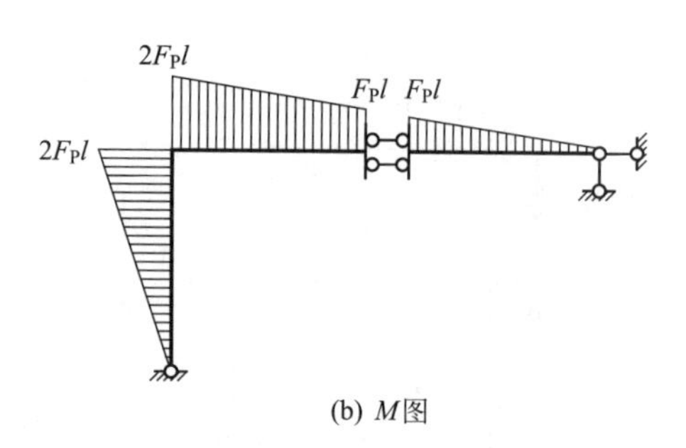

(b) M图

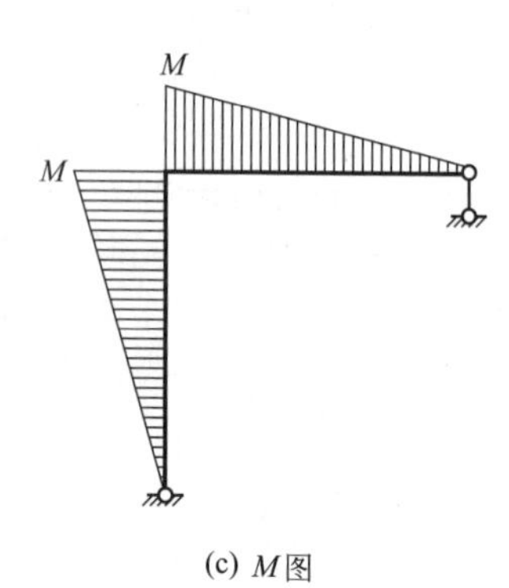

(c) M图

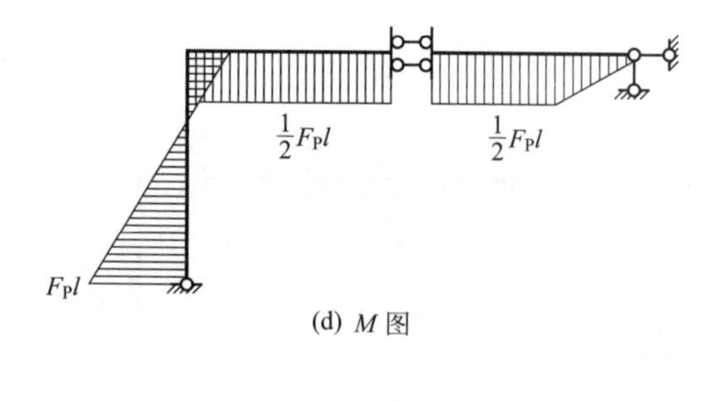

(d) M 图

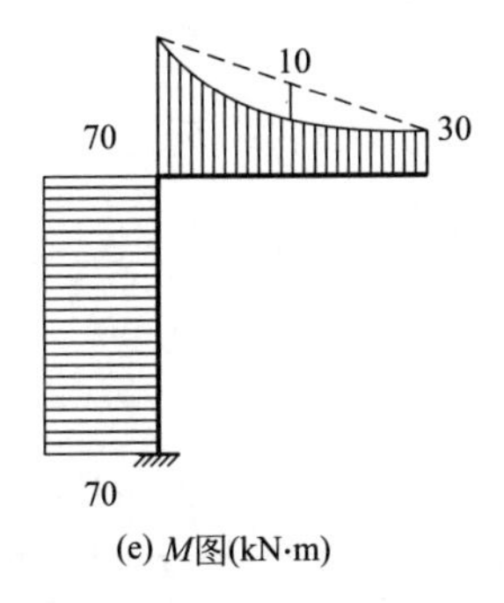

(e) M图(kN·m)

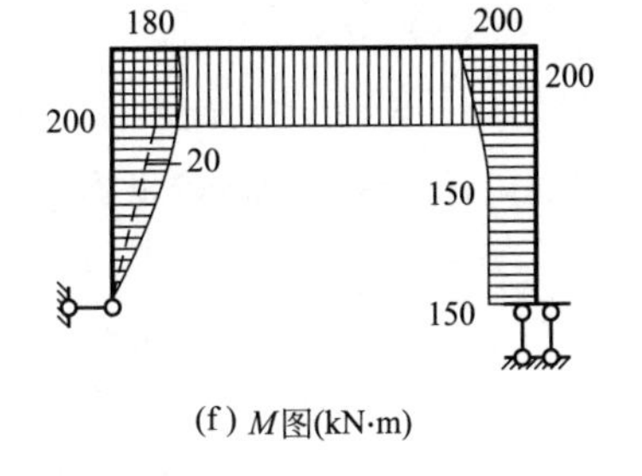

(f) M图(kN·m)

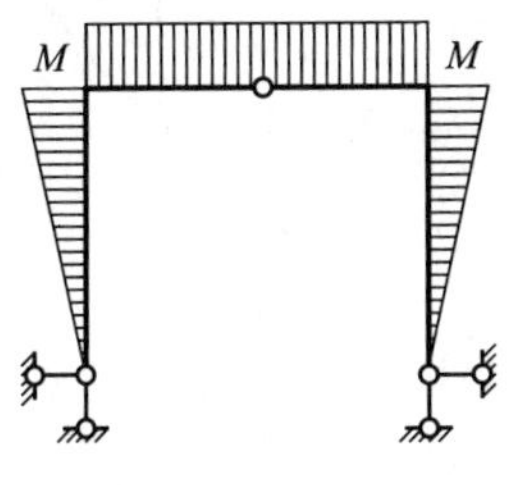

(g) M图(kN·m)

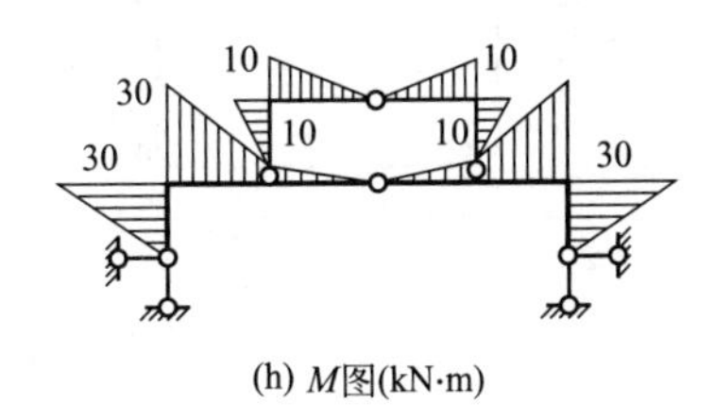

(h) M图(kN·m)

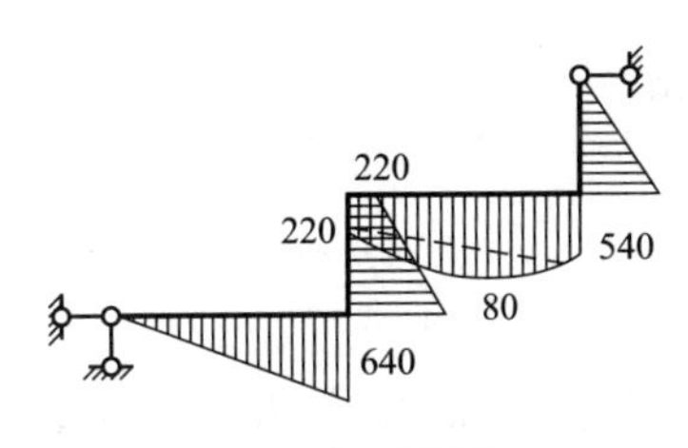

(i) M图(kN·m)

2-16 $M_K=120\text{kN}\cdot\text{m}$；$F_{QK}=0$；$F_{NK}=140\text{kN}$

2-17 （a）$F_{By}=100\text{kN}$；$F_{Ay}=100\text{kN}$；$F_H=50\text{kN}$；$M_D=-29.5\text{kN}\cdot\text{m}$；$F_{QD}=18.8\text{kN}$；$F_{ND}=68.3\text{kN}$

（b）$F_{By}=2.5\text{kN}$；$F_{Ay}=-2.5\text{kN}$；$F_{Ax}=10\text{kN}$；$M_D=7.476\text{kN}\cdot\text{m}$；$F_{QD}=-2.745\text{kN}$；$F_{ND}=0.245\text{kN}$

2-18 $F_{By}=10\text{kN}$；$F_{Ay}=10\text{kN}$；$F_{Ax}=0$；$F_{NED}=13.33\text{kN}$；$M_K=-40\text{kN}\cdot\text{m}$

2-19 （a）

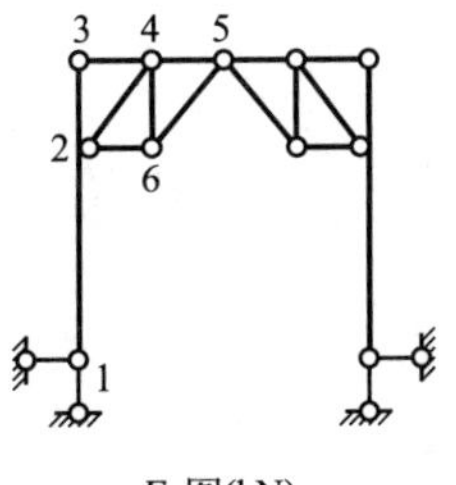

F_N图(kN)

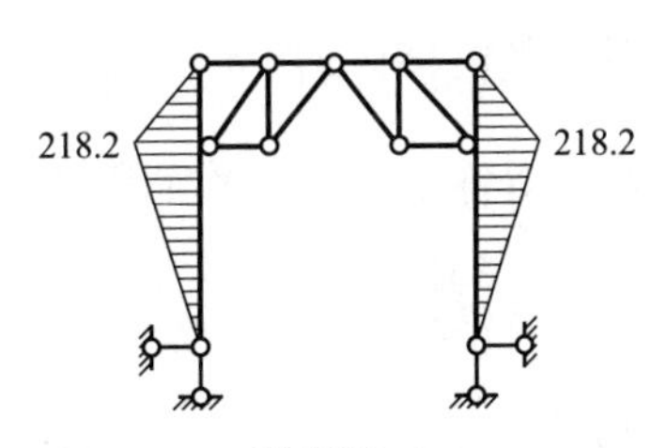

M图(kN·m)

结构对称，荷载对称

$F_{N12}=-75kN$；$F_{N34}=72.73kN$；$F_{N24}=-106.05kN$；$F_{N26}=-25kN$；$F_{N46}=25kN$；$F_{N56}=35.35kN$；$F_{N23}=0$；$F_{N45}=-2.27kN$。

（b）

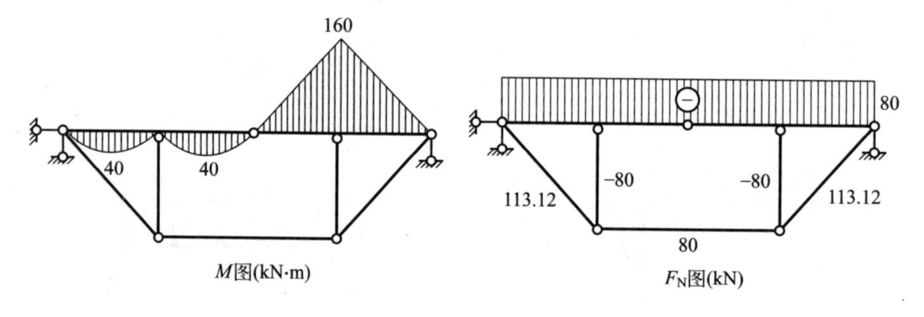

第 3 章　静定结构位移计算

3-1　$\Delta_{Bx}=\dfrac{F_P R^3}{2EI}(\rightarrow)$

3-2　$\Delta_{Bx}=\dfrac{(-7+12\ln 2)q_0 l^4}{36EI}(\rightarrow)$

3-3　$\Delta_{y(x)}=\dfrac{qlx^2}{12EI}(3l-4x)+\dfrac{1.2qlx}{GA}$

3-4　（1）C 点的竖向位移$\Delta_{Cy}=6.399\times10^{-4}$m（↓）

（2）CD 杆与 CE 杆夹角的改变量 $\varphi_{CD\text{-}CE}=-8.333\times10^{-5}$rad

3-5　$\Delta=\dfrac{4F_P^2 l}{E^2A^2}+\dfrac{F_P l}{EA}$

3-6　（a）$\Delta_{Ky}=\dfrac{17ql^4}{384EI}$(↓)；（b）$\Delta_{Ky}=\dfrac{23F_P l^3}{3EI}$(↓)；

（c）$\varphi_{C\text{-}C}=\dfrac{4320\text{kN}\cdot\text{m}^2}{EI}$；（d）$\Delta_{Cy}=1.07$ mm(↓)；

（e）$\varphi_{C\text{-}C}=\dfrac{185\text{kN}\cdot\text{m}^2}{2EI}+\dfrac{20\text{kN}}{3EA}$；

（f）相对水平位移：$\Delta_{(A\text{-}B)x}=\dfrac{5ql^4}{6EI}$

相对竖向位移：对称结构在对称荷载作用下的反对称位移等于 0

相对转角：$\varphi_{A\text{-}B}=\dfrac{5ql^3}{3EI}$

(g) $\Delta_{Ky}=\dfrac{11ql^4}{48EI}$(↓)；(h) $\Delta_{Cy}=\dfrac{1985\text{kN}\cdot\text{m}^3}{EI}$(↓)

3-7 (a) $\Delta_{Cx}=0.02\text{m}(\rightarrow)$，$\varphi_C=0.0033\text{rad}$(顺时针)；(b) $\Delta_{Kx}=-a-l\varphi(\rightarrow)$

3-8 $\Delta_{Cy}=-\frac{35}{8}\alpha tl$ (↑)

3-9 $\Delta_{Dx}=29\times10^{-3}\text{m}(\leftarrow)$

3-10 $\Delta_{Cy}=-d\alpha t$ (↑)

3-11 荷载引起的位移：$\Delta_{Cy1}=\frac{60\text{kN}\cdot\text{m}^3}{EI}$

支座位移引起的位移：$\Delta_{Cy2}=-0.01\text{m}+\frac{105\text{kN}\cdot\text{m}^3}{8EI}$

温度变化引起的位移：$\Delta_{Cy3}=-200\alpha$

总位移为：$\Delta_{Cy}=\frac{585}{8EI}-0.01-200\alpha$

3-12 $M_0=\frac{2\alpha tEI}{h}$

3-13 $\varphi_A=\frac{M_1l}{4EI}$

3-14 $\varphi_{C\text{-}C}=6.5\times10^{-3}\text{rad}$

3-15 $\Delta_{Hy}=1.12\text{cm}(\downarrow)$

第4章 力法

4-1 (a) 7次超静定；(b) 4次超静定；(c) 3次超静定；(d) 7次超静定；(e) 6次超静定

4-2 (a)

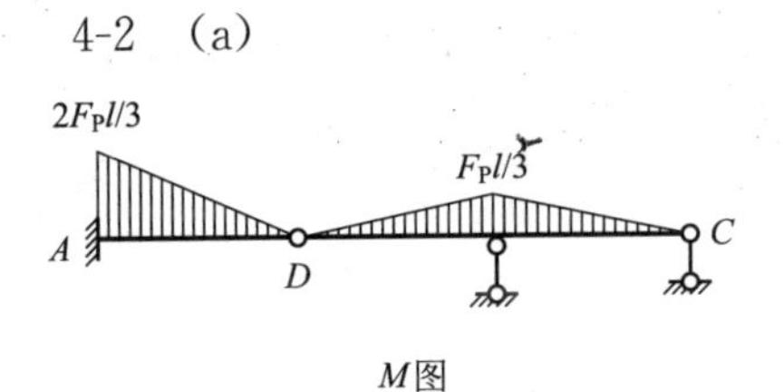

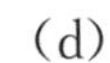

M图

(b)

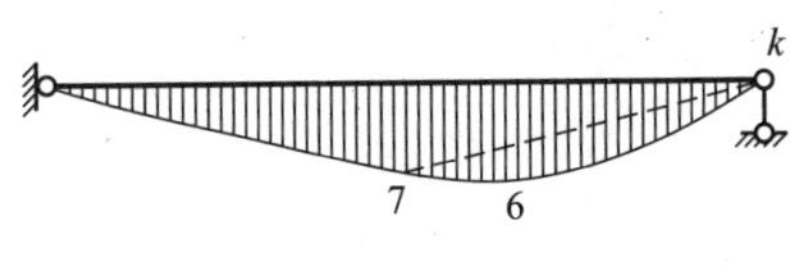

M图($\times ql^2/48$)

(c) 半边结构

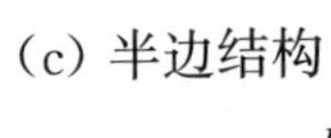

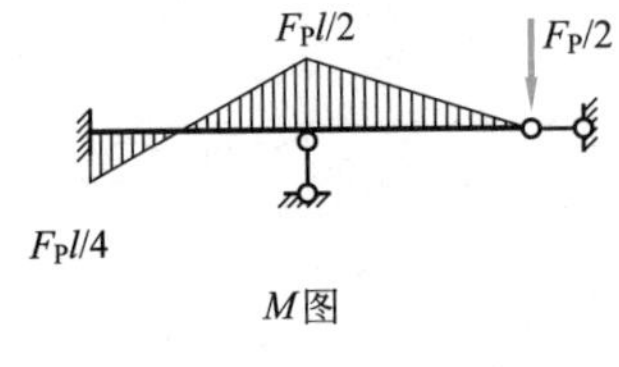

M图

(d)

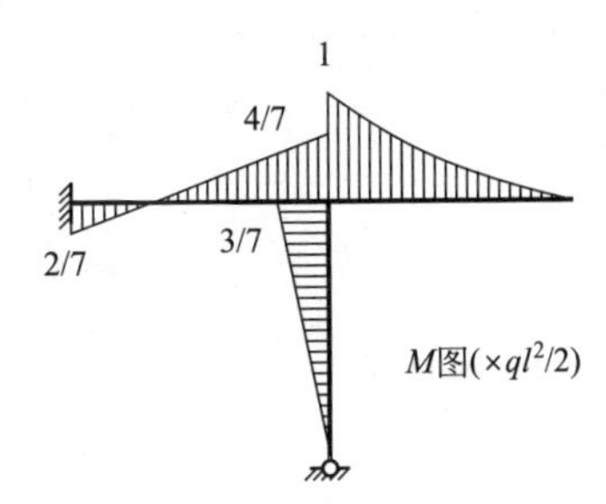

M图($\times ql^2/2$)

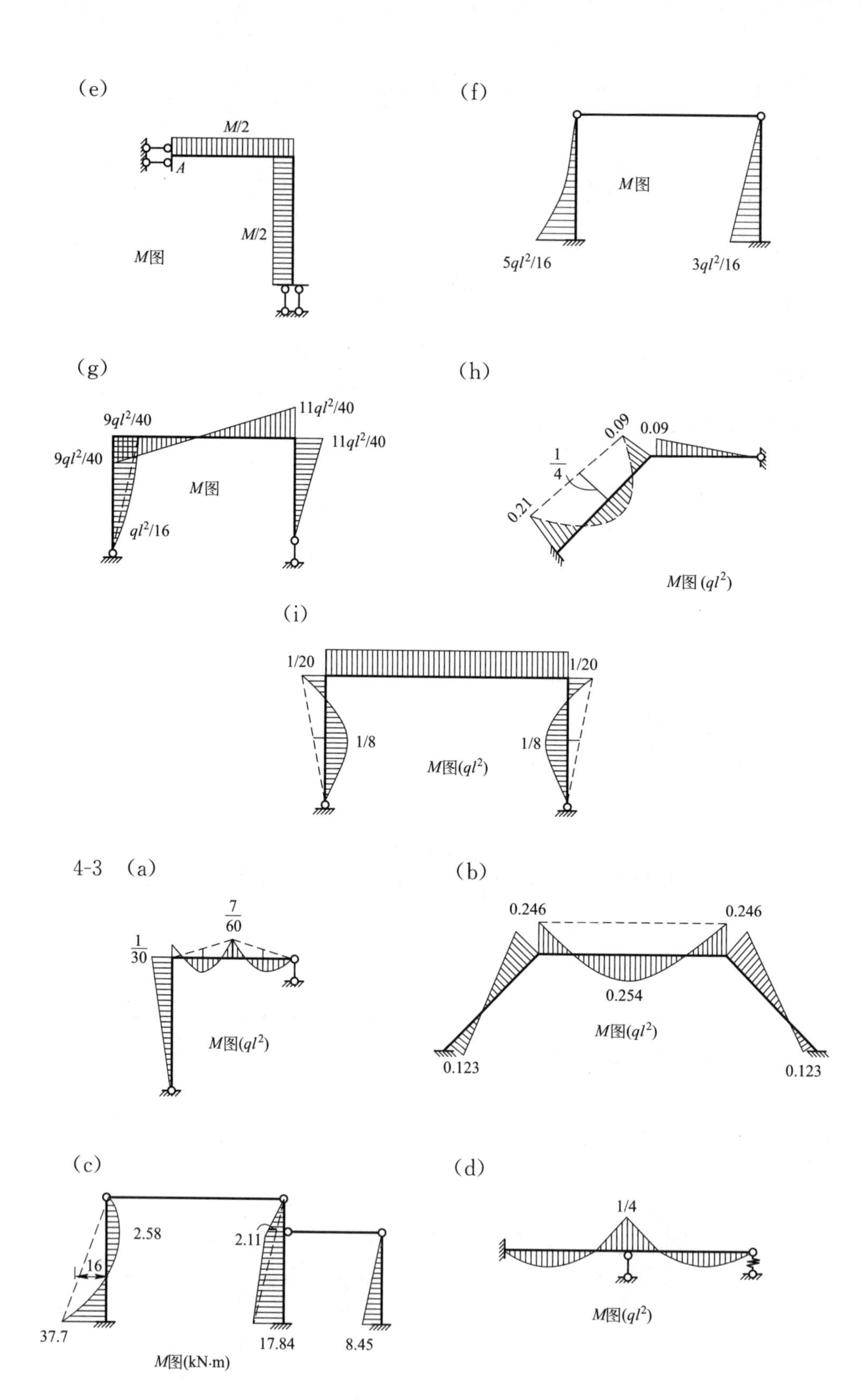
(e)
M/2
A
M/2
M图
(f)
M图
5ql²/16
3ql²/16
(g)
9ql²/40
11ql²/40
9ql²/40
11ql²/40
M图
ql²/16
(h)
0.09
0.09
1
4
0.21
M图 (ql²)
(i)
1/20
1/20
1/8
1/8
M图(ql²)
4-3 (a)
7
60
1
30
M图(ql²)
(b)
0.246
0.246
0.254
M图(ql²)
0.123
0.123
(c)
2.58
2.11
16
37.7
17.84
8.45
M图(kN·m)
(d)
1/4
M图(ql²)

4-4 （a）

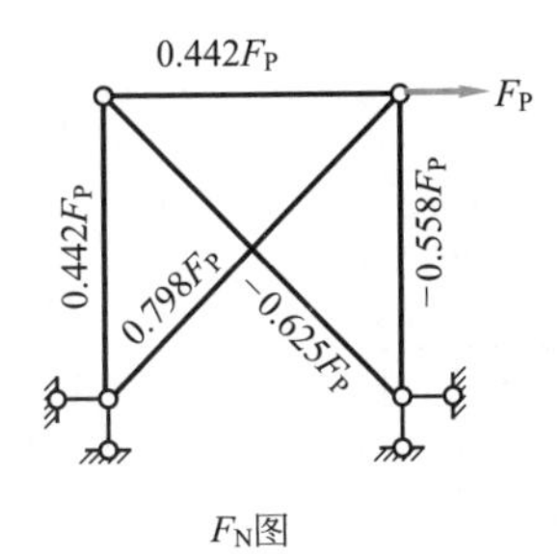

F_N图

（b）

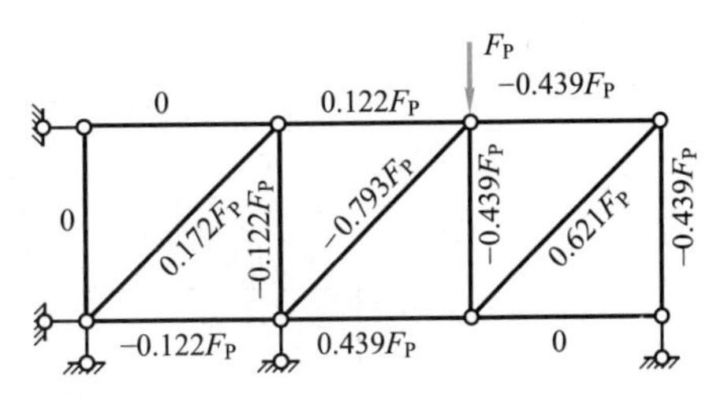

F_N图

4-5 （a）0.011ql；（b）0；

（c）

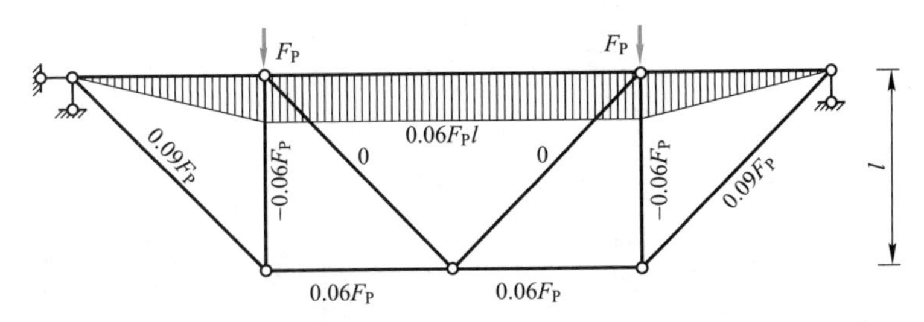

4-6 （a）

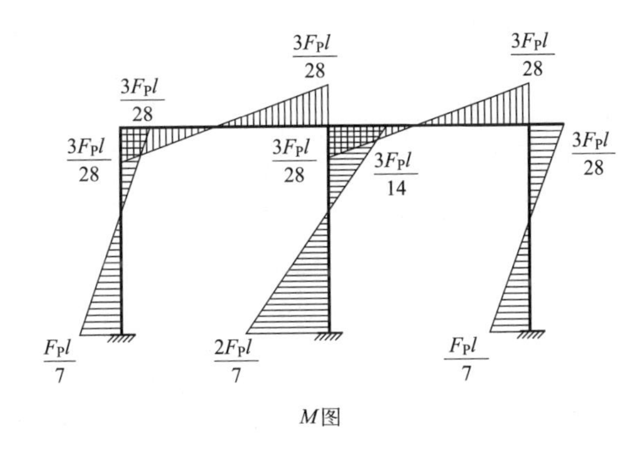

M图

（b）

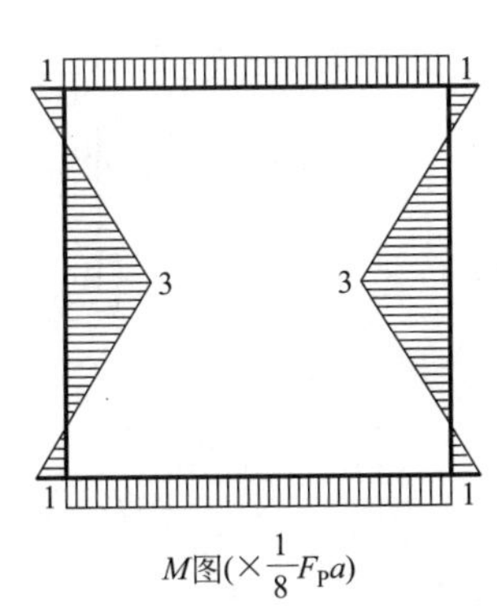

M图$(\times\frac{1}{8}F_P a)$

（c）

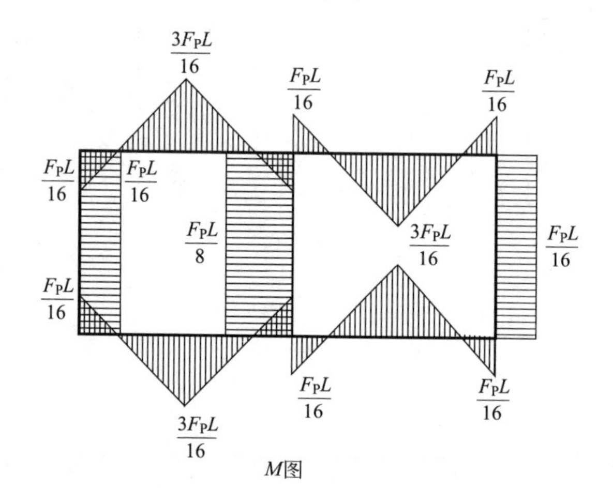

M图

（d）

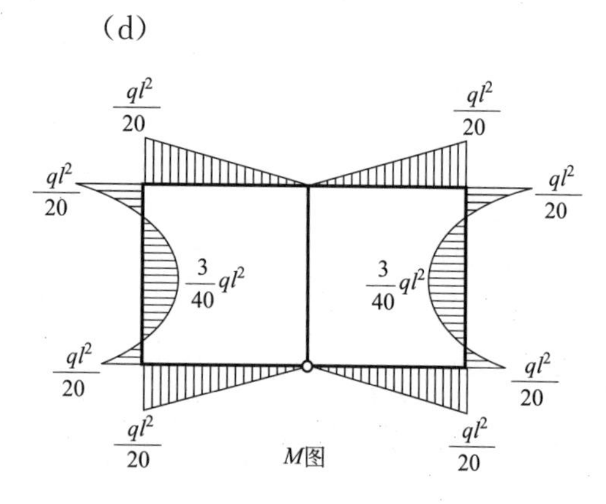

M图

（e）

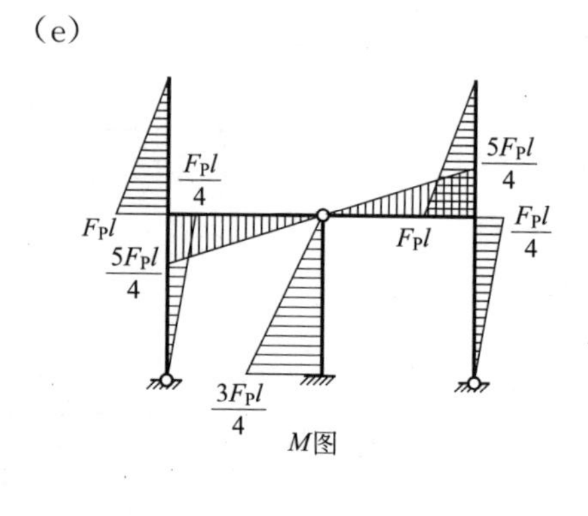

M图

（f）

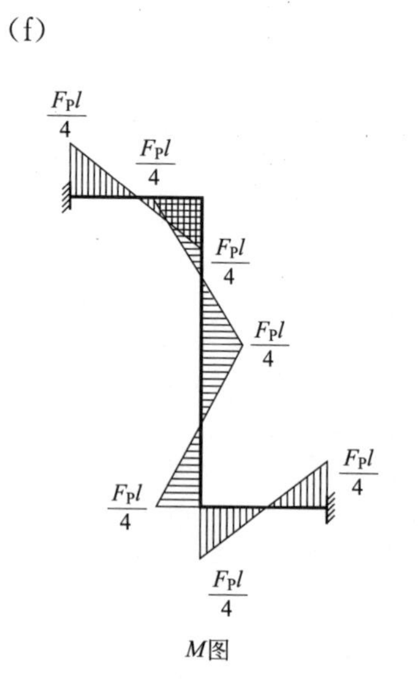

M图

（g）

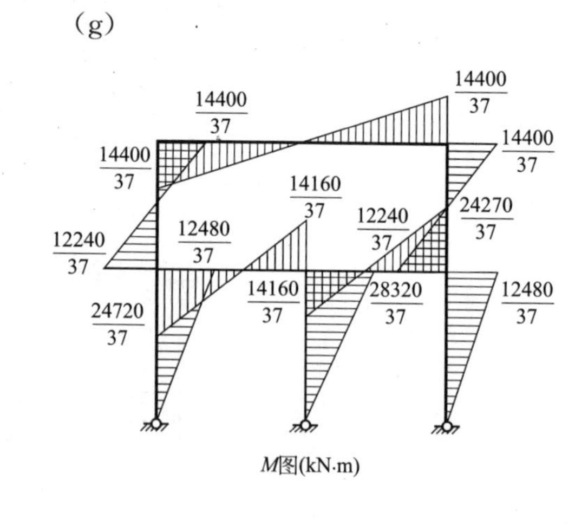

M图(kN·m)

4-7 (a)

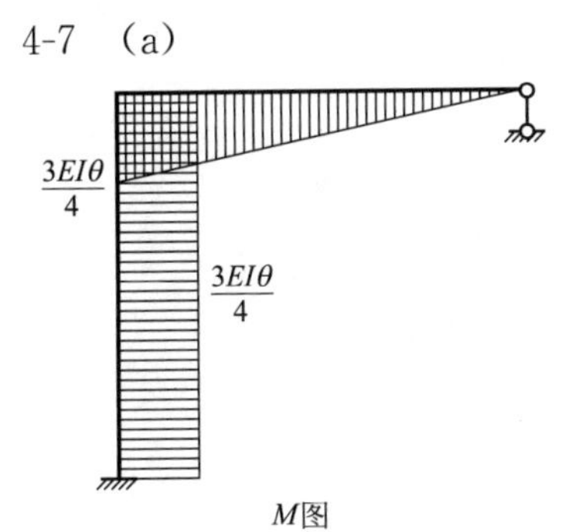

M图

(b)

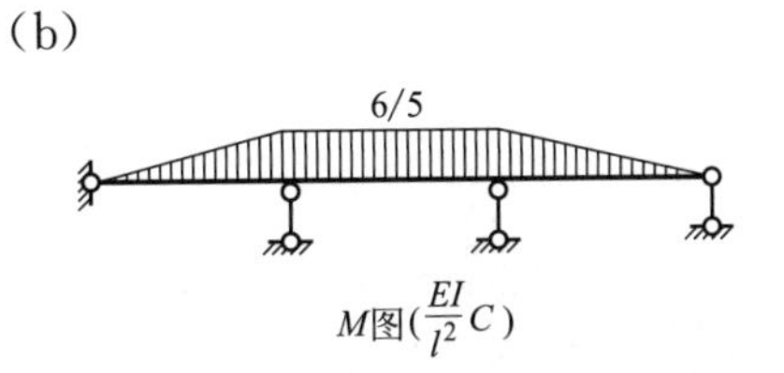

M图$(\frac{EI}{l^2}C)$

4-8

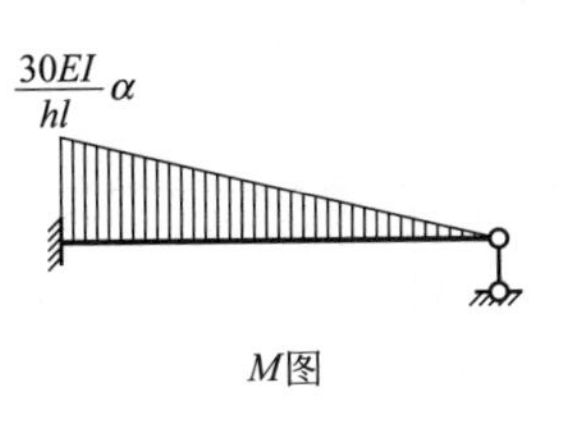

M图

4-9

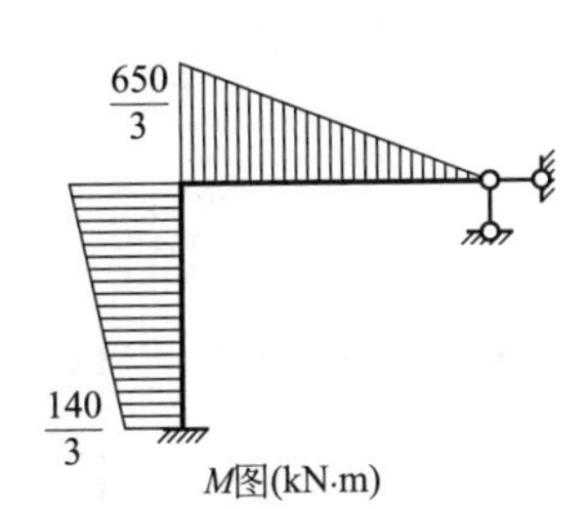

M图(kN·m)

4-10

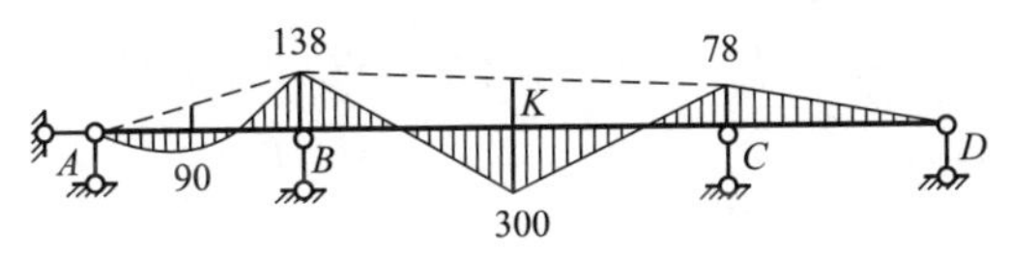

M图(kN·m)

$$\Delta_{Ky}=\frac{828\text{kNm}^3}{EI},\quad \varphi_C=-\frac{156\text{kNm}}{EI}\ (\circlearrowleft)$$

4-11 $\Delta_{Cy}=\frac{1}{16}(3l\varphi-5\Delta)(\downarrow)$

4-12 $\Delta_{Dy}=25\text{mm}(\downarrow)$；$\Delta_{Fx}=55.875\text{mm}(\rightarrow)$

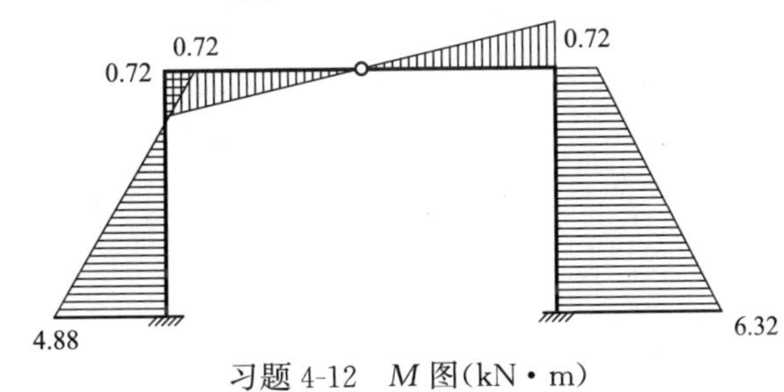

习题 4-12 M 图(kN · m)

4-13 $\Delta_{Cy}=\frac{3}{8}\varphi_A l(\downarrow)$；$\varphi_B=-\frac{\varphi_A}{2}$(逆时针)

第5章 位 移 法

5-1 (a) 2；(b) 1；(c) 2；(d) 3；(e) 6

5-2

(a)

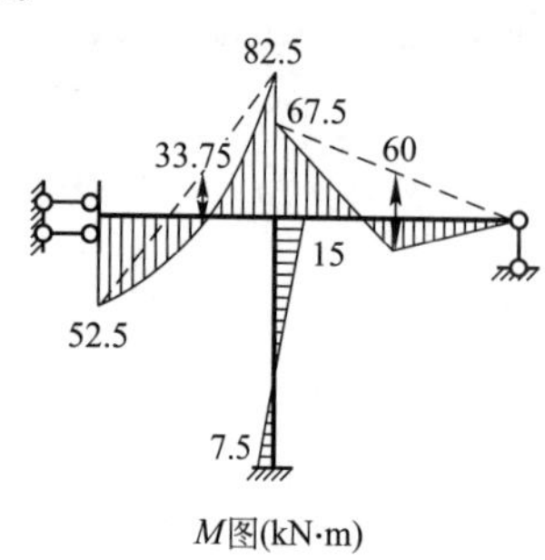
82.5
67.5
33.75
60
15
52.5
7.5
M图(kN·m)

(b)

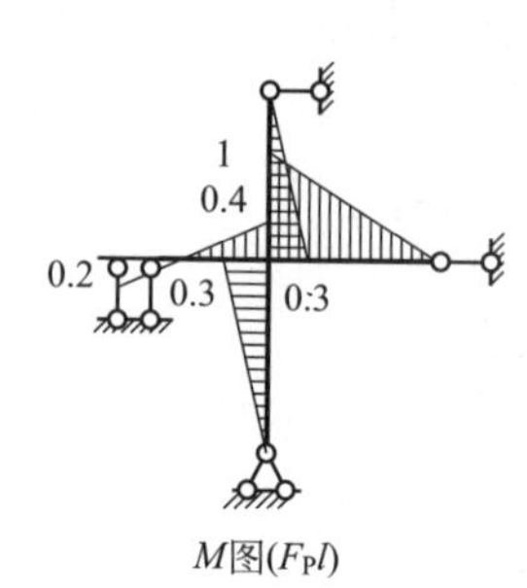
1
0.4
0.2
0.3
0:3
M图(FPl)

(c)

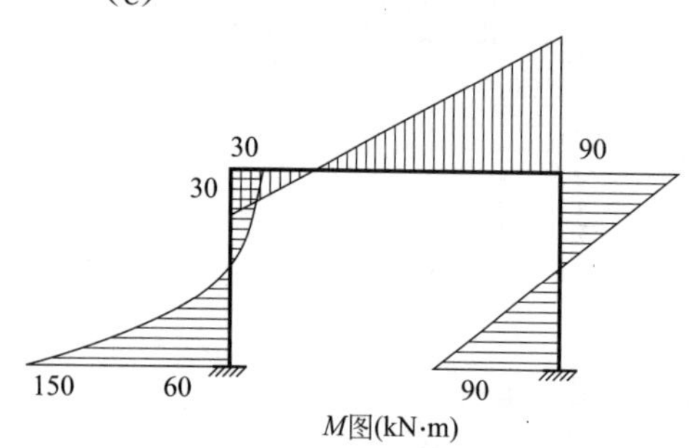
30
30
90
150
60
90
M图(kN·m)

(d)

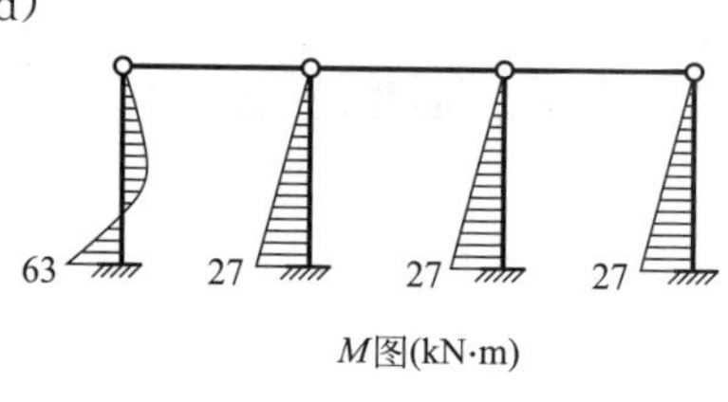
63
27
27
27
M图(kN·m)

(e)

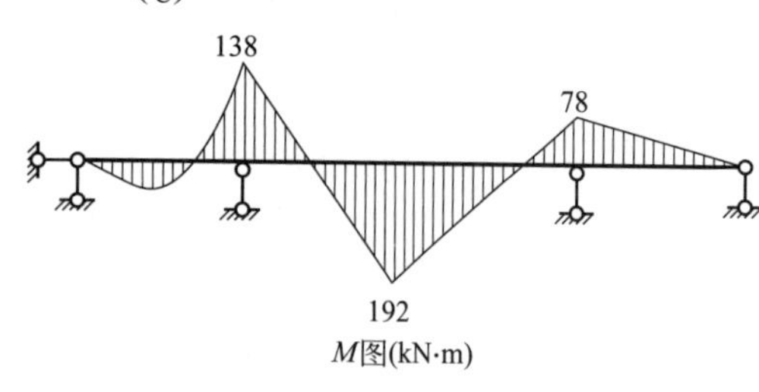
138
78
192
M图(kN·m)

(f)

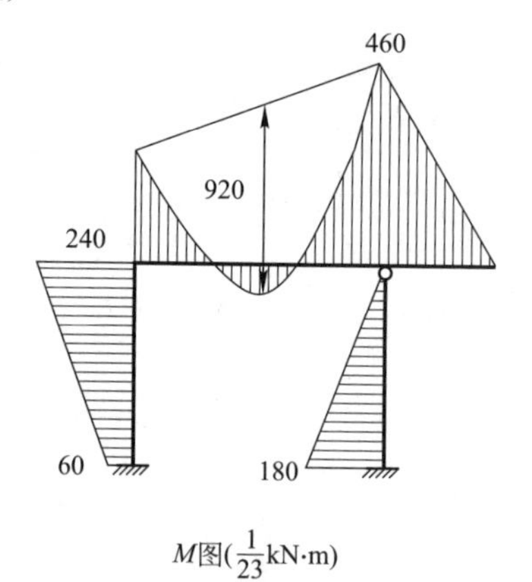
460
920
240
60
180
M图(1/23 kN·m)

(g)

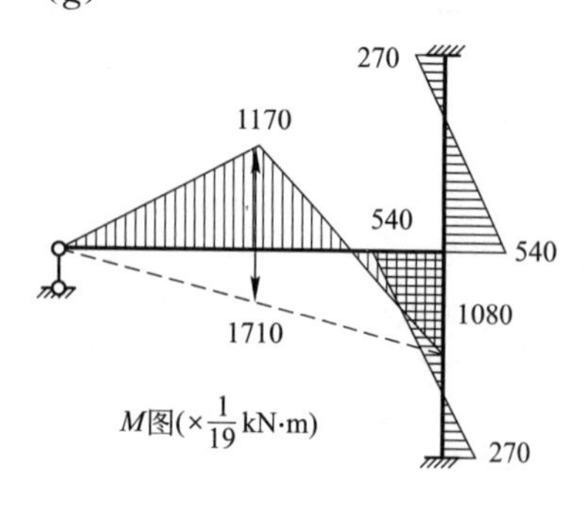
270
1170
540
540
1080
1710
270
M图(×1/19 kN·m)

(h)

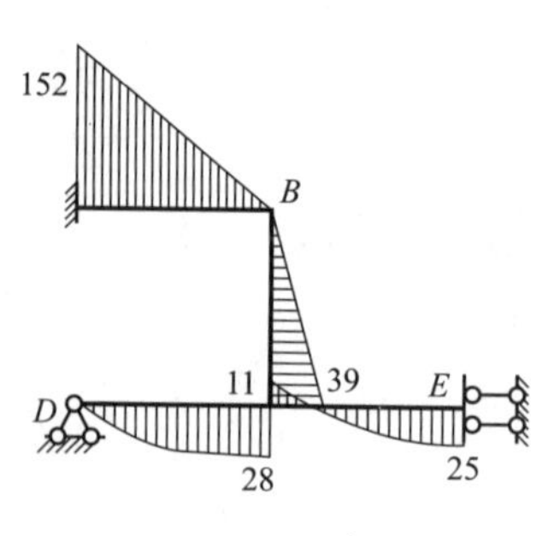
152
B
11
39
D
E
28
25
M图(×ql²/72)

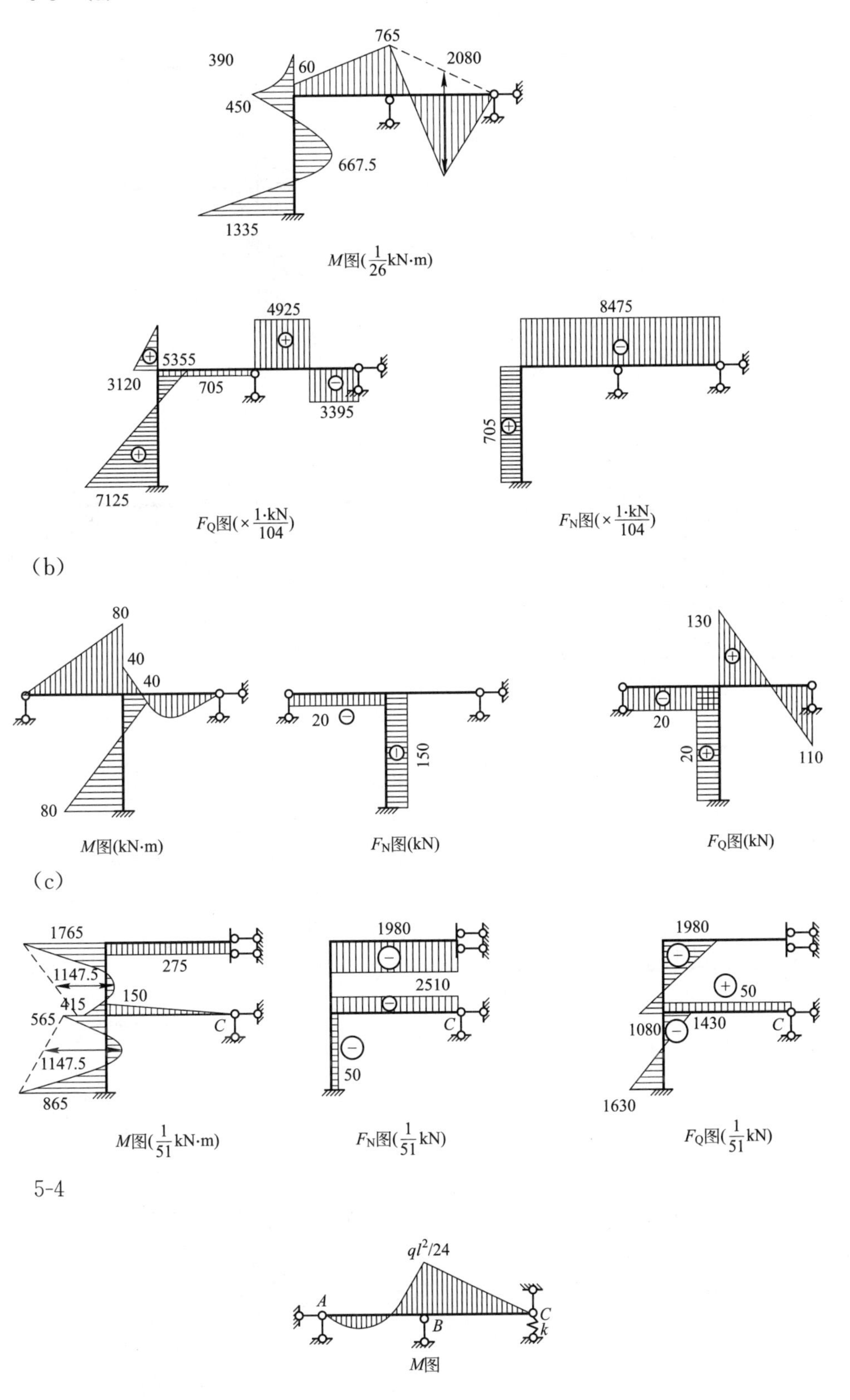
5-3 (a)
765
390
60
2080
450
667.5
1335
M图($\frac{1}{26}$kN·m)
4925
8475
5355
3120
705
3395
705
7125
F_Q图($\times\frac{1\cdot kN}{104}$)
F_N图($\times\frac{1\cdot kN}{104}$)
(b)
80
40
40
80
M图(kN·m)
20
150
F_N图(kN)
130
20
20
110
F_Q图(kN)
(c)
1765
1147.5
275
415
150
565
C
1147.5
865
M图($\frac{1}{51}$kN·m)
1980
2510
C
50
F_N图($\frac{1}{51}$kN)
1980
50
1080
1430
C
1630
F_Q图($\frac{1}{51}$kN)
5-4
$ql^2/24$
A
B
C
k
M图

5-5 （a）

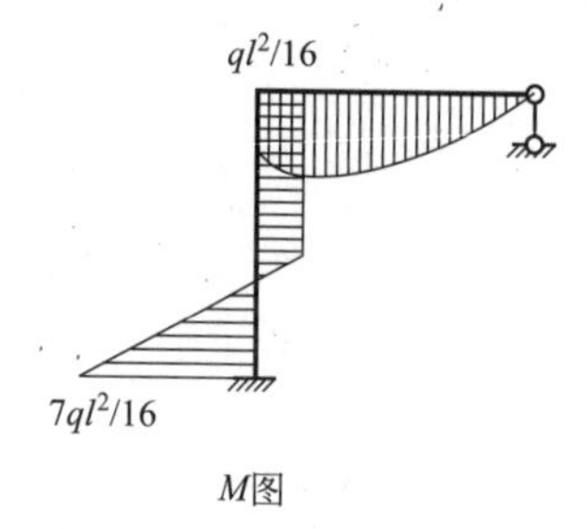

M图

（b）

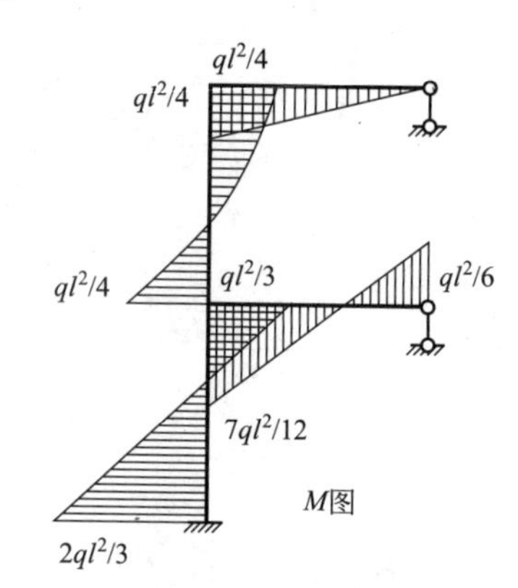

M图

5-6 （a）

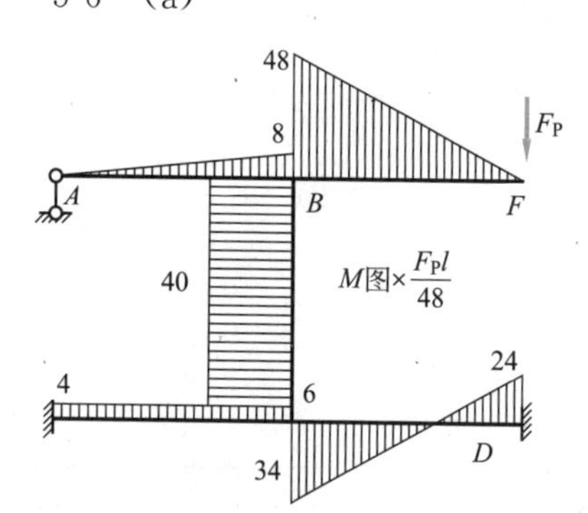

（b）

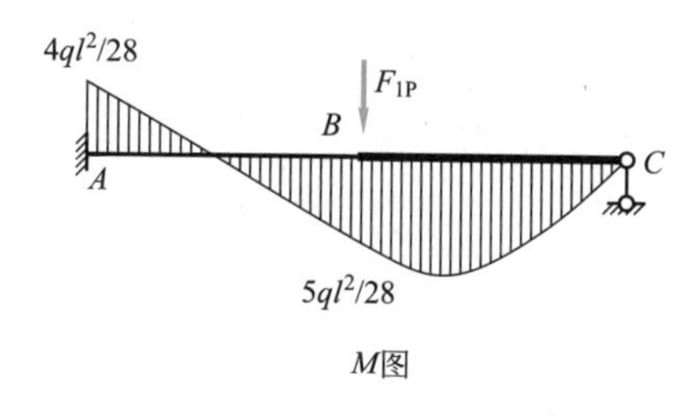

M图

（c）

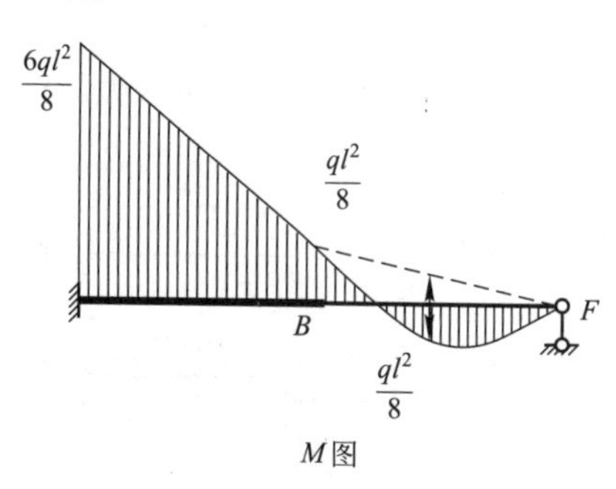

M图

5-7 （a）

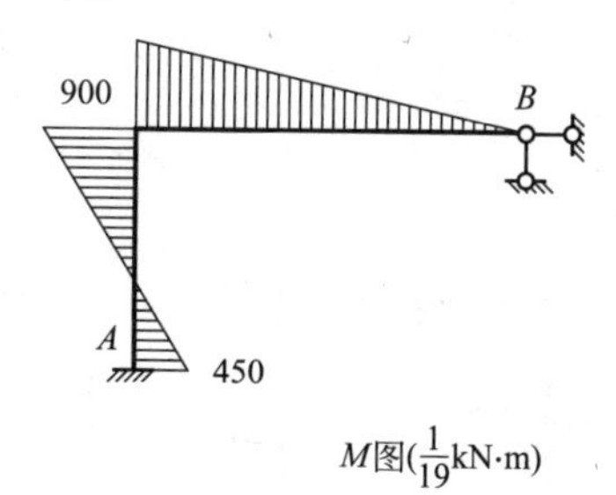

M图($\frac{1}{19}$kN·m)

（b）

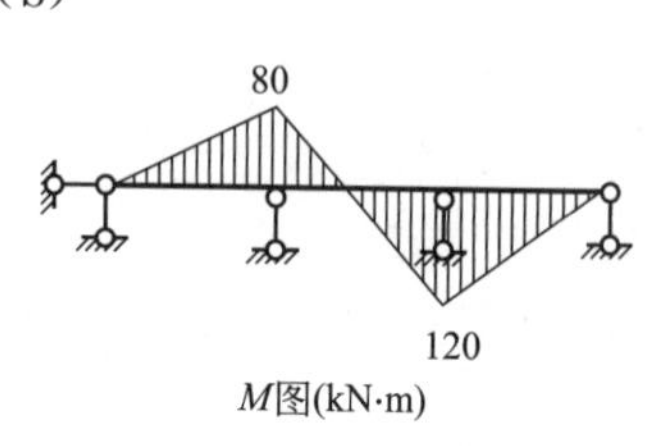

M图(kN·m)

（c）

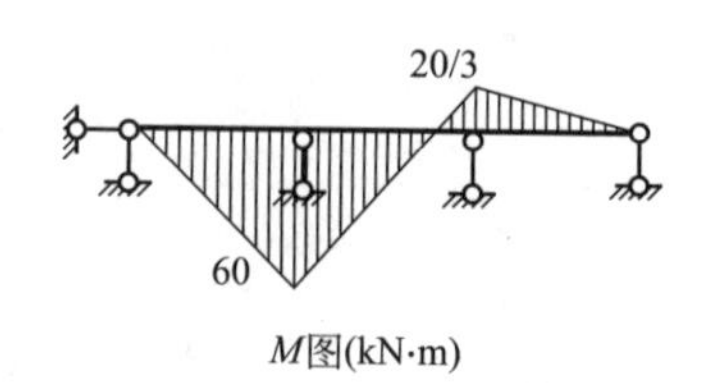

M图(kN·m)

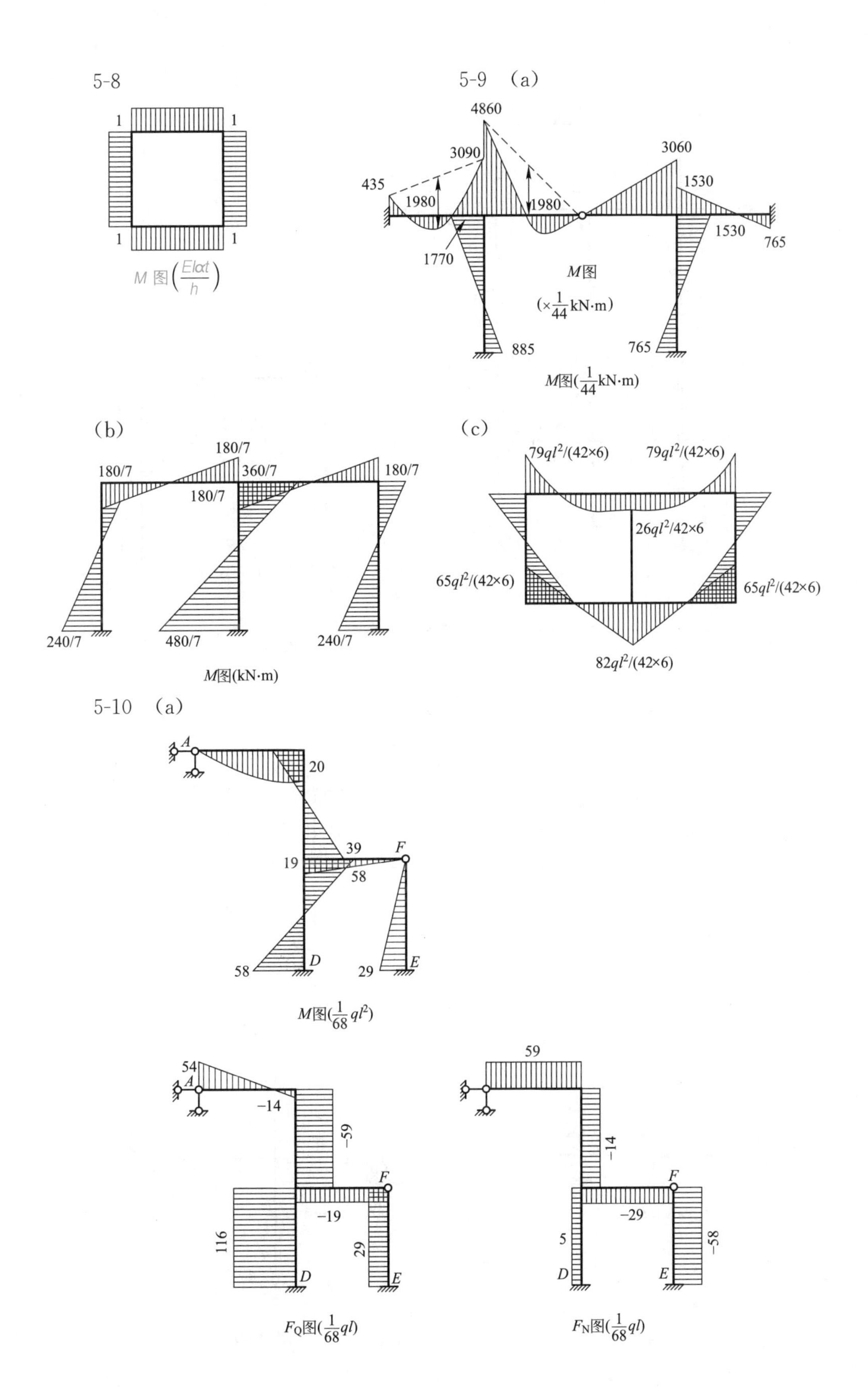

5-8
1
1
1
1
M 图($\frac{EI\alpha t}{h}$)
5-9 (a)
4860
3090
435
1980
1980
3060
1530
1530
765
1770
M图
($\times\frac{1}{44}$kN·m)
885
765
M图($\frac{1}{44}$kN·m)
(b)
180/7
180/7
360/7
180/7
180/7
240/7
480/7
240/7
M图(kN·m)
(c)
$79ql^2/(42\times6)$
$79ql^2/(42\times6)$
$26ql^2/42\times6$
$65ql^2/(42\times6)$
$65ql^2/(42\times6)$
$82ql^2/(42\times6)$
5-10 (a)
A
20
39
F
19
58
58
D
29
E
M图($\frac{1}{68}ql^2$)
54
A
-14
-59
F
-19
116
29
D
E
F_Q图($\frac{1}{68}ql$)
59
-14
F
-29
5
-58
D
E
F_N图($\frac{1}{68}ql$)

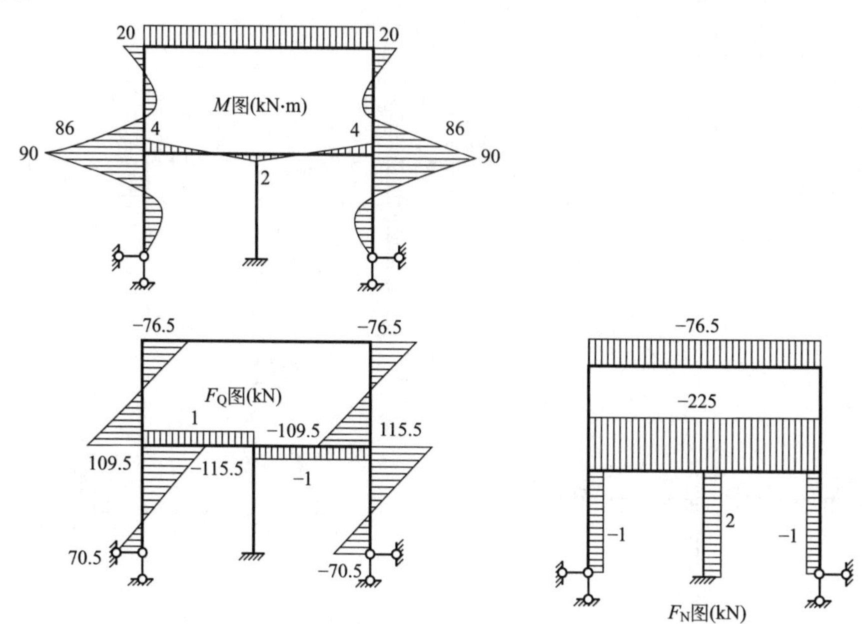

第 6 章　力矩分配法

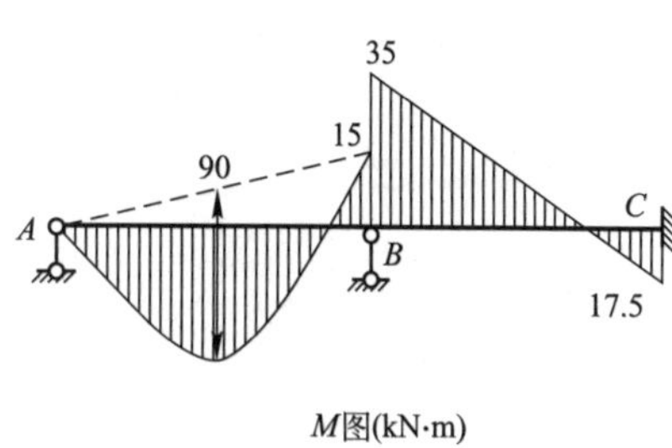

6-2

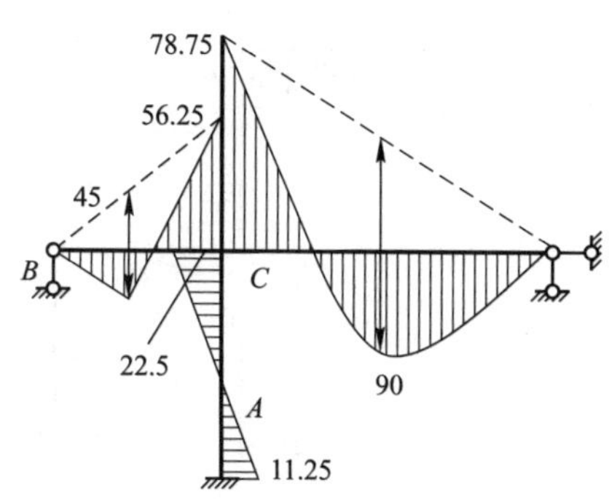

6-3

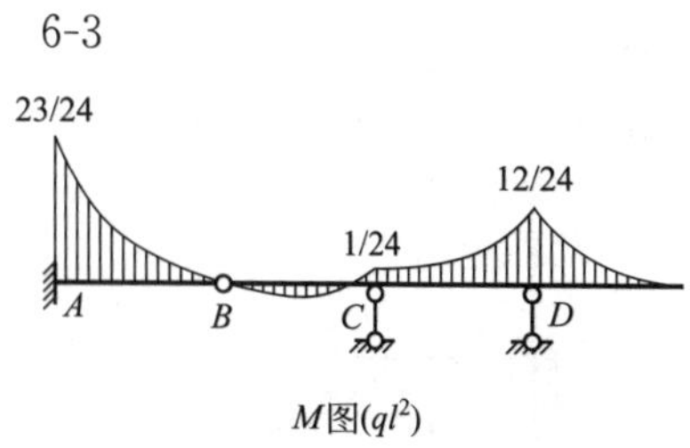

6-4

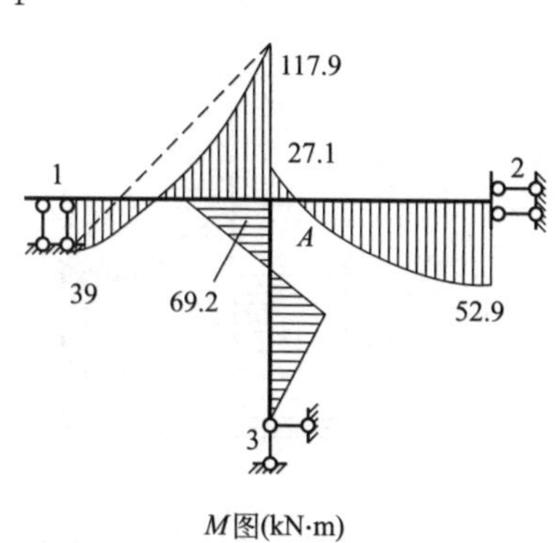

6-5

杆端	BA	AB	AD	AC	CA
分配系数		5/53	18/53	30/53	
固端弯矩			10	−20/3	20/3

6-6

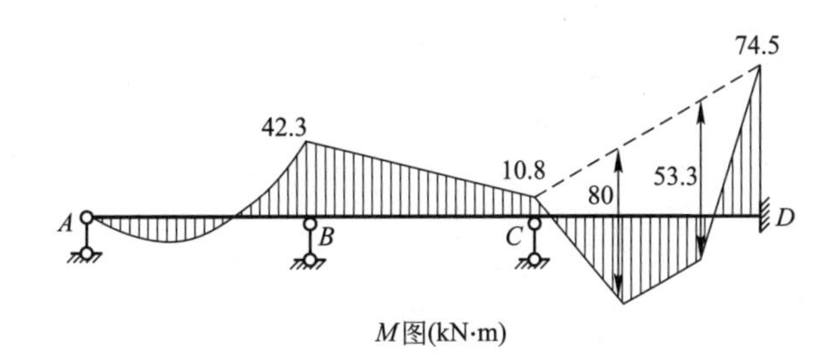

支座反力

$F_{Ay}=52.95\text{kN}$；$F_{By}=72.3\text{kN}$；$F_{Cy}=24.13\text{kN}$；$F_{Dy}=50.62\text{kN}$

6-7

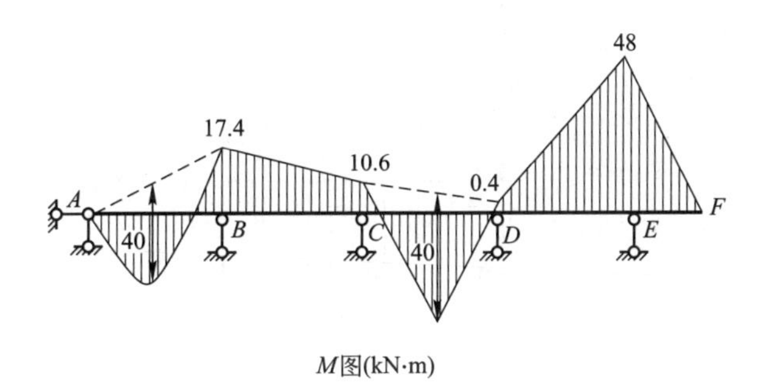

校核：

$\Delta_C=\dfrac{77.2}{3EI}$；$\Delta_D=\dfrac{-97.4}{3EI}$

6-8

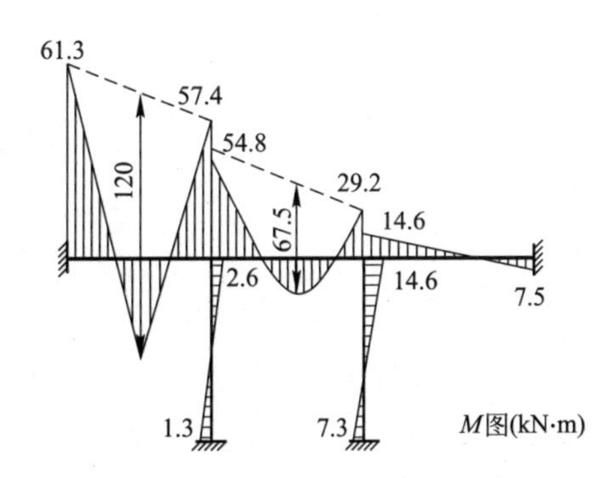

位移法：

$$\begin{cases}12i\Delta_1+2i\Delta_2+15=0\\2i\Delta_1+12i\Delta_2+45=0\end{cases}\quad\begin{cases}\Delta_1=-9/14i\\\Delta_2=-51/14i\end{cases}\quad\begin{cases}M_{BC}=-54.8\text{kN}\cdot\text{m}\\M_{CB}=29.1\text{kN}\cdot\text{m}\end{cases}$$

两轮计算结果与精确解已经相差无几。

6-9

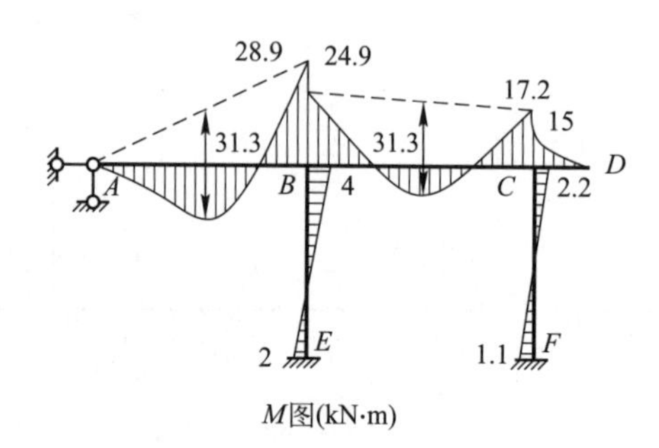

M图(kN·m)

$\Delta_B=\dfrac{-4}{EI}$；$\Delta_C=\dfrac{-2.2}{EI}$。两轮计算结果与精确解已经相差无几。

6-10

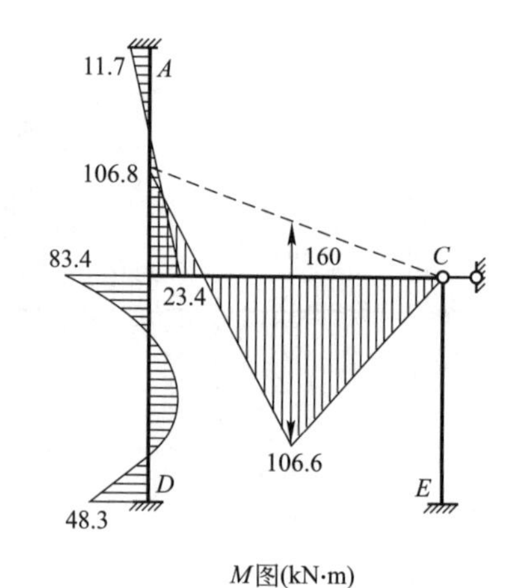

M图(kN·m)

校核 B 点角位移：$\Delta_B=\dfrac{105.3}{3EI}$，满足变形协调条件。

第 7 章　矩阵位移法

7-1　$[K]=\begin{bmatrix}40320 & 6720\\6720 & 80640\end{bmatrix}\text{kN}\cdot\text{m}$

7-2　$[K]=\begin{bmatrix}612\text{kN/m} & 0 & -30\text{kN}\\0 & 324\text{kN/m} & 0\\-30\text{kN} & 0 & 300\text{kN}\cdot\text{m}\end{bmatrix}\times10^4$

7-3

$$\begin{bmatrix} 110.937\text{N/m} & 0 & -8.96\text{N} & -105\text{N/m} & 0 & 0 \\ 0 & 142.52\text{N/m} & 5.04\text{N} & 0 & -2.52\text{N/m} & 5.04\text{N} \\ -8.96\text{N} & 5.04\text{N} & 31.36\text{Nm} & 0 & -5.04\text{N} & 6.72\text{N}\cdot\text{m} \\ -105\text{N/m} & 0 & 0 & 110.937\text{N/m} & 0 & -8.96\text{N} \\ 0 & -2.52\text{N/m} & -5.04\text{N} & 0 & 142.52\text{N/m} & -5.04\text{N} \\ 0 & 5.04\text{N} & 6.72\text{N}\cdot\text{m} & -8.96\text{N} & -5.04\text{N} & 31.36\text{N}\cdot\text{m} \end{bmatrix} \times 10^{6}$$

7-4 (a)

$\begin{Bmatrix} \Delta_1 \\ \Delta_2 \\ \Delta_3 \end{Bmatrix} = \begin{Bmatrix} 4.6154 \\ 0.76923 \\ 2.3077 \end{Bmatrix} \times \dfrac{1}{EI}$；$M_{21}=8.0769\text{kN}\cdot\text{m}$；$M_{32}=12.6923\text{kN}\cdot\text{m}$；$M_{43}=$ $16.1538\text{kN}\cdot\text{m}$

(b)

$\begin{Bmatrix} \Delta_1 \\ \Delta_2 \\ \Delta_3 \end{Bmatrix} = \begin{Bmatrix} 16.875 \\ -33.75 \\ 61.875 \end{Bmatrix} \times \dfrac{1}{EI}$；$M_{12}=-24.375\text{kN}\cdot\text{m}$；$M_{21}=41.25\text{kN}\cdot\text{m}$；$M_{32}=$ $1.875\text{kN}\cdot\text{m}$

(c)

$\begin{Bmatrix} \Delta_1 \\ \Delta_2 \end{Bmatrix} = \begin{Bmatrix} -11.733 \\ 14.933 \end{Bmatrix} \times \dfrac{1}{EI}$；$M_{12}=-21.867\text{kN}\cdot\text{m}$；$M_{21}=4.267\text{kN}\cdot\text{m}$；$M_{32}=$ $9.067\text{kN}\cdot\text{m}$；$M_{43}=31.467\text{kN}\cdot\text{m}$

7-5

$$2240\text{kN}\cdot\text{m} \begin{bmatrix} 8 & 2 & 0 & 0 & 0 \\ 2 & 8 & 2 & 0 & 0 \\ 0 & 2 & 8 & 2 & 0 \\ 0 & 0 & 2 & 8 & 2 \\ 0 & 0 & 0 & 2 & 4 \end{bmatrix} \begin{Bmatrix} \Delta_1 \\ \Delta_2 \\ \Delta_3 \\ \Delta_4 \\ \Delta_5 \end{Bmatrix} = \begin{Bmatrix} 11.25 \\ -11.25 \\ 48.75 \\ 41.25 \\ -30 \end{Bmatrix} \text{kN}\cdot\text{m}$$

7-6 (a) $F^{②}=18.051\text{kN}$；$F^{⑤}=-30.084\text{kN}$；$F^{⑥}=36.582\text{kN}$；$F^{①}=F^{③}=F^{④}=0$

(b) $F^{①}=10.000\text{kN}$；$F^{②}=13.333\text{kN}$；$F^{③}=-16.667\text{kN}$

7-7 $F^{①}=11.213\text{kN}$；$F^{②}=1.2132\text{kN}$；$F^{③}=12.426\text{kN}$

第8章 结构的动力计算

8-1 (a) 3;(b) 2;(c) 1;(d) 4;(e) 3;(f) 4

8-2 (a) $\omega=\sqrt{\frac{12EI}{7ml^3}}$; (b) $\omega=\sqrt{\frac{3EIk}{2m(kl^3+6EI)}}$; (c) $\omega=\sqrt{\frac{21EI}{10ml^3}}$;

(d) $\omega=\sqrt{\frac{6EI}{5ml^3}}$; (e) $\omega=\sqrt{\frac{3k}{4l(2\bar{m}_1+\bar{m}_2)}}$; (f) $\omega=\sqrt{\frac{2EI}{ml^3}}$;

(g) $\omega=\sqrt{\frac{1344EI}{19ml^3}}$; (h) $\omega=\sqrt{\frac{9EI}{ml^3}}$

8-3 $\xi=0.037$

8-4 $Y=13\text{mm}$; $F_I=10.6\text{kN}$; $M_B=31.2\text{kN}\cdot\text{m}$; $M_{B\max}=71.2\text{kN}\cdot\text{m}$; $M_{B\min}=8.8\text{kN}\cdot\text{m}$(结果为正,说明截面上侧受拉)

8-5 $Y=3.26\text{mm}$; $F_I=2.66\text{kN}$; $M_B=5.32\text{kN}\cdot\text{m}$; $M_C=7.66\text{kN}\cdot\text{m}$; $M_{B\max}=45.32\text{kN}\cdot\text{m}$; $M_{B\min}=34.68\text{kN}\cdot\text{m}$; $M_{C\max}=27.66\text{kN}\cdot\text{m}$; $M_{C\min}=12.34\text{kN}\cdot\text{m}$

8-6 $Y=0.15\frac{F_Pl^3}{EI}$; $M_A=0.45F_Pl$; $F_{S0}=0.45F_P$

8-7 当机器转速为300r/min:$Y(\xi=0.1)=22.17\text{mm}$;$Y(\xi=0)=43.2\text{mm}$
从计算结果可以看出,由于频率比接近1,阻尼对降低位移的作用是显著的。
当机器转速为600r/min:$Y(\xi=0.1)=2.6\text{mm}$;$Y(\xi=0)=2.6\text{mm}$。
从计算结果可以看出,由于频率比较大,阻尼的作用很小。

8-8 (1) $Y=0.992\frac{F_Pl^3}{EI}$; $F_I=4.65F_P$

(2)

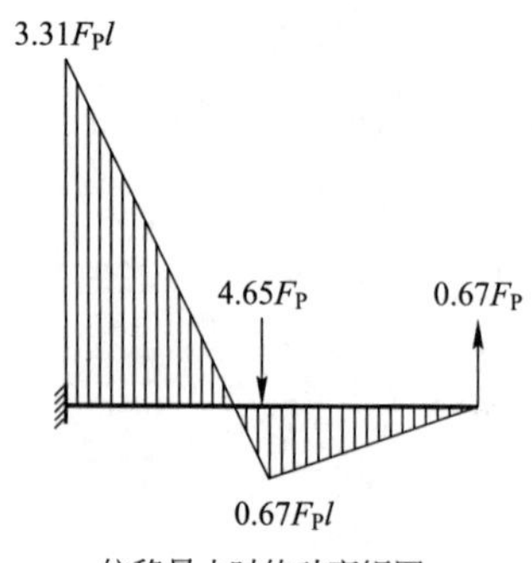

位移最大时的动弯矩图

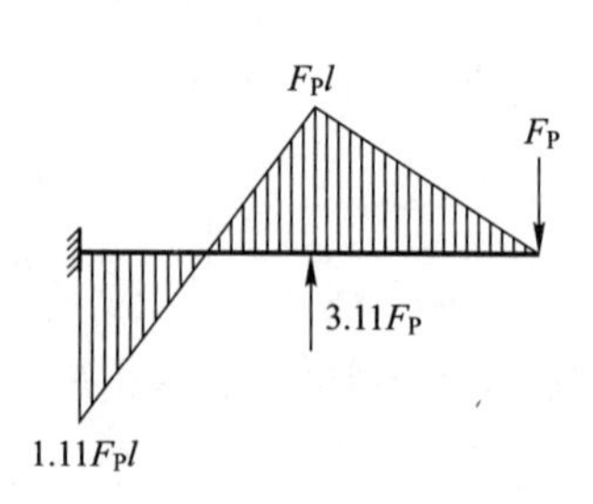

荷载最大时的动弯矩图

8-9 (1) $Y=16\text{mm}$; $M_{\max}=56.9\text{kN}\cdot\text{m}$; (2) $Y=23.6\text{mm}$

8-10 $\omega_1=0.9315\sqrt{\frac{EI}{a^3m}}$; $\omega_2=2.3521\sqrt{\frac{EI}{a^3m}}$; $\{Y\}^{(1)}=\begin{pmatrix}1\\-0.3052\end{pmatrix}$;

$\{Y\}^{(2)}=\begin{pmatrix}1\\1.6385\end{pmatrix}$

8-11 $\omega_1=254.45\text{rad/s}$; $\omega_2=384.7\text{rad/s}$; $\{Y\}^{(1)}=\begin{pmatrix}1\\-1\end{pmatrix}$; $\{Y\}^{(2)}=\begin{pmatrix}1\\1\end{pmatrix}$

8-12 (a) $\omega_1=10.474\sqrt{\frac{EI}{ml^3}}$; $\omega_2=13.856\sqrt{\frac{EI}{ml^3}}$; $\{Y\}^{(1)}=\begin{pmatrix}1\\-1\end{pmatrix}$; $\{Y\}^{(2)}=\begin{pmatrix}1\\1\end{pmatrix}$

(b) $\omega_1=2.822\sqrt{\frac{EI}{ml^3}}$; $\omega_2=8.095\sqrt{\frac{EI}{ml^3}}$; $\{Y\}^{(1)}=\begin{pmatrix}1\\2.168\end{pmatrix}$; $\{Y\}^{(2)}=\begin{pmatrix}1\\-0.231\end{pmatrix}$

8-13 $\omega_1=9.885\text{rad/s}$; $\omega_2=23.179\text{rad/s}$; $\{Y\}^{(1)}=\begin{pmatrix}1\\1.870\end{pmatrix}$; $\{Y\}^{(2)}=\begin{pmatrix}1\\-0.642\end{pmatrix}$

8-14 $\omega_1=\sqrt{\frac{12EI}{17ml^3}}$; $\omega_2=\sqrt{\frac{4EI}{ml^3}}$; $\{Y\}^{(1)}=\begin{pmatrix}1\\0\end{pmatrix}$; $\{Y\}^{(2)}=\begin{pmatrix}0\\1\end{pmatrix}$

8-15 (1) $\omega_1=22.78\text{rad/s}$; $\omega_2=62.30\text{rad/s}$; $\{Y\}^{(1)}=\begin{pmatrix}1\\1.667\end{pmatrix}$; $\{Y\}^{(2)}=\begin{pmatrix}1\\-0.5\end{pmatrix}$

(2) (a)
$$\begin{Bmatrix}y_1(t)\\y_2(t)\end{Bmatrix}=7.06\begin{Bmatrix}1\\1.667\end{Bmatrix}\sin(22.78t+77.62°)+3.09\begin{Bmatrix}1\\-0.5\end{Bmatrix}\sin(62.30t+85.4°)$$

(b)
$$\begin{Bmatrix}y_1(t)\\y_2(t)\end{Bmatrix}=0.081\begin{Bmatrix}1\\1.667\end{Bmatrix}\sin(22.78t)-0.158\begin{Bmatrix}1\\-0.5\end{Bmatrix}\sin(62.30t-180°)$$

8-16 $Y_1=0.202\times10^{-3}\text{m}$; $Y_2=0.206\times10^{-3}\text{m}$; $M_1=6062.46\text{N}\cdot\text{m}$; $M_2=79.05\text{N}\cdot\text{m}$

8-17

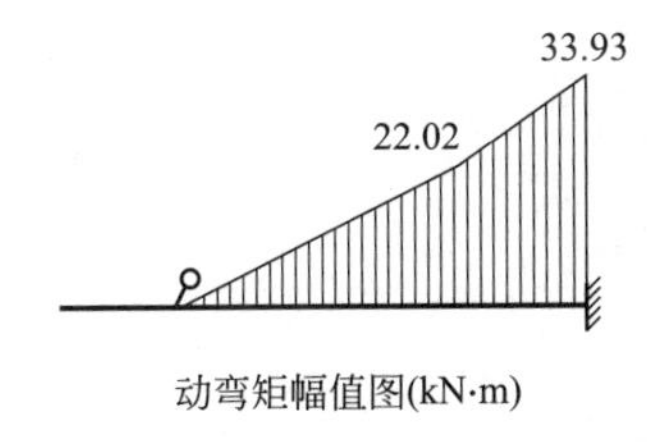

动弯矩幅值图(kN·m)

8-18 略

8-19 略

8-20 $\omega_1=1.709\sqrt{\frac{EI}{mh^3}}$

第 9 章　影响线及其应用

9-1

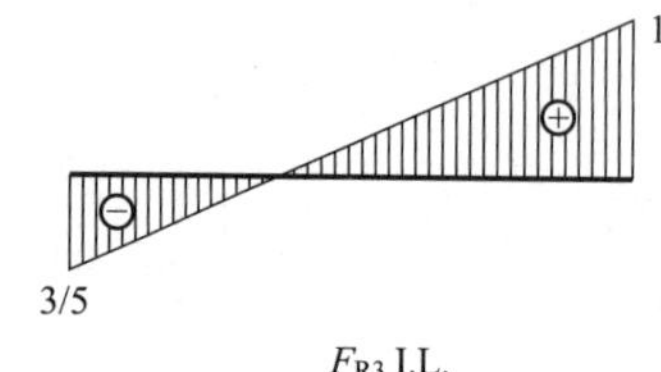

F_{R3} I.L.

$\frac{4\sqrt{2}}{5}$

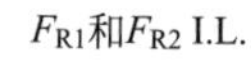

F_{R1}和F_{R2} I.L.

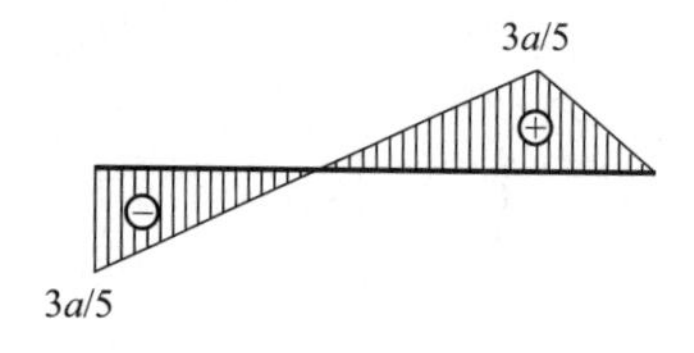

M_K I.L.

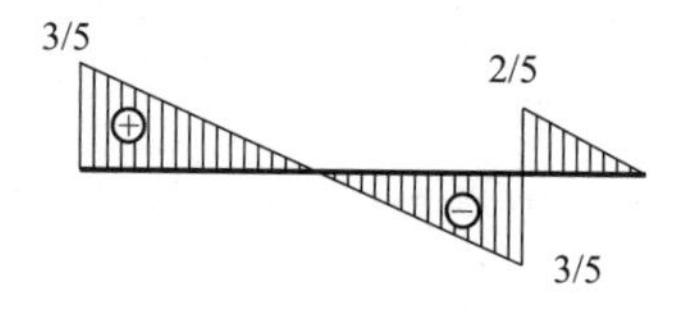

F_{QK} I.L.

$F_{NK}=0$

9-2

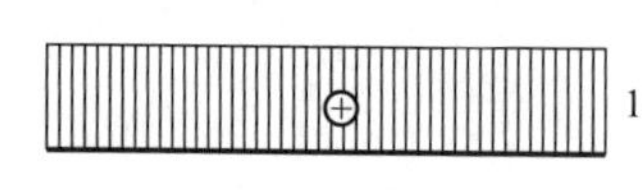

(a) F_{By} I.L.

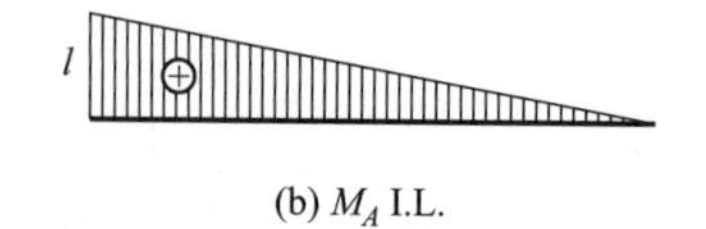

(b) M_A I.L.

$l/2$

(c) M_K I.L.

1

(d) F_{QK} I.L.

9-3

(a) $F_{Ax}=0$

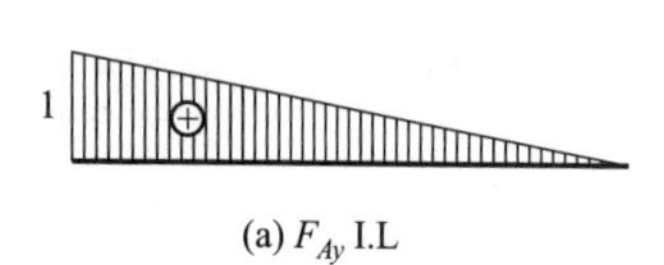

(a) F_{Ay} I.L

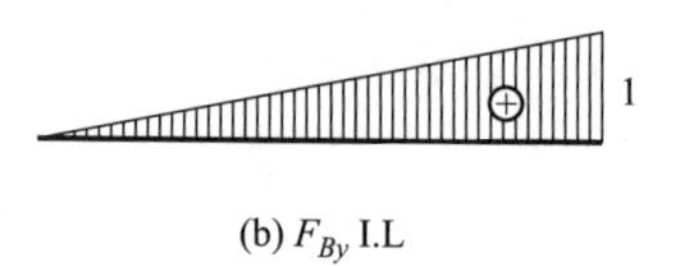

(b) F_{By} I.L

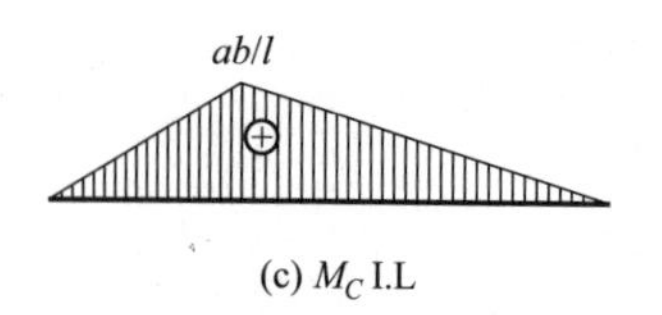

(c) M_C I.L

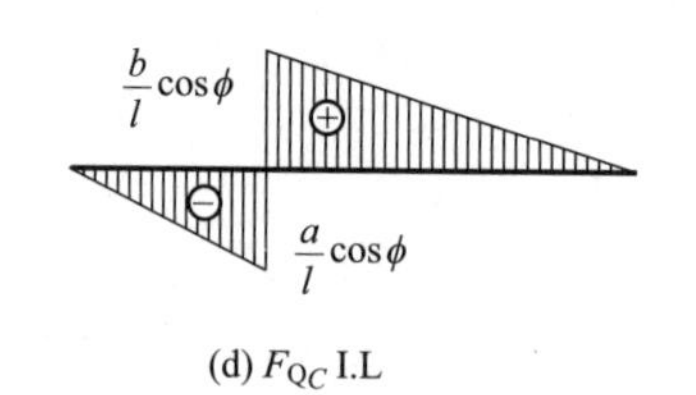

(d) F_{QC} I.L

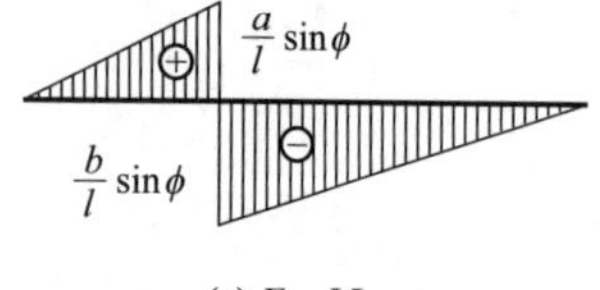

(e) F_{NC} I.L.

(b)

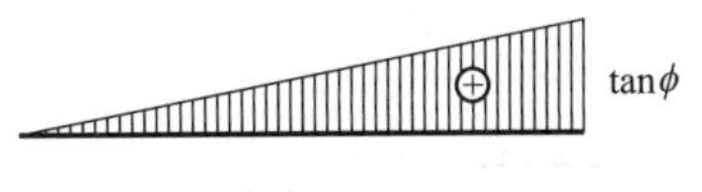

(a) F_{By} I.L.

(b) F_{Ay} I.L.

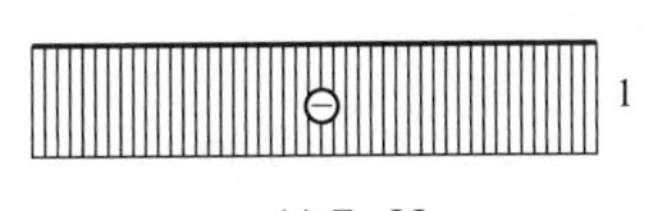

(c) F_{Ax} I.L.

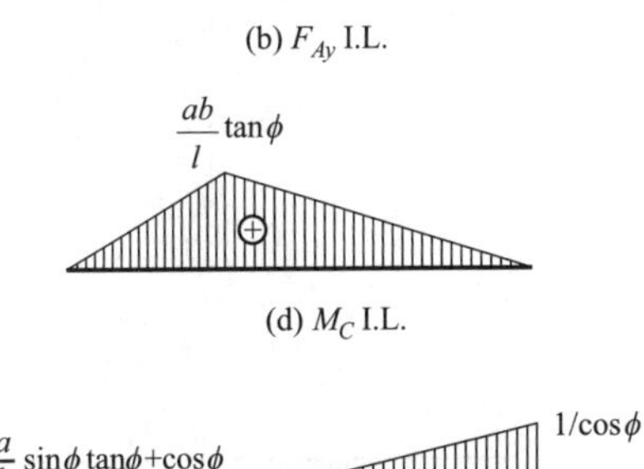

(d) M_C I.L.

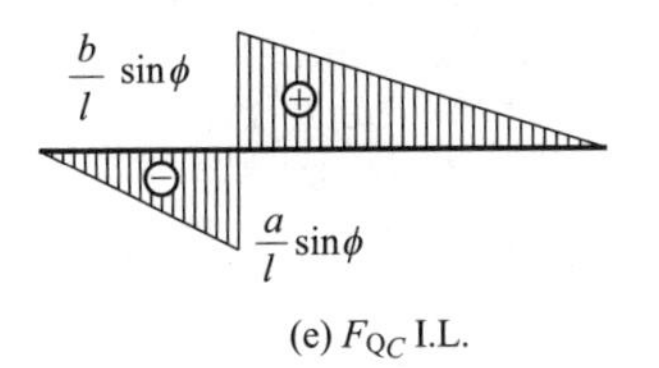

(e) F_{QC} I.L.

(f) F_{NC} I.L.

9-4

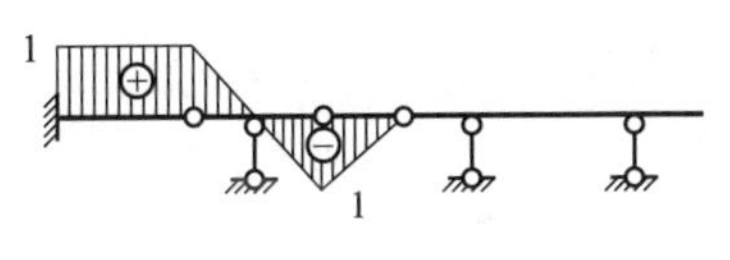

(a) F_{Ay} I.L

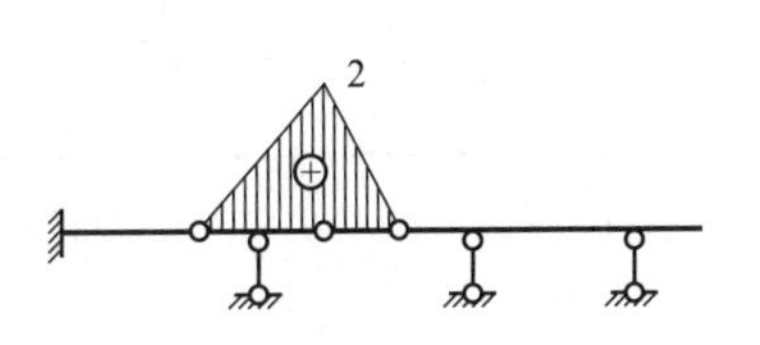

(b) F_{By} I.L

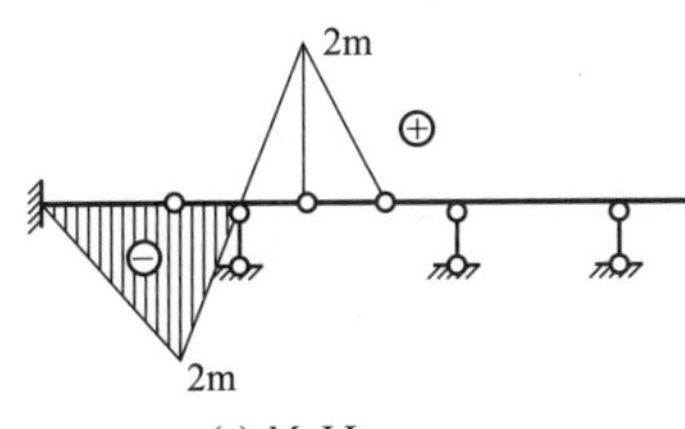

(c) M_A I.L

(d) M_B I.L.

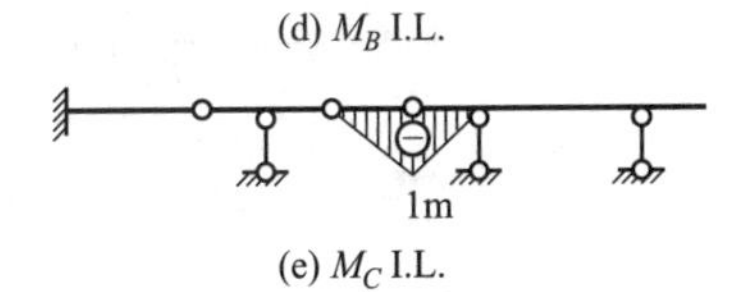

(e) M_C I.L.

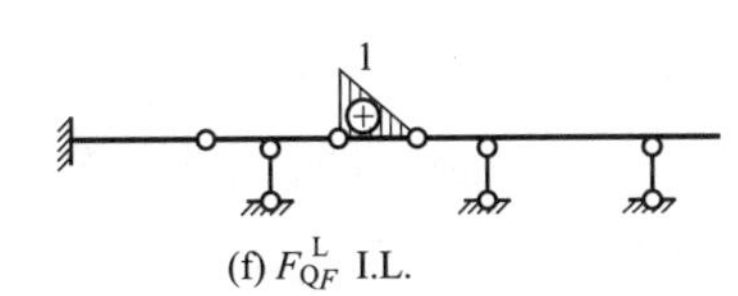

(f) F_{QF}^{L} I.L.

(g) F_{QE}^{L} I.L.

9-5

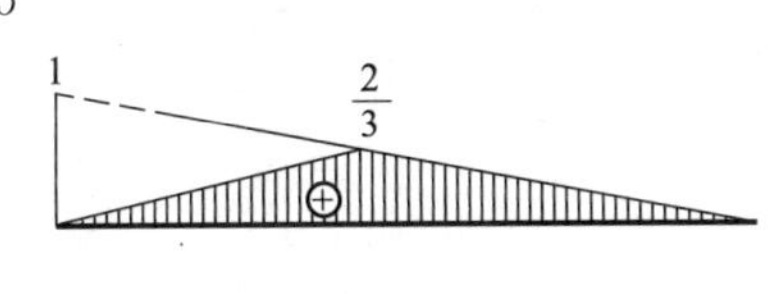

(a) F_{QA}^{R} I.L.

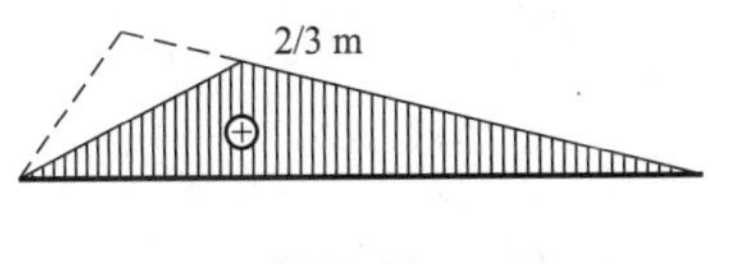

(b) M_C I.L.

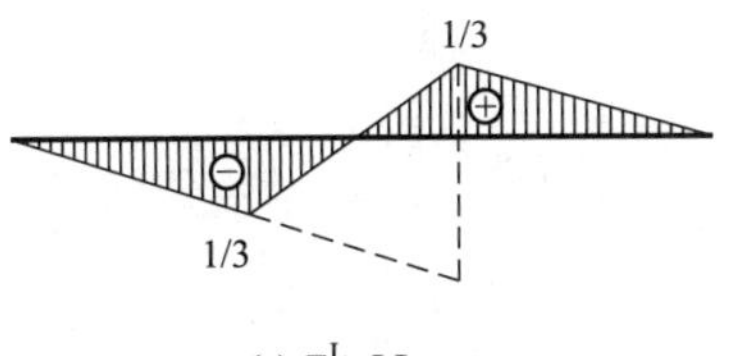

(c) F_{QE}^{L} I.L.

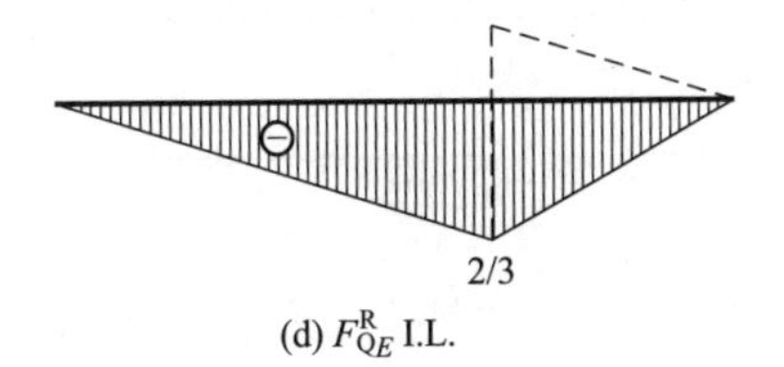

(d) F_{QE}^{R} I.L.

9-6

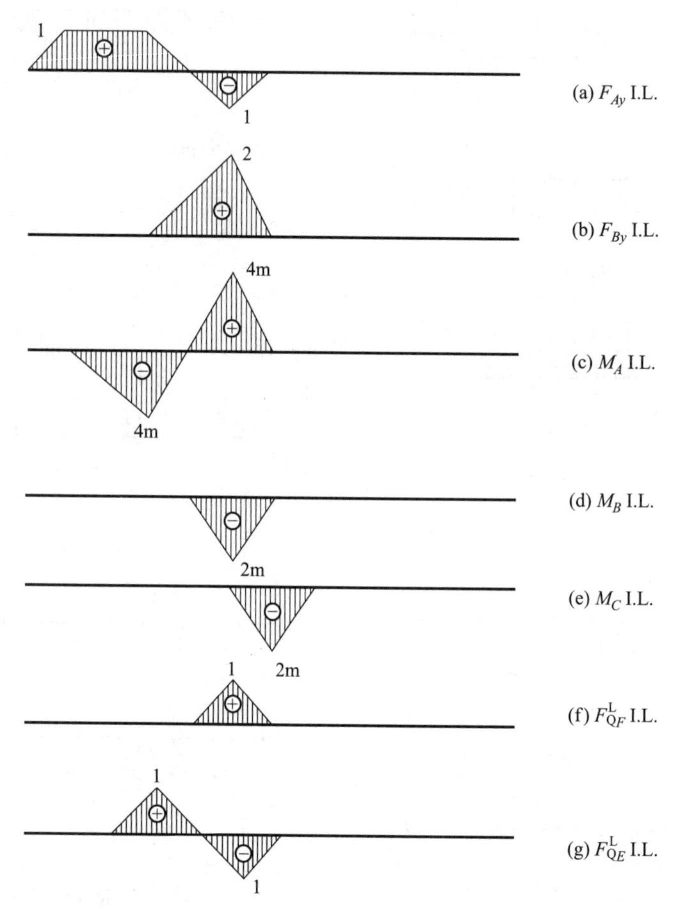

9-7

荷载在上弦移动时：

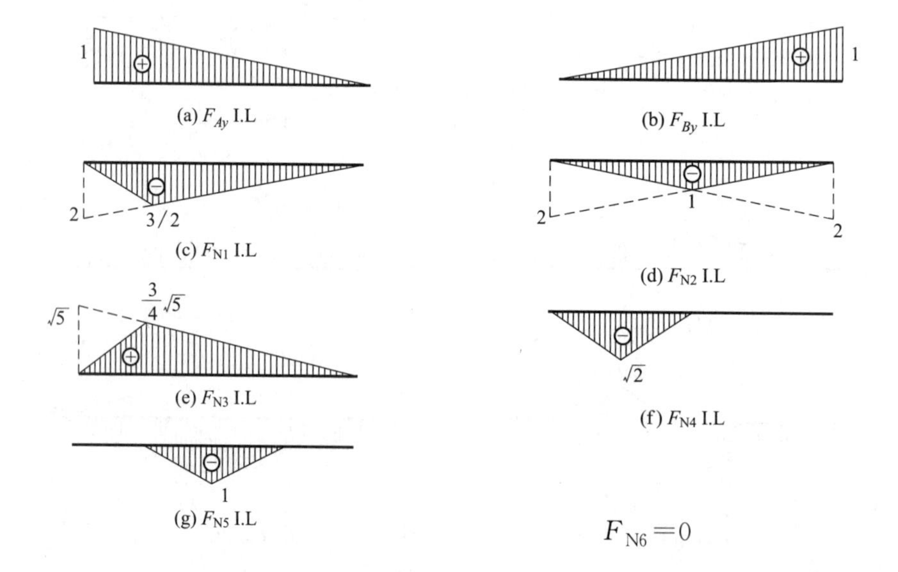

荷载在上弦移动时，F_{N1}、F_{N2}、F_{N3}、F_{N4}、F_{N6} 的影响线与荷载上行时一样，F_{N5} 的影响线处处为零。

9-8

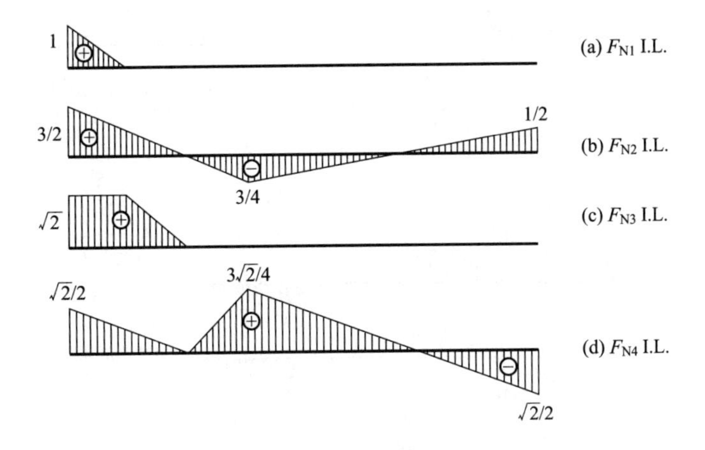

9-9

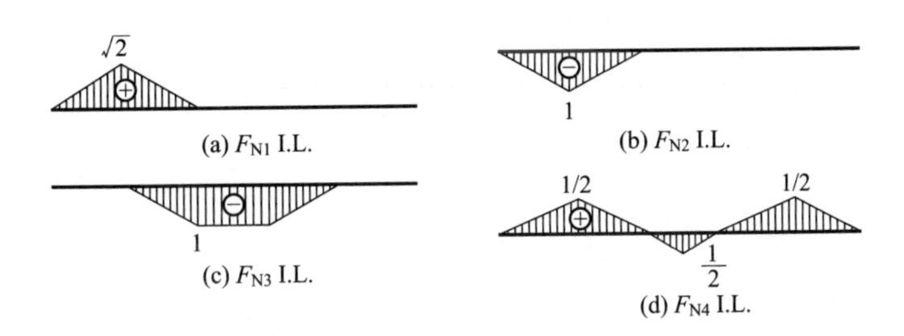

9-10

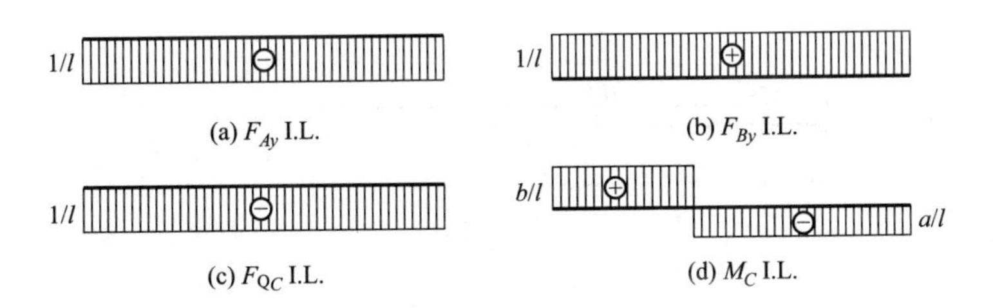

9-11

(a)

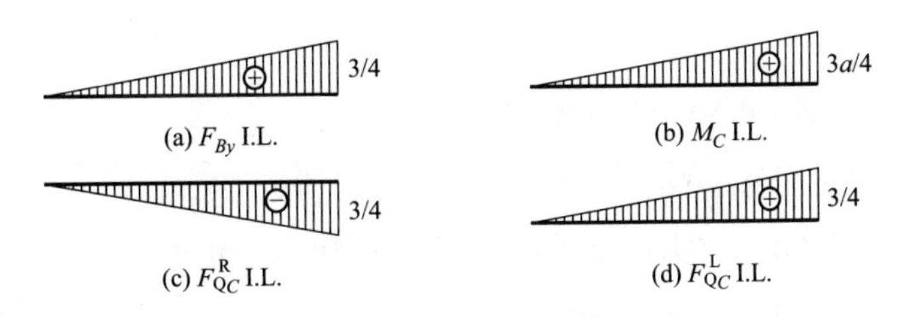

（b）

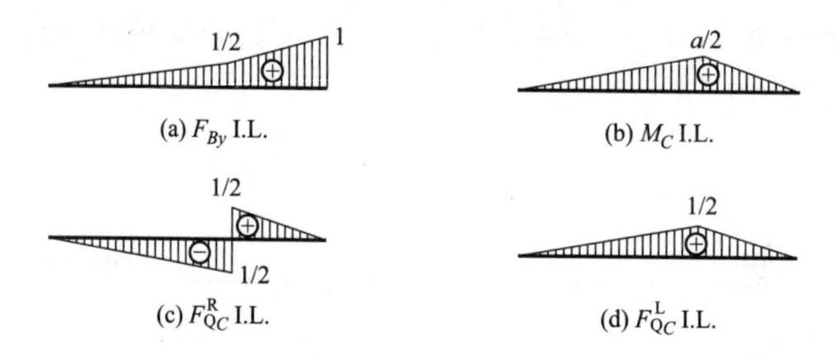

9-12

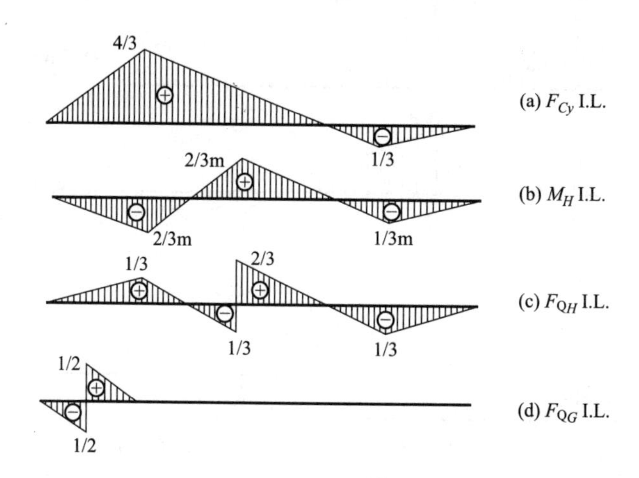

9-13

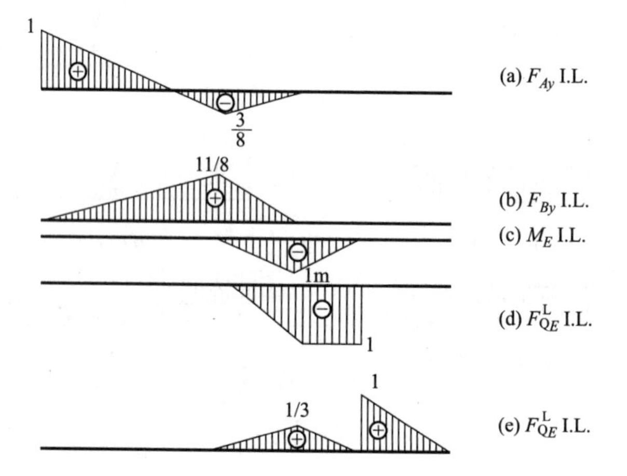

9-14　略

9-15　略

9-16　F^L_{QD}＝23.75kN；M_E＝55kN·m

9-17　F_{QD}＝3.5kN；M_E＝14kN·m

9-18　F_{By}＝140kN；F^L_{QB}＝－60kN；M_E＝40kN·m

9-19　$M_{K\max}$＝1419.69kN·m

9-20　$F_{QK\max}=57.78\text{kN}$；$F_{QK\min}=-12.22\text{kN}$

9-21　$M_{K\max}=324\text{kN}\cdot\text{m}$

9-22

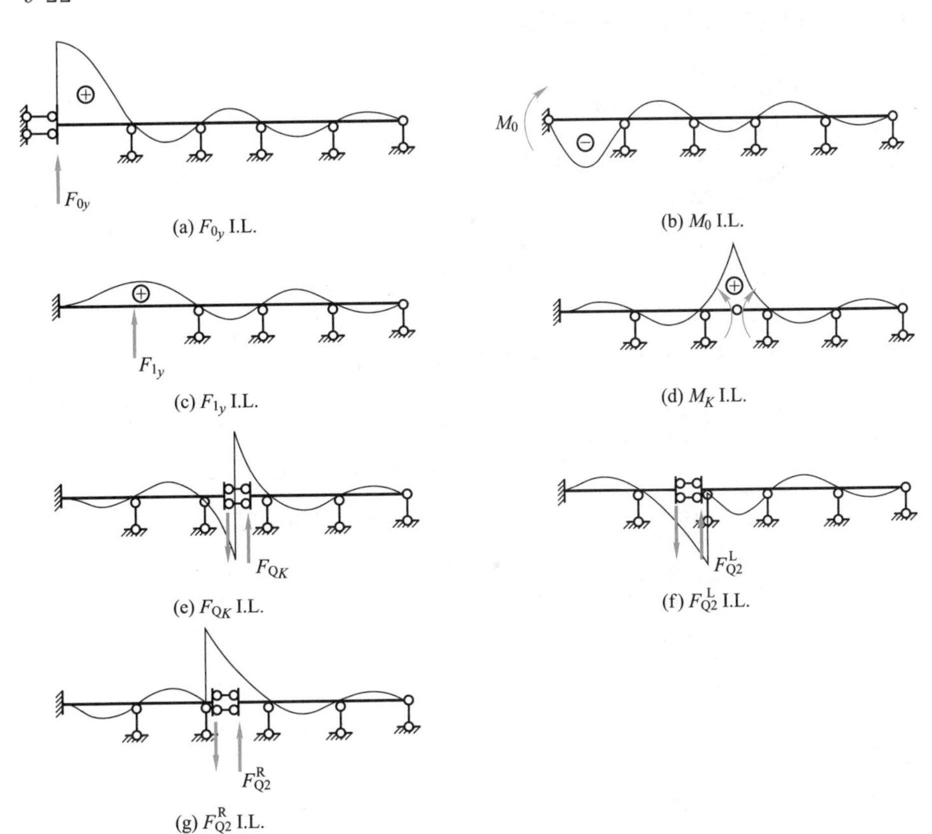

(a) F_{0y} I.L.　(b) M_0 I.L.

(c) F_{1y} I.L.　(d) M_K I.L.

(e) F_{QK} I.L.　(f) F_{Q2}^{L} I.L.

(g) F_{Q2}^{R} I.L.

9-23

$M_{K\max}=133.33\text{kN}\cdot\text{m}$

$M_{K\min}=-45\text{kN}\cdot\text{m}$

第 10 章　结构稳定及极限荷载计算的基本知识

10-1　$q_{cr}=\dfrac{1}{6\left(\dfrac{a^3}{3EI}+\dfrac{1}{k}\right)}$

10-2　$F_{Pcr}=\dfrac{3EI}{l^2}$

10-3　$F_{Pcr}=kl$

10-4　(a) $F_{Pcr}=\dfrac{kl}{2}\cos\alpha$；线性时；$F_{Pcr}=\dfrac{kl}{2}$

(b) $F_{\mathrm{Pcr}}=\dfrac{\dfrac{48EI}{7l^2}\cdot\cos^2\alpha-\dfrac{3EI}{l^2}\dfrac{\alpha\cos\alpha}{\sin\alpha}}{2\cos\alpha-1}$　线性时；$F_{\mathrm{Pcr}}=\dfrac{27EI}{7l^2}$

10-5　失稳的形式有以下三种形式：

(1) $F_{\mathrm{Pcr}}^{(1)}\cdot h\alpha=3\dfrac{EI}{l}\alpha$；$F_{\mathrm{Pcr}}^{(1)}=\dfrac{3EI}{lh}$

(2) $\dfrac{F_{\mathrm{Pcr}}^{(2)}}{2}\cdot h\alpha=\dfrac{EI}{l/2}\alpha$；$F_{\mathrm{Pcr}}^{(2)}=\dfrac{4EI}{lh}$

(3) $\dfrac{F_{\mathrm{Pcr}}^{(3)}}{2}\cdot h\alpha=\dfrac{3EI}{l/2}\alpha$；$F_{\mathrm{Pcr}}^{(3)}=\dfrac{12EI}{lh}$

故　$F_{\mathrm{Pcr}}=\min(F_{\mathrm{Pcr}}^{(1)},\ F_{\mathrm{Pcr}}^{(2)},\ F_{\mathrm{Pcr}}^{(3)})=F_{\mathrm{Pcr}}^{(1)}=\dfrac{3EI}{lh}$

10-6　$F_{\mathrm{Pcr}}=EA\dfrac{(\sqrt{1+2\cos\alpha\sin\alpha\sin\beta}-1)\cdot(l\cos\alpha+l\sin\alpha\sin\beta)\cos\beta}{\sqrt{1+2\cos\alpha\sin\alpha\sin\beta}\sin\beta}$

$$\lim_{\beta\to0}F_{\mathrm{Pcr}}=EA\sin\alpha\cdot\cos^2\alpha\text{（线性理论解）}$$

10-7　$F_{\mathrm{Pu}}=4\dfrac{M_{\mathrm{u}}}{l}=\dfrac{470}{l}\mathrm{kN}$

10-8　$q=\dfrac{18\sqrt{3}M_{\mathrm{u}}}{l^2}$

10-9　$F_{\mathrm{Pu}}=M_{\mathrm{u}}$（kN）

10-10　$M_{\mathrm{u}}=106.7\mathrm{kN\cdot m}$

10-11　$F_{\mathrm{Pu}}=\dfrac{3b^3}{4l}\sigma_{\mathrm{e}}$

10-12　$F_{\mathrm{Pu}}=\dfrac{2000(1+\sqrt{2})}{3}\mathrm{kN}$

参 考 文 献

[1] 龙驭球，包世华，袁驷. 结构力学Ⅰ——基础教程 [M]. 4版. 北京：高等教育出版社，2018.

[2] 朱慈勉，张伟平. 结构力学（上、下册）[M]. 3版. 北京：高等教育出版社，2016.

[3] 王焕定，章梓茂，景瑞. 结构力学 [M]. 2版. 北京：高等教育出版社，2004.

[4] 李廉锟. 结构力学（上、下册）[M]. 6版. 北京：高等教育出版社，. 2017.

[5] 单建. 趣味结构力学 [M]. 2版. 北京：高等教育出版社，2015.

[6] 刘永军. 结构力学Ⅰ——基本教程 [M]. 北京：中国电力出版社，2016.

高等学校土木工程学科专业指导委员会规划教材
(按高等学校土木工程本科指导性专业规范编写)

征订号	书名	作者	定价
V21081	高等学校土木工程本科指导性专业规范	高等学校土木工程专业指导委员会	21.00
V39805	土木工程概论(第二版)(赠教师课件)	周新刚 等	48.00
V32652	土木工程制图(第二版)(含习题集、赠教师课件)	何培斌	85.00
V35996	土木工程测量(第二版)(赠教师课件)	王国辉	75.00
V34199	土木工程材料(第二版)(赠教师课件)	白宪臣	42.00
V20689	土木工程试验(含光盘)	宋彧	32.00
V35121	理论力学(第二版)	温建明	58.00
V23007	理论力学学习指导(赠课件素材)	温建明 韦林	22.00
V38861	材料力学(第二版)(赠教师课件)	曲淑英	58.00
V39895	结构力学(第三版)(赠教师课件)	祁皑 等	68.00
V31667	结构力学学习指导	祁皑	44.00
V36995	流体力学(第二版)(赠教师课件)	吴玮 张维佳	48.00
V23002	土力学(赠教师课件)	王成华	39.00
V22611	基础工程(赠教师课件)	张四平	45.00
V22992	工程地质(赠教师课件)	王桂林	35.00
V22183	工程荷载与可靠度设计原理(赠教师课件)	白国良	28.00
V23001	混凝土结构基本原理(赠教师课件)	朱彦鹏	45.00
V31689	钢结构基本原理(第三版)(赠教师课件)	何若全	45.00
V20827	土木工程施工技术(赠教师课件)	李慧民	35.00
V39483	土木工程施工组织(第二版)(赠教师课件)	赵平	38.00
V34082	建设工程项目管理(第二版)(赠教师课件)	臧秀平	48.00
V39520	建设工程法规(第三版)(赠教师课件,含题库)	李永福 孙晓冰	52.00
V37807	建设工程经济(第二版)(赠教师课件)	刘亚臣	45.00
V26784	混凝土结构设计(建筑工程专业方向适用)	金伟良	25.00
V26758	混凝土结构设计示例	金伟良	18.00
V26977	建筑结构抗震设计(建筑工程专业方向适用)	李宏男	38.00
V29079	建筑工程施工(建筑工程专业方向适用)(赠教师课件)	李建峰	58.00
V29056	钢结构设计(建筑工程专业方向适用)(赠教师课件)	于安林	33.00

续表

征订号	书名	作者	定价
V25577	砌体结构(建筑工程专业方向适用)(赠教师课件)	杨伟军	28.00
V25635	建筑工程造价(建筑工程专业方向适用)(赠教师课件)	徐蓉	38.00
V30554	高层建筑结构设计(建筑工程专业方向适用)(赠教师课件)	赵鸣 李国强	32.00
V25734	地下结构设计(地下工程专业方向适用)(赠教师课件)	许明	39.00
V27221	地下工程施工技术(地下工程专业方向适用)(赠教师课件)	许建聪	30.00
V27594	边坡工程(地下工程专业方向适用)(赠教师课件)	沈明荣	28.00
V35994	桥梁工程(赠教师课件)	李传习	128.00
V32235	道路勘测设计(道路与桥梁工程专业方向适用)(赠教师课件)	张蕊	48.00
V25562	路基路面工程(道路与桥工程专业方向适用)(赠教师课件)	黄晓明	66.00
V28552	道路桥梁工程概预算(道路与桥工程专业方向适用)	刘伟军	20.00
V26097	铁路车站(铁道工程专业方向适用)	魏庆朝	48.00
V27950	线路设计(铁道工程专业方向适用)(赠教师课件)	易思蓉	42.00
V35604	路基工程(铁道工程专业方向适用)(赠教师课件)	刘建坤 岳祖润	48.00
V30798	隧道工程(铁道工程专业方向适用)(赠教师课件)	宋玉香 刘勇	42.00
V31846	轨道结构(铁道工程专业方向适用)(赠教师课件)	高亮	44.00

注：本套教材均被评为《住房和城乡建设部“十四五”规划教材》。